2021 绿色建筑选用产品导向目录

绿色建筑选用产品

2021
Green Building Product Selection Guide Directory

首都科技条件平台资助项目

中国建材检验认证集团股份有限公司
国家建筑材料测试中心
编

中国建材工业出版社

图书在版编目（CIP）数据

2021 绿色建筑选用产品导向目录 / 中国建材检验认证集团股份有限公司，国家建筑材料测试中心编 . -- 北京：中国建材工业出版社，2021.8
ISBN 978-7-5160-3259-6

Ⅰ . ① 2… Ⅱ . ①中… ②国… Ⅲ . ①生态建筑－建筑材料－产品目录－中国－ 2021 Ⅳ . ① TU5-63

中国版本图书馆 CIP 数据核字（2021）第 146996 号

2021 绿色建筑选用产品导向目录
2021 Lüse Jianzhu Xuanyong Chanpin Daoxiang Mulu

中国建材检验认证集团股份有限公司
国家建筑材料测试中心　　编

出版发行：中国建材工业出版社
地　　址：北京市海淀区三里河路 1 号
邮　　编：100044
经　　销：全国各地新华书店
印　　刷：北京天恒嘉业印刷有限公司
开　　本：889mm × 1194mm　1/16
印　　张：30
字　　数：1000 千字
版　　次：2021 年 8 月第 1 版
印　　次：2021 年 8 月第 1 次
定　　价：360.00 元

本社网址：www. jccbs. com，微信公众号：zgjcgycbs

2021
绿色建筑选用产品导向目录

编委会

编著单位

中国建材检验认证集团股份有限公司
国家建筑材料测试中心

主任委员

朱连滨

副主任委员

蒋　荃　闫浩春　刘　翼

主　编

刘　翼

副主编

马丽萍　赵春芝　任世伟

编写人员

王　莹　张艳姣　朱　洁　冯玉启　王　晨　文　刚　黄梦迟
许　欣　刘　佳　董　飞　刘　璐　张启龙　李莉莉　陈素屏
袁秀霞　韩荣荟　董　迪　李云霞　刘　韬　赵金兰　李淑珍

前言

FOREWORD

继党的十八大提出“大力推进生态文明建设”和“推进城镇化”的要求，十九大又提出了“推进绿色发展”的理念，大力发展生态城市建设成为贯彻习近平生态文明思想的重要举措。绿色建筑是生态城市的根基，2020年7月15日，住房城乡建设部、国家发展改革委、教育部、工业和信息化部、人民银行、国管局、银保监会联合印发了《绿色建筑创建行动方案》（建标〔2020〕65号），要求到2022年，当年城镇新建建筑中绿色建筑面积占比达到70%。

绿色建筑选用绿色建材是业内共识，绿色建材是绿色建筑各项功能实现的重要支撑，承载着节能、节水、节材和保障室内环境等重要作用，对建筑材料的选用很大程度上决定了建筑的绿色程度。绿色建材是绿色建筑发展不可或缺的材料，也是建材工业推进结构调整、技术进步和节能减排的着力点。因此，《绿色建筑创建行动方案》中明确提出“大力发展绿色建材”，并要求“建立绿色建材认证制度，编制绿色建材产品目录，引导规范市场消费”。

中国建材检验认证集团股份有限公司（以下简称CTC）从“十五”开始，承担多项国家级科研项目，对绿色建材的评价方法以及绿色建筑选用产品的技术标准进行深入研究。在上述工作基础上，CTC分别受住房城乡建设部、工业和信息化部的委托，进行绿色建材评价技术的研究与绿色建材评价技术导则的制订。

为促进绿色建材行业发展，引导绿色建筑选用绿色建材，国家建筑材料测试中心经国家工商行政管理总局商标局注册了“绿色建筑选用产品”证明商标。该证明商标是用于证明建材产品的性能符合绿色建筑功能需求的标志，受法律保护。每年获得“绿色建筑选用产品”证明商标的企业产品将入编《绿色建筑选用产品导向目录》。

《2021绿色建筑选用产品导向目录》包括绿色建筑与绿色建材相关政策、证明商标管理办法以及2021年度通过认定的二百余项绿色建筑选用产品，分别按照节能、节材、节水和环保分章节予以介绍。《2021绿色建筑选用产品导向目录》将引领国内绿色建筑的建设模式，搭建绿色建筑与绿色建材的桥梁。本书旨在为建筑设计师、开发商、供应商提供绿色建筑选材指导，通过多种渠道向开发商和建筑师介绍建筑材料新产品、新功能、新应用，将优秀的企业和产品提供给绿色建筑开发商、设计师和建筑师，凸显产品高端优势，对于推动行业发展，提高行业、企业的社会知名度，增强优秀企业的市场竞争能力，具有积极的作用。

目录

CONTENTS

1 政策法规

2 标准化工作

3 绿色评价·认证服务

4 入选产品技术资料

5 企业索引

政策法规

ZHENGCEFAGU

中华人民共和国商标法（2019 修正）（节选）

第三条 经商标局核准注册的商标为注册商标，包括商品商标、服务商标和集体商标、证明商标；商标注册人享有商标专用权，受法律保护。

本法所称集体商标，是指以团体、协会或者其他组织名义注册，供该组织成员在商事活动中使用，以表明使用者在该组织中的成员资格的标志。

本法所称证明商标，是指由对某种商品或者服务具有监督能力的组织所控制，而由该组织以外的单位或者个人使用于其商品或者服务，用以证明该商品或者服务的原产地、原料、制造方法、质量或者其他特定品质的标志。

集体商标、证明商标注册和管理的特殊事项，由国务院工商行政管理部门规定。

中华人民共和国国家工商行政管理总局令

第 6 号

《集体商标、证明商标注册和管理办法》已经中华人民共和国国家工商行政管理总局局务会议审议通过，现予发布，自 2003 年 6 月 1 日起施行。

局　长　王众孚

二〇〇三年四月十七日

集体商标、证明商标注册和管理办法

第一条 根据《中华人民共和国商标法》（以下简称商标法）第三条的规定，制定本办法。

第二条 集体商标、证明商标的注册和管理，依照商标法、《中华人民共和国商标法实施条例》（以下简称实施条例）和本办法的有关规定进行。

第三条 本办法有关商品的规定，适用于服务。

第四条 申请集体商标注册的，应当附送主体资格证明文件并应当详细说明该集体组织成员的名称和地址；以地理标志作为集体商标申请注册的，应当附送主体资格证明文件并应当详细说明其所具有的或者其委托的机构具有的专业技术人员、专业检测设备等情况，以表明其具有监督使用该地理标志商品的特定品质的能力。

申请以地理标志作为集体商标注册的团体、协会或者其他组织，应当由来自该地理标志标示的地区范围内的成员组成。

第五条 申请证明商标注册的，应当附送主体资格证明文件并应当详细说明其所具有的或者其委托的机构具有的专业技术人员、专业检测设备等情况，以表明其具有监督该证明商标所证明的特定商品品质的能力。

第六条 申请以地理标志作为集体商标、证明商标注册的，还应当附送管辖该地理标志所标示地区的人民政府或者行业主管部门的批准文件。

外国人或者外国企业申请以地理标志作为集体商标、证明商标注册的，申请人应当提供该地理标志以其名义在其原属国受法律保护的证明。

第七条 以地理标志作为集体商标、证明商标注册的，应当在申请书件中说明下列内容：

（一）该地理标志所标示的商品的特定质量、信誉或者其他特征；

（二）该商品的特定质量、信誉或者其他特征与该地理标志所标示的地区的自然因素和人文因素的关系；

（三）该地理标志所标示的地区的范围。

第八条 作为集体商标、证明商标申请注册的地理标志，可以是该地理标志标示地区的名称，也可以是能够标示某商品来源于该地区的其他可视性标志。

前款所称地区无需与该地区的现行行政区划名称、范围完全一致。

第九条 多个葡萄酒地理标志构成同音字或者同形字的，在这些地理标志能够彼此区分且不误导公众的情况下，每个地理标志都可以作为集体商标或者证明商标申请注册。

第十条 集体商标的使用管理规则应当包括：

（一）使用集体商标的宗旨；

（二）使用该集体商标的商品的品质；

（三）使用该集体商标的手续；

（四）使用该集体商标的权利、义务；

（五）成员违反其使用管理规则应当承担的责任；

（六）注册人对使用该集体商标商品的检验监督制度。

第十一条 证明商标的使用管理规则应当包括：

（一）使用证明商标的宗旨；

（二）该证明商标证明的商品的特定品质；

（三）使用该证明商标的条件；

（四）使用该证明商标的手续；

（五）使用该证明商标的权利、义务；

（六）使用人违反该使用管理规则应当承担的责任；

（七）注册人对使用该证明商标商品的检验监督制度。

第十二条 使用他人作为集体商标、证明商标注册的葡萄酒、烈性酒地理标志标示并非来源于该地理标志所标示地区的葡萄酒、烈性酒，即使同时标出了商品的真正来源地，或者使用的是翻译文字，或者伴有诸如某某“种”、某某“型”、某某“式”、某某“类”等表述的，适用商标法第十六条的规定。

第十三条 集体商标、证明商标的初步审定公告的内容，应当包括该商标的使用管理规则的全文或者摘要。

集体商标、证明商标注册人对使用管理规则的任何修改，应报经商标局审查核准，并自公告之日起生效。

第十四条 集体商标注册人的成员发生变化的，注册人应当向商标局申请变更注册事项，由商标局公告。

第十五条 证明商标注册人准许他人使用其商标的，注册人应当在一年内报商标局备案，由商标局公告。

第十六条 申请转让集体商标、证明商标的，受让人应当具备相应的主体资格，并符合商标法、实施条例和本办法的规定。

集体商标、证明商标发生移转的，权利继受人应当具备相应的主体资格，并符合商标法、实施条例和本办法的规定。

第十七条 集体商标注册人的集体成员，在履行该集体商标使用管理规则规定的手续后，可以使用该集体商标。

集体商标不得许可非集体成员使用。

第十八条 凡符合证明商标使用管理规则规定条件的，在履行该证明商标使用管理规则规定的手续后，可以使用该证明商标，注册人不得拒绝办理手续。

实施条例第六条第二款中的正当使用该地理标志是指正当使用该地理标志中的地名。

第十九条 使用集体商标的，注册人应发给使用人《集体商标使用证》；使用证明商标的，注册人应发给使用人《证明商标使用证》。

第二十条 证明商标的注册人不得在自己提供的商品上使用该证明商标。

第二十一条 集体商标、证明商标注册人没有对该商标的使用进行有效管理或者控制，致使该商标使用的商品达不到其使用管理规则的要求，对消费者造成损害的，由工商行政管理部门责令限期改正；拒不改正的，处以违法所得3倍以下的罚款，但最高不超过3万元；没有违法所得的，处以1万元以下的罚款。

第二十二条 违反实施条例第六条、本办法第十四条、第十五条、第十七条、第十八条、第二十条规定的，由工商行政管理部门责令限期改正；拒不改正的，处以违法所得3倍以下的罚款，但最高不超过3万元；没有违法所得的，处以1万元以下的罚款。

第二十三条 本办法自2003年6月1日起施行。国家工商行政管理局1994年12月30日发布的《集体商标、证明商标注册和管理办法》同时废止。

中共中央　国务院印发《国家新型城镇化规划（2014—2020年）》（节选）

第五章　发展目标

——城镇化水平和质量稳步提升。城镇化健康有序发展，常住人口城镇化率达到60%左右，户籍人口城镇化率达到45%左右，户籍人口城镇化率与常住人口城镇化率差距缩小2个百分点左右，努力实现1亿左右农业转移人口和其他常住人口在城镇落户。

——城镇化格局更加优化。“两横三纵”为主体的城镇化战略格局基本形成，城市群集聚经济、人口能力明显增强，东部地区城市群一体化水平和国际竞争力明显提高，中西部地区城市群成为推动区域协调发展的新的重要增长极。城市规模结构更加完善，中心城市辐射带动作用更加突出，中小城市数量增加，小城镇服务功能增强。

——城市发展模式科学合理。密度较高、功能混用和公交导向的集约紧凑型开发模式成为主导，人均城市建设用地严格控制在100平方米以内，建成区人口密度逐步提高。**绿色生产、绿色消费成为城市经济生活的主流，节能节水产品、再生利用产品和绿色建筑比例大幅提高。**城市地下管网覆盖率明显提高。

——城市生活和谐宜人。稳步推进义务教育、就业服务、基本养老、基本医疗卫生、保障性住房等城镇基本公共服务覆盖全部常住人口，基础设施和公共服务设施更加完善，消费环境更加便利，生态环境明显改善，空气质量逐步好转，饮用水安全得到保障。自然景观和文化特色得到有效保护，城市发展个性化，城市管理人性化、智能化。

——城镇化体制机制不断完善。户籍管理、土地管理、社会保障、财税金融、行政管理、生态环境等制度改革取得重大进展，阻碍城镇化健康发展的体制机制障碍基本消除。

第十八章　推动新型城市建设

顺应现代城市发展新理念新趋势，推动城市绿色发展，提高智能化水平，增强历史文化魅力，全面提升城市内在品质。

第一节　加快绿色城市建设

将生态文明理念全面融入城市发展，构建绿色生产方式、生活方式和消费模式。严格控制高耗能、高排放行业发展。节约集约利用土地、水和能源等资源，促进资源循环利用，控制总量，提高效率。加快建设可再生能源体系，推动分布式太阳能、风能、生物质能、地热能多元化、规模化应用，提高新能源和可再生能源利用比例。**实施绿色建筑行动计划，完善绿色建筑标准及认证体系、扩大强制执行范围，加快既有建筑节能改造，大力发展绿色建材，强力推进建筑工业化。**合理控制机动车保有量，加快新能源汽车推广应用，改善步行、自行车出行条件，倡导绿色出行。实施大气污染防治行动计划，开展区域联防联控联治，改善城市空气质量。完善废旧商品回收体系和垃圾分类处理系统，加强城市固体废弃物循环利用和无害化处置。合理划定生态保护红线，扩大城市生态空间，增加森林、湖泊、湿地面积，将农村废弃地、其他污染土地、工矿用地转化为生态用地，在城镇化地区合理建设绿色生态廊道。

国务院关于印发《中国制造2025》的通知

国发〔2015〕28号

各省、自治区、直辖市人民政府，国务院各部委、各直属机构：

现将《中国制造2025》印发给你们，请认真贯彻执行。

国务院

2015年5月8日

中国制造2025（节选）

二、战略方针和目标

（一）指导思想

全面贯彻党的十八大和十八届二中、三中、四中全会精神，坚持走中国特色新型工业化道路，以促进制造业创新发展为主题，以提质增效为中心，以加快新一代信息技术与制造业深度融合为主线，以推进智能制造为主攻方向，以满足经济社会发展和国防建设对重大技术装备的需求为目标，强化工业基础能力，提高综合集成水平，完善多层次多类型人才培养体系，促进产业转型升级，培育有中国特色的制造文化，实现制造业由大变强的历史跨越。基本方针是：

——创新驱动。坚持把创新摆在制造业发展全局的核心位置，完善有利于创新的制度环境，推动跨领域跨行业协同创新，突破一批重点领域关键共性技术，促进制造业数字化网络化智能化，走创新驱动的发展道路。

——质量为先。坚持把质量作为建设制造强国的生命线，强化企业质量主体责任，加强质量技术攻关、自主品牌培育。建设法规标准体系、质量监管体系、先进质量文化，营造诚信经营的市场环境，走以质取胜的发展道路。

——绿色发展。坚持把可持续发展作为建设制造强国的重要着力点，加强节能环保技术、工艺、装备推广应用，全面推行清洁生产。发展循环经济，提高资源回收利用效率，构建绿色制造体系，走生态文明的发展道路。

——结构优化。坚持把结构调整作为建设制造强国的关键环节，大力发展先进制造业，改造提升传统产业，推动生产型制造向服务型制造转变。优化产业空间布局，培育一批具有核心竞争力的产业集群和企业群体，走提质增效的发展道路。

——人才为本。坚持把人才作为建设制造强国的根本，建立健全科学合理的选人、用人、育人机制，加快培养制造业发展急需的专业技术人才、经营管理人才、技能人才。营造大众创业、万众创新的氛围，建设一支素质优良、结构合理的制造业人才队伍，走人才引领的发展道路。

（二）基本原则

市场主导，政府引导。全面深化改革，充分发挥市场在资源配置中的决定性作用，强化企业主体地位，激发企业活力和创造力。积极转变政府职能，加强战略研究和规划引导，完善相关支持政策，为企业发展创造良好环境。

立足当前，着眼长远。针对制约制造业发展的瓶颈和薄弱环节，加快转型升级和提质增效，切实提高制造业的核心竞争力和可持续发展能力。准确把握新一轮科技革命和产业变革趋势，加强战略谋划和前瞻部署，扎扎实实打基础，在未来竞争中占据制高点。

整体推进，重点突破。坚持制造业发展全国一盘棋和分类指导相结合，统筹规划，合理布局，明确创新发展方向，促进军民融合深度发展，加快推动制造业整体水平提升。围绕经济社会发展和国家安全重大需求，整合资源，突出重点，实施若干重大工程，实现率先突破。

自主发展，开放合作。在关系国计民生和产业安全的基础性、战略性、全局性领域，着力掌握关键核心技术，完善产业链条，形成自主发展能力。继续扩大开放，积极利用全球资源和市场，加强产业全球布局和国际交流合作，形成新的比较优势，提升制造业开放发展水平。

（三）战略目标

立足国情，立足现实，力争通过“三步走”实现制造强国的战略目标。

第一步：力争用十年时间，迈入制造强国行列。

到 2020 年，基本实现工业化，制造业大国地位进一步巩固，制造业信息化水平大幅提升。掌握一批重点领域关键核心技术，优势领域竞争力进一步增强，产品质量有较大提高。制造业数字化、网络化、智能化取得明显进展。**重点行业单位工业增加值能耗、物耗及污染物排放明显下降。**

到 2025 年，制造业整体素质大幅提升，创新能力显著增强，全员劳动生产率明显提高，两化（工业化和信息化）融合迈上新台阶。重点行业单位工业增加值能耗、物耗及污染物排放达到世界先进水平。形成一批具有较强国际竞争力的跨国公司和产业集群，在全球产业分工和价值链中的地位明显提升。

第二步：到 2035 年，我国制造业整体达到世界制造强国阵营中等水平。创新能力大幅提升，重点领域发展取得重大突破，整体竞争力明显增强，优势行业形成全球创新引领能力，全面实现工业化。

第三步：新中国成立一百年时，制造业大国地位更加巩固，综合实力进入世界制造强国前列。制造业主要领域具有创新引领能力和明显竞争优势，建成全球领先的技术体系和产业体系。

2020 年和 2025 年制造业主要指标

类别	指　　标	2013 年	2015 年	2020 年	2025 年
创新能力	规模以上制造业研发经费内部支出占主营业务收入比重（%）	0.88	0.95	1.26	1.68
	规模以上制造业每亿元主营业务收入有效发明专利数（件）	0.36	0.44	0.70	1.10
质量效益	制造业质量竞争力指数	83.1	83.5	84.5	85.5
	制造业增加值率提高	—	—	比 2015 年提高 2 个百分点	比 2015 年提高 4 个百分点
	制造业全员劳动生产率增速（%）	—	—	7.5 左右（“十三五”期间年均增速）	6.5 左右（“十四五”期间年均增速）
两化融合	宽带普及率（%）	37	50	70	82
	数字化研发设计工具普及率（%）	52	58	72	84
	关键工序数控化率（%）	27	33	50	64
绿色发展	规模以上单位工业增加值能耗下降幅度	—	—	比 2015 年下降 18%	比 2015 年下降 34%
	单位工业增加值二氧化碳排放量下降幅度	—	—	比 2015 年下降 22%	比 2015 年下降 40%
	单位工业增加值用水量下降幅度	—	—	比 2015 年下降 23%	比 2015 年下降 41%
	工业固体废物综合利用率（%）	62	65	73	79

三、战略任务和重点

实现制造强国的战略目标，必须坚持问题导向，统筹谋划，突出重点；必须凝聚全社会共识，加快制造业转型升级，全面提高发展质量和核心竞争力。

（五）全面推行绿色制造

加大先进节能环保技术、工艺和装备的研发力度，加快制造业绿色改造升级；积极推行低碳化、循环化和集约化，提高制造业资源利用效率；**强化**

产品全生命周期绿色管理，努力构建高效、清洁、低碳、循环的绿色制造体系。

加快制造业绿色改造升级。全面推进钢铁、有色、化工、建材、轻工、印染等传统制造业绿色改造，大力研发推广余热余压回收、水循环利用、重金属污染减量化、有毒有害原料替代、废渣资源化、脱硫脱硝除尘等绿色工艺技术装备，加快应用清洁高效铸造、锻压、焊接、表面处理、切削等加工工艺，实现绿色生产。加强绿色产品研发应用，推广轻量化、低功耗、易回收等技术工艺，持续提升电机、锅炉、内燃机及电器等终端用能产品能效水平，加快淘汰落后机电产品和技术。**积极引领新兴产业高起点绿色发展，大幅降低电子信息产品生产、使用能耗及限用物质含量，建设绿色数据中心和绿色基站，大力促进新材料、新能源、高端装备、生物产业绿色低碳发展。**

推进资源高效循环利用。支持企业强化技术创新和管理，增强绿色精益制造能力，大幅降低能耗、物耗和水耗水平。持续提高绿色低碳能源使用比率，开展工业园区和企业分布式绿色智能微电网建设，控制和削减化石能源消费量。全面推行循环生产方式，促进企业、园区、行业间链接共生、原料互供、资源共享。推进资源再生利用产业规范化、规模化发展，强化技术装备支撑，提高大宗工业固体废弃物、废旧金属、废弃电器电子产品等综合利用水平。大力发展再制造产业，实施高端再制造、智能再制造、在役再制造，推进产品认定，促进再制造产业持续健康发展。

积极构建绿色制造体系。支持企业开发绿色产品，推行生态设计，显著提升产品节能环保低碳水平，引导绿色生产和绿色消费。建设绿色工厂，实现厂房集约化、原料无害化、生产洁净化、废物资源化、能源低碳化。发展绿色园区，推进工业园区产业耦合，实现近零排放。**打造绿色供应链**，加快建立以资源节约、环境友好为导向的采购、生产、营销、回收及物流体系，落实生产者责任延伸制度。壮大绿色企业，支持企业实施绿色战略、**绿色标准**、绿色管理和绿色生产。强化绿色监管，健全节能环保法规、标准体系，加强节能环保监察，**推行企业社会责任报告制度，开展绿色评价。**

专栏 4　绿色制造工程
组织实施传统制造业能效提升、清洁生产、节水治污、循环利用等专项技术改造。开展重大节能环保、资源综合利用、再制造、低碳技术产业化示范。实施重点区域、流域、行业清洁生产水平提升计划，扎实推进大气、水、土壤污染源头防治专项。制定绿色产品、绿色工厂、绿色园区、绿色企业标准体系，开展绿色评价。 到 2020 年，建成千家绿色示范工厂和百家绿色示范园区，部分重化工行业能源资源消耗出现拐点，重点行业主要污染物排放强度下降 20%。到 2025 年，制造业绿色发展和主要产品单耗达到世界先进水平，绿色制造体系基本建立。

四、战略支撑与保障

建设制造强国，必须发挥制度优势，动员各方面力量，进一步深化改革，完善政策措施，建立灵活高效的实施机制，营造良好环境；必须培育创新文化和中国特色制造文化，推动制造业由大变强。

（一）深化体制机制改革

全面推进依法行政，加快转变政府职能，创新政府管理方式，加强制造业发展战略、规划、政策、标准等制定和实施，强化行业自律和公共服务能力建设，提高产业治理水平。简政放权，深化行政审批制度改革，规范审批事项，简化程序，明确时限；适时修订政府核准的投资项目目录，落实企业投资主体地位。完善政产学研用协同创新机制，改革技术创新管理体制机制和项目经费分配、成果评价和转化机制，促进科技成果资本化、产业化，激发制造业创新活力。加快生产要素价格市场化改革，完善主要由市场决定价格的机制，合理配置公共资源；**推行节能量、碳排放权、排污权、水权交易制度改革，加快资源税从价计征，推动环境保护费改税。**深化国有企业改革，完善公司治理结构，有序发展混合所有制经济，进一步破除各种形式的行业垄断，取消对非公有制经济的不合理限制。稳步推进国防科技工业改革，推动军民融合深度发展。健全产业安全审查机制和法规体系，加强关系国民经济命脉和国家安全的制造业重要领域投融资、并购重组、招标采购等方面的安全审查。

中共中央　国务院
关于开展质量提升行动的指导意见
（2017年9月5日）

提高供给质量是供给侧结构性改革的主攻方向，全面提高产品和服务质量是提升供给体系的中心任务。经过长期不懈努力，我国质量总体水平稳步提升，质量安全形势稳定向好，有力支撑了经济社会发展。但也要看到，我国经济发展的传统优势正在减弱，实体经济结构性供需失衡矛盾和问题突出，特别是中高端产品和服务有效供给不足，迫切需要下最大气力抓全面提高质量，推动我国经济发展进入质量时代。现就开展质量提升行动提出如下意见。

一、总体要求

（一）指导思想

全面贯彻党的十八大和十八届三中、四中、五中、六中全会精神，深入贯彻习近平总书记系列重要讲话精神和治国理政新理念新思想新战略，牢固树立和贯彻落实新发展理念，紧紧围绕统筹推进“五位一体”总体布局和协调推进“四个全面”战略布局，认真落实党中央、国务院决策部署，以提高发展质量和效益为中心，将质量强国战略放在更加突出的位置，开展质量提升行动，加强全面质量监管，全面提升质量水平，加快培育国际竞争新优势，为实现“两个一百年”奋斗目标奠定质量基础。

（二）基本原则

——坚持以质量第一为价值导向。牢固树立质量第一的强烈意识，坚持优质发展、以质取胜，更加注重以质量提升减轻经济下行和安全监管压力，真正形成各级党委和政府重视质量、企业追求质量、社会崇尚质量、人人关心质量的良好氛围。

——坚持以满足人民群众需求和增强国家综合实力为根本目的。把增进民生福祉、满足人民群众质量需求作为提高供给质量的出发点和落脚点，促进质量发展成果全民共享，增强人民群众的质量获得感。持续提高产品、工程、服务的质量水平、质量层次和品牌影响力，推动我国产业价值链从低端向中高端延伸，更深更广融入全球供给体系。

——坚持以企业为质量提升主体。加强全面质量管理，推广应用先进质量管理方法，提高全员全过程全方位质量控制水平。弘扬企业家精神和工匠精神，提高决策者、经营者、管理者、生产者质量意识和质量素养，打造质量标杆企业，加强品牌建设，推动企业质量管理水平和核心竞争力提高。

——坚持以改革创新为根本途径。深入实施创新驱动发展战略，发挥市场在资源配置中的决定性作用，积极引导推动各种创新要素向产品和服务的供给端集聚，提升质量创新能力，以新技术新业态改造提升产业质量和发展水平。推动创新群体从以科技人员的小众为主向小众与大众创新创业互动转变，推动技术创新、标准研制和产业化协调发展，用先进标准引领产品、工程和服务质量提升。

（三）主要目标

到2020年，供给质量明显改善，供给体系更有效率，建设质量强国取得明显成效，质量总体水平显著提升，质量对提高全要素生产率和促进经济发展的贡献进一步增强，更好满足人民群众不断升级的消费需求。

——产品、工程和服务质量明显提升。质量突出问题得到有效治理，智能化、消费友好的中高端产品供给大幅增加，高附加值和优质服务供给比重进一步提升，中国制造、中国建造、中国服务、中国品牌国际竞争力显著增强。

——产业发展质量稳步提高。企业质量管理水平大幅提升，传统优势产业实现价值链升级，战略性新兴产业的质量效益特征更加明显，服务业提质增效进一步加快，以技术、技能、知识等为要素的质量竞争型产业规模显著扩大，形成一批质量效益一流的世界级产业集群。

——区域质量水平整体跃升。区域主体功能定位和产业布局更加合理，区域特色资源、环境容量和产业基础等资源优势充分利用，产业梯度转移和质量升级同步推进，区域经济呈现互联互通和差异化发展格局，涌现出一批特色小镇和区域质量品牌。

——国家质量基础设施效能充分释放。计量、标准、检验检测、认证认可等国家质量基础设施系统完整、高效运行，技术水平和服务能力进一步增强，国际竞争力明显提升，对科技进步、产业升级、社会治理、对外交往的支撑更加有力。

二、全面提升产品、工程和服务质量

（四）增加农产品、食品药品优质供给

健全农产品质量标准体系，实施农业标准化生产和良好农业规范。加快高标准农田建设，加大耕地质量保护和土壤修复力度。推行种养殖清洁生产，强化农业投入品监管，严格规范农药、抗生素、激素类药物和化肥使用。完善进口食品安全治理体系，推进出口食品农产品质量安全示范区建设。开展出口农产品品牌建设专项推进行动，提升出口农产品质量，带动提升内销农产品质量。引进优质农产品和种质资源。大力发展农产品初加工和精深加工，提高绿色产品供给比重，提升农产品附加值。

完善食品药品安全监管体制，增强统一性、专业性、权威性，为食品药品安全提供组织和制度保障。继续推动食品安全标准与国际标准对接，加快提升营养健康标准水平。推进传统主食工业化、标准化生产。促进奶业优质安全发展。发展方便食品、速冻食品等现代食品产业。实施药品、医疗器械标准提高行动计划，全面提升药物质量水平，提高中药质量稳定性和可控性。推进仿制药质量和疗效一致性评价。

（五）促进消费品提质升级

加快消费品标准和质量提升，推动消费品工业增品种、提品质、创品牌，支撑民众消费升级需求。推动企业发展个性定制、规模定制、高端定制，推动产品供给向“产品＋服务”转变、向中高端迈进。推动家用电器高端化、绿色化、智能化发展，改善空气净化器等新兴家电产品的功能和消费体验，优化电饭锅等小家电产品的外观和功能设计。强化智能手机、可穿戴设备、新型视听产品的信息安全、隐私保护，提高关键元器件制造能力。巩固纺织服装鞋帽、皮革箱包等传统产业的优势地位。培育壮大民族日化产业。提高儿童用品安全性、趣味性，加大“银发经济”群体和失能群体产品供给。大力发展民族传统文化产品，推动文教体育休闲用品多样化发展。

（六）提升装备制造竞争力

加快装备制造业标准化和质量提升，提高关键领域核心竞争力。实施工业强基工程，提高核心基础零部件（元器件）、关键基础材料产品性能，推广应用先进制造工艺，加强计量测试技术研究和应用。发展智能制造，提高工业机器人、高档数控机床的加工精度和精度保持能力，提升自动化生产线、数字化车间的生产过程智能化水平。推行绿色制造，推广清洁高效生产工艺，降低产品制造能耗、物耗和水耗，提升终端用能产品能效、水效。加快提升国产大飞机、高铁、核电、工程机械、特种设备等中国装备的质量竞争力。

（七）提升原材料供给水平

鼓励矿产资源综合勘查、评价、开发和利用，推进绿色矿山和绿色矿业发展示范区建设。提高煤炭洗选加工比例。提升油品供给质量。加快高端材料创新，提高质量稳定性，形成高性能、功能化、差别化的先进基础材料供给能力。加快钢铁、水泥、电解铝、平板玻璃、焦炭等传统产业转型升级。推动稀土、石墨等特色资源高质化利用，促进高强轻合金、高性能纤维等关键战略材料性能和品质提升，加强石墨烯、智能仿生材料等前沿新材料布局，逐步进入全球高端制造业采购体系。

（八）提升建设工程质量水平

确保重大工程建设质量和运行管理质量，建设百年工程。高质量建设和改造城乡道路交通设施、供热供水设施、排水与污水处理设施。加快海绵城市建设和地下综合管廊建设。规范重大项目基本建设程序，坚持科学论证、科学决策，加强重大工程的投资咨询、建设监理、设备监理，保障工程项目投资效益和重大设备质量。全面落实工程参建各方主体质量责任，强化建设单位首要责任和勘察、设计、施工单位主体责任。加快推进工程质量管理标准化，提高工程项目管理水平。加强工程质量检测管理，严厉打击出具虚假报告等行为。健全工程质量监督管理机制，强化工程建设全过程质量监管。因地制宜提高建筑节能标准。完善绿色建材标准，促进绿色建材生产和应用。大力发展装配式建筑，提高建筑装修部品部件的质量和安全性能。推进绿色生态小区建设。

（九）推动服务业提质增效

提高生活性服务业品质。完善以居家为基础、社区为依托、机构为补充、医养相结合的多层次、智能化养老服务体系。鼓励家政企业创建服务品牌。发展大众化餐饮，引导餐饮企业建立集中采购、统一配送、规范化生产、连锁化经营的生产模式。实施旅游服务质量提升计划，显著改善旅游市场秩序。推广实施优质服务承诺标识和管理制度，培育知名服务品牌。

促进生产性服务业专业化发展。加强运输安全保障能力建设，推进铁路、公路、水路、民航等多式联运发展，提升服务质量。提高物流全链条服务质量，增强物流服务时效，加强物流标准化建设，提升冷链物流水平。推进电子商务规制创新，加强电子商务产业载体、物流体系、人才体系建设，不断提升电子商务服务质量。支持发展工业设计、计量测试、标准试验验证、检验检测认证等高技术服务业。提升银行服务、保险服务的标准化程度和服务质量。加快知识产权服务体系建设。提高律师、公证、法律援助、司法鉴定、基层法律服务等法律服务水平。开展国家新型优质服务业集群建设试点，支撑引领三次产业向中高端迈进。

（十）提升社会治理和公共服务水平

推广“互联网＋政务服务”，加快推进行政审批标准化建设，优化服务流程，简化办事环节，提高行政效能。提升城市治理水平，推进城市精细化、规范化管理。促进义务教育优质均衡发展，扩大普惠性学前教育和优质职业教育供给，促进和规范民办教育。健全覆盖城乡的公共就业创业服务体系。加强职业技能培训，推动实现比较充分和更高质量就业。提升社会救助、社会福利、优抚安置等保障水平。

提升优质公共服务供给能力。稳步推进进一步改善医疗服务行动计划。建立健全医疗纠纷预防调解机制，构建和谐医患关系。鼓励创造优秀文化服务产品，推动文化服务产品数字化、网络化。提高供电、供气、供热、供水服务质量和安全保障水平，创新人民群众满意的服务供给。开展公共服务质量监测和结果通报，引导提升公共服务质量水平。

（十一）加快对外贸易优化升级

加快外贸发展方式转变，培育以技术、标准、品牌、质量、服务为核心的对外经济新优势。鼓励高技术含量和高附加值项目维修、咨询、检验检测等服务出口，促进服务贸易与货物贸易紧密结合、联动发展。推动出口商品质量安全示范区建设。完善进出口商品质量安全风险预警和快速反应监管体系。促进“一带一路”沿线国家和地区、主要贸易国家和地区质量国际合作。

三、破除质量提升瓶颈

（十二）实施质量攻关工程

围绕重点产品、重点行业开展质量状况调查，组织质量比对和会商会诊，找准比较优势、行业通病和质量短板，研究制定质量问题解决方案。加强与国际优质产品的质量比对，支持企业瞄准先进标杆实施技术改造。开展重点行业工艺优化行动，组织质量提升关键技术攻关，推动企业积极应用新技术、新工艺、新材料。加强可靠性设计、试验与验证技术开发应用，推广采用先进成型方法和加工方法、在线检测控制装置、智能化生产和物流系统及检测设备。实施国防科技工业质量可靠性专项行动计划，重点解决关键系统、关键产品质量难点问题，支撑重点武器装备质量水平提升。

（十三）加快标准提档升级

改革标准供给体系，推动消费品标准由生产型向消费型、服务型转变，加快培育发展团体标准。推动军民标准通用化建设，建立标准化军民融合长效机制。推进地方标准化综合改革。开展重点行业国内外标准比对，加快转化先进适用的国际标准，提升国内外标准一致性程度，推动我国优势、特色技术标准成为国际标准。建立健全技术、专利、标准协同机制，开展对标达标活动，鼓励、引领企业主动制定和实施先进标准。全面实施企业标准自我声明公开和监督制度，实施企业标准领跑者制度。大力推进内外销产品“同线同标同质”工程，逐步消除国内外市场产品质量差距。

（十四）激发质量创新活力

建立质量分级制度，倡导优质优价，引导、保护企业质量创新和质量提升的积极性。开展新产业、新动能标准领航工程，促进新旧动能转换。完善第三方质量评价体系，开展高端品质认证，推动质量评价由追求“合格率”向追求“满意度”跃升。鼓励企业开展质量提升小组活动，促进质量管理、质量技术、质量工作法创新。鼓励企业优化功能设计、模块化设计、外观设计、人体工效学设计，推行个性化定制、柔性化生产，提高产品扩展性、耐久性、舒适性等质量特性，满足绿色环保、可持续发展、消费友好等需求。鼓励以用户为中心的微创新，改善用户体验，激发消费潜能。

（十五）推进全面质量管理

发挥质量标杆企业和中央企业示范引领作用，加强全员、全方位、全过程质量管理，提质降本增效。推广现代企业管理制度，广泛开展质量风险分析与控制、质量成本管理、质量管理体系升级等活动，提高质量在线监测、在线控制和产品全生命周期质量追溯能力，推行精益生产、清洁生产等高效生产方式。鼓励各类市场主体整合生产组织全过程要素资源，纳入共同的质量管理、标准管理、供应链管理、合作研发管理等，促进协同制造和协同创新，实现质量水平整体提升。

（十六）加强全面质量监管

深化“放管服”改革，强化事中事后监管，严格按照法律法规从各个领域、各个环节加强对质量的全方位监管。做好新形势下加强打击侵犯知识产权和制售假冒伪劣商品工作，健全打击侵权假冒长效机制。促进行政执法与刑事司法衔接。加强跨区域和跨境执法协作。加强进口商品质量安全监管，严守国门质量安全底线。开展质量问题产品专项整治和区域集中整治，严厉查处质量违法行为。健全质量违法行为记录及公布制度，加大行政处罚等政府信息公开力度。严格落实汽车等产品的修理更换退货责任规定，探索建立第三方质量担保争议处理机制。完善产品伤害监测体系，提高产品安全、环保、可靠性等要求和标准。加大缺陷产品召回力度，扩大召回范围，健全缺陷产品召回行政监管和技术支撑体系，建立缺陷产品召回管理信息共享和部门协作机制。实施服务质量监测基础建设工程。建立责任明确、反应及时、处置高效的旅游市场综合监管机制，严厉打击扰乱旅游市场秩序的违法违规行为，规范旅游市场秩序，净化旅游消费环境。

（十七）着力打造中国品牌

培育壮大民族企业和知名品牌，引导企业提升产品和服务附加值，形成自己独有的比较优势。以产业集聚区、国家自主创新示范区、高新技术产业园区、国家新型工业化产业示范基地等为重点，开展区域品牌培育，创建质量提升示范区、知名品牌示范区。实施中国精品培育工程，加强对中华老字号、地理标志等品牌培育和保护，培育更多百年老店和民族品牌。建立和完善品牌建设、培育标准体系和评价体系，开展中国品牌价值评价活动，推动品牌评价国际标准化工作。开展“中国品牌日”活动，不断凝聚社会共识、营造良好氛围、搭建交流平台，提升中国品牌的知名度和美誉度。

（十八）推进质量全民共治

创新质量治理模式，注重社会各方参与，健全社会监督机制，推进以法治为基础的社会多元治理，构建市场主体自治、行业自律、社会监督、政府监管的质量共治格局。强化质量社会监督和舆论监督。建立完善质量信号传递反馈机制，鼓励消费者组织、行业协会、第三方机构等开展产品质量比较试验、综合评价、体验式调查，引导理性消费选择。

四、夯实国家质量基础设施

（十九）加快国家质量基础设施体系建设

构建国家现代先进测量体系。紧扣国家发展重大战略和经济建设重点领域的需求，建立、改造、提升一批国家计量基准，加快建立新一代高准确度、高稳定性量子计量基准，加强军民共用计量基础设施建设。完善国家量值传递溯源体系。加快制定一批计量技术规范，研制一批新型标准物质，推进社会公用计量标准升级换代。科学规划建设计量科技基础服务、产业计量测试体系、区域计量支撑体系。

加快国家标准体系建设。大力实施标准化战略，深化标准化工作改革，建立政府主导制定的标准与市场自主制定的标准协同发展、协调配套的新型标准体系。简化国家标准制定修订程序，加强标准化技术委员会管理，免费向社会公开强制性国家标准文本，推动免费向社会公开推荐性标准文本。建立标准实施信息反馈和评估机制，及时开展标准复审和维护更新。

完善国家合格评定体系。完善检验检测认证机构资质管理和能力认可制度，加强检验检测认证公共服务平台示范区、国家检验检测高技术服务业集聚区建设。提升战略性新兴产业检验检测认证支撑能力。建立全国统一的合格评定制度和监管体系，建立政府、行业、社会等多层次采信机制。健全进出口食品企业注册备案制度。加快建立统一的绿色产品标准、认证、标识体系。

（二十）深化国家质量基础设施融合发展

加强国家质量基础设施的统一建设、统一管理，推进信息共享和业务协同，保持中央、省、市、县四级国家质量基础设施的系统完整，加快形成国家质量基础设施体系。开展国家质量基础设施协同服务及应用示范基地建设，助推中小企业和产业集聚区全面加强质量提升。构建统筹协调、协同高效、系统完备的国家质量基础设施军民融合发展体系，增强对经济建设和国防建设的整体支撑能力。深度参与质量基础设施国际治理，积极参加国际规则制定和国际组织活动，推动计量、标准、合格评定等国际互认和境外推广应用，加快我国质量基础设施国际化步伐。

（二十一）提升公共技术服务能力

加快国家质检中心、国家产业计量测试中心、国家技术标准创新基地、国家检测重点实验室等公共技术服务平台建设，创新“互联网＋质量服务”模式，推进质量技术资源、信息资源、人才资源、设备设施向社会共享开放，开展一站式服务，为产业发展提供全生命周期的技术支持。加快培育产业计量测试、标准化服务、检验检测认证服务、品牌咨询等新兴质量服务业态，为大众创业、万众创新提供优质公共技术服务。加快与“一带一路”沿线国家和地区共建共享质量基础设施，推动互联互通。

（二十二）健全完善技术性贸易措施体系

加强对国外重大技术性贸易措施的跟踪、研判、预警、评议和应对，妥善化解贸易摩擦，帮助企业规避风险，切实维护企业合法权益。加强技术性贸易措施信息服务，建设一批研究评议基地，建立统一的国家技术性贸易措施公共信息和技术服务平台。利用技术性贸易措施，倒逼企业按照更高技术标准提升产品质量和产业层次，不断提高国际市场竞争力。建立贸易争端预警机制，积极主导、参与技术性贸易措施相关国际规则和标准的制定。

五、改革完善质量发展政策和制度

（二十三）加强质量制度建设

坚持促发展和保底线并重，加强质量促进的立法研究，强化对质量创新的鼓励、引导、保护。研究修订产品质量法，建立商品质量惩罚性赔偿制度。研究服务业质量管理、产品质量担保、缺陷产品召回等领域立法工作。改革工业产品生产许可证制度，全面清理工业产品生产许可证，加快向国际通行的产品认证制度转变。建立完善产品质量安全事故强制报告制度、产品质量安全风险监控及风险调查制度。建立健全产品损害赔偿、产品质量安全责任保险和社会帮扶并行发展的多元救济机制。加快推进质量诚信体系建设，完善质量守信联合激励和失信联合惩戒制度。

（二十四）加大财政金融扶持力度

完善质量发展经费多元筹集和保障机制，鼓励和引导更多资金投向质量攻关、质量创新、质量治理、质量基础设施建设。国家科技计划持续支持国家质量基础的共性技术研究和应用重点研发任务。实施好首台（套）重大技术装备保险补偿机制。构建质量增信融资体系，探索以质量综合竞争力为核心的质量增信融资制度，将质量水平、标准水平、品牌价值等纳入企业信用评价指标和贷款发放参考因素。加大产品质量保险推广力度，支持企业运用保险手段促进产品质量提升和新产品推广应用。

推动形成优质优价的政府采购机制。鼓励政府部门向社会力量购买优质服务。加强政府采购需求确定和采购活动组织管理，将质量、服务、安全等要求贯彻到采购文件制定、评审活动、采购合同签订全过程，形成保障质量和安全的政府采购机制。严格采购项目履约验收，切实把好产品和服务质量关。加强联合惩戒，依法限制严重质量违法失信企业参与政府采购活动。建立军民融合采购制度，吸纳扶持优质民口企业进入军事供应链体系，拓宽企业质量发展空间。

（二十五）健全质量人才教育培养体系

将质量教育纳入全民教育体系。加强中小学质量教育，开展质量主题实践活动。推进高等教育人才培养质量，加强质量相关学科、专业和课程建设。加强职业教育技术技能人才培养质量，推动企业和职业院校成为质量人才培养的主体，推广现代学徒制和企业新型学徒制。推动建立高等学校、科研院所、行业协会和企业共同参与的质量教育网络。实施企业质量素质提升工程，研究建立质量工程技术人员评价制度，全面提高企业经营管理者、一线员工的质量意识和水平。加强人才梯队建设，实施青年职业能力提升计划，完善技术技能人才培养培训工作体系，培育众多“中国工匠”。发挥各级工会组织和共青团组织作用，开展劳动和技能竞赛、青年质量提升示范岗创建、青年质量控制小组实践等活动。

（二十六）健全质量激励制度

完善国家质量激励政策，继续开展国家质量奖评选表彰，树立质量标杆，弘扬质量先进。加大对政府质量奖获奖企业在金融、信贷、项目投资等方面的支持力度。建立政府质量奖获奖企业和个人先进质量管理经验的长效宣传推广机制，形成中国特色质量管理模式和体系。研究制定技术技能人才激励办法，探索建立企业首席技师制度，降低职业技能型人才落户门槛。

六、切实加强组织领导

（二十七）实施质量强国战略

坚持以提高发展质量和效益为中心，加快建设质量强国。研究编制质量强国战略纲要，明确质量发展目标任务，统筹各方资源，推动中国制造向中国创造转变、中国速度向中国质量转变、中国产品向中国品牌转变。持续开展质量强省、质量强市、质量强县示范活动，走出一条中国特色质量发展道路。

（二十八）加强党对质量工作领导

健全质量工作体制机制，完善研究质量强国战略、分析质量发展形势、决定质量方针政策的工作机制，建立“党委领导、政府主导、部门联合、企业主责、社会参与”的质量工作格局。加强对质量发展的统筹规划和组织领导，建立健全领导体制和协调机制，统筹质量发展规划制定、质量强国建设、质量品牌发展、质量基础建设。地方各级党委和政府要将质量工作摆到重要议事日程，加强质量管理和队伍能力建设，认真落实质量工作责任制。强化市、县政府质量监管职责，构建统一权威的质量工作体制机制。

（二十九）狠抓督察考核

探索建立中央质量督察工作机制，强化政府质量工作考核，将质量工作考核结果作为各级党委和政府领导班子及有关领导干部综合考核评价的重要内容。以全要素生产率、质量竞争力指数、公共服务质量满意度等为重点，探索构建符合创新、协调、绿色、开放、共享发展理念的新型质量统计评价体系。健全质量统计分析制度，定期发布质量状况分析报告。

（三十）加强宣传动员

大力宣传党和国家质量工作方针政策，深入报道我国提升质量的丰富实践、重大成就、先进典型，讲好中国质量故事，推介中国质量品牌，塑造中国质量形象。将质量文化作为社会主义核心价值观教育的重要内容，加强质量公益宣传，提高全社会质量、诚信、责任意识，丰富质量文化内涵，促进质量文化传承发展。把质量发展纳入党校、行政学院和各类干部培训院校教学计划，让质量第一成为各级党委和政府的根本理念，成为领导干部工作责任，成为全社会、全民族的价值追求和时代精神。

各地区各部门要认真落实本意见精神，结合实际研究制定实施方案，抓紧出台推动质量提升的具体政策措施，明确责任分工和时间进度要求，确保各项工作举措和要求落实到位。要组织相关行业和领域，持续深入开展质量提升行动，切实提升质量总体水平。

河北雄安新区规划纲要
（节选）

第八章　建设绿色智慧新城

按照绿色、智能、创新要求，推广绿色低碳的生产生活方式和城市建设运营模式，使用先进环保节能材料和技术工艺标准进行城市建设，营造优质绿色市政环境，加强综合地下管廊建设，同步规划建设数字城市，筑牢绿色智慧城市基础。

第一节　坚持绿色低碳发展

严格控制碳排放。优化能源结构，推进资源节约和循环利用，推广绿色低碳的生产生活方式和城市建设运营模式，保护碳汇空间、提升碳汇能力。

确定用水总量和效率红线。按照以水定城、以水定人的要求，强化用水总量管理。实行最严格水资源管理制度，实施节约用水制度化管理，对城市生活、农业等各类用水强度指标严格管控，全面推进节水型社会建设。

建设海绵城市。尊重自然本底，构建河湖水系生态缓冲带，提升城市生态空间在雨洪调蓄、雨水径流净化、生物多样性等方面的功能，促进生态良性循环。综合采用“雨水花园、下沉式绿地、生态湿地”等低影响开发设施，实现中小降雨100%自然积存、净化，规划城市建设区雨水年径流总量控制率不低于85%。

推广绿色建筑。全面推动绿色建筑设计、施工和运行，开展节能住宅建设和改造。新建政府投资及大型公共建筑全面执行三星级绿色建筑标准。

使用绿色建材。引导选用绿色建材，开发选用当地特色的自然建材、清洁生产和更高环保认证水准的建材、旧物利用和废弃物再生的建材，积极稳妥推广装配式、可循环利用的建筑方式。

第二节　构建绿色市政基础设施体系

建设集约高效的供水系统。划分城镇供水分区，各分区间设施集成共享、互为备用，提高供水效率。因地制宜推进雨水和再生水等各类非常规水资源利用，实现用水分类分质供应，采用管网分区计量管理，提高管网精细化、信息化管理水平，有效节约水资源。

完善雨污分流的雨水排除工程系统。加强城市排水河道、排涝渠、雨水调蓄区、雨水管网和泵站等工程建设，实现建成区雨水系统全覆盖。新建雨水系统全部实行雨水、污水分流制，逐步将容城、雄县、安新县城现有合流系统改造为分流制。

建设循环再生的污水处理系统。统筹考虑污水收集处理和再生利用的便捷性、经济性，建设适度分散的设施。在特色小城镇、村庄推广分散式生态化的污水处理技术。

完善保障有力的供电系统。增强区域电力供应，建设区域特高压供电网络。改造提升现有变电站，新建500千伏和220千伏变电站。积极引入风电、光电等可再生能源，作为新区电力供应的重要来源。新区供电可靠率达到99.999%。

建设安全可靠燃气供应系统。根据新区发展需要，以长输管道天然气为主要气源，LNG为调峰应急气源，新建若干门站、LNG储配站，形成多源多向、互联互通的新区燃气输配工程系统。

建设清洁环保的供热系统。科学利用地热资源，统筹天然气、电力、地热、生物质等能源供给方式，形成多能互补的清洁供热系统。

建设先进专业的垃圾处理系统。按照减量化、资源化、无害化的要求，全面实施垃圾源头分类减量、分类运输、分类中转、分类处置，建设兼具垃圾分类与再生资源回收功能的交投点、中转站、终端处理设施、生态环境园，最终实现原生垃圾零填埋，生活垃圾无害化处理率达到100%，城市生活垃圾回收资源利用率达到45%以上。

第三节　合理开发利用地下空间

有序利用地下空间。按照安全、高效、适度的原则，结合城市功能需求，积极利用浅层、次浅层空间，有条件利用次深层空间，弹性预留深层空间；协调各系统的空间布局，制定相互避让原则，明确各系统平面及竖向层次关系，实施分层管控及引导。

优先布局基础设施。在城市干路、高强度开发和管线密集地区，根据城市发展需要，建设干线、支线和缆线管廊等多级网络衔接的市政综合管廊系统。建设地下综合防灾设施，形成平灾结合、高效利用的地下综合防灾系统。

建立统筹协调机制。坚持统筹规划、整体设计、统一建设、集中管理，健全管理体制和运行机制，完善用地制度和权籍管理，推进地下空间管理信息化建设，保障地下空间有序利用。

第四节　同步建设数字城市

坚持数字城市与现实城市同步规划、同步建设，适度超前布局智能基础设施，推动全域智能化应用服务实时可控，建立健全大数据资产管理体系，打造具有深度学习能力、全球领先的数字城市。

加强智能基础设施建设。与城市基础设施同步建设感知设施系统，形成集约化、多功能监测体系，打造城市全覆盖的数字化标识体系，构建城市物联网统一开放平台，实现感知设备统一接入、集中管理、远程调控和数据共享、发布；打造地上地下全通达、多网协同的泛在无线网络，构建完善的城域骨干网和统一的智能城市专网；搭建云计算、边缘计算等多元普惠计算设施，实现城市数据交换和预警推演的毫秒级响应，打造汇聚城市数据和统筹管理运营的智能城市信息管理中枢，对城市全局实时分析，实现公共资源智能化配置。

构建全域智能化环境。推进数字化、智能化城市规划和建设，建立城市智能运行模式，建设智能能源、交通、物流系统等；构建城市智能治理体系，建设全程在线、高效便捷，精准监测、高效处置，主动发现、智能处置的智能政务、智能环保、数字城管。建立企业与个人数据账户，探索建立全数字化的个人诚信体系。健全城市智能民生服务，搭建普惠精准、定制服务的智能教育医疗系统，打造以人为本、全时空服务的智能社区。

建立数据资产管理体系。构建透明的全量数据资源目录、大数据信用体系和数据资源开放共享管理体系。建设安全可信的网络环境，建立安全态势感知、监测、预警、溯源、处置网络系统，打造全时、全域、全程的网络安全态势感知决策体系，加强网络安全相关制度建设。

国家发展改革委 科技部关于构建市场导向的绿色技术创新体系的指导意见

发改环资〔2019〕689号

教育部、工业和信息化部、财政部、人力资源社会保障部、自然资源部、生态环境部、住房城乡建设部、水利部、农业农村部、商务部、中国人民银行、国务院国资委、税务总局、市场监管总局、中国银保监会、中国证监会、国家能源局、国家林草局、国家知识产权局，各省、自治区、直辖市发展改革委、科技厅（委、局）：

绿色技术是指降低消耗、减少污染、改善生态，促进生态文明建设、实现人与自然和谐共生的新兴技术，包括节能环保、清洁生产、清洁能源、生态保护与修复、城乡绿色基础设施、生态农业等领域，涵盖产品设计、生产、消费、回收利用等环节的技术。绿色技术创新正成为全球新一轮工业革命和科技竞争的重要新兴领域。伴随我国绿色低碳循环发展经济体系的建立健全，绿色技术创新日益成为绿色发展的重要动力，成为打好污染防治攻坚战、推进生态文明建设、推动高质量发展的重要支撑。为强化科技创新引领，加快推进生态文明建设，推动高质量发展，现对构建市场导向的绿色技术创新体系提出以下意见。

一、总体要求

（一）总体思路

以习近平新时代中国特色社会主义思想为指导，全面贯彻党的十九大和十九届二中、三中全会精神，认真落实党中央、国务院决策部署，坚持节约资源和保护环境的基本国策，围绕生态文明建设，以解决资源环境生态突出问题为目标，以激发绿色技术市场需求为突破口，以壮大创新主体、增强创新活力为核心，以优化创新环境为着力点，强化产品全生命周期绿色管理，加快构建企业为主体、产学研深度融合、基础设施和服务体系完备、资源配置高效、成果转化顺畅的绿色技术创新体系，形成研究开发、应用推广、产业发展贯通融合的绿色技术创新新局面。

（二）基本原则

坚持绿色理念。贯彻人与自然和谐共生的理念，通过建立绿色技术标准体系、产品全生命周期管理、绿色金融等措施，塑造绿色技术创新环境，汇聚社会各方力量，着力于降低消耗、减少污染和改善生态技术供给和产业化，为经济社会向绿色发展方式和生活方式转变提供基本动力。

坚持市场导向。尊重和把握绿色技术创新的市场规律，充分发挥市场在绿色技术创新领域、技术路线选择及创新资源配置中的决定性作用。充分发挥企业在绿色技术研发、成果转化、示范应用和产业化中主体作用，培育发展一批绿色技术创新龙头企业。发挥企业的带动作用，推进“产学研金介”深度融合、协同创新。

坚持完善机制。加快生态文明体制改革，推动环境治理从末端应对向全生命周期管理转变。加快科技体制改革，创新政府对绿色技术创新的管理方式，通过进一步强化服务、完善体制机制，提高绿色技术创新的回报率，激发创新活力，促进成果转化应用。

坚持开放合作。以国际视野谋划绿色技术创新，积极参与全球环境治理，加强绿色技术创新国际交流合作。加大绿色技术创新对外开放，积极引进、消化、吸收国际先进绿色技术，促进国内企业“走出去”，全面提升我国绿色技术创新对外开放格局和地位。

（三）主要目标

到2022年，基本建成市场导向的绿色技术创新体系。企业绿色技术创新主体地位得到强化，出现一批龙头骨干企业，“产学研金介”深度融合、协同高效；绿色技术创新引导机制更加完善，绿色技术市场繁荣，人才、资金、知识等各类要素资源向绿色技术创新领域有效集聚，高效利用，要素价值得到充分体现；绿色技术创新综合示范区、绿色技术工程研究中心、创新中心等形成系统布局，高效运行，创新成果不断涌现并充分转化应用；绿色技术创新的法治、政策、融资环境充分优化，国际合作务实深入，创新基础能力显著增强。

二、培育壮大绿色技术创新主体

（四）强化企业的绿色技术创新主体地位

研究制定绿色技术创新企业认定标准规范，开展绿色技术创新企业认定。开展绿色技术创新“十百千”行动，培育10个年产值超过500亿元的绿色技术创新龙头企业，支持100家企业创建国家绿色企业技术中心，认定1000家绿色技术创新企业。积极支持“十百千”企业承担国家和地方部署的重点绿色技术创新项目。研究制定支持经认定的绿色技术创新企业的政策措施。

加大对企业绿色技术创新的支持力度，财政资金支持的非基础性绿色技术研发项目、市场导向明确的绿色技术创新项目都必须要有企业参与，国家重大科技专项、国家重点研发计划支持的绿色技术研发项目由企业牵头承担的比例不少于55%。（科技部、国家发展改革委按职责分工负责）

（五）激发高校、科研院所绿色技术创新活力

健全科研人员评价激励机制，增加绿色技术创新科技成果转化数量、质量、经济效益在绩效考核评优、科研考核加分和职称评定晋级中的比重。允许绿色技术发明人或研发团队以持有股权、分红等形式获得技术转移转化收益，科研人员离岗后仍保持持有股权的权利。以技术转让、许可或作价投资方式转化职务绿色技术创新成果的，发明人或研发团队获净收入的比例不低于50%。科技人员从转化绿色技术创新成果所获现金收入，符合现行税收政策规定条件的，可享受减按50%计入科技人员当月“工资、薪金所得”计征个人所得税优惠政策。高校、科研院所科研人员依法取得的绿色技术创新成果转化奖励收入，不受本单位绩效工资总量限制，不纳入绩效工资总量核定基数。

加强绿色技术创新人才培养，在高校设立一批绿色技术创新人才培养基地，加强绿色技术相关学科专业建设，持续深化绿色领域新工科建设，主动布局绿色技术人才培养。选好用好绿色技术创新领军人物、拔尖人才，选择部分职业教育机构开展绿色技术专业教育试点，引导技术技能劳动者在绿色技术领域就业、服务绿色技术创新。（科技部、教育部、财政部、人力资源社会保障部、税务总局按职责分工负责）

（六）推进“产学研金介”深度融合

支持龙头企业整合高校、科研院所、产业园区等力量建立具有独立法人地位、市场化运行的绿色技术创新联合体，科研人员可以技术入股、优先控股，推动科研人员、企业、高校、科研院所、金融机构等“捆绑”，实现人力资本、技术资本和金融资本相互催化、相互渗透、相互激励。

鼓励和规范绿色技术创新人才流动，高校、科研院所科技人员按国家有关政策到绿色技术创新企业任职兼职、离岗创业、转化科技成果期间，保留人员编制，三年内可在原单位正常申报职称，创新成果作为职称评定依据；高校、科研院所按国家有关政策通过设置流动性岗位，引进企业人员兼职从事科研，不受兼职取酬限制，可以担任绿色技术创新课题或项目牵头人，组建科研团队。

发挥龙头企业、骨干企业带动作用，企业牵头，联合高校、科研院所、中介机构、金融资本等共同参与，依法依规建立一批分领域、分类别的专业绿色技术创新联盟。更大力度实施绿色技术领域产学合作协同育人项目，支持联盟整合产业链上下游资源，联合开展绿色技术创新技术攻关研究。（科技部、教育部、农业农村部、人力资源社会保障部、国家发展改革委、国家能源局按职责分工负责）

（七）加强绿色技术创新基地平台建设

在绿色技术领域培育建设一批国家工程研究中心、国家技术创新中心、国家科技资源共享服务平台等创新基地平台，优先在京津冀、长江经济带、

珠三角等地区布局。在全国建设基础性长期性野外生态观测研究站等科研监测观测网络和一批科学数据中心，并按规定向社会开放数据。高等院校、科研院所、国有企业以及政府支持建设的各类绿色技术创新基地平台均应向社会开放共享，向全社会主动发布绿色技术研发成果并持续动态更新。建立各类创新基地平台的评估考核激励机制，淘汰不达标的创新基地平台，建立动态调整机制。国家科技计划项目向绿色技术创新基地平台倾斜。（科技部、国家发展改革委牵头，自然资源部、水利部、农业农村部、国家林草局等参与）

三、强化绿色技术创新的导向机制

（八）加强绿色技术创新方向引导

制定发布绿色产业指导目录、绿色技术推广目录、绿色技术与装备淘汰目录，引导绿色技术创新方向，推动各行业技术装备升级，鼓励和引导社会资本投向绿色产业。

强化对重点领域绿色技术创新的支持，围绕节能环保、清洁生产、清洁能源、生态保护与修复、城乡绿色基础设施、城市绿色发展、生态农业等领域关键共性技术、前沿引领技术、现代工程技术、颠覆性技术创新，对标国际先进水平，通过国家科技计划，前瞻性、系统性、战略性布局一批研发项目，突破关键材料、仪器设备、核心工艺、工业控制装置的技术瓶颈，推动研制一批具有自主知识产权、达到国际先进水平的关键核心绿色技术，切实提升原始创新能力。

健全政府支持的绿色技术科研项目立项、验收、评价机制。树立“项目从需求中来，成果到应用中去”的理念，建立常态化绿色技术需求征集机制，紧紧围绕重大关键绿色技术需求部署科研项目。改革科研绩效评价机制，建立科学分类、合理多元的评价体系，强化目标任务考核和现场验收，重点考核技术的实际效果、成熟度与示范推广价值。（国家发展改革委、科技部、住房城乡建设部、生态环境部、工业和信息化部、自然资源部、水利部、农业农村部、国家能源局、国家林草局按职责分工负责）

（九）强化绿色技术标准引领

实施绿色技术标准制修订专项计划，明确重点领域标准制修订任务。强化绿色技术通用标准研究，在生态环境污染防治、资源节约和循环利用、城市绿色发展、新能源、能耗和污染物协同控制技术等重点领域制定一批绿色技术标准，明确绿色技术关键性能和技术指标，开展绿色技术效果评估和验证。

依法完善产品能效、水效、能耗限额、碳排放、污染物排放等强制性标准，定期对强制性标准进行评估，及时更新修订。强化标准贯彻实施，倒逼企业进行绿色技术创新、采用绿色技术进行升级改造。（市场监管总局、科技部、国家发展改革委、生态环境部、住房和城乡建设部牵头，工业和信息化部、自然资源部、水利部、农业农村部、国家能源局等参与）

（十）建立健全政府绿色采购制度

扩大政府绿色采购范围，在现有节能环保产品的基础上增加循环、低碳、再生、有机等产品政府采购。鼓励国有企业、其他企业自主开展绿色采购。

遴选市场急需、具有实用价值、开发基础较好的共性关键绿色技术，政府以招标采购等方式购买技术，通过发布公告等形式向社会免费推广应用。（财政部、国家发展改革委、科技部、生态环境部牵头，国务院国资委等参与）

（十一）推进绿色技术创新评价和认证

推行产品绿色（生态）设计，发布绿色（生态）设计产品名单，编制相关评价技术规范。大力推动绿色生产，健全绿色工厂评价体系，开展绿色工厂建设示范。推动企业运用互联网信息化技术，建立覆盖原材料采购、生产、物流、销售、回收等环节的绿色供应链管理体系。

继续推进建立统一的绿色产品认证制度，对家用电器、汽车、建材等主要产品，基于绿色技术标准，从设计、材料、制造、消费、物流和回收、再利用环节开展产品全生命周期和全产业链绿色认证。积极开展第三方认证，加强认证结果采信，推动认证机构对认证结果承担连带责任。（工业和信息化部、市场监管总局、国家发展改革委、住房城乡建设部按职责分工负责）

四、推进绿色技术创新成果转化示范应用

（十二）建立健全绿色技术转移转化市场交易体系

建立综合性国家级绿色技术交易市场，通过市

场手段促进绿色技术创新成果转化。鼓励各地区、有关单位依托或整合现有交易场所，建设区域性、专业性特色鲜明的绿色技术交易市场。建立健全市场管理制度，规范市场秩序。对通过绿色技术交易市场对接成交的技术，国家和项目所在地地方政府应积极支持项目落地。推广科技成果转移转化与金融资本结合的综合性服务平台与服务模式，提高绿色技术转移转化效率。

加强绿色技术交易中介机构能力建设，制定绿色技术创新中介机构评价规范和管理制度，培育一批绿色技术创新第三方检测、评价、认证等中介服务机构，培育一批专业化的绿色技术创新“经纪人”。（科技部、国家发展改革委牵头，财政部、中国银保监会、中国证监会等参与）

（十三）完善绿色技术创新成果转化机制

落实首台（套）重大技术装备保险补偿政策措施，支持首台（套）绿色技术创新装备示范应用。继续实施重点新材料首批次应用保险补偿机制，运用市场化手段促进重点新材料推广应用。

支持企业、高校、科研机构等建立绿色技术创新项目孵化器、创新创业基地。建设绿色技术中试公共设施，研究制定相关制度，为绿色技术中试设施建设创造宽松条件。采取政府购买服务等方式，健全绿色技术创新公共服务体系，扶持初创企业和成果转化。

积极发挥国家科技成果转化引导基金的作用，每年遴选一批重点绿色技术创新成果支持转化应用。引导各类天使投资、创业投资基金、地方创投基金等支持绿色技术创新成果转化。（科技部、国家发展改革委、工业和信息化部、住房城乡建设部牵头，生态环境部、中国银保监会、中国证监会等参与）

（十四）强化绿色技术创新转移转化综合示范

选择绿色技术创新基础较好的城市，建设绿色技术创新综合示范区。鼓励绿色技术创新综合示范区创新“科学＋技术＋工程”的组织实施模式，组织优势创新力量，实施城市黑臭水体治理、渤海综合治理、长江保护修复、农业农村污染治理、煤炭清洁高效利用、固体废弃物综合利用、工业节能节水、绿色建筑、建筑节能、清洁取暖、海绵城市、高效节能电器、清洁能源替代、海洋生物资源开发利用、海水淡化与综合利用等技术研发重大项目和示范工程，探索绿色技术创新与政策管理创新协同发力，实现绿色科技进步和技术创新驱动绿色发展。建立绿色技术创新示范区考核评价机制，淘汰不达标的示范区。

采用“园中园”模式，在国家级高新技术开发区、经济技术开发区等开展绿色技术创新转移转化示范，推动有条件的产业集聚区向绿色技术创新集聚区转变。推进绿色生态城市建设，鼓励绿色生态城市建设过程中积极采用绿色新技术。（科技部、国家发展改革委、住房城乡建设部牵头，工业和信息化部、自然资源部、生态环境部、商务部、水利部、农业农村部、国家林草局、国家能源局等参与）

五、优化绿色技术创新环境

（十五）强化绿色技术知识产权保护与服务

健全绿色技术知识产权保护制度，强化绿色技术研发、示范、推广、应用、产业化各环节知识产权保护。知识产权部门会同有关方面共同建立绿色技术知识产权保护联系机制、公益服务机制、工作联动机制，开展打击侵犯绿色技术知识产权行为的专项行动。建立绿色技术侵权行为信息记录，将有关信息纳入全国公共信用共享平台。强化绿色技术创新知识产权服务，推进建立绿色技术知识产权审查“快速通道”，为绿色技术知识产权提供快速审查、快速确权、快速维权一体化的综合服务，完善绿色技术知识产权统计监测。（国家知识产权局牵头，科技部、国家发展改革委等参与）

（十六）加强绿色技术创新金融支持

引导银行业金融机构合理确定绿色技术贷款的融资门槛，积极开展金融创新，支持绿色技术创新企业和项目融资。研究制定公募和私募基金绿色投资标准和行为指引，把绿色技术创新作为优先支持领域。发展多层次资本市场和并购市场，健全绿色技术创新企业投资者退出机制。鼓励绿色技术创新企业充分利用国内外市场上市融资。鼓励保险公司开发支持绿色技术创新和绿色产品应用的保险产品。鼓励地方政府通过担保基金或委托专业担保公司等方式，对绿色技术创新成果转化和示范应用提供担保或其他类型的风险补偿。涉及绿色金融对绿色技术创新的相关试点，在国务院批复的绿色金融改革创新试验区先行先试。（中国人民银行、国家发展改革委、中国银保监会、中国证监会按职责分工负责）

（十七）推进全社会绿色技术创新

组织开展绿色技术创新创业大赛，对大赛获奖企业、机构和个人予以奖励。鼓励相关单位开展绿色技术创新比赛、投资大会、创业路演、创新论坛和创新成果推介会、拍卖会、交易会等服务活动，推动绿色技术创新创业者与投融资机构对接。国家按照科学技术奖励的有关规定对攻克绿色重大关键技术、创造显著经济社会效益或生态环境效益的个人或组织给予奖励。

推进绿色技术众创，在创新资源集中的科技园区、创业基地建立绿色技术众创空间，引导高校科研人员创办绿色技术创新企业。鼓励企业、科研机构开展绿色技术创新活动、建立激励机制，提高员工的绿色创新意识。

通过全国“双创”周、全国节能宣传周、六五环境日、全国低碳日等平台加强绿色技术创新宣传，引导各类媒体加大宣传力度，发掘典型案例，推广成功经验。在全社会营造绿色技术创新文化氛围，促进绿色技术创新信息和知识传播，积极引导绿色发展方式和生活方式。（科技部、国家发展改革委、生态环境部、住房城乡建设部牵头，中国银保监会、中国证监会等参与）

六、加强绿色技术创新对外开放与国际合作

（十八）深化绿色技术创新国际合作

深度参与全球环境治理，促进绿色技术创新领域的国际交流合作。以二十国集团(G20)、一带一路、金砖国家等合作机制为依托，推进建立“一带一路”绿色技术创新联盟等合作机构，强化绿色技术创新国际交流。

通过举办博览会、论坛等形式积极传播绿色技术创新理念和成果，促进绿色技术国际交易和转移转化，推动龙头企业在部分国际绿色技术研发领域发挥引领作用。开展国际十大最佳节能技术和十大最佳节能实践（“双十佳”）评选和推广，促进优秀绿色技术成果推广应用。（科技部、国家发展改革委、生态环境部按职责分工负责）

（十九）加大绿色技术创新对外开放

积极引进国际先进绿色技术，鼓励国际绿色技术持有方通过技术入股、合作设立企业等方式，推动绿色技术创新成果在国内转化落地，强化对国际绿色技术的产权保护。支持国家级经济技术开发区等建设国际合作生态园区，国外绿色技术创新企业独资或合资在国内设立绿色技术创新园区或建设“园中园”，按规定享有与国内企业同等优惠的政策。

积极创造便利条件，鼓励有条件的企业、本科高校、职业院校和科研院所“走出去”，按照国际规则开展互利合作，促进成熟绿色技术在其他国家转化和应用。（科技部、国家发展改革委、教育部、商务部、工业和信息化部、生态环境部、住房城乡建设部按职责分工负责）

七、组织实施

（二十）加强统筹协调

国家发展改革委、科技部牵头建立绿色技术创新部际协调机制。各地区、各部门要结合各自实际，加强政策衔接，制定落实方案或强化对相关领域的创新支持，加强组织领导，明确责任，加大投入力度，切实落实各项任务措施。（国家发展改革委、科技部牵头）

（二十一）强化评价考核

加强绿色技术创新政策评估与绩效评价，建立绿色技术创新评价体系，将绿色技术创新成果、推广应用情况等纳入创新驱动发展、高质量发展、生态文明建设评价考核内容。（科技部、国家发展改革委牵头）

（二十二）加强示范引领

发挥绿色技术创新综合示范区、绿色技术工程研究中心、绿色技术创新中心、绿色企业技术中心等作用，探索绿色技术创新与绿色管理制度协同发力的有效模式，及时总结可复制推广的做法和成功经验，发挥示范带动作用。（科技部、国家发展改革委牵头）

国家发展改革委等七部门联合印发的《绿色产业指导目录（2019年版）》

（发改环资〔2019〕293号）

加强生态文明建设、推进绿色发展，需要强有力的技术支撑和产业基础。发展绿色产业，既是推进生态文明建设、打赢污染防治攻坚战的有力支撑，也是培育绿色发展新动能、实现高质量发展的重要内容。近年来，各地区、各部门对发展绿色产业高度重视，出台了一系列政策措施，有力促进了绿色产业的发展壮大。但同时也面临概念泛化、标准不一、监管不力等问题。为进一步厘清产业边界，将有限的政策和资金引导到对推动绿色发展最重要、最关键、最紧迫的产业上，有效服务于重大战略、重大工程、重大政策，为打赢污染防治攻坚战、建设美丽中国奠定坚实的产业基础，国家发展改革委会同有关部门研究制定了《绿色产业指导目录（2019年版）》（以下简称《目录》）。现印发你们，并就有关事项通知如下。

一、各地方、各部门要以《目录》为基础，根据各自领域、区域发展重点，出台投资、价格、金融、税收等方面政策措施，着力壮大节能环保、清洁生产、清洁能源等绿色产业。

二、国家发展改革委将联合相关部门，根据投资、价格、金融等不同支持政策的实际需要，逐步制定以《目录》为基础的细化目录或子目录，指导各机关、团体、企业、社会组织更好支持绿色产业发展，着力提高《目录》的可操作性。

三、国家发展改革委将会同相关部门，依托社会力量，设立绿色产业专家委员会，为《目录》在各领域的落实、细化目录和子目录的制定、绿色产业标准制定等工作提供相关专业意见。逐步建立绿色产业认定机制，有序引入社会中介组织开展相关服务。

四、各地方、各部门要进一步加强国际国内经验交流，推广壮大绿色产业的经验做法，推动建立《目录》同相关国际绿色标准之间的互认机制。国家发展改革委将联合各部门，在权限范围内对各地区和从事相关工作的协会、委员会、认证机构、企业等进行指导或检查。各地方在贯彻执行《目录》的过程中，如遇新情况、新问题，请及时向相关部门报告。

五、各地方、各部门要加强《目录》与既有绿色产业支持政策的衔接，妥善处理存量资金和项目，逐步根据《目录》调整政策支持范围。既有政策的数据统计可按《目录》公布前、《目录》公布后分别进行统计。

六、国家发展改革委将会同有关部门，根据国家生态文明建设重大任务、资源环境状况、污染防治攻坚重点、科学技术进步、产业市场发展等因素，适时对《目录》进行调整和修订。

附件：1. 绿色产业指导目录（2019年版）

2.《绿色产业指导目录（2019年版）》的解释说明

国家发展改革委
工业和信息化部
自然资源部
生态环境部
住房和城乡建设部
人民银行
国家能源局
2019年2月14日

市场监管总局关于发布《绿色产品标识使用管理办法》的公告

为贯彻落实中共中央、国务院印发的《生态文明体制改革总体方案》（中发〔2015〕25 号）和《国务院办公厅关于建立统一的绿色产品标准、认证、标识体系的意见》（国办发〔2016〕86 号）相关任务要求，推动绿色产品标识整合，配合绿色产品认证工作开展，市场监管总局制定了《绿色产品标识使用管理办法》，现予以公告。

市场监管总局

2019 年 5 月 5 日

绿色产品标识使用管理办法

第一章　总则

第一条　为加快推进生态文明体制建设，规范绿色产品标识使用，依据国家有关法律、行政法规以及《生态文明体制改革总体方案》（中发〔2015〕25 号）、《国务院办公厅关于建立统一的绿色产品标准、认证、标识体系的意见》（国办发〔2016〕86 号）的相关要求，按照“市场导向、开放共享、社会共治”的原则，制定本办法。

第二条　市场监管总局统一发布绿色产品标识，建设和管理绿色产品标识信息平台（以下简称信息平台），并对绿色产品标识使用实施监督管理。

结合绿色产品认证制度建立实际情况，相关认证机构、获证企业根据需要自愿使用绿色产品标识。使用绿色产品标识时，应遵守本办法所规定相关要求。

第三条　绿色产品标识适用范围。

（一）认证活动一：认证机构对列入国家统一的绿色产品认证目录的产品，依据绿色产品评价标准清单中的标准，按照市场监管总局统一制定发布的绿色产品认证规则开展的认证活动；

（二）认证活动二：市场监管总局联合国务院有关部门共同推行统一的涉及资源、能源、环境、品质等绿色属性（如环保、节能、节水、循环、低碳、再生、有机、有害物质限制使用等，以下简称绿色属性）的认证制度，认证机构按照相关制度明确的认证规则及评价依据开展的认证活动；

（三）市场监管总局联合国务院有关部门共同推行的涉及绿色属性的自我声明等合格评定活动（以下简称其他绿色属性合格评定活动）。

第二章　绿色产品标识的样式

第四条　绿色产品标识的基本图案如下所示。

获得认证的产品或其随附文件使用本标识时，应同时在绿色产品标识右侧标注发证机构标志；同一产品获得两家及以上认证机构颁发的绿色属性认证证书时，标注相应全部发证机构标志。

认证活动一的绿色产品标识样式为：

认证活动二的绿色产品标识样式为：

对认证活动二，若需要在基本图案上标注其他识别信息的，须在相应制度方案中予以明确。

其他绿色属性合格评定活动如使用绿色产品标识的，样式在相应制度方案中予以明确。

第五条 绿色产品标识基本图案的矢量图可在信息平台自行下载。绿色产品标识可按比例放大或缩小，标注后应清晰可识。

第三章 绿色产品标识的使用

第六条 除相关制度方案或认证机构另行要求外，企业可自主选择任意制作工艺（如印制、模压等）在产品本体、铭牌、包装、随附文件（如说明书、合格证等）、操作系统、电子销售平台等位置使用或展示绿色产品标识。

绿色产品标识的颜色应选用白色底版、绿色图案。

第七条 从事本办法所述认证活动一、认证活动二的认证机构应经市场监管总局批准，并在批准范围内从事认证活动、使用绿色产品标识。

获得批准的认证机构应结合本办法要求，制定并公布本机构绿色产品标识使用管理要求。认证机构授权获证企业使用绿色产品标识时，应在信息平台（www.chinagreenproduct.cn）上完成认证信息报送，所报送内容包括产品及企业信息、认证模式、认证/检验检测机构信息、获证证书信息及产品绿色属性的评价依据、评价项目、限值指标等。

第八条 对同一产品获得两家及以上认证机构颁发的绿色属性认证证书的，信息平台通过企业数据及产品型号对该产品所涉及全部绿色属性认证信息予以整合发布。

第九条 完成认证信息报送后，信息平台将生成含有对应产品全部绿色属性信息的二维码并提供下载链接，企业可自愿将二维码标注在所对应产品的适当位置（如：产品本体、铭牌、包装、随附文件、操作系统、电子销售平台等），以供政策采信或消费识别选择。

第十条 其他绿色属性合格评定活动如使用绿色产品标识的，具体使用方式及符合性信息报送要求须在相应制度方案中予以明确。

第四章 绿色产品标识的监督管理

第十一条 绿色产品标识使用方（认证机构、获证企业等）应建立具体管理措施，确保绿色产品标识依据本办法正确使用和标注。

第十二条 认证及自我声明等合格评定活动中存在的绿色产品标识违规使用相关情况，依据有关法律法规进行处罚。对涉企行政处罚信息，将通过国家企业信用信息公示系统依法向社会公示。

第五章 附则

第十三条 本办法由市场监管总局负责解释。

第十四条 本办法自 2019 年 6 月 1 日起实施。

市场监管总局办公厅　住房和城乡建设部办公厅　工业和信息化部办公厅关于印发绿色建材产品认证实施方案的通知

市监认证〔2019〕61号

各省、自治区、直辖市及新疆生产建设兵团市场监管局（厅、委）、住房和城乡建设厅（委、局）、工业和信息化主管部门：

为贯彻落实《质检总局 住房和城乡建设部 工业和信息化部 国家认监委 国家标准委关于推动绿色建材产品标准、认证、标识工作的指导意见》（国质检认联〔2017〕544号），推进绿色建材产品认证工作，市场监管总局、住房和城乡建设部、工业和信息化部制定了《绿色建材产品认证实施方案》，现印发给你们，请结合实际认真组织实施。

市场监管总局办公厅
住房和城乡建设部办公厅
工业和信息化部办公厅
2019年10月25日
（此件公开发布）

绿色建材产品认证实施方案

为推进实施绿色建材产品认证制度，健全绿色建材市场体系，增加绿色建材产品供给，提升绿色建材产品质量，促进建材工业和建筑业转型升级，根据《质检总局　住房和城乡建设部　工业和信息化部　国家认监委　国家标准委关于推动绿色建材产品标准、认证、标识工作的指导意见》（国质检认联〔2017〕544号，以下简称《指导意见》），制定本方案。

一、组织领导与保障

成立绿色建材产品标准、认证、标识推进工作组（以下简称推进工作组），由市场监管总局、住房和城乡建设部、工业和信息化部有关司局负责同志组成，负责协调指导全国绿色建材产品标准、认证、标识工作，审议绿色建材产品认证实施规则和认证机构技术能力要求，指导绿色建材产品认证采信工作。组建技术委员会，为绿色建材认证工作提供决策咨询和技术支持。

各省、自治区、直辖市及新疆生产建设兵团市场监管局（厅、委）、住房和城乡建设厅（委、局）、工业和信息化主管部门成立本地绿色建材产品工作组，接受推进工作组指导，负责协调本地绿色建材产品认证推广应用工作。

二、认证组织实施

（一）从事绿色建材产品认证的认证机构应当依法设立，符合《认证机构管理办法》基本要求，满足GB/T 27065《合格评定产品、过程和服务认证机构要求》、RB/T 242《绿色产品认证机构要求》相关要求，具备从事绿色建材产品认证活动的相关技术能力。

（二）申请从事绿色建材认证的认证机构，可由省级住房和城乡建设主管部门、工业和信息化主管部门推荐，由市场监管总局商住房和城乡建设部、工业和信息化部后作出审批决定。

（三）绿色建材产品认证机构可委托取得相应资质的检测机构开展与绿色建材产品认证相关的检测活动，并对依据有关检测数据作出的认证结论负责。

（四）绿色建材产品认证目录由市场监管总局、住房和城乡建设部、工业和信息化部根据行业发展和认证工作需要，共同确定并发布。认证实施规则由市场监管总局商住房和城乡建设部、工业和信息化部后发布。

（五）绿色建材产品认证按照《指导意见》、本实施方案及《绿色建材评价标识管理办法》（建科〔2014〕75号）进行实施，实行分级评价认证，由低至高分为一、二、三星级，在认证目录内依据绿色产品评价国家标准认证的建材产品等同于三星级绿色建材。

三、认证标识

按照《绿色产品标识使用管理办法》（市场监管总局2019年第20号公告）要求，对认证目录内依据绿色产品评价国家标准认证的建材产品，适用“认证活动一”的绿色产品标识样式；对按照《绿色建材评价标识管理办法》（建科〔2014〕75号）认证的建材产品，适用“认证活动二”的绿色产品标识样式，并标注分级结果。

四、推广应用

（一）住房和城乡建设主管部门建立绿色建材采信应用数据库，并向社会公开。通过绿色建材评价认证的建材产品经审核后入库。对出现违规行为的企业或认证机构，要及时将相应的建材产品从数据库中清除。

（二）工业和信息化主管部门建立绿色建材产品名录，根据不同地域特点和市场需求，加强与下游用户的衔接，促进绿色建材推广应用，培育绿色建材示范产品和示范企业，推动绿色建材行业加快发展。

（三）各地住房和城乡建设主管部门、工业和信息化主管部门要结合实际制定本地绿色建材认证推广应用方案，鼓励工程建设项目使用绿色建材采信应用数据库中的产品，在政府投资工程、重点工程、市政公用工程、绿色建筑和生态城区、装配式建筑等项目中率先采用绿色建材。

五、监督管理

（一）各级市场监管、住房和城乡建设、工业和信息化部门充分发挥各自职能，对绿色建材产品生产、认证、采信应用等进行监督管理。

（二）对认证活动中出现的违法违规行为，应依法进行处罚，并将涉企行政处罚信息通过国家企业信用信息公示系统及全国绿色建材评价标识管理信息平台公布。

认监委关于发布绿色产品认证机构资质条件及第一批认证实施规则的公告

根据《国务院办公厅关于建立统一的绿色产品标准、认证、标识体系的意见》（国办发〔2016〕86号）及《市场监管总局关于发布绿色产品评价标准清单及认证目录（第一批）的公告》（市场监管总局公告2018年第2号）、《市场监管总局办公厅 住房和城乡建设部办公厅 工业和信息化部办公厅关于印发绿色建材产品认证实施方案的通知》（市监认证〔2019〕61号）要求，申请从事绿色产品认证的认证机构应当依法设立，符合《中华人民共和国认证认可条例》《认证机构管理办法》规定的基本条件，并具备与从事绿色产品认证相适应的技术能力。

具备上述资质条件的认证机构，可按照绿色产品认证第一批目录范围向认监委提出申请，经批准后方可依据相关认证实施规则（见附件）开展绿色产品认证。

附件：

1.绿色产品认证实施规则 人造板和木制地板
2.绿色产品认证实施规则 涂料
3.绿色产品认证实施规则 卫生陶瓷
4.绿色产品认证实施规则 建筑玻璃
5.绿色产品认证实施规则 太阳能热水系统
6.绿色产品认证实施规则 家具
7.绿色产品认证实施规则 绝热材料
8.绿色产品认证实施规则 防水密封材料
9.绿色产品认证实施规则 陶瓷砖（板）
10.绿色产品认证实施规则 纺织产品
11.绿色产品认证实施规则 木塑制品
12.绿色产品认证实施规则 纸和纸制品

认监委
2020年3月26日

住房和城乡建设部　国家发展改革委　教育部　工业和信息化部　人民银行　国管局　银保监会关于印发绿色建筑创建行动方案的通知

建标〔2020〕65号

各省、自治区、直辖市住房和城乡建设厅（委、管委）、发展改革委、教育厅（委）、工业和信息化主管部门、机关事务主管部门，人民银行上海总部、各分行、营业管理部、省会（首府）城市中心支行、副省级城市中心支行，各银保监局，新疆生产建设兵团住房和城乡建设局、发展改革委、教育局、工业和信息化局、机关事务管理局：

为贯彻落实习近平生态文明思想和党的十九大精神，依据《国家发展改革委关于印发〈绿色生活创建行动总体方案〉的通知》（发改环资〔2019〕1696号）要求，决定开展绿色建筑创建行动。现将《绿色建筑创建行动方案》印发给你们，请结合本地区实际，认真贯彻执行。

中华人民共和国住房和城乡建设部
中华人民共和国国家发展和改革委员会
中华人民共和国教育部
中华人民共和国工业和信息化部
中国人民银行
国家机关事务管理局
中国银行保险监督管理委员会
2020年7月15日
（此件公开发布）

绿色建筑创建行动方案

为全面贯彻党的十九大和十九届二中、三中、四中全会精神，深入贯彻习近平生态文明思想，按照《国家发展改革委关于印发〈绿色生活创建行动总体方案〉的通知》（发改环资〔2019〕1696号）要求，推动绿色建筑高质量发展，制定本方案。

一、创建对象

绿色建筑创建行动以城镇建筑作为创建对象。绿色建筑指在全寿命期内节约资源、保护环境、减少污染，为人们提供健康、适用、高效的使用空间，最大限度实现人与自然和谐共生的高质量建筑。

二、创建目标

到2022年，当年城镇新建建筑中绿色建筑面积占比达到70%，星级绿色建筑持续增加，既有建筑能效水平不断提高，住宅健康性能不断完善，装配化建造方式占比稳步提升，绿色建材应用进一步扩大，绿色住宅使用者监督全面推广，人民群众积极参与绿色建筑创建活动，形成崇尚绿色生活的社会氛围。

三、重点任务

（一）推动新建建筑全面实施绿色设计。制修订相关标准，将绿色建筑基本要求纳入工程建设强制规范，提高建筑建设底线控制水平。推动绿色建筑标准实施，加强设计、施工和运行管理。推动各地绿色建筑立法，明确各方主体责任，鼓励各地制定更高要求的绿色建筑强制性规范。

（二）完善星级绿色建筑标识制度。根据国民经济和社会发展第十三个五年规划纲要、国务院办公厅《绿色建筑行动方案》（国办发〔2013〕1号）等相关规定，规范绿色建筑标识管理，由住房城乡建设部、省级政府住房和城乡建设部门、地市级政府住房和城乡建设部门分别授予三星、二星、一星绿色建筑标识。完善绿色建筑标识申报、审查、公示制度，统一全国认定标准和标识式样。建立标识撤销机制，对弄虚作假行为给予限期整改或直接撤销标识处理。建立全国绿色建筑标识管理平台，提高绿色建筑标识工作效率和水平。

（三）提升建筑能效水效水平。结合北方地区清洁取暖、城镇老旧小区改造、海绵城市建设等工作，推动既有居住建筑节能节水改造。开展公共建筑能效提升重点城市建设，建立完善运行管理制度，推广合同能源管理与合同节水管理，推进公共建筑能耗统计、能源审计及能效公示。鼓励各地因地制宜提高政府投资公益性建筑和大型公共建筑绿色等级，推动超低能耗建筑、近零能耗建筑发展，推广可再生能源应用和再生水利用。

（四）提高住宅健康性能。结合疫情防控和各地实际，完善实施住宅相关标准，提高建筑室内空气、水质、隔声等健康性能指标，提升建筑视觉和心理舒适性。推动一批住宅健康性能示范项目，强化住宅健康性能设计要求，严格竣工验收管理，推动绿色健康技术应用。

（五）推广装配化建造方式。大力发展钢结构等装配式建筑，新建公共建筑原则上采用钢结构。编制钢结构装配式住宅常用构件尺寸指南，强化设计要求，规范构件选型，提高装配式建筑构配件标准化水平。推动装配式装修。打造装配式建筑产业基地，提升建造水平。

（六）推动绿色建材应用。加快推进绿色建材评价认证和推广应用，建立绿色建材采信机制，推动建材产品质量提升。指导各地制定绿色建材推广应用政策措施，推动政府投资工程率先采用绿色建材，逐步提高城镇新建建筑中绿色建材应用比例。打造一批绿色建材应用示范工程，大力发展新型绿色建材。

（七）加强技术研发推广。加强绿色建筑科技研发，建立部省科技成果库，促进科技成果转化。积极探索5G、物联网、人工智能、建筑机器人等新技术在工程建设领域的应用，推动绿色建造与新技术融合发展。结合住房城乡建设部科学技术计划和绿色建筑创新奖，推动绿色建筑新技术应用。

（八）建立绿色住宅使用者监督机制。制定《绿色住宅购房人验房指南》，向购房人提供房屋绿色性能和全装修质量验收方法，引导绿色住宅开发建设单位配合购房人做好验房工作。鼓励各地将住宅绿色性能和全装修质量相关指标纳入商品房买卖合同、住宅质量保证书和住宅使用说明书，明确质量保修责任和纠纷处理方式。

四、组织实施

（一）加强组织领导。省级政府住房和城乡建设、发展改革、教育、工业和信息化、机关事务管理等部门，要在各省（区、市）党委和政府直接指导下，认真落实绿色建筑创建行动方案，制定本地区创建实施方案，细化目标任务，落实支持政策，指导市、县编制绿色建筑创建行动实施计划，确保创建工作落实到位。各省（区、市）和新疆生产建设兵团住房和城乡建设部门应于2020年8月底前将本地区绿色建筑创建行动实施方案报住房城乡建设部。

（二）加强财政金融支持。各地住房和城乡建设部门要加强与财政部门沟通，争取资金支持。各地要积极完善绿色金融支持绿色建筑的政策环境，推动绿色金融支持绿色建筑发展，用好国家绿色发展基金，鼓励采用政府和社会资本合作（PPP）等方式推进创建工作。

（三）强化绩效评价。住房和城乡建设部会同相关部门按照本方案，对各省（区、市）和新疆生产建设兵团绿色建筑创建行动工作落实情况和取得的成效开展年度总结评估，及时推广先进经验和典型做法。省级政府住房和城乡建设等部门负责组织本地区绿色建筑创建成效评价，及时总结当年进展情况和成效，形成年度报告，并于每年 11 月底前报住房城乡建设部。

（四）加大宣传推广力度。各地要组织多渠道、多种形式的宣传活动，普及绿色建筑知识，宣传先进经验和典型做法，引导群众用好各类绿色设施，合理控制室内采暖空调温度，推动形成绿色生活方式。发挥街道、社区等基层组织作用，积极组织群众参与，通过共谋共建共管共评共享，营造有利于绿色建筑创建的社会氛围。

财政部　住房和城乡建设部关于政府采购支持绿色建材促进建筑品质提升试点工作的通知

财库〔2020〕31号

各省、自治区、直辖市、计划单列市财政厅（局）、住房和城乡建设主管部门，新疆生产建设兵团财政局、住房和城乡建设局：

为发挥政府采购政策功能，加快推广绿色建筑和绿色建材应用，促进建筑品质提升和新型建筑工业化发展，根据《中华人民共和国政府采购法》和《中华人民共和国政府采购法实施条例》，现就政府采购支持绿色建材促进建筑品质提升试点工作通知如下：

一、总体要求

（一）指导思想。

以习近平新时代中国特色社会主义思想为指导，牢固树立新发展理念，发挥政府采购的示范引领作用，在政府采购工程中积极推广绿色建筑和绿色建材应用，推进建筑业供给侧结构性改革，促进绿色生产和绿色消费，推动经济社会绿色发展。

（二）基本原则。

坚持先行先试。选择一批绿色发展基础较好的城市，在政府采购工程中探索支持绿色建筑和绿色建材推广应用的有效模式，形成可复制、可推广的经验。

强化主体责任。压实采购人落实政策的主体责任，通过加强采购需求管理等措施，切实提高绿色建筑和绿色建材在政府采购工程中的比重。

加强统筹协调。加强部门间的沟通协调，明确相关部门职责，强化对政府工程采购、实施和履约验收中的监督管理，引导采购人、工程承包单位、建材企业、相关行业协会及第三方机构积极参与试点工作，形成推进试点的合力。

（三）工作目标。

在政府采购工程中推广可循环可利用建材、高强度高耐久建材、绿色部品部件、绿色装饰装修材料、节水节能建材等绿色建材产品，积极应用装配式、智能化等新型建筑工业化建造方式，鼓励建成二星级及以上绿色建筑。到2022年，基本形成绿色建筑和绿色建材政府采购需求标准，政策措施体系和工作机制逐步完善，政府采购工程建筑品质得到提升，绿色消费和绿色发展的理念进一步增强。

二、试点对象和时间

（一）试点城市。试点城市为南京市、杭州市、绍兴市、湖州市、青岛市、佛山市。鼓励其他地区按照本通知要求，积极推广绿色建筑和绿色建材应用。

（二）试点项目。医院、学校、办公楼、综合体、展览馆、会展中心、体育馆、保障性住房等新建政府采购工程。鼓励试点地区将使用财政性资金实施的其他新建工程项目纳入试点范围。

（三）试点期限。试点时间为2年，相关工程项目原则上应于2022年12月底前竣工。对于较大规模的工程项目，可适当延长试点时间。

三、试点内容

（一）形成绿色建筑和绿色建材政府采购需求标准。财政部、住房城乡建设部会同相关部门根据建材产品在政府采购工程中的应用情况、市场供给情况和相关产业升级发展方向等，结合有关国家标准、行业标准等绿色建材产品标准，制定发布绿色建筑和绿色建材政府采购基本要求（试行，以下简称《基本要求》）。财政部、住房城乡建设部将根据试点推进情况，动态更新《基本要求》，并在中华人民共和国财政部网站（www.mof.gov.cn）、住房城乡建设部网站（www.mohurd.gov.cn）和中国政府采购网（www.ccgp.gov.cn）发布。试点地区可根据地方实际情况，对《基本要求》中的相关设计要求、建材种类和具体指标进行微调。试点地区要通过试点，在《基本要求》的基础上，细化和完善绿色建筑政府采购相关设计规范、施工规范和产品标准，形成客观、量化、可验证，适应本地区实际和不同建筑类型的绿色建筑和绿色建材政府采购需求标准，报财政部、住房城乡建设部。

（二）加强工程设计管理。采购人应当要求设计单位根据《基本要求》编制设计文件，严格审查或者委托第三方机构审查设计文件中执行《基本要求》的情况。试点地区住房和城乡建设部门要加强政府采购工程中落实《基本要求》情况的事中事后监管。同时，要积极推动工程造价改革，完善工程概预算编制办法，充分发挥市场定价作用，将政府采购绿色建筑和绿色建材增量成本纳入工程造价。

（三）落实绿色建材采购要求。采购人要在编制采购文件和拟定合同文本时将满足《基本要求》的有关规定作为实质性条件，直接采购或要求承包单位使用符合规定的绿色建材产品。绿色建材供应商在供货时应当提供包含相关指标的第三方检测或认证机构出具的检测报告、认证证书等证明性文件。对于尚未纳入《基本要求》的建材产品，鼓励采购人采购获得绿色建材评价标识、认证或者获得环境标志产品认证的绿色建材产品。

（四）探索开展绿色建材批量集中采购。试点地区财政部门可以选择部分通用类绿色建材探索实施批量集中采购。由政府集中采购机构或部门集中采购机构定期归集采购人绿色建材采购计划，开展集中带量采购。鼓励通过电子化政府采购平台采购绿色建材，强化采购全流程监管。

（五）严格工程施工和验收管理。试点地区要积极探索创新施工现场监管模式，督促施工单位使用符合要求的绿色建材产品，严格按照《基本要求》的规定和工程建设相关标准施工。工程竣工后，采购人要按照合同约定开展履约验收。

（六）加强对绿色采购政策执行的监督检查。试点地区财政部门要会同住房和城乡建设部门通过大数据、区块链等技术手段密切跟踪试点情况，加强有关政策执行情况的监督检查。对于采购人、采购代理机构和供应商在采购活动中的违法违规行为，依照政府采购法律制度有关规定处理。

四、保障措施

（一）加强组织领导。试点地区要高度重视政府采购支持绿色建筑和绿色建材推广试点工作，大胆创新，研究建立有利于推进试点的制度机制。试点地区财政部门、住房和城乡建设部门要共同牵头做好试点工作，及时制定出台本地区试点实施方案，报财政部、住房城乡建设部备案。试点实施方案印发后，有关部门要按照职责分工加强协调配合，确保试点工作顺利推进。

（二）做好试点跟踪和评估。试点地区财政部门、住房和城乡建设部门要加强对试点工作的动态跟踪和工作督导，及时协调解决试点中的难点堵点，对试点过程中遇到的关于《基本要求》具体内容、操作执行等方面问题和相关意见建议，要及时向财政部、住房城乡建设部报告。财政部、住房城乡建设部将定期组织试点情况评估，试点结束后系统总结各地试点经验和成效，形成政府采购支持绿色建筑和绿色建材推广的全国实施方案。

（三）加强宣传引导。加强政府采购支持绿色建筑和绿色建材推广政策解读和舆论引导，统一各方思想认识，及时回应社会关切，稳定市场主体预期。通过新闻媒体宣传推广各地的好经验好做法，充分发挥试点示范效应。

附件：绿色建筑和绿色建材政府采购基本要求（试行）

中华人民共和国财政部
中华人民共和国住房和城乡建设部
2020年10月13日

国家发展改革委　司法部印发《关于加快建立绿色生产和消费法规政策体系的意见》的通知

发改环资〔2020〕379号

各省、自治区、直辖市人民政府，新疆生产建设兵团，中央和国家机关有关部门：

《关于加快建立绿色生产和消费法规政策体系的意见》已经中央全面深化改革委员会审议通过，现印发给你们，请结合实际认真贯彻落实。

国家发展改革委
司法部
2020年3月11日
（此件公开发布）

关于加快建立绿色生产和消费法规政策体系的意见

推行绿色生产和消费是建设生态文明、实现高质量发展的重要内容，党中央、国务院对此高度重视。改革开放特别是党的十八大以来，我国在绿色生产、消费领域出台了一系列法规和政策措施，大力推动绿色、循环、低碳发展，加快形成节约资源、保护环境的生产生活方式，取得了积极成效。但也要看到，绿色生产和消费领域法规政策仍不健全，还存在激励约束不足、操作性不强等问题。为加快建立绿色生产和消费法规政策体系，提出以下意见。

一、总体要求

（一）指导思想。以习近平新时代中国特色社会主义思想为指导，全面贯彻党的十九大和十九届二中、三中、四中全会精神，深入践行习近平生态文明思想，坚持以人民为中心，落实新发展理念，按照问题导向、突出重点、系统协同、适用可行、循序渐进的原则，加快建立绿色生产和消费相关的法规、标准、政策体系，促进源头减量、清洁生产、资源循环、末端治理，扩大绿色产品消费，在全社会推动形成绿色生产和消费方式。

（二）主要目标。到2025年，绿色生产和消费相关的法规、标准、政策进一步健全，激励约束到位的制度框架基本建立，绿色生产和消费方式在重点领域、重点行业、重点环节全面推行，我国绿色发展水平实现总体提升。

二、主要任务

（三）推行绿色设计。健全推行绿色设计的政策机制。建立再生资源分级质控和标识制度，推广资源再生产品和原料。完善优先控制化学品名录，引导企业在生产过程中使用无毒无害、低毒低害和环境友好型原料。强化标准制定统筹规划，加强绿色标准体系建设，扩大标准覆盖范围，加快重点领域相关标准制修订工作，根据实际提高标准和设计

规范。（国家发展改革委、工业和信息化部、生态环境部、市场监管总局等按职责分工负责）

（四）强化工业清洁生产。严格实施清洁生产审核办法、清洁生产审核评估与验收指南，进一步规范清洁生产审核行为，保障清洁生产审核质量。出台在重点行业深入推进强制性清洁生产审核的政策措施。完善重点行业清洁生产评价指标体系，实行动态调整机制。完善基于能耗、污染物排放水平的差别化电价政策，支持重点行业企业实施清洁生产技术改造。制定支持重点行业清洁生产装备研发、制造的鼓励政策。（国家发展改革委、生态环境部、工业和信息化部等按职责分工负责）

（五）发展工业循环经济。健全相关支持政策，推动现有产业园区循环化改造和新建园区循环化建设。完善共伴生矿、尾矿、工业“三废”、余热余压综合利用的支持政策。以电器电子产品、汽车产品、动力蓄电池、铅酸蓄电池、饮料纸基复合包装物为重点，加快落实生产者责任延伸制度，适时将实施范围拓展至轮胎等品种，强化生产者废弃产品回收处理责任。支持建立发动机、变速箱等汽车旧件回收、再制造加工体系，完善机动车报废更新政策。建立完善绿色勘查、绿色矿山标准和政策支持体系。建立健全高耗水行业节水增效政策机制。（国家发展改革委、工业和信息化部、自然资源部、生态环境部、水利部、商务部、市场监管总局等按职责分工负责）

（六）加强工业污染治理。全面推行污染物排放许可制度，强化工业企业污染防治法定责任。加快制定污染防治可行技术指南，按照稳定连贯、可控可达的原则制修订污染物排放标准，严格环境保护执法监督，实现工业污染源全面达标排放，鼓励达标企业实施深度治理。完善危险废物集中处置设施、场所作为环境保护公共设施的配套政策。建立健全责任清晰、程序合理、科学规范的生态环境突发事件预警和应急机制，建立生态环境突发事件后评估机制。健全工业污染环境损害司法鉴定工作制度，建立完善行政管理机关、行政执法机关与监察机关、司法机关的衔接配合机制，促进工业污染治理领域处罚信息和监测信息共享，充分发挥检察机关公益职能作用，形成工业污染治理多元化格局。（最高人民法院、最高人民检察院、公安部、司法部、生态环境部、工业和信息化部、国家发展改革委、财政部等按职责分工负责）

（七）促进能源清洁发展。建立完善与可再生能源规模化发展相适应的法规、政策，按照简化、普惠、稳定、渐变的原则，在规划统筹、并网消纳、价格机制等方面作出相应规定和政策调整，建立健全可再生能源电力消纳保障机制。加大对分布式能源、智能电网、储能技术、多能互补的政策支持力度，研究制定氢能、海洋能等新能源发展的标准规范和支持政策。建立健全煤炭清洁开发利用政策机制，从全生命周期、全产业链条加快推进煤炭清洁开发利用。建立对能源开发生产、贸易运输、设备制造、转化利用等环节能耗、排放、成本全生命周期评价机制。（能源局、国家发展改革委、科技部、工业和信息化部、司法部、财政部、自然资源部、生态环境部、交通运输部、市场监管总局等按职责分工负责）

（八）推进农业绿色发展。以绿色生态为导向，创新农业绿色发展体制机制，开展农业绿色发展支撑体系建设，创新技术体系、健全标准体系、延伸产业体系、强化经营体系、完善政策体系，为农业绿色发展提供保障。大力推进科学施肥，建立有机肥替代化肥推广政策机制。实施化学农药减量替代计划，建立生物防治替代化学防治推广政策机制，支持研发推广农作物病虫害绿色防控技术产品。制定农用薄膜管理办法，建立全程监管体系，支持推广使用生物可降解农膜。加快制定农药包装废弃物回收处理管理办法。完善农作物秸秆综合利用制度，以县为单位整体推进秸秆全量化综合利用。以肥料化和能源化为主要利用方向，落实畜禽粪污资源化利用制度。完善落实水产养殖业绿色发展政策，依法加强养殖水域滩涂统一规划。建立饲料添加剂和兽药使用规范，健全病死畜禽无害化处理机制。稳步推进耕地轮作休耕制度试点。健全农业循环经济推广制度，建立农业绿色生产技术推广机制。落实农业绿色发展税收支持政策。建立健全农业绿色发展相关标准，加快清理、废止与农业绿色发展不适应的标准和行业规范。（农业农村部、国家发展改革委、工业和信息化部、财政部、自然资源部、生态环境部、水利部、税务总局、市场监管总局等按职责分工负责）

（九）促进服务业绿色发展。在市政公用工程设施和城乡公共生活服务设施的规划、建设、运营、管理有关标准和规范制修订中，全面贯彻绿色发展理念，提升绿色化水平。完善绿色物流建设支持政策。加快建立健全快递、电子商务、外卖等领域绿色包装的法律、标准、政策体系，减少过度包装和一次性用品使用，鼓励使用可降解、可循环利用的包装材料、物流器具。健全再生资源分类回收利用等环节管理和技术规范。（住房城乡建设部、自然资源部、国家发展改革委、工业和信息化部、司法部、生态环境部、交通运输部、商务部、市场监管总局、铁路局、民航局、邮政局等按职责分工负责）

（十）扩大绿色产品消费。完善绿色产品认证与标识制度。建立健全固体废物综合利用产品质量标准体系。落实好支持节能、节水、环保、资源综合利用产业的税收优惠政策。积极推行绿色产品政府采购制度，结合实施产品品目清单管理，加大绿色产品相关标准在政府采购中的运用。国有企业率先执行企业绿色采购指南，建立健全绿色采购管理制度。建立完善节能家电、高效照明产品、节水器具、绿色建材等绿色产品和新能源汽车推广机制，有条件的地方对消费者购置节能型家电产品、节能新能源汽车、节水器具等给予适当支持。鼓励公交、环卫、出租、通勤、城市邮政快递作业、城市物流等领域新增和更新车辆采用新能源和清洁能源汽车。（国家发展改革委、工业和信息化部、财政部、生态环境部、住房城乡建设部、交通运输部、商务部、国资委、税务总局、市场监管总局、铁路局、民航局、邮政局等按职责分工负责）

（十一）推行绿色生活方式。完善居民用电、用水、用气阶梯价格政策。落实污水处理收费制度，将污水处理费标准调整至补偿污水处理和污泥处置设施运营成本并合理盈利水平。加快推行城乡居民生活垃圾分类和资源化利用制度。制定进一步加强塑料污染治理的政策措施。研究制定餐厨废弃物管理与资源化利用法规。推广绿色农房建设方法和技术，逐步建立健全使用绿色建材、建设绿色农房的农村住房建设机制。（国家发展改革委、生态环境部、住房城乡建设部、财政部等按职责分工负责）

三、组织实施

根据党中央、国务院决策部署和改革需要，统筹推动绿色生产和消费领域法律法规的立改废释工作。各有关部门要按照职责分工，加快推进相关法律法规、标准、政策的制修订工作。各地区要根据本意见的要求，结合实际出台促进本地区绿色生产和消费的法规、标准、政策，鼓励先行先试，做好经验总结和推广。各级财政、税收、金融等部门要持续完善绿色生产和消费领域的支持政策。各级宣传部门要组织媒体通过多种渠道和方式，大力宣传推广绿色生产和消费理念，加大相关法律法规、政策措施宣传力度，凝聚社会共识，营造良好氛围。

附件：重点任务清单

住房和城乡建设部等部门关于推动智能建造与建筑工业化协同发展的指导意见

建市〔2020〕60号

各省、自治区、直辖市及计划单列市、新疆生产建设兵团住房和城乡建设厅（委、管委、局）、发展改革委、科技厅（局）、工业和信息化厅（局）、人力资源社会保障厅（局）、生态环境厅（局）、交通运输厅（局、委）、水利厅（局）、市场监管局，北京市规划和自然资源委，国家税务总局各省、自治区、直辖市和计划单列市税务局，各银保监局，各地区铁路监督管理局，民航各地区管理局：

建筑业是国民经济的支柱产业，为我国经济持续健康发展提供了有力支撑。但建筑业生产方式仍然比较粗放，与高质量发展要求相比还有很大差距。为推进建筑工业化、数字化、智能化升级，加快建造方式转变，推动建筑业高质量发展，制定本指导意见。

一、指导思想

以习近平新时代中国特色社会主义思想为指导，全面贯彻党的十九大和十九届二中、三中、四中全会精神，增强“四个意识”，坚定“四个自信”，做到“两个维护”，坚持稳中求进工作总基调，坚持新发展理念，坚持以供给侧结构性改革为主线，围绕建筑业高质量发展总体目标，以大力发展建筑工业化为载体，以数字化、智能化升级为动力，创新突破相关核心技术，加大智能建造在工程建设各环节应用，形成涵盖科研、设计、生产加工、施工装配、运营等全产业链融合一体的智能建造产业体系，提升工程质量安全、效益和品质，有效拉动内需，培育国民经济新的增长点，实现建筑业转型升级和持续健康发展。

二、基本原则

市场主导，政府引导。充分发挥市场在资源配置中的决定性作用，强化企业市场主体地位，积极探索智能建造与建筑工业化协同发展路径和模式，更好发挥政府在顶层设计、规划布局、政策制定等方面的引导作用，营造良好发展环境。

立足当前，着眼长远。准确把握新一轮科技革命和产业变革趋势，加强战略谋划和前瞻部署，引导各类要素有效聚集，加快推进建筑业转型升级和提质增效，全面提升智能建造水平。

跨界融合，协同创新。建立健全跨领域跨行业协同创新体系，推动智能建造核心技术联合攻关与示范应用，促进科技成果转化应用。激发企业创新创业活力，支持龙头企业与上下游中小企业加强协作，构建良好的产业创新生态。

节能环保，绿色发展。在建筑工业化、数字化、智能化升级过程中，注重能源资源节约和生态环境保护，严格标准规范，提高能源资源利用效率。

自主研发，开放合作。大力提升企业自主研发能力，掌握智能建造关键核心技术，完善产业链条，强化网络和信息安全管理，加强信息基础设施安全保障，促进国际交流合作，形成新的比较优势，提升建筑业开放发展水平。

三、发展目标

到2025年，我国智能建造与建筑工业化协同发展的政策体系和产业体系基本建立，建筑工业化、数字化、智能化水平显著提高，建筑产业互联网平台初步建立，产业基础、技术装备、科技创新能力以及建筑安全质量水平全面提升，劳动生产率明显提高，能源资源消耗及污染排放大幅下降，环境保护效应显著。推动形成一批智能建造龙头企业，引领并带动广大中小企业向智能建造转型升级，打造“中国建造”升级版。

到2035年，我国智能建造与建筑工业化协同发展取得显著进展，企业创新能力大幅提升，产业整体优势明显增强，“中国建造”核心竞争力世界领先，建筑工业化全面实现，迈入智能建造世界强国行列。

四、重点任务

（一）加快建筑工业化升级。

大力发展装配式建筑，推动建立以标准部品为基础的专业化、规模化、信息化生产体系。加快推动新一代信息技术与建筑工业化技术协同发展，在建造全过程加大建筑信息模型（BIM）、互联网、物联网、大数据、云计算、移动通信、人工智能、区块链等新技术的集成与创新应用。大力推进先进制造设备、智能设备及智慧工地相关装备的研发、制造和推广应用，提升各类施工机具的性能和效率，提高机械化施工程度。加快传感器、高速移动通信、无线射频、近场通讯及二维码识别等建筑物联网技术应用，提升数据资源利用水平和信息服务能力。加快打造建筑产业互联网平台，推广应用钢结构构件智能制造生产线和预制混凝土构件智能生产线。

（二）加强技术创新。

加强技术攻关，推动智能建造和建筑工业化基础共性技术和关键核心技术研发、转移扩散和商业化应用，加快突破部品部件现代工艺制造、智能控制和优化、新型传感感知、工程质量检测监测、数据采集与分析、故障诊断与维护、专用软件等一批核心技术。探索具备人机协调、自然交互、自主学习功能的建筑机器人批量应用。研发自主知识产权的系统性软件与数据平台、集成建造平台。推进工业互联网平台在建筑领域的融合应用，建设建筑产业互联网平台，开发面向建筑领域的应用程序。加快智能建造科技成果转化应用，培育一批技术创新中心、重点实验室等科技创新基地。围绕数字设计、智能生产、智能施工，构建先进适用的智能建造及建筑工业化标准体系，开展基础共性标准、关键技术标准、行业应用标准研究。

（三）提升信息化水平。

推进数字化设计体系建设，统筹建筑结构、机电设备、部品部件、装配施工、装饰装修，推行一体化集成设计。积极应用自主可控的BIM技术，加快构建数字设计基础平台和集成系统，实现设计、工艺、制造协同。加快部品部件生产数字化、智能化升级，推广应用数字化技术、系统集成技术、智能化装备和建筑机器人，实现少人甚至无人工厂。加快人机智能交互、智能物流管理、增材制造等技术和智能装备的应用。以钢筋制作安装、模具安拆、混凝土浇筑、钢构件下料焊接、隔墙板和集成厨卫加工等工厂生产关键工艺环节为重点，推进工艺流程数字化和建筑机器人应用。以企业资源计划（ERP）平台为基础，进一步推动向生产管理子系统的延伸，实现工厂生产的信息化管理。推动在材料配送、钢筋加工、喷涂、铺贴地砖、安装隔墙板、高空焊接等现场施工环节，加强建筑机器人和智能控制造楼机等一体化施工设备的应用。

（四）培育产业体系。

探索适用于智能建造与建筑工业化协同发展的新型组织方式、流程和管理模式。加快培育具有智能建造系统解决方案能力的工程总承包企业，统筹建造活动全产业链，推动企业以多种形式紧密合作、协同创新，逐步形成以工程总承包企业为核心、相关领先企业深度参与的开放型产业体系。鼓励企业建立工程总承包项目多方协同智能建造工作平台，强化智能建造上下游协同工作，形成涵盖设计、生产、施工、技术服务的产业链。

（五）积极推行绿色建造。

实行工程建设项目全生命周期内的绿色建造，以节约资源、保护环境为核心，通过智能建造与建筑工业化协同发展，提高资源利用效率，减少建筑垃圾的产生，大幅降低能耗、物耗和水耗水平。推动建立建筑业绿色供应链，推行循环生产方式，提高建筑垃圾的综合利用水平。加大先进节能环保技术、工艺和装备的研发力度，提高能效水平，加快淘汰落后装备设备和技术，促进建筑业绿色改造升级。

（六）开放拓展应用场景。

加强智能建造及建筑工业化应用场景建设，推动科技成果转化、重大产品集成创新和示范应用。发挥重点项目以及大型项目示范引领作用，加大应用推广力度，拓宽各类技术的应用范围，初步形成集研发设计、数据训练、中试应用、科技金融于一体的综合应用模式。发挥龙头企业示范引领作用，在装配式建筑工厂打造“机器代人”应用场景，推动建立智能建造基地。梳理已经成熟应用的智能建造相关技术，定期发布成熟技术目录，并在基础条件较好、需求迫切的地区，率先推广应用。

（七）创新行业监管与服务模式。

推动各地加快研发适用于政府服务和决策的信息系统，探索建立大数据辅助科学决策和市场监管的机制，完善数字化成果交付、审查和存档管理体系。通过融合遥感信息、城市多维地理信息、建筑及地上地下设施的BIM、城市感知信息等多源信息，探索建立表达和管理城市三维空间全要素的城市信息模型（CIM）基础平台。建立健全与智能建造相适应的工程质量、安全监管模式与机制。引导大型总承包企业采购平台向行业电子商务平台转型，实现与供应链上下游企业间的互联互通，提高供应链协同水平。

五、保障措施

（一）加强组织实施。各地要建立智能建造和建筑工业化协同发展的体系框架，因地制宜制定具体实施方案，明确时间表、路线图及实施路径，强化部门联动，建立协同推进机制，落实属地管理责任，确保目标完成和任务落地。

（二）加大政策支持。各地要将现有各类产业支持政策进一步向智能建造领域倾斜，加大对智能建造关键技术研究、基础软硬件开发、智能系统和设备研制、项目应用示范等的支持力度。对经认定并取得高新技术企业资格的智能建造企业可按规定享受相关优惠政策。企业购置使用智能建造重大技术装备可按规定享受企业所得税、进口税收优惠等政策。推动建立和完善企业投入为主体的智能建造多元化投融资体系，鼓励创业投资和产业投资投向智能建造领域。各相关部门要加强跨部门、跨层级统筹协调，推动解决智能建造发展遇到的瓶颈问题。

（三）加大人才培育力度。各地要制定智能建造人才培育相关政策措施，明确目标任务，建立智能建造人才培养和发展的长效机制，打造多种形式的高层次人才培养平台。鼓励骨干企业和科研单位依托重大科研项目和示范应用工程，培养一批领军人才、专业技术人员、经营管理人员和产业工人队伍。加强后备人才培养，鼓励企业和高等院校深化合作，为智能建造发展提供人才后备保障。

（四）建立评估机制。各地要适时对智能建造与建筑工业化协同发展相关政策的实施情况进行评估，重点评估智能建造发展目标落实与完成情况、产业发展情况、政策出台情况、标准规范编制情况等，并通报结果。

（五）营造良好环境。要加强宣传推广，充分发挥相关企事业单位、行业学协会的作用，开展智能建造的政策宣传贯彻、技术指导、交流合作、成果推广。构建国际化创新合作机制，加强国际交流，推进开放合作，营造智能建造健康发展的良好环境。

中华人民共和国住房和城乡建设部
中华人民共和国国家发展和改革委员会
中华人民共和国科学技术部
中华人民共和国工业和信息化部
中华人民共和国人力资源和社会保障部
中华人民共和国生态环境部
中华人民共和国交通运输部
中华人民共和国水利部
国家税务总局
国家市场监督管理总局
中国银行保险监督管理委员会
国家铁路局
中国民用航空局
2020年7月3日

住房和城乡建设部等部门关于加快新型建筑工业化发展的若干意见

建标规〔2020〕8号

各省、自治区、直辖市住房和城乡建设厅（委、管委）、教育厅（委）、科技厅（委、局）、工业和信息化主管部门、自然资源主管部门、生态环境厅（局），人民银行上海总部、各分行、营业管理部、省会（首府）城市中心支行、副省级城市中心支行，市场监管局（厅、委），各银保监局，新疆生产建设兵团住房和城乡建设局、教育局、科技局、工业和信息化局、自然资源主管部门、生态环境局、市场监管局：

新型建筑工业化是通过新一代信息技术驱动，以工程全寿命期系统化集成设计、精益化生产施工为主要手段，整合工程全产业链、价值链和创新链，实现工程建设高效益、高质量、低消耗、低排放的建筑工业化。《国务院办公厅关于大力发展装配式建筑的指导意见》（国办发〔2016〕71号）印发实施以来，以装配式建筑为代表的新型建筑工业化快速推进，建造水平和建筑品质明显提高。为全面贯彻新发展理念，推动城乡建设绿色发展和高质量发展，以新型建筑工业化带动建筑业全面转型升级，打造具有国际竞争力的“中国建造”品牌，提出以下意见。

一、加强系统化集成设计

（一）推动全产业链协同。推行新型建筑工业化项目建筑师负责制，鼓励设计单位提供全过程咨询服务。优化项目前期技术策划方案，统筹规划设计、构件和部品部件生产运输、施工安装和运营维护管理。引导建设单位和工程总承包单位以建筑最终产品和综合效益为目标，推进产业链上下游资源共享、系统集成和联动发展。

（二）促进多专业协同。通过数字化设计手段推进建筑、结构、设备管线、装修等多专业一体化集成设计，提高建筑整体性，避免二次拆分设计，确保设计深度符合生产和施工要求，发挥新型建筑工业化系统集成综合优势。

（三）推进标准化设计。完善设计选型标准，实施建筑平面、立面、构件和部品部件、接口标准化设计，推广少规格、多组合设计方法，以学校、医院、办公楼、酒店、住宅等为重点，强化设计引领，推广装配式建筑体系。

（四）强化设计方案技术论证。落实新型建筑工业化项目标准化设计、工业化建造与建筑风貌有机统一的建筑设计要求，塑造城市特色风貌。在建筑设计方案审查阶段，加强对新型建筑工业化项目设计要求落实情况的论证，避免建筑风貌千篇一律。

二、优化构件和部品部件生产

（五）推动构件和部件标准化。编制主要构件尺寸指南，推进型钢和混凝土构件以及预制混凝土墙板、叠合楼板、楼梯等通用部件的工厂化生产，满足标准化设计选型要求，扩大标准化构件和部品部件使用规模，逐步降低构件和部件生产成本。

（六）完善集成化建筑部品。编制集成化、模块化建筑部品相关标准图集，提高整体卫浴、集成厨房、整体门窗等建筑部品的产业配套能力，逐步形成标准化、系列化的建筑部品供应体系。

（七）促进产能供需平衡。综合考虑构件、部品部件运输和服务半径，引导产能合理布局，加强市场信息监测，定期发布构件和部品部件产能供需情况，提高产能利用率。

（八）推进构件和部品部件认证工作。编制新型建筑工业化构件和部品部件相关技术要求，推行质量认证制度，健全配套保险制度，提高产品配套能力和质量水平。

（九）推广应用绿色建材。发展安全健康、环境友好、性能优良的新型建材，推进绿色建材认证和推广应用，推动装配式建筑等新型建筑工业化项目率先采用绿色建材，逐步提高城镇新建建筑中绿色建材应用比例。

三、推广精益化施工

（十）大力发展钢结构建筑。鼓励医院、学校等公共建筑优先采用钢结构，积极推进钢结构住宅和农房建设。完善钢结构建筑防火、防腐等性能与技术措施，加大热轧H型钢、耐候钢和耐火钢应用，推动钢结构建筑关键技术和相关产业全面发展。

（十一）推广装配式混凝土建筑。完善适用于不同建筑类型的装配式混凝土建筑结构体系，加大高性能混凝土、高强钢筋和消能减震、预应力技术的集成应用。在保障性住房和商品住宅中积极应用装配式混凝土结构，鼓励有条件的地区全面推广应用预制内隔墙、预制楼梯板和预制楼板。

（十二）推进建筑全装修。装配式建筑、星级绿色建筑工程项目应推广全装修，积极发展成品住宅，倡导菜单式全装修，满足消费者个性化需求。推进装配化装修方式在商品住房项目中的应用，推广管线分离、一体化装修技术，推广集成化模块化建筑部品，提高装修品质，降低运行维护成本。

（十三）优化施工工艺工法。推行装配化绿色施工方式，引导施工企业研发与精益化施工相适应的部品部件吊装、运输与堆放、部品部件连接等施工工艺工法，推广应用钢筋定位钢板等配套装备和机具，在材料搬运、钢筋加工、高空焊接等环节提升现场施工工业化水平。

（十四）创新施工组织方式。完善与新型建筑工业化相适应的精益化施工组织方式，推广设计、采购、生产、施工一体化模式，实行装配式建筑装饰装修与主体结构、机电设备协同施工，发挥结构与装修穿插施工优势，提高施工现场精细化管理水平。

（十五）提高施工质量和效益。加强构件和部品部件进场、施工安装、节点连接灌浆、密封防水等关键部位和工序质量安全管控，强化对施工管理人员和一线作业人员的质量安全技术交底，通过全过程组织管理和技术优化集成，全面提升施工质量和效益。

四、加快信息技术融合发展

（十六）大力推广建筑信息模型（BIM）技术。加快推进BIM技术在新型建筑工业化全寿命期的一体化集成应用。充分利用社会资源，共同建立、维护基于BIM技术的标准化部品部件库，实现设计、采购、生产、建造、交付、运行维护等阶段的信息互联互通和交互共享。试点推进BIM报建审批和施工图BIM审图模式，推进与城市信息模型（CIM）平台的融通联动，提高信息化监管能力，提高建筑行业全产业链资源配置效率。

（十七）加快应用大数据技术。推动大数据技术在工程项目管理、招标投标环节和信用体系建设中的应用，依托全国建筑市场监管公共服务平台，汇聚整合和分析相关企业、项目、从业人员和信用信息等相关大数据，支撑市场监测和数据分析，提高建筑行业公共服务能力和监管效率。

（十八）推广应用物联网技术。推动传感器网络、低功耗广域网、5G、边缘计算、射频识别（RFID）及二维码识别等物联网技术在智慧工地的集成应用，发展可穿戴设备，提高建筑工人健康及安全监测能力，推动物联网技术在监控管理、节能减排和智能建筑中的应用。

（十九）推进发展智能建造技术。加快新型建筑工业化与高端制造业深度融合，搭建建筑产业互联网平台。推动智能光伏应用示范，促进与建筑相结合的光伏发电系统应用。开展生产装备、施工设备的智能化升级行动，鼓励应用建筑机器人、工业机器人、智能移动终端等智能设备。推广智能家居、智能办公、楼宇自动化系统，提升建筑的便捷性和舒适度。

五、创新组织管理模式

（二十）大力推行工程总承包。新型建筑工业化项目积极推行工程总承包模式，促进设计、生产、施工深度融合。引导骨干企业提高项目管理、技术创新和资源配置能力，培育具有综合管理能力的工程总承包企业，落实工程总承包单位的主体责任，保障工程总承包单位的合法权益。

（二十一）发展全过程工程咨询。大力发展以市场需求为导向、满足委托方多样化需求的全过程工程咨询服务，培育具备勘察、设计、监理、招标代理、造价等业务能力的全过程工程咨询企业。

（二十二）完善预制构件监管。加强预制构件质量管理，积极采用驻厂监造制度，实行全过程质量责任追溯，鼓励采用构件生产企业备案管理、构件质量飞行检查等手段，建立长效机制。

（二十三）探索工程保险制度。建立完善工程质量保险和担保制度，通过保险的风险事故预防和费率调节机制帮助企业加强风险管控，保障建筑工程质量。

（二十四）建立使用者监督机制。编制绿色住宅购房人验房指南，鼓励将住宅绿色性能和全装修质量相关指标纳入商品房买卖合同、住宅质量保证书和住宅使用说明书，明确质量保修责任和纠纷处理方式，保障购房人权益。

六、强化科技支撑

（二十五）培育科技创新基地。组建一批新型建筑工业化技术创新中心、重点实验室等创新基地，鼓励骨干企业、高等院校、科研院所等联合建立新型建筑工业化产业技术创新联盟。

（二十六）加大科技研发力度。大力支持BIM底层平台软件的研发，加大钢结构住宅在围护体系、材料性能、连接工艺等方面的联合攻关，加快装配式混凝土结构灌浆质量检测和高效连接技术研发，加强建筑机器人等智能建造技术产品研发。

（二十七）推动科技成果转化。建立新型建筑工业化重大科技成果库，加大科技成果公开，促进科技成果转化应用，推动建筑领域新技术、新材料、新产品、新工艺创新发展。

七、加快专业人才培育

（二十八）培育专业技术管理人才。大力培养新型建筑工业化专业人才，壮大设计、生产、施工、管理等方面人才队伍，加强新型建筑工业化专业技术人员继续教育，鼓励企业建立首席信息官（CIO）制度。

（二十九）培育技能型产业工人。深化建筑用工制度改革，完善建筑业从业人员技能水平评价体系，促进学历证书与职业技能等级证书融通衔接。打通建筑工人职业化发展道路，弘扬工匠精神，加强职业技能培训，大力培育产业工人队伍。

（三十）加大后备人才培养。推动新型建筑工业化相关企业开展校企合作，支持校企共建一批现代产业学院，支持院校对接建筑行业发展新需求、新业态、新技术，开设装配式建筑相关课程，创新人才培养模式，提供专业人才保障。

八、开展新型建筑工业化项目评价

（三十一）制定评价标准。建立新型建筑工业化项目评价技术指标体系，重点突出信息化技术应用情况，引领建筑工程项目不断提高劳动生产率和建筑品质。

（三十二）建立评价结果应用机制。鼓励新型建筑工业化项目单位在项目竣工后，按照评价标准开展自评价或委托第三方评价，积极探索区域性新型建筑工业化系统评价，评价结果可作为奖励政策重要参考。

九、加大政策扶持力度

（三十三）强化项目落地。各地住房和城乡建设部门要会同有关部门组织编制新型建筑工业化专项规划和年度发展计划，明确发展目标、重点任务和具体实施范围。要加大推进力度，在项目立项、项目审批、项目管理各环节明确新型建筑工业化的鼓励性措施。政府投资工程要带头按照新型建筑工业化方式建设，鼓励支持社会投资项目采用新型建筑工业化方式。

（三十四）加大金融扶持。支持新型建筑工业化企业通过发行企业债券、公司债券等方式开展融资。完善绿色金融支持新型建筑工业化的政策环境，积极探索多元化绿色金融支持方式，对达到绿色建筑星级标准的新型建筑工业化项目给予绿色金融支持。用好国家绿色发展基金，在不新增隐性债务的前提下鼓励各地设立专项基金。

（三十五）加大环保政策支持。支持施工企业做好环境影响评价和监测，在重污染天气期间，装配式等新型建筑工业化项目在非土石方作业的施工环节可以不停工。建立建筑垃圾排放限额标准，开展施工现场建筑垃圾排放公示，鼓励各地对施工现场达到建筑垃圾减量化要求的施工企业给予奖励。

（三十六）加强科技推广支持。推动国家重点研发计划和科研项目支持新型建筑工业化技术研发，鼓励各地优先将新型建筑工业化相关技术纳入住房和城乡建设领域推广应用技术公告和科技成果推广目录。

（三十七）加大评奖评优政策支持。将城市新型建筑工业化发展水平纳入中国人居环境奖评选、国家生态园林城市评估指标体系。大力支持新型建筑工业化项目参与绿色建筑创新奖评选。

中华人民共和国住房和城乡建设部
中华人民共和国教育部
中华人民共和国科学技术部
中华人民共和国工业和信息化部
中华人民共和国自然资源部
中华人民共和国生态环境部
中国人民银行
国家市场监督管理总局
中国银行保险监督管理委员会
2020 年 8 月 28 日

市场监管总局办公厅 住房和城乡建设部办公厅工业和信息化部办公厅关于加快推进绿色建材产品认证及生产应用的通知

市监认证〔2020〕89号

各省、自治区、直辖市及新疆生产建设兵团市场监管局（厅、委）、住房和城乡建设厅（委、局）、工业和信息化主管部门：

根据《市场监管总局办公厅 住房和城乡建设部办公厅 工业和信息化部办公厅关于印发绿色建材产品认证实施方案的通知》（市监认证〔2019〕61号，以下简称《实施方案》）要求，三部门联合开展加快推进绿色建材产品认证及生产应用工作，现将有关事项通知如下：

一、扩大绿色建材产品认证实施范围

在前期绿色建材评价工作基础上，加快推进绿色建材产品认证工作，将建筑门窗及配件等51种产品（见附件1）纳入绿色建材产品认证实施范围，按照《实施方案》要求实施分级认证。根据行业发展和认证工作需要，三部门还将适时把其他建材产品纳入实施范围。

二、绿色建材产品分级认证及业务转换要求

获得批准的认证机构应依据《绿色建材产品分级认证实施通则》（见附件2）制定对应产品认证实施细则，并向认监委备案。获证产品应按照《绿色产品标识使用管理办法》（市场监管总局公告2019年第20号）和《绿色建材评价标识管理办法》（建科〔2014〕75号）要求加施“认证活动二”绿色产品标识，并标注分级结果。

现有绿色建材评价机构自获得绿色建材产品认证资质之日起，应停止受理认证范围内相应产品的绿色建材评价申请。自2021年5月1日起，绿色建材评价机构停止开展全部绿色建材评价业务。

三、组建绿色建材产品认证技术委员会

组建绿色建材产品认证技术委员会，为绿色建材产品认证工作提供决策咨询和技术支持。第一届技术委员会委员名单附后（见附件3），秘书处设在中国建筑材料工业规划研究院，负责技术委员会日常工作。

四、培育绿色建材示范企业和示范基地

工业和信息化主管部门建立绿色建材产品名

录，培育绿色建材生产示范企业和示范基地。由省级工业和信息化主管部门根据不同地域特点和市场需求，加强与下游用户的衔接，组织项目上报。工业和信息化部组织专家对申报材料进行评审、公示，具体申报时间和要求另行通知。

五、加快绿色建材推广应用

住房和城乡建设主管部门依托建筑节能与绿色建筑综合信息管理平台搭建绿色建材采信应用数据库，获证企业或认证机构提出入库申请。省级住房和城乡建设主管部门应发挥职能，做好入库建材产品监督管理。省级住房和城乡建设主管部门要结合实际制定绿色建材认证推广应用方案，鼓励在绿色建筑、装配式建筑等工程建设项目中优先采用绿色建材采信应用数据库中的产品。

六、加强对绿色建材产品认证及生产应用监督管理

各级市场监管、住房和城乡建设、工业和信息化部门在各自职能范围内，加强对绿色建材产品认证及生产应用监管，发现违法违规行为的，依法严肃查处。

附件：1. 绿色建材产品分级认证目录（第一批）
2. 绿色建材产品分级认证实施通则
3. 第一届绿色建材产品认证技术委员会委员名单

市场监管总局办公厅 住房和城乡建设部办公厅
工业和信息化部办公厅
2020 年 8 月 3 日

2 标准化工作
BIAOZHUNHUAGONGZUO

中国建材检验认证集团股份有限公司

国检集团函〔2018〕143号

关于征集认证认可行业标准《室内装饰装修服务认证要求》参编单位的函

各有关单位：

根据国家认监委“关于下达2018年第一批认证认可行业标准制（修）订计划项目的通知”（国认科〔2018〕39号），由中国建材检验认证集团股份有限公司负责认证认可行业标准《室内装饰装修服务认证要求》的编制工作，完成时间为2020年4月30日。

《质量发展纲要（2011~2020年）》提出，认证认可工作重点之一是“加快实施服务认证”，提出至2020年全国实现服务质量的标准化、规范化和品牌化，服务业质量水平显著提升，达到或接近国际先进水平，服务业品牌价值和效益大幅提升，推动实现服务业大发展的总体安排。

当前，我国室内装饰装修服务行业发展正在“从小规模到产业化”，“从无序竞争到品牌较量”的转变阶段，形成集成化、工厂化生产，选择联合、加盟、合作等各种形式的发展模式，企业制度、经营模式、增长方式正面临重大改变。如何在新的发展阶段，规范室内装饰装修服务行业，创造标准化的服务模式和监督体制，已成为关系到室内装饰装修行业做大做强和“二次发展创业”成败的关键所在。通过采取国际通行的服务认证和分级认证的模式，将服务质量评价的结果明示给服务购买者，可促进室内装饰装修服务行业的规范性和一致性，打造透明、可信和可靠的消费环境，提高顾客满意度水平，对促进品牌培育，引领转型升级具有重要的现实意义。

《室内装饰装修服务认证要求》旨在为认证机构提供室内装饰装修服务认证要求及其评价准则和方法。为保证该标准的科学性、合理性和可操作性，现面向行业征集参编单位，共同完成标准的编制工作。有意愿参编的单位，请填写申请表（附件）并加盖公章，将扫描件发送至 xuxin@ctc.ac.cn。

联系人：许欣、赵春芝、马丽萍、张启龙、文刚、刘翼

电　话：010-51167148，51167578，51167005

邮　箱：xuxin@ctc.ac.cn

附件：参编申请表

中国建材检验认证集团股份有限公司

2018 年 8 月 2 日

综合管理部　　2018年8月2日印发

中国建材检验认证集团股份有限公司

关于征集《健康建材评价标准》参编单位的函

各有关单位：

中共中央、国务院发布的《“健康中国2030”规划纲要》明确提出，到2030年要实现主要健康危险因素得到有效控制，全民健康素养大幅提高，健康生活方式得到全面普及。2020年突如其来的“新冠疫情”让我们充分意识到，要实现“健康中国”的目标还任重道远，需要各行各业更多的创新和行动。其中与居民衣、食、住、用、行中的“住”密切相关的健康建筑是“健康中国”战略的重要组成部分和载体。健康建筑及其配套的健康建材产业链将会是一个规模巨大、潜力无限的行业。

在此情形下，当前市场上出现了众多以“健康”冠名的建材产品，不过相应的权威评价标准和第三方认证却出现了空白和缺位。这直接导致了部分企业将名不符实、借题炒作的产品流入市场，误导消费者购买，造成消费市场混乱。

鉴于此，为健全健康建材市场体系，增加健康建材产品供给，提升健康建材产品质量，支撑健康建筑选材需求，推进绿色建材向健康建材深层次发展，中国建材检验认证集团股份有限公司（国检集团）会同中国建材市场协会人居健康分会、中国健康管理协会标准化与评价分会和红星美凯龙家居集团股份有限公司北京人居健筑工程技术研究院、中国大家居教育平台等单位，组织相关科研院所和骨干企业、行业专家在绿色建材的基础上，共同制定“以人为本”、满足健康建筑需求和行业发展要求的《健康建材评价标准》，该团体标准已在中国建材市场协会立项（附件一）。后续，国检集团将依托该标准，打造具有行业认可度和市场认知度的“中国健康建材”认证项目。

为保证标准编制的科学性、权威性和可操作性，现面向健康建材行业征集有意参与该项工作的企事业单位。本标准拟在各类建材和制品符合严苛的有害物质和污染源控制的基础上，突出“主动健康”的功能性，包括以下方面：

1. 具有空气净化功能，可改善居室空气质量的；
2. 具有防霉抗菌功能，可改善居室水质或微生物环境的；
3. 具有调节功能，可改善居室声、光、热、湿等建筑物理环境舒适度的；
4. 产品符合人体工程学设计，使用中具有舒适、安全或健康等功能的；
5. 其他可提升人居环境健康水平的。

有意参与该项标准的单位，请填写标准参编申请表（附件二），盖章扫描发送至：

联系人：刘翼、马丽萍、蒋荃

电　话：010-51167005、51167148

邮　箱：liuyi@ctc.ac.cn

中国建材检验认证集团股份有限公司

二〇二〇年四月十五日

中国建筑材料联合会
金属复合材料分会文件

中建材联金属分会秘发[2019]012号

关于邀请参加建材行业标准《金属复合装饰材料行业绿色工厂评价要求》和《金属复合装饰材料行业绿色供应链管理 导则》编制工作的函

各有关单位：

为贯彻落实《中国制造2025》和《工业绿色发展规划（2016-2020年）》，工业和信息化部等多部门联合印发了《绿色制造工程实施指南（2016-2020年）》，其明确了到2020年要在我国工业企业中初步建立包含绿色工厂、绿色供应链、绿色产品、绿色园区在内的绿色制造体系，各省市也依此陆续出台了创建省市级绿色工厂、绿色供应链的政策文件。2019年，国家发展和改革委、科技部联合印发的《关于创建市场导向的绿色技术创新体系的指导意见》中，进一步明确提出“要健全绿色工厂评价体系，开展绿色工厂建设示范”、“推动企业运用互联网信息化技术，建立覆盖原材料采购、生产、物流、销售、回收等环节的绿色供应链管理体系”。

为支撑金属复合装饰材料行业的绿色制造体系规范化创建、管理与评估等工作，根据《工业和信息化部办公厅关于印发2019年第二批行业标准制修订项目计划的通知》（工信厅科函【2019】195号）的要求，由中国建材检验认证集团股份有限公司和中国建材联合会金属复合材料分会牵头负责两项建材行业标准《金属复合装饰材料行业绿色工厂评价要求》和《金属复合装饰材料行业绿色供应链管理 导则》的编制工作，计划编号分别为：2019-0667T-JC和2019-0668T-JC。

为使标准内容更加科学、合理、协调、可操作，现征集业内有代表性的骨干企业、机构、专家学者参与标准制定工作。如有意愿参加，请填写参编申请（附件一）并加盖公章后，将扫描件发送至1113011048@qq.com。

联系人：汪一强、马丽萍

电　话：010-51167662

邮　箱：1113011048@qq.com

附件一：标准参编申请

中国建筑材料联合会金属复合材料分会

2019年10月15日

中国建材检验认证集团股份有限公司

关于邀请参加《建材产品水足迹核算、评价与报告通则》认证认可行业标准编制工作的函

各有关单位：

根据国家认证认可监督管理委员会“认监委关于下达2019年认证认可行业标准制修订计划项目的通知”（国认监[2019]13 号）要求，由中国建材检验认证集团股份有限公司牵头负责认证认可行业标准《建材产品水足迹核算、评价与报告通则》的编制工作，计划编号：2019RB009。

水是事关国计民生的基础性自然资源和战略性经济资源，是生态环境的控制性要素。习近平总书记在党的十九大报告中提出要“实施国家节水行动”。2019 年，发改委、水利部联合印发了《国家节水行动方案》，提高水资源利用效益、建设节水型社会上升为国家战略。在此情形下，基于全生命周期理念，着眼统筹兼顾源头控制、过程用水效率提升和末端污染防控的水资源综合管控体系，同时充分利用评价、认证等国际通行的技术手段和市场化机制，构建以水足迹理念为基础的水资源观，对于落实国家“节水优先”方针具有重要意义，也将为“以水定城、以水定地、以水定人、以水定产”等制度的落实提供切实可行的技术方案。

本标准将立足于建材行业，运用基于生命周期的水足迹思维，通过实现对建材行业产品生命周期内水资源利用及水污染管控的可核查、可评价、可报告，一方面为建材行业节水型标杆产品的评价认证工作提供科学、合理、可操作的技术支撑，同时也有助于为建材工业企业加强水资源取用、产排污管控，为行业和政府部门制定节水减排管控政策提供参考，具有较好的行业示范意义。

为保证该标准的科学、合理和可操作性，现征集业内有代表性的骨干企业、机构、专家学者参与标准制定工作。如有意愿参加，请填写申请表（附件）并加盖公章后，将扫描件发送至mlp@ctc.ac.cn。

联系人：马丽萍、张艳姣、刘翼、蒋荃

电　话：010-51167148、51167005

E-mail：mlp@ctc.ac.cn

中国建材检验认证集团股份有限公司

二〇二〇年六月八日

中国建材检验认证集团股份有限公司
中国民族建筑研究会标准办公室

关于征集《近零能耗建筑用产品评价外窗》等四项标准参编单位的函

各有关单位：

当前，在全球积极构建应对气候变化机制、追逐高质量可持续发展的浪潮中，以“低能耗建筑、超低能耗建筑、近零能耗建筑、（净）零能耗建筑”为代表的建筑新业态成为推进建筑节能工作的重要内容，获得了世界各国的广泛关注。2017 年 2 月，住房和城乡建设部发布的《建筑节能与绿色建筑发展“十三五”规划》提出“积极开展超低能耗建筑、近零能耗建筑建设示范”，“到 2020 年，建设超低能耗、近零能耗建筑示范项目 1000 万平方米以上”。在此背景下，近零能耗建筑在中国得到了迅猛发展，年建造量持续攀升，已成为引领新时期建筑节能发展航向的新舵手，同时也对担当其关键支撑要素的建筑材料提出了更高更严格的要求。然而，针对“近零能耗建筑用产品”的权威的评价标准和第三方认证却出现了空白和缺位，制约着近零能耗建筑的推广和应用。

鉴于此，中国建材检验认证集团股份有限公司（国检集团）联合中材绿建（北京）建筑节能技术有限公司（中材绿建）会同中国民族建筑研究会，组织相关科研院所和骨干企业、行业专家，基于当前建筑材料在近零能耗建筑中的应用发展实际，共同制定科学、规范、系统的近零能耗建筑用产品评价标准。目前已成功立项以下四项标准：

1.《近零能耗建筑用产品评价　防水透气、隔气材料》

2.《近零能耗建筑用产品评价　外窗》

3.《近零能耗建筑用产品评价　遮阳产品》

4.《近零能耗建筑用产品评价　保温系统材料》

为保证标准编制的科学性、权威性和可操作性，现面向行业征集有意参与该项工作的企事业单位。有意参与者，请填写标准参编申请表（见附件），盖章扫描发送至以下联系方式：

（一）中国建材检验认证集团股份有限公司

联系人：刘翼、马丽萍、蒋荃

电　话：010-51167005，51167148

邮　箱：lsjc@ctc.ac.cn

（二）中国民族建筑研究会标准办公室

联系人：赵红元、康健、王涛、郑小芹、王艳、何心

电　话：010-63266752

邮　箱：zgmzljw@163.com

中国建材检验认证集团股份有限公司

二〇二〇年六月二十三日

中国民族建筑研究会标准办公室

二〇二〇年六月二十三日

中国建材检验认证集团股份有限公司

关于邀请参加《绿色建材评价系列标准》编制工作的函

各有关单位：

为大力发展绿色建材，支撑建筑节能、绿色建筑和新型城镇化建设需求，促进建材工业转型升级，落实中共中央、国务院《关于开展质量提升行动的指导意见》中关于完善绿色建材标准的要求，依据《中国工程建设标准化协会 2017 年第三批产品标准试点项目计划》，受住房和城乡建设部科技与产业发展中心委托，由中国建材检验认证集团股份有限公司牵头负责其中 29 项绿色建材评价标准的编制任务(见编制任务清单)。

为使标准的编制更加科学、先进和可操作，并保证按时完成，现征集业内有代表性的科研院所和骨干企业作为参编单位。如贵单位有意愿参加，请填好参编申请表并加盖公章后，将扫描件发送至 Lsjc@ctc.ac.cn。

联系人：任世伟、马丽萍、许欣、文刚、刘翼、蒋荃

电　话：010-51167578　　　　邮　箱：Lsjc@ctc.ac.cn

中国建材检验认证集团股份有限公司

2018 年 12 月 30 日

编制任务清单

绿色建材评价 智能坐便器

绿色建材评价 刚性防水材料

绿色建材评价 建筑玻璃用功能膜

绿色建材评价 防霉抗菌材料

绿色建材评价 弹性地板

绿色建材评价 集成式卫浴

绿色建材评价 金属给排水管材管件

绿色建材评价 泡沫铝板

绿色建材评价 镀锌钢龙骨

中国建材检验认证集团股份有限公司

关于邀请参加《"领跑者"标准评价要求 聚氯乙烯弹性地板》等七项标准编制的函

各有关单位：

2018年6月，国家市场监管总局、发展改革委、科技部、工业和信息化部、财政部、生态环境部、交通运输部、人民银行等八部门联合印发《关于实施企业标准"领跑者"制度的意见》，（国市监标准〔2018〕84号），提出建立实施企业标准"领跑者"制度，以通过高水平标准引领、增加中高端产品供给，支撑国家高质量发展。目前，企业标准领跑者制度正在有序推进，且形成了一定的社会认知度和行业影响力。各省市亦陆续出台了经济奖励、政府优先采购、信贷支持等激励政策，逐步引导市场资源向"领跑者"企业倾斜，推进企业标准"领跑者"制度向纵深发展。

为贯彻落实企业标准"领跑者"制度，支撑企业标准"领跑者"评估与选拔，中国建材检验认证集团股份有限公司（国检集团）联合中国标准化研究院、中国建材联合会、中国技术经济协会等共同立项、制定以下七项企业标准"领跑者"系列标准：

1.《"领跑者"标准评价要求 聚氯乙烯弹性地板》

2.《"领跑者"标准评价要求 木门》

3.《“领跑者”标准评价要求　木质地板》

4.《“领跑者”标准评价要求　纸面石膏板》

5.《“领跑者”标准评价要求　儿童床》

6.《“领跑者”标准评价要求　儿童高椅》

7.《“领跑者”标准评价要求　儿童柜》

为使标准的编制更加科学、权威和可操作，现征集业内有代表性的科研院所和骨干企业作为参编单位。有意参与者，请填写参编申请（见附件）并加盖公章后，发送至以下联系方式：

联系人：张启龙、刘佳、冯玉启、任世伟

电　话：010-51167578,51167148

邮　箱：fengyuqi@ctc.ac.cn

附件：标准参编申请

中国建材检验认证集团股份有限公司

2020年12月11日

中国建材检验认证集团股份有限公司

关于邀请参加《建材产品碳足迹-产品种类规则（CF-PCR）》中国工程建设标准化协会标准编制的函

各有关单位：

根据中国工程建设标准化协会“关于印发《中国工程建设标准化协会2017年第二批产品标准试点项目计划》的通知”（建标协字[2017]032号）要求，由中国建材检验认证集团股份有限公司会同有关单位负责组织制定中国工程建设标准化协会标准《建材产品碳足迹-产品种类规则（CF-PCR）》。

为保证该标准的科学性、合理性和可操作性，现面向行业征集参编单位，共同完成标准的编制工作。有意愿参编单位，请将申请表（附件）填好并加盖公章，邮寄给联系人。

建设低碳社会、实现绿色低碳发展，已成为我国转变经济发展方式、实现可持续发展的必然选择，我国把应对气候变化纳入国民经济和社会发展规划，培育以低碳排放为特征的新的经济增长点，加快建设以低碳排放为特征的工业体系，开展低碳经济试点示范，推动形成资源节约、环境友好的生产、生活和消费方式。2014年，国家发展和改革委印发《国家应对气候变化规划（2014-2020年）》，明确了2020年前中国应对气候变化工作的主要目标，2016年我国作为缔约方签署了《巴黎气候变化协定》，未来15年投入30万亿减排，进一步凸显了我国实施节能减排和低碳转型的坚定决心。发展低碳经济，离不开政策制度的创新和发展，其中制定碳足迹计算方法被认为是构建气候变化政策体系的一项重要内容。

碳足迹是指依据生命周期评价（LCA）的方法，定量化计算产品全寿命周期过程中相关的温室气体排放量。建材产品碳足迹-产品种类规则（CF-PCR）是计算建材产品生命周期碳排放的通用计算标准。针对我国建材产品制定碳足迹计算标准，一方面可以全面、客观的审视建材产品全生命周期过程中的能源与环境问题，为建材企业持续改善工艺、改进产品提供内在支撑；另一方面，碳足迹声明及认证作为一种有效的市场促进机制，可以为推动企业开展节能减排提供积极有效的外部动力，同时对于克服日益严峻的国际贸易壁垒也具有重要作用。

联 系 人：马丽萍、黄梦迟、张艳姣

电　　话：010-51167148

地　　址：北京市朝阳区管庄东里1号国检大楼4层（100024）

中国建材检验认证集团股份有限公司

2019年06月29日

3 绿色评价·认证服务

LÜSEPINGJIA·RENZHENGFUWU

中国绿色产品认证 / 绿色建材产品认证

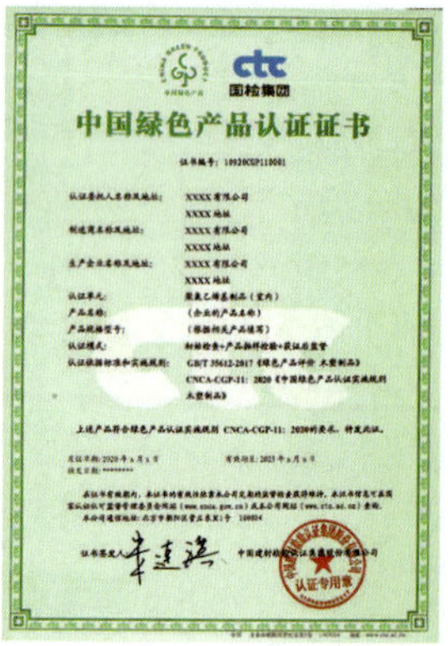

中国绿色产品认证是依据中共中央、国务院《生态文明体制改革总体方案》（中发〔2015〕25 号）和国务院办公厅《关于建立统一的绿色产品标准、标识和认证的指导意见》（国办发〔2016〕86 号）建立的，由国家推行的高端认证制度。

中国绿色产品是指在全生命周期过程中，符合环境保护要求，对生态环境和人体健康无害或危害小、资源能源消耗少、品质高的产品。

首批认证目录

人造板和木质地板、涂料、卫生陶瓷、建筑玻璃、太阳能热水系统、家具、绝热材料、防水与密封材料、陶瓷砖（板）、纺织产品、木塑制品、纸和纸制品

绿色建材产品认证是市场监管总局、住房和城乡建设部、工信部在原绿色建材评价标识工作基础上，依据三部门《绿色建材产品认证实施方案》（市监认证〔2019〕61 号）和《关于加快推进绿色建材产品认证及生产应用的通知》（市监认证〔2020〕89 号）建立的，由国家推行的分级认证制度，是按照中共中央、国务院要求推动绿色产品认证在建材领域率先落地的重要举措。

绿色建材是指在全生命周期内，可减少对天然资源消耗和减轻对生态环境影响，具有“节能、减排、安全、便利、可循环”特征的建材产品。绿色建材认证由低到高分为一星级、二星级和三星级。通过前述中国绿色产品认证的建材产品等同于三星级绿色建材。

首批认证目录（6 大类 51 种）

围护结构及混凝土类：预制构件、钢结构房屋用钢构件、现代木结构用材、砌体材料、保温系统材料、预拌混凝土、预拌砂浆、混凝土外加剂（减水剂）

门窗幕墙及装饰装修类：建筑门窗及配件、建筑幕墙、建筑节能玻璃、建筑遮阳产品、门窗幕墙用型材、钢质户门、金属复合装饰材料、建筑陶瓷、卫生洁具、无机装饰板材、石膏装饰材料、石材、镁质装饰材料、吊顶系统、集成墙面、纸面石膏板

防水密封及建筑涂料类：建筑密封胶、防水卷材、防水涂料、墙面涂料、反射隔热涂料、空气净化材料、树脂地坪材料

给排水及水处理设备类：水嘴、建筑用阀门、塑料管材管件、游泳池循环水处理设备、净水设备、软化设备、油脂分离器、中水处理设备、雨水处理设备

暖通空调及太阳能利用与照明类：空气源热泵、地源热泵系统、新风净化系统、建筑用蓄能装置、光伏组件、LED 照明产品、采光系统、太阳能光伏发电系统

其他设备类：设备隔振降噪装置、控制与计量设备、机械式停车设备

关于我们

二十年来长期致力于绿色建材产品评价认证工作，积极为我国绿色发展事业贡献力量：

▸ 首批中国绿色产品认证机构、三星级绿色建材评价机构、工信部工业节能与绿色发展评价中心

▸ 中国绿色产品认证建材组组长单位、国家绿色产品标准化总体组成员

▸ 牵头编制近 40 余项绿色产品和绿色建材评价标准、中国绿色产品认证实施规则（建材领域）

▸ 二十年来承担数十项绿色建材评价认证国家科研项目，多次获得省部级科技进步奖

重要意义

▸ 实施国推认证，是践行国家绿色发展理念的重要举措；

▸《国家发展改革委 司法部关于加快建立绿色生产和消费法规政策体系的意见》（发改环资〔2020〕379 号）

▸ 提出，积极推行绿色产品政府采购制度，结合实施产品品目清单管理，加大绿色产品相关标准在政府采购中的运用

▸《财政部 住房和城乡建设部关于政府采购支持绿色建材促进建筑品质提升试点工作的通知》（财库〔2020〕31 号）提出，绿色建材将作为政府采购实质性条件

▸ 获证产品准许使用中国绿色产品或绿色建材产品认证标识，彰显产品绿色高端优势及企业品牌实力

▸ 为成功入选国家级或地方省市绿色工厂、绿色供应链示范提供强有力助力

▸ 招投标过程获益：国推认证产品市场认可度高，增强企业差异化竞标能力

▸ 工程应用获益：住房和城乡建设部搭建绿色建材采信应用数据库，获证产品将被绿色建筑、装配式建筑等工程建设项目

▸ 优先采用

▸ 行业推广获益：工信部将建立绿色建材产品名录，培育绿色建材生产示范企业和示范基地

▸ 各地方省市已陆续推出财税金融、政府优先采购等激励政策。国家层面还将继续出台完善相关支持政策

绿色产品认证 / 绿色建材星级认证 010-51167148

儿童安全级产品认证

儿童是家庭的希望，国家民族的未来。给所有儿童创造安全舒适的家庭、社会和学习环境，让他们健康成长，一直是国检集团努力的目标。

儿童安全级产品认证由国检集团一群年轻的爸爸妈妈开发。他们本着“幼吾幼以及人之幼”的初心，在多年绿色建材认证评价技术研究的基础上，以更严苛的环保标准、更严谨的认证规则控制拟通过认证的建材产品的有害物质指标，保障儿童活动场所空气质量及环境安全健康，践行国检集团“让生活更美好”的使命。

受理范围

墙面涂覆材料、壁纸（布）、木质地板、人造板、弹性地板、塑胶跑道材料、家具、集成墙面、木塑制品、木器涂料等

儿童安全级认证 010-51167148

墙面涂覆材料

壁纸（布）

木质地板

人造板

弹性地板

塑胶跑道材料

儿童家具

集成墙面

木塑制品

木器涂料

健康建材认证

中共中央、国务院发布《"健康中国 2030"规划纲要》，健康建材产业链将会是一个规模巨大、潜力无限的行业。"新冠"疫情直接催生了家装消费升级，健康建材将成为刚需。关于健康建材相应的权威评价标准和第三方认证出

现了空白和缺位，市场混乱。疫情催生出的巨大消费市场导致这一矛盾空前突出。

国检集团旗帜鲜明地提出：健康建材是在符合严苛的有害物质和污染源控制指标的基础上，具有"主动健康"功能性的建材产品。包括但不限于：

▸ 具有空气净化功能，可改善居室空气质量的

▸ 具有抗菌功能，可改善居室水质或微生物环境的

▸ 具有调节功能，可改善居室声、光、热、湿等建筑物理环境舒适度的

▸ 产品符合人体工程学设计，使用中具有舒适、安全或健康等功能的

▸ 其他可提升人居环境健康水平的

健康建材认证 010- 51167148

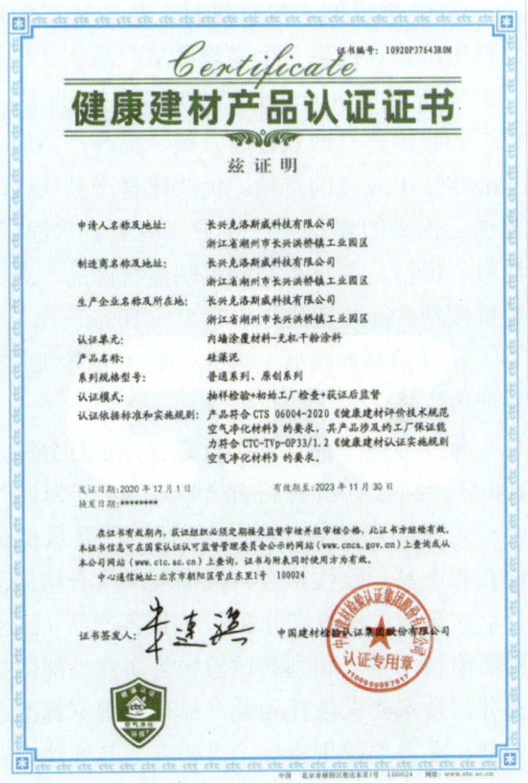
证书编号：10920P37643R0M

Certificate

健康建材产品认证证书

兹证明

申请人名称及地址：长兴克洛斯威科技有限公司
浙江省湖州市长兴洪桥镇工业园区

制造商名称及地址：长兴克洛斯威科技有限公司
浙江省湖州市长兴洪桥镇工业园区

生产企业名称及所在地：长兴克洛斯威科技有限公司
浙江省湖州市长兴洪桥镇工业园区

认证单元：内墙涂覆材料-无机干粉涂料

产品名称：硅藻泥

系列规格型号：普通系列、原创系列

认证模式：抽样检验+初始工厂检查+获证后监督

认证依据标准和实施规则：产品符合 CTS 06004-2020《健康建材评价技术规范 空气净化材料》的要求，其产品涉及的工厂保证能力符合 CTC-TVp-OP33/1.2《健康建材认证实施规则 空气净化材料》的要求。

发证日期：2020 年 12 月 1 日　　有效期至：2023 年 11 月 30 日

换发日期：********

在证书有效期内，获证组织必须定期接受监督审核并经审核合格，此证书方继续有效。本证书信息可在国家认证认可监督管理委员会公示的网站（www.cnca.gov.cn）上查询或从本公司网站（www.ctc.ac.cn）上查询，证书与附表同时使用方为有效。

中心通信地址：北京市朝阳区管庄东里1号　100024

证书签发人：

中国建材检验认证集团股份有限公司

认证专用章

优质建材产品认证

CTC 推出的“优质建材产品”旨在为优秀的建材生产企业提供一个高端品质产品认证平台，为广大消费者提供一个选购优质建材产品的可信渠道，为我国建材产业转型升级、提升产品质量的国家战略作出应有的贡献。优质建材产品认证的适用范围：优秀的建材生产企业（陶瓷、水泥、玻璃、涂料、板材、型材等）的高端建材产品，获证企业数量控制在行业企业总数的 5 ～ 10%。

认证的基本模式：型式试验 + 初始工厂检查 + 获证后监督。

优质建材产品认证实行综合评价打分制，满分 100 分，综合评价总得分不低于 85 分为通过。其中：工厂检查满分 50 分，包括工厂质量保证能力检查和产品一致性检查，根据现场检查结果予以评分；产品质量检查满分 35，依据各产品认证实施规则所附技术要求和型式试验报告实测性能数据予以评分，技术要求依托相关产品现行国家标准或行业标准，在主要质量指标予以拔高；其他综合评价满分 15 分，依据企业科研能力、管理体系获证情况、生产规模、售后服务等进行评分。

优质建材产品认证 010-51167735

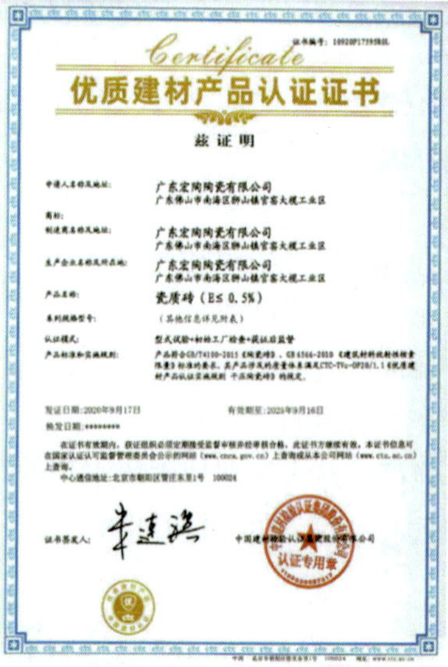
Certificate
优质建材产品认证证书
兹证明
广东宏陶陶瓷有限公司
广东佛山市南海区狮山镇官窑大榄工业区
广东宏陶陶瓷有限公司
广东佛山市南海区狮山镇官窑大榄工业区
广东宏陶陶瓷有限公司
广东佛山市南海区狮山镇官窑大榄工业区
瓷质砖（E≤ 0.5%）
（其他信息详见附表）
型式试验+初始工厂检查+获证后监督
认证专用章

Ⅲ型环境声明/碳足迹/水足迹

EPD（亦称Ⅲ型环境声明、环境产品声明）是以生命周期评价LCA为方法论基础，提供基于生命周期全过程的量化环境信息报告。碳足迹、水足迹同样以LCA为基础，量化评价产品在整个生命周期内的温室气体排放或水资源消耗。因其可向消费者、经销商等提供与产品相关的科学、可验证、可比的环境信息，被认为是对政府绿色采购及产品生态设计等最有力的支持工具。

▸ 作为当前绿色产品认证、绿色制造体系评价、绿色建材产品认证的重要指标

▸ 服务LEED等国内外绿色建筑评价

▸ 通过量化表达产品的绿色低碳环保特征，增强企业及其产品的品牌影响和市场竞争力

▸ 彰显企业实施节能减排和改善环境质量的决心和责任，提升企业社会形象

▸ 有效应对国际绿色贸易壁垒，促进出口

EPD /碳足迹/水足迹 010-51167148

绿色建筑选用产品证明商标

证明商标，是指由对某种商品或者服务具有监督能力的组织所控制，而由该组织以外的单位或个人使用于其商品或者服务，用以证明该商品或者服务的原产地、原料、制造方法、质量或者其他特定品质的标志。

绿色建筑选用产品证明商标是国家建筑材料测试中心经国家商标局合法注册，用于证明建材产品符合绿色建筑设计选材需求的特定标志，受法律保护。国家建筑材料测试中心拥有证明商标的管理权和专用权。绿色建筑选用产品证明商标将助力和引导开发商、建筑师绿色选材，提升企业市场竞争力，凸显产品高端价值。

绿色建筑选用产品证明商标 010-51167148

®

绿色建筑选用产品

4 入选产品技术资料

RUXUANCHANPINJISHUZILIAO

证书编号：LB2020SR001　　HB2020SR001

南山钢制散热器、铜铝复合散热器

产品简介

南山铜铝复合散热器产品通过了国家级权威散热器检测机构检测：耐腐蚀性能、热工性能、耐压强度等经国家散热器质量监督检验中心检测均达到JG/T 220−2016《铜铝复合柱翼型散热器》的要求。

产品性能特点：

1. 造型秀美，装饰性强，使用寿命长，耐腐蚀，承压高，质量轻，安装方便等。
2. 热惰性小，金属热强度高、散热功率大。
3. 散热器组片灵活可变，易于设计，是室内理想的装饰品。

技术指标

产品执行JG/T 220−2016《铜铝复合柱翼型散热器》。

壁厚≥1.2mm，通过国家有色金属质量监督检验中心检验，符合GB/T 5237.1—2017《铝合金建筑型材　第1部分：基材》、GB/T 5237.2—2017《铝合金建筑型材　第2部分：阳极氧化型材》、GB/T 3190—2020《变形铝及铝合金化学成分》有关力学性能和有关化学成分的规定。

散热器通水管：专用拉制紫铜管（牌号T2M），紫铜纯度99.9%，联箱管壁厚≥0.8mm，立柱管壁厚≥0.6mm，通过国家有色金属质量监督检验中心检验，符合GB/T 1527—2017《铜及铜合金拉制管》有关力学性能和有关化学成分的规定。

铜铝复合：采用先进液压水胀管设备和工艺技术，使内腔通水紫铜管与外散热铝合金柱翼片紧密复合，复合致密均匀，散热器的散热效率得到极大的提高，比采用普通胀管热效率提高10%，节能50%，质量仅为铸铁式散热器的1/5。

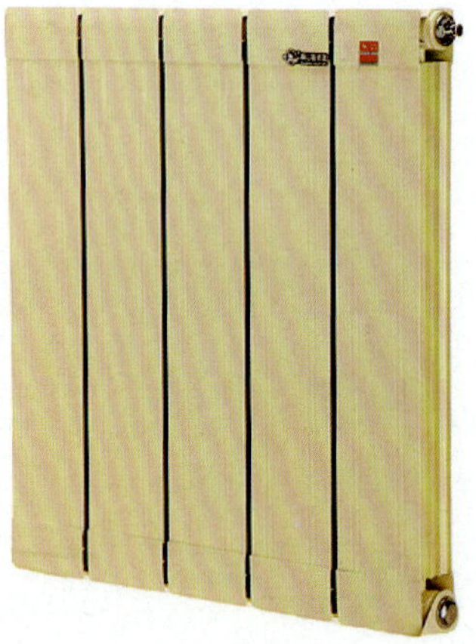

适用范围

适用于宾馆、学校、写字楼、机关办公室、宿舍楼、大型公共场所等。

工程案例

1. 哈尔滨爱建滨江社区
2. 哈尔滨伊春电力大厦
3. 北京盛今大厦
4. 北京第一社会福利院
5. 北京北店嘉园
6. 莒县宏德电力实业公司家属楼

山东南山暖通新材料有限公司
地址：山东龙口市南山工业园
电话：0535-8615684
官方网站：http://www.nanshansrq.com.cn

7. 德州齐河天工集团住宅楼
8. 莒南阜丰集团别墅楼
9. 阳光 100 济南国际新城

生产企业

山东南山暖通新材料有限公司，是南山控股的散热器、管材管件生产制造业务板块，是南山控股骨干企业之一。成立于 2000 年的南山暖通坚持高品质发展路线，着力于打造闭环完善的经营产业链，为消费者提供优质的产品服务，经过多年的沉淀发展，形成了高性价比、优质耐用的品牌知名度和影响力，南山暖通是提供散热器和管材一体化服务的“温暖管家”。

南山暖通是中国建筑金属结构协会采暖散热器委员会理事单位、中国建筑金属结构协会辐射供暖供冷委员会常务委员单位。南山暖通多次荣获全国质量诚信优秀示范企业、消费者信得过优质产品等荣誉称号，通过了 ISO 9001 质量管理体系认证和 ISO 14001 环境管理体系认证。

专业的研发、生产、销售、服务运营团队，自上而下贯彻精益、精细、科学规范的生产管理，以及“致力创新，品质至上”的企业发展理念，使南山暖通凭借卓越的质量和优质的服务，使“南山”牌散热器、管材管件产品受到了广大客户及消费者的高度认可。

我们砥砺奋进，在科技创新、技术进步、市场开拓的道路上，不断实践探索，走出了一条具有南山特色的企业发展之路。

我们全力打造强势品牌，培育持久竞争优势，致力于为社会大众提供品质为先、环保健康的专业产品和服务。

证书编号：LB2020SR002

康烯石墨烯电发热膜

产品简介

石墨烯电热膜属低温辐射电热膜系列，其特点有：生命之光波红外波长（4～16μm）、安全性高（消除寄生电容，零漏电）、升温快（法向全发射率 0.89）、高效节能（自带 PTC 效应）。

适用范围

此产品应用于房屋旧改、新建住宅项目、分布式供暖等领域，适用于人们经常活动区域。

技术指标

产品执行 GB/T 28204—2011《家用和类似用途膜状电热元件》、JG/T 286—2010《低温辐射电热膜》、GB/T 7287—2008《红外辐射加热器试验方法》、GB/T 4654—2008《非金属基体红外辐射加热器通用技术条件》标准，具体产品技术参数如下：

工作电压：AC 220V 50Hz

额定功率：150W/m^2、180W/m^2

工程案例

青岛市海泊路四号旧房改造项目，产品应用于该项目中的房屋供暖，作用于地面，起辐射供暖。

生产企业

广东康烯科技有限公司于 2014 年成立，一直致力于石墨烯新材料的研发应用，通过“黑金科技”智慧创新，赋能产业升级，打造康暖生活！

公司是中国石墨烯产业联盟（CGIA）理事单位，高新技术企业，是石墨烯远红外线采暖规模应用的倡导者。

公司由多名博士、博士后、硕士组成的科研团队，与国内外多所高校及科研机构展开产学研合作，拥有 99 项专利，30 余种国内外认证，并联合中国建筑标准设计研究院制定建筑采暖石墨烯电热膜国家标准。

康烯科技集“产”“学”“研”“用”“销”与服务为一体，拥有完全自主研发的高固含石墨烯浆料分散技术、油墨技术、涂覆制备等技术，可用于塑料、玻璃、陶瓷、金属等基材，满足高、中、低温产品的全产业链应用产品集成技术，分散技术可应用于石墨烯导热、储能、散热、防腐、空气净化、润滑、耐磨等行业。

康烯科技的核心产品石墨烯远红外线电热膜可广泛应用于建筑采暖，康暖家居，医疗健康，轨道交通、油气及市政管道保温等行业及畜牧养殖和特种农业等领域。石墨烯智能发热系

广东康烯科技有限公司
地址：佛山市顺德区北滘镇北滘社区居民委员会环镇东路南 1 号 A 栋 4 楼 4A
电话：4008766823
官方网站：http://www.kangxigr.com

列产品，如：墙暖、地暖发热模组、石墨烯发热砖、发热桌、石墨烯健康护具、智能穿戴、发热床垫、发热地毯、石墨烯桑拿房、养生房、生命光波能量养生舱等一直以来广受市场好评。

与新明珠陶瓷集团、美的集团、中国建筑等多家行业龙头企业建立合作关系，构建全新的商业模式及全产业生态链。

拥有智能化和全自动化生产设备的自主知识产权，在东北、西南、华东、华南布局4大产业基地，石墨烯电热膜年产能可达5亿片，突破大面积产品生产技术，年可供1亿平方米的建筑面积采暖，在国内拥有上千家终端门店。

康烯科技以技术为核心，以人才为根本，通过打造有温度的“黑科技”，开启人类康暖生活新方式，为节能环保、绿色健康、美好舒适新生活做出全新的贡献。

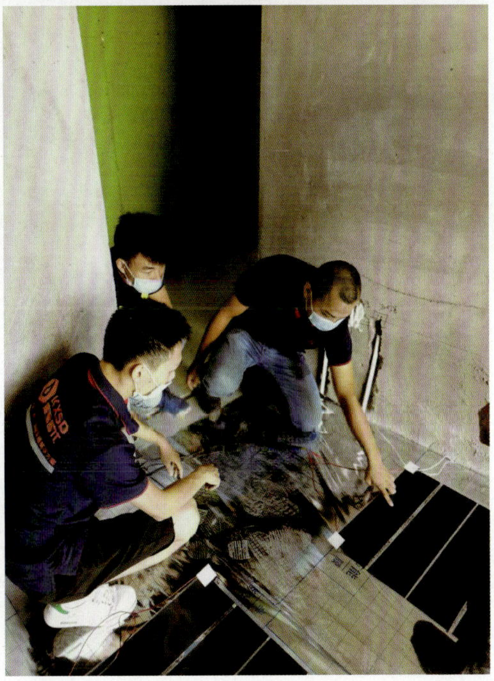

广东康烯科技有限公司
地址：佛山市顺德区北滘镇北滘社区居民委员会环镇东路南1号A栋4楼4A
电话：4008766823
官方网站：http://www.kangxigr.com

证书编号：LB2020SR003

华高烯暖石墨烯复合电热膜

产品简介

石墨烯远红外复合电热膜是互联网＋石墨烯电采暖系统的核心发热元件，发热体中的分子产生布朗运动，分子间发生剧烈的摩擦和撞击，产生的热能及远红外辐射以对流的形式向外传递，其电热转换效率高达99.8%。石墨烯远红外复合电热膜辐射出的远红外波长与人体发射出来的远红外波长吻合，对人体产生生理活化作用，有助于提高人体的微循环和自我调节能力。

适用范围

满足各类住宅、别墅、医院、幼儿园、养老院、酒店、会所、瑜伽室、咖啡厅、汗蒸房等各类家庭、企事业单位。

技术指标

产品执行中华人民共和国建筑工业行业标准JG/T 286—2010《低温辐射电热膜》，具体执行技术参数如下：

序号 NO.	项目 Item	测试标准 Testing Specification
1	外观	电热膜表面光滑平整，无划伤、破裂、脆化及明显污染，无异物等，导线和PVC压合部位不应有直径大于2mm电线外皮凸起颗粒
2	标识	参照《HGXN-JRM成品批号编码规则》
3	产品规格	电热膜的尺寸（长度、宽度）偏差不应超过标称尺寸的±2%
4	工作温度下的泄漏电流	≤0.25mA
5	工作温度下的电气强度	电热膜在正常工作条件下对其施加频率为50Hz、3750V的交流试验电压，历时1min，无击穿和闪络现象
6	冷态绝缘电阻	冷态绝缘电阻应大于50MΩ
7	热态绝缘电阻	热态绝缘电阻应大于50MΩ
8	功率偏差	电热膜在正常工作条件下工作，其输入功率和额定功率的偏差不应超过±10%
9	工作寿命	老化测试后，外观完好，实际功率比额定功率偏差不超过±10%
10	剥离强度	电热膜胶膜包含空白区（最大化包含空白）剥离力不应小于10.0N； 电热膜胶膜不包含完整空白区剥离力不应小于2.0N
11	导线长度	从封头部位引出线到导线末端（3.5±0.1）m
12	导线横截面积	5m以下电热膜用0.75mm^{2}电缆线； 5～8m电热膜用1mm^{2}电缆线
13	导线和封套融合	≥XXN（可以根据实际生产实测结果制定企业标准，需要由生产试验给出）
14	防水试验	≥IPX7
15	TVOC释放量	封装膜在使用过程中，TVOC释放量应≤0.5mg/（m^2·h）

青岛华高烯暖新材料科技有限公司
地址：山东省青岛市即墨区鳌山卫街办青岛蓝谷微纳光电中心1号楼1号
电话：18661859506

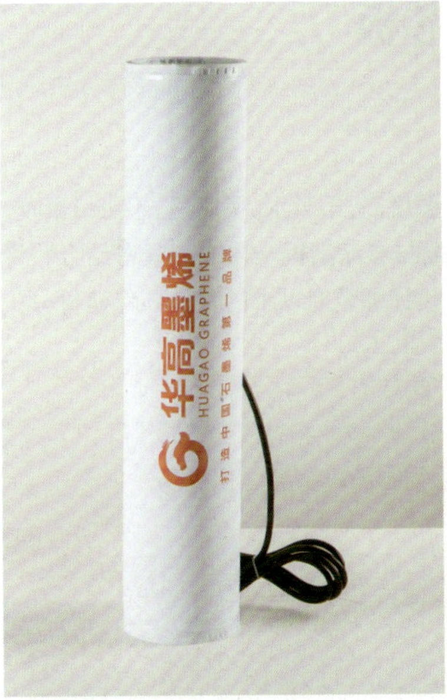

工程案例

1. 中科纳米办公楼采暖项目，项目位于即墨区，项目建筑面积 2200m^2。因集中供暖达不到项目地点，中科纳米使用公司的石墨烯远红外复合电热膜，升温迅速，提供温暖舒适保障。

2. 竹柏壹号公馆采暖项目，项目位于市北区，项目建筑面积约 1 万 m^2。因石墨烯远红外复合电热膜发出的远红外光波与人体发出的远红外光波基本吻合，在此环境中与人体细胞产生共振，有助于提高人体的微循环和自我调节能力，并且电热膜是辐射发热，取代空调和水暖的热空气对流加热的不舒适感，为老人的健康“保驾护航”。

生产企业

华高烯暖是北方主营石墨烯的新三板挂牌企业——青岛华高墨烯科技股份有限公司的全资子公司，于 2019 年 9 月在青岛蓝谷成立。公司秉承“着眼前沿，扭住领先”的发展理念，专注于石墨烯发热技术与产品研发，是集石墨烯电热产品研发、生产、销售、技术服务、施工、安装等为一体并提供系统解决方案的高新技术企业，也是从石墨烯研发制备到石墨烯采暖系列产品制造，再到大数据集中监测运营的现代绿色供暖全生态链企业。

公司凭借自主知识产权不断开拓创新，以石墨烯远红外复合电热膜为核心，自主研发了石墨烯电热画、石墨烯智能健康采暖系统、石墨烯健康理疗产品等系列产品，技术先进、品质高端，产品满足居家、办公、学校、农业等场景采暖需求，符合国家绿色、环保、健康、安全采暖的政策要求。公司将继续加大研发投入，推进产品升级，让石墨烯远红外健康采暖产品走进千家万户，为百姓创造美好生活，真正体现“华高黑金 温暖贴心”的健康采暖理念。同时，公司还通过与石墨烯联盟及军工产业研究院的合作，开拓石墨烯远红外低温辐射电热膜的下游应用，主要面向工业领域（室外设备保暖、室外管道保温、输油管路加热等）及航空航天领域（用于火箭发射器温控装置、卫星和飞船表面控温涂层）等。

公司将以“创新、共建、共赢”为理念，攻克石墨烯共性关键技术，加速传统产业转型升级、新旧动能的转换，全力打造“石墨烯 +”时代。

青岛华高烯暖新材料科技有限公司

地址：山东省青岛市即墨区鳌山卫街办青岛蓝谷微纳光电中心 1 号楼 1 号
电话：18661859506

证书编号：LB2020BW001

展宏聚氨酯夹芯板、防火彩钢夹芯板

产品简介

聚氨酯夹芯板是目前国际公认最好的建筑隔热材料，其导热系数低，耐荷性好，抗弯强度高，不吸水、不腐烂、不虫蛀鼠咬，阻燃性好，耐温范围大。将聚氨酯 PU 的物理特性以及独特配方，让高温发泡的聚氨酯与彩涂钢板一体成型紧密结合。将硬性的彩钢与软性的化工原料相互结合，配合聚氨酯PU发泡成型机创造出当今建筑师、设计师梦寐以求的科技环保建材——聚氨酯 PU 彩钢夹芯板。

适用范围

聚氨酯夹芯板应用领域：适用于 −40 ～ 150℃的环境，广泛应用于水产、食品、生物制品、药品、化工等。

技术指标

产品执行标准 JB/T 6527−2006《组合冷库用隔热夹芯板》，具体技术指标如下：

聚氨酯夹芯板		
有效宽度		1100mm/1110mm/1120mm/1130mm/1150mm
板厚		40mm/50mm/75mm/100mm/120mm/150mm/180mm/200mm 或以上
板长		根据客户要求
面板材质		彩钢板、彩铝板、不锈钢板、镀锌板
面板厚度	彩钢板	0.426mm/0.476mm 或以上
	彩铝板	0.4mm/0.5mm/0.6mm/0.8mm/1.0mm/1.2mm 或以上
	不锈钢板	0.4mm/0.5mm/0.6mm 或以上
	镀锌板	0.4mm/0.8mm/1.0 mm 或以上
芯材		聚氨酯
聚氨酯密度		⩾ 40kg/m^3
导热系数		⩽ 0.022 W/（m·K）
压缩性能		⩾ 150 kPa
闭孔率		⩾ 90%
高温尺寸稳定性（70℃，48h）		⩽ 1.5%
低温尺寸稳定性（-20℃，24h）		⩽ 1.0%
氧指数		⩾ 26%
聚氨酯燃烧等级		普通 /B 级

展宏（福建）板业发展有限公司
地址：福建省晋江市罗山新雅路 13 号
电话：0595-88169151
网址：http://www.fjzhby.com/

工程案例

四川金忠食品股份有限公司、福建省南阳食品有限公司、福建龙旺食品饮料有限公司、石狮华泰海产品有限责任公司、漳州万通食品有限公司、名佑（福建）食品有限公司、余姚市联海实业有限公司、福建东山县海之星小产食品有限公司、佳客来（福建）餐饮连锁管理有限公司、东山融丰食品有限公司、中绿湖北实业发展有限公司、广西华兴食品有限公司、广东恒兴集团有限公司、福建南方路机有限公司、福建新华东食品有限公司、飞毛腿（福建）电子公司、东山龙生食品有限公司、漳州市大正冷冻有限公司、青蛙王子（漳州）日化有限公司

生产企业

展宏（福建）板业发展有限公司成立于 2009 年，是专业从事板业制造、销售、安装为一体的大型企业，公司位于晋江市。公司占地 55000 平方米，建筑面积 30000 平方米。公司技术实力雄厚，专业生产聚氨酯冷库板、聚苯乙烯彩钢夹芯板、岩棉夹芯板、酚醛夹芯板、聚氨酯夹芯板、手工（聚氨酯、聚苯乙烯、岩棉、酚醛）夹芯板、冷库门等，可满足国内外多元化需求。公司生产的保温板，从剪板、折边、压筋到定型，均采用全自动流水线设备生产、高压发泡机发泡，一条龙成套生产工艺，使产品质量得到根本保障。公司年产量可达 150 万平方米。

展宏（福建）板业发展有限公司
地址：福建省晋江市罗山新雅路 13 号
电话：0595-88169151
网址：http://www.fjzhby.com/

证书编号：LB2020BW002

德旺模泡强力复合保温板（LS 复合保温板）、模泡 A 级防火强力板、热固复合聚苯乙烯泡沫保温板

产品简介

1. 以 LS 复合保温板为免拆模板、常规模板为内模板，中间浇筑混凝土，并通过连接件把 LS 复合保温板与混凝土墙体连接，以形成无空腔系统。

2. 模泡 A 级防火强力板整体为 A 级防火，符合防火规范，满足 75% 节能，整体较轻，上墙后发现不平整容易剔凿。

3. 热固复合聚苯乙烯泡沫保温板整体较轻，性能稳定，导热系数低，阻燃效果好，施工简便，是一种很好的保温材料，完全达到国家 75% 节能验收标准。

适用范围

适用范围：24m 以下的公共建筑以及 24m 以上的民用建筑外墙。

技术指标

LS 复合保温板性能指标

试验项目		性能指标			
		LS 型	LS1 型	LS2 型	LS3 型
单位面积质量（kg/m^2）		≤ 35		≤ 45	
拉伸粘结强度（粘结层与保温层）（MPa）	原强度	≥ 0.10		≥ 0.10	
	耐水	≥ 0.10		≥ 0.10	
	耐冻融	≥ 0.10		≥ 0.10	
抗冲击性		10J 级			
抗折破坏荷载（N）		≥ 2000			
吸水量（g/m^2）		≤ 500			
不透水性		2h 保护层内侧未渗水			
水蒸气透过性能 [g/（m^2·h）]		保护层水蒸气透过量≥ 1.67			
热阻（m^2·K/W）		符合设计要求			

模泡 A 级防火保温强力板性能要求

项目	模泡 A 级防火保温强力板
密度（kg/m^3）	≤ 200
抗压强度（MPa）	≥ 0.30
垂直于板面方向的抗拉强度（MPa）	≥ 0.10
抗折强度（MPa）	≥ 0.20
导热系数 [W/（m·K）]	≤ 0.045
软化系数	≥ 0.70
燃烧性能等级	A（A2）级

热固复合聚苯乙烯泡沫保温板

项目		单位	技术要求	检测结果
密度		kg/m³	140 ≤ ρ ≤ 200	185
导热系数（平均温度 25° C）		W/（m• K）	≤ 0.050	0.048
垂直于板面方向的抗拉强度		MPa	≥ 0.10	0.11
抗压强度		MPa	≥ 0.15	0.19
干燥收缩率		%	≤ 0.3	0.3
体积吸水率		%	≤ 10	8
抗折强度		MPa	≥ 020	0.22
软化系数		—	≥ 0.7	0.8
燃烧性能 A（A2）级	总热值	MJ/kg	PCS ≤ 3.0	2.5
	燃烧增长速率指数	W/s	FIGRA0.2MJ ≤ 120	50
	火焰横向蔓延未达到试样长翼边缘	—	火焰横向蔓延未达到试样长翼边缘	√
	600s 的总放热量	MJ	THR600s ≤ 7.5	4.7

工程案例

（燕郊）首尔园、（张家口）当代满庭芳园、（邢台）开元悦城、（邢台）君悦豪庭、（邢台）锦华城、（石家庄）天山熙湖、（石家庄）康德郡、（石家庄）富力城、（廊坊）馨美城、（廊坊）王府花园、（廊坊）建驰帝景、（衡水）星河湾

生产企业

廊坊德旺建材科技有限公司位于廊坊市大城县省级工业园区，注册资金 1000 万元，总投资 2.5 亿元人民币，占地面积 260 亩，年生产量 1500 万平方米，生产线 4 余条，是生产销售一体化企业。

我公司是集建筑节能保温体系与科研、开发、生产、销售、施工和服务一体化公司。自主研发的全程静态移动养护先进生产线，避免了产品从成型到晾晒过程中的颠簸，保证了板材的平整度。公司注重科技创新，注重知识产权，主要从事建筑节能新技术产品的开发、生产、推广应用，被河北省科技厅认定为高新技术企业，公司特聘业内资深专家与公司工程技术人员优选引进、自主开发先进技术成果，并进行产业化开发与应用技术的研究。

本公司以人为本、信仰科技，开发引进的“LS”通过了河北省住建厅组织的科学技术鉴定与建筑节能新技术产品鉴定（2013 认字编号：一体化类第 L004 号）、河北省工程建设标准设计《LS 复合保温板系统建筑构造》（图集号：DBJT 02—129—2017）和河北省工程建设标准《河北省 LS 复合保温板》应用技术规程［DB13（J）/T 236—2017］。

廊坊德旺建材推广绿色建筑节能技术、携手客户，坚持“知行合一，创新共赢”价值观，打造一个有情怀的组织，构建绿色、低碳、节能、环保的新型节能建筑材料品牌。

廊坊德旺建材科技有限公司
地址：河北省廊坊市大城县现代制造业工业园区
电话：0316-7700889
官方网站：hptt://www.dewangjiancai.cn/

证书编号：LB2020BW003

富思特聚苯板、石墨聚苯板、热固复合聚苯乙烯泡沫保温板

产品简介

聚苯板（EPS 板）内部构造为完全封闭的蜂窝状多面体结构，这种独特结构，使其成为一种优良的保温隔热材料。具有导热系数低，保温性能好；抗压、抗拉强度高；吸水率低，防水性能优异；良好的防火阻燃性能等优点。易切割，易打磨，可使板与板之间的接缝打磨后成一个整体的平面；良好的柔韧性，可吸收墙体变形，增强系统稳定性；适当的水汽渗透率，保证了围护结构的呼吸性，防止内部结露；质地蓬松而柔软，隔声效果明显；密度低、材质轻，易于施工；成本低廉，比较经济实惠。

石墨聚苯板除具备普通 EPS 保温板的所有性能外，还具有以下优势：防火性能达到难燃型 B1 级，具有良好的防火性能；绝热能力更强，石墨聚苯板是经典隔热材料发泡聚苯乙烯通过化学法进一步精炼的产品，绝热性能有了明显的改善。它含有特殊的石墨颗粒，可以像镜子一般反射热辐射，并且其中含有能够大幅度提升保温隔热性能的红外线吸收物，从而减少房屋的热损失。它的绝热能力比普通 EPS 至少高出 30%，有助于提高能效并减少二氧化碳的排放；更具生态效果，减轻环境负担，石墨聚苯板远比其他保温隔热材料更有生态效率，这可以使得其在降低取暖和降温成本以及减轻环境负担方面做出贡献。

热固复合聚苯乙烯泡沫保温板采用新型工艺，将有机保温材料与一种无机阻燃材料相结合，同时引入了最新研发的一种高效阻燃剂，可在原有阻燃性基础上再提升 30%，极大地降低了材料的密度和导热系数，真正做到了保温与防火一体化。

适用范围

各种砌块墙体、现浇混凝土墙体、混凝土框架填充墙体等节能保温。

技术指标

聚苯板和石墨聚苯板产品执行 GB/T 29906-2013《模塑聚苯板薄抹灰外墙外保温系统材料》、GB/T 10801.1-2002《绝热用模塑聚苯乙烯泡沫塑料》，具体指标如下：

项目		单位	要求
表观密度		kg/m³	18 ～ 22
压缩强度		MPa	≥ 0.10
导热系数	聚苯板	W/（m·K）	≤ 0.039
	石墨聚苯板		≤ 0.033
水蒸气透过系数		ng/（Pa·m·s）	≤ 4.5
吸水率（体积分数）		%	≤ 4.0
尺寸稳定性		%	≤ 0.30
燃烧性能		B1 级（GB 8624—2012）	

热固复合聚苯乙烯泡沫保温板产品执行 JG/T 536-2017《热固复合聚苯乙烯泡沫保温板》、Q/DX FSN 0006-2017《富思特无机改性防火保温板（FS-A 级保温板）》，具体产品指标如下：

富思特新材料科技发展股份有限公司
地址：北京市大兴区安定南街 4 号
电话：4006665100
官方网站：http://www.sbmia.org.cn/m19879

检验项目	单位	指标
导热系数	W/（m·K）	≤ 0.050
压缩强度	MPa	≥ 0.10
垂直于板面方向的抗拉强度	MPa	≥ 0.15
体积吸湿率	%	≤ 10
燃烧性能	A2 级（GB 8624—2012）	

工程案例

甲方名称	工程名称	施工工艺	施工面积 /m^2
北京鹏威鸿运建筑材料有限公司	顺义北辰悦	聚苯板 + 涂料	8000
城建集团望坛项目展示区	城建集团望坛项目展示区	聚苯板 + 涂料	9000
北京诚栋国际营地集成房屋股份有限公司	北京诚栋国际营地集成房屋股份有限公司	聚苯板 + 涂料	16000
北京当代满庭春	北京当代满庭春	聚苯板 + 涂料	75000
泰丰时代城二期	泰丰时代城二期	聚苯板 + 涂料	64000
枫丹天城三期	枫丹天城三期	聚苯板 + 涂料	12000
北京赛德丽科技股份有限公司	万科紫台	聚苯板 + 涂料	26000
亦庄 X76R1 地块	亦庄 X76R1 地块	聚苯板 + 涂料	8000
石家庄新源燕府	石家庄新源燕府	聚苯板 + 涂料	12000

生产企业

富思特新材料科技发展股份有限公司始创于 1995 年，是集建筑涂料、保温、地坪、保温装饰板的研发、生产、销售和施工技术服务为一体的大型现代化企业，是中国建筑工程领域涂料保温一体化解决方案专业供应商。

20 年来，凭借“精准、精专、精进”的理念，专注于精品建筑外墙装饰完美效果的研究与应用，产品研发与生产综合实力雄厚。拥有 4 大产品体系、4 大生产基地、50 余家分支机构、3 万人施工资源，施工面积超 4 亿平方米，并以每年超 30% 的增长速度发展。

富思特是国家高新技术企业、北京市企业技术中心，并经全国博士后管委会批准设立博士后科研工作站，坚持以科技创新为核心，先后获得多项技术荣誉，并拥有 45 项发明专利。同时，作为国家建筑涂料标准副主编单位，富思特曾受邀主编 44 项保温、涂料技术与工艺方面的国家标准和行业标准，并受托主编 5 部墙体保温与涂料行业职业技能培训教材，为行业的规范和发展做出了巨大贡献。

在服务方面，富思特一直坚持以工程质量为中心服务客户，为客户提供高品质的全面涂装解决方案，形成色彩设计、工艺定制、技术支持、产品供应、施工保障的全方位立体式服务模式。为了更好地服务客户，富思特在全国设有 50 余个分支机构，并与中铁、德邦、远成、宝供、天地华宇等大型物流公司形成长期稳定的战略合作，充分保障产品能安全、及时到达全国各地市场，打造以工程为中心的销售服务体系。同时，富思特拥有技术服务与支持人员 200 余人，整合施工资源 3 万余人，能够快速响应客户需求，确保 24 小时内到达国内工作现场，及时为客户进行全方位服务。

在产能方面，目前富思特在北京、成都、厦门、太原等地均建有大型生产基地，其中北京安定生产基地是目前亚洲单厂生产规模较大的建筑涂料与保温生产基地，拥有进口的现代化高精端生产设备和专业的电脑调色设备，年产涂料 35 万吨，砂浆 15 万吨，保温装饰板 100 万平方米，保温板 20 万立方米，全面保障产品供应。并与杜邦、陶氏化学、瓦克、拜尔、巴斯夫等一大批国际优质供应商达成长期战略合作，确保为富思特提供优质的原材料。

富思特新材料科技发展股份有限公司
地址：北京市大兴区安定南街 4 号
电话：4006665100
官方网站：http://www.sbmia.org.cn/m19879

证书编号：LB2020BW004

山东华能石墨聚苯板、石墨挤塑板、XPS 板复合无机面板保温装饰板

产品简介

HN 岩棉复合板产品，是以竖丝岩棉板为芯材，利用全自动化生产线，将界面增强卷材与竖丝岩棉板用聚氨酯粘结剂复合一次成型的新型保温板。该产品具有高强、质轻、保温、隔声、节能、环保、利废等优点，本产品是国家重点推广的绿色环保建材产品。

适用范围

产品适用于各种民用冷库、库房和地铁、隧道等基础绝热应用领域。

技术指标

石墨聚苯板

项目	性能指标
导热系数［W/（m·K）］	≤ 0.033
表观密度（kg/m³）	18 ～ 25
垂直于板面方向的抗拉强度（MPa）	≥ 0.10
尺寸稳定性（%）	≤ 0.3
弯曲变形（mm）	≥ 20
水蒸气透过系数［ng/（Pa·m·s）］	≤ 4.5
吸水率（%）	≤ 3
燃烧性能等级	B1 级

石墨挤塑板

项目	性能指标
表观密度（kg/m³）	30 ～ 35
压缩强度（形变 10%）（MPa）	≥ 0.20
垂直于板面方向的抗拉强度（MPa）	≥ 0.20
导热系数［W/（m·K）］	≤ 0.025
水蒸气透过系数［ng/（Pa·m·s）］	1.5 ～ 3.5
体积吸水率（%）	≤ 1.5
尺寸稳定性（%）	≤ 1.0
弯曲变形（mm）	≥ 20
燃烧性能等级	不低于 B1 级

山东华能保温材料有限公司
地址：临沂市高新区马厂湖镇东工业二路西侧
电话：0539-8520111
传真：0539-8520101
官方网站：huanengbw@126.com

XPS 板复合无机面板保温装饰板

检验项目		性能指标
单位面积质量（kg/m^2）		≤ 30
面板与保温材料拉伸粘结强度（MPa）	原强度	0.10，破坏部位应位于保温材料（保温材料为 XPS 板时≥ 0.20）
	耐水（7d）	≥ 0.10，破坏部位应位于保温材料（保温材料为 XPS 板时≥ 0.20）
	耐冻融（30 次）	≥ 0.10，破坏部位应位于保温材料（保温材料为 XPS 板时≥ 0.20）
	耐温（70±2）℃，7d	≥ 0.10，破坏部位应位于保温材料（保温材料为 XPS 板时≥ 0.20）
面板（不含饰面层）燃烧性能		不低于 A2 级
面板饰面层	耐酸性 48h	无异常
	耐碱性 96h	无异常
	耐盐雾 500h	无损伤
	耐人工气候老化 2000h	外观：不起泡、不脱落、不开裂。粉化：≤ 1 级，变色：≤ 2 级，失光：≤ 2 级
	耐沾污性（%）	≤ 10
	表面漆膜附着力（级）	≤ 1

生产企业

公司现有博士、硕士共 4 人，科研技术人员 15 人，中高级技术人员和管理人员 30 人，是集保温材料的研发、生产及施工与一体的专业建筑节能外墙外保温企业。公司下设华能保温材料有限公司、华能保温科技有限公司、华能热网管道保温有限公司、超力机械科技有限公司，并在河北、山东设有两处生产基地。

公司是一家生产外墙保温 HN-EPS 改性聚苯板、保温装饰一体板、石墨聚苯板、石墨挤塑板、CO_2 挤塑保温板、HN-AEPS 防火板、XPS 挤塑板、EPS 聚苯保温板、腻子系列、界面砂浆、真石漆、锚钉、耐碱网格布等综合配套产品及空调保温材料和热网管道的企业。

山东华能保温材料有限公司
地址：临沂市高新区马厂湖镇东工业二路西侧
电话：0539-8520111
传真：0539-8520101
官方网站：huanengbw@126.com

证书编号：LB2020BW005

惠润 EPS 模块

产品简介

EPS 模块体系特点是在传统建筑节能材料的基础上进行了多项技术、结构创新，被专家评为“填补国内空白，达到国际先进水平，是中国建造节能领域的一场创新式革命”。EPS 模块的生产采用全自动电脑控制模具化生产，一次性在模具内高温真空成型，完成收缩变形，所出产品质量稳定，几何尺寸准确。

适用范围

产品主要适用于各种既有建筑的外墙保温、新农村建设、危房危窑改造、设施农业、日光温室、冷库、气调库和畜禽舍建设等领域，以及固原市及周边省、市各类建筑物的节能保温及农村自建房用户。

技术指标

产品执行宁夏回族自治区地方标准 DB64《EPS 模块节能建筑应用技术标准》，具体技术指标如下：

项目		技术指标				试验方法
		阻燃型模块		石墨模块		
表观密度（kg/m^3）		20±1	30±1	20±1	30±1	GB/T 6343
压缩前度（kPa）		≥ 0.14	≥ 0.20	≥ 0.14	≥ 0.20	GB/T 8813
导热系数［W/（m·K）］		≤ 0.037	≤ 0.033	≤ 0.032	≤ 0.030	GB/T 10294
尺寸稳定性（%）		≤ 0.30				GB/T 8811
水蒸气渗透系数［ng/（Pa·m·s）］		≤ 4.0				JGJ 144
吸水率（体积分数）（%）		≤ 2.0				GB/T 8810
熔节性	断裂弯曲负荷（N）	≥ 30	≥ 40	≥ 30	≥ 40	GB/T 8812.1
	弯曲变形（mm）	≥ 20				
燃烧性能分级		B2 或 B1 级				GB/T 8624
垂直于板面方向的抗拉强度（MPa）		≥ 0.15	≥ 0.25	≥ 0.15	≥ 0.25	GB/T 29906

工程案例

固原海绵城市建设节能改造项目、固原市棚户区改造西文博园项目、固原市棚户区改造西湖雅居项目、固原九龙佳苑百合苑项目、危房危窑改造项目等。

生产企业

固原市惠润节能环保建材有限公司（以下简称“惠润公司”）为固原市九龙城市建设集团有限公司全资子公司，位于固原市原州区长城梁农资城圆德路九龙新材料产业基地，占地面积 8000m²，注册资金 1300 万元。经营范围为 EPS 模块、节能环保材料的生产及销售。

固原市惠润节能环保建材有限公司
地址：宁夏固原市原州区长城梁圆德慈善园浙商五金机电城 13 号楼
电话：0954-2676111

我公司通过宁夏建筑科学技术研究院引进哈尔滨鸿盛房屋节能体系研发中心和哈尔滨工业大学等单位联合研发的鸿盛建筑节能体系，该体系在传统建筑节能材料的基础上进行了多项技术创新。公司采用国内外先进设备，生产的产品各项指标均达国际水平。

公司将以“响应国家环保政策理念，打造绿色企业，引领低碳经济”为宗旨，以保护环境，呵护绿色固原为己任，全力建设低碳、节能、环保型企业。

固原市惠润节能环保建材有限公司
地址：宁夏固原市原州区长城梁圆德慈善园浙商五金机电城 13 号楼
电话：0954-2676111

证书编号：LB2020BW006

安保保温装饰板（岩棉芯材、聚氨酯芯材、石墨聚苯板芯材）、柯洁板

产品简介

安保 AB 系列一体化装饰板产品由装饰层、面板增强层、保温层、结构增强辅助层、锚固系统、粘结系统、封闭防水系统及排气系统组成。作为一种新型的模块化复合建筑材料，安保 AB 系列一体化装饰板是集保温隔热、防火防水及个性化装饰为一体的高档内、外墙装饰材料。

具有轻质、高强、耐久、抗弯折、耐刻划、耐化学腐蚀、导热系数低、尺寸稳定性好、易清洗、易维护、装饰效果极其丰富、美观、高档等优异特点。

适用范围

适用于各地区冬季保温、夏季隔热，新建、扩建、改建的公建、民用、军用、工业等建筑，如：医院、学校、银行、酒店、别墅、写字楼、高档住宅等。

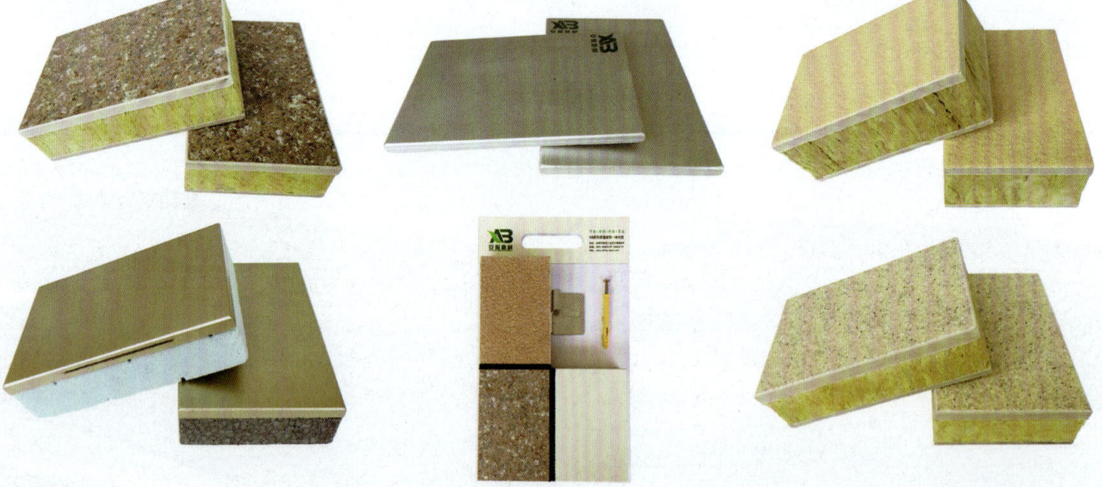

技术指标

产品执行标准：JG/T 287—2013《保温装饰板外墙外保温系统材料》，具体性能如下：

序号	项目	性能要求
1	耐候性	80 次热 / 雨循环和 5 次热 / 冷循环后，表面无裂纹、粉化、剥落等现象
2	抗风压值（MPa）	不小于工程项目的风荷载设计值，安全系数不小于 1.5
3	耐冻融性能	30 次冻融循环后，保护层（硅钙板抹面层、饰面层）无空鼓、脱落，无渗水裂缝；保护层（硅钙板抹面层、饰面层）与保温层的拉伸粘结强度不低于 0.1MPa，破坏部位应位于保温层
4	抗冲击强度（J）	≥ 3　建筑二层以上墙面等不易受碰撞部位 ≥ 10　适用于建筑物首层以及门窗洞口等易受碰撞部位
5	吸水量	水中浸泡 3h，带有饰面层的系统，吸水量不大于或等于 0.4kg/m^2
6	热阻	符合墙体热阻设计要求
7	面板不透水性	抹面层 3h 不透水
8	水蒸气湿流密度 [（g/（m^2•h）]	≥ 0.85
9	保温芯材燃烧性能	不低于 B1 级

安徽安保新型节能建材科技有限公司
地址：安徽省合肥市肥西县上派镇工业聚集区灯塔路 6-8 号
电话：0551-68893157
官方网站：www.china-abxc.com

工程案例

北京延庆老旧小区改造项目、合肥市祁门路小学等。

生产企业

安徽安保新型节能建材科技有限公司是致力于新型节能建材研发、生产、销售、施工等多方位发展的科技型企业，主营保温装饰板外墙外保温系统、内墙装饰系统等适用于建筑内外墙的新型节能建材。

公司拥有先进的实验室和检验仪器；产品和系统已通过国家权威机构检验、ISO 9001 国际质量管理及相关体系认证；获得“安徽省标准化良好行业企业”“三星绿色建材评价标识”“绿色建筑选用产品导向目录”等殊荣；是住房城乡建设部《保温装饰板外墙外保温工作技术导则》行业标准、安徽省《保温装饰板外墙外保温系统应用技术规程》地方行业标准的参编单位；拥有《安徽省建筑领域技术新产品推广证书》等相关资质。

安徽安保新型节能建材科技有限公司秉持“节能、环保、科技、高效”的宗旨，奉行“精益求精，服务客户”的企业精神，力求以优质产品奉献社会，以科研创新引领行业发展。

安徽安保新型节能建材科技有限公司
地址：安徽省合肥市肥西县上派镇工业聚集区灯塔路 6-8 号
电话：0551-68893157
官方网站：www.china-abxc.com

证书编号：LB2020BW007

天利高金属面节能防腐酚醛夹芯板、改性酚醛保温板

产品简介

酚醛泡沫（Phenolic Foam，PF）是酚醛塑料的一种，是以酚醛树脂和发泡剂、固化剂及其他助剂，经科学配方制成的闭孔型硬质泡沫塑料。酚醛泡沫因其导热系数低，保温兼顾防火等特点，被誉为“保温材料之王”。

酚醛泡沫为有机泡沫材料，导热系数为 0.023W/（m·K），远低于常用的其他保温材料。

酚醛泡沫作为一种性能优良的保温材料，不仅导热系数低、保温性能好，还具有难燃、热稳定性能好、质轻、低烟、低毒、耐热、力学强度高、隔声、抗化学腐蚀能力强、耐候性好等多项优点，最早应用到航天航空、国防工程领域，应用于潜艇、军舰的舱壁以及火箭、炮塔等。后被广泛应用到民用飞机、船舶、车站、油井等防火要求严格的场所；以及对防火、节能、卫生等要求极高的高层建筑、医院、体育设施、学校、工厂、机场和空调风管、冷藏车、防火门等多个领域。

20 世纪 80 年代，英国海军部下令所有军舰舱壁必须采用酚醛泡沫夹芯板。伦敦中心地铁 20 世纪 80 年代失火后全部采用酚醛泡沫做舱壁材料，另外，连接英法两国的英吉利海峡隧道列车“欧洲之星”的舱壁、波音和空客的飞机舱体、毁于“9·11”事件的世贸大厦等也均采用了酚醛泡沫夹芯板。

适用范围

通风与空调工程，内、外保温系统，钢结构隔墙吊顶等彩钢夹芯板，低温深冷管道保温等。

技术指标

产品执行 JG/T 258《非金属及复合风管》、GB/T 20974《绝热用硬质酚醛泡沫制品（PF）》、GB/T 51251《建筑防烟排烟系统技术标准》、JGJ/T 141《通风管道技术规程》、GB/T 50243《通风与空调工程施工质量验收规范》。

空调风管系统：

项目	指标
表观密度（kg/m^3）	40～60
弯曲强度（MPa）	≥ 0.15
压缩强度（相对于 10% 的压缩率）（MPa）	≥ 0.15
导热系数［W/（m·K）］	≤ 0.03
尺寸稳定性（%）	≤ 0.3
烟密度（%）（SDR）	≤ 5

福建天利高新材料有限公司
地址：福建省龙岩市连城县朋口镇工业园区路 6 号
电话：05978365828
官方网站：www.ten-lead.com

防排烟风管系统：

项目	指标
耐火性能	0.5～3h
漏风量，耐压变形量	2000Pa，-750Pa
风管释放有害气体浓度（苯、甲苯、氨、甲醛）	符合标准要求
风管强度	符合标准要求
抗冲击性能	符合标准要求

保温板：

项目	单位	指标
导热系数	W/（m·K）	≤ 0.03
表观密度	kg/m^3	50±5
燃烧等级	级	B1
尺寸稳定性	%	≤ 0.3
压缩强度（相对于 10% 的压缩率）	MPa	≥ 0.10
垂直于板面方向的抗拉强度	MPa	≥ 0.10

工程案例

广州国际体育演艺中心、前海国际会议中心、穗莞深城际轨道、复旦大学附属中医院等。

生产企业

福建天利高新材料有限公司坐落在朋口工业集中园，总占地 300 亩，是一家集研发、制造、销售于一体的大型自主创新型企业，是以科技为先导，专注于酚醛系列产品及通风与空调工程研发与应用的现代化高新技术企业，是国内生产酚醛系列产品的新兴企业。公司设备先进，实力雄厚，总投资 15 亿元，是福建省重点企业。

公司注重技术创新和科技升级，拥有一批具有高学历和较高科研水平的研发人员和团队，拥有自己的科研实验室，可进行酚醛（PF）树脂、酚醛（PF）泡沫保温材料等系列产品的开发试验和应用研究。公司长期与各大院校和专业机构合作，如与西安交通大学、青岛理工大学、北京化工大学、上海复旦大学、厦门大学化工研究院等高校建立技术合作关系。

公司拥有年产 20 万吨酚醛(PF)树脂和 1500 万 m^3 高性能酚醛(PF)系列产品的生产线与设备，技术先进，产品品质优良。公司在全国各个省会、直辖市、重点地区都设有经销商和办事处，同时依托厦门优异的港口优势，产品出口国外二十几个国家和地区。

福建天利高新材料有限公司
地址：福建省龙岩市连城县朋口镇工业园区路 6 号
电话：05978365828
官方网站：www.ten-lead.com

证书编号：LB2020BW008

双盛时代 SHS 保温板外墙外保温系统

产品简介

防火等级 A2 级；
保温节能，导热系数低，≤ 0.045W/（m・K）；
粘结力强，特殊处理后，粘结接触面积 1.5 倍；
施工便利；
安全环保。

适用范围

产品应用于建筑外墙外保温的节能工程。

技术指标

产品执行 JG/T 536−2017《热固复合聚苯乙烯泡沫保温板》，分为 050、060 两个等级，其中 050 级导热系数≤ 0.050 W/（m・K），我公司企业标准将产品指标分级更细，且导热系数能够达到≤ 0.045 W/（m・K），甚至更低。节能效果优异。压缩强度≥ 0.15MPa，密度 110 ～ 130kg/m^3。

工程案例

北京昌平区老旧小区节能改造工程（众多小区已完工验收）。

项目施工时间	工程项目名称	项目具体位置	建筑面积（m^2）
2013 年度	昌平区老旧小区综合改造工程	南口新西广街项目，沙阳路 11 号院项目，回龙观医院项目，雅馨园项目以及昌盛园一区、二区、三区、四区项目	30 万
2014 年度	昌平区老旧小区综合改造工程	南环里小区项目、北环里小区项目、七一制镜厂宿舍改造项目、石坊院项目、昌平五街项目以及清秀园南区等	48 万
2015 年度	昌平区老旧小区综合改造工程	东关南里项目、西环里小区项目、建明里小区项目，京科苑 65#-69#，59#-62#，33#-40# 等	23 万
2016 年度	昌平区老旧小区综合改造工程	清秀园北区项目、清秀园南区项目、京科苑 21 号院（1#-22#）项目、静心苑项目以及燕平家园项目等	14 万
2017 年度	昌平区老旧小区综合改造工程	昌平区医院 2#-3# 楼项目、西环里小区项目、东关二条小区项目以及燕平家园项目	4 万

北京双盛时代建筑材料有限公司
地址：北京市昌平区南口镇南七路 8 号
电话：13910626586
官方网站：http://www.sssdbw.com

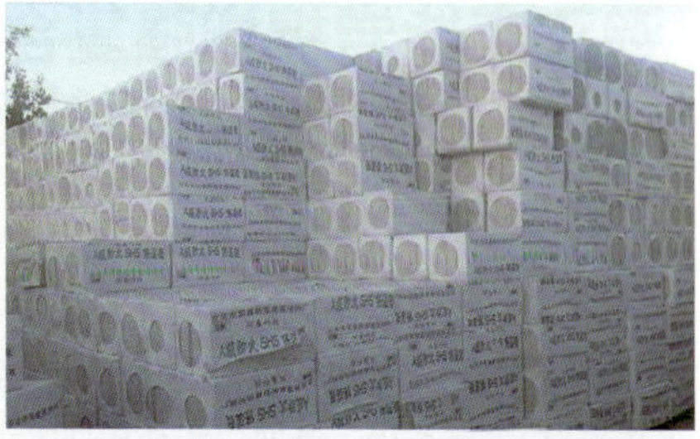

生产企业

北京双盛时代建筑材料有限公司（原北京市双盛新型建筑材料厂），始建于 1995 年，注册资金 3300 万元；公司坐落于燕山脚下、军事重镇南口镇，总占地面积 3 万余平方米，现有职工 50 人。公司通过了 ISO 9001 质量管理体系认证；是一家以开发、生产、销售新型环保墙体材料及 SHS 系列防火保温材料为主，结合相关技术服务为一体的新技术型企业。

近年来，随着老旧小区综合整治工程全面实施，公司与时俱进，抓住契机，引进新型 SHS 保温板生产技术专利，以国内知名化工专家作为技术指导，通过不懈的钻研，设计生产工艺，改造生产设备，组建年产 10 万立方米左右的 SHS 保温板生产线，将科技技术转化现实生产力。

SHS 保温板是以无机的胶结材料、防火材料和聚苯颗粒为主要原料，经过科学合理的配料、搅拌、浇注成型、养护、切割和表面处理等工艺制成的新型 A 级防火保温板。

北京双盛时代建筑材料有限公司

地址：北京市昌平区南口镇南七路 8 号
电话：13910626586
官方网站：http://www.sssdbw.com

证书编号：LB2020BW009

瀚正宝能岩棉增强复合板薄抹灰外墙保温系统、复合浆料无机包裹石墨挤塑板外墙保温系统、胶粉聚苯颗粒贴砌浆料

产品简介

HZ 复合浆料无机包裹石墨挤塑板外墙保温系统置于建筑外墙外侧，是由界面层、粘结层、石墨挤塑板、保温浆料层（防火找平层）、抗裂层、饰面层和连接件等组成的具有一定防火作用的外墙外保温系统。

HZ 复合浆料无机包裹石墨挤塑板外墙保温系统基本构造应符合下表的要求。

HZ 复合浆料无机包裹石墨挤塑板外墙保温系统基本构造

基层墙体①	系统基本构造				
	粘结层②	保温层③	防火找平层④	抗裂层⑤⑥	饰面层⑦
混凝土墙体或砌体墙体	粘结砂浆	石墨挤塑板	保温防火浆料	抹面胶浆 + 耐碱玻纤网布	涂料饰面

HZBN 竖丝岩棉增强复合板薄抹灰外墙外保温系统是由 HZBN 竖丝岩棉增强复合板、胶粘剂、锚固件、支承托架、抹面胶浆和饰面材料等组成，固定在外墙外侧的非承重保温构造的总称。基本构造见下表。

A：涂料饰面

构造层	组成
基层墙体	混凝土墙及各种砌体墙体
粘结层	胶粘剂、锚栓
保温层	岩棉复合板
抹面层	抹面胶浆、复合耐碱玻纤网格布
饰面层	柔性腻子、饰面砂浆或涂料

B：面砖饰面

构造层	组成
基层墙体	混凝土墙及各种砌体墙体
粘结层	胶粘剂、锚栓
保温层	岩棉复合板
抹面层	抹面胶浆、复合耐碱玻纤网格布
饰面层	面砖粘结砂浆、面砖、填缝剂

技术指标

HZ 复合浆料无机包裹石墨挤塑板外墙保温系统性能指标

项目		性能指标
耐候性	外观	无可见裂缝，无粉化、空鼓、剥落现象
	系统拉伸粘结强度，MPa	≥ 0.10，破坏发生在保温防火浆料层
吸水量（24h），g/m²		≤ 500
抗冲击性，J		二层及以上≥ 3J 级
		首层≥ 10J 级
耐冻融	外观	无可见裂缝，无粉化、空鼓、剥落现象
	拉伸粘结强度，MPa	≥ 0.10，破坏发生在保温防火浆料层
水蒸气透过湿流密度，g/（m²•h）		≥ 0.85
抹面层不透水性		抹面层内侧无水渗透

HZBN 竖丝岩棉增强复合板薄抹灰外墙保温系统性能要求

项目	单位	性能要求	
耐候性	—	耐候性试验后，不得出现开裂、空鼓或脱落等破坏，不得产生渗水裂缝。防护层与保温层的垂直于板面方向抗拉强度值不应低于 0.08MPa，且破坏界面应位于保温板内	
吸水量（浸泡 1h）	g/m²	≤ 500	
抗冲击强度	J 级	二层及以上（普通型）	≥ 3.0
		首层（加强型）	≥ 10.0
耐冻融（30 次）	—	保护层无空鼓、脱落，无渗水裂缝；保护层与保护层的拉伸粘结强度不低于 0.08MPa，破坏界面应位于保温板内	
水蒸气透过性能	m²•h•Pa/g	≤ 2.10×10³，并应满足防潮冷凝设计要求	
抹面层不透水性	—	2h 不透水	
热阻	m²•K/W	符合设计要求	

山东瀚正宝能新型建材科技有限公司
地址：潍坊市奎文区晨鸿大厦
电话：0536-8667603
官方网站：http://www.sdhzbn.cn/intro/1.html

检验项目 Test Item			单位 Unit	标准要求 Standard Requirement	检验结果 Test Result	单项结论 Conclusion
干表观密度			kg/m³	250 ~ 350	326	合格
抗压强度			MPa	≥ 0.30	0.32	合格
软化系数			/	≤ 0.6	0.63	合格
导热系数（平均温度 25℃）			W/（m·K）	≤ 0.08	0.078	合格
线性收缩率（%）			/	≤ 0.3	0.12	合格
抗拉强度			MPa	≥ 0.12	0.13	合格
拉伸粘结强度	与水泥砂浆	标准状态	MPa	NO.12，破坏部位不应位于界面	0.13，破坏部位不位于界面	合格
		浸水处理	MPa	NO.10，破坏部位不应位于界面	0.11，破坏部位不位于界面	
	与聚苯板	标准状态	MPa	NO.10，破坏部位不应位于界面	0.11，破坏部位不位于界面	
		浸水处理	MPa	30.08，破坏部位不应位于界面	0.09，破坏部位不位于界面	
燃烧性能等级	A2 级 单体燃烧	燃烧增长率指数 FIGRA0.2MJ	W/s	W120	14	合格
		火焰横向蔓延长 度 LFS	/	LFS（试样边缘）	火焰横向蔓延 均未达到试样	
		600s 时的总放热 THRfioos	MJ	≤ 7.5	0.7	
	热值	总热值	MJ/kg	PCS ≤ 3.0	2.9	
	产烟’附加 等级 s2	烟 R 生成速率指数	m²/s²	SMOGRA ≤ 180	73	合格
		600s 总烟气生成量	m²	TSP600s ≤ 200	28	
	燃烧滴落物 / 微粒等级 di		/	600s 内燃烧滴落物 / 微粒，持续时间不超过 10s	持续时间不超过 10s	合格

散热器
保温材料
遮阳产品
建筑玻璃及配套材料
建筑外窗
墙体材料
暖通

生产企业

山东瀚正宝能新型建材科技有限公司，是一家新兴的综合型环保公司。本公司成立于 2018 年，注册资金 1000 万元，是一家专门从事新型建材研发与生产的科技型企业。

主要产品有：HZ 复合浆料无机包裹石墨挤塑板、HZBN 竖丝岩棉增强复合板、一体化复合外模板、粘结砂浆、抹面砂浆、胶粉聚苯颗粒保温砂浆、膨胀玻化微珠保温隔热砂浆等。HZ 复合浆料无机包裹石墨挤塑板年生产量 30 万平、HZBN 竖丝岩棉增强复合板年生产量 15 万平米、一体化复合外模板年生产量 50 万平方米，砂浆 3 万吨。

我公司拥有一批经验丰富的工程技术精英、管理人才和先进的一体化生产设备，在材料生产工艺、结构形成、应用领域、施工工法等方面已拥有标志性建筑。多年来，公司在已有成绩的基础上，不懈努力，开拓进取，在建筑市场上拥有了一席之地。发展实业，振兴企业是公司的发展目标，不骄不躁、严谨踏实是公司的一贯工作作风。

山东瀚正宝能新型建材科技有限公司
地址：潍坊市奎文区晨鸿大厦
电话：0536-8667603
官方网站：http://www.sdhzbn.cn/intro/1.html

证书编号：LB2020BW010

基舜绝热用挤塑聚苯乙烯泡沫塑料、绝热用模塑聚苯乙烯泡沫塑料、石墨聚苯板

产品简介

绝热用挤塑聚苯乙烯泡沫塑料简称 XPS 挤塑板，是建筑行业公认的最佳保温材料之一，具有抗压强度极高，抗冲击性极强，化学性质稳定，不分解、不老化、不变形、保温隔热性能优良等特点。

产品规格

（1）宽度：600、900、1200。（单位：mm）

（2）长度：600、1200、1800、2400。（单位：mm）

（3）厚度：10、20、25、30、40、50、75、100、120、150。（单位：mm）

产品设计参数

（1）宽度 ±2mm，长度 ±5mm；

（2）压缩强度：150 ～ 700kPa；

（3）燃烧性能：B1 级。

绝热用模塑聚苯乙烯泡沫塑料简称模塑聚苯板，是建筑行业公认的最佳保温材料之一．具有优良的保温隔热性；卓越的高强度抗压性；优质的憎水、防潮性；质地轻、使用方便；稳定性、防腐性好等特点。

产品规格

（1）宽度：600mm/1200mm；长度：600 ～ 6000mm；厚度：20 ～ 600mm；

（2）表观密度：18 ～ 25kg/m^3。

绝热用模塑聚苯板（石墨）简称石墨聚苯板，是建筑行业公认的最佳保温材料之一。具有优良的保温隔热性；卓越的高强度抗压性；优质的憎水、防潮性；质地轻、使用方便；稳定性、防腐性好等特点。

适用范围

绝热用挤塑聚苯乙烯泡沫塑料适用于外墙外保温系统和外墙内保温系统、屋顶保温、防水保护、工业用冷库或冷藏室及公路、铁路、机场跑道、倒置式屋面、钢板屋面保温、地板辅材、建筑基础隔热、空调风管、混凝土板、压舱物的防水、水槽和水池的隔热等。

绝热用模塑聚苯乙烯泡沫塑料产品适用于外墙外保温系统、外墙内保温系统（房顶保温、外墙保温、地暖保温、一体复合板基板使用）。

山东基舜节能建材有限公司
地址：山东省临沂市兰陵县矿坑镇棠林产业园
电话：0539-5411567 05395411057
官方网站：http://www.jishunbaowen.com

技术指标

产品执行 GB/T 10801.1–2002《绝热用聚苯乙烯泡沫塑料》。模塑聚苯板主要性能要求如下表。

试验项目	单位	性能指标
表观密度	kg/m^3	18 ～ 22
导热系数	W/（m·K）	≤ 0.039
垂直于板面方向的抗拉强度	MPa	≥ 0.10
吸水率（体积分数）	%	≤ 3
弯曲变形	mm	≥ 20
尺寸稳定性	%	≤ 0.3
燃烧等级		不低于 B2 级

工程案例

公司本着绿色发展、服务客户的宗旨，在临沂当地及周边市地区得到广大客户的认可，在多项工程中标。公司积极开拓国内外市场，实施多元市场战略，公司注册自有品牌“基舜”。长期以来，与华瑞置业、开元置业、泰盛恒房产、长泰瑞庭置业、荣盛房产、恒大房产、天元集团等百余家国家重点开发商达成战略合作。参与施工的工程有：临沂电视台大厦、市民活动中心、临沂第八中学、临沂第十中学、临沂汇通天下、临沂金泰华府、红星国际广场等近一千余个项目；公司产品市场遍布临沂、枣庄、日照、青岛、济宁、菏泽、泰安等 20 余个城市。2019 年公司生产的外墙保温材料省内市场占有率为前五名。

生产企业

山东基舜节能建材有限公司成立于 2014 年 6 月 25 日，注册资金 3000 万元，公司位于兰陵县矿坑镇棠林产业园，现有企业员工 200 余人。2019 年公司实现销售收入 1.2 亿元，较 2018 年增长 63.29%。公司银行信用等级 AAA。

公司是一家专业研发和生产新型环保节能保温建筑材料的高新技术企业，企业通过了 ISO 9001（质量）、ISO 14001（环境）、OHSAS 18001（安全）管理体系认证，并先后被认定为：“高新技术企业”“临沂市企业技术中心”“临沂市工程实验室”“临沂市重点实验室”“临沂市一企一技术研发中心”“山东省一企一技术创新企业”“山东省专精特新企业”。

2017 年 12 月，公司与济南大学联合成立了“济大—基舜节能新材料技术研究所”，开发生产专用于各类型的外墙外保温体系的材料。公司目前拥有授权发明专利 3 项、实用新型专利 10 项，进入公开阶段的发明专利 5 项，承担临沂市科技项目 1 项，山东省技术创新项目 3 项。

山东基舜节能建材有限公司
地址：山东省临沂市兰陵县矿坑镇棠林产业园
电话：0539-5411567 05395411057
官方网站：http://www.jishunbaowen.com

证书编号：LB2020BW011

皇金防火板

产品简介

建筑幕墙新型防火系统是在满足 JGJ 102—2003《玻璃幕墙工程技术规范》、GB 50016—2014《建筑设计防火规范》的前提下，结合皇金防火板的综合优越性，针对传统幕墙层间封堵存在的不足，研制而成的具有安全性、实用性、快捷性、经济性、节能性、环保性、美观性的新型幕墙层间封堵系统。

该系统经国家防火检测中心公安部四川消防科学研究所多次模拟火灾测试，试验结果表明，该新型防火封堵系统结构稳定，综合性能优越，满足相关规范要求。

适用范围

1. 室内防火装饰，可喷漆、雕刻、拉槽；

2. 室内防火装饰吸声板（影剧院、大型会议室、报告厅、音乐厅、KTV、家庭影院等场所）；

3. 高层幕墙防火封堵，防火隔墙板、防火墙；

4. 钢结构防火包覆材料；

5. 防火门芯材料；

6. 高铁、隧道、动车、船舱等防火隔舱板。

技术指标

产品执行 GB 50016−2014《建筑设计防火规范》和 GB/T 23451−2009《建筑用轻质隔墙条板》、JC/T 2341−2015《膨胀蛭石防火板》标准。防火绝燃材料，燃烧性能 A1 级，烟气毒性 AQ1 级，无甲醛，绿色环保，可再生。

工程案例

华润万象天地、深圳湾生态科技园、深圳汉国城市商业中心、深圳万科云城、前海卓越时代广场、深圳平安中心主塔、招商太子湾、滨海腾讯大厦等。

生产企业

陆宇皇金建材（河源）有限公司，是集研发、生产、加工、销售为一体的绝热防火板材企业。工厂占地面积 20 多万平方米，并拥有生产新型防火绝热板材的核心制造技术和一支专业技术队伍。陆宇皇金板材属于新型防火、节能、全环保材料，也是高效保温材料。可向全球各地不同领域的用户提供高质量、高品质、多规格、多用途的板材及后续加工产品。

公司已全面导入国际质量管理体系 ISO 90001：2008、环境管理体系 ISO 14001：2004、职业健康安全管理体系 OHSAS 18001：1999、武器装备质量管理体系 GJB 9001C−207 的认证，并获得中国质量认证中心颁发的相关认证证书。公司主导起草了行业标准《膨胀蛭石防火板》，协助起草了国家标准《绝热材料生产能耗计算通则》；同时获得“国家高新技术企业”“广东省科学技术奖”称号，并取得了国家建筑材料测试中心颁发的《环保建材证明商标准用证》。

皇金板先后通过了国内权威机构的多项严格检测，防火、节能、环保性能等都达到了国家标准要求。两项“科学技术研究成果”已分别被广东省科学技术厅批准登记、深圳市科学技术厅批准登记；并获得国家多项发明专利。同时，该产品也得到了国家公安部四川消防研究所的认可。该所已与我公司合作研发两个项目——“高层建筑火灾预防技术研究”和“建筑内部装修材料防火设计应用研究”。

陆宇皇金建材（河源）有限公司
地址：广东省深圳市福田区福华三路国际商会中心 609 室
电话：0755-82852999
网址：www.luyurg.cn

实践证明，皇金板符合当今低碳经济发展的要求，它不但是优质的防火绝热材料，同时也是很好的建筑材料、环保材料。可用做防火墙、室内的隔断、隔断墙、吊顶板、装饰板、装饰吸声板、隧道防火板、船用隔舱板、钢结构包覆材料等。同时，皇金板也广泛适用于冶金、化工、石油、电力、船舶、农业等领域。

为了迎接经济全球化的机遇与挑战，陆宇皇金建材（河源）有限公司本着“用户为上、目光远大；质量为根、创新为源；自主自强、贡献力量”的企业精神，与时共谋、稳步发展，努力开拓绝热防火板材普及应用的新天地，竭诚为广大客户提供值得信赖和令人满意的产品，携手创造辉煌的未来！

陆宇皇金建材（河源）有限公司
地址：广东省深圳市福田区福华三路国际商会中心 609 室
电话：0755-82852999
网址：www.luyurg.cn

证书编号：LB2020BW012

通强聚苯板、石墨聚苯板

产品简介

采用二氧化碳发泡取代传统的氯氟烃发泡，阻燃剂采用环保阻燃剂取代 HBCD，符合国家环保政策的要求及产业发展趋势；该技术应用现状及产业化情况：挤塑板通常采用氟利昂（HFCs）系列化合物作为发泡剂，将聚苯 乙烯经高温混炼制成的发泡材料，具有强度高、保温性能好、吸水率低等优点，是主要的建筑保温材料，广泛应用于冷库、机场跑道、高铁路基、高寒公路、水利工程等领域。目前，我国挤塑板生产线已超过 1000 条，95% 以上使用氟利昂进行发泡。由于氟利昂类物质的温室效应潜值是 CO_2 的数百倍到上万倍，会对环境造成较大影响。该技术采用二氧化碳替代 HFCs 作为发泡剂，可实现无氟生产，达到淘汰氟利 昂的目的。目前已使用该技术成功建设和改造 3 条氟利昂发泡生产挤 塑板的生产线，另有一项年产 100 套二氧化碳发泡挤塑板设备生产线 项目已开工建设。

技术内容

1. 技术原理 该技术采用二氧化碳发泡挤塑板专用设备，通过恒压泵将二氧化碳稳定在超临界状态。在第一静态混合器中将二氧化碳与促进剂充分混合，用高压计量泵配合质量流量计将二氧化碳稳定注入第一阶螺杆，通过第二静态混合器、第三静态混合器与聚苯乙烯塑料（PS）实现分级充分混合，达到二氧化碳稳定注入和顺利发泡的目的。由于使用二 氧化碳替代氟利昂作为发泡剂，避免高潜值温室气体的排放，从而实现碳减排。

溴系阻燃剂：含溴阻燃剂是目前用的最广泛的阻燃剂之一，包括脂肪族、脂环族、芳香族及芳香 - 脂肪族的含溴化合物，这类阻燃剂阻燃效率高，其阻燃效果是氯系阻燃剂的两倍，相对添加量少。溴系阻燃剂的优点在于它们的分解温度大多在 200 ～ 300℃，与各种高聚物的分解温度相匹配，因此能在最佳时刻于气相及凝聚相同时起到阻燃作用，有添加量最小，效果最好的美称。我公司采用环保阻燃剂替代了 HBCD 阻燃效果更好，更环保。

2.B1 级产品导热系数最低到 0.024W/（m•K），在满足国家节能要求的同时，可以大幅减少原材料的消耗，降低能源消耗。A2 级产品在达到高防火要求的同时，避免传统的 A 级材料（岩棉）吸水膨胀、导致外墙开裂、脱落等弊端。保温与结构一体化板，符合消防管理规范和建筑节能要求，实现了保温与建筑同寿命，减少了建筑全寿命周期 60% 以上的能源消耗

适用范围

工业（民用）建筑外墙（屋面）、冷库保温、机场跑道、泊车平台、公路（铁路）基础、水利干渠、冷链等领域。

技术指标

GB 8624《建筑材料及制品燃烧性能分级》要求 B1 级保温材料氧指数≥ 30，我公司产品氧指数大于 31，具有更好的阻燃效果；GB 10801.2《绝热用挤塑聚苯乙烯泡沫塑料（XPS）》/GB 10801.1《绝热用模塑聚苯乙烯泡沫塑料》中对产品的压缩强度要求≥ 150kPa/ ≥ 100kPa，我公司产品＞ 200kPa/120kPa；GB 10801.2《绝热用挤塑聚苯乙烯泡沫塑料（XPS）》和 GB 30595《挤塑聚苯板（XPS）薄抹灰外墙外保温系统材料》要求 25℃时的导热系数 0.030W/（m•K），我公司产品导热系数 0.029W/（m•K），在达到同样保温效果的同时，减少了能源消耗。GB/T 8813《硬质泡沫塑料 压缩性能的测定》压缩强度≥ 280kPa，GB/T 10295《绝热材料稳态热阻及有关特性的测定热流计法》导热系数 0.029W/（m•K）；吸水率

河北通强保温材料有限公司
地址：河北省沧州市河间经济开发区
电话：13832779601
官方网站：www.tongqiang888.com

≤ 0.9%；GB 20824 224W/S；600s 内释放总热量 12MJ；抗冲击 10MJ；抗破坏 2000N。

工程案例

荣盛城、春华新府、通州万达广场、团河回迁安置房、荣盛花语城、南水北调主干渠工程、通州中奥家园经济适用房、阜平县扶贫搬迁工程、中建三局北京东三环项目等。

生产企业

河北通强集团公司正式组建于 2015 年，包含河北通强保温材料有限公司、河北通强房地产开发有限公司、河北通强机械设备有限公司、通强嘉业新型建材有限公司、河北杰特莱斯节能科技有限公司、河北杰特莱斯通讯设备有限公司、八零九零装配式建筑有限责任公司、石家庄通强保温材料有限公司。集团前身为北京通强泡沫制品有限公司、北京杰特莱斯节能科技有限公司、北京天利鑫保温材料有限公司。 集团是国内较早一批从事保温材料生产企业之一，秉持“诚信经营，科技创新”的理念，经过近 20 年的不断发展，现已经形成集研发、生产、销售、服务为一体的科技创新型保温材料综合性企业集团。集团占地 327 亩，目前已经建成生产车间、仓储 40000 平方米，办公楼 6800 平方米，研发楼 1000 多平方米。另有 200 亩装配式厂区正在兴建。公司主要产品有保温与结构一体化板（TQ 免拆模板）、二氧化碳发泡挤塑板（XPS）、聚氨酯复合板（PUR）、聚苯板（EPS）、聚合聚苯板（AEPS）、聚合物砂浆、EPS 建房模块等。

证书编号：LB2020ZY001

亨特道格拉斯翼型遮阳板、遮阳窗式

产品简介

亨特集团的建筑遮阳产品已有五十多年的发展历史，是全球建筑遮阳行业的先行者和领导者。亨特为建筑师提供建筑调光、控热的系统解决方案，其高品质的室内外建筑遮阳产品，不仅赋予建筑物多方面实用功能，同时在建筑的装饰美学方面给人们以独特的视觉享受，真正融功能、实用和美观于一体。标准最大板长 6m、宽度 200 ～ 600mm，可根据实际项目定制。

适用范围

适用于室内外吊顶、内外遮阳立面、中厅、中庭等。

技术指标

产品执行 JG/T 274-2010《建筑遮阳通用技术要求》或 JGJ/T 416-2013《建筑用真空绝热板应用技术规程》及亨特道格拉斯企业标准，采用高质量铝镁锰合金，辊压遮阳面板，表面涂层聚酯或氟碳烤漆，可根据要求定制，防火等级 A2。

工程案例

1. 西安广汇汽车物流产业园

项目地点：陕西西安

所属行业：商业 / 酒店

设计单位：陕西省建筑研究设计院

应用面积：1500 平方米

应用产品：乐思龙®建筑遮阳 翼帘

西安广汇汽车物流产业园位于西安国际港务区，包括汽车博览中心、50 家以上汽车品牌 4S 店集群、多个汽车相关专业市场、汽车学院、汽车科技博物馆、汽车主题公园以及其他相关综合配套服务设施，是目前全国规模较大、覆盖面广的综合性汽车产业园。产业园办公楼整栋建筑采用漂浮的设计理念，遮阳从玻璃幕墙完成面向外出挑 700mm，将整栋建筑外立面向外拉伸形成实体漂浮概念，使整栋建筑充满底蕴而又不乏新颖的美感。该项目选用的 ASNH600 翼帘型遮阳，中间两条 120mm 宽装饰孔带，让建筑外观虚实结合，体现了灵动的美感。自然光线通过孔带到达室内，使室内采光达到一个较适宜的状态，既起到了遮阳作用又不影响室内采光，将产品的美感和功能发挥到了极致。

2. 深圳盐田体育馆

项目地点：广东深圳

所属行业：体育

设计单位：广东新豪斯建筑设计有限公司

应用面积：1700 平方米

应用产品：乐思龙®建筑遮阳 翼帘

深圳市盐田区综合体育馆是 2011 年世界大学生运动会分赛馆之一，由主馆和副馆组成，总用地面积达 27458.2 平方米。主馆采用亨特智能型电动 AS350 翼帘型遮阳，副馆采用亨特电动 AS200 翼帘型遮阳。针对主场馆为圆形建筑的特点，亨特设计人员推出一种可分面、分区控制的智能型电动遮阳控制系统。这种先进的遮阳控制系统可以根据全年阳光日照角度和强度的不同，自动开启、关闭，同时具有定时控制、手动控制等多重功能。通过与消防系统的联动，系统一旦接收到消防信号，不管在何种控制模式下都会全部开启，为保障消防安全提供便利条件。

3. 南京图书馆

项目地点：江苏南京

所属行业：文娱

亨特道格拉斯建筑产品（中国）有限公司
地址：上海市中春路 2805 号
电话：021-64429999
官方网站：http://www.hunterdouglas.cn/

设计单位：浙江大学建筑设计研究院

应用面积：1200 平方米

应用产品：乐思龙® 建筑遮阳 翼帘

南京图书馆新馆是一座综合型、多功能的现代化公共图书馆，位于南京城中大行宫东北侧。新馆占地 25200 平方米，总建筑面积 77860 平方米。它不仅在外形设计上独树一帜，内部使用功能也大大突破了老馆的限制，是江苏省文献宝库和文化事业标志性工程。新馆的设计极具前瞻性，整体造型独特、简洁、美观、流畅。为了凸现环保节能的现代设计理念，新馆外部装饰大面积采用了乐思龙电动翼帘型遮阳系统，可根据需要自动对光照进行控制，最大限度地提升建筑内部的环境品质，又能恰到好处地表现出建筑外立面线条的美感，于细微之处将产品的功能性和设计性完美融合在一起。

4. 重庆宗申集团办公楼

项目地点：中国重庆

所属行业：办公

设计单位：厦门华盟装饰公司、上海杰客设计有限公司

应用面积：24000 平方米

应用产品：乐思龙® 金属吊顶 乐思龙 ® 建筑遮阳 翼帘 格栅吊顶

空中花园顶部的电动玻璃遮阳，空中走廊的翼帘式电动遮阳，双层呼吸式幕墙中间的电动穿孔百叶，多种电动遮阳产品的应用既环保节能，更为该建筑增添了灵气。大量镂空吊顶产品营造出大开间办公区域通透的空间感，各类吊顶产品的完美搭配和过渡，让整体装饰效果一气呵成。

5. 珠海华发办公楼

项目地点：广东珠海

所属行业：商业 / 酒店

设计单位：珠海华发建筑设计咨询有限公司

应用面积：5700 平方米

应用产品：乐思龙® 建筑遮阳 翼帘

珠海华发办公楼一期由珠海华发集团公司投资，是一个将实验楼和厂房改造成单位办公楼的改扩建项目。设计师没有改变建筑的原结构，而是利用亨特 AS350 翼帘型遮阳和 2.0mm 冲孔遮阳板的搭配来遮盖内部墙面，解决旧墙改造的困难。主楼楼顶则使用条形遮阳板装饰，线条简洁流畅。设计师通过对多种亨特遮阳产品的综合运用，让整个建筑外立面焕然一新、熠熠生辉，不失为旧房改造项目的一个经典成功案例。

生产企业

中国是亨特集团重点发展的市场。自 1993 年以来，集团已在中国大陆先后投资设立了十多家独资企业，形成了完善的产业布局和区域市场管理网络。亨特在中国的业务划分为建筑产品和窗饰产品两大业务板块。建筑产品业务板块包括吊顶、外墙（含金属外墙和建筑陶板）和建筑遮阳；窗饰产品业务板块包括时尚窗饰（含家用、商用与电机及控制系统）、酒店业务和 3form 艺术透光材料。

二十年来，亨特集团将世界先进的建筑产品引入中国，带动中国市场前沿的发展潮流和动向，并以优异的品质与完善的服务赢得市场。同时，亨特还带给中国市场一套完整的服务体系和营销理念，以“定制产品”和“零损耗”的供货模式为客户个性化需求提供了强有力的解决方案和技术支持。亨特建筑产品广泛应用于国家重点和具有社会影响的项目，涉及领域包括：公共建筑、行政机构、交通设施、商务办公、工业制造和民用家居等，取得了令人瞩目的市场业绩和社会效应。

未来，亨特集团将进一步加大在中国市场的投资，开发和引进更多环保、节能和智能化的高端建筑产品，为中国的建设事业作出新的贡献。

亨特道格拉斯建筑产品（中国）有限公司成立于 2001 年，是亨特集团在亚太地区的建筑产品研发、制造基地，前身是成立于 1993 年的亨特建材（上海）有限公司。公司位于上海莘庄工业区，总占地面积 86000 平方米，已建成投产的一、二期工程包括滚涂、喷涂、纵切、宽板、矩形板、复合板、条板和龙骨等生产线，具备年产 500 万平方米各类金属建筑产品和 800 万方米预滚涂金属板的强大生产能力。产品除供应中国大陆市场外，还出口至亚洲、中东、欧洲和澳洲等地。

亨特道格拉斯建筑产品（中国）有限公司
地址：上海市中春路 2805 号
电话：021-64429999
官方网站：http://www.hunterdouglas.cn/

证书编号：LB2020ZY002

金玉良中空百叶玻璃（内置百叶）

产品简介

金玉良中空百叶玻璃引进国内外先进生产工艺，产品选材严格，性能稳定方便，高效灵活是产品的一大特点，并可以根据客户实际需求加工成不同外观、尺寸、颜色的产品，亦可提供上门安装服务。

适用范围

主要经营产品：磁控百叶中空玻璃、内置电动百叶中空玻璃、磁控中空蜂巢帘、手动蜂巢帘、电动中空蜂巢帘、办公室百叶隔断、调光玻璃系列等；主要适用于阳光房遮阳、室内隔断、建筑外窗等。

技术指标

一、玻璃：玻璃一般为无色浮法玻璃、钢化玻璃、夹层玻璃，厚度一般为 3 ～ 12mm，上述玻璃必须符合 GB 11614《平板玻璃》中一级品、优等品的规定，经检验合格后方可使用。注意玻璃表面不得有划伤，内质均匀，不得有气泡、夹渣等明显缺陷。

二、百叶打片：

1. 技术要求：

（1）叶片长度、孔位误差 <0.2mm。（2）叶片弯弧在 0.6 ～ 0.8mm 之间。（3）叶片穿梯时，梯绳保持一左一右在叶片孔位两边。

设备：

设备使用铝百叶窗帘机。

2. 注意事项：

叶片易折，轻拿轻放，保持清洁。

三、铝型材下料：

1. 技术要求：

根据设计尺寸下料。

2. 要点：

（1）尺寸准确、端面整齐。（2）表面不能有刮花、少粉、变形。

3. 检测方法：

（1）用钢卷尺测量长度误差。（2）外观用目测、手试检查。

四、百叶调试

1. 技术要求：

（1）百叶和型材必须对号入座，不能混淆。（2）按照生产加工单上的手柄位置进行加工。

2. 要点：

叶片和叶片之间，叶片和下梁之间必须保持水平，误差不能超过 ±0.5mm。翻转叶片时不能有漏光，叶片保持清洁。

3. 检测方法：

外观用目测、手试检查。

五、丁基胶涂布

1. 技术要求：

中空玻璃的首道密封，直接影响五项国标指标。

2. 要点：

（1）丁基胶质量合格。

（2）涂胶厚度、宽度均匀，连续，无断线、无气泡。

（3）接头处搭接合理，无间隙。

六、玻璃合片工序工艺

1. 技术要求：

（1）间隔框与玻璃四边边距均匀。（2）做好防尘检查。（3）两片玻璃边角齐整。

七、玻璃平压工序工艺

1. 技术要求：

将合片后的玻璃平压定型。

2. 要点：

（1）压力均匀，成型后各边角厚度尺寸一致。（2）压力调整合理，正确操作设备。（3）平压后上下玻璃原片四周齐整，不得有错位。

八、二道密封胶

1. 技术要求：

（1）打胶均匀，无欠胶或多胶现象，（2）外观清洁。

2. 检测要求：

（1）双组分胶封，外层密封胶厚度为（7±1.0）mm。（2）不得有妨碍透视的污迹、夹杂物及密封胶飞溅现象。

3. 检测方法：

（1）用直尺和塞尺测量胶层厚度。（2）外观用目测、手试检查。

九、贴导轨工序工艺

1. 技术要求：

（1）导轨从玻璃顶端下来 20mm，沿盖板折弯痕迹往下贴。（2）注意手柄磁铁数量，不能出现脱磁现象。

2. 检测方法：

外观用目测、手试检查。

工程案例

1. 山东农业大厦，2019 年 10 月竣工，总工程量 1500m²，主要用于外墙；

2. 常州金坛小区，2019 年竣工，总工程量 1000m²，主要用于外墙；

3. 北京西郊机场，2019 年竣工，总工程量 800m²，主要用于外墙。

生产企业

临朐县金玉良中空百叶玻璃有限公司是一家集科研开发、生产制造、技术推广、市场营销为一体的现代化制造厂家，专业致力于中空百叶玻璃开发与研究。公司自成立以来，始终坚持以人才为本、诚信立业的经营原则，将先进的生产技术、管理方法及企业经验与具体实际相结合，提高管理水平和生产能力，使企业在激烈的市场竞争中始终保持竞争力。

金玉良主要经营产品：磁控百叶中空玻璃、内置电动百叶中空玻璃、磁控中空蜂巢帘、手动蜂巢帘、电动中空蜂巢帘、办公室百叶隔断、调光玻璃系列等。

引进国内外先进的生产工艺，并挖掘自身潜力，精心设计制造适合社会各界需要的产品，赢得新老客户的一致好评。

产品选材严格，性能稳定、高效灵活是产品的一大特点。高水平的专业技术和售后服务是我们一直坚守的承诺，工程维护、维修服务灵活快速，并有严格的标准体系和保障措施。也可根据客户实际需求设计加工不同的外观、尺寸、颜色的产品，亦可提供上门安装服务。

临朐县金玉良中空百叶玻璃有限公司
地址：山东省临朐县东城街道营子工业园
电话：136 7636 6556
官方网站：http://www.baiyezhongkongboli.com

证书编号：LB2020ZY003

锦辉成品窗帘

产品简介

环美空间专注于成品窗帘，旨在打造专业化年轻软装窗帘品牌。

物理遮光，最高可达 99% 遮光率；纳米环保，严循国家质检标准，拥有面料检测证书；高分子抗静电，科技研发突破面料性能，以新生代面料加强静电抵抗，远离静电安全隐患，全方面提升安全级别；多层次兼顾，原材料升级，科技提取人造纤维、天然纤维，以特殊工艺进行编织混纺，大大提高耐缩水性、抗皱性；“T”型折位固定法，更稳固，拆卸方便。

适用范围

洋房、别墅、五星级酒店、大型工厂等。

技术指标

产品执行 GB 18401—2010《国家纺织产品基本安全技术规范》。

工程案例

浙江桐庐滨江大厦、浙江遂昌凯兴开元大酒店等。

海宁锦辉纺织有限公司

地址：浙江省嘉兴市海宁市许村镇新城路 3 号南面 2 楼
电话：4006678133
官方网站：http://hnjhfz.cn.gongxuku.com/

生产企业

锦辉纺织诞生于 2008 年，是一家专注于高端整体家居软装领域的纺织企业，经过 10 年的技术沉淀，于 2018 年缔造高端成品帘品牌——环美空间。2020 年，环美空间品牌焕新升级。全新打造现代化智造厂区、智化孵化中心、产品研发中心、品牌营销中心、国际环保研究中心、成品仓储中心，引进德国、日本等数十台进口设备，实现 3.0 智能标准化流水线升级。

海宁锦辉纺织有限公司

地址：浙江省嘉兴市海宁市许村镇新城路 3 号南面 2 楼
电话：4006678133
官方网站：http://hnjhfz.cn.gongxuku.com/

证书编号：LB2020BL001

能特异 3A 分子筛

产品简介

分子筛是一种硅铝酸盐多微孔网状晶体，由 SiO_2 和 Al_2O_3 四面体组成，具有均一的孔径（纳米级）和极大的比表面积。在分子筛晶格中存在金属阳离子（如 Na^+、K^+、Ca^{2+} 等），以平衡四面体中多余的负电荷。不同类型的分子筛孔径或形状各不相同，可以用来分离各种各样不同的分子。水是极性很强的分子，A 型分子筛与水的亲和力极高，常常被用作效果极佳的干燥剂。这里讲的分子筛，是指只能用来吸收水分子的 3Å（$1Å=10^{-10}m$）型分子筛，它比硅胶干燥剂、氧化铝干燥剂及其他任何类型的黏土干燥剂在干燥能力与深度方面高出几十倍，主要适用于中空玻璃。

3A 分子筛作为中空玻璃专用干燥剂，最能符合中空玻璃所有性能指标，不对其物理和化学性质有任何影响。它能连续深度吸附中空玻璃间隔层中的水和残留的有机物，有效预防玻璃的结露，彻底解决中空玻璃膨胀或收缩而导致的扭曲破碎问题，保证中空玻璃最短 20 年 −8℃的露点寿命。所以中空玻璃干燥剂只能选用 3A 分子筛。

3A 型分子筛的晶格孔道只有 3 埃，是所有分子筛当中孔道最小的，只能吸收水分，不能吸收空气中任何其他成分（因为水分子的临界直径为 2.8 埃且极性很强）。其他任何型号的分子筛都会吸附空气当中的氧气或氮气，而且这种吸附能力因为温度的微小变化而十分敏感。当温度略微降低，其他型号的分子筛会大量地将中空玻璃内的空气吸附，导致真空状态；当温度升高时，又把大量的空气释放到间隔层中去，导致中空玻璃内空气膨胀。随着昼夜温差与季节的变换，中空玻璃极易因膨胀和收缩而扭曲破碎，寿命缩短。如果玻璃突然破碎会导致重大的安全事故，所以为了安全，空气干燥的中空玻璃严禁使用非 3A 型分子筛作为干燥剂。

3A 分子筛是目前最理想的中空玻璃用干燥剂。

适用范围

本产品用于幕墙、冰箱冰柜、火车汽车等的中空玻璃内腔的空气干燥，俗称中空玻璃干燥剂。

技术指标

产品执行标准 GB/T 10504−2017《3A 分子筛》及 JC/T 2072−2011《中空玻璃用干燥剂》，3A 分子筛的各项技术指标之间是相互影响的，作为中空玻璃干燥剂使用，必须关注以下各指标的影响：

（1）颗粒合格率：颗粒合格率应控制在 98% 以上。较大粒度的适合手工填充，较小粒度的适合机械填充。合适的颗粒度分布和静电要求对于分子筛灌装的罐装效率有极大影响，可以保证在填充时不会吸附在管道壁上，造成堵塞。

（2）静态水吸附：中空玻璃干燥剂的吸附量应该以相对湿度为 10% 时的吸附能力为标准。在相对湿度较低时，静态水吸附量越大，分子筛质量越好。低湿度条件下的吸附能力是保证中空玻璃露点寿命和保温隔热、隔声性能的关键。

（3）抗压强度：较大颗粒的抗压强度应该高于 12N，较小颗粒的抗压强度应该高于 5N。如果分子筛的抗压强度不符合要求，灌装过程中极易造成分子筛的破碎，进而形成渣滓、粉尘，污染玻璃。

（4）堆积密度：分子筛的堆积密度应该控制在合理范围内，有利于灌装成本控制。

（5）落粉：落粉越低，分子筛的粉尘就越少，低落粉对保持中空玻璃的美观洁净透明，保持洁净的生产环境，延长分子筛灌装机的寿命至关重要。

山东能特异能源科技有限公司
地址：山东省淄博高新区民营园二期民泰路 2 号
电话：0533-2315808
官方网站：www.natergy.com

（6）包装含水量：包装含水量越低，表明分子筛在储存和运输过程中的预吸附越少，剩余吸附量就越大，其露点控制能力就越强，分子筛的质量越好。

（7）温升：温升是指分子筛由于吸附水放出热量而导致本身温度的升高。因为分子筛对水的吸附过程是放热过程，所以分子筛的瞬间温升亦可作为分子筛的快速吸水能力的判断依据之一。在同一测试方法下，瞬间温升越高，说明分子筛的吸附水效能越强。同时温升高可能造成吸附速度过快，降低分子筛灌装后的剩余吸附能力。

（8）吸附速率：吸附速率指标的高低与灌装合片时间有关，对玻璃寿命有重要影响。

（9）氮气吸附：低的氮气吸附量保证中空玻璃在不同的气候温度变化条件下不会出现呼吸现象，导致密封边框拉开或玻璃爆裂。

（10）稳定的物化性能：可保证铝条不被腐蚀，不出现因潮解使铝条变得灰暗，出现盐析现象。

产品在静态水吸附、落粉、吸附速率、氮气吸附、静电等指标方面，都达到了国家标准规范的要求。

工程案例

宁波南苑国际大楼、南京紫峰大厦、济南奥体中心、呼和浩特万达广场、上海中心大厦、南宁北部湾总部。

生产企业

山东能特异能源科技有限公司（原淄博绿能化工有限公司）成立于2003年，位于山东省淄博市高新技术产业开发区，是生产中空玻璃3A分子筛的厂家，始终坚持质量至上的原则，承诺产品不含氧化钙、氯化钙等腐蚀性物质及4A分子筛成分，可使中空玻璃的使用寿命长达30年。

公司集分子筛的生产、研发、经营为一体，现有员工240人，占地20000多平方米，拥有自主研发的全自动无人化生产线及质量测试监控中心和实验室。产品已达到EN1279标准并获得欧洲中空玻璃权威检测机构IFT的认证证书，公司已完成REACH正式注册。公司是目前全球为数不多的对客户提供简易的真假3A分子筛鉴别仪器的厂家，保证用户远离破坏性干燥剂的威胁，倡导绿色环保节能。

目前产品已远销全球60多个国家和地区。国内客户已达到1400余家，3A分子筛国内市场的占有率达到70%左右，全球市场的占有率30%左右。

证书编号：LB2020BL002

红枫内置百叶中空玻璃

产品简介

内置百叶中空玻璃是一种将百叶安装在中空玻璃内的新型遮阳产品。可以利用磁感应传动系统控制中空玻璃内的百叶片，进行升降和 180° 的翻叶角度调节，达到自然采光和完全遮阳的功能。手柄控制并增加了增力装置，开发了固定亮窗的传动机构，操作更加方便省力；同时，免除了使用窗帘盒外遮阳设施带来的各种烦恼。

适用范围

磁控内置百叶中空玻璃在民用住宅、写字楼、别墅、公共建筑等各类建筑中有着广泛的应用。

技术指标

产品执行标准为：JG/T 255—2009《内置遮阳中空玻璃制品》：

1. 保温性能分级达到Ⅳ级以上［$k \leqslant 2.0\text{W}/(\text{m}^2 \cdot \text{K})$］以上；
2. 气密性能达到Ⅳ级 m³［$q_1 \leqslant 0.15\text{m}^3/(\text{m} \cdot \text{h})$］以上；
3. 抗风压性能达到Ⅲ级（$P_3 \geqslant 3.5\text{kPa}$）以上；
4. 水密性能达到Ⅳ级（$\Delta P \geqslant 700\text{Pa}$）以上；
5. 隔声性能达到Ⅱ级（$R_w \geqslant 36\text{dB}$）以上；
6. 内置玻璃遮蔽系数 S_C 在 0.12 以内。

工程案例

工程名称	所属地区	工程地点	产品系列	用量（m²）	交付年份
发动机厂改造配套中学项目	山东省	青岛市	内置百叶帘中空玻璃	3500	2016 年
钟家沟旧村改造回迁项目	山东省	青岛市	内置百叶帘中空玻璃	7000	2016 年
石家庄 BA831 工程	河北省	石家庄	内置百叶帘中空玻璃	17000	2016 年
恒大地产	江苏省	南京	内置百叶帘中空玻璃	64000	2016 年
威海党校	山东省	威海市	内置百叶帘中空玻璃	5600	2017 年

青岛红枫智能窗业有限公司
地址：山东省青岛市城阳区西郭庄工业园向北 500 米
电话：0532-67760821
官方网站：www.qd-hfcy.com

生产企业

青岛红枫智能窗业有限公司为中外合资企业（中英合资）；专业生产各种型号的内置百叶中空玻璃（手动吸磁、电动遥控）、智能门窗、节能门窗等产品系列，获得了十几项门窗专利；公司始创于1997年，设计实力雄厚，在苏州、青岛公司共拥有15000多平方米的生产基地，现有员工300多人，高级工程师22人。产品在2000年获得中轻部“质量保证产品”认证，企业于2003年获中轻部“质量信得过企业”荣誉称号。2013年12月份红枫公司又获得“中国建筑遮阳十大知名品牌”并同时成为“中国建筑装饰装修材料协会”理事。

红枫智能窗业是专业从事建筑外遮阳和建筑节能门窗研发、生产和销售的企业。红枫人坚持以市场为导向，以先进的技术、可靠的质量和现代化管理为手段，面对未来满怀信心，坚持团结、创新、敬业、奉献的企业精神，以至高品质、至诚服务为宗旨，真诚回报社会。

青岛红枫智能窗业有限公司

地址：山东省青岛市城阳区西郭庄工业园向北500米
电话：0532-67760821
官方网站：www.qd-hfcy.com

证书编号：LB2020BL003

远大镀膜钢化玻璃、Low-E 钢化夹层玻璃、Low-E 钢化中空玻璃

产品简介

1. 钢化玻璃

钢化玻璃是使用最普遍的玻璃深加工制品。汽车、火车等交通工具的风挡玻璃、窗玻璃，高级宾馆的玻璃大门及隔断，玻璃桌面及许多玻璃幕墙都使用钢化玻璃。这是因为钢化玻璃的强度是平板玻璃的 3 ～ 5 倍，耐急冷急热性也较好，而且破碎后呈小颗粒状，不会对人造成大的伤害，所以叫作安全玻璃。钢化玻璃的生产很简单，把平板玻璃切裁、磨边或打孔后，送入 650℃以上的钢化炉中加热，然后急吹冷风进行淬火，在玻璃表面上形成永久性压应力，使强度大大提高，这就是钢化玻璃。钢化玻璃一旦制成后，就不能再切裁加工，否则会炸得粉碎。

2. 夹层玻璃

夹层玻璃是另外一种安全玻璃。它的结构像“三明治”，两层玻璃中间有透明的有机材料，把玻璃牢固地粘在一起。所以即使夹层玻璃被打破，也不会有碎片飞溅伤人，而且透明中间膜具有良好的强度和韧性，起到很好的安全作用。例如，在发生剧烈撞车时，汽车夹层风挡玻璃可阻止司机和乘客被从风挡处抛出，柔软的有机材料还可以减轻对人头部的撞击。此外，增加玻璃的厚度和层数可使夹层玻璃具有防弹、防爆及防盗等性能，成为特殊窗口用的特种玻璃。当然，由于夹层玻璃还具有良好的隔声效果，有效地降低噪声（一般可降低噪声 35 ～ 40dB），因而它被广泛地应用于机场办公室、候机大厅等需要隔声的场合。

3. 中空玻璃

在两片玻璃中间垫上铝制的隔离柜，再用粘结材料把它们粘在一起，在两片玻璃间形成 6mm 或 12mm 厚的空隙，这就是中空玻璃。中空玻璃的隔热性很好，12mm 厚的中空玻璃的保温性可与 100mm 厚的混凝土墙相比拟。所以，建筑物的玻璃幕墙、较大的玻璃窗都应使用中空玻璃以减少取暖能耗。中空玻璃还有良好的隔声效果。除用平板玻璃为原片制造中空玻璃外，还可以用钢化玻璃、夹层玻璃、镀热反射膜玻璃、吸热玻璃等为原片制成具有多种功能的高级中空玻璃，用于超高层建筑物的观光厅等重要部位。此外，列车的空调车厢和地铁车窗玻璃都是钢化中空玻璃，以提高隔热、隔声等性能。中空玻璃自 20 世纪 50 年代初形成机械化小批量生产以来，发展非常迅速，在经济发达的国家已得到广泛的应用，除用于建筑业外，还用于车船工业和电冰箱。中空玻璃的空隙最初是干燥的空气，目前多用热效率比空气低的其他气体制造中空玻璃。原片也从单一的普通平板玻璃发展为深加工玻璃，其隔框也从空腹薄铝型材发展为橡胶隔热条等。

适用范围

公司以生产加工及销售各类平、弯钢化玻璃、Low−E 中空玻璃、Low−E 夹层中空玻璃、镀膜玻璃、夹层玻璃、太阳能光伏玻璃、彩釉玻璃为主，同时提供防火、防爆、防弹、防砸、防飓风、防紫外线、防噪声、防盗、抗击打、保温节能等各类特种玻璃以及磨砂、浮雕、蚀刻、热熔、夹纸、焗油、彩绘、冰花、聚晶等各类工艺玻璃。

公司产品销售遍及全国乃至远销世界许多国家及地区，广泛用于建筑幕墙、门窗装饰、太阳能电池、家具、卫浴、电器、灯饰等各个领域。

广西远大玻璃节能科技股份有限公司

地址：钦州市钦北区皇马工业园一区
电话：0777-2360778
官方网站：www.yuanda-glass.com

技术指标

产品执行 GB 15763.2−2005《建筑用安全玻璃 第 2 部分 钢化玻璃》、GB 15763.3−2009《建筑用安全玻璃 第 3 部分：夹层玻璃》和 GB/T 11944−2012《中空玻璃》。

钢化炉温度上部 690℃、下部温度 700 ～ 710℃；颗粒度满足 40 粒以上。

夹胶线辊压温度一区 100℃、二区 190℃、三区 230℃；

高压釜温度约 140℃，排气温度 40℃；

中空线分子筛灌装量 90% 以上，双组分胶比例为 12 ∶ 1；温升测试 30℃以上，蝴蝶结测试无明显白色条纹等现象。

工程案例

广州市	万科·金域蓝湾	Low-E 中空玻璃 / 夹层玻璃	26000m^2
佛山市	万科·金域蓝湾	Low-E 中空玻璃 / 钢化玻璃	23000m^2
防城港	西湾华庭	镀膜中空玻璃	16000m^2
防城港	桂海东盟	中空玻璃	22000m^2
防城港	龙光·阳光海岸	夹层玻璃 / 中空玻璃	35000m^2
钦州市	年年丰广场	弯钢夹层 / 中空玻璃 / 钢化玻璃	12000m^2
钦州市	人和春天	Low-E 中空玻璃	9000m^2
海南省	方圆·龙波湾	Low-E 彩釉中空玻璃	6600m^2
海南省	凌水君澜酒店	中空玻璃 / 夹层玻璃	8000m^2
海南省	五指山珠江国际大酒店	中空玻璃	12000m^2
三亚市	亚龙湾美高梅大酒店	超白磨砂钢化玻璃 / 镜子	5800m^2
新加坡	PRIME CENTRE	Low-E 中空玻璃 / 彩釉夹层玻璃	6000m^2
广东	万科·双月湾	中空玻璃 / 钢化玻璃	40000m^2
广东	万科·金域华府	中空玻璃 / 夹层玻璃	36000m^2
广东	万科·金域蓝湾	夹层玻璃 / 钢化玻璃	46000m^2
广东	万科·悠然庄	中空玻璃 / 钢化玻璃	30000m^2
广东	珠江太阳城	夹层玻璃 / 钢化玻璃	20000m^2

生产企业

广西远大玻璃节能科技股份有限公司，是一家专业级玻璃深加工企业，是集生产、研发、销售、服务于一体的现代化管理企业。广西远大玻璃节能科技股份有限公司位于钦州市皇马工业园一区。

持续的技术开发、业务拓展和经验积累，使公司积蓄了相当雄厚的实力。公司拥有先进的电脑切割台、四边磨边机、钢化生产线、中空玻璃生产线、夹层玻璃生产线、丝印生产线、直线异形磨边机、玻璃钻孔机、水切割机、弯钢线、热浸线等众多加工设备。同时拥有高新技术的专业人才、成熟的客户网络与完善的国内、国际销售体系，质量管理体系荣获 ISO 9001−2008 认证、中国 3C 认证、欧盟 CE 认证及节能产品认证等国内外或地区的产品质量认证。在管理上引进现代化的企业科学管理模式，重视人才的培养与成长，注重研发力量，与时俱进，开拓创新，公司拥有工程师和科技人员多名，为未来玻璃材料的不断发展和产品质量的稳定奠定了坚实的基础。公司还将不断提升生产效率及管理效能，不断致力于技术研发、工艺创新，竭诚为客户提供更安全、更节能、更环保、更优质的玻璃深加工产品。

广西远大玻璃节能科技股份有限公司
地址：钦州市钦北区皇马工业园一区
电话：0777-2360778
官方网站：www.yuanda-glass.com

证书编号：LB2020BL004

北玻建筑用钢化玻璃、建筑用夹层玻璃、建筑用中空玻璃

产品简介

1. 超大平弯钢化玻璃

北玻凭借多年对钢化玻璃的研发及生产经验，目前能生产业界高光学品质的钢化玻璃，拥有业界完备的生产工艺、控制手段和检测设备。

北玻代表案例：苹果公司浦东旗舰店、苹果公司南京旗舰店、深圳文博大厦。

“纯平无斑”是钢化玻璃的完美境界。“纯平”就是指经过加工后的玻璃能够和原片的平整度基本一样；“无斑”是指在自然光或任何角度下用肉眼看不见明显可见斑，用偏光镜看风斑清淡均匀且无团状现象。北玻首创的“纯平无斑”钢化技术能够使浮法玻璃在钢化后保持原有的平整度及晶莹剔透的天性。消除了普通钢化玻璃难以消除的风斑和白雾现象，玻璃钢化后仍可保持其晶莹剔透，从而全面提升了钢化玻璃的品质。平整度弓形弯曲 0.1%，波形弯曲：玻璃中部 0.08mm/300mm，玻璃边部 0.10mm/300mm。

最大尺寸：

平钢 3600mm×18000mm

弯钢 弧长 3600mm×18000mm

最小尺寸：300mm×300mm

厚度范围：4 ～ 25mm

北玻常规经典弯钢化是北玻弯钢品牌的重要代表。精确的弧度，圆滑的曲线，最大限度满足了设计师对建筑物流线造型的设计要求。广泛应用于观光电梯、阳台、淋浴房、高档家具。

北玻代表案例：上海世博会十六铺码头、广州歌剧院、国家游泳馆（水立方）、上海文化广场、北京骏豪中央广场

2. 夹层结构玻璃

北玻夹层玻璃工艺精湛，独特的工艺可以使玻璃之间夹不锈钢网、铜网，也可与金属粘结，金属件镶嵌在玻璃之中，可以为设计师提供无穷的想象空间。

两层或多层钢化玻璃与 SGP 胶片粘结，从而使玻璃具有极强的抗压、抗弯、冲击抗强度，可以作为建筑结构件使用。

撕裂强度是 PVB 夹层玻璃的 5 倍；自然耐候试验无缺陷；−40 ～ 82℃无缺陷；边部稳定性，与结构胶相容性好；与金属高强度粘结能力，可以将金属件预埋在玻璃内部，在使用上可以起到结构作用;泛黄指数低于 2.5%，与 PVB 玻璃相比，更加透明；广泛应用于玻璃面板、玻璃肋板，玻璃楼梯踏步、玻璃桥、地台、展柜等。

最大尺寸：3600mm×18000mm

最小尺寸：300mm×300mm

3. 超大平弯钢节能中空玻璃

北玻拥有多条进口全自动中空玻璃生产线，从工艺上保证了中空玻璃产品的质量。同时，北玻长期致力于提高超大尺寸中空玻璃的质量，在超大中空玻璃的合片上，有着独特的工艺与技术。

最大尺寸：3600mm×18000mm

最小尺寸：300mm×300mm

技术指标

钢化玻璃执行标准：GB 15763.2−2005《建筑用安全玻璃 第 2 部分 钢化玻璃》

夹层玻璃执行标准：GB 15763.3−2009《建筑用安全玻璃 第 3 部分 夹层玻璃》

中空玻璃执行标准：GB/T 11944−2012《中空玻璃》

1. 钢化玻璃技术参数

全钢化玻璃表面应力均在 90MPa 以上，应力差控制在 9MPa 以内，比幕墙规范要求减少 6MPa。机械强度达到 180MPa 以上。

天津北玻玻璃工业技术有限公司

地址：天津市宝坻区节能环保工业区天兴路西侧宝中道南侧

电话：022-59280088

官方网站：http://www.northglass.com

钢化玻璃抗冲击性、霰弹袋冲击性能、碎片状态均符合 GB 15763.2 标准要求。

钢化玻璃平整度弓形弯曲 0.1%，优于国家标准要求的 3 倍。波形弯曲：玻璃中部 0.076mm/300mm，玻璃边部 0.12mm/300mm，波形弯曲优于国家标准要求的 12 倍。超大弯弧玻璃的弧度偏差控制在 3mm 以内，弯弧玻璃的扭曲值控制在 5mm 以内。

2. 夹层玻璃技术参数

多层夹层玻璃，可见边边部叠差控制在 1mm 以内；非裸露边叠差控制在 2mm 以内。

夹层玻璃耐热性、耐湿性、耐辐照性、落球冲击剥离性能、霰弹袋冲击性能均符合 GB 15763.3 标准要求。

夹层玻璃的外观质量缺陷高于国标要求，且与国标相比缺陷尺寸、缺陷分布、缺陷数量指标在国标的基础上提高 20%。夹层玻璃的平整度及光学变形明显优于国标要求。离子型中间层夹层玻璃的雾度控制在 2% 以内。

3. 中空玻璃技术参数

中空玻璃露点、水气密封耐久性能、耐紫外线辐照性能均符合 GB/T 11944 标准要求。水分渗透指数 I_{av}=0.135，符合中空玻璃标准要求 I_{av}<0.20。

充气中空玻璃泄漏率 0.45%/ 年，符合欧洲标准要求 <1%/ 年。

工程案例

纯平无斑钢化玻璃：北玻代表案例“国家大剧院”

丝网印彩釉玻璃：北玻代表案例“鸟巢体育场”

夹层玻璃：北玻代表案例“阿布扎比机场”

热镜中空玻璃：北玻代表案例“北京金霖酒店”

经典弯钢化玻璃：北玻代表案例“荷兰阿姆斯特丹梵高博物馆”

超高超大弯钢化玻璃：北玻代表案例“深圳文博大厦”

超大中空玻璃：北玻代表案例“凯华国际”

低辐射 Low−E 玻璃：北玻代表案例“科威特国民银行”

结构玻璃：北玻代表案例英国曼彻斯特市政厅；加拿大 Manulife 大厦工程；北京保利国际广场国贸三期；伦敦布莱克沃尔一号公寓；新加坡星展银行；英国彭博社大楼；伦敦一号码头；北京南站；国家游泳馆；广州歌剧院。

生产企业

天津北玻玻璃工业技术有限公司，总投资金额 4 亿多元，厂区占地 200 多亩，厂房面积 10 万平方米。它是一家拥有先进技术、专业研发、生产高品质光学质量超大钢化、夹层、中空、丝印、数码打印玻璃的新型企业，是全球建筑玻璃的专业供应商。依靠在建筑玻璃行业的优势，在国内外承接了许多标志性大工程，如全球电子消费品牌美国总部大楼及全球零售旗舰店、科威特国民银行、阿布扎比机场、曼彻斯特市政厅等。公司配备北玻研发的年产 800 万平方米的 18 米超大 Low−E 节能镀膜玻璃生产线、18m 超大夹层玻璃生产线和 18m 超大安全中空节能玻璃生产线以及其他的附属设备。

天津北玻玻璃工业技术有限公司
地址：天津市宝坻区节能环保工业区天兴路西侧宝中道南侧
电话：022-59280088
官方网站：http://www.northglass.com

证书编号：LB2020BL005

一刀钢化玻璃、中空玻璃、Low-E 中空玻璃

产品简介

1. Low−E 玻璃简介

Low−E 玻璃又称低辐射玻璃，是在玻璃表面镀上多层金属或其他化合物组成的膜系产品。其镀膜层具有对可见光高透过及对中远红外线高反射的特性，使其与普通玻璃及传统的建筑用镀膜玻璃相比，具有优异的隔热效果和良好的透光性。

2. 中空玻璃简介

中空玻璃是一种良好的隔热、隔声、美观适用，并可降低建筑物自重的新型建筑材料，它是用两片（或三片）玻璃，使用高强度高气密性复合粘结剂，将玻璃片与内含干燥剂的铝合金框架粘结，制成的高效能隔声隔热玻璃。中空玻璃多种性能优于普通双层玻璃，因此得到了世界各国的认可。其主要材料是玻璃、暖边间隔条、弯角栓、丁基橡胶、聚硫胶、干燥剂。

3. 钢化玻璃

钢化玻璃其实是一种预应力玻璃，为提高玻璃的强度，通常使用化学或物理的方法，在玻璃表面形成压应力，玻璃承受外力时首先抵消表层应力，从而提高了承载能力，增强玻璃自身抗风压性、寒暑性、冲击性等。

适用范围

中空玻璃适用范围：

1. 高档建筑物的门窗、天棚。2. 需要隔声的学校、医院、体育场馆、电视、广播录音室等场所。3. 制冷电器、飞机、船舶、机车等领域。

钢化玻璃的适用范围：

1. 建筑模板、装饰行业（例:门窗、幕墙、室内装修等）;2. 家具制造行业（玻璃茶几、家具配套等）;3. 家电制造行业（电视机、烤箱、空调、冰箱等产品）；4. 电子、仪表行业（手机、MP3、MP4、钟表等多种数码产品）；5. 汽车制造行业（汽车挡风玻璃等）；6. 日用制品行业（玻璃菜板等）；7. 特种行业（军工用玻璃）。

技术指标

中空玻璃执行标准：以浮法玻璃作为基片，应符合 GB 11614—2009《平板玻璃》规定。

以钢化玻璃作为基片，应符合 GB 15763.2−2005《建筑用安全玻璃 第 2 部分：钢化玻璃》规定。

以夹胶玻璃作为基片，应符合 GB 15763.3−2009《建筑用安全玻璃 第 3 部分：夹层玻璃》规定。

产品（名称）	技术指标	优于同类产品的指标
Low-E 玻璃	通过高科技方法在优质浮法玻璃表面均匀地镀上特殊的膜系，极大地降低玻璃表面辐射热或紫外线等的透过率，并提高玻璃的光谱选择性。基片厚度：3 ～ 19mm；最小规格：300mm×300mm；最大规格：3660mm×2440mm	与普通单体玻璃比较，夏季可以节省降温能源 60% 以上，冬季可以节省采暖能源 70% 以上，因此，使用 Low-E 中空玻璃可以有效节省空调费或取暖费；同时，Low-E 中空玻璃具有良好的隔声性能，噪声可以降低 34dB 以上
中空玻璃	中空玻璃是由两片或多片玻璃组成，玻璃中间用内部灌有干燥剂的空心铝合金隔离，同时中空部分充入干燥空气或惰性气体，铝合金隔框与玻璃间用丁基胶粘结密封后再用聚硫胶或结构胶密封处理	满足人们对采光、景观、装饰、环境的需求；具有良好的保温、隔声、隔热性能；耐温、热、湿、寒，防结霜、结露特性
钢化玻璃	钢化、半钢化玻璃是将玻璃加热至软化点左右的温度后急速均匀冷却后得到的表面有强大压应力，各项机械性能指标倍增的玻璃产品。钢化表面应力值应在 90MPa 以上，半钢化玻璃表面应力值在 24 ～ 69MPa 之间	1. 高强度：钢化玻璃抗弯强度是普通玻璃的 3 ～ 4 倍，抗冲击强度是普通玻璃的 6 ～ 7 倍； 2. A 热稳定性：钢化玻璃具有良好的热稳定性，可承受 300℃的温差变化，是普通玻璃的 3 倍 3. 安全性：钢化玻璃由于存在应力层，从而具有强大的抗冲击性能，使其不易破损，而钢化玻璃破损后形成的钝角小颗粒也不会对人体产生较大的伤害

白银一刀钢化玻璃有限公司

地址：甘肃省白银市中小企业创业基地
电话：0943-8397826
官方网站：www.byyidao.com

工程案例

白银一刀钢化玻璃有限公司先后承接过各类建筑玻璃设计及安装任务。如：兰州碧桂园、兰州万达广场、西宁万达广场、兰州绿地智慧城、兰州会展中心、兰石重装基地、兰州银滩花园、兰州瑞南紫郡、张掖市人民医院、润景园小区、白银安民小区、景泰胜景苑、靖远国际城、永靖在水一方、银馨家园、盼盼食品厂、万盛大酒店、金源大酒店、白银广播电视大楼；白银矿业学院教学楼、宿舍楼；白银市六中教学楼、写字楼、住宅楼等；白银市一中教学楼荣获“飞天奖”荣誉。

生产企业

白银一刀钢化玻璃有限公司位于白银市银西工业园，成立于 2009 年 6 月，其前身是创建于 1992 年的白银区李一刀玻璃店，是一家以玻璃深加工、门窗精加工、建筑用安全玻璃、代理销售品牌玻璃及大型玻璃工程安装、玻璃配件批发为一体的综合性企业，不属于平板玻璃生产企业。

2009 年公司先后投资 800 万元，建设 12000 平方米标准化库房，拥有先进的玻璃生产线 10 条，包括意大利 BOTTER 全自动切割线、GO LIVE 直线型双边磨边生产线，洛阳北玻前程 F 系列网阵式强制对流玻璃钢化设备、北京韩江全自动中空生产线等，年生产钢化玻璃、Low-E 镀膜中空玻璃、电加热玻璃、夹层玻璃、中空玻璃等安全玻璃 20 万平方米，年实现产值 2000 多万元。公司始终坚持以市场为导向、科技创新为前提，以构建和谐、稳健运营、缔造绩效、贡献社会为企业经营理念。公司生产工艺先进，检验检测设备齐全，能有效满足 GB 9656-2003《汽车安全玻璃》标准规定的性能检测和实验。产品从原料购进到产品出厂，每道工序都实施严格的“自检”“互检”“专检”，保证“不合格产品不出厂”。公司生产的 Low-E 中空玻璃、钢化玻璃、夹层玻璃三大系列产品经国家相关部门检测，符合国家标准。公司拥有国内最先进的断桥隔热门窗生产线，年生产铝合金塑钢门窗 20 万平方米。

公司凭借近 30 年的门窗制作经验和信誉，已形成具有自主知识产权、自主品牌的高科技系列铝合金、塑钢门窗玻璃产品 20 多款，深受广大客户的好评。生产的 55 断桥系列门窗，凭借节能、安全、防盗、静音以及良好的物理性能、丰富的色彩，优良的性价比，成为中高档门窗的优选。公司制定了高于国家标准的企业标准，实行质量保证和售后服务的承诺。多年来公司坚持“以质量求生存、以信誉求发展、以管理求效益”的经营理念，以“守约、保质、诚信、优良”为宗旨。

随着玻璃行业的不断发展和市场竞争的日益激烈，为适应企业发展，公司于 2011 年 8 月顺利地通过了 ISO 9000 质量管理体系认证，产品性能通过了国家强制性“CCC”认证。作为一个新型的玻璃深加工企业，在其发展的道路上，克服了重重困难。几年来，公司始终坚持“构建和谐、稳健营运、缔造绩效、安全第一 、客户至上、贡献社会”的管理思想，以优质的产品、良好的服务，深得顾客的好评，崇高的信誉在行业内有口皆碑，企业实现了大幅度的飞跃，现已成为西北屈指可数的玻璃生产加工基地。

公司经过多年的发展，充分验证了“一分耕耘一分收获”的道理，公司先后获得了以下荣誉：

2009 年被甘肃省建筑门窗行业授予“优秀企业”荣誉称号；2011 年被甘肃省建筑门窗协会授予“甘肃省建筑门窗行业龙头企业”荣誉称号；2013 年 8 月被评为年度省级“守合同重信用”企业；2014 年“李一刀”成为甘肃省著名商标；2016 年被甘肃省消费者协会授予“省级诚信单位”；“甘肃省质量体系评价 A 级”；被中华全国妇女联合会评为“女大学生创业实践基地”；甘肃省建筑门窗协会会员单位；甘肃省履行社会责任示范单位。

白银一刀钢化玻璃有限公司

地址：甘肃省白银市中小企业创业基地
电话：0943-8397826
官方网站：www.byyidao.com

证书编号：LB2020JC001

俊胜断桥隔热铝合金窗、平开铝合金窗

产品简介

断桥隔热铝合金窗：

1. 保温性好：铝塑复合型材中的塑料导热系数低，隔热效果比铝材优 1250 倍，加上有良好的气密性，在寒冷的地区尽管室外零下几十度，室内却是另一个世界。

2. 隔声性好：其结构经精心设计，接缝严密，试验结果表明，隔声 30dB，符合相关标准。

3. 耐冲击：由于铝塑复合型材外表面为铝合金，因此它比塑钢窗型材的耐冲击性强大得多。

4. 气密性好：铝塑复合窗各隙缝处均装有多道密封毛条或胶条，气密性为一级，可充分发挥空调效应，并节约 50% 能源。

5. 水密性好：门窗设计有防雨水结构，将雨水完全隔绝于室外，水密性符合国家相关标准要求。

6. 防火性好：铝合金为金属材料，不燃烧。

7. 防盗性好：铝塑复合窗，配置优良五金配件及高级装饰锁，使盗贼束手无策。

8. 免维护：铝塑复合型材不易受酸碱侵蚀，不会变黄褪色，几乎不必保养。脏污时，可用水加清洗剂擦洗，清洗后洁净如初。

塑钢门窗：

1. 塑钢门窗保温性好：铝塑复合型材中的塑料导热系数低，隔热效果比铝材优 1250 倍，加上有良好的气密性，在寒冷的地区尽管室外零下几十度，室内却是另一个世界。

2. 塑钢门窗隔声性好：其结构经精心设计，接缝严密，试验结果表明隔声 30dB，符合相关标准要求。

3. 塑钢门窗耐冲击：由于铝塑复合型材外表面为铝合金，因此它比塑钢窗型材的耐冲击性强大得多。

4. 塑钢门窗气密性好：铝塑复合窗各隙缝处均装有多道密封毛条或胶条，气密性为一级，可充分发挥空调效应，并节约 50% 能源。

5. 水密性好：门窗设计有防雨水结构，将雨水完全隔绝于室外，水密性符合国家相关标准要求。

6. 塑钢门窗防火性好：塑钢门窗为 UPVC 材料，不自燃、不助燃。

7. 塑钢门窗防盗性好：铝塑复合窗，配置优良五金配件及高级装饰锁，使盗贼束手无策。

8. 免维护：铝塑复合型材不易受酸碱侵蚀，不会变黄褪色，几乎不必保养。脏污时，可用水加清洗剂擦洗，清洗后洁净如初。

适用范围

断桥隔热铝合金窗和塑钢门窗适用范围：

1. 高档建筑物的门窗；

2. 建筑、建筑模板、装饰行业（例：门窗、幕墙、室内装修等）；

3. 家具制造行业。

甘肃俊胜门窗装饰有限公司

地址：甘肃省白银市中小企业创业基地
电话：0943-8284111
传真：0943-8397928

技术指标

断桥隔热铝合金窗：

1. 外窗隔声性能满足 GB/T 8485—2002《建筑门窗空气声隔声性能分级及检测方法》（三级标准）35dB>R_w>30dB

2. 外窗保温性能满足 GB/T 7106—2019《建筑外门窗气密、水密、抗风压性能检测方法》（二级标准）$3.0 > k \geqslant 2.5$

3. 外窗空气渗漏性能满足 GB 7107—2002《建筑外窗空气渗漏性能及检测方法》（三级标准）$2.5 \geqslant q_1 > 1.5m^3/$（m·h）

4. 外窗雨水渗透性能满足 GB 7108—2002《建筑外窗雨水渗透性能分级及检测方法》（三级标准）$250 \leqslant P < 350$

具体性能指标如下：

序号	平开铝合金门窗	计量单位	技术要求
1	抗风压性能	kPa	≥ 1.0
2	气密性能	$m^3/$（m·h）	$q_1 \leqslant 2.5$
		$m^3/$（m^2·h）	$q_2 \leqslant 7.5$
3	水密性能	Pa	≥ 100
4	铝型材壁厚	mm	≥ 1.4
5	启闭力	—	启闭力应不大于 50N；窗扇启闭时不得有影响正常功能的碰擦
6	附件安装	—	安装位置正确、牢固、数量齐全、满足使用功能
7	链接		链接牢固、不缺件

工程案例

甘肃俊胜门窗装饰有限公司先后承接过各类建筑的门窗设计及安装任务。

如：兰州万达广场、兰州新区兰石重装炼化、兰州碧桂园、兰州好为尔、景泰胜景苑住宅小区、平川容和小区住宅及办公楼、永靖在水一方、白银区党政机关办公楼、白银市第一人民医院、荷苑 - 山水印象住宅项目、白银矿业职业技术学院、白银西山银珠家园、白银锦华苑保障性住房、万盛华府住宅小区、白银银西生物医药加速器项目、白银铜城人家住宅小区、白银西山银珠家园住宅小区等工程的门窗制作与安装任务。

生产企业

甘肃俊胜门窗装饰有限公司成立于 2004 年，2009 年搬迁至白银中小企业创业基地，是一家集制作、加工、安装高气密性节能铝合金、塑钢门窗为一体的标准化企业，项目总投资 600 万元，建设标准化厂房 11000m^2，拥有 6 条先进的生产线。生产的门窗省料、省时，充分体现了统一与相对完美结合，体现在型材断面的多样性、五金配件的多样性、玻璃颜色和功能的多样性等诸多方面，保证了安全、性能、经济、美观、和谐的统一。

企业技术力量雄厚，设备精良，生产工艺先进，产品质量可靠。企业现拥有大中型生产机械 20 余台，已成为甘肃省门窗行业龙头企业。

公司经过多年的发展，充分验证了“一分耕耘一分收获”的道理，公司先后获得了以下荣誉：

被甘肃省建筑门窗行业授予“优秀企业”荣誉称号；2011 年被甘肃省建筑门窗协会授予“甘肃省建筑门窗行业龙头企业”荣誉称号；甘肃省建筑门窗协会会员单位；“甘肃省质量体系评价 A 级”；2015 年被甘肃省装饰材料行业协会评为“2015 年度诚信经销商”；2016 年被白银市消费者协会评为“诚信单位”；被中华全国妇女联合会评为“女大学生创业实践基地”；成为甘肃省工程质量施工安全管理协会的“理事单位”；甘肃省建筑门窗协会会员单位。

几年来，公司始终坚持“构建和谐、稳健营运、缔造绩效、安全生产、客户至上、贡献社会”的管理思想，以优质的产品、良好的服务，深得顾客的好评，崇高的信誉在行业内有口皆碑，企业实现了大幅度的飞跃，现已成为西北较大规模的门窗生产加工基地。

甘肃俊胜门窗装饰有限公司将携手广大客户，共同打造“绿色、舒适、环保、节能、高档”的新型门窗。

甘肃俊胜门窗装饰有限公司

地址：甘肃省白银市中小企业创业基地
电话：0943-8284111
传真：0943-8397928

证书编号：LB2020JC002

红枫铝合金窗

产品简介

本产品是一种将百叶安装在中空玻璃内的新型遮阳产品。可以利用磁感应传动系统控制中空玻璃内的百叶片，进行升降和 180° 的翻叶角度调节，达到自然采光和完全遮阳的功能。手柄控制并增加了增力装置，开发了固定亮窗的传动机构，操作更加方便省力；同时，免除了使用窗帘盒外遮阳设施带来的各种烦恼。

适用范围

本产品在民用住宅、写字楼、别墅、公共建筑等各类建筑中有着广泛的应用。

技术指标

产品执行 GB/T 7106—2019《建筑外门窗气密、水密、抗风压性能检测方法》、GB/T 8484—2008《建筑外门窗保温性能检测方法》、GB/T 8478—2008《铝合金门窗》等标准，具体性能：

气密性能：正压 7 级；负压 7 级

水密性能：≥ 4 级

抗风压性能：4 级

保温性能：4 级

工程案例

莱西夏各庄镇政府项目

弘毅中学、幼儿园项目

青岛市崂山区实验中学项目

青岛红枫智能窗业有限公司

地址：山东省青岛市城阳区西郭庄工业园向北 500 米

电话：0532-67760821

传真：0532-67760829

官方网站：www.qd-hfcy.com

生产企业

青岛红枫智能窗业有限公司为中外合资企业（中英合资）；专业生产各种型号的内置百叶中空玻璃（手动吸磁、电动遥控），智能门窗、节能门窗等产品系列，获得了十几项门窗专利；公司始创于1997年，设计实力雄厚，在苏州、青岛公司共拥有15000多平方米的生产基地，现有员工300多人，高级工程师22人。产品在2000年获得中轻部“质量保证产品”认证，企业于2003年获中轻部“质量信得过企业”荣誉称号。2013年红枫公司成为“中国建筑装饰装修材料协会”理事。

红枫智能窗业是专业从事建筑外遮阳和建筑节能门窗研发、生产和销售的企业。红枫人坚持以市场为导向，依靠先进的技术、可靠的质量和现代化管理手段，面对未来满怀信心，坚持团结、创新、敬业、奉献的企业精神，以高品质、至诚服务为宗旨，真诚回报社会。

青岛红枫智能窗业有限公司
地址：山东省青岛市城阳区西郭庄工业园向北500米
电话：0532-67760821
传真：0532-67760829
官方网站：www.qd-hfcy.com

证书编号：LB2020QC001

天达蒸压加气混凝土砌块

产品简介

蒸压加气混凝土砌块是以水泥、石灰、粉煤灰、石膏、铝膏等为主要原料，经磨细、制浆、计量、配料搅拌、静停发气、蒸压养护等工艺程序制成的具有多孔结构的混凝土砌块。

它具有质轻、抗震性能好、保温性能好、施工效率高等诸多优点，其单一材料即可达到节能 50% 的要求，是节能建筑理想的外围护材料，也是高寒地区和夏热冬冷地区自保温外围护及框架填充建筑结构的理想材料。

适用范围

加气混凝土砌块应用范围广：

1. 应用于抗 8 度及以下地震地区的墙体。

2. 应用于多层住宅的外墙、框架结构的填充墙。

3. 应用于高层的非承重内隔墙。

4. 应用于保温材料：屋面、地面、楼面以及易于产生“热桥”部位的构件复合；也可做墙体的外保温材料。

5. 加气混凝土砌块质轻：绝干表观密度为 400 ～ 800kg/m^3，为红砖的 1/3，混凝土的 1/4。可有效减轻建筑物的自重，降低施工时的劳动强度。加气混凝土砌块产品内部小孔均为独立的封闭孔，直径为 1 ～ 2mm，能有效阻止水分扩散。

技术指标

产品执行 GB 11968−2006《蒸压加气混凝土砌块》、GB/T 11969−2008《蒸压加气混凝土性能试验方法》、GB/T 10294−2008《绝热材料稳态热阻及有关特性的测定 防护热板法》、GB 6566−2010《建筑材料放射性核素限量》等标准。

主要外型尺寸（mm）：600×200×300，600×200×240，600×200×200，600×100×240，600×100×240。也可根据客户要求定制各种尺寸的产品。

强度级别：A3.5、A5.0

干密度：B05、B06、B07

干燥收缩：0.40mm/m

导热系数：小于 0.16W/（m·K）

产品制造

宁夏天达环保有限责任公司

地址：宁夏青铜峡工业园区（立马公路与乌玛高速交汇处）

电话：0953-3046518

官方网站：http://www.ztept.cn/

工程案例

银川碧桂园天誉名邸、银川碧桂园嘉誉里、银川碧桂园天汇里、中卫碧桂园、银川中海莲湖花园、银川万科城市之光、银川万科初昕苑、银川万科翡翠湖、银川万科御宸苑等住宅及商业项目框架结构的填充墙及其非承重内隔墙。

生产企业

宁夏天达环保有限责任公司成立于 2011 年 12 月，注册资金 2000 万元，法定代表人罗杏金，公司位于宁夏回族自治区吴忠市青铜峡新材料基地内，是浙江省能源集团下属企业浙江天地环保科技有限公司的全资子公司。公司致力于燃煤电厂固体废弃物无害化处理业务，主要对粉煤灰、脱硫石膏等固体废物进行综合利用，销售粉煤灰、脱硫石膏给搅拌站和水泥厂等需求客户，以及自产加气砌块、蒸压砖（未投建）等固废深加工产品，产品广泛用于高层建筑、高速铁路等建设领域。公司现有在册职工 76 人，其中大专以上学历人员 29 人，中高级职称人员 2 人。

宁夏天达环保有限责任公司和青铜峡铝业发电有限责任公司在粉煤灰、脱硫石膏等固体废弃物处理方面建立了战略合作关系，为解决其在粉煤灰、脱硫石膏等固体废弃物处理所带来的环保压力，对其 2 台 330MW 燃煤机组所排放的粉煤灰、脱硫石膏进行处理。项目实施后每年可消纳粉煤灰 84 万吨、脱硫石膏 6 万吨，生产新型建材的同时有效解决了土地占用、大气污染和地下水污染等环境问题，具有良好的经济效益和社会效益。为了降低生产成本，产品的原材料就近采购，水泥从距公司 10 公里的青铜峡水泥厂（所属宁夏建材公司）购买，粉煤灰、脱硫石膏、蒸汽从距公司 500 米的合作单位青铜峡铝业发电公司购买。

宁夏天达 2015—2018 年获国家墙材质检中心“产品质量优等达标企业”、新材料园区环境保护“先进单位”等荣誉。

宁夏天达环保有限责任公司
地址：宁夏青铜峡工业园区（立马公路与乌玛高速交汇处）
电话：0953-3046518
官方网站：http://www.ztept.cn/

证书编号：LB2020QC002

易鸿建筑用轻质隔墙条板

产品简介

天津易鸿装配式建筑科技研发有限公司生产的建筑用轻质隔墙条板系列产品，是一种新型建筑用墙体材料，该产品集强度高、密度低、耐防火、保温好、隔声好、造价低、安装快等主要特点于一身，是同类产品中综合性能最优越的，是建筑、装修工程中首选的隔墙材料。易鸿墙材区别于一般墙材的三明治结构，生产过程中采用了公司独有的一体成型专利技术。板材整体由轻质填充料与胶凝材料混合一体成型，从根本上杜绝了传统三明治结构的开胶现象，大大减少了施工过程中墙体开裂几率。同时，自然形成的蜂窝状水泥类胶凝材料结构，可以在保持低密度的同时提高抗压强度，同时兼具保温、隔声、防潮等性能。

靠近面层双侧设有立体钢甲网，其特有的结构形式使其与墙板紧密结合为一个整体，极大地增强了墙板的抗压、抗折性能，令易鸿墙材成为目前市场上坚固的隔墙板材。

两侧的凹凸槽结合粘结砂浆，使每块墙板紧密地结合在一起，保证了整体稳定性；凹凸槽两侧的预留凹槽，给粘结砂浆和网格带留出了空间，在保证整体墙面平整度的同时，避免了墙体收缩开裂。

适用范围

产品主要应用于各类住宅、工业厂房、大型仓储、超市、公共建筑、体育场馆、学校、房屋加（夹）层、栈桥走道及其他工业与民用建筑，可以与混凝土结构、钢结构及大跨度空间结构等配套使用，用途广泛。

技术指标

产品执行 GB/T 23451—2009《建筑用轻质隔墙条板》、GB/T 23450—2009《建筑隔墙用保温条板》。

工程案例

1. 中国科学院电子学研究所
2. 中传北广文化传媒基地
3. 北京行宫国际酒店
4. 红海子体育公园
5. 龙湖颐和原著
6. 龙湖西辰原著
7. 九章别墅
8. 景山学校通州校区
9. 中国天津汽车技术研究中心
10. 天津市第三十五中学

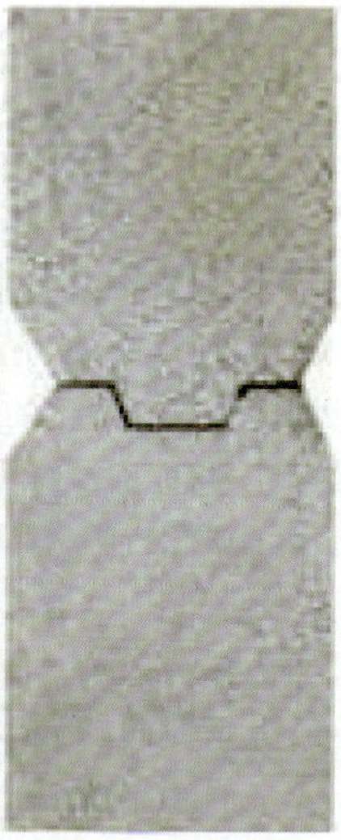

生产企业

公司位于天津市静海区西翟庄镇西翟庄村镇政府西侧 500 米，成立于 2009 年，注册资金 2100 万元，占地面积 40000 平方米，主厂房面积 8000 平方米，公司拥有员工 100 余人，其中高级技师 20 人，专业技术人员 50 余人，是自装配式建筑轻质墙板、立模轻质墙板生产线、PC 建筑构件专用模具等产品专业生产加工的公司，拥有完整、科学的质量管理体系。公司近年来不断发展壮大，现已形成集研制、开发、生产、销售、施工、配套服务于一体的专业化经济实体。公司拥有经验丰富的专业的项目管理人员和施工队伍，承揽轻质内隔墙施工工程，累计完成施工面积超过千万平方米，为客户提供专业的解决方案。

公司拥有多条先进保温板材生产线，并于 2010 年顺利通过 ISO 9001 质量体系认证。

天津易鸿装配式建筑科技研发有限公司的诚信、实力和产品质量获得业界的认可，欢迎各界朋友莅临参观、指导和业务洽谈。

天津易鸿装配式建筑科技研发有限公司

地址：天津市静海区
电话：022-68275168
网址：www.tjyhjc.com

证书编号：LB2020NT001

明德莱茵预制轻薄型温水辐射供暖板

产品简介

低温热水地面辐射供暖，俗称地暖，是以温度不高于 55℃的热水为热媒，在加热管内循环流动加热地板，通过地面以辐射和对流的传热方式向室内供热的供暖方式。在实际应用中，地暖的铺设面积通常比较大，因而在两种供热途径中，通过辐射的方式供给的热量占 70%，所以称之为辐射供暖。人的身高约为 1.7 米，对于供暖房间来说，活动空间一般为地面之上 2 米以下，因此对 2 米以下的空间温度敏感，而 2 米以上的空间温度则显得不那么重要。另外，对于人体生理特性来说，需要保持脚底温暖，而头部相对清凉。采用散热器供暖时，主要通过对流的传热方式向室内供热。热空气由于密度低，会上升至房间的顶部聚集，从而形成下冷上热，造成能源浪费。采用地暖的供暖方式时，温暖的地暖通过地面以辐射和对流的传热方式向室内供热，越靠近地面，空气温度越高。靠近天花板处，温度相对较低。

公司地暖产品的特点：

1. 超级节能：相对于传统地暖，倍适预制轻薄型辐射板系统适用的水温在 35 ～ 55℃之间，除可使用市政热源电厂预热等常规热源外，还可使用空气源热泵、水源热泵、太阳能热水器等诸多低端热源，从而达到节能目的。加之升温速度较快，也可比传统地暖节能 20% 以上。

2. 铺装快捷：倍适预制轻薄型辐射板系统将传统的地暖在现场铺设保温层、固定盘管等施工工艺，全部集中在工厂内进行工业化预制生产。现场施工人员只需将产品包装打开，将地暖模块铺设在地面之上即可。无需混凝土回填，从而大大节省安装时间。

3. 安全可靠：倍适预制轻薄型辐射供暖板系统将传统的现场施工工艺变成工业化产品，从而做到全程质量可控，符合 ISO 质量体系标准要求。工业化预制同时避免了现场施工过程中由于人为因素造成的异物堵塞管道损伤的问题。且先进的设计理念取消了二次分水器，做到了整个地下系统无接头，杜绝泄漏风险。

4. 健康舒适：热量由地板均匀地向上辐射遍及整个房间，不仅脚暖头凉，还减少了空气扰动产生的灰尘，为您创建一个健康、舒适的室内环境。

倍适预制轻薄型热水辐射供暖板打破传统的设计理念，将传统地暖复杂的现场施工工序全部集中于工厂之中由产业化工人进行高度预制化生产。地暖实行超薄设计，且无需混凝土回填的干式施工工艺。维修方便，升温快速，寿命长久。

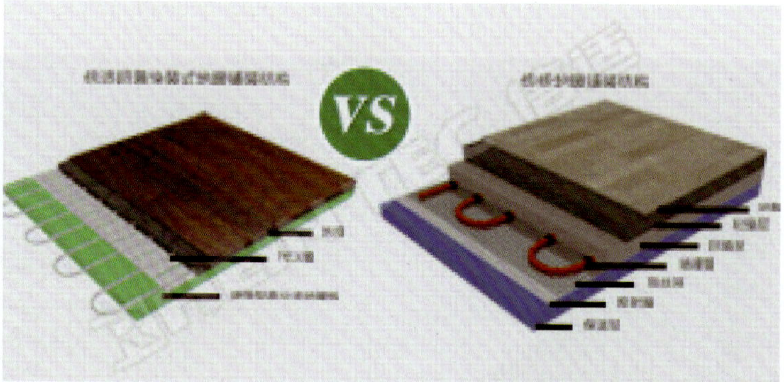

作为地板采暖系统的核心部件之一的管道，是决定整个系统长期无故障运行的决定性部件。倍适作为国内舒适产业的引领者，一直秉持质量就是生命的理念，公司采用了环保无毒的 PE-X、PE-RT、PB 管材，与一般的地暖管材相比，提高了拉伸强度、热强度、抗老化性、尺寸稳定性、耐应力开裂性、耐化学性等一系列物理化学性能。

适用范围

住宅：独立住宅、公寓大厦、办公楼等。

公共建筑：学校、图书馆、医院、银行、会馆、餐厅等。

体育娱乐设施：足球场、体育馆、网球馆、游泳馆。

产业设施：工厂车间、厂房、浴池、设施保温等。

其他：温室、植物园、交通设施、机场等。

明德莱茵（天津）科技有限公司

地址：天津开发区中区轻三街 801 号
电话：022-63298176
官方网站：http://www.beishi.com/

技术指标

产品执行 Q/FT BSH0001 － 2013《预制轻薄型温水辐射供暖板》，具体技术指标如下：

表 1　保温基板各板材主要技术指标

项目	单位	聚苯板
表观密度 ≥	kg/m³	30.0
压缩强度 ≥	kPa	100
导热系数 ≤	W/（m•K）	0.05
吸水率 ≤	%（体积分数）	4
70℃ 48h 后尺寸变化率 ≤	%	3
熔结性（弯曲变形）≥	mm	20
氧指数 ≥	%	30
燃烧分级 ≥	达到 B2 级	
项目	单位	泽德龙
表观密度	kg/m³	70.0
5% 压缩强度	kPa	450
导热系数	W/（m•K）	0.04
线膨胀系数	1/℃	7×10^{-5}
吸水率	g/cm²	0.004
透湿度	ng/（m²•s•Pa）	2.16

工程案例

北京万景园 3 号楼、吉宝澜岸铭邸、张家港别墅、中骏世界城、天津海逸王墅、杭州翡翠城西北区样板房、杭州翡翠城、芦台富力城、首开苏州 38 号地块、雍景里 12−102 户和 41−101 户、潮白河孔雀城雅园、常州幼儿园、金上海湾、玉兰广场、橡树湾花园、远洋天著春秋、海航大厦、中国燃气文登展厅、优山美地别墅等。

生产企业

倍适莱茵（北京）节能科技有限公司，是德国莱茵科技 RHEIN TECH GmbH 公司与倍适（北京）科技有限公司共同建立的，以先进的德国技术为设计力量，生产创新节能型辐射系统。公司坐落于北京中关村科技园区雁栖园，拥有独立的工业设计、实验室和生产设施、物流中心；设计和制造全部采用德国标准，以德国品质服务每一位客户。公司主要从事超薄地暖生产和销售，根据《2013 战略性新兴产业重点产品和服务指导目录》，公司主营业务归属于节能环保产业。

明德莱茵（天津）科技有限公司
地址：天津开发区中区轻三街 801 号
电话：022-63298176
官方网站：http://www.beishi.com/

证书编号：LB2020WT001

多联卫浴洁具（冲水水箱、龙头、花洒）

产品简介

多联“环保节能水箱”为顶按双档水箱，所有零部件均采用优质环保材料，无毒安全。具有外形时尚、安装方便、冲力强劲、静音节水、水量可调、使用寿命长等特点。

多联“龙头”紧凑精巧的现代设计，彰显时尚风范。全精铜主体，锌合金手柄，耐酸碱腐蚀。优质陶瓷阀芯，久不滴漏。国际先进加工工艺，所有零部件均采用环保材料，确保出水健康。

适用范围

冲水水箱产品适合于家庭装修及其他工程建筑等相关领域。

龙头产品适合于家庭装修，会所、高端酒店等相关领域。

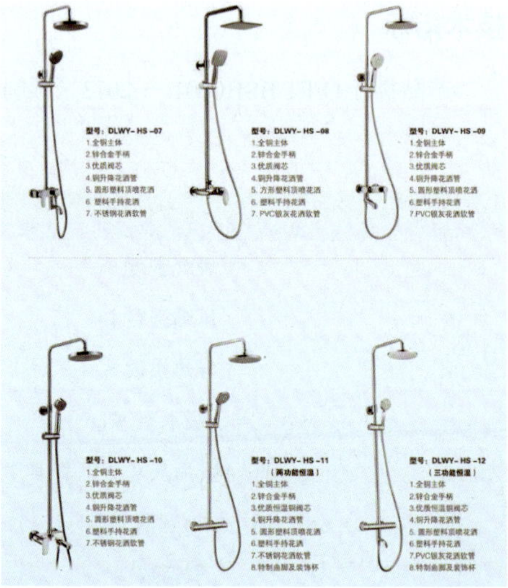

技术指标

冲水水箱执行 GB 26730—2011《卫生器具 便器用重力式冲水装置及洁具机架》，具体性能指标如下：

1. 进水接头为 1/2 英寸螺纹标准接头
2. 工作进水压力：0.02 ～ 0.9 MPa
3. 工作水温：2 ～ 45℃
4. 冲水时间：3 ～ 5s

龙头执行 GB 18145—2014《陶瓷片密封水嘴》，具体性能指标如下：

粗抛—精抛—镀铜—铜底精抛—镀镍—镀铬

电镀技术参数：镀铜 15 ～ 20 μm；镀镍 8 ～ 10 μm；镀铬 0.22 ～ 0.25 μm

表面处理电镀可达国标标准 9 级以上 24h 酸性盐雾测试

工程案例

1. 绿地房产
2. 中海地产
3. 龙湖地产
4. 富力房产
5. 华润房产
6. 和记黄埔
7. 中铁房产
8. 置信房产
9. 蓝光房产

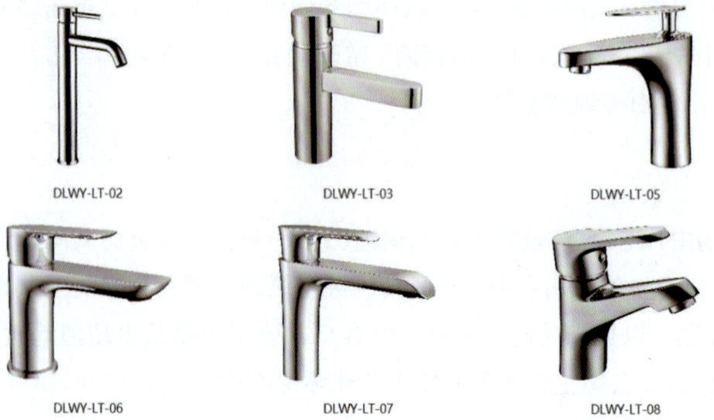

四川多联实业有限公司

地址：四川省成都市双流区西南航空港经济开发区工业集中区内
电话：028-85790873
官方网站：www.duolian.com

生产企业

四川多联实业有限公司（包含以下子、分公司：成都多联建材有限责任公司、成都市多联塑胶实业公司）是专业从事新型塑料管道等水电建材领域系列产品研制、生产和销售的国家高新技术企业。自1988年成立以来，一直坚持以市场为导向、用户至上、以质量求生存，走自身发展之路，是目前国内同行业中成立早、规模大、品种齐、质量优、开发能力强的知名企业。公司拥有“多联”品牌，市场占有率名列全国同类企业前茅。

1992年，多联公司以敢为人先的魄力，在西南地区开发“难燃PVC电线套管”，填补了市场空白，为内地推广使用新型建材做出了贡献。如今，公司拥有一支技术实力雄厚、精明强干的管理队伍和国内外先进生产线和检测设备，现已形成民建、市政、家装三大系列产品（包括：难燃PVC电线套管、阻燃PVC电线精装管、PVC-U环保排水管、PP-R环保冷热给水管、PP-R环保精装冷热给水管、PP-R环保阻菌精装冷热给水管、PE环保给水管、PE环保燃气管、PE-RT环保节能采暖管、PVC-U环保双壁波纹管、PVC-U环保多孔管、HDPE环保硅芯管、CPVC环保电力电缆保护管、MPP环保电力电缆保护管、PE环保双壁波纹管、PE环保钢带增强螺旋波纹管、开关插座、电线等），年产十万吨以上的生产能力。

公司坚持以质量为本，走品牌兴业之路，企业不断发展壮大。公司拥有稳定的质量管理体系，通过了ISO 9001—2008质量管理体系、ISO 14001—2004环境管理体系和OHSAS 18001—2011职业健康安全管理体系认证，公司每种产品均严格按照标准生产，每批产品均认真按质量标准检测，本着对社会负责、对用户负责的态度，向市场提供优质的产品，得到了社会的广泛认同。

四川多联实业有限公司
地址：四川省成都市双流区西南航空港经济开发区工业集中区内
电话：028-85790873
官方网站：www.duolian.com

证书编号：LB2020XC001

川路 ASA/PVC-U 共挤装饰型材（GJ）、PVC-U 白色通体型材（BT）、PVC-U 非白色通体型材（FBT）

产品简介

ASA/PVC−U 共挤装饰型材是由 PVC 树脂、钙锌稳定剂、ASA/PVC−U 粒子等主要原料加必要的提高产品性能的加工助剂，经高温捏合、挤出成型的产品。产品具有隔声、隔热、耐腐蚀、耐老化、光洁、色彩多样、美观等优良特质。

PVC−U 白色通体型材是由 PVC 树脂、钙锌稳定剂等主要原料加必要的提高产品性能的添加剂，经挤出成型的产品。产品具有隔声、隔热、耐腐蚀、耐老化、光洁美观等优良特质。

PVC−U 非白色通体型材是由 PVC 树脂、钙锌稳定剂等主要原料加入彩色色母以及必要的提高产品性能的加工助剂，经高温挤出成型的产品。产品具有隔声、隔热、耐腐蚀、耐老化、光洁、色彩多样、美观等优良特质。

适用范围

国内外城市、场馆及新农村建设等建筑领域。

技术指标

产品执行国家标准：GB/T 8814—2017《门、窗用未增塑聚氯乙烯（PVC-U）型材》。

表 1　川路 ASA/PVC–U 共挤装饰型材主要技术要求

性能	技术要求	典型值	测试方法
主型材的落锤冲击	破坏个数≤ 1 个	0	GB/T 8814—2017 7.8
装饰面的落锤冲击	装饰层与基材之间不发生分离	无分离	GB/T 8814—2017 7.8
拉伸屈服应力（MPa）	≥ 37	38.7	GB/T 1040.2—2006

表 2　川路白色通体型材主要技术要求

性能	技术要求	典型值	测试方法
落锤冲击	破坏个数≤ 1 个	0	GB/T 8814—2017 7.8
拉伸屈服应力（MPa）	≥ 37	37	GB/T 1040.2—2006
拉伸断裂伸长率（%）	≥ 100	153	GB/T 1040.2—2006

表 3　川路非白色通体型材主要技术要求

性能	技术要求	典型值	测试方法
落锤冲击	破坏个数≤ 1 个	0	GB/T 8814—2017 7.8
拉伸屈服应力（MPa）	≥ 37	38.7	GB/T 1040.2—2006
拉伸断裂伸长率（%）	≥ 100	123	GB/T 1040.2—2006

工程案例

1. 万科第五城
2. 碧桂园天玺湾

成都川路塑胶型材有限公司

地址：四川省成都市国家经济技术开发区车城西二路 88 号
电话：028-84855539
官方网站：www.chuanlugroup.com

3. 华润公园九里
4. 中铁阅山湖
5. 融创皇冠湖壹号
6. 龙湖三千庭

生产企业

成都川路塑胶型材有限公司是川路集团下属的全资子公司，是西南地区规模较大的塑钢门窗生产基地，年生产优质型材 50000 吨，优等门窗面积 15 万平方米以上，已开发的产品有 58、60、68、70、80、85、88、122 系列推拉、平开门窗以及提拉、翻转、折叠等异型材，并可制作安装国内少见的带旋转页片的百叶窗型材，加上氟碳共挤、全木纹等系列门窗，以满足不同客户的不同需要。

公司拥有极强的设备优势，配备德国独资威格玛公司的系列产品：锁孔机、自动螺钉机、多功能五金配件安装操作台、三位焊接机、下料锯等，并拥有国内先进的数控四角焊接机、数控清角机、V 口机、圆弧定型机以及圆弧生产装置等。

公司员工素质高，技术过硬，定期参加专业培训，并经过严格的理论和实际操作两项考核，合格后方能上岗。不定期地对员工介绍行业的发展以及新的技术、工艺，增加员工的见识，提高其解决问题的能力，使产品质量得到了有力的保证。

公司严格按照 ISO 9001 质量管理体系要求进行质量控制和内部管理。对所有进厂的物资严格按公司的质量技术文件要求进行检验和把关。采用本公司生产的优质异型材，严格控制焊接工艺，随时进行门窗角强度的检测，使角强度和其他性能远远高于国家标准，并且性能稳定不波动。对组装和安装严格把关，每道工序都须经过自检、互检，检验合格后方可进行下道工序，并且有相应“质量处罚条例”制度作保证，所有这些都极大地保证了门窗的制作、安装质量。

公司还不断致力于新产品的研制开发，获得多项产品及外观专利，将以更新、更多的型材系列适应不断变化的建筑市场及客户需求。

公司将竭诚为广大用户提供高品质的产品以及全方位的售前、售中、售后服务和技术保障。

金属复合材料 地坪材料 建筑涂料 预拌混凝土 胶粘剂 道路材料 预制构件 防水卷材与防水涂料 其他材料

成都川路塑胶型材有限公司
地址：四川省成都市国家经济技术开发区车城西二路 88 号
电话：028-84855539
官方网站：www.chuanlugroup.com

证书编号：LB2020TC001

亚细亚陶质砖、瓷质砖

产品简介

1. 瓷质抛釉砖

具备纯平釉、钻面硬抛、通道叠加、4D 喷墨技术。

2. 瓷质抛光砖

坚硬：坯体坚硬致密，完全玻化。

高耐磨：在原料中加入昂贵的刚玉粒子，高温煅烧后与砖坯粉料有机融合，形成微小的刚玉晶体，使磁砖具有超高的耐磨度，经久耐磨。

高环保：运用 ACSS 储料系统，从原料运输到入仓储存实施全程封闭式管理，既保证原料不受外界污染，又不会造成浪费和环境污染，产品低碳环保。

3. 瓷质仿古砖

光可适：独家采用光可适技术，调试出符合人体最佳感光度的柔和光感，带给用户健康关怀。

高防腐：亚细亚瓷砖具有超强的耐酸性和耐碱性，即使是长期暴露在酸雨与污秽的空气中，也不会发生变色，常保亮丽。

高抗压：除了加入刚玉外，在生产中还严格控制高温煅烧的时间，使原料完全转变成致密的晶体，大大提高了硬度。

4. 陶质砖

一次烧成，坯釉结合紧密，长久使用不龟裂、不变形。

西班牙原装釉，质感润泽，色彩纯正。

独家 A-GL 不透水层，不透水也不透色，50 年不变色。

适用范围

墙地砖。

技术指标

产品执行国家标准：GB/T 4100-2015《陶瓷砖》、GB 6566-2010《建筑材料放射性核素限量》。

表 1　亚细亚抛釉砖技术标准

检测指标	国家标准（GB/T 4100—2015 附录 G）	亚细亚内控标准
吸水率（%）	平均值≤ 0.5，单值≤ 0.6	平均值≤ 0.1，单值≤ 0.12
抗釉裂性	经试验应无釉裂	在 1000kPa±20kPa 蒸汽压力下 2 小时 5 次无釉裂
破坏强度（N）	≥ 1300	≥ 1800
耐磨性能	报告陶瓷砖耐磨级数和转数	3 类（750 转）
放射性	内照指数 I_{Ra} ≤ 1.0；外照指数 I_r ≤ 1.3	内照指数 I_{Ra} ≤ 1.0；外照指数 I_r ≤ 1.3

表 2　亚细亚复古砖技术标准

检测指标	国家标准（GB/T 4100—2015 附录 G）	亚细亚内控标准
吸水率（%）	平均值≤ 0.5，单值≤ 0.6	平均值≤ 0.3
耐化学腐蚀性	不低于 GB 级	GA
抗污性能	≥ 3 级	5 级
放射性核素限量	根据（GB 6566—2010）装修材料放射性水平高低分 A 类装修材料，B 类装修材料，C 类装修材料	A 类装修材料（产销和适用范围不受限制）

亚细亚建筑材料股份有限公司

地址：上海市普陀区曹杨路 2088 号 408 室
电话：021-64978888
官方网站：https://www.asatiles.com/

表 3　亚细亚内墙砖技术标准

检测指标	国家标准（GB/T 4100—2015 附录 L）	亚细亚内控标准
吸水率（%）	平均值＞10，单值≥9	10～17
破坏强度（N）	≥600	1000～2000
抗釉裂性	在 500kPa±20kPa 蒸汽压力下 2 小时 1 次无釉裂	在 1000kPa±20kPa 蒸汽压力下 2 小时 5 次无釉裂
耐化学腐蚀性	不低于 GB 级	GA
抗污性能	≥3 级	5 级
放射性核素限量	根据（GB 6566—2010）装修材料放射性水平高低分 A 类装修材料，B 类装修材料，C 类装修材料	A 类装修材料（产销和适用范围不受限制）

表 4　亚细亚抛光砖技术标准

检测指标	国家标准（GB/T 4100—2015 附录 G）	亚细亚内控标准
吸水率（%）	平均值≤0.5，单值≤0.6	平均值≤0.1，单值≤0.12
破坏强度（N）	≥1300	≥1700
耐磨性能	≤175mm³	≤150mm³
耐化学腐蚀性	不低于 UB 级	UA
光泽度	≥55°	≥65°（超洁亮≥85°）
放射性核素限量	根据（GB 6566—2010）装修材料放射性水平高低分 A 类装修材料，B 类装修材料，C 类装修材料	A 类装修材料（产销和适用范围不受限制）

工程案例

1. 盐源县人民医院区域医疗卫生服务中心建设项目
2. 国家网络安全基地网络学院华科楼
3. 呼和浩特地铁 1 号线 11 标工程
4. 重庆市渝北区仙桃数据谷
5. 嘉兴全民健身中心
6. 人防大厦
7. 金坛第一人民医院
8. 中国工商银行股份有限公司河南省连锁网点

生产企业

2015 年，亚细亚以行业创新的 55° 柔抛技术，精心打造与天然大理石相媲美的 55° 柔光大理石瓷砖。2017 年，亚细亚斥资上亿元建成的大板大理石瓷砖生产线正式投产，拥有国内超级大板 3200mm×1600mm 的大理石瓷砖生产能力，同年发布全新升级的终端展示标准，获得全球用户的一致好评。2018 年 1 月，亚细亚新品“ECO 健康瓷墙砖”在上海外滩“亚细亚瓷砖号游轮”上全球首发，开启“ECO 生态健康砖”全新品类，以健康环保的理念，从源头拒绝家装甲醛污染，重新定义健康品质生活。47 年来，亚细亚瓷砖以规模化、智能化、绿色化的生产理念，不断为消费者提供优质产品；以“科学人居　健康生活”产品精神见证四代人居住梦想实现，为消费者缔造舒适时尚的人居空间。

亚细亚以优质的产品和专业的服务，先后成为人民大会堂、CCTV 新大楼、钓鱼台国宾馆、上海东方明珠塔、中国第一高楼上海中心大厦、上海八万人体育馆、世界第一高楼迪拜塔、新加坡机场等著名地标项目的瓷砖供应商。从政治中心到经济中心，从亚洲高度到世界高度，从文化中心到交通中心，亚细亚用自己的脚步丈量世界的宽度。

亚细亚建筑材料股份有限公司
地址：上海市普陀区曹杨路 2088 号 408 室
电话：021-64978888
官方网站：https://www.asatiles.com/

证书编号：LB2020MF001

飞度硅酮耐候胶、硅酮密封胶、双组分硅酮中空胶

产品简介

1）FD-2000 硅酮耐候胶

①FD-2000 是一种单组分，中性固化，专为各种幕墙（玻璃幕墙、铝板幕墙、陶瓷幕墙等）而设计的硅酮耐候密封胶；

②对金属、混凝土、陶瓷、玻璃、塑钢及木材等材料具有良好的粘结性；

③位移能力 35 级；

④与本公司生产的其他中性硅酮胶产品均有良好的相容性。

2）FD-6000 硅酮结构密封胶

①FD-6000 是一种单组分，中性固化，专为玻璃、石材（大理石、花岗石）、铝板幕墙和玻璃采光顶及金属结构工程的结构粘结密封而设计的硅酮结构密封胶；

②对金属、镀膜玻璃、混凝土及大理石无腐蚀性；对大部分建筑材料具有优良的粘结性；

3）FD-8800 双组分硅酮中空胶

①FD-8800 是一种双组分，中性固化，用于中空玻璃的二道密封，对各种玻璃具有卓越的粘结性；

②无矿物油添加，对中空玻璃用丁基胶无腐蚀。

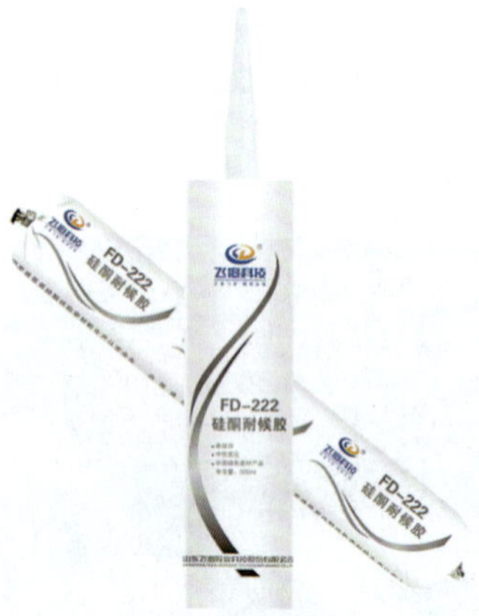

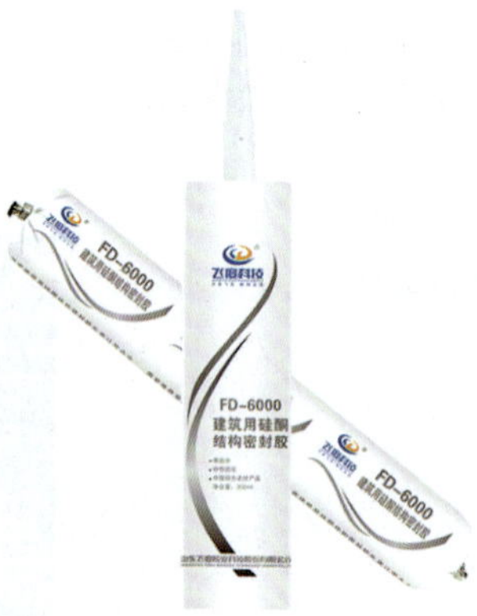

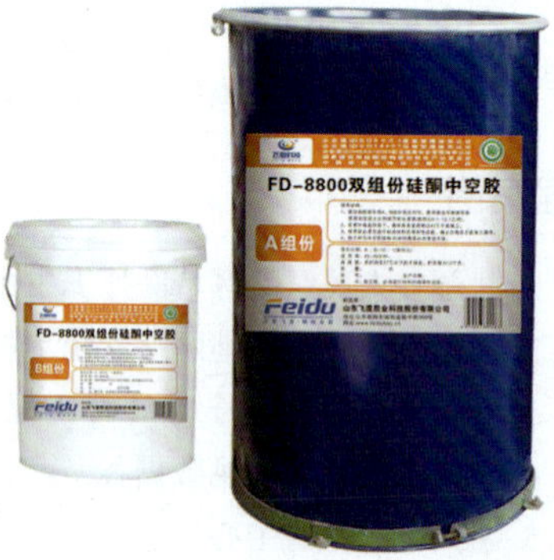

适用范围

1）FD-2000 硅酮耐候胶

①各种幕墙（玻璃幕墙、铝板幕墙、陶瓷幕墙等）的耐候密封；

②金属、混凝土、陶瓷、玻璃、塑钢及木材等材料的粘结。

2）FD-6000 硅酮结构密封胶

①玻璃、石材（大理石、花岗石）、铝板幕墙和玻璃采光顶及金属结构工程的结构粘结密封；

②金属、镀膜玻璃、混凝土及大理石等大部分建筑材料的粘结。

3）FD-8800 双组分硅酮中空胶

适用于中空玻璃二道粘结密封

技术指标

1）FD-2000 硅酮耐候胶

下垂度（mm）	标准（23±2）℃	表干时间（min）	邵氏硬度（shoreA）	最大伸长率（%）	模量（MPa）	位移能力	定伸粘接性
0	23	45	50	220	0.85	+25%	无破坏

2）FD-6000 硅酮结构密封胶

下垂度（mm）	标准（23±2）℃	表干时间（min）	邵氏硬度（shoreA）	最大伸长率（%）	模量（MPa）	位移能力	定伸粘接性
0	23	50	46	269	0.9	+25%	无破坏

3）FD-8800 双组分硅酮中空胶

下垂度（mm）	标准（23±2）℃	表干时间（min）	适应期 30min 时，s	邵氏硬度（shoreA）	弹性恢复率（%）	模量（MPa）	位移能力	定伸粘接性
0	23	60	1.5	45	90	0.6	+20%	无破坏

工程案例

非洲安哥拉社会福利住房项目、大连世界金融中心、郑州建业春天里、哈尔滨恒大名都、北京国学中心、河北北方学院国际交流中心、廊坊恒大翡翠华庭、安庆恒大绿洲、北京恒大城、济南恒大翡翠华庭、莱州云峰山庄、盘锦华府、长春恒大帝景、长春御景湾、北京碧桂园、澧县恒大御景湾、瑞那斯淮北名都工程、天津名都工程、长春恒大雅苑工程、洛阳绿洲六期工程、石家庄恒大御景半岛工程、威海龙海国际大厦、海南海花岛工程、大兴新机场、成都万达城、南航基地项目、中海京西里、中海丽春湖墅等项目。

生产企业

山东飞度胶业科技股份有限公司集研发、生产、销售为一体，主导的硅酮结构密封胶和中性硅酮耐候胶等系列产品，被广泛应用于各类大中型建筑幕墙系统中的室内外密封、粘结及结构性装配等，并不断推出多系列新品。目前产品类别包括建筑密封胶、门窗功能胶、家装胶、工业胶等几大类，年产总能力达 30000 吨以上。

公司通过 ISO 9001 / ISO 14001 / OHSAS 18001 三体系认证，通过国家建筑用硅酮结构密封胶生产企业和建筑密封胶生产企业双认定，国家高新技术企业、山东省建设机械行业骨干企业、山东省建筑门窗幕墙行业龙头企业，入选全国建筑密封胶十强、中国门窗幕墙行业年度品牌榜，连续荣获中国房地产开发企业 500 强首选供应商品牌密封胶类十强。在发展过程中，通过建立严密的质量管理和内控体系，努力为顾客提供倾心设计、精心制造的优质产品，给用户带来完美的品质需求，并通过持续改进和创新，推进技术产业化，使质量和服务始终保持在国内高端水准，增强企业持续发展力和市场竞争力。

公司致力于打造中国硅酮胶行业优质环保胶品牌，推崇人与建筑、环境和谐发展的绿色建筑理念，倾心为顾客提供健康、节能、环保的绿色建筑产品及服务，实现客户、社会和企业的共赢发展！

山东飞度胶业科技股份有限公司

地址：山东临朐东城街道榆中路 369 号
电话：400-9900-678
传真：0536-3711588
官方网站：www.feidukeji.cn

证书编号：LB2020MF002

哥俩好环保型装饰胶、建筑胶、地板胶、硅酮胶

产品简介

1）环保型装饰胶

哥俩好牌 899 环保型装饰胶是以合成橡胶为主，加入增粘树脂、促进剂、防老剂、稳定剂、有机溶剂等经特殊工艺加工而成的单组分挥发干燥型胶粘剂。本产品广泛应用于室内装修、美术广告、汽车内饰等。

2）建筑胶、地板胶

哥俩好牌 4115 建筑胶、地板胶是以丙烯酸酯及乙烯系单体为主体原料，辅以各种添加剂、溶剂，经特殊工艺合成的单组分室温固化型胶粘剂。本产品可广泛粘结无机类建筑材料、木制品等绝大部分同种或异种的材料。

3）硅酮胶

哥俩好牌硅酮密封胶是以硅橡胶为主体原料，加入补强剂、交联剂、抗氧剂、促进剂、增塑剂等，经先进工艺合成的单组分室温硫化型密封胶。

适用范围

1）环保型装饰胶

（1）本胶可用于木板、胶合板、防火板、密度板、亚麻板、曲柳板、铝塑板等板材；还可粘结部分钢铁、铝材、橡胶、塑料、皮革、织物等其他材料。

（2）本品广泛应用于室内装修、美术广告、汽车内饰。

（3）本品不适用于聚烯烃、聚四氟乙烯、有机硅类、苯乙烯泡沫塑料以及添加了防粘剂的产品（一些新型的防粘涂层板材）。

（4）本品不适用于软质的 PVC 材料，因其耐久性差，会出现脱落现象。如一定要用，请对每批产品进行实验（PVC 中增塑剂的量影响粘结的效果）。

2）建筑胶、地板胶

（1）本品可用于水泥、陶瓷、釉面砖、马赛克、泡沫塑料、地板革、木材、石棉制品、砖瓦、大理石等同种或异种材料之间的粘接。

（2）本品广泛应用于门窗组装、户外广告、室内装修、家具制造、建筑施工等。

（3）本品不适用于聚烯烃、聚四氟乙烯、有机硅类产品。

3）硅酮胶

（1）酸性硅酮胶（668）

适用于各类室内外门窗、玻璃展示架、柜台等接口的粘结密封和各类装饰填缝。

不可用于结构性玻璃的装配。混凝土、水泥、石灰石、铜、锌、沥青、橡胶表面、需涂漆表面和渗出油脂、增塑剂的材料表面、结霜表面及在密不通风的场所和在浸水的条件下不宜使用。

（2）中性硅酮胶（688、998、995）

适用于各类门窗安装、玻璃装配工程的粘结密封和各类装饰填缝。

不可用于结构性玻璃的装配。铜、沥青、橡胶表面、需涂漆表面和渗出油脂、增塑剂的材料表面、结霜表面及在密不通风的场所和在浸水的条件下不宜使用。

哥俩好新材料股份有限公司

地址：辽宁省抚顺哥俩好工业园区 15-18 号
电话：024-55260282
官方网站：www.geliahao.com.cn

技术指标

目前环保型装饰胶有 4 个型号：500 强、绿色世纪、合乐家庭、绿色强力；8 个规格：380mL、450mL、500mL、1.8L、3L、7L、9L、20L。本品为粘黏稠液体，有特殊气味，易燃、易挥发。产品符合 GB/T 27561—2011《苯乙烯 - 丁二烯 - 苯乙烯嵌段共聚物（SBS）胶粘剂》标准。

目前建筑胶、地板胶有 1 个型号：4115 型；4 个规格：600g、1kg、2kg、3kg。本品为乳白色黏稠膏体，具有刺激性气味。产品符合 Q/GLH 03—2018《透明免钉胶》标准。

目前硅酮胶有 4 个型号：688、668、995、998；3 个规格：240mL、300mL、800g。本品为透明、白色的黏稠膏体。产品符合 GB/T 14683—2017《硅酮和改性硅酮建筑密封胶》标准。

工程案例

1. 比亚迪汽车内饰
2. 沈阳通航产业发展有限公司工程装修
3. 沈阳远大集团博林特电梯公司电梯轿厢粘接
4. 中通客车控股股份有限公司车厢地板粘接
5. 上海朗诗绿色地产集团房屋精装修
6. 中航沈飞第 601 研究所大型展厅装修
7. 陕西跃迪新能源汽车有限公司车厢地板粘接

生产企业

哥俩好新材料股份有限公司是国家高新技术企业，中国胶粘剂及胶粘带工业协会常务理事单位，全国胶粘剂标准化技术委员会成员单位，辽宁省博士后创新实践基地，辽宁省胶粘剂工程技术研究中心，辽宁省企业技术中心。

公司坐落在抚顺市哥俩好工业园区 15-18 号，始建于 1984 年的一个镇办采石场，1985 年转产生产胶粘剂产品，1996 年转制为民营企业，2005 年更名为抚顺哥俩好化学有限公司，2015 年变更为哥俩好新材料股份有限公司，2016 年在新三板上市（证券代码 836618）。经过 30 多年艰苦创业，现已发展成为拥有胶粘剂、涂料、合成树脂、汽车用化学品等四大系列产品，集科研、生产、销售和服务为一体的专业化精细化工企业。哥俩好产品多达 50 多个规格品种，年生产能力 5 万吨，行销全国 30 多个省、市、自治区，成为我国胶粘剂行业的龙头企业。

公司现管理机构设有：人力资源部、安全环保部、综合部、制造部、质量部、技术部、供应部、销售部、财务部、党委工会等 10 个部门，下辖 AB 胶等 10 个车间，以及研发中心、检测中心、原料库、成品库等。1998 年公司在国内同行业中较早通过 ISO 9002 国际质量体系认证，同时，公司主导产品改性丙烯酸酯胶、原子灰还通过中国方圆标志认证委员会产品质量方圆认证。1999 年环保装饰胶、4115 建筑胶、白乳胶、氯丁胶通过环境标志产品认证。2002 年通过 ISO 14001 环境管理体系认证和 OHSAS 18001 职业健康安全管理体系认证。2004 年公司检测实验室通过中国合格评定国家认可委（CNAS）认可。2005 年公司首次取得安全生产许可证，至今已通过 3 次延期换证。2012 年全面导入 GB/T 19580《卓越绩效评价准则》，并于同年通过安全标准化三级验收。2014 年通过辽宁省清洁生产审核。公司已获授权发明专利 11 项，外观设计专利 30 余项，实用新型专利 1 项。近年来，公司先后获得省、市科技项目，省级专利转化资金项目，省级引进海外研发团队等多个项目的立项及资金支持，部分项目通过省级鉴定，同时获得省、市科技进步奖及新产品奖 6 项，获得抚顺市总工会、科技局、经信委联合评定的职工“科技创新及合理化建议奖励”20 多项，在国内各种科技杂志发表论文十余篇。

哥俩好新材料股份有限公司

地址：辽宁省抚顺哥俩好工业园区 15-18 号
电话：024-55260282
官方网站：www.geliahao.com.cn

证书编号：LB2020MF003

康耐德中性硅酮耐候密封胶、硅酮结构胶

产品简介

KND999 为单组分中性固化，具有优异的耐气候老化性能、耐高低温性能，被广泛应用于 -50 ～ 150℃的范围内，性能变化不大；一般无需底涂，对金属、镀膜玻璃、Low-E 玻璃等多种建筑材料具有优异的粘接性，与其它中性硅酮胶具有良好的相容性。

KND818 为单组分中性固化，在 -5 ～ 45℃范围内都具有良好的触变性和挤出性。优异的耐老化、耐紫外线、耐臭氧、耐高低温性能。本产品具有很强的抗位移能力，能随幕墙正常伸缩及剪切变形，对金属、镀膜玻璃、铝塑板、陶土板等建筑材料无腐蚀性；具有优良的粘接性，完全固化后可与绝大多数建筑材料具有良好的相容性。

KND7100 为单组分中性固化，具有优异的耐气候、耐老化性能。在 -5 ～ 45℃范围内都具有良好的触变性和挤出性。本产品具有优良的粘接性，可用于门窗玻璃装配、铝合金门窗、塑钢门窗及多种门窗材料粘接，完全固化后可与绝大多数建筑材料具有良好的相容性。

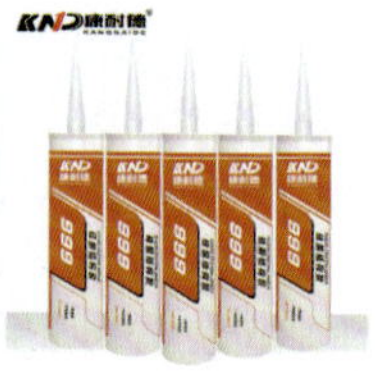
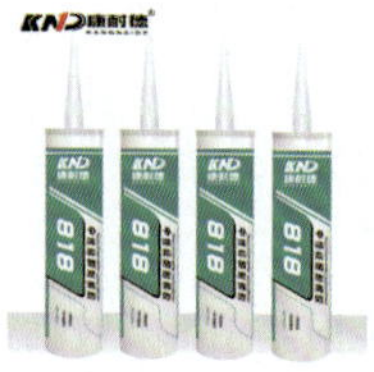

适用范围

KND999 产品主要应用于玻璃幕墙、铝板幕墙、陶土板幕墙及金属结构工程的结构粘接。

KND818 产品适用于各种玻璃幕墙、金属、铝塑板幕墙等耐候密封。

KND7100 产品适用于各类建筑门窗、玻璃门窗、室内外装饰装修的填缝密封等。

技术指标

表 1　KND999 主要技术参数

序号	项目		标准规定	KND999	试验方法
1	下垂度（垂直）（mm）		≤ 3	0	GB/T 13477
2	挤出性（s）		≤ 10	2.6	GB/T 13477
3	表干时间（h）		≤ 3	1.5	GB/T 13477
4	硬度（Shore A）		20 ～ 60	38	GB/T 531
5	热质量损失率（%）		≤ 10	5.8	GB 16776
6	23℃时最大拉伸强度时伸长率（%）		≥ 100	363	GB 16776
7	拉伸粘接性（MPa）	标准条件	≥ 0.6	1.19	GB/T 13477
		浸水后	≥ 0.45	1.07	GB/T 13477
		90℃	≥ 0.45	0.75	GB/T 13477
		-30℃	≥ 0.45	1.54	GB/T 13477
		水 - 紫外线光照后	≥ 0.45	1.11	GB/T 13477

四川康耐德硅胶科技发展有限公司
地址：四川省广汉市北京大道 18 号
电话：13980633118
官方网站：www.scknd.com

表 2　KND818 主要技术参数

序号	项目		标准规定	KND818	试验方法
1	下垂度（垂直）（mm）		≤ 3	0	GB/T 13477
2	挤出性（mL/min）		≥ 150	305	GB/T 13477
3	表干时间（h）		≤ 3	1.0	GB/T 13477
4	弹性恢复率（%）		≥ 80	89	GB/T 13477
5	拉伸模量（MPa）	23℃	> 0.4	0.7	GB/T 13477
		-20℃	> 0.6	0.8	GB/T 13477
6	质量损失率（%）		≤ 8	6.0	GB/T 13477

表 3　KND7100 主要技术参数

序号	项目		标准规定	KND818	试验方法
1	下垂度（垂直），mm		≤ 3	0	GB/T 13477
2	挤出性 /（ml/min）		≥ 150	399	GB/T 13477
3	表干时间（h）		≤ 3	1.5	GB/T 13477
4	弹性恢复率（%）		≥ 80	92	GB/T 13477
5	拉伸模量（MPa）	23℃	>0.4	0.6	GB/T 13477
		-20℃	>0.6	0.6	GB/T 13477
6	质量损失率（%）		≤ 8	4.9	GB/T 13477

工程案例

1. 璧山区企业天地，使用 KND999、KND818 等产品用于该工程玻璃幕墙，共计施工约 3 万平方米；
2. 西昌领地澜台府，使用 KND7100 用于该工程外墙，共计施工约 6 万平方米；
3. 广汉奥园玖龙湾，使用 KND7100 用于该工程外墙，共计施工约 2 万平方米；
4. 重庆蔡家自贸区，使用 KND999、KND818 等产品用于该工程玻璃幕墙，共计施工约 3.6 万平方米。

生产企业

四川康耐德硅胶科技发展有限公司成立于 2010 年，注册资金 1000 万元人民币，现代化标准厂房 10000 多平方米，办公楼整栋 5000 多平方米，地处中国有机硅材料发源地——四川，生产基地在四川省广汉市北外工业园区。康耐德硅胶专业研发、生产、销售建筑用硅酮结构胶、中性硅酮耐候密封胶、酸性硅酮大板玻璃密封胶、装配式建筑密封胶、中空玻璃用双组分硅酮结构胶 / 硅酮耐候密封胶、工业电子胶等百种产品，覆盖行业千万家，是具有行业影响力的科技发展型企业。

四川康耐德硅胶科技发展有限公司
地址：四川省广汉市北京大道 18 号
电话：13980633118
官方网站：www.sckknd.com

证书编号：LB2020WJ001

红墙无碱液体混凝土速凝剂、标准型减缩剂

产品简介

液体速凝剂是一种液体的混凝土、砂浆外加剂，掺量低，凝结硬化快，有较高的早期强度和不断增长的后期强度，并能保持水泥和混凝土的其他性能。本速凝剂不含碱和氯化物、凝结快且对各种水泥适应性较好，常用于喷射混凝土。本产品能够使喷射混凝土在 4 分钟内初凝，10 分钟内终凝，且具有较好的固结强度，改善了混凝土与岩石间的握裹和粘结。正常状况下使用，不会造成强度损失的同时，显著降低混凝土的回弹率。

通过降低混凝土内部毛细孔内水的表面张力，减缩剂可以显著减少混凝土的干缩和自收缩，不影响混凝土其他性能，即使添加水泥用量的 1%，都可以显著降低混凝土的收缩，这将减少混凝土裂缝的形成，延长混凝土的使用寿命。本产品和各种类型水泥具有较好的相容性。

适用范围

1）无碱液体混凝土速凝剂

本产品常用于喷射混凝土，喷射混凝土是用压力喷枪喷涂灌注细石混凝土的施工方法。应用于隧道和煤矿的结构支撑，土石坡的固定，衬里喷射混凝土，平巷、竖井、涵洞等地下建筑物的混凝土支护，地下水池、油罐、大型管道的抗渗混凝土施工，各种工业炉衬的快速修补，各种复合衬砌的初次柔性支护，混凝土构筑物的浇筑和修补等。

2）标准型减缩剂

有需要降低收缩或延长混凝土使用寿命的预拌商品混凝土或预制混凝土，湿法喷射混凝土，砂浆和灌浆料，工业地面，桥梁路面，停车场，海边结构，水利工程，废水处理工程等。

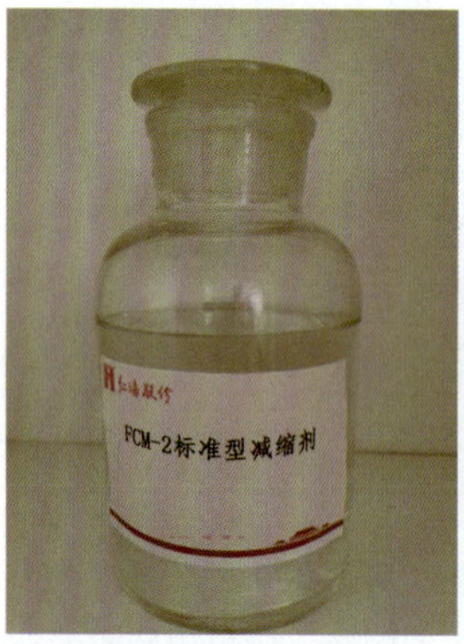

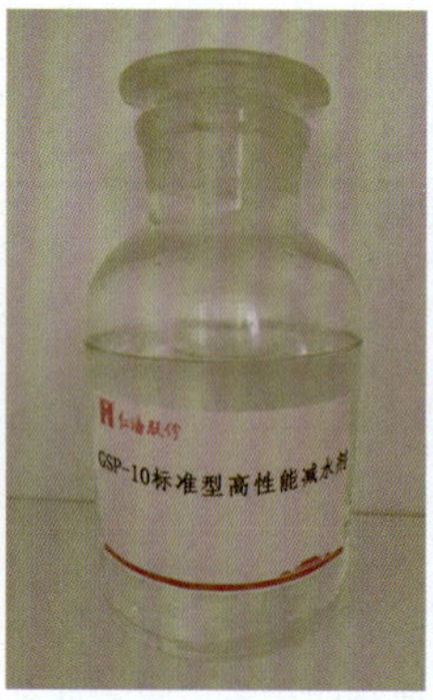

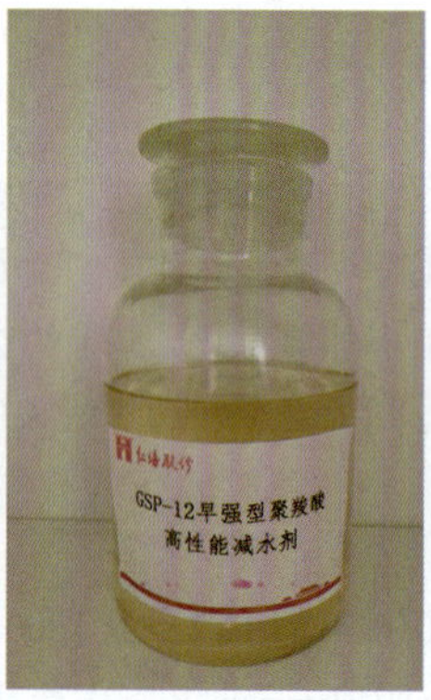

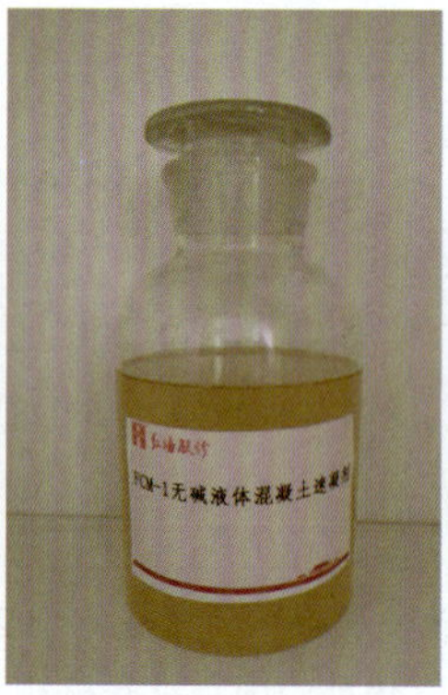

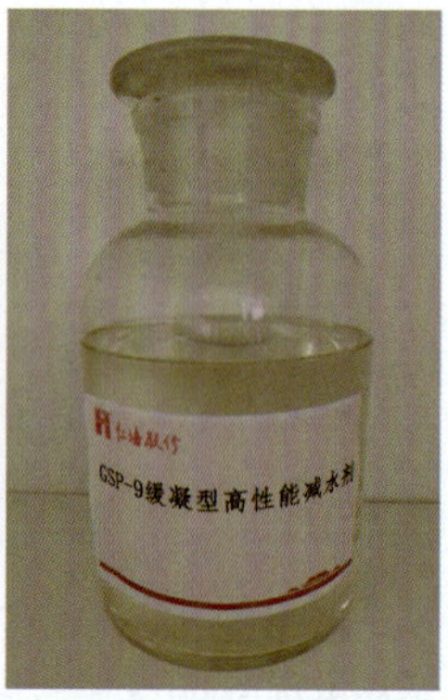

技术指标

无碱液体混凝土速凝剂执行 GB/T 36159−2017《喷射混凝土用速凝剂》标准要求。

表 1　无碱液体混凝土速凝剂

净浆凝结时间	初凝时间 /min	≤ 5	3.0	合格
	终凝时间 /min	≤ 12	7.5	合格
砂浆强度	1d 抗压强度 /MPa	≥ 7	8.1	合格
	28d 抗压强度比 /%	≥ 90	95	合格
	90d 抗压强度保留率 /%	≥ 100	103	合格

广东红墙新材料股份有限公司
地址：广东省惠州市博罗县石湾镇科技产业园
电话：0752-6113900
官方网站：www.redwall.com.cn

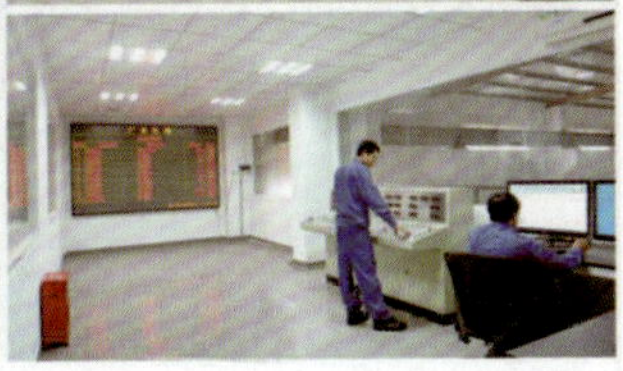

标准型减缩剂执行 JC/T 2361−2016《砂浆、混凝土减缩剂》标准要求。该产品可显著降低混凝土的干缩和微裂缝，进而改善外观，提高防水性能和耐久性，降低干缩进而减少预应力损失，减少混凝土面板的弯曲，显著降低混凝土 28d 干缩的 80%，降低一年以后混凝土的干缩达 50%，减少混凝土路面或地板长度方向干缩应力，降低混凝土碳化。

工程案例

1. 广深高速公路隧道的二衬全断面加固；
2. 广东河源隧道工程；
3. 公伯峡水电站迎水大坝混凝土面板。

生产企业

广东红墙新材料股份有限公司是中国第一家以混凝土外加剂为单一主营业务的上市公司（简称：红墙股份，证券代码：002809）。公司总部坐落在广东省博罗县石湾镇科技产业园区，毗邻广州增城、东莞城区，处在粤港澳大湾区经济圈中心地带。

形成了以广东惠州为生产管理中心，在广东、广西、福建、河北、四川、重庆、贵州、江苏、浙江、陕西等地设有合成生产基地或复配加工中心，生产加工基地合计占地近 30 万平方米，已建成工艺先进、环保合格、计量准确、自动化程度较高的十几条合成生产线，年产聚羧酸、萘系及萘系衍生物、氨基磺酸盐、脂肪族、葡萄糖酸钠等外加剂原液数十万吨。

公司、广西红墙被认定为国家高新技术企业，组建有“广东省混凝土外加剂工程技术开发中心”“广东省省级企业技术中心”“广西自治区企业技术中心”。技术引路人为中国混凝土科学奠基人吴中伟院士（1918−2000）。公司自主创新能力强，公司拥有授权及已申请发明专利、实用新型专利近百项。

公司获评“广东省自主创新标杆企业”、“广东省雇主责任示范企业”等荣誉称号。销售收入、利税连续八年在广东省混凝土外加剂行业排名前列。公司聚羧酸系高性能减水剂于 2013 年 4 月通过中国铁路产品认证中心认证。是广东省建筑材料行业协会副会长单位中仅有的一家混凝土外加剂企业，是《聚羧酸系高性能减水剂》《混凝土外加剂安全生产要求》等多个标准的起草与参编单位，公司董事长刘连军荣获“广东省优秀企业家”称号。

证书编号：LB2020WJ002

大胡子混凝土防水剂（DHZ-I 混凝土复合液）

产品简介

DHZ- I 混凝土复合液，是目前国内仅有的一种多功能复合型防水外加剂，获得国家发明专利，多次荣获国内国外发明大奖。产品为无毒、无异味的褐色液体，不污染环境，对人体无害。掺量为胶凝材料总量的 2.5% ～ 3.5%，最佳掺量一般为 3%，后浇带、加强带掺量为 5%。实际掺量可通过试配确定。

适用范围

主要用于各种有防水抗渗要求的混凝土结构防水部位的防水混凝土。工业与民用地下防水混凝土基础工程，如地下商场、地下停车场、地下设备与办公用房；市政工程，如地铁、隧道、地下人防、净水厂、污水处理厂、游泳馆；水利桥梁工程，如水利枢纽、储能电站、高速公路、铁路、桥梁等。

技术指标

混凝土防水剂（DHZ−I 混凝土复合液）执行 GB 50108《地下工程防水技术规范》、GB 50208《地下防水工程质量验收规范》、RF J04−2015《建筑防水系统构造（四十一）》18CJ40−41、中华人民共和国行业标准《防核武器和常规武器的结构设计》标准要求。

表 1　混凝土防水剂（DHZ–I 混凝土复合液）

序号	检验项目		检验结果
1	减水率 /%		31.2
2	安定性		合格
3	泌水率比 /% ≤		36.8
4	凝结时间差 /min ≥	初凝	+186
5	抗压强度比 /% ≥	3d	210
		7d	208
		28d	161
6	渗透高度比 /% ≤		10
7	吸水量比（48h）/%		55
8	碱含量 /%		1.32
9	氨含量 /%		0.01
10	氯离子含量 /%		0.08
11	放射性限量	内照射指数，I_{Ra}	0.22
		内照射指数，I_{γ}	0.48
12	抗渗性（压力为 2.0MPa 时渗透深度）/mm		60
13	28d 碳化深度 /mm	C30	5.3
		C40	4.3
		C50	2.4
14	28d 电通量 /C	C30	998
		C40	761
		C50	608

广西大胡子防水科技有限公司

地址：广西南宁市大学东路 162 号东盟财经广场 703
电话：0771-3952467
官方网站：www.dhz.zy-gov.cn

工程案例

1. 大唐国际中心
2. 大唐盛世
3. 天津鸿吉里商贸中心
4. 南昌火车站地下广场
5. 首钢彩板厂
6. 桂林国奥城

生产企业

广西大胡子防水科技有限公司是专业的地下结构自防水工程的科技企业，是研制、开发、生产、销售、施工及服务一体化的专业厂家，企业人才聚集，技术力量雄厚，设备先进。在防水材料研制中获得多项中国发明专利，曾荣获“93 新加坡国际设计发明专利技术金狮奖、银狮奖”“第 85 届巴黎国际发明博览会法国工业部奖”“全国第八届发明展览会金奖”“全国十年优秀发明成果金杯奖”。

大胡子公司坚持“节能环保百年结构自防水一体化”设计理念，拥有自主知识产权。拥有整套完善的地下防水环保技术实施方案，实现了地下建筑结构自防水一体化，大幅度降低防水工程造价。专注解决地下车库和人防工程、地下商场、地下隧道和地铁及管廊等地下工程的防水问题。

大胡子地下防水环保技术实施方案得到国家、行业及各省主管部门认可，被中国建筑标准设计研究院批准为《建筑防水系统构造（四十一）》（图集号：18CJ40−41），国家人民防空办公室批准为《防空地下室结构设计标准》（标准号：RFJ 04−2015），中国硅酸盐学会房建分会防水材料专业委员会批准为《建筑防水构造图集》（图集号：硅 14SJ1402），山东省住房和城乡建设厅批准为《14 系列山东省建筑标准设计图集》（图集号:L14JT53），广西壮族自治区工程建设地方标准《地下工程混凝土结构自防水应用技术规范》（DBJ/T45−036−2017）。

大胡子公司是中国建筑防水材料工业协会理事单位，中国硅酸盐学会理事，北京绿标建材产业技术联盟理事，参与国家和行业多项标准审查及评审，产品质量由中国人民财产保险股份有限公司承保。

“大胡子”牌系列产品 DHZ−Ⅰ、DHZ−Ⅲ、DHZ−Ⅳ、DHZ−Ⅴ均获得国家发明专利。其中 DHZ−Ⅰ混凝土复合液（纳米结晶自密实剂）屡获国际大奖，该产品是大胡子的经典之作，产品的防水抗渗性能经三十多年来在全国上千项大中型防水工程中得到实践验证，至今无一工程出现渗漏水现象。

广西大胡子防水科技有限公司
地址：广西南宁市大学东路 162 号东盟财经广场 703
电话：0771-3952467
官方网站：www.dhz.zy-gov.cn

证书编号：LB2020WJ003

中岩聚羧酸系高性能减水剂、缓释型聚羧酸系高性能减水剂、早强型聚羧酸系高性能减水剂

产品简介

聚羧酸减水剂母液是用于不同类型聚羧酸高性能减水剂成品复配的重要组成部分，是由聚醚大单体与不饱和小单体共聚合成的有机高分子化合物，可根据不同分子结构和官能团分为不同类型的产品。本公司共有4种类型，包括：高减水型（HL−900）、综合型（HL−700）、缓释系列（SR−1、SR−2、SR−3）及早强型（ZQ−1）。

HL−900为我公司研发的高减水型聚羧酸系减水剂母液，具有极高的减水率（35%以上），低掺量下即可使混凝土具有良好的流动性，对水泥、掺合料具有较好的适应性，可提高混凝土密实性及力学性能，且泵送性能优异。

HL−700为我公司研发的综合型聚羧酸系减水剂母液，具有减水率高（30%以上）、保坍性能优等特点，可使混凝土坍落度在0.5～1h不损失或损失较小，和易性佳，混凝土松软，不易板结、离析和泌水，适应性优，对水泥、掺合料具有较好的适应性。

SR缓释系列聚羧酸系减水剂母液，分为SR−1、SR−2和SR−3三种，减水率SR−1 ≥ 8 %、SR−2 ≥ 13 %、SR−3 ≥ 18 %；保坍时长可控，SR−1可保坍3～4h、SR−2可保坍2～3h、SR−3可保坍1～2h；和易性佳，混凝土松软，不易板结、离析和泌水；无副作用：对混凝土的凝结时间和强度无不利影响；适应性优，对水泥、掺合料具有较好的适应性。

ZQ−1是我公司研发的早强型聚羧酸减水剂母液，具有较高的减水率（30%以上），早期强度高，混凝土1d抗压强度比可达240 %以上，且后期强度不倒缩；可缩短蒸养时间或降低蒸养温度，缩短抹面时间，降本增效；可改善混凝土表观，减少蜂窝麻面；适应性优，对水泥、掺合料具有较好的适应性。

适用范围

HL−900适用于高强、高性能混凝土，应用于铁路、公路、机场、桥梁、水电、市政、民用建筑等领域。

HL−700适用于自密实混凝土、泵送混凝土、其他对保坍性能有要求的混凝土，应用于铁路、公路、机场、桥梁、水电、市政、民用建筑等领域。

SR缓释系列适用于高温环境施工、远距离运输和高远程泵送施工的混凝土，应用于铁路、公路、机场、桥梁、水电、市政、民用建筑等领域。

ZQ−1适用于预制混凝土、低温施工混凝土、其他对早期强度有要求的混凝土，应用于铁路、公路、机场、桥梁、水电、市政、民用建筑等领域。

技术指标

聚羧酸减水剂执行GB 8076《混凝土外加剂》标准要求。

表1　聚羧酸系减水剂母液技术指标

序号	项目	技术指标
1	外观	无色或淡黄色透明液体
2	密度（g/cm^3）	1.09±0.02
3	pH值	5±1
4	固含量（%）	40～50
5	氯离子含量（%，按折固含量计）	≤ 0.02
6	总碱量（%，按折固含量计）	≤ 1
7	甲醛含量（%，按折固含量计）	≤ 0.01

中建材中岩科技有限公司

地址：北京市朝阳区管庄东里1号
电话：400-996-0017
官方网站：www.chinasccm.com

工程案例

1. 杭州湾大桥
2. 北京地铁昌平线工程
3. 漯驻高速
4. 济青铁路
5. 衡阳合江套湘江隧道
6. 大体积混凝土－新楚擎天广场
7. 超高层泵送－宁邦时代广场
8. C80管桩－马来西亚

生产企业

中建材中岩科技有限公司（简称中岩科技）是中国建筑材料科学研究总院有限公司的直属企业，其前身是中国水泥基材料科研中心，是建筑防水、凝土外加剂、化学建材、干粉砂浆及特种工程材料研究的发源地。通过20余年的发展，公司已形成混凝土外加剂、水泥助磨剂、特种工程材料及特种工程施工三大业务板块，国内、国际两大市场。公司先后建立山东、湖南两个生产基地，并拥有一支高水平的专家型技术研发服务团队，在同行业中具有较高的知名度和美誉度。

中岩科技秉承科技先进、服务建设的发展理念，坚持走产学研一体化道路，深植于中国建材总院文化沃土，依托中国建材集团广阔市场平台，不断创新产业模式，加强文化建设，实现企业健康可持续发展。

中建材中岩科技有限公司
地址：北京市朝阳区管庄东里1号
电话：400-996-0017
官方网站：www.chinasccm.com

证书编号：LB2020WJ004

山东汶河有碱速凝剂、无碱速凝剂、聚羧酸高性能减水剂

产品简介

1）速凝剂

本公司速凝剂具有以下特点：

（1）掺量低（掺加水泥质量 2% ～ 8%），水泥混凝土凝结硬化快，初、终凝时间短；

（2）对水泥的适应性好，在推荐掺量范围内，满足 GB/T 35159−2017《喷射混凝土用速凝剂》、TB 10424−2010《铁路混凝土工程施工质量验收标准》要求；

（3）混凝土早期强度高，胶砂试件的 1d 强度不小于 10MPa，28d 强度比可达 90% ～ 100%；

（4）对混凝土耐久性无不良影响，由于无碱速凝剂不含碱性物质，避免了由于碱性物质的引入对混凝土造成的破坏作用，如碱 - 骨料反应；同时严格限制了 Cl^- 的含量，避免了对钢筋的腐蚀；

（5）喷射混凝土施工过程中粉尘少，回弹量低，从而保护施工人员的身体健康以及降低材料的浪费；

（6）喷射施工硬化后的混凝土密实性好、强度高，耐久性好。

2）聚羧酸高性能减水剂

（1）硫酸钠含量很低，几乎不含氯离子，无毒性和腐蚀性，产品无沉淀物；

（2）混凝土减水率 ⩾ 25%，可节约水泥 15% 以上；

（3）早期强度和 28d 强度都有明显提高，尤其在高掺量粉煤灰时，使用该产品的经济效益更明显；

（4）低坍落度损失，符合泵送剂标准，坍落度损失明显减少；

（5）具有高塑化性，可获得泵送性良好的高质量流态塑化混凝土；

（6）本产品对钢筋无锈蚀危害；

（7）本品生产过程中不产生对自然环境的污染，符合 ISO 14000 环境保护管理国际标准。

适用范围

1）速凝剂

普遍应用于水利、电力、铁路、隧道等各种工程项目的喷射混凝土施工中。

2）聚羧酸高性能减水剂

可用来配制得高强，高弹性模量，高抗渗性，低收缩、徐变及良好耐久性的高性能混凝土。适用于各类工业与民用建筑、水利、交通、港口、高速铁路、市政工程等。

技术指标

速凝剂执行 GB/T 35159—2017《喷射混凝土用速凝剂》、TB 10424—2010《铁路混凝土工程施工质量验收标准》要求。聚羧酸高性能减水剂执行 GB 8076—2008《混凝土外加剂》、GB/T 8077—2012《混凝土外加剂匀质性试验方法》、TB/T 3275—2018《铁路混凝土》标准要求。

表 1　匀质性指标、掺速凝剂净浆及硬化砂浆性能指标

项目	计量单位	性能指标							
		SNO42	SNO45	SND45	SNJ60	SNJ52	SNJ47	SNJ27	FSJ
密度	g/cm^3	1.37±0.03	1.39±0.03	1.39±0.03	1.54±0.03	1.45±0.03	1.43±0.03	1.20±0.03	—
pH		2±0.5	2±0.5	2±0.5	14±1	14±1	14±1	13±1	—
细度	%	—	—	—	—	—	—	—	80μm 筛余小于 15%
含水率	%	—	—	—	—	—	—	—	⩽ 2.0
含固量	%	42±1.5	45±1.5	45±1.5	⩾ 60	52±1.5	47±1.5	27±1.5	—

山东汶河新材料有限公司
地址：山东济南莱芜区口镇汶河路 3 号
电话：0634-6650783
官方网站：www.wenhechemical.com

续表

项目	计量单位	性能指标							
		SNO42	SNO45	SND45	SNJ60	SNJ52	SNJ47	SNJ27	FSJ
总碱量	%	≤ 1.0	≤ 1.0	≤ 5.0	≤ 18	≤ 18	≤ 16	≤ 10	≤ 8
氯离子含量	%	≤ 0.1	≤ 0.1	≤ 0.1	≤ 0.1	≤ 0.1	≤ 0.1	≤ 0.1	≤ 0.1
净浆凝结时间	初凝 min	≤ 5	≤ 5	≤ 5	≤ 5	≤ 5	≤ 5	≤ 5	≤ 5
	终凝 min	≤ 10	≤ 10	≤ 10	≤ 10	≤ 10	≤ 10	≤ 10	≤ 10
砂浆抗压强度	1d MPa	≥ 7.0	≥ 7.0	≥ 7.0	≥ 7.0	≥ 7.0	≥ 7.0	≥ 7.0	≥ 7.0
砂浆抗压强度比	28d %	≥ 90	≥ 90	≥ 75	≥ 75	≥ 75	≥ 75	≥ 75	≥ 75
强度保留率	90d %	≥ 100	≥ 100	≥ 75	≥ 75	≥ 75	≥ 75	≥ 75	≥ 75

表 2　聚羧酸高性能减水剂匀质性指标

序号	试验项目	技术指标		
		早强型	标准型	缓凝型
1	外观 Appearance	淡黄色透明黏性液体	淡黄色透明黏性液体	淡黄色透明黏性液体
2	含固量，% Solid Content	（40±2）%	（35±1.75）%	（35±1.75）%
3	密度，g/ml Density	1.09±0.02	1.08±0.02	1.09±0.02
4	pH 值	6.0±1	6.0±1	6.0±1
5	氯离子含量（按折固含量计），%，不大于 Chloride ion content	0.6	0.6	0.6
6	总碱量（$Na_2O+0.658K_2O$）（按折固含量计），%，不大于 Total alkali quantity	10.0	10.0	10.0
7	硫酸钠含量（按折固含量计），%，不大于 Sodium sulfate content	5.0	5.0	5.0

工程案例

1. 胶州湾跨海大桥
2. 京沪高铁
3. 青龙崮隧道
4. 三峡大坝
5. 新台高速

生产企业

山东汶河新材料有限公司建于 1992 年，是混凝土外加剂的专业生产厂家。公司是中国混凝土外加剂协会常务理事、山东省高新技术企业，拥有省级技术中心。公司现已取得 10 多项混凝土外加剂国家级科研成果，是混凝土外加剂的技术创新先锋，被国家确立为混凝土外加剂新技术新产品产业化基地骨干企业。公司现已通过 ISO 9001 质量管理体系、ISO 14001 环境管理体系和 OHSMS 18001 职业安全健康体系认证，是省级安全标准化二级企业、国家标准化良好行为 AAA 级企业。公司具有自营进出口权，产品以优良的品质和合理的价格畅销全国各地并出口海外二十多个国家，产品质量和信誉深受国内外用户的好评。

经过十余年的不懈努力，公司产品已由原来的单一产品走向了多元化产品。现有萘系、聚羧酸系、氨基磺酸盐系、脂肪族系等四大系列 40 多个品种，年总产量达到 20 万吨，年销售总收入达到 12 亿元。多年来，公司产品质量稳定，性能可靠，效果良好，价格合理，广泛应用于济南黄河大桥、三峡大坝、北京地铁、北京奥运场馆等国内大型重点建设工程中。

证书编号：LB2020WJ005

邦华抗裂硅质防水剂、纤维抗裂膨胀剂、混凝土复合防水剂

产品简介

1）BH–JX–III（W）抗裂硅质防水剂

“邦华”牌 BH–JX–III（W）抗裂硅质防水剂产品是以高品位硅质原料，利用其特有的吸附性、离子交换性、耐碱性、热稳定性、环保性等性能通过液压化、改性等一系列特殊的工艺加工而成。BH–JX 抗裂硅质防水系列产品的产生，为混凝土提供了一个崭新的防水理念，通过提高混凝土结构本身的密实性、憎水性以及刚度，提高结构本身的抗渗性能，以达到治本固源的防水效果。直接掺入混凝土或砂浆中，能改善胶凝体系的微级配以及和易性，同时促使硅质成分水化反应生成硅酸钙、水化铝酸钙等反应产物填充混凝土或砂浆的空隙，是一种自密实、补偿收缩、自愈合性等防水机理融于一体的多功能砂浆、混凝土防水剂。

2）BH–SY–K 纤维抗裂防水剂

“邦华”牌 BH–SY–K 纤维抗裂防水剂产品是由硫铝酸盐矿物组分、高强阻裂纤维、增强组分等多功能材料复合而成，产品具有膨胀性能和阻裂纤维的共同优点，是一种机理完善、性能卓越的复合防水材料。

3）BH–DHZ 混凝土复合防水剂

“邦华”牌 BH–DHZ 混凝土复合防水剂产品是目前国内常用的一种多功能混凝土复合防水剂，可大幅度节省防水工程投资成本，节省工期。产品为无毒粉状，绿色建材，不污染环境，对人体无害。实际掺量可通过试配确定。掺量为胶凝材料总量的 3.0% ～ 5.0%。

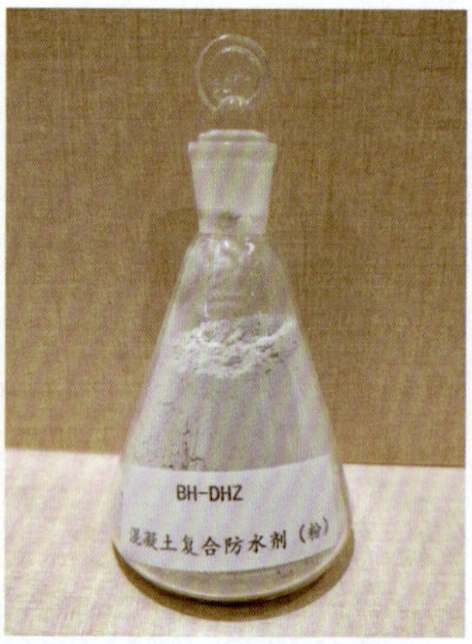

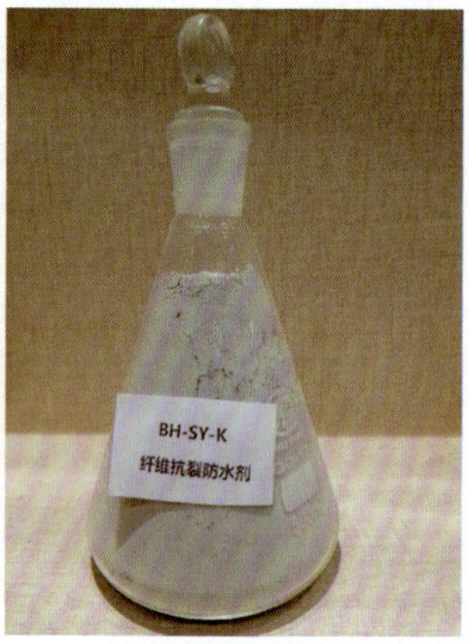

适用范围

1）BH–JX–III（W）抗裂硅质防水剂

（1）防水工程、人防地下车库、地下停车场、地下仓库、地下人行道、基坑、桩基等；

（2）地铁、隧道、港口、海工工程、水厂、电厂、水库大坝、污水处理池、水塔等；

（3）结构楼板、体育场看台板、刚性自防水屋面、砂浆防渗层、砂浆防潮层等；

（4）梁柱接头、后浇缝的填充混凝土、机械设备和补强的二次灌注，预应力混凝土等；

（5）水泥制品、自应力、预应力与钢套预应力混凝土钢管；

（6）机场跑道、高速公路路面、桥梁混凝土，涵洞、地下管廊等。

2）BH–SY–K 纤维抗裂防水剂

配制补偿收缩混凝土、刚性结构自防水混凝土、超长钢筋混凝土结构无缝设计与施工、大体积混凝土和其他有抗裂防渗要求的特殊工程与部位。

广西南宁市邦华建材有限公司
地址：广西南宁市武鸣区甘圩镇达洞村板马屯 21-2 号
电话：0771-5671541/19966769815
官方网站：

3）BH-DHZ 混凝土复合防水剂

BH-DHZ 混凝土复合防水剂主要用于各种有防水抗渗要求的混凝土结构，包括：工业与民用建筑地下工程，如地下商场、停车场、地下设备与办公用房；各种隧道、地下通道、地下人防、军事设施工程；各种净水厂、污水处理厂、游泳馆等构筑物；水利枢纽、储能电站、公路、铁路桥梁等。

技术指标

1）BH-JX-Ⅲ（W）抗裂硅质防水剂

BH-JX-Ⅲ（W）抗裂硅质防水剂除了各项指标均满足国家相关标准要求外，还具有掺量小（占胶凝材料总量的 5.0%）、泌水率比小、凝结时间差小及 28d 收缩率比小等特点，特别适用于收缩率较大的混凝土防水结构。

2）BH-SY-K 纤维抗裂防水剂

BH-SY-K 纤维抗裂防水剂除了各项指标均满足国家相关标准要求外，还具有抗裂效果佳、碱含量低等特点，可抑制混凝土的碱－骨料反应，耐磨性比基准混凝土有明显提高，特别适用于抗裂要求高的混凝土防水构筑物。

3）BH-DHZ 混凝土复合防水剂

（1）提高混凝土防水抗渗性能，抗渗等级可达 P20（2.0MPa）以上，均能满足《地下工程防水技术规范》所规定各种防水等级的防水混凝土抗渗要求，更适用于要求抗渗等级高的防水混凝土。

（2）提高混凝土早期与 28d 强度，加速施工拆模，节省水泥用量 20% 左右，更适用于高强度混凝土。

（3）具有一定的膨胀性，根据掺量不同，膨胀率在（0.3 ～ 0.5）$\times 10^{-4}$ 之间，对混凝土收缩有一定补偿防裂作用。

（4）氯离子、碱含量低，属于低碱无害绿色产品，保证了混凝土达到设计使用年限的工程耐久性。

（5）对大体积混凝土可降低水化热的温度峰值 30% 左右，减低了大体积混凝土水化热的温度应力，有利于避免或减少混凝土的温度裂缝。

（6）对于超长超宽的地下防水混凝土，由于具有膨胀补偿作用，提高了密实度，大大减少混凝土收缩变形，减少或避免开裂，可使后浇带间距适当加大，可施工结构长度增至 45 ～ 90m。

工程案例

1. 东盟研发产业大厦
2. 广西国际壮医医院
3. 南宁风岭综合客运枢纽
4. 南宁市新媒体中心

生产企业

广西南宁市邦华建材有限公司成立于 2008 年，公司致力成为西南地区具有客户价值，缔造为建筑行业提供专业服务的生产企业。

公司总部位于南宁市武鸣区，旗下生产和销售“邦华”牌外加剂系列产品，广泛应用于工民建补偿收缩混凝土工程、防水混凝土工程、大体积混凝土工程、超长结构混凝土工程等，在高层建筑、地铁、码头、地下室、大型人防工程、污水处理厂、高速公路、机场、隧道、桥梁、电站等特种部位，多次获得“广西优质产品”等称号。

公司专注于混凝土外加剂的研发与推广，与广西建筑科学研究设计院、广西大学、桂林理工大学等多家国内著名科研教学机构建立了长期稳定的合作关系，以诚信、专业、服务的经营理念，客户至上的服务宗旨，建设成为长远发展的现代科技型特种建材企业。

广西南宁市邦华建材有限公司

地址：广西南宁市武鸣区甘圩镇达洞村板马屯 21-2 号
电话：0771-5671541/19966769815
官方网站：

证书编号：LB2020WJ006

同舟聚羧酸高性能减水剂、减胶剂

产品简介

1）聚羧酸高性能减水剂

（1）本产品为液体，常规含固量为 10% ～ 25%。

（2）产品保塑性能良好、不离析，坍落度损失较其他减水剂明显减少。

（3）分散性好，具有良好的减水性能，在高强度等级混凝土（C50 以上）中，其最高减水率可达 40%，与不同的水泥具有很好的适应性。

（4）氯离子≤ 0.01%，碱含量≤ 0.023%，含量极低，对钢筋无锈蚀危害。

2）减胶剂

减胶剂是一种由高分子表面活性剂组成的混凝土外加剂，也叫增效剂。通过改善混凝土和易性，提高混凝土整体浆量，从而减少水泥用量，并保证混凝土后期强度发展。在实际使用中，混凝土减胶剂的掺量一般为胶凝材料的 0.6%，可与外加剂同掺（不能混合后使用，在减胶剂使用时并不减少减水剂用量）。目前，混凝土减胶剂在建筑工程等应用较为广泛，可适用于自密实混凝土、大体积混凝土、低强度等级与高强度等级混凝土等场合。

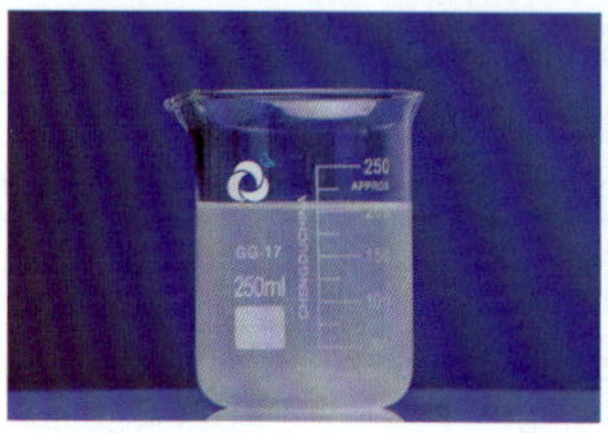
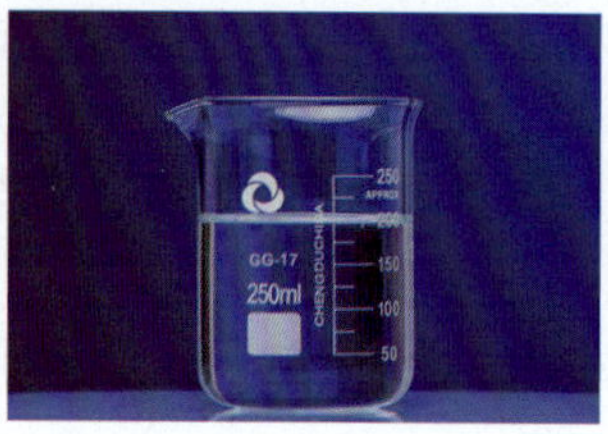
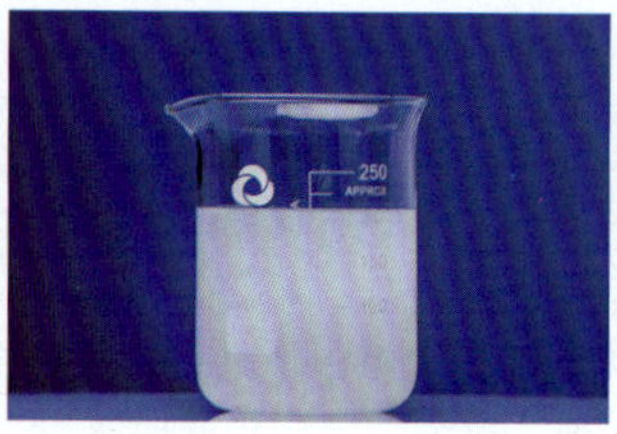

适用范围

1）聚羧酸高性能减水剂

（1）配制各种高强度等级、各种高要求施工工艺的高性能混凝土。

（2）配制大坍落度的高流态混凝土、预拌商品混凝土和高层泵送混凝土。

（3）配制高层建筑、道路、桥梁、水电工程混凝土。

（4）配制其他特殊工程混凝土。

2）减胶剂

主要适用于混凝土搅拌站、管桩企业、构件企业、铁路及水利工程等场合。

技术指标

1）聚羧酸高性能减水剂

项目名称	质量指标	结果
密度（g/cm^3）	1.08±0.02	1.089
pH	5～7	6.5
氯离子含量（%）	≤ 0.6	0.002
硫酸钠含量（%）	≤ 5.0	0.58
减水率（%）	≥ 25	30
常压泌水率（%）	≤ 60	10.5
含气量（%）	≤ 6.0	2.3

四川同舟化工科技有限公司

地址：四川省绵阳市经开区塘汛东路 169 号
电话：0816-2835849
官方网站：http://cn.topdreamchemical.com/nav/13.html

2）减胶剂

一般混凝土推荐掺量为单位总胶材质量的 0.5% ～ 0.6%，具体掺量可根据使用单位的要求进行调整。

按照使用单位出具的配合比，按照原配合比拌和的混凝土为基准混凝土。减胶剂实验中减少胶材用量从总胶材的 5%（水泥和其他胶凝材料各一半）开始，减少的质量由砂石补充，保持砂率不变，逐步减少胶材用量，依次拌和受检混凝土。

在保持混凝土配合比不变的情况下，按胶凝材料总质量的 0.5% ～ 0.6% 掺入本减胶剂时，可以提高混凝土 7d 抗压强度 3 ～ 5MPa、28d 抗压强度 3 ～ 8MPa，同时混凝土工作性能得到明显改善；

保持混凝土强度不变、工作性能相同、水胶比相同的情况下可降低水泥用量 10% ～ 20%，在充分保证混凝土综合性能和强度的情况下，可明显增加浆体量，改善混凝土流变性能。

工程案例

1. 成都地铁 6 号线
2. 连乐铁路
3. 遂渝高速
4. 缙云山隧道
5. 成都恒大中央广场

生产企业

四川同舟化工科技有限公司是为支持绵阳灾后重建工作于 2010 年 1 月成立的企业，是一家集科研开发、生产、销售于一体的专业生产高性能节能环保新材料的国家高新技术企业。

公司占地面积 20000m^2（其中厂房面积 8000m^2、科研实验室面积 3600m^2），外加剂年生产能力达 100000 吨，其中新型混凝土外加剂（粉剂）的生产能力为 20000 吨 / 年，新型混凝土外加剂（水剂）的生产能力为 30000 吨 / 年，聚羧酸高性能外加剂的生产能力为 50000 吨 / 年，年产值达 3 亿元。公司主要进行第三代、第四代高性能聚羧酸减水剂的合成，以及聚羧酸泵送剂的复配生产，产品质量稳定可靠，效果良好，优异的性能和完善的售后服务受到了用户的高度赞誉。公司生产的产品符合国家发改委第 40 号令《产业结构调整指导目录》要求，属国家鼓励支持类项目。

公司于 2011 年 3 月通过“环评”审批，2013 年 5 月被授予科技型中小企业；2014 年 10 月获得省级“高新技术企业”证书;2015 年 11 月通过质量管理体系、环境管理体系、职业健康安全管理体系认证，并获得证书，同年 12 月被批准为“安全生产标准化三级企业”;2016 年公司入选中国建筑材料联合会混凝土外加剂分会会员，同年 5 月被认定为“市级技术中心”;2017 年 1 月通过铁路产品 CRCC 认证，同年 10 月被授予“国家级高新技术企业”；2018 年 11 月被认定为“四川省企业技术中心”；2019 年 1 月被评为“年度安全生产先进单位”，4 月评为“优秀科技型中小企业”，7 月被授予“四川省诚信示范企业”;2017、2018、2019 年连续三年公司持续发展，效益稳步增长，连年被授予“高成长型工业企业”和“纳税先进企业”称号。

公司自成立以来获得了业界的高度肯定，研发团队由博士、硕士、本科专业人员组成，技术力量雄厚。与西南科技大学合作，共同组建联合实验室，成立技术中心，共申报 20 余个专利项目，其中“抗泥保坍型聚羧酸高效减水剂及其复配泵送剂的研制”于 2015 年 5 月被四川省科技厅授予“四川省科学技术成果”，于 2016 年 3 月获得“绵阳市科技进步三等奖”;“镍盐催化合成减水剂”于 2019 年 7 月获得“四川省新产品新技术鉴定证书”，2020 年 1 月评为“绵阳市科技进步三等奖”。

公司历来重视对技术研发和产品创新的投入，每年的净利润中有很大一部分用于研发创新，公司还建立了完善的研发管理制度，以多种奖励机制，充分调动员工的创造积极性。同时公司非常重视知识产权的保护工作，在研发的每一个阶段进行必要的专利申请保护，并进行研前查新，节约研发成本，避免无意侵权。通过公司的不断努力，目前已经申请了 20 余项专利，17 项取得了专利授权，其中 3 项为发明专利，14 项为实用新型专利。

四川同舟化工科技有限公司
地址：四川省绵阳市经开区塘汛东路 169 号
电话：0816-2835849
官方网站：http://cn.topdreamchemical.com/nav/13.html

证书编号：LB2020WJ007

永暖混凝土发泡剂

产品简介

一种添加剂，溶于水后能降低液体表面张力，通过物理方法产生大量均匀而稳定的泡沫，可用于制备泡沫混凝土。

适用范围

泡沫轻质土。

技术指标

1）泡沫剂匀质性指标

序号	项目	指标	
1	密度[a]/（g/cm³）	$D > 1.10$ 时，应控制在 $D \pm 0.03$	$D \leqslant 1.10$ 时，应控制在 $D \pm 0.02$
2	固体含量[a]/%	$S > 25$ 时，应控制在 $0.95S \sim 1.05S$ $S \leqslant 25$ 时，应控制在 $0.90S \sim 1.10S$	
3	细度[b]	应在生产厂控制范围内	
4	含水率[b]/%	$W > 5$ 时，应控制在 $0.90W \sim 1.10W$	$W \leqslant 5$ 时，应控制在 $0.80W \sim 1.20W$
5	溶解性[c]	用水溶解或稀释为均匀液体，静停 8h 不分层、不沉淀	
6	pH 值[c]	应在生产厂控制范围内	
生产厂应在相关的技术资料中明示产品匀质性指标的控制值。 注 1：对相同和不同批次之间的匀质性和等效性的其他要求，可由供需双方商定。 注 2：表中的 D、S 和 W 分别为密度、固体含量和含水率的生产厂控制值。 a 液体泡沫剂应测此项目。 b 粉状泡沫剂应测此项目。 c 应按产品说明书最大稀释倍数配制溶液测试。			

2）泡沫性能指标

发泡倍数

将发泡剂按供应商推荐的最大稀释倍数配成泡沫液制泡，其发泡倍数应为 15 ～ 30。

对于发泡后间歇一段时间再混泡的场合，需测定泡沫稳定性；即时混泡则无须测定此项目。

一等品泡沫 1h 沉降距应不大于 50mm，1h 泌水率应不大于 70%；合格品泡沫 1h 沉降距应不大于 70mm，1h 泌水率应不大于 80%。

3）泡沫混凝土性能指标

将发泡剂按供应商推荐的最大稀释倍数配成泡沫液制泡，用该泡沫制备的受检泡沫混凝土干密度控制在（400±30）kg/m³，性能指标应符合下表的要求。

序号	项目		指标	
	一等品		合格品	
1	泡沫混凝土料浆沉降率（固化）（%）		≤ 5	≤ 8
2	导热系数［W/（m·K）］		≤ 0.09	≤ 0.10
3	抗压强度（MPa）	7d	≥ 0.7	≥ 0.5
		28d	≥ 1.0	≥ 0.7

天津市永暖建材科技开发有限公司
地址：天津市津南区葛沽镇津沽路 85 号
电话：13820658890

工程案例

1. 津岐公路（东风大桥 – 南堤路）拓宽改造工程第三标段
2. 河北省津石高速公路工程 JSLQ5/JSLQ6 合同段
3. 中建路桥集团有限公司守敬路南延（七里河北侧 – 祥和大街）工程勘察 – 设计 – 施工 EPC 工程总承包项目

生产企业

天津市永暖建材科技开发有限公司成立于 2011 年 4 月，是一家以发泡剂、现浇泡沫轻质土的研发、生产、施工为主，道路工程、主体结构工程为辅的多元化发展企业。公司拥有多名研发技术人员、30 人的专业施工队伍、12 套原材料自动化计量全电脑控制的施工设备，现浇泡沫轻质土的生产和服务通过 ISO 9001 质量管理体系认证。

正在浇筑

施工完毕

公司自成立以来，成功将现浇泡沫轻质土技术应用于屋面保温与找坡、路基加宽、软土路基换填、地下室基坑回填、煤仓填充和基坑填充等领域。同时，本公司不断扩展新业务，以期使该技术得到更好地推广。

企业宗旨是“造福社会，成就人生”。在社会方面，用企业先进的技术为国家节能减排、解决技术难题贡献一份自己的力量。在员工方面，企业为员工提供一个良好的发展平台，让每位员工都能实现自己的人生价值。

常规土填筑

白云路路基加宽填筑前

泡沫混凝土填筑

融义路道路加宽填筑

新金融大道软土路基换填施工前

新金融大道软土路基换填施工中

白云路路基加宽填筑中

白云路路基加宽填筑后

塘汉路路基换填施工前

塘汉路路基换填施工中

天津市永暖建材科技开发有限公司
地址：天津市津南区葛沽镇津沽路 85 号
电话：13820658890

证书编号：LB2020SJ002

凯诺轻质粉刷石膏

产品简介

轻质石膏优点：

1）不空鼓，不开裂

石膏快硬快凝、凝结过程微膨胀，硬化后体积稳定，不易出现收缩龟裂问题；石膏弹性模量低，与加气砌块接近，系统匹配性好；石膏黏结强度高，压折比低，不易产生空鼓、开裂问题。

2）施工效率高，快硬快凝

轻质石膏可使用机器喷涂，实现加水、拌料、泵送、喷涂一体化的全自动机器施工，采用机器喷涂（5 人班组）每天可施工 500 ～ 800m^2。石膏砂浆凝结硬化快，无须洒水养护，极大提高施工效率。

3）适中的抗压，抗折强度

轻质石膏不超过基体材料抗压强度两个等级，保证压折比≤ 3，同时配套涂刷弹性防水界面剂，试验表明石膏能有效解决墙体抹灰层的空鼓、开裂质量通病。

4）调节湿度，健康舒适

石膏砂浆在硬化过程中，内部会形成无数个微小的蜂窝状气孔，可以有效地调节室内湿度，使体感舒适；石膏砂浆自身不含重金属氧化物且凝结后不释放任何放射性有害物，无甲醛、零 VOC 排放。

5）优异的隔声和防火效果

试验证明：10mm 厚石膏可降低室内音量 1 ～ 2dB；10mm 厚粉刷石膏耐火极限与 10mm 厚混凝土相似。

6）具有一定的耐水性

试验表明，凯诺石膏湿强度≥ 2.5MPa, 同时软化系数≥ 0.45 时，可以有效保障轻质石膏在水环境下不会出现溃散泥化现象。

适用范围

内墙找平材料。

技术指标

产品执行 GB/T 28627—2012《抹灰砂浆》、GB/T 20473—2006《建筑保温砂浆》、JG/T 298—2010《建筑室内用腻子》、JC/T 1023—2021《石膏自流平砂浆》标准要求。

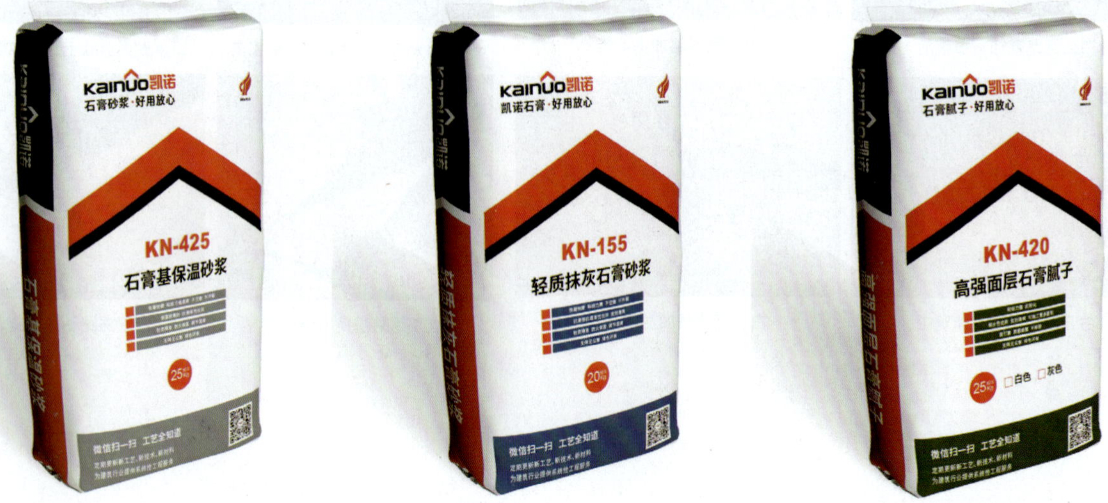

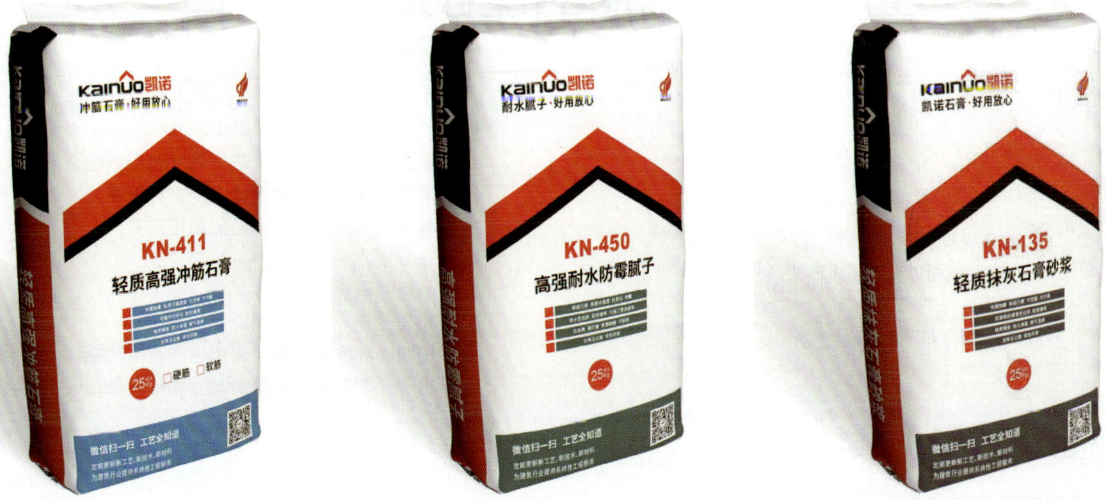

工程案例

1. 青特小镇 B 区
2. 龙湖春江郦城
3. 碧桂园 • 仕园

生产企业

凯诺（青岛）新型建材有限公司成立于 2004 年 3 月，位于山东省青岛市胶州市胶莱镇阎家屯村，专注于石膏干混砂浆、石膏彩色饰面砂浆产品一体化的研发、生产及应用技术支持服务。

公司建有年产 3 万吨全自动干混砂浆生产线一条，1 万吨全自动无机彩色饰面砂浆生产线两条，现已成为山东省石膏干混砂浆、石膏基彩砂饰面砂浆行业具有竞争力的企业之一。

公司设立了以石膏干混砂浆、石膏基彩砂饰面砂浆为主要方向的产品及应用技术研发中心，拥有先进的检测设备及分析仪器，如美国美特斯万能材料试验机、英国达尔文激光粒径分析仪，在石膏干混砂浆、石膏基彩砂饰面砂浆行业，为公司持续地保持竞争力提供了强有力的技术支持。

坚持“为客户创造超越期望的价值”的经营理念，积极参与每个建设项目石膏干混砂浆及饰面分项的施工深化设计，这一创新性服务开创了施工企业与建设单位的良好合作平台，通过对项目设计方案的优化、细化，为客户创造更大的价值回报和提供更完善的服务。凯诺公司的产品质量与应用技术得到了保利、中海、绿地、世茂、绿城、金科、中信、嘉凯、路劲、建业、海信、海尔、鲁商、城建等国内地产开发商的肯定和赞誉，成为为建筑石膏干混砂浆及其饰面系统问题提供解决方案的专家型企业。

凯诺（青岛）新型建材有限公司
地址：青岛市胶州市胶莱镇阎家屯村
电话：0532-84936908
官方网站：www.kainuocn.com

证书编号：LB2020SJ003

亿东阳干混砂浆

产品简介

干混砌筑砂浆 /（薄层） 干混抹灰砂浆 /（薄层） 干混地面砂浆 / 隔声砂浆 瓷砖胶 抗裂（墙板粘贴）砂浆	1. 产品原材料经过除杂处理，筛分复配级配合理。 2. 简单操作方便、用多少拌多少，无浪费。 3. 品种多，可以满足不同功能部位需要。 4. 储存方便。 5. 产品质量稳定可靠。 6. 运输半径大、覆盖范围广。 7. 现场施工环境影响小，文明生产，不污染环境。 8. 不出现开裂空鼓、无表面起砂脱粉现象。

适用范围

公共建筑及住宅室内外装饰装修工程。

技术指标

干混砌筑砂浆 /（薄层） 干混抹灰砂浆 /（薄层） 干混地面砂浆	GB/T 25181—2019《预拌砂浆》
瓷砖胶	JC/T 547—2017《陶瓷砖胶粘剂》
抗裂砂浆	JG/T 158—2013《胶粉聚苯颗粒外墙外保温系统材料》
轻质抹灰砂浆	JG/T 521—2017《轻质砂浆》

工程案例

1. 侨香路保障房
2. 正本清源、黑臭治理工程
3. 麒麟公馆（薄层）
4. 北京地铁 2/3/5/6/7/9/10/11/12/14 号线

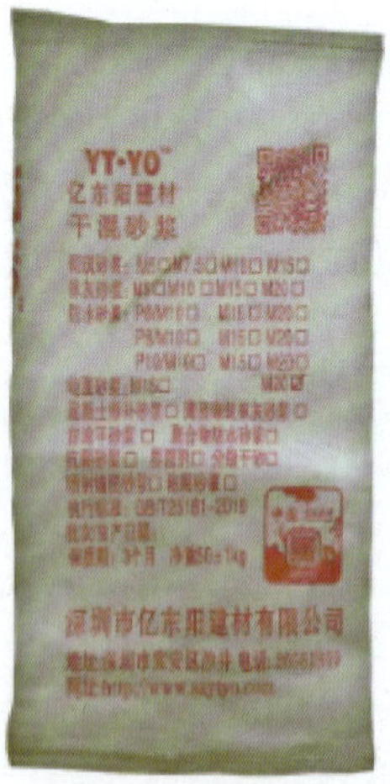

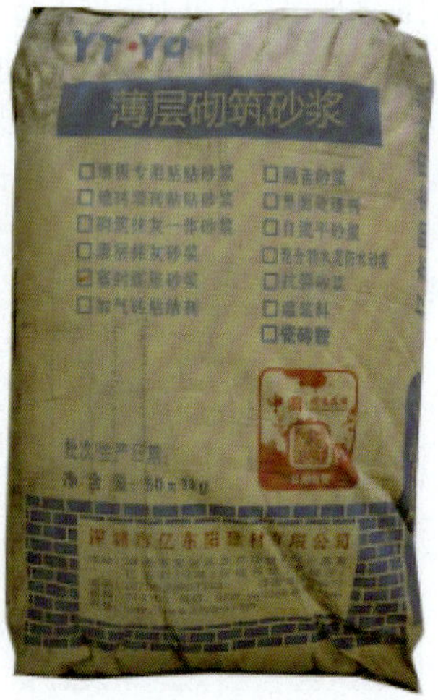

深圳市亿东阳建材有限公司

地址：深圳市宝安区沙井街道共和社区新和大道西亿东阳 10 栋
电话：0755-29850344
官方网站：httP://www.szytyo.com

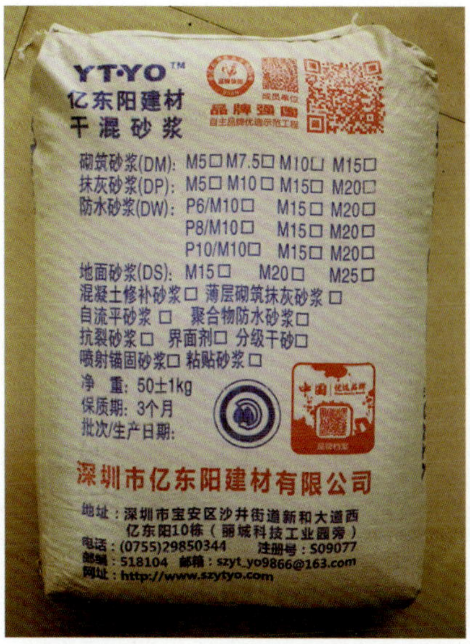

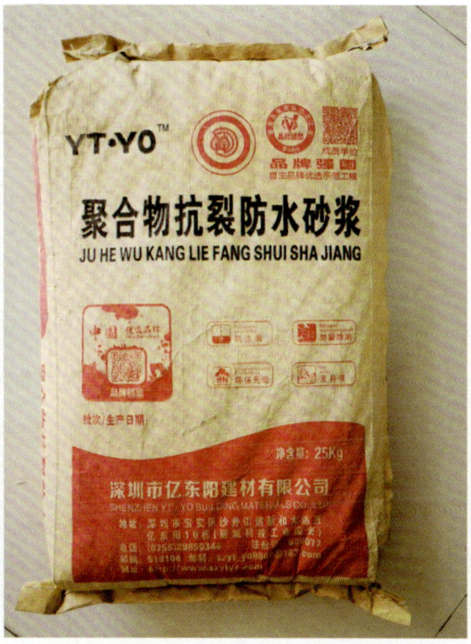

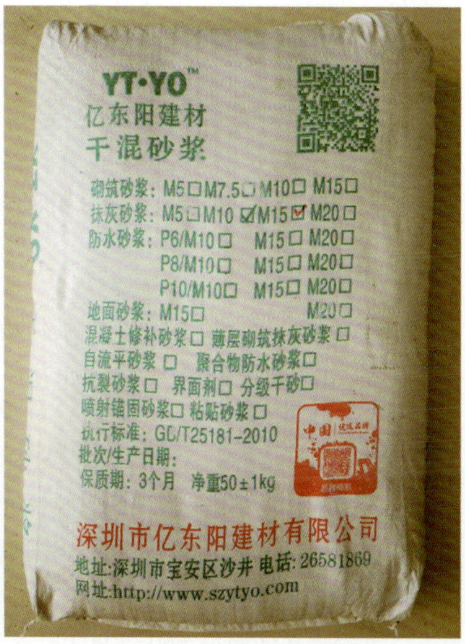

生产企业

深圳市亿东阳建材有限公司是一家集新型建筑材料研发、生产、销售于一体的现代化生产企业，是深圳市成立较早的干混砂浆生产企业，经过 10 多年的发展，积累了一大批生产与应用经验，现已成为广东省具有一定规模的干混砂浆生产企业，同时也是《预拌干混砂浆应用技术规程》《抹灰材料用膨胀玻化微珠》《隔声砂浆》《抹灰石膏》标准的参编单位之一。

目前年生产干混砂浆 20 万吨，特种砂浆 10 万吨，公司位于深圳市宝安区沙井街道新和大道西。公司凭证着“以质量求生存，以信誉求发展”的经营理念，使公司产品在各类工程中得到广泛应用，得到了广大用户的认可和好评。

深圳市亿东阳建材有限公司
地址：深圳市宝安区沙井街道共和社区新和大道西亿东阳 10 栋
电话：0755-29850344
官方网站：httP://www.szytyo.com

证书编号：LB2020MZ001　　　　HB2020MZ001

展宏冷库保温门、工业滑升门

产品简介

产品均具有良好的保温性能，作为各类建筑的配套设施，本类产品具有绿色环保、节能保温、造型美观等特点。

适用范围

适用于土建库和组建库的普通冷藏库、冷冻库、船用冷库、恒温车间等环境。在库内外温差大时能起到良好的隔热、密封效果。适用于冷链物流、生物医药、餐饮酒店、科研院校、超市、机场仓储物流等众多领域。

技术指标

1. 冷库保温门

内外板采用 0.8mm 厚以上镀锌彩钢板或 SU304−2B 不锈钢板。

门板内部聚氨酯同表面钢板粘结性好，保温性好［传热系数 $K \leqslant$ 0.24W/（m^2•K）］，发泡无气眼，发泡密度≥ 45kg/m^3，工作温度区间满足 −60 ～ 90℃。

门板整体厚度≥ 50mm。

密封：四周采用优质三元乙丙橡胶密封条。

门体内侧设置安全脱险装置。

电机：专业耐低温防水电机，安全、耐用、稳定。运行速度 0.25m/s ～ 1m/s 可调。

2. 工业滑升门

上下均采用 0.32mm 厚的彩色钢板（宝钢），内填充硬性发泡聚氨酯门板为环保型门板，发泡系统采用符合国际环保公约的发泡体系。

门板生产为流水线、连续生产。 填充密度大，坚固、隔热、保温（−40 ～ 80℃），外观颜色效果好，强度高。

门板厚度 40 ～ 500mm。

滑升门：通过门板的导热系数≤ 4.5W/（m • K）。

滑升门的门板面密量 12 ～ 14kg/m^2。

滑升门的密封性：在 50Pa 压力下，通过门体的空气泄漏量 4 级。

滑升门的抗风压参数：标准风压 450N/m^2（可加抗风肋条）。

电机：采用百胜电机。遥控器采用自选码设计，重复概率为 1/1600 兆，200m 内遥控。手动 / 遥控（双控）。每台电机配备一个控制盒，三键开关。

展宏（福建）板业发展有限公司
地址：福建省晋江市经济技术开发区（五里科技园）新雅路 13 号
电话：0595-85808555
官方网站：www.fjzhby.com

平衡系统：高强度外置扭簧平衡系统，采用精确专业计算公式根据门体的尺寸、质量、提升方式准确配置扭簧，保证门体上下轻松自如。扭簧材质为进口 60Si2Mn，经先进热工艺处理。使用寿命为 8 万～ 10 万次循环周期。驱动力为 140N。扭簧轴直径 25.4mm 实心 45# 钢轴，带键槽。扭簧支架采用 4.0mm 厚镀锌钢板，标准：工业级（工业轴承支架）。

机械安全装置：柔性钢绳丝 ϕ3.8mm，工业门专用钢丝绳。门板底部安装钢丝绳防坠落保护装置及扭簧防断裂保护装置，无论门体运行上升或下降时钢丝绳突然断裂，5cm 之内自锁确保门体不会突然下滑，防止意外事故发生。绕线轮（绳轮）：高强度合金铝压铸，标准：工业级。

轨道采用独特的导轨加强性副轨，确保门体运行平稳。导轨采用 2.0 ～ 4.0mm 镀锌板。

铰链采用 2.5mm 厚钢板，选配通用型，外观独特、漂亮大方。选配优良、强度高、防腐和防锈效果好，保证辊轮在导轨中运行顺畅。尼龙滚轮，标准 2# 轮 4 柄 11 钢珠。

轨道滑行系统性能：调试完成后运行顺畅，平稳，无突跳、卡阻，噪声≤ 60dB。独有专利技术三角形可调滑轮支架，保证滑轮运行平稳。

密封条：顶部、底部、侧面均有密封条，材料选用 PVC 材料抗低温防断裂，镶嵌式安装，密封效果好。四周密封，保证防雨、防尘、隔声、隔热等性能。

工程案例

晋江正港冷链项目。

生产企业

展宏（福建）板业发展有限公司是专业从事板业制造、销售、安装为一体的企业。

公司拥有研发、设计、制造、销售、安装专业团队。

公司拥有五条自动化电脑控制生产线及引进一条国外进口全自动聚氨酯夹芯板全电脑控制生产线，采用现代化机制管理整个工艺流程。

展宏（福建）板业发展有限公司
地址：福建省晋江市经济技术开发区（五里科技园）新雅路 13 号
电话：0595-85808555
官方网站：www.fjzhby.com

证书编号：LB2020MZ002

亚萨合莱工业门、人行自动门

产品简介

1）工业门

亚萨合莱自动门系统旗下工业门具有新颖的设计和极好的保温效果，在确保较低的运营成本的同时这款分节式滑升门可以给予您最多的应用选项。这款高质量的工业门是仓库、物流中心及各类工商建筑完美的选择。

2）人行自动门

Besam SL500 系列自动平滑门操作器使用了模块化设计，您可以根据自己的入口量身定制，并可以在您需要时，轻松实现设备升级和增加更多的功能。Besam SL500 作为您可靠的伙伴，将为您的业务扩张需求提供不断的支持！

承重更大、防脱轨设计、噪声更小，寿命更长。

Besam SL500 系列使用了重型承重轮及吊件，提高了稳定性，使门的运行更加平稳，减少了脱轨的风险。其他的自动平滑门一般使用的是小型承重轮及吊件，只有一个接触点，而 Besam SL500 系列使用的是革命性的更长的承重轮及吊件，有多个接触点，更好地防止了门体脱轨。

适用范围

1）工业门

适用范围：工业厂房外门 / 需要采光的商业场所外门。

应用领域：零售 / 制造业 / 物流及配送行业较多。

2）人行自动门

密集人流的场所，如医院 / 酒店 / 办公楼 / 住宅场所 / 零售业场所。

技术指标

1）工业门

产品执行 EN13241-1（欧标）、JG/T 353-2012（行标）、Q/320583 XYKF 001-2006（企标）标准要求。

传热系数	钢门板 1.10W/（m^2·K）
风压负载	带有通行小门时风压负载为欧标 3 级，无通行小门时风压负载为欧标 2 级，更高的风压负载可根据需求定制
防水性能	欧标 3 级（170Pa）
气密性	欧标 3 级

亚萨合莱自动门系统（上海）有限公司

地址：上海市杨浦区长阳路 1568 号复地四季广场 20 号楼 7 楼

电话：021-61409130

官方网站：www.assaabloyentrance.cn

2）人行自动门

电源：100 ～ 240V，交流电 +10% ～ −15%，50/60Hz，主保险丝最大 10A

功率：最大 300W

辅助电压：24V DC，最大 700mA

环境温度：−20 ～ +45℃

推荐最大门重与门宽：

惯性矩 = 门重 × 门宽 2/3

推力 =160kg / m^2

拉力 =80kg / m^2

隐藏力 =80kg / m^2

必盛 SW200i 符合 EN 16005 的标准

工程案例

1. 天津宜家
2. 河南双汇项目
3. 深圳沃尔玛配送中心

生产企业

亚萨合莱自动门系统是为货物和人员的高效流动提供通行口自动化解决方案的供应商。我们有着享誉全球的品牌，包括 Besam、Crawford、Albany、Megadoor，我们的产品销售和服务网络覆盖全球。我们致力于满足用户在人身安全、财物安全、操作便利和节能降耗方面的需求。

亚萨合莱自动门系统（上海）有限公司

地址：上海市杨浦区长阳路 1568 号复地四季广场 20 号楼 7 楼

电话：021-61409130

官方网站：www.assaabloyentrance.cn

证书编号：LB2020MZ003

霍尔茨实木复合门

产品简介

发展之初，霍尔茨木门另辟蹊径，引进在国际上流行的T型门，将欧美流行的家居生活理念呈现在国人面前。密闭、隔声、保温、稳固等性能优良的T型门一进入国内，便得到了消费者的青睐。霍尔茨T型门具有欧洲特点的梯形结构，拥有优质的密封、隔声、环保、保温、防尘性能，所采用“杜拉特”材料、“邵尔兰特桥洞力学板”、“露水河实木颗粒板”，配以“SF”表面处理、完善的监控系统，保证了产品高品质性能，是营造都市温馨私人空间的良好选择。先后被人民大会堂、外交部、故宫午门、国家会议中心、首都国际机场等工程选用。在以隔声为核心的基础上，霍尔茨木门带来强大功能特性与极致健康成就的环保性能。精准把握市场，探索产品品质，霍尔茨从质量、设计等方面不断创新和进步，研发更为安全环保的CPL材料。产品升级为无醛添加板材，从原材、设备、生产工艺到物流、售后打造一条完整的生态产业链。

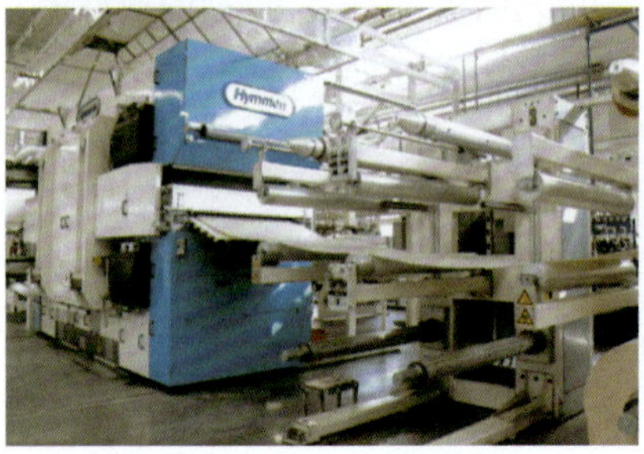

适用范围

家庭装修、办公区、机关政府、医院、学校。

技术指标

产品指标按照GB/T 29498—2013《木门窗》的要求执行。

北京霍尔茨门业股份有限公司
地址：北京市通州工业开发区广源西街2号
电话：010-61503806
官方网站：http://www.holzer.com.cn

工程案例

1. 人民大会堂
2. 故宫午门
3. 国家大剧院舞美基地
4. 中华人民共和国外交部办公楼

生产企业

霍尔茨木门（全称北京霍尔茨门业股份有限公司），始建于 2002 年，隶属于我国四大森工集团之一的吉林森工集团（股票代码：600189）。

企业成立之初，引进德国 HOMAG 先进设备，致力德式 T 型门生产制造，经过 19 年发展，现已成为以木门为主的集成化家居创造、销售、服务为一体的大型知名企业。

北京霍尔茨门业股份有限公司
地址：北京市通州工业开发区广源西街 2 号
电话：010-61503806
官方网站：http://www.holzer.com.cn

证书编号：LB2020MZ004

美亚三聚氰胺贴面板

产品简介

“美亚”牌三聚氰胺贴面板是采用浸渍三聚氰胺、酚醛树脂等专用纸经高温高压处理而成的热固性树脂装饰层压板。主要产品有：防静电贴面板、车辆厂专用板、缝纫机贴面板、钢琴板等。产品符合国家绿色环保要求，并已通过 ISO 9001：2015 质量管理体系认证。

“美亚”牌防静电系列产品均通过信息产业防静电产品质量监督检验中心检测，取得两项地板专利证书、ISO 9001 质量管理体系认证、ISO 14001 环境管理体系认证、防静电装备企业生产资格、防静电装备企业产品销售资格、防静电装备企业工程施工资格。

“美亚”牌静电防护产品，以良好的服务、优越的性能和极高的性价比为客户创造价值。

适用范围

广泛适用于家具、居室、办公楼、商场、宾馆、餐厅、学校、医院、车站、机场以及车辆、船舶等内部装饰，及有特定要求的如手术室、实验室、微机房等场所的装饰，既有现代风格，又经久耐用，易于保养，是上述场所最理想的装饰材料。

技术指标

1. 贴面板幅面尺寸：长：（2440±5）mm，宽：（1220±5）mm，贴面板均需按幅面尺寸的要求，将四边截割整齐，两对角线长度之差不得超过 6mm。

2. 抗拉强度的测定：按 GB/T 17657—2013《人造板及饰面人造板理化性能试验方法》规定执行：确定试件最大拉伸载荷与试件横截面积之比，横向 87.7MPa。

3. 氧指数：35.3%；45℃：难燃级。

4. 耐香烟灼烧性能的测定：按 GB/T 17657—2013 规定执行，确定试件表面装饰层对点燃香烟灼烧的抵抗能力，1 级。

5. 耐开裂性能的测定：按 GB/T 17657—2013 规定执行，确定试件轻微弯曲并在 80℃环境中处理 20h 后试件表面的开裂情况，1 级。

6. 表面耐污染性能的测定：按 GB/T 17657—2013 规定执行，确定试件表面与常用的引起污染的材料接触并清洗后试件表面的变化，1 级。

7. 耐冲击性能的测定：按 GB/T 17657—2013 规定执行，用规定质量的钢球冲击试件表面，落球高度 1m，确定试件表面是否出现裂纹和大于规定直径的压痕，无碎裂，凹痕直径 9mm。

8. 表面耐磨性能的测定：按 GB/T 17657—2013 规定执行，确定有一对包着砂布的研磨轮与旋转着的试件摩擦，产生一定磨损时的转数，≥ 300 转。

9. 耐沸水煮性能的测定：按 GB/T 17657—2013 规定执行，确定试件在沸水内煮 2h 后每个试件的质量和厚度的增加量以及有无鼓泡或分层。

10. 耐干热性能的测定：按 GB/T 17657—2013 规定执行，确定试件表面装饰层对热物体如平底锅干烫的抵抗能力。

11. 内装材料及室内空气有害物质的测定：按 TB/T 3139 规定执行，甲醛释放量（干燥器法，9 ~ 11L），测试通过 0.5mg/L。

工程案例

1. 北京洲际大厦
2. 大洋工程
3. 南通市新区商品写字楼

江苏美新建材科技有限公司
地址：江苏省丹阳市皇塘镇常溧东路
电话：0511-86633951
官方网站：www.jsmeiah.com

生产企业

江苏美新建材科技有限公司系生产静电防护设备、化学建材（三聚氰胺贴面板）和金属建材（预辊涂铝幕墙板）及其制品的香港独资企业。公司员工 100 人，其中大专以上学历 20 人，专业技工占很大比例，注册资金 1000 万元。公司占地面积 35000 平方米，现有资产 600 万元人民币，年产值 5000 万元，三聚氰胺贴面板生产能力达 50 万张，形成了以上海、北京为中心，北至新疆、南至广州、西至重庆及东至沿海各大城市和地区的庞大销售网络。产品出口马来西亚、美国、澳大利亚等国家。

公司荣获“高新技术企业”等称号，被评为丹阳市基础管理、计量合格、重合同、守信用等方面的文明单位，也是中华人民共和国电子行业标准 SJ/T 11236—2020《防静电贴面板通用技术规范》的参编起草单位。

江苏美新建材科技有限公司
地址：江苏省丹阳市皇塘镇常溧东路
电话：0511-86633951
官方网站：www.jsmeiah.com

证书编号：LB2020MZ005

千思板建筑幕墙用高压热固化木纤维板、树脂理化板

产品简介

千思板 Meteon 是一种装饰性的高压热固化木纤维板（HPL），整个表面采用千思板国际公司特有的内部技术——电子束固化（EBC）生产出耐候性的产品表面。精心设计出满足幕墙或其他较高要求的外墙应用，千思板 Meteon 所采用的基础制造工艺是在高压和高温条件下，将混合了热固性树脂的木质纤维转化为各种个性化板材，可以满足更为精准的规格要求。

适用范围

应用于建筑幕墙，也可以用于室外吊顶、阳台栏杆和扶手、标牌和广告牌、室外家具、娱乐设备等。

技术指标

1. 物理力学性能

性能	检测方法	特征描述	单位	结果
密度	EN ISO 1183	密度	g/cm^3	≥ 1.35
弹性模量	EN ISO 178	应力	MPa	≥ 9000
弯曲强度	EN ISO 178	应力	MPa	≥ 120
拉伸强度	EN ISO 527-2	应力	MPa	≥ 70
锚固强度	ISO 13894-1	抗拉拔强度	N	6mm：≥ 2000 8mm：≥ 3000 ≥ 10mm：≥ 4000
抗大直径球冲击性能	EN 438-2:21	凹痕直径（1.8m 高度落下，板厚≥ 6mm）	mm	≤ 10

2. 耐气候性能

性能	检测方法	特征描述	单位	结果
相关温度的尺寸稳定性	EN 438-2:17	累计的尺寸变化	长度方向 / % 宽度方向 / %	≤ 0.25 ≤ 0.25
耐湿性能	EN 438-2:15 ASTM D2247-02 ASTM D2842-06	质量增加 外观变化 耐湿性 吸水率	% 级别 级别 %	≤ 3 ≥ 4 无变化 0.5
耐气候激变	EN 438-2:19	弯曲强度（Ds） 弯曲模量（Dm） 外观变化	指数 指数 级别	≥ 0.95 ≥ 0.95 ≥ 4
在氙弧灯光下抗色变性（欧洲循环）	EN 438-2:29	对比	灰度 ISO 105 A02	4 ~ 5
			灰度 ISO 105 A03	4 ~ 5
		外观变化	级别	≥ 4
在氙弧灯光下抗色变性（美国佛罗里达循环 3000 小时）	千思板标准	对比	灰度 ISO 105 A02	4 ~ 5
			灰度 ISO 105 A03	4 ~ 5
		外观变化	级别	≥ 4
抗二氧化硫（SO_2）性能	DIN 50018	对比	灰度 ISO 105 A02	4 ~ 5
			灰度 ISO 105 A03	4 ~ 5
		外观变化	级别	≥ 4

特莱仕（上海）千思板有限公司

地址：上海市淮海路 1045 号淮海大厦 2604-05
电话：021-62881299
E-mail：Info.APAC@Trespa.com

3. 燃烧性能

欧盟	EN 438-7	级别 - 板厚 ≥ 6mm / ≥ 0.2362 in 级别 - 板厚 ≥ 8mm / ≥ 0.3150 in （金属框架）	欧盟级 欧盟级	B-s2,d0 B-s1,d0
中国	GB 8624—2012	级别	国标级	B-s1,d0,t1

4. 其他性能

导热系数	EN 12524	耐热性	W/（m·K）	0.3

工程案例

1. 北京三里屯 village
2. 北京水立方
3. 上海金桥软件园
4. 苏州水巷邻里

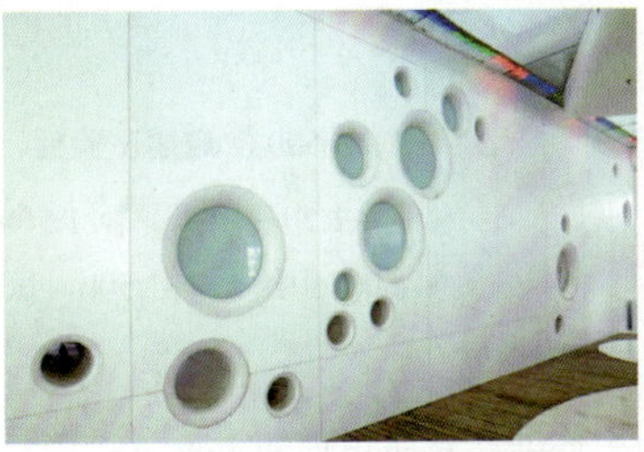

生产企业

千思板国际有限公司是建筑材料领域的领先创新者，是高品质面板开发商，其产品主要用于外墙覆盖、装饰性立面和室内表面装饰等领域。

自 1960 年创立以来，千思板国际有限公司与遍及全球的建筑师、设计师、安装商、分销商和最终用户密切合作。千思板公司重点关注产品开发，将优质制造技术与建筑应用的智能解决方案相结合。凭借对关键市场挑战和需求的独特见解，千思板公司充满热情，提供创新、美观和高性能的解决方案，满足一系列广泛的建筑需求。

千思板国际有限公司拥有近 50 年的行业经验及近 650 名的员工，每年制造大约 500 万平方米的板材，在欧洲和亚太地区均有生产设施。

千思板国际有限公司利用自己的国际性销售和服务设施网络以及广泛的全球分销商网络，为欧洲、中东和非洲（EMEA）、北美（NA）及亚太（APAC）地区的客户提供服务。

千思板国际有限公司把质量放在一切活动的中心：制造、技术和商业支持以及新产品和应用开发。

位于荷兰的千思板公司的主要制造中心拥有 ISO 14001 环境管理体系认证，成为较早获得此类认可的板材产品生产商。ISO 14001 环境管理体系阐述了建立、实施、保持和改进一个完全集中式的环境管理系统的所需步骤。

特莱仕（上海）千思板有限公司
地址：上海市淮海路 1045 号淮海大厦 2604-05
电话：021-62881299
E-mail：Info.APAC@Trespa.com

证书编号：LB2020MZ006

索福钢木质隔热防火门

产品简介

1. 门扇和门框板材采用优质冷轧钢板；
2. 使用特能锁，轻轻一碰全方位自动上锁，保证产品的方便性能；
3. 门扇钢板夹层使用阻燃蜂窝状波纹纸板和加强龙骨交叉填充；
4. 采用防振胶条密封，具有抗冲击、隔声、保温功能；
5. 产品表面采用防辐射高光漆，进行罩光处理，永葆如新；
6. 所有门体、门框采用先进的前处理工序，经过除酸、除锈、除油、磷化（采用无磷磷化剂）、中和处理。

适用范围

适用范围：居民建筑和住宅，高层建筑和机要室、财务部门。

技术指标

钢木装甲甲级防火门

执行 GB 12955—2008《防火门》标准，具体指标如下：

序号	项目		标准条款编号	标准要求
4	防火锁		5.3.1.3	经国家认可授权检测机构检验合格，耐火性符合《防火门》GB 12955—2008 附录 A 的规定
5	防火合页		5.3.2	耐火性符合《防火门》GB 12955—2008 附录 B 的规定
6	防火闭门装置		5.3.3	安装防火闭门器，闭门器经国家认可授权检测机构检验合格，其性能符合 GA93 的规定
7	防火密封件		5.3.7.1	门框与门扇、门扇与门扇缝隙处嵌装防火密封件
			5.3.7.2	经国家认可授权检测机构检验合格，其性能符合 GB 16807 的规定
11	门扇开启力，N		5.9.2	≤ 80
12	可靠性		5.1	500 次启闭试验后，防火门无松动、脱落、严重变形和启闭卡阻现象
13	耐火性能	耐火隔热性	5.11	A1.50（甲级）≥ 1.50h，试件背火面平均温升 ≤ 140℃，最高温升 ≤ 180℃
		耐火完整性		A1.50（甲级）≥ 1.50h，试件背火面未出现持续达 10s 或 10s 以上火焰，棉垫未着火

钢木装甲乙级防火门

执行 GB 12955—2008《防火门》标准，具体指标如下：

序号	项目		标准条款编号	标准要求
4	防火锁		5.3.1.3	经国家认可授权检测机构检验合格，耐火性符合《防火门》GB 12955—2008 附录 A 的规定
5	防火合页		5.3.2	耐火性符合《防火门》GB 12955—2008 附录 B 的规定
6	防火闭门装置		5.3.3	安装防火闭门器，闭门器经国家认可授权检测机构检验合格，其性能符合 GA93 的规定
7	防火密封件		5.3.7.1	门框与门扇、门扇与门扇缝隙处嵌装防火密封件
			5.3.7.2	经国家认可授权检测机构检验合格，其性能符合 GB 16807 的规定
10	启闭灵活性		5.9.1	启闭灵活、无卡阻现象
11	门扇开启力，N		5.9.2	≤ 80
12	可靠性		5.1	500 次启闭试验后，防火门无松动、脱落、严重变形和启闭卡阻现象
13	耐火性能	耐火隔热性	5.11	A1.00（乙级）≥ 1.00h，试件背火面平均温升 ≤ 140℃，最高温升 ≤ 180℃
		耐火完整性		A1.00（乙级）≥ 1.00h，试件背火面未出现持续达 10s 或 10s 以上火焰，棉垫未着火

浙江索福绿建实业有限公司

地址：浙江省永康市象珠镇寺口吕村开发路 88 号
电话：15058582866/0579-89295979
官方网站：www.suofumenye.com

序号	项目		钢质隔热防火门 - 甲级技术参数
1	门扇和门框	可靠性	500 次启闭试验后，防火门没有松动、脱落、严重变形和启闭卡阻现象。
2	耐火性能	耐火隔热性	A1.50（甲级）≥ 1.50h、A1.00（乙级）≥ 1.00h，试件背火面平均升温≤ 140℃，最高升温≤ 180℃
		耐火完整性	A1.50（甲级）≥ 1.50h、A1.00（乙级）≥ 1.00h，试件背火面未出现持续达 10s 或 10s 以上火焰，棉垫未着火。
	铰链	灵活度	门铰链转动灵活，在≤ 80N 拉力作用下门体可灵活转动 90°。
3	门锁		其耐火性能符合《防火门》GB 12955-2008 附录 A 的规定。
4	防火密封条		其性能符合《防火膨胀密封件》GB 16807 的规定。

序号	项目		钢质隔热防火门 - 乙级技术参数
1	门扇和门框	可靠性	500 次启闭试验后，防火门没有松动、脱落、严重变形和启闭卡阻现象。
2	耐火性能	耐火隔热性	A1.50（甲级）≥ 1.50h、A1.00（乙级）≥ 1.00h，试件背火面平均升温≤ 140℃，最高升温≤ 180℃
		耐火完整性	A1.50（甲级）≥ 1.50h、A1.00（乙级）≥ 1.00h，试件背火面未出现持续达 10s 或 10s 以上火焰，棉垫未着火。
	铰链	灵活度	门铰链转动灵活，在≤ 80N 拉力作用下门体可灵活转动 90°。
3	门锁		其耐火性能符合《防火门》GB 12955-2008 附录 A 的规定。
4	防火密封条		其性能符合《防火膨胀密封件》GB 16807 的规定。

工程案例

1. 蚌埠吾悦广场项目
2. 上海新城璞樾门第项目
3. 桐乡雍华府项目
4. 赣榆中梁首府项目

生产企业

索福门业坐落于浙江省永康市。公司创建于 1998 年 4 月，现有员工一千多人，厂房建筑面积 30 多万平方米，年产门类 120 多万樘。为实现多元化绿色发展，产品品类由原来的防盗门、防火门、钢木装甲门，拓展延伸出法式舰甲门、室内无漆木门、智能锁、保险柜、保险箱、防火窗等以房屋配套为核心的建材产业。同时设立独立自主的门业检测中心和国际化展厅来推进产品质量和服务体系的不断完善，推崇以“服务营销”模式来巩固市场，全面提高客户满意度，提升索福用户的消费体验，努力让服务成为索福的另一张名片。

目前“索福”在全国拥有近万家销售网点，同时与龙湖地产、招商蛇口地产、新城控股、中国铁建、中梁地产、碧桂园、中国电建等五十家百强房企建立战略合作伙伴关系。“索福”是国家高新技术企业。全国房地产总工之家优选品牌、中城联盟门类项目战略合作伙伴、全国工商联家具装饰业商会门业专业委员会执行会长，通过服务五星和品牌五星认证、中国环境标志产品认证及职业健康与安全管理体系认证，拥有建筑门窗行业安装、制造一级资质。

浙江索福绿建实业有限公司

地址：浙江省永康市象珠镇寺口吕村开发路 88 号
电话：15058582866/0579-89295979
官方网站：www.suofumenye.com

证书编号：LB2020MZ007

双虎板式家具（柜类、几类、桌类、床类、椅凳类）

产品简介

公司引进全套世界先进生产设备，以国际标准设计制造，保障了产品的高品质。公司把高科技元素、环保、健康概念注入到产品生产里，创造出一系列绚丽多彩的家具精品。极具个性的产品设计风格及优秀工艺的结合，为现代家居生活不断谱写新乐章，点缀新生活。对完美品质的不懈追求及“零缺陷”的制造观念，使其备受消费者亲睐。

适用范围

主要用途：供人们在生活、工作或社会实践中坐、卧或支撑与贮存物品等使用。

适用范围：适用于客厅、饭厅、卧室、书房、办公室等室内场所。

技术指标

柜类：产品执行标准 GB/T 3324–2017《木家具通用技术条件》

几类：产品执行标准 QB/T 4467–2013《茶几》

床类：产品执行标准 GB/T 3324–2017《木家具通用技术条件》

椅凳类：产品执行标准 GB/T 3324–2017《木家具通用技术条件》、GB/T 24821–2009《餐桌 餐椅》

桌类：产品执行标准 GB/T 3324–2017《木家具通用技术条件》

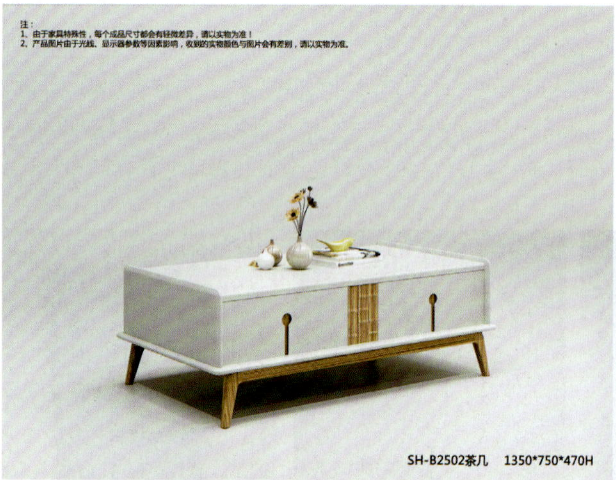

工程案例

1. 兰州海盛花园三期住宅室内装修工程定制柜体及安装工程；
2. 成都市新都缤纷翡翠湾二期精装房工程橱柜、衣柜、卫浴柜、鞋柜；
3. 中国人民武装警察部队西藏自治区边防总队驻四川办事处玉林公寓楼家具；
4. 成都市金堂县公安局家具采购；
5. 宁夏铧升建筑项目管理有限公司定制家具及成品家具集采。

生产企业

成都市双虎实业有限公司成立于 1999 年，经过二十多年的励精图治，现已发展成为集家具设计、研发、制造、销售、

成都市双虎实业有限公司
地址：四川省彭州工业开发区天彭大道 952 号
电话：02883706678
官方网站：https://www.sun-hoo.cn/

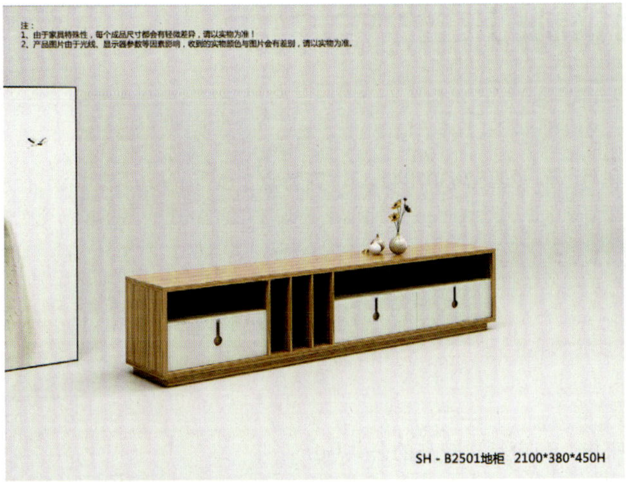

服务为一体的现代化大型家具企业。

双虎（公司）建立了成都总部、江苏宿迁、河南濮阳三大生产基地。先后引进大批国内外先进水平的大型生产设备，实现了设备的升级换代；拥有高效的制造流程和精湛的工艺技术；并且成立了“双虎实验检测中心”，具有包括板材、油漆、金属结构件、泡沫、纸箱、石材等原材料以及木质家具、沙发、床垫等家具成品在内的大多数项目检测能力。

公司主要生产板式套房家具、实木家具、软体家具、玻璃钢家具等多系列产品，产品畅销全国，远销越南、印度、埃及、德国、法国、西班牙、俄罗斯及东南亚、中东、欧洲等几十个国家和地区。

公司一直秉承“我们只做好家具”的核心理念。具有“全流程质控体系”，从选材开始，将包括设计、生产、销售、售后等所有的环节都囊括在质控体系之内，并将高科技元素、多元、灵活、实用、美观、安全、环保、健康等消费理念融为一体，旨在“实现最终客户满意”的产品和服务价值。

公司技术中心被认定为“四川省企业技术中心”，通过“中国环境标志产品认证”（“十环”认证）“中国环保产品认证”（“CQC”认证）。

公司始终坚持“质量为本、顾客至上”的经营思想，构建系统、全面、规范的服务体系，提出24小时服务理念，旨在为消费者提供优质完善的服务，致力于让全世界家庭都拥有高品质、高品位的家居生活，努力打造“百年双虎，百亿双虎”。

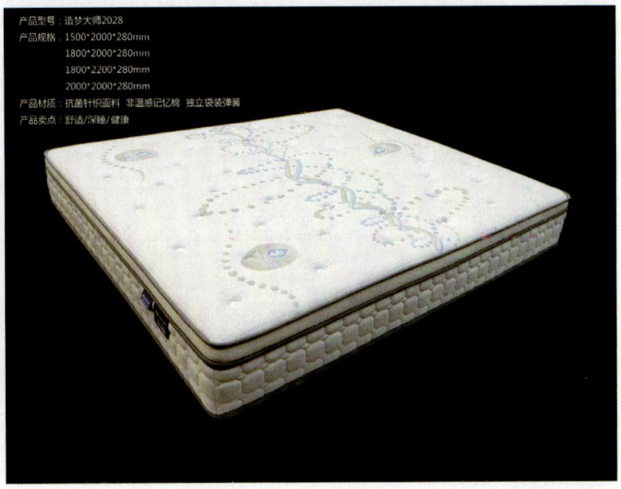

成都市双虎实业有限公司
地址：四川省彭州工业开发区天彭大道952号
电话：02883706678
官方网站：https://www.sun-hoo.cn/

证书编号：LB2020MZ008

合泰医用钢制门

产品简介

双包口钢质室内门，真正的内外包口，自主专利结构（专利号：ZL 201520207842.4）。其特点：

1）全钢质打造，零甲醛排放。

2）组合式门框，门口内外均用框装饰边盖住，无须后期收口。

3）采用内安装模式，无安装孔。

4）门扇拼接内卡死工艺，彻底杜绝开焊、变形问题。

适用范围

医院病房用门、学校教室用门、办公室用门，适用于人员密集、开启频次较高的公共场所。

技术指标

产品执行 Q1CHT02–2014 企业标准要求。

	检验报告通过标准	企业执行标准
板材厚度	门框 1.5mm 门扇 0.8mm	门框 >1.5mm 门扇 >0.8mm
铰链稳定性	门在开启 90° 时，门铰链轴线位移≤ 2mm	门在开启时，门铰链的轴线位移≤ 1mm
门铰链与门扇连接强度	在 3kN 拉力作用下，力的方向为门的开启方向，框扇之间位移≤ 6mm	在 3kN 拉力作用下，力的方向为门的开启方向，框扇之间位移≤ 3mm
软冲击	30kg 砂袋 9 次冲击试验 试验后不产生 >10mm 的变型	30kg 砂袋 9 次冲击试验 试验后不产生≥ 6mm 的变型

工程案例

1. 扶余县新城局高效农业示范园区中学
2. 长春市中日联谊医院旧楼改造工程病房门、办公室门
3. 长春市一大医院门诊康复科
4. 长春市老三院新建医院医用门

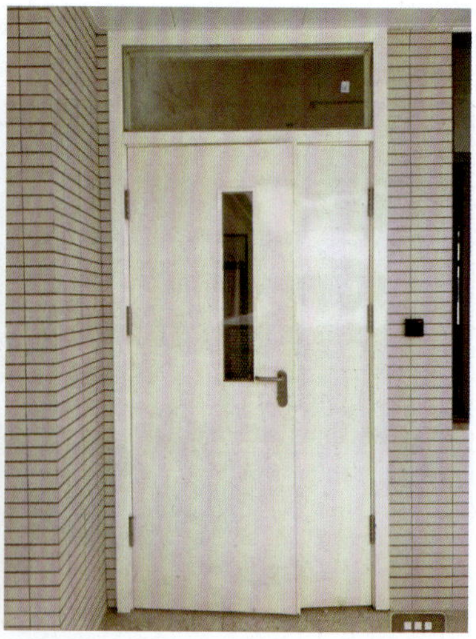

长春市合泰门业有限责任公司

地址：长春市农安县合隆镇谭家屯村 768 栋
电话：0431-83330090
官方网站：www.yiliaomen.cn

5. 长春市附三院新建医院医用门
6. 长春市新二院新建医院医用门
7. 通化市儿童医院旧楼改造工程病房门
8. 硅谷商务大楼改造写字间门
9. 伊利长春区基地办公楼宿舍门、办公门

生产企业

长春市合泰门业有限责任公司，是研发设计、生产系列防盗门、楼宇门、非标门、别墅门、"写真门"、酒店宾馆门、医院专用钢制门、学校专用门、银行防尾随门、仿铜门、室内门、白钢门、具有防火功能钢制门的专业性企业，公司设备先进，技术力量雄厚，设计年产量为十万樘。

公司自成立以来，博采众长，努力开拓，自主研发了仿真木沙纹转印系列、铁框全包口无焊点工艺宾馆门、实验室门、药厂无菌净化门，具有隔声性能的室内门等高端产品，已经形成从研发、设计到生产、销售一条龙的产业链，多项产品不仅获得国家专利，同时也在市场上赢得消费者信赖。合泰门业自成立至今，先后通过了公安部防盗门全系列型式认证、ISO 9001-2008 质量管理体系认证。

我们将继续携手社会各界合作伙伴，共同发展，开创更加美好的明天。

证书编号：LB2020MZ009

迈蒂尼佰抗板（热固性酚醛树脂板）

产品简介

电子束固化佰抗板是一种热固性层积板，是把酚醛树脂浸渗于牛皮纸或者木纤维里，在高温高压中进行固化的热固性酚醛树脂板。

适用范围

学校、企业、质检、公安、科研、检疫等单位。

技术指标

产品执行 GB/T 17657−2013《人造板及饰面人造板理化性能试验方法》、GB 18580−2017《室内装饰装修材料　人造板及其制品中甲醛释放限量》标准要求。

佰抗板通过国家化学建筑材料测试中心检测，检测中涵盖了大部分的酸碱试剂、有机溶剂等试验中会遇到的试剂。检测结果均达到 5 级最高级别。

佰抗板采用独特的抗微生物原理，可抵制各类细菌、真菌以及一些小型原生生物、藻类等微生物，抗菌率超过 99%。

工程案例

1. 同济大学
2. 扬子江药业
3. 中国检验检疫科学研究院

生产企业

工厂占地 85 万平方米，目前拥有三十一条防火板生产线，是国内较大的防火装饰板、理化板生产基地。

上海迈蒂尼国际贸易有限公司

地址：中国（上海）自由贸易试验区福特北路 81 号
电话：021-31266226
官方网站：www.soismendinni.cn

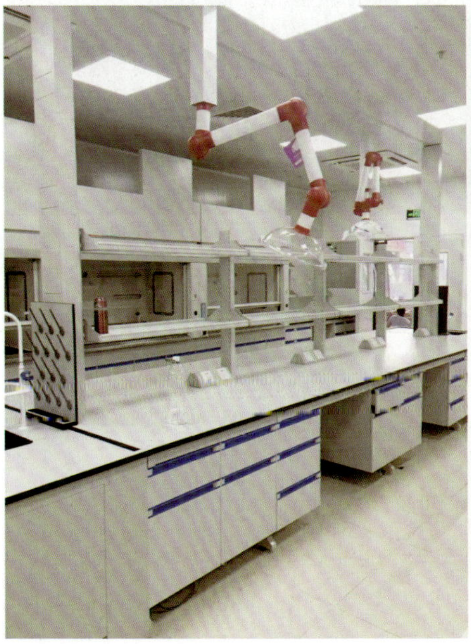

上海迈蒂尼国际贸易有限公司

地址：中国（上海）自由贸易试验区福特北路 81 号
电话：021-31266226
官方网站：www.soismendinni.cn

证书编号：LB2020MZ010

千年舟强化复合地板、实木复合门

产品简介

千年舟健康地板是公司重要产品之一，秉承“原生态、创享家”的理念，量身定制了森、林、木三大系列产品。采用名贵木材私家定制，将绿色环保作为第一选择标准，从原材料、设计到制造工艺环环把关，确保每一片地板都保持其一贯的卓越品质。

森系列——实木地板，50年以上自然孕育天然珍贵木材，保留野生天然矿物线和清晰鲜活的纹理，散发出令人心悦的自然气息。脚感舒适，健康环保。

林系列——实木复合地板，触手可及的天然纹理，保留原木的质感和光泽，营造出天然实木的宜人感受。稳定性强，自然舒适。

木系列——强化地板，逼真的实木纹理，栩栩如生，高密度定制基材，先进的防水处理技术，不起翘，不变形。

公司在云南、山东和浙江等地建立了多条智能化生产流水线，采用国际先进生产设备，并从美国、巴西、印度尼西亚、喀麦隆、俄罗斯等世界著名原木生产国进口优质木材，形成了遍布全球的原材供应网络。交互融合的线上线下销售平台，使得千年舟健康地板的市场占有率、产销规模、经济效益位居行业前列。

适用范围

精装修工程、公共场所工程，家庭装修等。

技术指标

强化复合地板产品执行GB/T 18102−2020《浸渍纸层压木质地板》标准要求；木质门执行WB/T 1024−2006《木质门》标准要求。

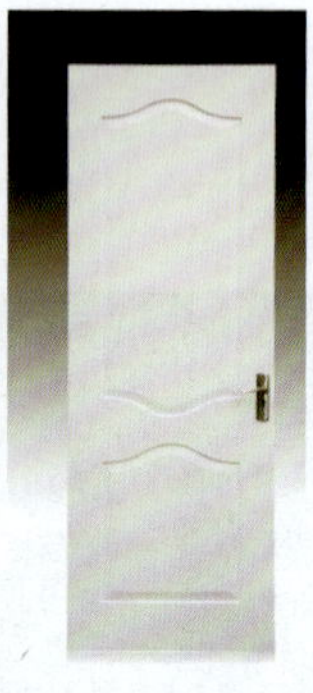

工程案例

1. 杭政储出【2008】32号地块商业金融业用房BCD座酒店公寓实木地板工程，用于基层12300平方米。
2. 上海市徐汇区恒盛尚海湾豪庭13#、14#楼地板安装，用于基层800平方米。
3. 中大银泰城，用于基层16000平方米，于2016年12月竣工。
4. 工商大学桐庐小区。

千年舟新材科技集团有限公司
地址：杭州余杭区良渚街道勾运路50号
电话：0571-89001277
官方网站：http://www.treezogroup.com/

生产企业

千年舟新材料科技集团有限公司（原杭州华海木业有限公司）是国家高新技术和农业产业化重点企业，国内居家绿色环保建材研发、制造和销售行业的品牌企业之一。公司始创于 1999 年，集设计研发、生产制造、销售与售后服务为一体，主导产品包括细木工板、多层板、生态板、石膏板、地板、木门、衣柜、橱柜、桑拿房、足膝宝、基元材料等。集团旗下拥有 13 家子公司，已逐渐形成基础建材、成品家居、全屋定制及文化创意港为核心的四大产业系统。

千年舟新材料科技集团有限公司拥有多条先进的生产流水线和成熟的制造经验，生产环节符合国际标准的质量、环境管理体系，产品销售区域不断扩大。多年来，公司严谨务实、诚信专业、竞合高效、业久弥新，使千年舟品牌影响力不断提升，得到广大消费者的好评。

20 多年以来，千年舟集团产品销量持续增长，产品市场占有率不断提升，在巴西、澳大利亚、印度尼西亚等国家建立了千年舟原材料供应基地，并且利用网络优势在云南师宗、山东临沂和浙江杭州、湖州等全国木材资源聚集地建立专业环保板材生产基地，面向全球供应“千年舟”“柏菲伦”“美莱居”“缘景居”等品牌产品。集团依托浙江杭州总部基础优势，在北京、柳州、成都等地设有区域营销中心，年营业额超过 30 亿元人民币，产销规模和经济效益长期位于行业前列。千年舟集团是国家星火计划项目承担单位、全国保障性住房建设用材优秀供应商、中国细木工板行业标准起草单位，生态板标准起草单位。

千年舟新材料科技集团有限公司
地址：杭州余杭区良渚街道勾运路 50 号
电话：0571-89001277
官方网站：http://www.treezogroup.com/

证书编号：LB2020MZ011

千年舟负离子生态板

产品简介

千年舟负离子生态板采用优质木料，将带有不同颜色或纹理的纸放入三聚氰胺树脂胶粘剂和负离子复合材料结合处理后，干燥到一定固化程度，将其铺装在刨花板、中密度纤维板或硬质纤维板表面，经热压而成。

千年舟集团从国外引进先进的生产设备，内训和外聘多名中高级职称技术管理人才，杭州、临沂、师宗生产基地保证生产供应。

千年舟负离子生态板外观质量、加工精度、物理力学性能均达到国家标准要求，产品环保等级达到E0级环保标准。先进的生产工艺和过硬的产品质量，使产品畅销全国并深受用户青睐。

适用范围

生态板具备了天然木材所不兼备的各种优异性能，常用于室内建筑及各种家具、橱柜的装饰上。

技术指标

1. 含水率：平均值（%）⩾ 15.0
2. 横向静曲强度：最小值（MPa）⩾ 11.3
   单个试件（MPa）⩾ 0.60
3. 表面胶合强度：判定：符合试件数与有效试件数之比⩾ 80%
   单个试件每个胶层上的每一边剥离长度均不超过 25mm
4. 浸渍剥离性能：判定：符合试件数与有效试件数之比⩾ 80%
5. 甲醛释放量：(mg/L) ⩽ 1.5（E1）

工程案例

1. 云荷廷 45 号地块，用于基层 6260 张。
2. 云荷庭 45 号地铁 4#、7#、8# 楼精装修项目，用于基层 5610 张。
3. 温州永强机场新建航站楼附属工程装饰装修工程，用于基层 1800 张。

生产企业

千年舟新材料科技集团有限公司（原杭州华海木业有限公司）是国家高新技术和农业产业化重点企业，国内居家绿色环保建材研发、制造和销售行业的品牌企业之一。公司始创于 1999 年，集设计研发、生产制造、销售与售后服务为一体，主导产品包括细木工板、多层板、生态板、石膏板、地板、木门、衣柜、橱柜、桑拿房、足膝宝、基元材料等。集团旗下拥有 13 家子公司，已逐渐形成基础建材、成品家居、全屋定制及文化创意港为核心的四大产业系统。

千年舟新材料科技集团有限公司

地址：杭州余杭区良渚街道勾运路 50 号
电话：0571-89001277
官方网站：http://www.treezogroup.com/

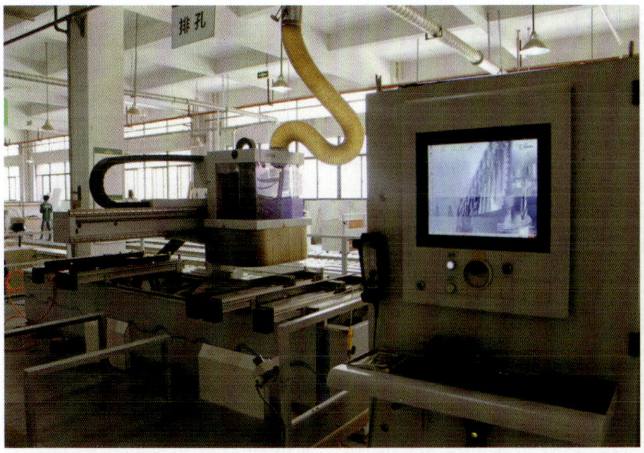

20 余年以来，千年舟集团产品销量持续增长，产品市场占有率不断提升，在巴西、澳大利亚、印度尼西亚等国家建立了千年舟原材料供应基地，并且利用网络优势在云南师宗、山东临沂和浙江杭州、湖州等全国木材资源聚集地建立专业环保板材生产基地，面向全球供应“千年舟”“柏菲伦”“美莱居”“缘景居”等品牌产品。集团依托浙江杭州总部基础优势，在北京、柳州、成都等地设有区域营销中心，年营业额超过 30 亿元人民币，产销规模和经济效益长期位于行业前列。千年舟集团是国家星火计划项目承担单位、全国保障性住房建设用材优秀供应商、中国细木工板行业标准起草单位、生态板标准起草单位。

千年舟新材料科技集团有限公司
地址：杭州余杭区良渚街道勾运路 50 号
电话：0571-89001277
官方网站：http://www.treezogroup.com/

证书编号：LB2020SN001

金隅 P·F 32.5 粉煤灰硅酸盐水泥 P·S·A 32.5 矿渣硅酸盐水泥 P·O 42.5 普通硅酸盐水泥

产品简介

广灵金隅水泥有限责任公司生产的“金隅”牌系列水泥产品全部由新型干法旋窑工艺系统生产，公司生产的水泥品种有：P•F 32.5、P•S•A 32.5、P•O 42.5、P•O 42.5 低碱、P•O 52.5R、P•O 52.5、P•M•H 42.5、P•R 8.5 等品种，还根据不同客户的需求定制生产特殊性能水泥产品。公司生产的产品通过了 ISO 9001 质量管理体系认证，并且制定了严于国家标准的内控标准，严格按照质量体系要求实施质量管理和控制，水泥实物质量远高于国家标准，确保了金隅水泥品质能够满足不同工程、不同客户的需求。

公司配备专业技术人员 88 名，其中具有中高级职称的 13 名，具有坚实的技术团队和一流的研发水平及创新能力。公司质量管理部门检验、控制、工程技术人员配备齐全，拥有整套用于水泥过程控制、产品检验的仪器、设备，应用了 γ－射线在线分析配料系统，在线激光粒度分析控制系统，配备了先进的 X－荧光仪、能谱仪、ICAP、电位滴定仪、分光光度计、火焰光度计、工业分析仪、量热仪、自动电液压力机、耐磨性试验设备设施等完善的水泥质量检验控制仪器、设备。

公司销售部门与质量管理部门联合，共同负责产品的售前、售中及售后服务以及客户投诉的处理及客户走访等相关事宜，为客户提供全方位的增值服务，持续提升品牌影响力。制定客户投诉处理率 100%、客户满意度 100% 的管理目标，公司制定对重点客户走访（每月走访一次），并建立客户服务档案，及时反馈客户的意见和建议，将产品的售前、售中及售后服务形成一条龙服务。

适用范围

公司水泥产品主要适用于交通、工业、民用等高低端需求的工程。

普通硅酸盐水泥可用于任何无特殊要求的工程。经过专门的检验，也可用于受热工程、道路工程、低温施工工程、大体积混凝土工程和地下工程，特别是有环境水侵蚀的工程。

粉煤灰硅酸盐水泥可用于一般无特殊要求的结构工程，适用于地下、水中、大体积等混凝土工程，而不宜用于冻融循环、干湿交替的工程。

道路基层用缓凝硅酸盐水泥主要应用于道路路面施工水稳层混凝土。

道路硅酸盐水泥可用于公路路面、机场跑道工程或有较高要求的工厂地面和停车场工程。

中热硅酸盐水泥可用于大坝溢流面的面层和水位变动区域对耐磨性和抗冻性要求较高的工程部位以及其他大体积混凝土工程。

技术指标

1. 产品执行标准

GB 175－2007《通用硅酸盐水泥》

GB/T 21372－2008《硅酸盐水泥熟料》

GB/T 35162－2017《道路基层用缓凝硅酸盐水泥》

GB/T 200－2017《中热硅酸盐水泥、低热硅酸盐水泥》

广灵金隅水泥有限公司

地址：山西省大同市广灵县蕉山乡杜庄村西

电话：0352-3312833

官方网站：www.gljysn.com

卫生陶瓷 PVC-U型材 陶瓷砖 密封胶 外加剂 预拌砂浆 人造板、木质地板及木质家具、木质门 水泥 建筑模板

GB/T 13693—2017《道路硅酸盐水泥》

GB 30760—2014《水泥窑协同处置固体废物技术规范》

T/CBMF 17—2017《水泥生产企业质量管理规程》

2. 产品技术指标

产品名称	3d 抗压强度平均值（MPa）	28d 抗压强度平均值（MPa）	28d 变异系数平均值（%）
P•F 32.5 粉煤灰硅酸盐水泥	22.35	46.49	2.98
P•S•A 32.5 矿渣硅酸盐水泥	18.73	42.98	3.28
P•O 42.5 普通硅酸盐水泥	31.53	58	2.36
P•O 42.5 普通硅酸盐水泥（低碱）	25.38	52.02	2.36
P•O 52.5 普通硅酸盐水泥	35.99	61.96	1.77

工程案例

公司水泥产品覆盖大同、张家口、朔州、忻州、保定等区域。广泛应用于京张高速、荣乌高速、大张高速、京蔚高速、大张高铁、呼张高铁、京张高铁崇礼段、守口堡中国第一砂砾混凝土试验大坝、大唐蔚县电厂等重点工程。

生产企业

广灵金隅水泥有限公司是 2012 年 11 月成立的现代化水泥企业，隶属于北京金隅集团。公司坐落于大同市广灵县蕉山乡杜庄村西侧，东与蔚朔公路相邻，南接广源高速，北联京大高速。距广灵县城 10 公里、大同市 140 公里、张家口市 165 公里，交通便利，区位优势明显。

公司具有一条日产 3000 吨熟料新型干法水泥生产线和 186 万吨水泥粉磨系统，配套 7.5MW 纯低温余热发电系统和利用水泥窑协同处置 30000t/a 危险废物系统。生产线融入国际先进的窑外分解干法旋窑生产工艺，各项生产技术指标均达到国内外先进水平；生产现场环保设施配置齐全，各项污染物排放浓度均低于国家排放标准。通过运用新工艺和新技术，以工业废渣做原料，实施资源综合利用;利用水泥窑协同处置危险废物，大力发展循环经济，实现了企业转型升级、绿色发展。

公司注册资本 3.17 亿元，资产总额 8.88 亿元。其中环保设施投资 1.77 亿元（包括建厂时的投资 6128 万元，投产后的投资 11590 万元），环保投资占总资产的比例为 19.95%。

公司水泥产品具有早期、后期强度高，和易性、耐磨性、可塑性、均匀性优良，色泽美观，碱含量低等特点，销售市场覆盖了京、冀、晋等地区，高强低碱水泥以强大的品牌声誉开拓了呼张高铁、守口堡中国砂砾混凝土试验大坝、大唐蔚县电厂、大张高铁等国家重点工程，为对接京津冀、服务长城金三角建设提供了有力支持。

2015 年 4 月，公司荣获第二批建材行业“百家节能减排示范企业”称号。2016 年 12 月，公司取得山西省“高新技术企业证书”。2017 年 8 月 23 日，被工信部评定为“国家级绿色工厂”，成为山西省较早获此殊荣的水泥企业。2017 年 10 月 23 日，被评为水泥行业“安全生产一级标准化”企业。2017 年 12 月 8 日，完成新版排污许可证的申领工作；12 月 28 日，公司技术中心被评为山西省省级企业技术中心；12 月 29 日，公司取得山西省“矿产资源节约集约与综合利用示范矿山”，是山西省水泥行业较早取得此项荣誉的企业。

广灵金隅水泥有限公司

地址：山西省大同市广灵县蕉山乡杜庄村西

电话：0352-3312833

官方网站：www.gljysn.com

证书编号：LB2020SN002

CUCC P·O 42.5 普通硅酸盐水泥、P·O 52.5 普通硅酸盐水泥、P·C 42.5 复合硅酸盐水泥

产品简介

南阳中联水泥有限公司生产的“CUCC”中联牌通用硅酸盐水泥产品全部由新型干法旋窑工艺系统生产。公司生产的水泥品种有：P·C42.5、P·O42.5、P·O52.5 等品种等级水泥。

“CUCC”中联牌水泥在施工中具有以下显著特点：安定性好，需水量小，凝结时间适中，早期、后期强度高，和易性、耐磨性、可塑性、均匀性优良，水化热低，收缩性小，色泽美观，碱含量低等，水泥产品富裕强度高，实物质量达到国际先进水平。

水泥配制的混凝土拌合物和易性及外加剂适应性好、配制的混凝土泌水率低、体积稳定性好、抗冻及耐磨性能佳、坍落度损失小等优秀特性，可满足混凝土搅拌站长距离输送、使用、施工的要求。

适用范围

P·O52.5 水泥适用于国防、铁路、机场、高强度等级混凝土及大跨度桥梁构件等；

P·O42.5 水泥适用于桥梁、道路、高层建筑工程、一般工业及民用建筑，可配制 C30 ～ C60 不同强度等级的混凝土；

P·C42.5 适用于低层建筑梁板柱、村镇道路、沟渠、中小型预制品等民用结构施工部位，也适用于早期强度要求较高的建筑工程、预拌混凝土、水泥地面和楼面工程。

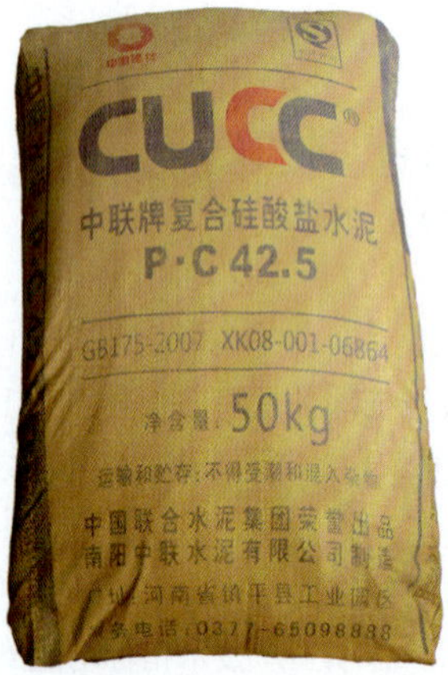

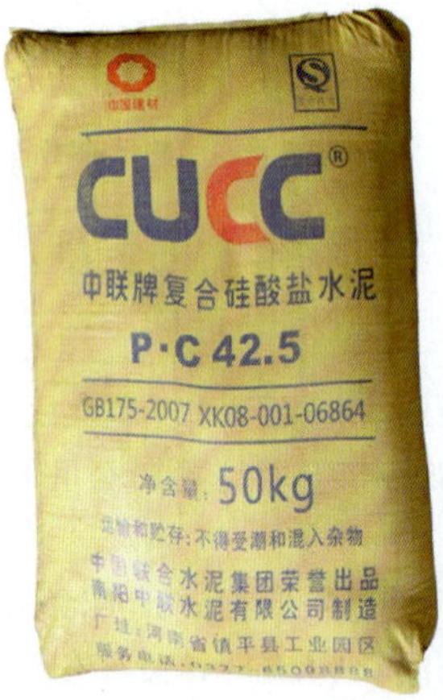

技术指标

1. 产品执行标准

GB 175—2007《通用硅酸盐水泥》。

2. 产品规格

产品名称	规格型号	包装形式	计量单位
普通硅酸盐水泥	P·O52.5	50kg 袋装 / 散装	吨
普通硅酸盐水泥	P·O42.5	50kg 袋装 / 散装	吨
复合硅酸盐水泥	P·C42.5	50kg 袋装 / 散装	吨

南阳中联水泥有限公司

地址：河南省南阳市镇平县工业园区北部（航天北路 198 号）
电话：0377—65085333 65085086 65085000
官方网站：www.nycucc.com

3. 产品技术指标

产品名称	3d 抗压强度平均值（MPa）	28d 抗压强度平均值（MPa）	28d 变异系数平均值（%）
P·O42.5	30.36	52.61	1.04
P·O52.5	31.24	60.16	0.79
P·C42.5	27.20	50.00	1.00

工程案例

公司产品覆盖河南、湖北、陕西等区域，广泛适用于国防、交通、水利、工农业及城市建设等复杂而质量要求较高的工程。（1）高速公路：上武高速信阳至南阳段高速公路工程，太澳高速岭南段高速公路工程，阿深高速信阳段高速公路工程；（2）水利工程：南水北调中线试验段项目，南阳鸭河口水库大坝加固工程，陕西商南莲花台水电站；（3）机场：空军武汉王家墩机场，空军内乡机场，南阳机场扩建工程；（4）桥梁：信阳至南阳高速公路南阳白河特大桥，S244 线穰东跨铁路大桥项目，南阳大桥；（5）电厂：南阳热电厂，驻马店热电厂，南阳鸭河电厂；（6）其他重点大型工程：武汉武商广场，南阳市体育馆，第七届全国农运会主体育馆、游泳馆、体育博览中心，解放军导弹某基地，郑州市未来大厦。

生产企业

南阳中联水泥有限公司位于镇平县工业园区北部，紧临 312 和 207 国道，拥有 3000t/d、6000t/d 新型干法熟料生产线及配套建设 16MW 纯低温余热发电系统，4 台 Φ3.8m×13m 高效联合水泥粉磨系统，年产水泥 300 万吨，现有员工 393 名，专业技术人员 240 人，注册资本 4 亿元，占地面积 29.7 万 m^2。南阳中联水泥有限公司是按照国家等量淘汰落后立窑企业产业政策的要求，在河南南阳航天水泥厂的基础上成立的，是“世界 500 强企业”中国建材集团成员企业，是中国联合水泥集团的核心企业，公司于 2019 年正式更名为“南阳中联水泥有限公司”。作为河南省重点大型建材生产企业，公司拥有雄厚的技术开发实力、先进的生产检测设备、科学规范的经营管理和完善的质量保证体系，是河南省水泥行业较早通过 ISO 9001 质量管理体系认证、ISO 14001 环境管理体系认证、GB/T 28001 职业健康安全管理体系认证和产品质量认证的企业，2015 年通过 GB/T 2331 能源管理体系认证。

公司经营范围为制造、销售水泥、水泥熟料、水泥制品、新型建材等。依靠完备的质量保证体系与控制手段，主要生产“中联”（CUCC）牌 P·C42.5、P·O42.5、P·O52.5 等级水泥等多种型号的水泥产品，以统一的“中联”（CUCC）产品品牌，向客户提供一致性的产品品质和服务。“CUCC”中联牌水泥具有安定性好，凝结时间适中，早期、后期强度高，和易性、耐磨性、可塑性、均匀性优良，色泽美观，碱含量低等特点，实物质量达到国际先进水平，适用于国防、交通、水利、工农业及城市建设等复杂而质量要求较高的工程。

“中联”牌水泥以其卓越的质量品质，成为全国政府采购选择产品；“中联”牌水泥荣获“南阳市市长质量奖”。致力追求“过程精品”是企业的质量宗旨；追求“全天候服务，全方位服务，全过程服务和让客户满意”是企业的服务承诺。

公司崇尚“善用资源、服务建设”的理念，注重合理利用自然资源，以服务社会、奉献社会为己任，以环保型产品回报社会。并以“团结拼搏、务实创新、超越自我、争创品牌”的企业精神与中国联合水泥集团“诚信务实、团结向上”的企业文化相互融合，激励和推动企业朝着既定战略目标迈进。公司愿同更多有志之士一起，致力于营造人类生活与自然环境的和谐统一，愿与更多的客商在更多领域合作，多赢共赢，推动水泥行业的快速发展，共同开创我们更加美好的未来。

南阳中联水泥有限公司
地址：河南省南阳市镇平县工业园区北部（航天北路 198 号）
电话：0377—65085333 65085086 65085000
官方网站：www.nycucc.com

证书编号：LB2020SN003

CUCC 通用硅酸盐水泥（P·C42.5、P·O42.5、P·O52.5）

产品简介

“CUCC”中联牌水泥在施工中具有以下显著特点：安定性好，需水量小，凝结时间适中，早期、后期强度高，和易性、耐磨性、可塑性、均匀性优良，水化热低，收缩性小，色泽美观，碱含量低等，水泥产品富裕强度高，实物质量达到国际先进水平。

水泥配制的混凝土拌合物和易性及外加剂适应性好、配制的混凝土泌水率低、体积稳定性好、抗冻及耐磨性能佳、坍落度损失小等优异特性，可满足混凝土搅拌站长距离输送、使用、施工的要求。

适用范围

P•O52.5 水泥适用于国防、铁路、机场、高强度等级混凝土及大跨度桥梁构件等；

P•O42.5 水泥适用于桥梁、道路、高层建筑工程、一般工业及民用建筑，可配制 C30 ～ C60 不同强度等级的混凝土；

P•C42.5 适用于低层建筑梁板柱、村镇道路、沟渠、中小型预制品等民用结构施工部位，也适用于早期强度要求较高的建筑工程、预拌混凝土、水泥地面和楼面工程。

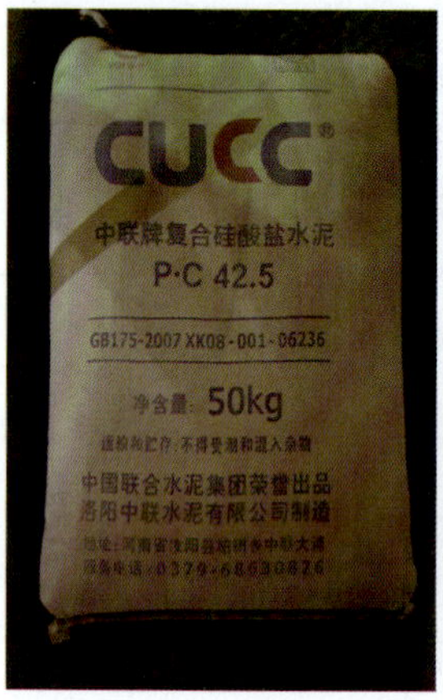

技术指标

1. 产品执行标准

GB 175—2007《通用硅酸盐水泥》。

2. 产品规格

产品名称	规格型号	包装形式	计量单位
普通硅酸盐水泥	P•O52.5	50kg 袋装 / 散装	吨
普通硅酸盐水泥	P•O42.5	50kg 袋装 / 散装	吨
复合硅酸盐水泥	P•C42.5	50kg 袋装 / 散装	吨

3. 产品技术指标

产品名称	3d 抗压强度平均值（MPa）	28d 抗压强度平均值（MPa）	28d 变异系数平均值（%）
P•O42.5	30.46	50.49	0.16
P•O52.5	32.50	59.73	0.02
P•C42.5	22.31	45.79	0.29

洛阳中联水泥有限公司

地址：河南省洛阳市汝阳县柏树乡中联大道
电话：0379-68638996
官方网站：无

工程案例

公司产品覆盖河南、湖北、山西等区域，广泛适用于国防、交通、水利、工农业及城市建设等复杂而质量要求较高的工程。（1）高速公路：尧栾高速4标段、5标段；（2）水利工程：北汝河治理工程，天坪水库工程；（3）机场：洛阳机场扩建工程；（4）桥梁：G208国道桥梁、汝河大桥、洛阳大桥；（5）电厂：伊川热电厂、洛阳大唐电厂；（6）其他重点大型工程：96786部队国防工程、汝阳县体育场、汝阳县人民医院、中电建装配式建筑。

生产企业

洛阳中联水泥有限公司位于河南省洛阳市汝阳县，成立于2007年12月，占地500余亩，现拥有一条4500t/d新型干法熟料水泥生产线，配套建设9MW纯低温余热发电站，设计年产熟料155万吨、水泥100万吨、商品混凝土90万立方米、骨料200万吨。2019年实际完成利润总额1.4329亿元，实现净利润10600万元。其主导产品为“CUCC”（中联水泥）品牌P·C42.5、P·O42.5、P·O52.5水泥，其产品特点为：质量稳定性高，具有凝结时间适中，前期、后期强度高，和易性、耐磨性、可塑性、均匀性优良，色泽美观，碱含量低等特点。实物质量达到国际先进水平，可广泛用于国家重点大型工程、基础设施建设和民用建筑等领域。公司先后通过了国家产品质量认证、过程质量认证、职业健康安全和环境管理体系认证、能源体系认证等，还荣获了“2019年河南省智能工厂”“建材行业与互联网融合发展试点示范企业”“产业发展先进单位”等荣誉称号。

洛阳中联水泥有限公司是中国联合水泥集团有限公司出资设立的全资子公司，秉承中国建材“善用资源、服务建设”的核心理念，按照“调结构、降能耗、优资源、促循环”的低碳化发展思路，以“创新、绩效、和谐、责任”的核心价值观，致力于为客户提供绿色环保的建材产品。先进的生产设备、专业化的技术队伍、以人为本的企业经营理念，代表了当今中国水泥行业的先进水平和发展方向。公司是世界500强、全球建材行业龙头中国建材集团的核心企业，集水泥、商品混凝土、砂石骨料、水泥制品等制造及研发、节能环保与综合利用为一体国家重点扶持的大型水泥企业。

“中联”牌水泥以其卓越的质量品质，成为全国政府采购选择产品；公司荣获“全国质量诚信标杆企业”。致力追求“过程精品”是企业的质量宗旨；追求“全天候服务，全方位服务，全过程服务和让客户满意”是企业的服务承诺。

公司崇尚“善用资源、服务建设”的理念，注重合理利用自然资源，以服务社会，奉献社会为己任，以环保型产品回报社会。并以“团结拼搏、务实创新、超越自我、争创品牌”的企业精神与中国联合水泥集团“诚信务实、团结向上”的企业文化相互融合，激励和推动企业朝着既定战略目标迈进。公司愿同更多有志之士一起，致力营造人类生活与自然环境的和谐统一，愿与更多的客商在更多领域合作，多赢共赢，推动水泥行业的快速发展，共同开创我们更加美好的未来。

洛阳中联水泥有限公司

地址：河南省洛阳市汝阳县柏树乡中联大道
电话：0379-68638996
官方网站：无

证书编号：LB2020SN004

西麟 M32.5 级砌筑水泥 P·O42.5 普通硅酸盐水泥（低碱）P·O42.5 普通硅酸盐水泥

产品简介

“西麟”牌水泥在施工中具有以下显著特点：安定性好，需水量小，凝结时间适中，早期、后期强度高，和易性、耐磨性、可塑性、均匀性优良，水化热低，收缩性小，色泽美观，碱含量低等，水泥产品富裕强度高，实物质量达到国际先进水平。

水泥配制的混凝土拌合物和易性及外加剂适应性好、配制的混凝土泌水率低、体积稳定性好、抗冻及耐磨性能佳、坍落度损失小等优异特性，可满足混凝土搅拌站长距离输送、使用、施工的要求。

适用范围

广泛适用于国防、交通、水利、工农业及城市建设等复杂而质量要求较高的工程。

P•O52.5 水泥适用于国防、铁路、机场、高强度等级混凝土及大跨度桥梁构件等；

P•O42.5 水泥适用于桥梁、道路、高层建筑工程、一般工业及民用建筑，可配制 C30 ～ C60 不同强度等级的混凝土；

M32.5 适用于低层建筑梁板柱、村镇道路、沟渠、中小型预制品等民用结构施工部位，也适用于早期强度要求较高的建筑工程、预拌混凝土、水泥地面和楼面工程。

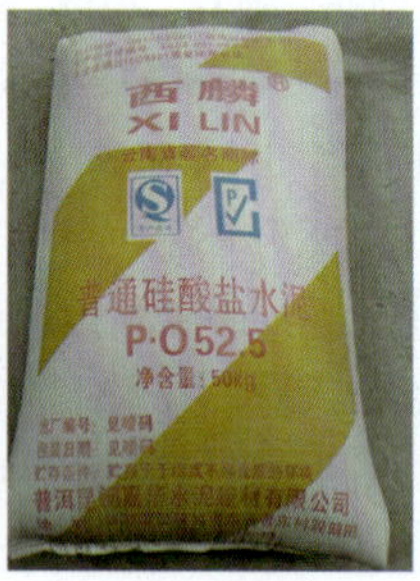

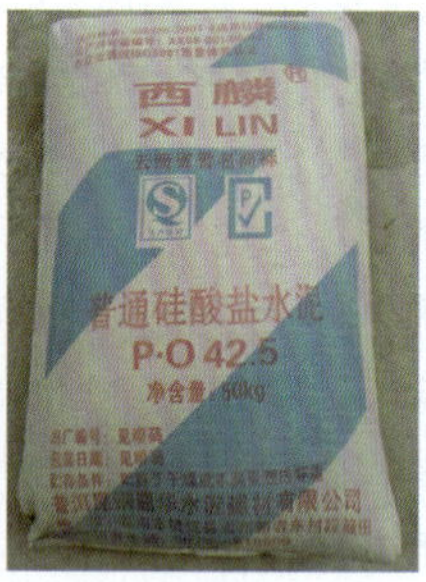

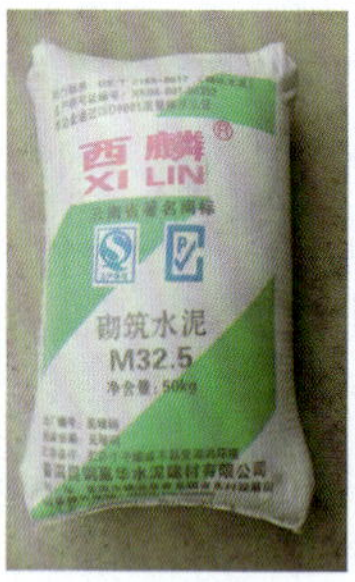

技术指标

1. 产品执行标准

GB 175—2007《通用硅酸盐水泥》。

2. 产品规格

产品名称	规格型号	包装形式	计量单位
普通硅酸盐水泥	P•O52.5	50kg 袋装 / 散装	吨
普通硅酸盐水泥	P•O42.5	50kg 袋装 / 散装	吨
砌筑水泥	M32.5	50kg 袋装 / 散装	吨

3. 产品技术指标

产品名称	3d 抗压强度平均值（MPa）	28d 抗压强度平均值（MPa）	28d 变异系数平均值（%）
P•O52.5	37.11	61.83	≤ 3.0
P•O42.5	28.52	49.16	1.79
M32.5	≥ 15.0	≥ 42.5	≤ 3.5

工程案例

大嘎高速、墨临高速、景文高速、镇沅民族文化馆、普洱茶马古城等。

普洱昆钢嘉华水泥建材有限公司

地址：云南省普洱市镇沅彝族哈尼族拉祜族自治县者东镇者东村跺簸田
电话：0879-5877068
官方网站：无

生产企业

普洱昆钢嘉华水泥建材有限公司是云南水泥建材集团有限公司与美力（香港）企业有限公司（香港嘉华集团子公司）共同出资对当地等量淘汰的水泥厂（将淘汰镇沅水泥厂的立窑生产线）进行异地技改成立的，建成一条日产4000t熟料新型干法水泥生产线，总投资约93000万元，2012年4月24日完成工商注册登记，注册资本38340万元。公司主要经营范围：生产、加工、销售水泥、熟料、碎石、骨料，生产规模为：年产熟料140万吨，年产水泥160万吨，配套建设9.0MW装机容量的纯低温余热发电系统，年发电量5400万kW•h。此外，公司自主建设一条年产100万吨骨料生产线，主要生产骨料、机制砂等。

普洱昆钢嘉华水泥建材有限公司4000t/d熟料生产线于2015年9月点火投产，配套9MW纯低温余热发电于2016年6月投入运行。

公司现有职工人数256人，普洱昆钢嘉华水泥建材有限公司生产的水泥品种有3种，分别是M32.5、P•O42.5、P•O52.5硅酸盐水泥，产品质量稳定，主要销往镇沅、景东、普洱、景谷、墨江等区域，先后用于墨临高速、大嘎高速、景文高速、景谷高速等重点工程及民用市场，深受广大客户青睐和好评，也为拉动当地经济、产业结构调整及资源综合利用做出了突出贡献。

公司通过了质量、能源、职业健康安全与环境体系的四体系认证。我们的质量方针：质量优良，顾客至上；能源方针：遵章守法，持续改进，提高能效；职业健康安全方针：遵章守法、安全生产、持续改进、保障健康；环境方针：节能减排，清洁生产，全员环保，重在预防。

普洱昆钢嘉华水泥建材有限公司

地址：云南省普洱市镇沅彝族哈尼族拉祜族自治县者东镇者东村跺簸田
电话：0879-5877068
官方网站：无

证书编号：LB2020SN005

祁连山通用硅酸盐水泥（P·O42.5 级、P·O52.5 级）、砌筑水泥（M32.5 级）

产品简介

成县祁连山水泥有限公司是陇东南最大的水泥生产企业，年生产水泥 320 万吨。主导产品有 P • O52.5 普通硅酸盐水泥；P • O42.5R、P • O42.5、P • O42.5（低碱）普通硅酸盐水泥；M32.5 砌筑水泥，均严格按国家标准 GB 175—2007《通用硅酸盐水泥》和 GB/T 3183—2017《砌筑水泥》组织生产，各项品质指标均优于国家标准，质量优良，早期强度高，脱模快，耐久性好，深受广大用户欢迎。

适用范围

P • O52.5 普通硅酸盐水泥具有凝结时间短、快硬早强、高强等优点，一般适用于配制高强度混凝土、先张预应力制品、道路、低温下施工的工程和一般受热（250℃以下）的工程。用于早期强度要求比较高的工程。如现场浇筑混凝土柱、混凝土梁、现浇板等构件；生产预应力混凝土构件，如预应力空心板、平板、挂瓦扳等。

P • O42.5R、P • O42.5 普通硅酸盐水泥主要用于高速公路、基础工程、农村房屋建筑工程中的各类构件制作，如混凝土圈梁和现浇楼梯、柱、梁、板等构件；生产预应力混凝土构件等；还可当作地板砖、饰面砖的胶结材料。

M32.5 砌筑水泥可作为砌筑墙体或混合砂浆胶凝材料。

技术指标

1. 产品执行标准

P • O52.5 普通硅酸盐水泥；P • O42.5、P • O42.5（低碱）普通硅酸盐水泥执行标准：GB 175—2007《通用硅酸盐水泥》；M32.5 砌筑水泥执行标准：GB/T 3183—2017《砌筑水泥》。

2. 产品规格

P • O52.5 普通硅酸盐水泥；

P • O42.5、P • O42.5（低碱）普通硅酸盐水泥；

M32.5 砌筑水泥。

3. 产品技术参数

P • O52.5 普通硅酸盐水泥：密度 3.14kg/ m^3；比表面积 380 ~ 410m^2/kg；标准稠度：26.8% ~ 27.2%；初凝时间：150 ~ 180min；终凝时间：220 ~ 260min；安定性小于 2.0mm；3d 强度大于 27.0MPa；28d 强度大于 57.0MPa；变异系数小于 1.2%。

成县祁连山水泥有限公司
地址：甘肃省陇南市成县抛沙镇转湾村
电话：0939-3222556
官方网站：www.qlssn.com

P·O42.5、P·O42.5（低碱）普通硅酸盐水泥：密度 3.11kg/m³；比表面积 330 ~ 350m²/kg；标准稠度：27.0% ~ 27.3%；初凝时间：160 ~ 190min；终凝时间：230 ~ 260min；安定性小于 2.0mm；3d 强度大于 23.0MPa；28d 强度大于 48.0MPa；变异系数小于 1.7%；低碱水泥碱含量小于 0.55%。

M32.5 砌筑水泥：密度 3.11kg/m³；比表面积 360 ~ 380m²/kg；标准稠度：27.1% ~ 27.5%；初凝时间：170 ~ 200min；终凝时间：240 ~ 270min；安定性小于 2.0mm；3d 强度大于 20.0MPa；28d 强度大于 38.0MPa；变异系数小于 1.9%；保水率大于 85%。

工程案例

2010—2012 年成武高速公路建设用 52.5、42.5 水泥 50 万吨，主要用于路基、路面、高速桥涵等建设；

2012—2014 年十天高速公路建设用 52.5、42.5、32.5 缓凝水泥 120 万吨，主要用于路基、路面、高速桥涵等建设；

2015—2019 年渭武高速公路建设用 52.5、42.5、32.5 缓凝水泥 120 万吨，主要用于路基、路面、高速桥涵等建设；

2016—2019 年两徽高速公路建设用 52.5、42.5、32.5 缓凝水泥 60 万吨，主要用于路基、路面、高速桥涵等建设；

2018 年陇南机场建设用 52.5/42.5 低碱水泥 2 万吨，主要用于基础设施和机场跑道建设。

生产企业

成县祁连山水泥有限公司位于成县抛沙镇陇南西成经济开发区抛沙工业园区，公司总投资（含矿山、余热发电）11 亿元，注册资本 4.28 亿元，在册职工 290 人，属中国建材集团旗下甘肃祁连山水泥集团股份有限公司全资子公司，陇南市灾后重建和重点招商引资项目，陇东南地区规模较大的水泥生产单体企业。公司主要经营范围：水泥及水泥制品、商品混凝土的研发、生产、销售，建筑骨料、石灰石的生产、销售，水泥装备研究、安装、修理。

公司现拥有 3000t/d 和 4500t/d 两条新型干法水泥生产线，两条生产线配套建设（6+7.5MW）纯低温余热发电项目于 2015 年 4 月开工建设，2016 年 6 月底并网发电。生产线采用目前国内先进的工艺技术和节能环保设备。

公司建立、健全了质量、环境、能源、职业健康安全管理体系的“四标一体”综合管理体系，并通过了北京国建联信认证中心有限公司的认证。公司产品以“祁连山”牌优质高强度等级水泥为主，年产水泥 320 万吨，主要品种有 P·O52.5 级硅酸盐水泥、P·O42.5 级普通硅酸盐水泥、P·O42.5 级低碱道路水泥。公司生产的水泥产品经省、市质量监督检验中心多次抽检，合格率均达到 100%。产品广泛用于兰渝铁路和武灌、成武、十天、两徽高速等国家重点工程项目的建设，以及陇南市水电、水利工程的建设，具有色泽好、质量稳定、富裕强度充足等特点，得到了广大用户的一致好评和高度信赖。

公司先后荣获工业和信息化部“绿色工厂”，矿山遴选自然资源部“国家绿色矿山”名录，被应急管理部列为“2018 年第一批安全生产守信联合激励红名单”企业；中国安全生产协会“2019 年全国安全文化建设示范企业”，中国建材集团“六星企业”，原中材股份“创先争优先进集体”“安全生产先进集体”，陇南市工业“先进企业”“纳税先进单位”，被中国建筑材料联合会授予“百家节能减排示范企业”，2015 年 10 月，被国家安监总局评为“安全生产标准化一级企业”。2018 年 10 月通过“安全生产标准化一级企业”现场复审。

成县祁连山水泥有限公司

地址：甘肃省陇南市成县抛沙镇转湾村

电话：0939-3222556

官方网站：www.qlssn.com

证书编号：LB2020SN006

盾石普通硅酸盐水泥（P·O42.5、P·O42.5R）

产品简介

金隅冀东滦州环保科技有限公司生产的“盾石”牌通用硅酸盐水泥产品全部由新型干法旋窑工艺系统生产，采用了先进的 QCX 在线质量控制系统，配备先进的 X- 荧光仪、全自动恒应力压力机、颗粒级配测定仪、原子吸收光谱仪等完善的水泥质量检验控制设备。公司主导产品为 P·O42.5、P·C42.5 等多个水泥品种。公司产品制定了严于国家标准的内控标准，严格按照质量管理体系要求实施质量管理和控制，确保了金隅冀东水泥品质满足不同市场和客户的需求。

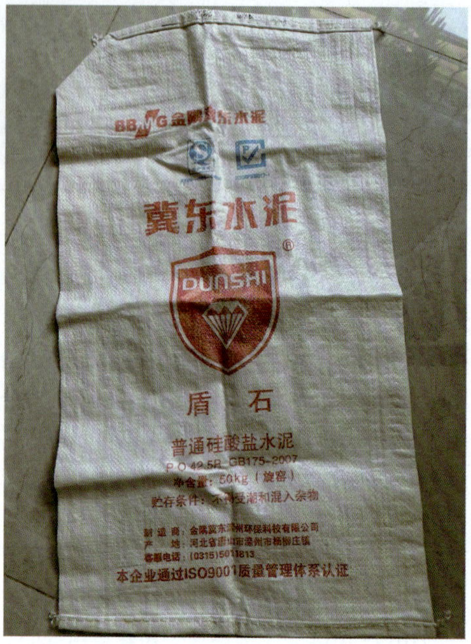

公司生产的水泥具有以下显著特点：

● 水泥中混合材掺量少；产品质量稳定，质量波动小，早后期强度高，富裕强度高；配制混凝土可降低综合成本。

● 水泥本身色泽长期稳定，可广泛使用于素色外表面建筑物。

● 配制的混凝土泌水率低。

● 水泥的抗冻性能好。

● 水泥的耐磨性能好。

● 配制的混凝土体积稳定性能好，一年龄期时，混凝土收缩徐变基本趋于平衡，达到国内和国际领先水平，特别适合大体积工程建设。

适用范围

适用于交通、水利、工建、民建、家装等有需求的工程。

技术指标

1. 产品执行标准

GB 175—2007《通用硅酸盐水泥》。

2. 产品规格

产品名称	规格型号	包装形式	计量单位
普通硅酸盐水泥 P·O42.5^ 盾石	P·O42.5	散装 / 袋装	吨
普通硅酸盐水泥 P·O42.5R^ 盾石	P·O42.5R	散装 / 袋装	吨

3. 产品技术参数

产品名称	3d 抗压强度平均值（MPa）	28d 抗压强度平均值（MPa）	28d 变异系数平均值（%）
P·O42.5 普通硅酸盐水泥	30.5	55.37	2.24
P·O42.5R 普通硅酸盐水泥	30.76	55.88	2.05

工程案例

公司产品覆盖河北、天津、北京等区域，广泛应用于首都国际机场、北京南苑机场、北京奥运会场馆、中央电视台、国家体育馆（鸟巢）、天津港、曹妃甸港、城际高铁等国家及地方重点工程。

金隅冀东滦州环保科技有限公司

地址：河北省唐山市滦州市杨柳庄镇
电话：0315-7520520、7520627
官方网站：无

生产企业

金隅冀东滦州环保科技有限公司是唐山冀东水泥股份有限公司控股的混合所有制企业，总资产 11.54 亿元人民币，公司于 2002 年 9 月注册成立（一期主体工程于 2003 年 3 月底正式开工筹建，2004 年 3 月开始试生产。二期工程 2009 年 10 月开工筹建，2011 年 1 月开始试生产），公司现有员工 449 人。其中唐山冀东水泥股份有限公司控股 67.58%，竟鼎实业和二十二冶分别占有 25.67% 和 6.73% 的股份。公司建有两条日产 4000 吨熟料生产线，三台合计年产能力为 244 万吨的水泥粉磨生产线，附带 1 条 15MW 和 1 条 12MW 的纯低温余热发电系统。

公司坐落在滦县杨柳庄镇，厂区占地面积 30 万平方米。地理位置优越，距离京唐港 90 公里，距曹妃甸工业区 120 公里，距京沈高速、102 国道 10 公里，紧依唐迁公路，毗邻京秦铁路，交通便利，市场辐射范围广阔。

公司自投产以来，发展势头强劲，先后荣获“河北省清洁生产审核验收先进企业”“河北省先进基层党组织”“AAA 级劳动关系和谐企业”和“环渤海地区诚信企业”等荣誉称号。

公司隶属于金隅冀东集团，集团为上市公司，于 1996 年 6 月 14 日挂牌上市，水泥产能近 1.18 亿吨，是目前北方规模较大的水泥生产企业，水泥生产线布局和销售网络覆盖 12 个省、自治区、直辖市，熟料生产线全部采用新型干法技术。“盾石”P•C42.5、P•O42.5 被广泛用于建造较大的桥梁或厂房，以及一些重要路面和制造预制构件。

金隅冀东滦州环保科技有限公司
地址：河北省唐山市滦州市杨柳庄镇
电话：0315-7520520、7520627
官方网站：无

证书编号：LB2020SN007

祁连山通用硅酸盐水泥（P·O42.5 级、P·Ⅱ 52.5 级）

产品简介

民和祁连山水泥有限公司位于青海省海东市民和县川口镇享堂村，年生产水泥 80 万吨。主导产品有 P·Ⅱ 52.5 硅酸盐水泥；P·O42.5、P·O42.5（低碱）普通硅酸盐水泥。均严格按国家标准 GB 175—2007《通用硅酸盐水泥》组织生产，各项品质指标均优于国家标准，质量优良，早期强度高，碱含量低，耐久性好，深受甘青两省广大用户欢迎。

适用范围

P·Ⅱ 52.5 硅酸盐水泥具有凝结时间短、快硬早强高强特点，一般适用于配制高强度混凝土、先张预应力制品、道路、低温下施工的工程和一般受热（250℃以下）的工程。用于早期强度要求比较高的工程。如现场浇筑混凝土柱、混凝土梁、现浇板等构件；生产预应力混凝土构件，如预应力空心板、平板、箱梁等。

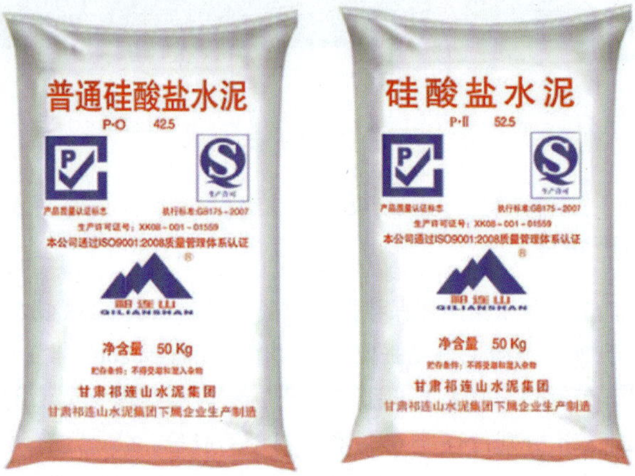

P·O42.5 普通硅酸盐水泥硬化时干缩小，不易产生干缩裂缝。主要用于高速公路、基础工程、农村房屋建筑工程中的各类构件制作，如混凝土圈梁和现浇楼梯、柱、梁、板等构件；生产预应力混凝土构件等；还可当作地板砖、饰面砖的胶结材料。

P·O42.5（低碱）普通硅酸盐水泥碱含量低。硬化时干缩小，不易产生干缩裂缝。主要用于铁路、机场、高速公路、桥梁、水利工程等各类构件制作。

技术指标

1. 产品执行标准

GB 175—2007《通用硅酸盐水泥》；

2. 产品规格

P·Ⅱ 52.5 硅酸盐水泥；

P·O42.5、P·O42.5（低碱）普通硅酸盐水泥。

3. 产品技术参数

P·Ⅱ 52.5 硅酸盐水泥：密度 3.16kg/m^3；比表面积 350 ~ 380m^2/kg；标准稠度：26.0% ~ 27.6%；初凝时间：100 ~ 150min；终凝时间：210 ~ 240min；安定性小于 2.0mm；3d 抗压强度大于 27.0MPa；28d 强度大于 56.0MPa；变异系数小于 1.3%。

P·O42.5、P·O42.5（低碱）普通硅酸盐水泥：密度 3.10kg/m^2；比表面积 330 ~ 350m^2/kg；标准稠度：27.–28.0，初凝时间：150 ~ 190min；终凝时间：220 ~ 260min；安定性小于 2.0mm；3d 抗压强度大于 23.0MPa；28d 强度大于 47.0MPa；变异系数小于 1.6%；低碱水泥碱含量小于 0.50%。

工程案例

2015—2016 年牙同高速公路建设用 P·Ⅱ 52.5 硅酸盐水泥、P·O42.5（低碱）水泥 20 万吨，主要用于路基、路面、高速桥涵等建设；

2014—2015 年西宁火车站建设用 P·Ⅱ 52.5 硅酸盐水泥、P·O42.5（低碱）水泥 5 万吨，主要用于地下基础、站台、框架、给排水等建设；

民和祁连山水泥有限公司

地址：青海省海东市民和县川口镇享堂村
电话：0931-6214252
官方网站：无

2018–2019年川海大桥建设用P·Ⅱ 52.5硅酸盐水泥、P·O42.5（低碱）水泥2万吨，主要用于路基、路面、桥涵、梁柱等建设；

2016–2018年川大高速高速公路建设用P·Ⅱ 52.5硅酸盐水泥、P·O42.5水泥15万吨，主要用于路基、路面、高速桥涵等建设；

2019–2020年扁门高速公路建设用P·Ⅱ 52.5硅酸盐水泥、P·O42.5水泥5万吨，主要用于路基、路面、高速桥涵等建设。

生产企业

民和祁连山水泥有限公司是中国建材集团旗下甘肃祁连山水泥集团股份公司的控股子公司，其前身是兰州红古祁连山水泥股份有限公司全资子公司。原兰州红古祁连山水泥股份有限公司始建于1941年，为甘肃水泥股份有限公司，1950年演变为甘肃水泥厂，1964年更名为兰州市窑街水泥厂，2001年改制为兰州大通河水泥股份有限公司，2006年4月与“甘肃祁连山水泥集团股份有限公司”实现战略重组，成为甘肃祁连山水泥集团股份有限公司的控股子公司，2007年12月更名为兰州红古祁连山水泥股份有限公司，2018年12月，民和祁连山水泥有限公司通过反向吸收母公司——原兰州红古祁连山水泥股份有限公司组建成为新的民和祁连山水泥有限公司。

我公司一直致力于节能减排为主要内容的技术改造工作，2014年至今，共计投入资金达1.46亿元，先后完成了日产2000t高效节能减排技术改造工程、窑尾袋收尘改造、生料磨和2#水泥磨系统节能降耗技术改造、厂区噪声达标的综合治理、水泥窑在线监测和在线视频监控、水泥窑脱硝系统建设，矿山平峒和破碎系统技术改造等。实现了煤电消耗大幅降低、各项工序能耗指标低于限额标准、粉尘和NO_x达标排放的预期目标。十九大报告为绿色发展、高质量发展描绘出了宏伟蓝图，为建设绿色矿山、绿色工厂指明了方向。公司早在2015年便开始规划部署北山大理岩矿绿色矿山创建工作，经过多年的不懈努力，矿区面貌焕然一新，生产秩序井然有条。2018年被青海省授予“省级绿色矿山”荣誉称号。

我公司全面落实安全生产主体责任，认真贯彻落实国家相关法律法规，自觉接受地方主管部门的监管，完善安全设施，规范人员行为，近年来企业轻伤以上事故为零。2016、2017、2018、2019年连续四年荣获“青海省安全生产先进企业”称号。

公司建立、健全了质量、环境、能源、职业健康安全管理体系的“四标一体”综合管理体系；公司产品以“祁连山”牌优质高强度等级水泥为主，年产水泥80万吨，主要品种有P·Ⅱ 52.5级硅酸盐水泥，P·O42.5级普通硅酸盐水泥。公司生产的水泥产品经省、市质量监督检验中心多次抽检，合格率均达到100%。公司化验室2019年获得“标准化化验室”称号。公司荣获祁连山股份“5A企业”称号。

民和祁连山水泥有限公司
地址：青海省海东市民和县川口镇享堂村
电话：0931-6214252
官方网站：无

证书编号：LB2020SN008

西麟通用硅酸盐水泥 P·O42.5、P·O42.5R、P·O52.5、P·O42.5（低碱）复合硅酸盐水泥 P·C42.5 砌筑水泥 M32.5

产品简介

公司生产的水泥性能特点：产品质量稳定、需水量小、凝结时间适中、碱含量低、早期强度高、富裕强度大、水泥色泽美观、抗冻及耐磨性能好、配制的混凝土和易性及与外加剂适应性能良好、配制的混凝土体积稳定性能好、实物质量达到国际先进水平。

水泥配制的混凝土拌合物和易性及外加剂适应性好、配制的混凝土泌水率低、体积稳定性好、抗冻及耐磨性能佳、坍落度损失小等优异特性，可满足混凝土搅拌站长距离输送、使用、施工的要求。

适用范围

P•O52.5 水泥适用于国防、铁路、机场、高强度等级混凝土及大跨度桥梁构件等；

P•O42.5 水泥适用于桥梁、道路、高层建筑工程、一般工业及民用建筑，可配制 C30 ～ C60 不同强度等级的混凝土；

M32.5 适用于低层建筑梁板柱、村镇道路、沟渠、中小型预制品等民用结构施工部位，也适用于早期强度要求较高的建筑工程、预拌混凝土、水泥地面和楼面工程。

技术指标

1. 产品执行标准

GB 175—2007《通用硅酸盐水泥》

2. 产品规格

产品名称	规格型号	包装形式	计量单位
普通硅酸盐水泥	P•O52.5	50kg 袋装 / 散装	吨
普通硅酸盐水泥	P•O42.5R	50kg 袋装 / 散装	吨
普通硅酸盐水泥	P•O42.5	50kg 袋装 / 散装	吨
复合硅酸盐水泥	P•C42.5R	50kg 袋装 / 散装	吨
复合硅酸盐水泥	P•C42.5	50kg 袋装 / 散装	吨
砌筑水泥	M32.5	50kg 袋装 / 散装	吨

3. 产品技术参数

产品名称	3d 抗压强度平均值（MPa）	28d 抗压强度平均值（MPa）	28d 变异系数平均值（%）
P•O42.5	24.63	47.91	1.20
P•O52.5	30.13	58.50	—
M32.5	116.77	37.14	1.64

工程案例

渝昆高速、昭乐高速、都香高速、昭通机场、鲁甸和彝良灾后重建指定品牌、靖安新区建设等。

昭通昆钢嘉华水泥建材有限公司

地址：云南省昭通市大关县翠华镇顺城北路 1 号办公楼三楼
电话：0870-8890567
官方网站：无

生产企业

昭通昆钢嘉华水泥建材有限公司是由云南水泥建材集团（昆钢控股与华润水泥合资组建）与香港嘉华集团共同投资 4.2 亿元组建的合资企业，成立于 2010 年 8 月，坐落在云南省昭通市大关县寿山镇，占地 202 亩。公司拥有一条日产 2500t 熟料水泥生产线，设计年产优质熟料 77.5 万吨、优质水泥 100 万吨，同时配套 4500kW 纯低温余热发电系统。公司员工 202 名，中层以上管理干部及技术人员均来自国内各大水泥集团。

通过近几年的科学管理及技术进步，公司实际运行已经达到日产 3200t 熟料水泥生产线能力，各项技术经济指标优异。已经成为“技术创新型、资源节约型、环境友好型、管理创新型、文化内涵型”的标杆企业。

公司的主导产品为“西麟”牌水泥，主要有硅酸盐水泥、普通硅酸盐水泥、复合硅酸盐水泥、砌筑水泥等，强度等级分为 52.5、42.5R、42.5 等，具备生产“中热硅酸盐水泥、道路硅酸盐水泥”等特种水泥的条件，同时可根据不同客户及工程需求生产其他特种水泥。“西麟”牌水泥具有以下显著特点：1. 产品质量稳定、早期强度高、富裕强度大；2. 水泥色泽稳定；3. 抗冻及耐磨性能好；4. 配制的混凝土和易性及与外加剂适应性能良好；5. 配制的混凝土体积稳定性能好。

在生产经营管理方面，公司先后攻克了低发热量、中高硫、纯无烟煤煅烧优质熟料难关，解决了烟道灰、改性磷石膏作为水泥缓凝剂技术难题，大幅度降低生产成本；创立“一个渠道、两个唯一、三个保护、四位一体”的市场营销体系，大胆改革和优化销售渠道，推行以电子检查站为核心的市场秩序管理手段，践行服务创造价值理念，保证市场把控有度、市场操作有序、市场管控有道，实现销售量价稳定提高；先后导入 6S 和精益管理、“3M+2T”班组建设及提案改善活动，有效治理生产现场的“跑冒滴漏”，实施移动收尘技改、厂房密封降噪、清扫车辆运行，开展“红旗设备”评比，推行 TPM 设备保全和“7+1”工作法，公司的厂容厂貌整洁美观，井然有序。

近年来，在“闯关文化”的引领下，昭通昆钢嘉华勇闯“资源掌控、采购供应、生产运行、工艺技术、清洁生产、市场营销、企业管理、团队建设、民生福祉、企业文化”等十道大关，连年完成董事会下达的生产经营目标，经济效益实现跨越式发展，2019 年生产熟料 90 万吨，产销水泥 118 万吨，大幅度超过设计产能并创公司历史最好水平，上缴税费 7819 万元，创造利润 1.5 亿元，实现了企业生产经营惊艳蜕变！

在绿色发展方面，公司实施风机变频、空气悬浮风机及空压机双极压缩永磁变频改造；建设能源系统管理中心，对煤、电、油、汽进行统一管理；运行太阳能热水供应系统和污水处理站；开展绿色产品采购和高能耗电机淘汰工作；削减工业固废；升级厂区绿化和密封降噪设施等。五大能耗指标全部达标。

公司通过了质量、能源、职业健康安全、环境、测量管理、信息化和工业化管理体系的六体系认证。我们的质量方针：质量第一，顾客至上；能源方针：遵章守法，持续改进，提高能效；职业健康安全方针：遵章守法、安全生产、持续改进、保障健康；环境方针：节能减排，清洁生产，全员环保，重在预防。

企业荣誉：42.5 低碳认证、熟料低碳认证、III 型环境声明（EPD），2017 年获得“昭通市诚信纳税人 AAA 级单位”，云南省检测协会颁发的“水泥企业化验合格证书”。云南省建筑材料产品质量检验研究院颁发的“全合格单位”，在国家水泥质量监督检验中心 2016 年举行的“CTC 杯”中获得“全合格单位”，2017、2018 年举行的“弘朝科技杯”中分别获得“优良单位”“全合格奖”，2018 年在云南省第九次质量指标大对比中获得“优良单位”称号，2018、2019 年获得云南水泥建材集团颁发的“最佳效益奖”；2018 年通过非煤矿山行业“安全标准化二级达标”。

昭通昆钢嘉华水泥建材有限公司

地址：云南省昭通市大关县翠华镇顺城北路 1 号办公楼三楼
电话：0870-8890567
官方网站：无

证书编号：LB2020SN009

宛北通用硅酸盐水泥（P·O42.5 级、P·O52.5 级）P·R·S32.5 道路基层用缓凝硅酸盐水泥 P·M·H42.5 中热硅酸盐水泥

产品简介

方城县宛北水泥有限责任公司是一家专业生产低碱水泥的大型水泥企业，年产低碱水泥 100 万吨，拥有丰富的优质低碱石灰石矿山资源，工艺设备先进，检验设备齐全。

公司生产的宛北牌 P • O42.5、P • O52.5 低碱水泥具有水化热低，强度高，凝结硬化快，后期增进率大，能够有效地预防碱骨料反应，避免水泥混凝土体的开裂、变形和崩塌（水泥中的碱含量高时，会使水泥水化速度加快，产生的水化热大，与混凝土中的砂、石等某些有害成分发生化学反应，形成碱的硅酸盐凝胶，体积增大 10 倍，产生膨胀应力，从而导致混凝土开裂，因此国家标准中对低碱水泥要求碱含量小于 0.6%，宛北公司的低碱水泥含量在 0.45 ～ 0.55 之间）。

适用范围

P • O52.5、P • O42.5、P • P32.5R 为通用水泥，用于一般土木建筑工程，P • M • H42.5 为特种水泥，是水化放热较低的水泥，适用于水利工程、大坝、大型构筑物和大型房屋的基础，常称为大坝水泥，主要用于大坝溢流面的层面和水位变动区。P • R • S32.5 为道路路基层用水泥，常用于道路底层铺设。

技术指标

1. 产品执行标准

GB 175—2007《通用硅酸盐水泥》、GB/T 200—2017《中热硅酸盐水泥、低热硅酸盐水泥》、GB/T 35162—2017《道路基层用缓凝硅酸盐水泥》

2. 产品规格

P • O52.5、P • O42.5、P • P32.5R、P • R • S32.5、P • M • H42.5

3. 产品技术指标

产品名称	3d 抗压强度平均值（MPa）	28d 抗压强度平均值（MPa）	28d 抗折强度平均值（MPa）
P • O52.5	32.6	60.5	8..5
P • O42.5	28.9	59.4	8.5
P • M • H42.5	17.8	56.2	7.7
P • R •S32.5	24.4（7d）	42.6	7.9

方城县宛北水泥有限责任公司
地址：方城县杨集乡付庄村
电话：037767357999
官方网站：www.wanbeishuini.com

工程案例

宛北水泥公司自2009年开始生产低碱水泥，用于南水北调工程、舞钢水库、鲁山昭平台水库、平顶山燕山水库等。随后的2016—2018年开始与国家的重点工程进行良好的合作，该产品先后供应服务于郑万高铁第五标段（中铁十八局）、第六标段（中铁五局）、第七标段（中铁十五局）和郑阜高铁第三标段（中铁十九局）及2019年的周南高速等重点工程建设项目。

宛北水泥公司生产的低碱水泥经过国家重点工程项目使用后，混凝土各项性能指标均满足国家标准要求，受到了广大用户的认可和良好的口碑，取得了较好的社会效益。

生产企业

方城县宛北水泥有限责任公司（以下简称“方城宛北”）位于河南省南阳市杨集乡付庄村，拥有2条新型干法水泥熟料生产线（1200t/d熟料新型干法特种水泥生产线配套4.5MW余热发电系统、4500t/d熟料新型干法生产线配套6MW余热发电系统），一个水泥粉磨车间，日产熟料5700t，年产水泥200万t，年产值达5亿余元，并通过了ISO 9001质量管理体系、ISO 14001环境管理体系、BS OHSAS 18001职业健康安全管理体系、GB/T 23331—2020《能源管理体系 要求及使用指南》（ISO 50001能源管理体系）四项认证和安全生产标准化二级企业的评审。

目前，公司拥有员工480人，各类管理和技术人员89人。“过程精品”是公司的质量宗旨；“全天候服务，全方位服务，全过程服务和最大限度地让客户满意”是公司的服务承诺。公司主要生产中热、低热特种水泥、低碱水利工程专用、P·O42.5级、52.5级等系列普通硅酸盐水泥产品。公司水泥年产量达到200万t，主要畅销周边市场——湖北、安徽、河南三省十六个县市，公司还自主研发多项专利配方和技术用于水泥生产，将ISO 9001质量管理体系纳入全程控制，内控指标先进，工序质量稳定。企业及产品先后被授予“河南省节能减排科技创新示范企业”，被河南省授予“河南省优质产品”和河南省政府授予“河南省百强民营企业”称号，被南阳市工商业联合会授予“南阳市民营企业30强”企业称号，连续四年获得南阳市企业综合评价二等奖，依据财税〔2015〕78号文件、企业原料和产品消耗情况，方城宛北一直为“资源综合利用企业”，享有税务机关退税政策。

现代化管理手段，雄厚的技术研发优势，至尊的品牌效应和优质的服务，使宛北牌水泥得到了大型工程的青睐。郑万高铁、周南高速、南水北调中线工程、许平南高速公路207国道、豫103线改造工程、鲁姚路及鲁山沙河大桥，舞阳石漫滩水库、平顶山燕山水库等重大工程选择了宛北牌水泥。面对“十四五”规划的历史机遇，公司本着讲团结、比奉献、保优质、夺高产、拓市场、求发展、增效益、奋争先的公司精神，开辟企业与用户双赢的新局面，开创协调与持续发展的历史新篇章。

几年来，方城宛北一直向客户提供着安定性好，凝结时间适中，早期、后期强度高，和易性、耐磨性、可塑性、均匀性优良，色泽美观，碱含量低等优质的产品和的服务，以科学发展观为统领，坚持以市场为导向，以服务社会、奉献社会为己任，以创建资源节约型、环境友好型、创新绩效型、社会责任型水泥企业为总体目标，力争在豫西南地区的经济建设与社会发展中树立行业标杆。

方城县宛北水泥有限责任公司
地址：方城县杨集乡付庄村
电话：037767357999
官方网站：www.wanbeishuini.com

证书编号：LB2020SN010

三川普通硅酸盐水泥、矿渣硅酸盐水泥（P·S·A42.5）、硅酸盐水泥（P·I52.5）

产品简介

普通硅酸盐水泥，由硅酸盐水泥熟料、5% ～ 20% 的混合材料及适量石膏磨细制成的水硬性胶凝材料。具有强度高、水化热大、抗冻性好、干缩小、耐磨性较好、抗碳化性较好、耐腐蚀性差、不耐高温的特性。

由硅酸盐水泥熟料和粒化高炉矿渣、适量石膏磨细制成的水硬性胶凝材料称为矿渣硅酸盐水泥，产品具有早期强度低，后期强度增长较快；水化热低；耐热性较好；对硫酸盐类侵蚀抵抗和抗水性较好等特点。

适用范围

产品广泛用于机场、铁路、桥梁、隧道、高等级公路等国家大型重点工程和城市楼宇建设、城乡基础设施建设。

工程案例

巴州各县市市政工程、美丽乡村建设、若羌机场高速公路、库尔勒家园有限公司、库尔勒金泉搅拌站、林建搅拌站、永泰搅拌站、胜利搅拌站、巴州恒通金润搅拌站、顺强搅拌站。

库尔勒鲁岳三川建材有限公司

地址：新疆库尔勒市塔什店镇北路
电话：0996-8627730
官方网站：www.sanchuan.biz
www.sanchuankeji.com

生产企业

库尔勒鲁岳三川建材有限公司始建于 2001 年，位于新疆库尔勒市塔什店镇，注册资金 5000 万元，是新疆地区较早投资建设新型干法水泥生产线的企业，公司现建有一条 3200t/d 新型干法水泥、熟料生产线，水泥、熟料总年产能可达 120 万吨，主要生产“三川”牌硅酸盐系列水泥及各等级矿粉，广泛用于机场、桥梁、隧道、高等级公路等国家大型重点工程建设中，在新疆地区具有较高的品牌知名度和客户认知度。公司现有固定资产 3.5 亿元，平均年销售利润可达 6000 万元以上。

公司现有员工 170 余人，大、中专以上专业技术人员 60 余人。公司积极响应国家政策，关注行业技术发展动态，进行新技术、新工艺、新材料、新设备的引进、吸收、消化和应用，同时加强与先进水泥企业的技术交流与合作，充分利用现有生产工艺条件，通过技术创新实施产品结构调整，对资源优化配置，以实现提高产品质量、节能减排、提高综合效益的目标。

公司一贯秉承“优质、诚信、高效、合作、共赢”的发展理念，以人为本，诚信经营，造福社会，以优质的服务奉献于天山南北。

库尔勒鲁岳三川建材有限公司

地址：新疆库尔勒市塔什店镇北路
电话：0996-8627730
官方网站：www.sanchuan.biz
www.sanchuankeji.com

证书编号：LB2020SN011

淅水 P·O42.5 普通硅酸盐水泥 P·C42.5 复合硅酸盐水泥 P·O52.5 普通硅酸盐水泥

产品简介

“淅水”牌水泥具有安定性好，凝结时间适中，早期、后期强度高，和易性、耐磨性、均匀性优良，色泽美观，碱含量低等特点。适用于交通、水利、工农业及城市建设等复杂而质量要求较高的工程。

适用范围

广泛适用于交通、水利、工农业及城市建设等复杂而质量要求较高的工程。

技术指标

1. 产品执行标准

GB 175—2007《通用硅酸盐水泥》。

2. 产品规格

产品名称	规格型号	包装形式	计量单位
普通硅酸盐水泥	P•O52.5	50kg 袋装 / 散装	t
普通硅酸盐水泥	P•O42.5	50kg 袋装 / 散装	t
砌筑水泥	M32.5	50kg 袋装 / 散装	t

3. 产品技术指标

产品名称	3d 抗压强度 / MPa	28d 抗压强度 / MPa	28d 变异系数 / %
P•O52.5	32.28	60.06	0.79
P•O42.5	28.70	50.67	0.81
M32.5	18.36	36.61	0.81

南水北调源头渠首

淅川县城小区工程

淯淅高速标段

工程案例

公司产品覆盖河南、湖北、陕西等区域，广泛适用于交通、水利、工农业及城市建设等复杂而质量要求较高的工程。(1) 高速公路：内邓高速；三淅高速西坪至省界；郑西高速栾双段、淯淅高速西峡至淅川四个标段；(2) 水利工程：南水北调中线渠首；(3) 隧道：栾双段四个标段所有隧道、西淅段 1-2 标段隧道、335 省道独阜岭隧道；(4) 桥梁：南水北调渠首特大桥、三淅高速淇河特大桥、丹江特大桥；蒙华铁路桥梁厂；(5) 电厂：首创城市垃圾发电厂。

河南省淅川水泥有限公司
地址：县城灌河路 405 号
电话：0377—69261691 69261666

生产企业

河南省淅川水泥有限公司位于淅川县城灌河路 405 号，由原淅川县水泥厂于 1997 年 11 月改制成立，注册资金 1.5 亿元。公司原有 3 条机立窑水泥生产线，2007 年底响应国家产业政策拆除后，投资改建成了一座年产 150 万吨水泥粉磨站，公司具有年总生产能力 200 万吨的水泥生产线，并于 2010 年建成年产 100 万立方米商品混凝土搅拌站。公司占地 10 万平方米，职工 202 人，其中，各类专业技术人员 66 人，主导产品为通用硅酸盐 P·O52.5、P·O42.5 系列水泥。

公司树立了“商道即人道，产品即人品，品牌即民牌”的诚信经营理念，坚持“对业务精、对企业忠、对自己严、对客户诚”的淅水员工作风要求，以人为本，科学管理，科技进步较快，经济效益明显。严格内部管理，公司于 2010 年通过了质量 / 环境 / 职业健康安全管理体系认证及产品认证；通过南阳市清洁生产审核；2013 年获安全生产标准化二级、2016 年获安全生产标准化二级企业；2019 年通过两化融合管理体系认证；2020 年通过能源管理体系认证。被授予“河南省优质民营企业”“南阳市 50 强企业”、河南省水泥行业重点企业，经济效益连年名列省市同行业前茅，获得市文明单位、市综合评价先进企业、省管理达标企业、省 AAA 级信用企业等市级以上荣誉数十项。主产品“淅水”牌水泥畅销豫、鄂、陕、皖 4 省 50 多个县市。

地址：县城灌河路 405 号
电话：0377—69261691 69261666

证书编号：LB2020JM001

蒲丹 中空塑料建筑模板 铝框塑料模板

产品简介

一、中空塑料模板

蒲丹中空建筑模板采用进口聚丙烯树脂为基材，添加增韧、耐候、阻燃等化学助剂，经过化学分子结构重组，通过“双机共挤”工艺生产出的一种新型建筑模板，彻底解决了实心模板易翘曲变形等缺陷。整体提升模板弯曲模量，改善常规塑料建筑模板的弊端。可反复使用 40 次以上，无须刷脱模剂，可大大降低施工成本，且使用后的废旧模板实现全回收或以旧换新，有利于模板租赁业的发展。

二、铝框塑料模板体系

铝框塑料模板系统由模板系统、支撑系统、紧固系统和附件系统组成。

铝框塑料模板采用牌号以 6061–T6 的铝合金型材做边框，铝合金方管做加强肋，内部镶嵌中空塑料模板（PP 聚丙烯）。

铝合金边框的截面经过分析优化，强度高、刚度大、质量较轻，既能保证成型质量，又能保证周转次数。拆模之后，墙面能达到免抹灰水平，实测实量合格率达到 95% 以上。综合使用成本比全铝模低 30% 左右。

适用范围

应用于建筑领域，适用于各种楼宇、住宅、桥梁等大型建设工程。

重庆蒲丹工贸有限公司
地址：重庆市綦江区古南街道金福大道 44 号 1 号楼
电话：
官方网站：www.cqpdgm.com.cn

技术指标

1. 产品执行标准

塑料模板：JG/T 418—2013《塑料模板》

铝框塑料模板：JGJ 162—2008《建筑施工模板安全技术规范》

2. 产品技术指标

	项目	指标	实测
中空塑料建筑模板	吸水率 / %	≤ 0.5	0.15
	邵氏硬度	≥ 58	63
	简支梁无缺口冲击强度 / kJ/m^2	≥ 30	45.7（C）
	弯曲强度 / MPa	≥ 30	31.7
	弯曲弹性模量 / MPa	≥ 3000	3.10×10^3
	维卡软化点 / ℃	≥ 80	142
	加热后尺寸变化率 / %	横向 ±0.2、纵向 ±0.2	横向 +0.13、纵向 -0.09

铝框组合模板：集中荷载 P=10（kN/m），挠度 1.27mm；集中荷载 P=15（kN/m），残余挠度 0.10mm。无局部破坏或折曲，焊点无裂纹或撕裂。

工程案例

中空塑料建筑模板：重庆中心、凤凰湾、北京首创城、海棠国际、马家岩轻轨站、华南城、北碚党校等。

铝框塑料模板：成都双流彭镇碧桂园海德公园 2 期、石柱碧桂园天麓府一期、重庆渡口金地项目、陕西汉中宇宏健康花城、贵州安顺碧桂园等。

生产企业

重庆蒲丹工贸有限公司成立于 2015 年 6 月，目前是西南地区一家集新型建筑模板研发、制造、生产、销售及租赁为一体的企业。

公司有多条拥有专利技术的崭新现代化生产线，生产技术水平较高。其研发的新型中空建筑塑料模板填补了重庆乃至西南市场的空白，其生产技术已获国家专利。与传统的钢模、木模相比，其具备成本低廉、绿色环保、施工方便、利于养护等特点，循环使用次数多达 40 ~ 100 次，是木模周转次数的 8 ~ 10 倍。

2017 年，与重庆蒲丹科技开发有限公司联合研发生产铝框塑料建筑模板体系，并参与国家标准及重庆地方标准的制定。铝框塑料模板体系基于现有模板体系新开发而成，主要适用于高层建筑混凝土浇筑模板工程施工，成型的混凝土表观质量高，可达到薄抹灰或免抹灰效果，且无须全部脱模剂，脱模容易。

重庆蒲丹工贸有限公司

地址：重庆市綦江区古南街道金福大道 44 号 1 号楼

电话：

官方网站：www.cqpdgm.com.cn

证书编号：LB2020JS001

洁面恒丽®板 Clean COLORBOND® M steel（洁面恒丽 板 M）彩涂镀铝锌镁钢板 ZINCALUME M steel（至耐板）

产品简介

Clean COLORBOND® M steel（洁面恒丽®板）是博思格钢铁生产的高品质彩涂镀铝锌钢板。

适用范围

工业、公共、民用建筑的外围护屋面和墙面材料。

技术指标

1. 产品执行标准

执行 AS 1397，AS/NZ 2728 澳大利亚标准。

2. 产品规格

厚度 0.35 ~ 0.85mm，宽度 600 ~ 1270mm，强度 G300、G550，镀铝锌量 AZ150，面漆：特殊强化聚酯 20 μm，底漆：聚酯 5 μm，背漆：聚酯 5 μm，背面底漆：聚酯 5 μm。

3. 产品技术参数

通过 2000 小时中性盐雾试验，通过 2000 小时紫外光加速老化试验，通过 1000 小时湿热试验。

博思格钢铁（苏州）有限公司

地址：上海市浦东新区陆家嘴环路 1000 号 恒生银行大厦 12 楼

电话：021-20591638

官方网站：www.bluescope.com.cn

工程案例

北京首都机场候机楼、天津梅江会展中心、上海世博会主题馆、浙江宁海电厂、广州南车城市轨道车辆维修组装基地、通用汽车公司、丰田汽车公司、宝洁公司、可口可乐公司、三一重工等。

生产企业

博思格钢铁（苏州）有限公司是博思格集团在中国的投资项目，主要生产金属镀面产品和彩涂钢卷产品，工厂采用世界先进的生产设备和现代化的质量控制系统，具备年产25万吨镀面钢卷和15万吨彩涂钢卷的能力。工厂自2006年投产以来，通过了ISO 9001质量管理体系和ISO 14001等环境管理体系认证，为中国建筑市场提供优越性能和质量稳定的钢铁产品。

博思格钢铁（苏州）有限公司

地址：上海市浦东新区陆家嘴环路1000号恒生银行大厦12楼
电话：021-20591638
官方网站：www.bluescope.com.cn

证书编号：LB2020JS002

乐思龙®金属单板 金属蜂窝板 金属瓦楞板

产品简介

1. 金属单板

亨特公司 50 年前创造的金属单板从铝、钢到铜，从各式条形、宽板到格栅，从弧形、双曲形到各种定制……唯一的限制就是你的想象。

设计师的创意总是不断地推动亨特的产品进步，亨特公司研发了包括耐色光涂层、弧形金属吊顶和表面超平整的复合板等。金属单板的表面处理集装饰性和功能性于一体。亨特先进的辊涂和喷涂设备可以提供自由的表面处理方案，结合系统可同时满足保温、吸声、抗菌、防火等使用功能，实现装饰和功能的完美平衡。

2. 金属蜂窝板

金属蜂窝板是亨特公司为超大块面设计方案而开发的产品，采用现代航空材料的黏合技术，具有块面大、平整度好、质量轻、刚度高的特点。亨特公司的特大板拥有舒展流畅的外观，并有多种表面处理可供选择。

3. 金属瓦楞板

亨特公司瓦楞板不仅经久耐用、面板超大，而且具有极好的平整度。亨特公司瓦楞板可折可弯，加工性能好，表面处理有多种选择。此外，面板除采用铝合金外，还可根据客户需求选择其他材质，例如铜、锌、不锈钢等。

适用范围

适用于室内外吊顶、内墙、外墙、屋面等。

技术指标

1. 金属单板技术参数

亨特公司铝单板包含条板、宽板、矩形板、格栅、定制型。采用高质量铝镁锰合金，辊压或折压成型，标准最大长度 6m，最大宽度 1.5m，板厚 0.3 ～ 3mm，防火等级 A2。产品执行标准为 GB/T 23444—2009《金属及金属复合材料吊顶板》及亨特道格拉斯企业标准。

2. 金属蜂窝板

金属蜂窝板标准最大板长 6m、宽度 1.5m，板厚 5 ～ 25mm，可根据实际项目定制。采用高质量铝镁锰合金，高等级防腐铝制蜂窝芯，双组分高温固化聚氨酯胶，表面涂层聚酯或氟碳烤漆，可根据要求定制，防火等级 A2。产品执行标准为

亨特道格拉斯建筑产品（中国）有限公司
地址：上海市莘庄工业区中春路 2805 号
电话：021-64429999
官方网站：http://www.hunterdouglas.cn/

JG/T 334—2012《建筑外墙用铝蜂窝复合板》及亨特道格拉斯企业标准。

3. 金属瓦楞板

金属瓦楞板标准最大板长 6m、宽度 1.5m，板厚 5 ～ 12mm，可根据实际项目定制。采用高质量铝镁锰合金，高等级防腐铝制瓦楞芯，双组分高温固化聚氨酯胶，表面涂层聚酯或氟碳烤漆，可根据要求定制，防火等级 A2。产品执行标准为 JC/T 2187—2013《铝波纹芯复合铝板》及亨特道格拉斯企业标准。

工程案例

项目案例	
深圳保利大剧院	云南中烟工业公司
洛阳机场改扩建工程	广州万菱汇广场
上海虹桥综合交通枢纽	上海世博文化中心
广州电视观光塔	杭州国际会议中心
天津卷烟厂	中材国际南京水泥工业设计研究院
广州军区武汉总医院	格力电器合肥公司
一汽大众长春制造基地	天津泰达足球场
锦州火车南站	西安广汇汽车物流产业园
深圳盐田体育馆	南京图书馆
重庆宗申集团办公楼	珠海华发办公楼
福州规划勘测设计研究总院	

生产企业

中国是亨特集团重点发展的市场。自 1993 年以来，集团已在中国大陆先后投资设立了十多家独资企业，形成了完善的产业布局和区域市场管理网络。亨特在中国的业务划分为建筑产品和窗饰产品两大业务块。建筑产品业务块包括吊顶、外墙（含金属外墙和建筑陶板）和建筑遮阳；窗饰产品业务块包括时尚窗饰（含家用、商用与电机及控制系统）、酒店业务和 3form 艺术透光材料。

二十余年来，亨特集团将世界先进的建筑产品引入中国，带领中国市场最前沿的发展潮流和动向，并以优越的品质与完善的服务赢得市场。同时，亨特集团还带给中国市场一套完整的服务体系和营销理念，以“定制产品”和“零损耗”的供货模式为客户个性化需求提供了强有力的解决方案和技术支持。亨特集团建筑产品广泛应用于国家重点和具有社会影响的项目，涉及领域包括：公共建筑、行政机构、交通设施、商务办公、工业制造和民用家居等，取得了令世人瞩目的市场业绩和社会效应。

未来，亨特集团将进一步加大在中国市场的投资，开发和引进更多环保、节能和智能化的高端建筑产品，为中国的建设事业做出新的贡献。

亨特道格拉斯建筑产品（中国）有限公司成立于 2001 年，是亨特集团在亚太地区的建筑产品研发、制造基地，前身是成立于 1993 年的亨特建材（上海）有限公司。公司位于上海莘庄工业区，总占地面积 86000 平方米，已建成投产的一、二期工程包括辊涂、喷涂、纵切、宽板、矩形板、复合板、条板和龙骨等生产线，具备年产 500 万平方米各类金属建筑产品和 800 万平方米预辊涂金属板的强大生产能力。产品除供应中国大陆市场外，还出口至亚洲、中东、欧洲和澳大利亚等国家及地区。

亨特道格拉斯建筑产品（中国）有限公司
地址：上海市莘庄工业区中春路 2805 号
电话：021-64429999
官方网站：http://www.hunterdouglas.cn/

证书编号：LB2020JS003

铝合金门窗及型材

产品简介

和平铝型材主要包括建筑型材、工业型材、装饰型材、通用型材等千余种产品，被广泛应用于IT、地产、太阳能、机械制造以及轨道交通等多个行业；作为主导产品的建筑铝型材，至今已成功服务了数万个工程。

和平铝业生产的断桥隔热铝合金型材，为穿条式隔热断桥铝型材，即通过尼龙条将两块单体铝型材连接合成一块铝型材。这种创新结构设计，不仅实现了门窗的三道密封结构，合理分离水气腔，成功实现气水等压平衡，显著提高门窗的水密性和气密性，同时也兼顾了塑料和铝合金两种材料的优势，满足了装饰效果和门窗强度及耐老性能等多种要求。同时，铝型材的表面可根据用户的需要，分别按氧化、电泳、粉末及氟碳等不同工艺进行生产，既提高了型材表面的耐腐蚀、抗老化等相关要求，也可满足用户对门窗追求不同颜色的需要，做到了既美观又结实耐用。

由和平断桥隔热铝合金型材组成的和平门窗系统拥有完善的工艺技术和完整的产品体系，从P55/P60/P65/P70/P75/P80/P95/P105，节能 K 值从2.3/2.0/1.8/1.6/1.5/1.2/1.0/0.8［W/（m^2•K）］及以下，为不同地区、不同建筑提供高性价比节能设计解决方案。阳光房系统、被动式近零能耗窗、耐火窗等均实现批量应用。

适用范围

（1）幕墙型材：包括玻璃幕墙型材、铝板幕墙型材、石材挂件型材、采光顶型材、阳光房型材及建筑幕墙附属型材等；

（2）门窗型材：包括普通建筑门窗型材、被动式建筑门窗型材及建筑门窗附属型材等；

（3）装饰型材：包括防水百叶型材、装饰百叶型材、装饰格栅型材、建筑用栏杆扶手、室内及户外广告、办公隔断、常规铝管、常规铝角等。

技术指标

1. 产品规格

平开铝系统	推拉铝系统	提升推拉铝系统	自由门系统	铝木系统	其他产品
P55	HP55	TL1201	P46	PP65	办公隔断
P60	HP78	TL165	P65	PP68	阳光房
P65	PBS80	PBS120		PP70	天窗
P70	PBS85			PP75	扶手
P75	PBS90			PP80	耐火窗
P80	PNS115				窗纱一体
P90	PBS130				隐排水窗
P95					悬移窗
P105					

2. 产品执行标准

和平铝型材全部执行GB/T 5237–2017《铝合金建筑型材》标准。

3. 产品技术参数

（1）窗系统PBW55

外框结构深度：55mm；扇结构深度：65mm；隔热条宽度：14.8mm；边框可视面宽度：22/26/30/38/46（mm）；中梃可视面宽度：26/30/38/46（mm）；扇可视面宽度：43/47/55/63/71（mm）；适配玻璃厚度：14～33mm。

（2）门系统PBD55

外框结构深度：55mm；扇结构深度：65mm；隔热条宽度：14.8mm；适配玻璃厚度：14～33mm；槽口：欧标C槽、U槽；

三河和平铝材厂有限公司
地址：北京东燕郊高新开发区、潮白河工业园区
电话：010-58411381
官方网站：www.peacealu.com

门槛：无障碍门槛、高门槛、低门槛；开启：单平开、对开、折叠推拉、PSK 内倾侧滑门。

工程案例

工程名称					
中国科学院环境环境研究中心	通州万达广场	北京军区综合服务大楼	西安中海御湖	中国工商大学	驻吉尔吉斯斯坦大使馆
中科院大气物理研究所综合科研楼工程	北京正大中心	北京军区联勤部指挥训练中心	曲江公馆	北大国际医院	中国驻巴基斯坦大使馆
北京城市副中心 A3、B3、B4	北京新青海大厦	总参工程兵第四设计研究院	西安中铁琉璃水岸	北京大学第一医院保健中心	中国驻阿富汗使馆
北京大兴国际机场	中关村壹号	总参军训和兵种部第三管理新 4 号院	西安振业泊墅二期	北京通州中医院	尼日利亚哈尔科特机场航站楼
雁西湖国际会议中心（2014 年 APEC 领导人会议主场馆、2017 一带一路高峰论坛主场馆）	北京绿地中心	怀柔 9106 工程	重庆首创城	白求恩国际和平医院新门诊楼	塞内加尔黑人文明博物馆

生产企业

和平铝业始创于 1989 年，专注于铝合金产业，集设计、生产、加工、销售、施工“五位一体”的大型铝加工制造企业。提供建筑铝型材与工业铝型材的生产加工、铝门窗幕墙系统设计研发与解决方案制定、幕墙工程设计与施工、铝门窗幕墙加工、五金配件销售等全产业链、多元化服务。

现拥有燕郊、大厂、衡水（建设中）三大生产加工基地，总占地 120 余万平方米，目前最大挤压机 7500 吨，年设计挤压铝型材 15 余万吨；门窗加工中心 2 万平方米，全流程生产线 6 条，年设计生产铝合金门窗 100 万平方米；幕墙加工中心 3 万平方米，单元体幕墙生产线 6 条，年设计生产幕墙 80 万平方米。

设有铝型材设计、门窗幕墙系统设计、幕墙工程专项设计三级研发机构，拥有专利百余项，参编国家与行业多项标准、规范。从断桥铝合金型材生产到门窗系统研发与推广、框架幕墙、单元体幕墙板块设计与施工，再到耐火窗、阳光房、被动窗、装配式建筑门窗幕墙产品等研发制造，30 多年来，和平铝业用实际行动践行绿色、智能、低碳、节能、创新的时代主题，推动绿色制造高质量发展。

金属复合材料
地坪材料
建筑涂料
预拌混凝土
胶粘剂
道路材料
预制构件
防水卷材与防水涂料
其他材料

证书编号：LB2020JS004

DS、顶上集成吊顶、集成墙面（多层实木墙板、新源板）

产品简介

集成吊顶是金属及金属复合材料吊顶板与电器的组合。分扣板模块、取暖模块、照明模块、换气模块。安装简单，布置灵活，维修方便，成为卫生间、厨房吊顶的主流。如今，随着集成吊顶业的日益发展，全屋吊顶、阳台吊顶、餐厅吊顶、客厅吊顶、过道吊顶等逐渐成为家装的主流，改变石膏板单调颜色，漏水就变黄的困扰，集成艺术吊顶正成为市场的新潮。

适用范围

产品应用于家装及工程装修领域；适用于厨房、卫生间、客（餐）厅、卧室、背景墙等。

技术指标

1. 产品执行标准

GB/T 23444−2009《金属及金属复合材料吊顶板》。

2. 产品规格

300mm×300mm、360mm×360mm、450mm×450mm。

3. 产品技术参数

公司使用多种材料混合而成的纳米抗油污抗菌自清洁涂料，其具有优良的加工成型性能、抗菌性能和高效的抗油污能力，使公司扣板具有高抗油污功能，是厨房及油烟设计空间的优选品；同时，公司采用美国惠普先进的平面喷绘设备，对扣板进行 3D 活性炭表面加工，使扣板表面图案更具有立体感，提高了图案的色彩对比度和清晰度。表面具有抗腐蚀性，可保证公司产品不褪色，避免了短时间内反复装修的烦琐。

工程案例

上海陆家嘴集团－天津海上花苑 2 期项目，2016 年 12 月竣工交付。

产品运用：厨卫空间

应用量超过 4 万平方米

生产企业

浙江顶上智能家居股份有限公司，是一家集自主经营、专业设计、研发、制造、服务为一体的高新企业，专业生产集成吊顶、集成背景墙面、集成智能家居为核心的企业。“顶上品牌”创立于 2001 年，公司地处杭嘉湖平原中心地带的嘉兴

市余新镇，交通非常便利，距离上海、杭州高铁只需约 20 分钟，跨海大桥约 30 分钟，互联网永久会议地乌镇约 30 分钟。公司拥有庞大的产业园，并具有技术研发、产品开发、软件设计、网络管理、智能化管理、私人定制设计管理等众多团队。公司拥有行业飞碟服务平台、行业设计院，拥有行业内先进的美国活性炭工艺设备和各类塑机、机床、数控机械等各种加工设备，并拥有多条自动生产线，拥有多项国家专利。

公司建立了完善的管理中心：1. 产品发展中心；2. 营销中心；3. 研发中心；4. 制造中心；5. 行政中心；6. 财务审计中心，有力地保障了全国经销商的产品供应和优质服务任务的完成。公司通过 GB/T 19001-2008/ISO 9001：2008 质量管理体系认证、140001 环境管理体系认证，轻工安标认证，公司所有电器、元器件均通过国家 3C 认证。公司以顾客是上帝为目标，不断追求完美，提高产品技术含量和品质，满足客户的同时，不断提升自己。公司打造品牌 10 多年以来，通过团队共同拼搏和努力，在全国经销商的支持和帮助下，顶上在全国大、中、小城市纷纷建立了众多专卖店，以经销商、代理商、工程商为渠道的网络覆盖，以分公司管理的模式，以样板市场为销售榜样，不断提刀品牌知名度，扩张品牌的市场占有率。公司发展的成长历程中，凝聚着经销商的辛劳和汗水，闪烁着公司所有员工努力奋斗的优异成果，也更加激励我们为未来的辉煌拼搏奋进。

顶上品牌，一直以助力行业发展为己任，不断为行业健康发展做贡献。

顶上，集成智能家居智慧者！

浙江顶上智能家居股份有限公司
地址：浙江嘉兴南湖区余新镇经二路东侧 8 幢
电话：0573-83253333
官方网站：www.d-shang.com

证书编号：LB2020JS005

墙煌预辊涂金属板、喷涂铝单板、铝塑复合板

产品简介

铝塑复合板是采用本公司自己生产氟碳涂层铝板为面板和背面板，上下高分子胶粘膜和PE塑料芯材（黏流熔融态）五层，经过一步法复合成型、定型、冷却等先进的生产工艺精心制作的产品。产品具有复合强度高而稳定，板形平整，产品内应力比同类产品小，表面涂层具有色泽均匀、色彩丰富、附着力优良，特别是防腐耐候性和抗污性优良等特点，是目前内外墙装饰用先进的幕墙材料。

彩涂铝板经过脱脂、清洗、钝化层处理，再在此基础上涂装目前国际先进水平的HYLAR500和HYLAR5000系列氟碳（PVDF）树脂生产的涂料，产品具有高强度、防腐蚀、高耐候性能等特点，并且可根据客户的自身要求选择不同的颜色进行调色，可以单色一体化，也可以并存达到绚丽多彩的效果。

金属饰面保温板是集保温、防火、装饰一体板，是一种新型的外墙保温装饰材料，它是由防火等级达到A级的保温芯材，强力复合胶，具有石纹、木纹等纹路，热反射、隔热等功能的钢、铝饰面板或天然石薄板、陶瓷板等组成。具有良好的防火性能、耐化学品腐蚀能力，能承受正、负风压、风振、地震等作用，还能承受因温度、湿度变化而产生的巨大应力变化。同时具有轻质高强、节能环保、色彩丰富艳丽、超耐候、表面自洁、施工简便等优异特性。不仅适用于新建筑的外墙保温和装饰，也适用于旧建筑的节能装饰改造，也可用于室内墙体装饰，且不受地域性差异的影响。

适用范围

铝塑板应用领域与适用范围：娱乐场、车站、码头、机场、影剧院、体育馆、商场、写字楼等。

彩涂铝板：广泛应用于外墙铝塑板、天花吊顶板、新型屋面、墙面和蜂窝板。

金属饰面保温板：广泛应用于高档办公楼、高档住宅楼、政府办公楼、银行大楼、会展中心、写字楼、酒店、学校、医院、别墅等建筑物的内外墙建筑装饰。

技术指标

铝塑板：涂层膜厚≥25μm，附着力0级（划格法），耐碱、耐酸、耐溶剂无变化，4000h耐盐雾≤1级，贯穿阻力≥7.0kN，剥离强度≥130N·mm/mm，外观及尺寸偏差高于国标GB/T 17748—2016《建筑幕墙用铝塑复合板》，GB/T 22412—2016《普通装饰用铝塑复合板》。

彩涂铝板：涂层膜厚≥16μm，光泽偏差≤10，附着力0级（划格法），耐碱、耐酸、耐溶剂无变化，4000h耐盐雾≤1级，耐人工老化（色差≤2.0；失光等级≤2级；其他老化性能0级）。

金属饰面保温板：涂层膜厚≥ 25μm，附着力 0 级（划格法），铅笔硬度≥ HB，光泽偏差≤ 10，柔韧性≤ 2T，耐酸碱、耐油性无变化，压缩强度≥ 0.10MPa，平拉强度≥ 0.12MPa，且保温材料内聚破坏，耐水 48h 后≥ 0.10MPa 且保温材料内聚破坏，耐温差性（外观：涂层应无起泡、剥落、开裂等现象，黏结部位应无开胶现象；平拉强度≥ 0.10MPa），导热性数≤ 0.04W/（m·K），燃烧性能符合 JG/T 360—2012《金属装饰保温板》要求。

工程案例

北京大兴国际机场航站楼、天津滨海国际机场、镇江体育馆、广州奥体中心、福州海峡会展中心、河南艺术中心、烟台世贸会展中心、中纺 CBD 商业中心、宁波和丰创意广场、东阳总部中心、上海中山广场、无锡南通润华国际中心等项目。公司注重管理创品牌，依靠科技促发展。

生产企业

墙煌新材料股份有限公司是浙江精工建设产业集团有限公司与香港东美资源有限公司的合资企业，创建于 1996 年 6 月，注册资金 800 万美元，总投资人民币 4.0 亿元，是目前国内同行业中规模较大、品种全、工艺先进、综合实力较强的生产加工企业之一。

墙煌新材料股份有限公司是彩色涂层铝板、彩色涂层钢板、铝塑复合板、铝单板、保温一体板的专业生产企业，是铝塑板、铝单板国家标准起草单位之一，是中国建筑材料联合会铝塑复合材料分会创办企业之一，是其常务理事长单位，是国内较早通过国家建筑材料检验认证中心验收合格的 CTC 认证单位，具有悠久的生产历史和完整的技术工艺，公司拥有全套的日产涂装生产线、复合生产线，喷涂采用日本、法国高压静电喷枪。公司主要产品有“墙煌”牌彩色涂层铝板、钢板、水性涂层板、铝塑复合板、抗脏自洁铝塑复合板、氟硅铝单板、水性陶瓷喷涂铝单板及各种形状的氟碳喷涂铝单板等。

墙煌新材料股份有限公司

地址：浙江绍兴柯西工业区
电话：0575-84881477 转 8019
官方网站：Http：//www.alucosuper.com

证书编号：LB2020JS006

萨克森金属吊顶 金属墙面装饰用铝合金板

产品简介

铝合金蜂窝铝板、超微孔铝合金蜂窝板、铝合金单板表面均为高漫反射涂层，漫反射膜层厚度≥ 100 μm，漫反射率≥ 95%，T 弯 <2T，性能经过国家级检测中心检测达标，同时满足装饰金属吊顶板国标规定指标要求；漫反射蜂窝铝板的物理性能满足国家规范相应要求，漫反射涂层甲醛含量 <1.5mg/L。

高漫反射涂料需采用阿克苏、PPG、KFCC 及同等档次品牌材料。

我公司面板和背板使用的铝基材材质为：西南铝 3003 系列（铝锰合金）、硬度为 H24 半硬状态，采用这种基材所加工出的方板平整度好、变形率低。蜂窝芯选用国内优质材料，黏合的胶水采用中性环保胶水，不散发异味。表面处理方式为白橡木纹预辊涂。龙骨、附件及各种固定件，均采用 1.0mm 厚钢板卷材或铝型材挤压而成，钢材均采用镀锌钢材质，钢材等级为 Q235，镀锌层表面为热镀锌。

适用范围

商业建筑领域（如：商业楼、办公楼、政府机构、医院、银行、图书馆等）；

交通领域（如：机场、火车站、地铁等公共交通枢纽）；

产品主要适用于：大型公共建筑金属吊顶系统和金属墙面系统。

技术指标

1. 漫反射蜂窝板技术指标

涂层特性：

正反射率	扩散反射率
≤ 1%	≥ 95%
漫反射特性	550nm 光波反射率
测试方法	ASTM E1164
漫反射涂层性能必须经过国家级检测中心对光的漫反射率 95% 检测达标，同时满足装饰金属吊顶板国标规定指标要求。	

基本尺寸及偏差：

项目		参数
产品总厚度（mm）		见图纸
产品组成		面板 + 蜂窝芯 + 背板
常规板面尺寸		宽≤ 1190mm；长≤ 6000mm
产品公差	长度、宽度 (mm)	±3（≤ 2000 时）
		±2（>2000 时）
	对角线 (mm)	±2.0（≤ 2000 时）
		±3.0（>2000 时）
	板厚 (mm)	±0.2
	板面平面度 (mm)	±0.2
	对角线偏差 (mm)	≤ 3
	折边高度 (mm)	±0.5
	折边角度 (°)	≤ 1.0
	板面平直度 (mm)	≤ 1.0
	板边平直度 (mm)	≤ 2

萨克森建材（北京）有限公司

地址：北京市朝阳区力源里北街 2 号院 4 号楼 2 层 216
电话：010-85860784
传真：010-85864184
官方网站：www.sachsen.com.cn

2. 复合板、铝合金单板、铝合金条板

表面涂层

辊涂：涂层不得有漏涂、波纹、鼓泡或穿透涂层的损伤；涂层厚度：平均膜厚≥ 45μm；硬度≥ 2H；抗冲击强度：不小于 5N•m

光泽保持率：70%；涂层附着力：≥ 0 级；耐酸性 / 耐碱性 / 耐油性；无变化

涂层耐久性：中性盐雾（720h）试验要求不次于 1 级

耐湿热性（600h）要求不次于 1 级

耐人工气候加速老化性（650h）

防火性能：A 级标准；加工工艺：表面辊涂；

外观质量：外观应整洁，图案清晰、色泽基本一致，无明显擦伤和毛刺；表面不得有明显压痕、印痕和凹凸等痕迹；目视无明显色差，涂层不得有露底和明显痕、橘皮等缺陷；涂层不得有漏涂或穿透涂层厚度的损伤。

工程案例

萨克森产品广泛应用于中国诸多重点项目，如：北京大兴国际机场、海口美兰国际机场、青岛胶东国际机场、长春嘉龙国际机场、成都天府国际机场、武汉天河国际机场、重庆江北国际机场、天津滨海国际机场、昆明长水机场、秦皇岛机场、天津滨海火车站及地下交通枢纽、南宁东站、南昌西站、天津于家堡火车站、沈阳南站、石家庄火车站、北京地铁六号线、北京地铁 8 号线、联想总部基地、百度办公楼、APEC 国际会议中心、人民日报社综合楼等一大批具有行业代表意义的重要工程。

生产企业

萨克森建材（北京）有限公司是一家专业为大型公共建筑提供金属吊顶系统、金属墙面系统及智能建筑遮阳产品的系统材料供应商。

公司控股下的萨克森建材（北京）有限公司创立于 2005 年，早期工厂位于北京市朝阳区金盏工业园，2010 年初公司斥资 6000 万元人民币，在位于廊坊市香河经济开发区建立同类内装产品北方生产基地。新工厂占地约 4 万平方米，其中厂房面积 20000m^2（库房占 5000m^2），办公楼占地面积约 5000m^2，实验室占地面积 2000m^2。公司于 2017 年 7 月成功挂牌了“新三板”（股票代码：872067），萨克森二期厂房于 2017 年 10 月正式动土开建，占地约 8000m^2。

工厂建立伊始便引入了公司自主研发的 MRP 运营系统，并顺利通过 ISO 9001、ISO 14001、OHSAS 18001 认证，同时也获得各种行业协会及国家检测机构的认定，并取得了多项国家发明专利。

萨克森建材（北京）有限公司
地址：北京市朝阳区力源里北街 2 号院 4 号楼 2 层 216
电话：010-85860784
传真：010-85864184
官方网站：www.sachsen.com.cn

证书编号：LB2020JS007

广铝铝合金建筑型材

产品简介

铝合金建筑型材，通过挤压加工获得的铝及铝合金材料，已广泛应用于建筑领域的新型材料。合金为6063-T5和6063-T6，表面处理主要分为阳极氧化、粉末喷涂、氟碳喷涂、电泳、拉丝、抛光。

适用范围

铝合金建筑型材主要适用于建筑外围的门窗与幕墙结构。

技术指标

1 产品执行标准

GB 5237-2017《铝合金建筑型材》

GB 5237.1；GB 5237.2；GB 5237.3；GB 5237.4；GB 5237.5；GB 5237.6

2. 产品技术参数

（1）外观质量：阳极氧化型材表面不允许有电灼伤、氧化膜脱落等影响使用的缺陷；电泳、粉末、氟碳型材涂漆后的漆膜应均匀、整洁、平滑，不允许有皱纹、裂纹、气泡、流痕、夹杂物及漆膜脱落等影响使用的缺陷，但在型材端头80mm范围内允许局部无膜。铝合金建筑型材外观质量影响建筑装饰效果，因此出厂型材表面必须有覆膜，避免运输、堆放过程中表面划痕、碰伤、腐蚀。市场上有些铝合金建筑型材内腔存在类似水纹状、发霉斑点现象，反映出生产过程的缺陷。

（2）壁厚：型材的壁厚是影响加工件强度的主要因素之一，主型材在工程中是受力部位。例如外窗主型材最小公称壁厚规定不得小于1.4mm。

（3）膜厚：挤压好的铝合金型材，其表面耐蚀性不强，须进行表面处理以增加铝材的抗蚀性、耐磨性及外表美观度。阳极氧化铝材膜厚级别分为AA10、AA15、AA20、AA25，电泳涂漆铝材膜厚级别分为A、B、S，粉末喷涂铝材装饰面上涂层最小局部厚度≥40μm，氟碳漆喷涂铝材装饰面上的漆层厚度因涂层种类不同，要求也不同，二涂平均膜厚≥30μm、三涂平均膜厚≥40μm、四涂平均膜厚≥65μm。

（4）化学成分、力学性能：铝合金型材不同牌号、供货状态其化学成分、力学性能技术参数是不同的，客户要对照标准（合同）逐一核对。

（5）颜色和色差：不同的牌号、供货状态的合金存在着颜色和色差的区别。建议选用合金牌号和供货状态时，充分考虑颜色和色差不一致性对建筑结构的影响。

（6）耐盐雾腐蚀、耐磨性、耐候性、耐砂浆性等：这是铝合金建筑型材的重要技术参数，反映出铝合金型材性能，影响使用。

①化学成分

合金牌号	硅（Si）	铁（Fe）	铜（Cu）	锰（Mn）	镁（Mg）	铬（Cr）	锌（Zn）	钛（Ti）	其他		铝（Al）
									单个	合计	
6061	0.4～0.8	0.70	0.15～0.40	0.15	0.8～1.2	0.04～0.35	0.25	0.15	0.05	0.15	余量
6063	0.2～0.6	0.35	0.10	0.10	0.45～0.9	0.10	0.10	0.10	0.05	0.15	

②力学性能

合金牌号	状态	抗拉强度	屈服强度	伸长率	维氏硬度	韦氏硬度
6061	T6	≥265MPa	≥245MPa	≥8%	/	
6063	T5	≥160MPa	≥110MPa	≥8%	HV≥58	HW≥8
	T6	≥205MPa	≥180MPa	≥8%	/	

广东广铝铝型材有限公司

地址：广东省广州市白云区江高镇青云路55号

电话：（8620）86161617

官方网站：www.gzga.com.cn

③电泳涂漆型材

级别	阳极氧化膜厚		漆膜厚度	复合膜厚度	漆膜铅笔硬度
	平均膜厚	局部厚度			
A	≥ 10μm	≥ 8μm	≥ 12μm	≥ 21μm	≥ 3H
B	≥ 10μm	≥ 8μm	≥ 7μm	≥ 17μm	≥ 3H

④粉末喷涂、木纹转印型材

涂层厚度	涂层压痕硬度	涂层划格附着力
40 ~ 120μm	抗压痕性≥ 80	0 级

⑤隔热型材

类别	纵向抗剪强度特性值 Tc	横向抗拉强度特性值 Qc
穿条式	≥ 24N/mm	≥ 12N/mm

⑥氟碳漆喷涂型材

种类	涂层厚度		涂层铅笔硬度	涂层附着力
	平均膜厚	最小局部厚度		
二涂 2	≥ 30μm	≥ 25μm		
三涂 3	≥ 40μm	≥ 34μm	≥ 1H	0 级
四涂 4	≥ 65μm	≥ 55μm		

工程案例

东莞酷派天安云谷、深圳博林天瑞、青岛天安数码城、天健科技大厦、遵义希尔顿酒店、深圳华讯中心、深圳博林天瑞、广州白云国际机场、广州白云国际会议中心、广州亚运综合馆、湛江喜来登酒店、深圳天安云谷、佛山国际商业中心、上海源深体育馆、上海中大长江紫都、海南三亚亚太国际会议中心、内蒙古呼和浩特东岸国际、中山凯茵新城、苏州湖畔天城、菲律宾特普朗大厦、越南梦想市场、坦桑尼亚 TAN 大厦。

生产企业

广铝集团有限公司成立于 1993 年，总部位于广州市，是一家集铝土矿山开采、氧化铝生产、铝冶炼及铝精深产品研发－生产加工－贸易销售、铝质幕墙门窗生产与工程安装于一体的铝全产业链覆盖，多元化投资发展的大型企业集团，是完整的铝全产业链生产企业之一。目前，集团公司拥有 22 家全资下属公司，在广州市白云区、越秀区、增城区、黄埔区，佛山市南海区，东莞市麻涌镇和贵州省贵阳市拥有生产基地。

诚信至上，质量为先。广铝集团先后荣获了国家重点新产品生产基地、国家认可实验室、中国节能型材创新企业十强、博士后科研工作站、广东省高新技术企业、广东省企业技术中心、广东省优秀信用企业、广州市政府重点扶持十大民营企业、建筑幕墙工程设计与施工一级资质证书等多项荣誉资格，成立了铝全产业链专家委员会，并先后通过了 ISO 9001、ISO 14001 以及 OHSAS 18001 三大国际认证。

广东广铝铝型材有限公司为广铝集团有限公司旗下子公司，是以铝冶炼加工、铝产品研发销售、门窗幕墙系统配件供应于一体的铝型材公司。

金属复合材料 地坪材料 建筑涂料 预拌混凝土 胶粘剂 道路材料 预制构件 防水卷材与防水涂料 其他材料

广东广铝铝型材有限公司

地址：广东省广州市白云区江高镇青云路 55 号
电话：（8620）86161617
官方网站：www.gzga.com.cn

证书编号：LB2020JS008

阿尔托金属复合瓦

产品简介

阿尔托金属复合瓦是一种将特殊沥青材料和彩涂铝板复合在一起的屋面瓦产品。其作用起到防水和美观效果，替代沥青瓦、水泥瓦、陶瓦等传统产品，以及替代金属屋面（立边咬合、锁扣瓦)；是一种新型建筑材料。具备防水、安全、轻质、美观（颜色丰富多彩)、施工简便、使用年限长等特点。本产品采用环保材料废旧轮胎、工业废渣、植物纤维等替代部分沥青材料，具有环保、轻质（只有水泥瓦、陶瓦质量的 1/6)、运输成本低、安装速度快、表面效果多样的效果，并在抗风揭、防坠落性能比传统屋面瓦高出很多。阿尔托瓦最显著的特点是轻、薄、柔、可弯曲、可做特殊颜色等；其防火、防水、耐温、耐久等性能都远远优于其他同类型产品。

适用范围

可适用于各种不同的环境和气候，现已广泛应用于各式坡屋顶及墙面施工。

技术指标

阿尔托金属复合瓦技术指标：

沥青基材耐热度	90℃	合格
沥青基材可溶物含量	≥ 1000g/m^2	合格
沥青基材拉力	横 / 纵向拉力	≥ 500N
沥青基材撕裂强度	撕裂强度	≥ 100N
热老化	168h/80℃ / 剥离强度（与铝板）≥ 1.5N/mm	＞ 1.5N/mm
粘接胶渗油性	粘接胶 (沥青基材 - 铝板)	≤ 2 张
粘接胶持粘性	持粘性	≥ 15min
180°剥离强度（沥青基材与铝板）	常温剥离测试（23℃ ±2℃）	≥ 1.5N/mm
180°剥离强度（沥青基材与铝板）	低温剥离测试（0℃ ±2℃）	≥ 1.0N/mm
180°剥离强度（沥青基材与铝板）	高温剥离测试（60℃ ±2℃）	≥ 0.5N/mm
瓦粘接胶剥离强度	常温（23℃ ±2℃）/90°剥离	≥ 1.5N/mm
瓦耐钉子拔出性能	≥ 75N	合格
抗风揭性能	≥ 97km/h	合格

科肯绿色（北京）科技有限公司

地址：北京市通州区聚富苑民族工业园北环路 6 号
电话：15061909476
官方网站：www.kealno.com

工程案例

项目名称	项目地址	面积
苏州世茂铜雀台·龙胤	苏州市工业园区石莲街 1 号世茂铜雀台	28331.55m^2
金华亚运分村项目	浙江省金华市金东区复兴街与环城南路交义口西南 320 米路北（金华亚运分村）	13000m^2
南京汤山 G81 地块	江苏省南京市江宁区美泉路“南京汤山一品温泉酒店”对面工地	9561.3m^2
温州洞头海悦城 · 钰园	浙江省温州市洞头区海悦城三期钰园 (滨海大道西 300 米）	5831.9m^2
炳灵书院项目	成都市金堂县赵镇今日润领 3 期	3079.075m^2
西安·杜邑文化旅游商业街	西安市雁塔区雁翔路	12807.72m^2
山东临沂·蓝城水墨琅琊茶芽山艺术中心	临沂市兰山区李官镇石家屯村茶艺术中心	2167.545m^2

生产企业

科肯绿色（北京）科技有限公司是一家集科研、生产、销售与技术服务为一体的综合型高新科技企业，是中国较好生产金属落水材料和金属复合瓦的企业。拥有多项自主专利，参与制定行业标准，无论生产规模还是市场占有率都位居前列。

公司主要产品有：金属落水、金属复合瓦、ECO 窗、金属铝构架、装配式住宅（屋面部分配套）等绿色、环保产品。

科肯绿色集国外先进技术与中国传统技术于一身，汲取了欧洲金属瓦 200 多年的技术精髓，历经无数次试验、改良，成功研发出接近国际水平、国内先进水平的屋面系统产品。公司在全国各地各主要城市设有代理机构，产品已广泛用于工业与民用建筑、公共建筑与市政设施、旧建筑改造等。由于科肯绿色产品超强耐候、轻质、多彩、环保等特点，深受广大用户欢迎。

随着消费者对于建筑多样性和美观性的强烈需求，我公司本着“为用户结果负责”的宗旨，将不断追求卓越创新，靠质量和服务赢得客户，靠客户信赖赢得发展，为社会创造一个绿色环保美丽的世界。

科肯绿色（北京）科技有限公司
地址：北京市通州区聚富苑民族工业园北环路 6 号
电话：15061909476
官方网站：www.kealno.com

证书编号：LB2020JS009

金近装饰铝板 装饰铝蜂窝板 装饰铝方通

产品简介

装饰铝单板是采用优质铝合金板材为基材，再经过数控折弯等技术成型，表面喷涂装饰性涂料的一种新型幕墙材料。铝单板基材采用1100H24、1060H24、3003H24、5005H24等幕墙专用单层铝合金板。其构造主要由面板、加强筋和角码等部件组成。

蜂窝板是由面板、背板及铝质蜂窝芯复合而成，厚度有12mm、15mm、20mm、25mm等。面板、背板一般均采用铝板，根据实际需要，面板主要有三种形式：不打孔、打孔、转印木纹等。蜂窝板的这种结构决定了它有以下优点：

1. 防火性能高：安全性符合A1级不燃，不起明火的要求；
2. 隔声、隔热性能好：由于面板与背板之间的空气层被蜂窝芯分成众多封闭空隙，使声波和热量不易传播；
3. 防潮、耐候性能好：在浓度2%的酸及碱溶液中浸泡24小时无变化，在-40～80℃的温度范围内正常使用；
4. 强度好、刚度大、环保性能高：以合理的结构实现最大的强度，从而使材料的使用达到最优化，易清洁、可回收再利用，符合国家的可持续发展战略；
5. 质轻：使用安装方便：铝蜂窝板是同体积木板质量的1/5，是玻璃质量的1/6，可大大减轻装饰面层对建筑物的荷载。

适用范围

适用于各种建筑内外墙、大堂门面、柱饰、高架走廊、人行天桥、电梯包边、阳台包装、广告指示牌、室内异型吊顶等的装饰。应用场合包括：建筑物外墙、梁柱、阳台；候机/车楼；会议厅、歌剧院；体育场馆；接待大堂等。

技术指标

1. 产品规格

常规厚度：0.8mm、1.0mm、1.2mm、2.0mm、2.5mm、3.0mm。

常用规格：600mm×600mm、600mm×1200mm。

2. 产品技术参数

装饰铝板、装饰方通：外观质量无毛刺、裂边，无明显擦伤、压痕，光泽度10～30，涂层厚度层厚度≥20μm，铅笔硬度≥1H，耐冲击≥6N·m，经冲击试验，涂层无开裂或脱落现象；经耐盐酸试验后，目视检查试验后的涂层表面，不应有气泡及其他明显变化。耐磨性：磨耗系数≥0.8，Si（%）≤0.6，Fe（%）≤0.7，Cu（%）0.05～0.20，Mn（%）1.0～1.5，Zn（%）≤0.10。

蜂窝板：蜂窝板是由面板、背板及铝质蜂窝芯复合而成，厚度有12mm、15mm、20mm、25mm等。无毛刺、裂边，无明显擦伤、压痕，光泽度10～30，涂层厚度≥20μm，铅笔硬度≥1H，耐冲击≥6N·m，无脱落，耐酸性无变化，耐碱性无变化，表面铅笔硬度≥H级，涂层光泽度偏差≤10，涂层柔韧性/T≤2，胶水柔韧，非快干性、双组分聚氨酯进口胶水或热塑型胶膜。炉内温升（℃）≤5。弯曲强度102.2MPa，弯曲刚度2.50×10^3MPa，平面压缩强度2.4MPa，平面压缩弹性模量47.4MPa，平面剪切强度1.27MPa，平面拉伸强度1.50MPa，滚筒剥离强度141.7N/cm.cm。

工程案例

秉承多年来产品制造累积的工艺技术和加工经验，结合先进的生产设备和模具技术，苏州金近幕墙有限公司先后完成国内外上千个室内外工程项目，部分项目细分如下：

火车站：苏州火车站南广场、上海火车站、杭州火车站、郑州火车站、杭州铁路东站。

机场：浦东国际机场、虹桥机场、江都民用机场、石家庄机场、虹桥交通枢纽等；

地铁：宁波地铁 2 号线、苏州地铁大厦、苏州地铁 2 号线、苏州地铁 2 号线延伸线、无锡地铁 1 号线 2 号线、上海地铁等；

医院：齐鲁医院、苏州母子医院、郯城第一人民医院、浙江第一人民医院、浙江肿瘤医院、比利时医院、苏州相城人民医院、沂南人民医院、嘉兴荣军医院、桐庐县中医院等；

学校：上海科技大学新校区、苏州金阊小学、苏州相城区蠡口中学、苏州陆慕实验小学、北美国际学校、苏州利物浦学校、青岛中学等；

银行：杭州联合银行、苏州银行、农业银行、建设银行、嘉兴宁波银行等；

体育馆：上海东方体育中心、合肥体育中心、富阳体育馆、刚果（布）布拉柴维尔体育场、崇明岛体育中心；

会议中心：鲁南中印软件园—印度会所、昆明滇池国际会展中心、非盟会议中心、老挝国家会议中心、上海国际会议中心、上海国际博览中心、中国博览中心、杭州感知中心、泰州医药会展中心、昆明新政务服务中心等；

行政中心：格鲁吉亚司法大厦、驻刚果（布）使馆、宁波东部新城、浙江中烟、重庆政府大楼、袍江新区管委会、南浔综合行政中心、宁波行政中心、临安金融国际大厦、嘉兴东方大厦、陕西羽顺办公楼、天津陆家嘴金融大厦等；

电力、电信、广电：河北电谷、镇江供电、余杭电力、萧山电力、武汉广播电视中心、舟山电力、宁波电讯、浙江省移动、江苏电力等；

景区、度假酒店：牛首山文化旅游区、上海迪士尼乐园、西安凯悦酒店、千岛湖皇冠假日酒店等；

商城、广场：上海近铁城市广场、上海华漕时尚生活中心、杨浦创智天地、张家港大成广场、无锡科创中心、潍坊新生活广场、临沂市民中心、银峰财富广场 D 座等。

生产企业

苏州金近幕墙有限公司成立于 1992 年，是生产铝幕墙板和铝型材氟碳喷涂的专业化公司，公司拥有两条喷涂流水线：Ω 立式型材氟碳喷涂流水线和卧式氟碳喷涂流水线；也是国内较早从事金属内外铝板、金属吊顶板的生产、设计并可提供安装服务的专业化公司，凭借优良的质量、良好的服务、快捷的供货取得了建筑装饰行业的认可和赞誉。自公司建立以来，先后为近千项大、小工程提供了各种规格、各种颜色的铝幕墙板，并获得了用户的好评。

公司占地面积 60000m^2，注册资金 5000 万元整，职工人数：358 人，现有生产能力：立线年喷涂生产能力 100 万平方米，横线年钣金及喷涂生产能力 60 万平方米。

公司是江苏省高新技术企业，原是日资企业，由日方全权运营，2002 年股本改制，现为法人独资企业。为了生产出高质量的产品，公司建立初期就派出员工到日本培训，员工个人和公司集体的技术非常扎实和全面。并先后邀请了国外铝幕墙板的设计、制造等方面的专家来公司对公司员工进行培训和指导。同时公司又随时接受 PPG 公司技术检查人员来公司检查，以确保产品质量。公司生产设备主要是从日本、欧洲进口。公司产品从普通的金属墙板系列、吊顶板系列，到双曲面钛金板、蜂窝板系列……有上百种类型。

苏州金近幕墙有限公司

地址：苏州市相城区黄埭镇春兰路 85 号
电话：0512-65451328-8058
官方网站：www.jinjin-cn.com

证书编号：LB2020JS010

硅宝防腐消声排烟风管板材

产品简介

1. 防腐消声排烟风管，耐火极限 30min/60min/120min，符合国家标准 GB/T 17428—2009《通风管道耐火试验方法》。

2. 防腐：防腐消音排烟风管内外表面使用压花彩钢板增强排烟风管的抗腐蚀能力，广泛应用于地下室等温度较大的场所。

3. 隔声：内外表面彩钢板之间为新型微孔材料，能有效地隔绝噪声。

4. 降噪：内表面彩钢板无须做加强筋，而使用菱形花纹矫正风向、减少共振，降低因共振而产生的噪声。

5. 隔热：芯材导热系数为 0.025W/（m•K），隔热性能相当于 30 ～ 50mm 厚玻璃棉。

6. 质量轻：同样规模的排烟风管，防腐消声产品的质量仅为白铁皮风管质量的 1/4，吊装材料费用相对减少，2 人即可完成吊装，减少人工成本，提升工作效率。同时符合 GB 50981—2014《建筑机电工程抗震设计规范》，节省抗震支吊架。

7. 强度高：最高可承受 3000Pa 的风压，满足高、中、低压系统的应用。

8. 损耗少：根据风管制作需要可生产不同长度的板材，材料损耗降到最低，同时可提高制作效率。

9. 风管制作简便：手用或机械工具刀即可进行板材裁切，通过扣式金属合金法兰连接，吊装简便，施工周期短。

10. 防腐消声排烟风管吊装无须预留施工空间，可降低建筑的层高要求，节约工程造价，同时还可增大使用空间。

适用范围

防腐消声排烟风管板材具有良好的钢性和强度以及耐腐蚀性、耐候性能及隔消声性能，可有效地抵抗碰撞，抗冲击性能可与传统铁皮风管相比拟，强于无机玻璃钢风管，避免了交叉施工过程的破坏，燃烧性能为不燃 A 级，耐火极限为 120min，主要用于防火排烟风管的制作，也可作为防火板使用。

技术指标

性能项目	技术参数	标准
芯材密度	⩾ 80 ～ 100kg/m³ 可定制	GB/T 6343—2009
导热系数	⩽ 0.032W/（m•K）	GB/T 10294—2008
板材厚度	10mm/25mm/40mm 可定制	GB 50264—2013
压缩强度	⩾ 0.2N/mm	GB/T 8813—2020
弯曲强度	⩾ 1.2MPa	GB/T 8812—2007
芯材吸水率	⩽ 5%	GB/T 8810—2005
氧指数	⩾ 45	GB/T 8811—2008
甲醛释放量	⩽ 1mg/L	GB/T 18580—2017
抗压强度	⩽ 3000Pa	GB/T 50243—2018
漏风量	合格	JGJ141—2004
燃烧等级	A2 级	GB 8624—2012
耐火时限	0.5 小时 /1 小时 /2 小时	GB/T 17428—2009

瑰宝新材料股份有限公司
地址：江阴市祝塘镇新庄路 100 号
电话：0510-86382566
传真：0510-86382566
网址：www.jsguibao.com

工程案例

江苏海澜之家总部、杭州西湖大学、南京中兴通讯智能设备基地、山东国家电投新能源科技馆、武汉火神山医院、西安市地铁 5 号线和 6 号线、义乌市高铁站、郑州高铁南站等。

生产企业

瑰宝新材料股份有限公司位于江阴市的祝塘镇，毗邻江阴长江大桥和沪宁、锡澄、沿江三条高速公路，临近地理学家徐霞客故乡及全国闻名的华西村，有着得天独厚的地理优势，交通十分便捷。

瑰宝新材料股份有限公司占地约 6.6 万平方米，厂房建筑面积 3.5 万平方米。公司采用“引进关键技术，消化吸收再创新”的新型模式，已与北京清华工业开发研究院工程技术促进中心联合成立清大瑰宝新型阻燃保温材料工程研究中心，建立酚醛泡沫材料研发平台及大规模生产基地。目前，公司大型生产基地已拥有酚醛树脂泡沫板连续生产线 10 条，聚氨酯外墙保温生产线 1 条，挤塑聚苯板生产线 3 条，规模化生产的良好格局已全面形成。酚醛泡沫材料是公认的建筑行业中很有发展前途的新型保温材料，作为新一代节能的优质墙体保温材料，可与聚苯乙烯泡沫材料和聚氨酯泡沫材料竞争。瑰宝新材料股份有限公司因势所需，创建中国大型泡沫材料生产基地是符合市场急需的关键决策。大型生产基地的成功实施，也为公司从事低碳、防火、节能的双面铝箔夹芯酚醛风管保温板、彩钢夹芯酚醛风管保温板、彩钢瓦夹芯酚醛建筑保温板、改性酚醛墙体保温板、聚氨酯外墙保温板、挤塑外墙保温板、挤塑复合风管等系列产品的研发、生产、加工和销售提供了可靠保证。

瑰宝新材料股份有限公司

地址：江阴市祝塘镇新庄路 100 号
电话：0510-86382566
传真：0510-86382566
网址：www.jsguibao.com

证书编号：LB2020JS011

闽天利 TL-8 高强度节能防腐风管板 钢质隔热防排烟风管板 防腐消声排烟风管板

产品简介

酚醛泡沫（Phenolic Foam，PF）是酚醛塑料的一种，是以酚醛树脂和发泡剂、固化剂及其他助剂，经科学配方制成的闭孔型硬质泡沫塑料。酚醛泡沫因其导热系数低，保温兼顾防火等特点，被誉为“保温材料之王”。

酚醛泡沫为有机泡沫材料，导热系数低，导热系数为 0.023W/（m•K），远低于常用的其他保温材料。

酚醛泡沫作为一种性能优良的保温材料，不仅导热系数低、保温性能好，还具有难燃、热稳定性能好、质轻、低烟、低毒、耐热、力学强度高、隔声、抗化学腐蚀能力强、耐候性好等多项优点，最早应用到航天航空、国防工程领域，应用于潜艇、军舰的舱壁以及火箭、炮塔等。后被广泛应用到民用飞机、船舶、车站、油井等防火要求严格的场所；以及对防火、节能、卫生等要求极高的高层建筑、医院、体育设施、学校、工厂、机场和空调风管、冷藏车、防火门等多个领域。

20 世纪 80 年代，英国海军部下令所有军舰舱壁必须采用酚醛泡沫夹芯板。伦敦中心地铁 20 世纪 80 年代失火后全部采用酚醛泡沫做舱壁材料，另外，连接英法两国的英吉利海峡隧道列车“欧洲之星”的舱壁、波音和空客的飞机舱体、毁于“9.11”事件的世贸大厦等也均采用了酚醛泡沫夹芯板。

适用范围

通风与空调工程，内、外保温系统，钢结构隔墙吊顶等彩钢夹芯板，低温深冷管道保温等。

技术指标

1. 产品执行标准

JG/T 258《非金属及复合风管》

GB/T 20974《绝热用硬质酚醛泡沫制品（PF）》

GB/T 51251《建筑防烟排烟系统技术标准》

JGJ/T 141《通风管道技术规程》

GB/T 50243《通风与空调工程施工质量验收规范》

GB/T 50016《建筑设计防火规范》

2. 产品规格

复合风管常规尺寸：3000mm×1200mm× 厚度、4000mm×1200mm× 厚度

保温板常规尺寸：800mm×60mm× 厚度

产品长度、厚度均可定制尺寸。

3. 产品技术参数

（1）空调风管系统：

项目	指标
表观密度 /（kg/m³）	40 ～ 60
弯曲强度 / MPa	⩾ 0.15
压缩强度（相对于 10% 的压缩率）/ MPa	⩾ 0.15
导热系数 /［W/（m•K）］	⩽ 0.03
尺寸稳定性 / %	⩽ 0.3
烟密度 / %（SDR）	⩽ 5

福建天利高新材料有限公司

地址：福建省龙岩市连城县朋口镇工业园区路 6 号

电话：05978365828

官方网站：www.ten-lead.com

（2）防排烟风管系统

项目	指标
耐火性能	0.5 ～ 3h
漏风量，耐压变形量	2000Pa，-750Pa
风管释放有害气体浓度（苯、甲苯、氨、甲醛）	符合标准要求
风管强度	符合标准要求
抗冲击性能	符合标准要求

（3）保温板

项目	单位	指标
导热系数	W/（m·K）	≤ 0.03
表观密度	kg/m^3	50±5
燃烧等级	级	B1
尺寸稳定性	%	≤ 0.3
压缩强度（相对于 10% 的压缩率）	MPa	≥ 0.10
垂直于板面方向的抗拉强度	MPa	≥ 0.10

工程案例

工程案例			
厦门圣果院商业中心	厦门邮轮城	福州烟厂	江阴市阳光集团
厦门软件园	漳州红星美凯龙	福州世贸百货	武汉阳逻开发区新港天地
厦门东百	漳州延安广场	沙县体育公园	湖北省陵县供电公司
厦门机场营运楼	漳州检验检疫局	南平市智谷科技创业园	湖北省赤壁市政务中心
厦门动漫城	漳州妇幼保健院	南京夏普电子有限公司	湖北枝江市供电局
厦门集美莲花新城	漳州吴盛房地产	南京市北京华联	武汉东风商用车技术中心
厦门五缘湾恒安国际广场	漳州轴承厂	江苏省江阴市精亚集团	湖北红安县医院

生产企业

福建天利高新材料有限公司坐落在朋口的工业集中园，总占地 20 万平方米，是一家集研发、制造、销售于一体的大型自主创新型企业，是以科技为先导，专注于酚醛系列产品及通风与空调工程研发与应用的现代化高新技术企业，是国内生产酚醛系列产品的新兴企业。公司设备先进，实力雄厚，总投资 15 亿元，是福建省重点企业。

公司注重技术创新和科技升级，拥有一批具有高学历和较高科研水平的研发人员和团队，拥有自己的科研实验室，可进行酚醛（PF）树脂、酚醛（PF）泡沫保温材料等系列产品的开发试验和应用研究。公司长期与各大院校和专业机构合作，如与西安交通大学、青岛理工大学、北京化工大学、上海复旦大学、厦门大学化工研究院等高校建立技术合作关系。

公司拥有年产 20 万吨酚醛（PF）树脂和 1500 万平方米高性能酚醛（PF）系列产品的生产线与设备，技术先进，产品品质优良。公司在全国各个省会、直辖市、重点地区都设有经销商和办事处，同时依托厦门显著的港口优势，产品出口国外二十几个国家和地区。

公司秉承“天时、地利、人和”的宗旨，努力在建筑节能方面争创佳绩。

证书编号：LB2020JS012

YOUPON 集成吊顶

产品简介

集成吊顶基础模块与电器模块一起组合成一个完整的吊顶。友邦吊顶基础模块根据不同的风格及加工工艺分类，主要包括：乐森系列、彩 S 系列、睿系列、祺系列、泊系列、文彩系列、尚系列等。

适用范围

产品家装及工程装饰天花板。主要用于厨卫吊顶。

技术指标

友邦吊顶的产品执行标准主要包括但不限于：GB/T 23444—2009《金属及金属复合材料吊顶板》、GB/T 16474《变形铝及铝合金牌号表示方法》、GB/T 11981《建筑用轻钢龙骨》、JG/T 413《建筑用集成吊顶》等行业标准要求。其中更是《浙江制造》行业标准的主编单位。

集成吊顶主要性能指标如下：

检测项目	标准要求	检验结果
耐冲击性	≥ 4N · m	4N · m
耐酸性（2%HCl，24h）	无变化	无变化
耐碱性饱和［$Ca(OH)_2$，24h)］	无变化	无变化
耐油性（25# 机油，24h）	无变化	无变化
涂层附着力	0 级	0 级
漆膜硬度	≥ HB	2H
耐盐雾（96h）	1 级	1 级
耐湿热（1000h）	1 级	1 级
耐沸水	1 级	1 级
系统平整度	同一平面吊顶平整度≤ 2mm/m	1mm/m
	同一平面的相邻两块装饰模块之间的高度差≤ 0.2mm	0.1mm
	相邻两块装饰模块之间的拼装间隙应≤ 0.2mm	0.1mm

浙江友邦集成吊顶股份有限公司

地址：浙江省海盐县百步镇金范路 8 号

电话：0573-86773135

官方网站：http://www.chinayoubang.com/

工程案例

鸡西荷兰山庄及家属楼、牡丹江镜泊小镇、长春万科洋浦花园二期精装房、沈阳时创装饰工程、鞍山万科二期（悦澜湾）小区、鞍山万科、聊城中华电厂宾馆及员工宿舍楼装修工程、包头昆都仑区阿尔丁大街、聊城东阿友谊医院卫生间等装修工程、武汉奥山世纪城精装修项目、武汉群光广场精装修项目、泰馨苑住宅楼厨房、卫生间集成吊顶工程、安广世纪大厦、南通滨海园区控股发展有限公司（办公大楼）、烟台（大连庄河新天地公寓）、泰安恒基地产东尚、成都万科魅力之城、德阳平武必来客酒店精装项目、新余托贝尔花园精装修工程、江西省鹰潭市建筑工程有限公司、德阳市旌湖宾馆厨房及布草间吊顶、蚌埠香堤荣府住房吊顶二期工程、赣州星洲别墅区主材采购、山东临沐金大地宿舍楼、武汉华侨城精装修项目、桂林半岛豪庭小区住房吊顶工程、桂林安厦房产精装房吊顶工程、临汾天鹅国际会议中心、浙江绿城乐清玫瑰园 1#、2#、3#、4# 精装修项目、绿城诸暨绿城广场精装修项目、绿城瑞安详新区精装公寓项目、阜新顺吉上河湾精装修工程、上海保利·叶语、海南核电站吊顶工程、福清美景印象、亳州广印堂、山西华润大宁能源有限公司浴室装修、蚌埠香堤荣府住房吊顶工程。

生产企业

浙江友邦集成吊顶股份有限公司位于浙江省嘉兴市海盐县百步镇金范路 8 号，是中国集成吊顶技术发明者，集成吊顶行业标准主编单位、中国集成吊顶行业 A 股上市公司、全国工商联家居装饰业商会天花吊顶专委会会长单位、中国建筑装饰装修材料协会吊顶分会会长单位。目前在厂生产员工 501 人。专业从事集成吊顶的研发、生产、销售。实现年销售额突破 5 亿元。2004 年，友邦应用 MSO 模块化技术原创发明集成吊顶，不仅使厨卫吊顶实现了装饰美学的升级，同时也实现了电器功能模块的扩展和优化。友邦将所发明的集成吊顶技术产业化，持续坚持原创，以马拉松式产品创新精神（目前累计专利达 600 余项）不断把室内吊顶推向更高境界。公司被评为国家火炬计划重点高新技术企业。

浙江友邦集成吊顶股份有限公司
地址：浙江省海盐县百步镇金范路 8 号
电话：0573-86773135
官方网站：http://www.chinayoubang.com/

证书编号：LB2020JS013

龙图铝合金建筑型材（粉末喷涂型材、隔热型材）

产品简介

龙图节能铝材（宣城）有限公司，系中国香港龙图铝材有限公司出资组建的独资企业，为2016年安徽省专精特新企业，坐落于宣城市郎溪县经济开发区。龙图建立了一套完善的质量管理体系，通过了ISO 9001：2008质量管理体系认证及“方圆”标志产品认证。技术力量雄厚，攻关创新能力强劲，具备独立研发、设计能力。

公司现有产品9个系列500多个品种，包括：节能建筑装饰铝材、幕墙铝材、工业铝材、节能建筑铝模板等，其中建筑门窗型材系列有：平开门窗型材系列、推拉门窗型材系列、隔热节能平开门窗型材系列、隔热节能推拉门窗型材系列、弹簧门型材系列、阳光房型材系列、扶手型材系列和幕墙型材系列、全铝家居系列等。

龙图节能铝材在全国主要大中城市建有龙图节能铝材专营店和销售点，形成庞大的销售网络。龙图公司以优质的产品和优良的服务，让每一个客户都能在经营龙图铝材中获得最大的收益，让每一个用户在使用龙图铝材中都能得到最好的质量保证。

适用范围

公司主要从事节能建筑铝材、工业铝材、节能建筑铝模板的研发、生产和销售，产品广泛应用于建筑、电器、太阳能等领域。公司建立涵盖模具设计、挤压、氧化、电泳、粉末喷涂、木纹转印、隔热断桥等一整套先进的生产体系，从根本上确保“龙图”铝材产品的先进性和品质的优良性。

龙图节能铝材P60、T60、T70、T770系列高档节能建筑铝型材，具有外观新颖美观、隔热性能优良、使用寿命长等优点，它是一种全新的建筑门窗型材，主要采用在多腔式结构的铝型材中间穿入隔热条，将铝型材断开形成断桥，有效阻止热量的传导，热传导性比非隔热铝合金型材降低40%～70%，降低取暖费用30%左右，隔声量达35分贝以上。采用这种节能铝材制成的门窗，非常有效地解决了常规门窗不保温的问题。

公司隔热断桥建筑型材广泛应用于建筑铝门窗、幕墙框架，深受消费者的欢迎。全新推出的全铝家具系列，绿色环保零甲醛、抗菌无异味、防水防火防蛀虫，相比传统木制家具优势明显。

技术指标

检验项目	单位	技术要求	检验检测结果
湿附着性	—	0级	0级
沸水附着性	—	0级	0级
耐沸水性	—	膜层表面应无脱落、起皱等现象，但允许目视可见的、极分散的非常微小的气泡存在，附着性应达到0级	试样膜层表面无脱落、起皱等现象，附着性0级
耐磨性-落砂试验磨耗系数	L/μm	≥0.8	0.8L/μm未磨穿
耐盐酸性	—	膜层表面应无气泡或其他明显变化	试样膜表面无气泡和其他明显变化
耐砂浆性	—	膜层表面应无脱落或其他明显变化	试样膜层表面无脱落和其他明显变化
耐溶剂性	—	宜为3级或4级	4级
耐洗涤剂性	—	膜层表面应无起泡、脱落或其他明显变化	试样膜层表面无气泡和其他明显变化
室温横向抗拉特征值	N/mm	≥24	28
高温纵向抗剪特征值	N/mm	≥24	39
耐冲击性	—	膜层应无开裂或脱落现象	试样膜层无开裂和脱落现象

龙图节能铝材（宣城）有限公司
地址：安徽省宣城市郎溪县经济开发区分流西路19号
电话：0563-7379961
官方网站：www.longtulc.com

工程案例

杭州国大城市广场、云南省昆明顺成广场、太原昌盛双喜城、陕西省西安零壹广场、陕西省西安电子科技大学住宅楼、北京远洋大厦、上海环球港、杭州银泰百货等。

生产企业

龙图节能铝材（宣城）有限公司，系中国香港龙图铝材有限公司与郎溪县郎昆产业投资中心（有限合伙）出资组建的合资企业，为 2016 年安徽省专精特新企业，坐落于宣城市郎溪县经济开发区。公司总投资 2000 多万美元，现有 3 个厂区，占地面积约 5 万平方米，建筑面积 30000 平方米。

截至目前，共引进 5 条高科技挤压生产线、2 条卧式生产线、2 条木纹转印生产线及 1 条立式喷涂生产线，拥有大中型机器设备二十余台，现有员工 200 余人，其中专业技术人员 20 余人，技术力量雄厚，攻关创新能力强劲，具备独立研发、设计能力，新产品不断问世。

完善的生产体系：公司建立涵盖模具设计、挤压、粉末喷涂、木纹转印、隔热断桥等一整套先进的生产体系，从根本上确保“龙图”铝材产品的先进性和品质的优良性。

优质的服务体系：可靠的产品质量、快捷的交货保证、合理的价格体系、完美的售后服务，使“龙图铝材”已广泛应用于现代科技、工业生产、建材行业的各个领域。

产品性能保障：不断加大设备优化和技术研发投入力度，致力于高附加值、高精度、高成长型、高性能产品的研发和生产。

产品创新：新近推出的全铝家具绿色环保零甲醛、可重复使用、利用率高、防水防火，易清洗更是符合当代消费者的消费心理。

龙图节能铝材（宣城）有限公司
地址：安徽省宣城市郎溪县经济开发区分流西路 19 号
电话：0563-7379961
官方网站：www.longtulc.com

证书编号：LB2020JS014

均美铝合金建筑型材（喷粉型材、隔热型材、阳极氧化型材）

产品简介

河南均美铝业有限公司所生产的断桥铝合金型材，生产工艺严格按照国家标准、行业标准及相关环保要求组织生产，所用原材料均为正规厂家生产，公司内部严格执行质量、环境、职业健康安全管理体系要求，严把质量关，确保品质优良。

适用范围

断桥铝合金型材主要用于各种节能门窗及幕墙。

技术指标

1 产品执行标准

GB/T 5237-2017《铝合金建筑型材》

GB/T 8478-2008《铝合金门窗》

GB/T 3190《变形铝及铝合金化学成分》

2. 产品规格

断桥门窗有 50 ～ 108 各种系列。

3. 产品技术参数

窗户型材壁厚不低于 1.4mm，门料壁厚不低于 2.0mm，所用隔热条采用 PA66 尼龙隔热条。

工程案例

登封市外国语中学

北京新机场工作区幕墙

北京世界之花假日广场

上海虹桥 6# 地块写字楼

北斗卫星水资源安全检测中心大楼

郑州升龙天汇广场

凯里未来城

驻马店高铁站

西华高铁站

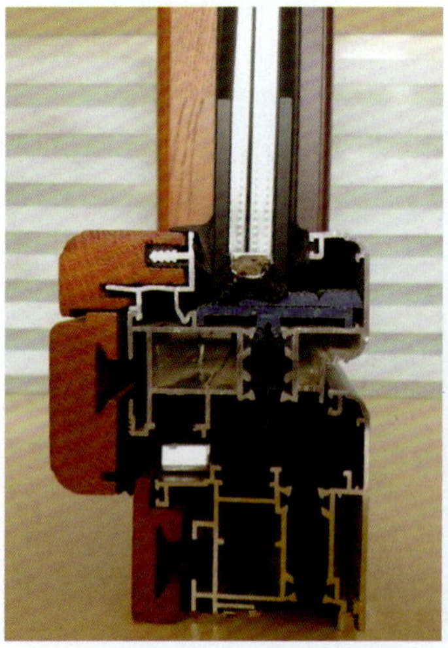

河南均美铝业有限公司

地址：河南省登封市卢店镇

电话：0371-56036666

官方网站：www.junmeily.com

生产企业

河南均美铝业有限公司是专业生产建筑铝型材和工业铝型材的企业，公司成立于2013年，位于河南省登封市卢店镇，北依嵩山，西接少林，风景秀丽，景色怡人;郑少高速、许洛高速、S316和S317公路由此交叉经过，交通便利，四通八达，地理条件十分优越。建筑面积12万平方米，总投资7.9亿元，年产铝型材14万吨，分三期完成，届时，公司将成为国内生产规模大、品种全、产品新的高档建筑型材、工业型材生产基地。公司现有挤压机生产线14条，卧式喷涂线和立式喷涂线各一条，氧化生产线两条，隔热穿条生产线两条，全色木纹转印生产线一条、门窗精深加工生产线一条。

河南均美铝业有限公司

地址：河南省登封市卢店镇
电话：0371-56036666
官方网站：www.junmeily.com

证书编号：LB2020JS015

法狮龙集成吊顶

产品简介

1. 模块

模块 0.48mm +0.02mm 厚度、厚薄均匀、弹性柔韧，符合国家及行业标准（模块厚度依据客户要求可定制）。

2. 龙骨

龙骨对于集成吊顶而言，相当于大楼的地基与梁柱。法狮龙专用主龙骨、副龙骨：采用优质钢材，主龙骨基材厚度 0.5mm，三角龙骨基材厚度 0.4mm。龙骨主要性能指标均符合或超过国家标准要求。

3.LED 灯具

LED 灯具造型及性能，由公司自行研发设计，使之更加适合模块的搭配。产品通过国家强制性产品认证即 3C 认证。

适用范围

家装领域：厨房、卫生间、客厅、卧室等。

工程领域：厂房、酒店、公寓、机场、候车室等。

技术指标

1. 模块

模块折边高度为 19.5mm，比市面上的折边高 1.0 ～ 1.5mm。增加与龙骨的咬合面积，为顶部的安全增加保障。

模块采用背涂工艺，抗酸碱、耐腐蚀。“法狮龙色”防伪及长效防腐橘黄背涂。

采用潜影工艺将法狮龙 LOGO 印刷至涂层板纹内部。

2. 龙骨

双层烤漆保障龙骨美观的同时，增强表面的光滑度及抗刮耐磨性。热镀锌层厚度 80μm 以上，充分保证龙骨防腐性。

法狮龙 318 龙骨采用内卷边设计原理，增加集成吊顶模块与龙骨之间的咬合接触面，减少模块与模块之间的安装缝隙。

每根龙骨上有法狮龙钢印的 LOGO。

3.LED 灯具

公司自行研发驱动器方案，并由国内一线驱动器生产商生产，并且与全国规模生产商的伊戈尔合作生产定制。

亚克力透光板：抗粉尘粒子进口亚克力板。

导光板：进口三菱导光板。

遮光膜：KIMOTO（木本）超薄高度遮光防静电膜。

LED 灯珠：LED 照明（鸿利智汇集团股份有限公司）。

工程案例

法狮龙家居建材股份有限公司

地址：浙江省嘉兴市海盐县武原街道武原大道 5888 号

电话：0573-86151866

官方网站：www.fsilon.com

生产企业

法狮龙，新型客厅吊顶，专注客厅吊顶美学研究，一直为“做中国好吊顶制造商”的目标而不懈努力！从事新型客厅吊顶及集成墙面装饰产品的研发、制造和销售。公司拥有行业大规模生产线和4.0智能化吊顶生产基地（单体建筑面积58000平方米）。现法狮龙20万平方米家居产业园已拉开序幕，并向全屋定制、智能家居及集成墙面配套设施领域开拓。

法狮龙，为中国居住环境贡献一份力量，以“美家美户·中国家庭”为企业使命，凭借12年新型客厅吊顶生产与研发经验，基于消费者对客厅吊顶的装饰性与功能性的价值需求出发，2017年与国家建筑装饰研究协会以及国内外家装设计师携手，成立了“客厅吊顶美学研究院”，从客厅吊顶与家居空间整体的风格配套、结构设计、耐用性、环保性及家居空间美学进行研究，为消费者提供客厅吊顶装饰系统的整体解决方案，让客厅回归会客的属性。

本着“让法狮龙成为中国家居建材行业受人尊敬的企业”的愿景，公司整合各国品质五金和原生铝等材料资源，购进专门设备，引进行业人才，旨在推动和与中国吊顶行业一起发展，让品牌更好地服务于万千家庭。

经过12年的不断创新和发展，法狮龙已成为集成吊顶行业标准起草单位，也是《对话中国品牌》央视栏目受访品牌，并受到社会各界的赞誉。

法狮龙家居建材股份有限公司
地址：浙江省嘉兴市海盐县武原街道武原大道5888号
电话：0573-86151866
官方网站：www.fsilon.com

证书编号：LB2020JS016

美太铝吊顶板、烤瓷铝板、铝复合板（铝波纹芯复合铝板、铝蜂窝板）

产品简介

1. 吊顶、墙饰面铝板

“美太”金属吊顶产品采用 AA3000 系列或以上系列国产优质铝合金板材，铝合金型材采用 AA6000 系列优质铝型材精心制造而成，所有龙骨及钢配件都选用优质钢材，采用热镀锌进行处理。材料刚性强，能承受频繁操作，是可循环再使用、生产的环保材料，具有强度高、质量轻、耐燃防火、耐腐蚀、可塑性高的特点，便于生产加工。

2. 金属复合板

金属复合板采用 3000 系列或比其性能更优异的板材作为面、背板，以耐腐蚀铝蜂窝芯、铝瓦楞芯作为夹芯层，双组分高温固化聚氨酯为胶粘剂，在专用复合生产线上经加温、加压复合固化而成。具有密度小，比强度、比刚度高等特点，兼具隔声、隔热功能。

3. 烤瓷铝板

烤瓷铝板单色标采用优质 AA3003 及以上系列标准厚度优质铝合金，材料刚性强，能承受频繁操作，是可循环再使用、生产的环保材料。具有强度高、质量轻、耐燃防火、耐腐蚀、可塑性高的特点，便于生产加工。具有超耐候、高硬度，耐划伤、耐污等特点，可以保持 15 年，环保性强，色彩可任意指定和搭配。

适用范围

1. 吊顶、墙饰面铝板

“美太”吊顶、墙饰面铝板适用于交通运输、商务场馆、银行金融、医疗卫生等公共建筑物的装修饰面领域。

2. 金属复合板

“美太”金属复合板适用于交通运输、商务场馆、银行金融、医疗卫生等公共建筑物的装修饰面领域。

3、烤瓷铝板

“美太”烤瓷铝板适用于众多政府系统、交通运输系统、能源系统、银行金融系统、医疗卫生系统、商务系统等建筑物的顶面及墙面装修材料领域。

技术指标

1. 吊顶、墙饰面铝板铝板

检测项目	标准要求	检验结果
耐冲击性	≥ 4N • m	4N • m
耐酸性（2%HC1，24h）	无变化	无变化
耐油性（25# 机油，24h）	无变化	无变化
耐碱性 [饱和 Ca（OH）$_2$，24 h]	无变化	无变化
耐溶剂性	涂层无发暗，划痕试验应无明显划痕	涂层无发暗，划痕试验无明显划痕
耐盐雾性	不次于 1 级	720h，1 级
色差	≤ 3.0	650h，1.45
光泽保持率	≥ 70%	650h，83%

2. 金属复合板

检测项目	标准要求	检验结果
装饰板外观	外观应整洁、切边平直整齐无毛刺	外观应整洁、切边平直整齐无毛刺
非装饰面	无影响产品使用的损伤，产品无脱胶	无损伤，无脱胶
凹痕、印痕、漏涂、鼓泡等残迹	不允许	无
表面硬度	≥ HB	2H
涂层光泽度偏差	≤ 10	0.5
涂层柔韧性	≤ 3T	2T
附着力	0 级	0 级
耐温差性	≥ 20N • mm/mm	59.3N • mm/mm

3. 烤瓷铝板

检测项目	标准要求	检验结果
外观质量	板材边部应切齐，无毛刺、裂边。板材不允许有开焊等。外观应整洁，色泽基本一致，无明显划伤	板材边部切齐，无毛刺、裂边。板材无开焊等。外观整洁，色泽基本一致，无明显划伤
膜厚	25μm ～ 40μm	38μm
附着力（干式、湿式、沸水煮）	划格法 0 级	划格法 0 级
铅笔硬度	≥ 6H	9H
耐盐酸	5%HCl，24h，无变化	无变化
耐硝酸	无起泡等变化 $\Delta E \leqslant 5.0$	无起泡等变化 $\Delta E \leqslant 2.0$
耐冲击性	正反面铝材应无裂纹，涂层应无脱落和开裂	正反面铝材无裂纹，涂层应无脱落和开裂

工程案例

项目名称
徐州市城市轨道交通 1 号线一期工程铝合金天花采购项目 02 标包
杭州地铁 5 号线一期工程公共区金属吊顶及龙骨系统、防淹闸板及储藏柜、车站铭牌Ⅲ标段
成都地铁 5 号线一、二期机电装修工程 2、4、5 标段公共区装修材料（铝制品）采购招标 2 标段
武汉市轨道交通 8 号线二期工程车站公共区吊顶采购及安装工程第二标段
合肥市轨道交通 5 号线工程公共区装修烤瓷铝板和抗划铝板采购 1-4 标 4 标段
合肥市轨道交通 5 号线工程公共区装修铝合金吊顶采购 1-4 标 4 标段
成都轨道交通 9 号线一期工程机电 5 标工程（烤瓷铝板）
成都轨道交通 9 号线一期工程机电 5 标工程（金属天花）
成都地铁 6 号线一、二期机电安装及装饰工程 3 标段
成都地铁 6 号线一、二期机电安装及装饰工程 5 标段
杭州至富阳城际铁路工程铝合金吊顶及龙骨系统采购项目
太原市轨道交通 2 号线一期工程 PPP 项目铝板材料采购

生产企业

江阴市美泰装饰材料有限公司生产基地位于江苏省江阴市华士镇龙山路 4 号，工厂生产加工基地面积 30000 多平方米。优雅的办公大楼，现代化的标准厂房，处处朝气蓬勃。现有员工 300 多名，管理人员 26 名，生产型技术骨干 22 名，设计及研发人员 30 名。作为专业化金属天花板生产厂家，公司迅速发展成为华东地区金属吊顶板领域生产设备全面、先进，喷涂生产线产量的大型企业之一，在业内树立了良好的口碑和品牌价值，在市场上具有很高的品牌知名度。

公司现为中国建筑装饰装修材料协会优质会员单位。

公司通过了 ISO 9001 质量管理体系认证，拥有 AAA 资信等级，是无锡市“重合同、守信用”企业。公司的“美太”牌铝天花吊顶板经中国建材检验认证集团股份有限公司认定入选《绿色建筑选用产品导向目录》、取得“绿色建筑选用产品证明商标准用证”。公司通过不断发展自身优势、提高自身层次，在激烈的市场竞争中依旧保持优势。公司产品广泛应用于国内外交通运输、医疗文教、金融商务等大型项目，凭借自身的实践积累了许多长期合作的客户资源。

多年来，公司已先后参与了杭州地铁、南京地铁、武汉地铁、上海地铁、成都地铁、徐州地铁、苏州地铁、青岛地铁、厦门地铁、合肥地铁、太原地铁等总计约 20 多条地铁线路的车站装修材料（天花、墙面铝板等）的供货。精湛的产品工艺、优质的产品质量、深厚的设计深化能力、全方位的技术支持和服务、快捷的供货速度赢得了各地地铁公司的高度评价，也积累了丰富的地铁项目供货经验。

江阴市美泰装饰材料有限公司
地址：江苏省江阴市华士镇龙山路 4 号
电话：0510-86212866
官方网站：www.meitaijc.com

证书编号：LB2020JS017

筑能铝单板、铝复合板、铝天花

产品简介

铝单板是采用优质铝合金板材为基材，再经过数控折弯等技术成型，表面喷涂装饰性涂料的一种新型幕墙材料。

铝复合板是一种新型的不燃装饰材料，其构成全为金属材料，无塑料成分，通过先进的工艺使其达到完美的结合，从而形成一种外观时尚、性能优越、施工方便的新一代室内外装饰材料。

铝天花是一款便于空气流通、排气、散热的吊顶隔断装饰材料。

适用范围

适用于各种建筑内外墙、大堂门面、柱饰、高架走廊、人行天桥、电梯包边、阳台包装、广告指示牌、室内异型吊顶等的装饰，机场、车站、医院、歌剧院、体育场馆等高层建筑物。

技术指标

1. 产品执行标准

铝单板：GB/T 23443—2009《建筑装饰用铝单板》

铝复合板：JG/T 334—2012《建筑外墙用铝蜂窝复合板》

铝天花：GB/T 23444—2009《金属及金属复合材料吊顶板》

2. 产品规格

铝单板：1.0mm，1.5mm，2.0mm，2.5mm，3.0mm，3.5mm，4.0mm，5.0mm，6.0mm。

铝复合板：0.8 ～ 3mm。

铝天花：0.6 ～ 1.2mm。

3. 产品技术参数

铝单板：外观质量、尺寸偏差、膜厚、光泽度、附着力、漆膜硬度、耐酸性、耐砂浆性、耐溶剂性、耐磨性、耐冲击性、耐盐雾性、耐人工候加速老化、耐湿热性。

佛山市筑能金属科技有限公司
地址：佛山市南海区里水镇和顺白岗村车墩工业区
电话：0591-83510079
官方网站：www.fszn.net

铝复合板：外观质量、尺寸及允许偏差、表面硬度、涂层光泽度偏差、涂层柔韧性、涂层附着力、耐撞击性能、耐盐酸性、耐油性、耐碱性、耐硝酸性、耐溶剂性、耐沾污性、平拉强度、平压强度、平压弹性模量、弯曲强度、弯曲刚度、剪切刚度、滚筒剥离强度、线性热膨胀系数、燃烧性能。

铝天花：外观质量、基材厚度偏差、吊顶板产品厚度、边长尺寸偏差、平整度、棱边最大弯曲、有孔天花板微孔尺寸要求、平均涂层厚度、光泽度偏差、附着力、漆膜硬度、耐冲击性、耐酸性、耐碱性、耐油性、耐沸水、平面拉伸黏结强度、强度（风荷载试验）、耐湿热性，1000h 、耐人工老化、耐盐雾性、吸声性能、防火性能。

工程案例

福州海峡会展中心扩建方案（H4 馆）、福建省晋江美旗城、福州软件园五期、福州市闽侯滨江商务中心、福州市闽侯金融中心、福州总院新病房大楼、合福铁路武夷山北站、合福铁路武夷山东站、宁德师范学院体育馆、福州金融街恒丰大厦、福州恒力创富广场、三明火车北站、福州市文山洲岛 102−103 电台新址、福清市三农服务中心和林业科技中心、三明市沙县禹德大厦、福清市成教中心大楼、连江体育馆、泉港行政管理中心、福州市进出口银行等。

生产企业

佛山市筑能金属科技有限公司成立于 2014 年，是由福建筑能建筑科技发展有限公司和佛山陆锋金属建材有限公司合资创办的金属建材加工科技型企业。主要生产加工“筑能”品牌烤瓷铝板、氟碳铝单板、铝蜂窝板、铝天花、三维铝复合板、氧化铝板等金属建材。

公司全套引进自动化数控钣金加工设备和日本兰氏全自动喷涂生产线，具有加工精度准、表面处理好、产能效率高等特点，多年来，凭借雄厚的技术力量、精良的加工设备、先进的生产工艺、严格的品质管理和专业服务团队，产品广泛应用于交通站房、商（政）务办公、医院学校、地产酒店、商业大厦、各类场馆、工业能源等公共建筑的装饰领域。

企业全面通过 ISO 9001 质量管理体系认证及 ISO 14001 环境管理体系认证，产品经国家建筑材料测试中心检测合格。

筑能金属科技，遵循“知行合一、止于至善”的企业精神，以精益求精、专心致志的工匠品格，致力于为每一位客户提供可信赖的产品和服务。筑能人恪守言行一致、言出必行的为人本分，始终不渝地做好品质，致力于为新时代的城市建设发展做出应有的贡献。

佛山市筑能金属科技有限公司

地址：佛山市南海区里水镇和顺白岗村车墩工业区
电话：0591-83510079
官方网站：www.fszn.net

证书编号：LB2020JS018

宏基建筑装饰用铝单板

产品简介

铝单板，是当今铝质建材产品中的一个深度加工系列产品，它拥有质量轻、刚性好、强度高、耐候性和耐磨性好等优点；加工工艺复杂，可塑性强，可加工成平面、弧形面和球面等各种复杂的形状；色彩可选取性广泛，装饰效果好；耐污染性好，便于清洁、保养；施工安装方便、快捷并且可回收再生处理，有利于环保。

适用范围

公司产品应用领域很广泛，适用于各种建筑内外墙、大堂门头、室外雨篷、机场、火车站、地铁站、体育场馆、会议厅、广告指示牌、室内吊顶等装饰。

技术指标

1. 产品执行标准

GB/T 23443—2009《建筑装饰用铝单板》。

2. 产品规格

氟碳液体喷涂二涂室外用。

3. 产品技术参数

检测项目	国家标准		检测结果
膜厚	平均膜厚≥ 30μm 最小局部膜厚≥ 25μm		平均膜厚 34μm 最小局部膜厚 31μm
光泽度偏差	光泽度＜ 30	±5	光泽度范围 50.1 ～ 53.5 平均值 51.9
	30 ≤光泽度＜ 70	±7	
	光泽度≥ 70	±10	
铅笔硬度	≥ 1H		2H（中华牌铅笔）
耐磨性	≥ 5L/μm		7.2L/μm

工程案例

山西韩城花椒产业园	武汉中建广场	偃师首阳大厦	郑州客运北站
山西企联大厦	武汉黄冈步行街	郑州万象城	三门峡移动公司
山西岚县帝豪酒店	武汉奥山世纪城	郑州白庙商业街	三门峡万悦城
山西兰花科技研发中心	武汉出入境检疫局	郑州力源宾馆	三门峡梦之城
晋城芙蓉大酒店	武汉华中科技大学	郑州体育网球馆	三门峡天子酒店
晋城兰煜龙湾	武汉新洲工行	郑州十八中学	渑池中心医院
晋城老年公寓	武汉万景学校	郑州白鸽检测中心	义马市政府
阳城电厂办公楼	武汉电力发展中心	郑州气象局	周口 MOCO 商业
太原万科小院	武汉奥林匹克花园	郑州外语学校	周口建业世和府
西安大明宫站	武汉格瑞斯酒店	郑州正商智慧城	周口商务局
西安金地湖大境	武汉葛洲坝城市花园	郑州郑商禧园	许昌骏景中央公园
西安阿房宫	孝感城市中心	新郑碧桂园	许昌绿源拥军市场
西安万达影城	随州悦湖项目	新郑恒大悦龙湾	许昌恒大御海天下

河南宏基幕墙制造有限公司

地址：河南省巩义市产业集聚区
电话：0371-64231888
官方网站：www.hnhjmq.cn

续表

山西韩城花椒产业园	武汉中建广场	偃师首阳大厦	郑州客运北站
西安临潼博物馆	洛阳东收费站	新郑航空港	开封街景改造
西安体育馆雨棚	洛阳科技大厦	巩义市人民医院	开封中州大厦
内蒙古地铁站	洛阳地税局	巩义市技术监督局	兰考高铁站
内蒙古响沙湾索道	洛阳市火箭军机室	巩义市防空办	平顶山廉政教育基地
包头一中	洛阳师范学院	郑州经开育人中学	平顶山东城国际
包头第四医院康复中心	洛阳科技大学体育馆	公园 1872	汝州市平安大厦
包头师范学院体育馆	洛阳中意研发楼	新郑国悦府	驻马店领地蘭台府
鄂尔多斯游泳馆	洛阳市政府办公楼改造	中原广告产业园	驻马店人民医院
鄂尔多斯马泰壕煤矿	洛阳建业定鼎府	郑州华南城	安阳万达
扎达盖公园体育馆	洛阳规划展示馆	郑州大正鲲府	汤阴县街景改造
达茂旗街景改造	洛阳高新区法院	机场东收费站	林州街景改造
呼和浩特民主党展厅	洛阳市乡村振兴人才基地	郑州地铁 2 号线	新乡青龙集团办公楼
巴盟五原桥	洛阳地铁 1 号线二标	郑州地铁四号线六标段	济源升龙城
伊泰集团会展中心	龙门高铁下沉庭院	郑州地铁 5 号线	信阳电商大厦
蒙泰铝业集团办公楼餐厅装饰	洛阳建业尊府售楼部	郑州地铁 14 号线奥体站	鹤壁渤海国际
武汉汉江大楼	洛阳市建业凯旋广场	郑轨 5 号线	北京天坛医院
北京通州区中西医结合医院	北京高丽营	叶县南水北调控制中心	北京科技园
商合杭站房工程	上海嘉定南翔（西环中心）	焦作沁阳人民医院	新疆高铁医院

生产企业

河南宏基幕墙制造有限公司地处中原，位于亚洲规模较大的铝板材加工基地——巩义市回郭镇产业集聚区，成立于 2010 年 10 月，占地面积 40000m^2，建筑面积 25000m^2，总投资 3850 万元。公司集设计、生产、销售、安装为一体，是以金属幕墙为主，多元发展、产能结合的创新型企业。公司凭借严谨的研发和设计团队，在不断完善传统铝单板和冲孔板幕墙生产工艺的同时，又研发了颇具竞争力的高端产品：纳米铝单板 + 双曲铝单板 + 仿大理石铝单板 + 仿木纹铝单板 + 仿铜拉丝铝单板 +UV 打印铝单板 + 烤瓷铝单板 + 浮雕铝单板等新兴装饰产品，给广大用户和装饰业提供了更为广阔的选择空间。公司拥有一整套先进的金属幕墙成型设备，采用行业先进的数控双机联动折弯机、数控转塔冲床、双头雕刻机等设备，能够生产 8m 长的幕墙铝单板，涂装设备采用当代先进的 JITW Ransburg（兰氏）自动静电喷涂流水线。选用进口的优质氟碳涂料，力创 20 年涂膜保证。用匠心、铸匠器。公司在标准化、规范化、专业化及科学化的管理模式上，更致力于技术创新、材料研发以及环保建筑工艺领域探索，产品在高品质、高性能、高精度及高可塑性上体现了建筑物气质的个性化、艺术化、环保化。

河南宏基幕墙制造有限公司

地址：河南省巩义市产业集聚区
电话：0371-64231888
官方网站：www.hnhjmq.cn

证书编号：LB2020JS019

KIND 今顶 集成吊顶 集成墙面

产品简介

1.“今顶大板”

在更大、更轻、更环保的装修趋势下，今顶开创出全新的第 2 代集成吊顶：大板系列。

超大尺寸：打破行业常规板材尺寸限制，实现从 300mm×300mm 到 1200mm×2400mm 的跨越，使吊顶效果更具整体感，让有限的空间在视觉上得到更大的延伸。

极简风格：照明与取暖模块，通过定制化格栅的连接，实现成套化设计，化繁为简，颜值大提升！

静声隔热：蜂巢金属结构，静声隔热更环保。

整体美感：大规格的无缝连接，让大板的纹理更加流畅、衔接更加自然，自然之美进一步呈现。

2.“互联网取暖器 Hy/Ly”

语音控制：解放双手，说句话就能随心所“浴”。

场景互联：跟随用户的日常使用场景，自动联动控制取暖、换气、照明及音乐。

主动净化：开启“空气检测”，一旦发现有害气体超标便会风力全开，即刻排尽。

极速取暖：2860W 大功率加长 PTC，和煦暖风一键触发，快速暖房沐浴不等待。

香薰环绕：内置植物香薰精油模块，沐浴在淡淡的花香中，身心放松。

3.“大风力冷风机”

7m 超强大风幕，厨房瞬间凉爽：出风口风力超 7m/s，送风距离远达 7m。广角摆风，无论身处厨房何处，都瞬间感到凉爽。

E-MAX 横流技术，风力提升 40%：今顶针对传统电机的风效利用不足、风速波动大等问题进行全面革新，研发出“E-MAX”技术，实现风力大幅攀升的同时，降低紊流。

130° 摆风，凉爽每个角落：40cm 超长出风口，搭配 130° 广角摆风，无论洗菜、做饭，处处都能感受凉爽。

适用范围

吊顶、墙板、顶墙生活电器；适用于厨房、卫生间、阳台、客厅、餐厅、书房、卧室、过道、书房、地下室等全屋空间。

技术指标

1. 产品执行标准

室内加热器：GB 4706.1、GB 4706.23、GB 4706.27

换气扇：GB 4706.1、GB 4706.27、GB 17625.1、GB 4343.1

LED 照明：GB 7000.1、GB 7000.202、GB 17743、GB 17625.1

扣板：JG/T 413-2013

木塑墙板：GB/T 24137-2009

2. 产品规格

室内加热器：328mm×328mm、328mm×656mm、300mm×485mm

浙江今顶集成吊顶有限公司

地址：嘉兴市王店镇永乐路北侧、梅中路东侧

电话：0573-83255610

官方网站：http://www.cnkind.com/

换气扇：328mm×328mm、328mm×656mm、300mm×485mm、656mm×164mm

LED 照明：328mm×328mm、328mm×656mm、300mm×485mm、485mm×485mm

扣板：328mm×328mm、328mm×656mm、300mm×485mm、485mm×485mm、970mm×970mm、984mm×984mm

蜂窝大板：（600 ～ 1200）mm×（1200 ～ 2400）mm

墙板：550mm×2700mm、600mm×2700mm、150mm×3000mm、550mm×4000mm

3. 产品技术参数

室内加热器：220V，50Hz，1200 ～ 2860W

换气扇：220V，50Hz，12 ～ 40W

LED 照明：220V，50Hz，8 ～ 36W

扣板：0.45 ～ 0.8mm

蜂窝大板：7 ～ 8mm

墙板：9 ～ 10mm

工程案例

合作企业：荣盛发展

●合作项目：江苏徐州麓山荣郡二期

●合作内容：厨房卫生间集成吊顶的供货及安装

合作项目：旭辉集团

●合作项目：安徽合肥旭辉陶冲湖别院

●合作内容：厨房卫生间集成吊顶的供货

合作企业：杭州地铁

●合作项目：杭州地铁 5 号线

●合作内容：车站卫生间集成吊顶的供货

合作企业：河南大学

●合作项目：河南大学 26# 宿舍楼

●合作内容：卫生间集成吊顶的供货

合作企业：吉利汽车

●合作项目：吉利长兴新能源变速器生产基地一标段

●合作内容：工厂集成吊顶的供货

生产企业

KIND 今顶品牌创建于 2006 年，是一家专注于高端集成吊顶、集成墙面、智能电器研发和制造的高新技术企业。目前，今顶公司业务范围涉及集成吊顶、集成墙板、顶墙生活电器、智能家居等多个领域。今顶在浙江嘉兴拥有 76000 平方米现代化生产基地，具备雄厚的产品原创研发能力和强大的顶墙空间设计能力。凭借创新的营销模式和持续的品牌推广，近年来今顶业务规模和销售网点增长迅速。目前，今顶已在全国 30 多个省市拥有千余家 KIND 今顶品牌专卖店。

在 15 年的发展历程中，今顶始终秉承“以不同，创造不凡”的企业核心理念，致力于实现“让居家尽显生活美学”的品牌使命。今顶，作为顶墙生活专家，在行业得到社会的认可，成为中国集成吊顶行业国家标准起草成员单位、天花吊顶协会副会长单位，今顶（Kind）品牌在品牌认知度、品牌美誉度、品牌忠诚度等关键指标上居于行业前列。

时代在发展，需求在进步，今顶始终用行动来探索家庭装修前沿的诉求。未来，今顶将继续研发更匹配时代发展需要的生活美学产品，不断改善和提升人类的家居环境，打造精致、高端、潮流、有品位、有文化的生活方式，把中国悠久的人文美学与先进的科技相结合，让每个家庭在居家生活中，都能够享受更具有时代特征的生活美学。高端顶墙不止设计，今顶还让生活更多乐趣！

浙江今顶集成吊顶有限公司

地址：嘉兴市王店镇永乐路北侧、梅中路东侧
电话：0573-83255610
官方网站：http://www.cnkind.com/

金属复合材料 地坪材料 建筑涂料 预拌混凝土 胶粘剂 道路材料 预制构件 防水卷材与防水涂料 其他材料

证书编号：LB2020JS020

华源，ALUCOBEST 建筑幕墙用铝塑复合板 普通装饰用铝塑复合板 不燃铝复合板

产品简介

华源牌铝复合板以经阻燃处理的塑料或无机矿物质为芯材，两面为铝材的三层复合板材，并在产品表面覆以装饰性和保护性的涂层或薄膜作为产品的装饰面。产品具有质量小、强度高、刚性好、价格低、表面平整度好、加工方便、绿色环保等特点。

适用范围

1. 建筑幕墙用铝塑复合板应用领域与适用范围

（1）建筑幕墙：用作幕墙面板；（2）室外装饰：如门面、屋顶、广告标识板；（3）室内装饰：如车站、大楼、机场的厅堂及家居的内装饰；（4）车辆、办公家具、家电及阳台、隔断等装修；（5）其他。

2. 普通装饰用铝塑复合板应用领域与适用范围

（1）室外装饰：如门面、屋顶、广告标识板；（2）室内装饰：如车站、大楼、机场的厅堂及家居的内装饰；（3）车辆、办公家具、家电及阳台、隔断等装修；（4）其他。

3. 不燃铝复合板应用领域与适用范围

（1）建筑幕墙：用作幕墙面板；（2）室外装饰：如门面、屋顶、广告标识板；（3）室内装饰：如车站、大楼、机场的厅堂及家居的内装饰；（4）车辆、办公家具、家电及阳台、隔断等装修；（5）其他。

技术指标

1. 建筑幕墙用铝塑复合板技术指标

项 目	单 位	测试值
弯曲强度	MPa	120
弯曲弹性模量	10^4MPa	3.3
贯穿阻力	kN	8.1
剪切强度	MPa	26.1
滚筒剥离强度	N·mm/mm	130

2. 普通装饰用铝塑复合板技术指标

项 目	单 位	普通装饰
弯曲强度	MPa	68
180° 剥离强度	N/mm	6.0

3. 不燃铝复合板技术指标

项 目	单 位	A2 不燃
弯曲强度	MPa	123
弯曲弹性模量	104MPa	3.5
贯穿阻力	kN	9.4
剪切强度	MPa	28.9
滚筒剥离强度	N·mm/mm	120
燃烧性能	A2 级	A2 级

上海华源复合新材料有限公司

地址：上海青浦区新金路 888 号

电话：021-59732001

官方网站：www.huayuanfu.com

工程案例

山东菏泽牡丹机场、石药集团生产厂房、晋江世界中学生运动会主会场、游泳馆、中石油全国加油站改造、上海通用雪佛兰汽车4S店、保时捷汽车4S店、横琴口岸、云南昆明俊发新螺蛳湾国际商贸城、上海浦东足球场。

生产企业

上海华源复合新材料有限公司是中外合资企业，总投资3200万美元，专业生产华源牌和ALUCOBEST牌金属复合板系列产品：铝复合板、铜复合板、不锈钢复合板、钛锌复合板、镀锌钢复合板、双金属复合板、覆膜金属复合板、三维金属复合板、铝蜂窝板、金属石材复合板和特色铝单板等。

公司拥有30000平方米的标准工业厂房，年产各种华源牌和ALUCOBEST金属复合板800万平方米以上。连续多年被评为上海市高新技术企业，现为中国建筑材料联合会金属复合材料分会副理事长单位、上海市建筑材料行业协会副会长单位。公司在中国26个省市设有办事处，在海外几十个国家设有代理商或经销商。

公司通过了ISO 9001质量管理体系认证、ISO 14001环境管理体系认证、ISO 45001职业健康安全管理体系认证。产品通过中国建筑材料检验认证中心CTC产品认证和欧盟安全CE认证。公司研制开发的铜复合板、钛锌复合板、不锈钢复合板、双金属复合板等先后获得专利授权近百项，曾获得国家标准化管理委员会颁发的“采用国际标准产品标志”证书，通过世界权威检测机构瑞士SGS、英国INTERTEK相关检测，达到美国AAMA2605、ASTM E84、欧盟EN13501和英国BS476标准。

公司拥有专业化设计加工团队，配有全套金属复合板深加工设备，为客户提供金属复合板生产、设计、加工一站式解决方案。

公司是“中国铝塑复合材料行业质检培训基地”，是《铝塑复合板》国家标准和《铝塑复合板幕墙工程施工及验收规程》主要起草单位；是《铜塑复合板》行业标准主编单位。未来，我们仍以永续经营、树百年企业的态度，为客户提供多元化的产品设计一体化服务作为自我期许与使命，持续促进中国金属复合材料行业的发展，不断向前迈进。

上海华源复合新材料有限公司
地址：上海青浦区新金路888号
电话：021-59732001
官方网站：www.huayuanfu.com

证书编号：LB2020JS021

金辉幕墙铝板

产品简介

金辉铝板主要生产幕墙铝单板、室内铝天花、铝质石纹板、蜂窝铝单板、铝质木纹板、蜂窝石材板等环保节能、易回收再利用的新型装饰材料。产品广泛应用于高档宾馆、商业广场、会展中心、机场、车站、体育馆、地铁等建筑的内外装饰。

适用范围

产品广泛应用于高档宾馆、商业广场、会展中心、机场、车站、体育馆、地铁、高档住宅楼等各类型建筑的内外装饰。

技术指标

铝板长宽（mm）以∠2000的为例，要求±1.0，对角线（mm）∠2000的要求为±2.0；折边高度（mm/m）±0.5，折边角度∠1，板面平直度：平板1.5，弧板2.0。

外观项目要求无流痕、皱纹、氯泡等缺陷，颜色按双方协商（色板），光泽度按60º镜面反射光泽仪±5，三涂按＞40μm最小局部35μm；干膜硬度为1H。涂膜附着力为0级；耐冲击性为无裂纹及脱落。耐化学稳定性为无不良反应。耐湿热性为1级；耐盐雾性为无开裂及脱落；耐磨性为1.6L/μm。

工程案例

产品大量应用于各类型建筑物，如珠海横琴湾大酒店、广州达标国际、银河SOHO、万达茂广场、贵阳思亲园、贵阳凯宾斯基、济南奥体中心、广州南沙体育馆、南昌汽车站、贵阳行政中心、上海外高桥保税物流园、三亚美丽之冠、长沙新广电、深圳天安云谷、佛山智慧新城、衡阳东站、广州歌剧院、红星美凯龙、新加坡Quincy hotel、奔驰4S店、宝马4S店、中骏财富中心、新疆国际会议中心、海口信恒大厦、深圳正中高尔夫酒店、昆明海埂会议中心等一系列工程案例。

生产企业

“金辉”品牌始创于1996年，是目前国内成立较早的幕墙铝板生产企业。金辉铝板有两个生产基地，分别位于广东省佛山市和湖北省随州市，共有厂房面积5.5万平方米。布置有世界先进的钣金生产线和日本兰氏、中国台湾金马表面处理

广东金辉铝板幕墙有限公司

地址：佛山市南海区狮山镇狮中村“蟹口涡”自编厂房3号
电话：0757-85555898、85561678
传真：0757-85555682
官方网站：http//www.jhmq.com

生产线各两条，关键的工序均选用数控加工设备，用以控制和保证产品的精度和质量。在广东佛山还配备有一条异型板加工生产线，专门用于双曲面异型板的生产。在湖北随州配备有一条比利时的铝板带平直、切割生产线。金辉铝板具有年生产各种装饰铝板 150 万平方米的能力。

金辉铝板拥有一支设计经验丰富、专业技能高超的技术团队，他们观念前卫、思想活跃，在继承传统工艺的基础上勇于创新，具有金辉特色的钣金加工工艺日趋完善，为金辉的产品提供了有力、可靠的保证。特别是金辉的异型铝板和双曲面铝板的加工，在国内的市场中一直享有良好的口碑。

金辉铝板在多年的经营活动中形成了一支勇于开拓市场、善于沟通客户，懂专业、讲信誉、能吃苦的销售队伍。在与国内顶尖幕墙设计公司协作的同时充分发挥金辉铝板区域代理和专项工程相结合的营销模式的优势，客户群得到了不断的发展和壮大。金辉铝板重视国际市场的开拓，在我国香港和新加坡均有长期合作的客户。金辉铝板做过的工程项目几乎涵盖了国内的所有省份。

金辉铝板坚持“以人为本，客户至上”的经营理念，始终在这个三维空间中寻求平衡、突破和发展；始终把这三个要素有机地贯穿于生产经营活动的全过程。

金辉铝板倡导“正气和谐、关爱员工、高效创新、追求卓越”的精神；努力为员工提供一个在家的工作环境，使员工在为公司奉献的同时提升自我，实现自我！

公司总部设在中国杭州，拥有自己的硅藻泥生产基地，在杭州新时代、第六空间卖场设有 2 家直营展厅，同时，数百家经销商门店遍布全国各地。

广东金辉铝板幕墙有限公司

地址：佛山市南海区狮山镇狮中村“蟹口涡”自编厂房 3 号
电话：0757-85555898、85561678
传真：0757-85555682
官方网站：http//www.jhmq.com

证书编号：LB2020JS022

新邦、GOLDBOND 铝塑复合板 铝蜂窝板 铝瓦楞板（铝波纹芯复合板）

产品简介

“新邦”牌铝塑复合板是由上下两层铝板以及中间的聚乙烯芯层经连续热压复合而成。铝板正面为预滚涂氟碳烤漆或根据用户要求选用其他品种的烤漆，正面铝板表面覆有可剥离保护膜，背面铝板表面为经预滚涂烤漆予以保护。本公司生产的铝塑板剥离强度比国家标准规定的要高，取得这一成果的主要原因是采用国际上较为先进的生产工艺——共挤法，黏结树脂选用美国杜邦生产的材料，克服了以往最高分子膜黏结的强度低、黏结膜容易褶皱、气泡、搭接处缺料等引起的黏结不牢的质量隐患，从而解决了客户最担心的质量问题——开胶或鼓泡。

适用范围

铝塑板的主要用途：●机关、写字楼、企事业单位办公楼的外墙装饰●厂房外墙装饰●医院、学校的外墙装饰●住宅楼外墙装饰●机场、车站、码头、渡口等建筑物的幕墙造型的装饰●高速公路出入口收费站、加油站的装饰●影剧院、体育中心、娱乐中心的外墙装饰店铺门楼、旧楼翻新等市容改造项目●广告、标识标牌●动车、高级大巴车、游轮的内装潢●电梯、隧道的壁板装饰●汽车展厅、展览馆、会展中心内饰布置●会议室、办公室、走廊的内室布置●厨房、厨柜、卫生间、客厅装潢等。

铝蜂窝板的主要用途：●幕墙装饰 ●室内装潢 ●电梯桥厢 ●会展、展示厅的布置 ●轨道车辆、豪华大巴的内饰装潢●飞机工业。

铝瓦楞板的主要用途：●幕墙装饰 ●室内装潢●天花吊顶●电梯桥厢 ●会展、展示厅的布置 。

技术指标

1. 铝塑复合板技术指标

指标名称	建筑幕墙用	普通装饰用
铝板厚度	0.5mm	0.2 ～ 0.45mm
涂层厚度	⩾ 25μm	16 ～ 25μm
剥离强度	⩾ 140N • mm/mm	⩾ 4.5N • mm/mm
弯曲强度	⩾ 105MPa	—
耐人工气候老化	色差：$\Delta E \leqslant 3.8$	色差：$\Delta E \leqslant 1.8$

2. 铝蜂窝复合板技术指标

指标名称	建筑外墙用
铝板（面 / 底）厚度	1.0/0.7mm
涂层厚度	⩾ 25μm
滚筒剥离强度	⩾ 55N • mm/mm
平拉强度	⩾ 0.85MPa
耐人工气候老化	色差：$\Delta E \leqslant 3.8$

3. 铝瓦楞板（铝波纹芯复合铝板）技术指标

指标名称	性能指标
铝板（面 / 底）厚度	0.8/0.4mm
涂层厚度	⩾ 25μm
滚筒剥离强度	⩾ 44N • mm/mm
平拉强度	⩾ 2.2MPa
耐人工气候老化	色差：$\Delta E \leqslant 3.8$

常州鑫邦板业有限公司
地址：江苏省常州市武进高新区龙飞路 25 号
电话：0519-85777808
官方网站：http://www.xin-bang.com

工程案例

"新邦"牌铝塑板、铝蜂窝板、铝瓦楞板近年主要工程一览表

国内主要工程名称	选用产品	国内主要工程名称	选用产品
陕西神木少年宫	钛锌板蜂窝铝板	合众思状	铝塑板
青岛华润万象城	铝蜂窝板	天津阳光晶典小区	铝塑板
上海中信大厦、上海中信泰富大厦	铝蜂窝板	第十八届世界博览会展览馆	铝塑板
苏州独墅湖地块商业楼项目	钛锌板蜂窝铝板、铜铝板蜂窝铝板	安徽全椒县服务中心	铝塑板
长沙绿地中心	钛锌板铝蜂窝板	南通第六人民医院	铝塑板
合肥火车站高铁南站	雕纹铝蜂窝板	大连晟辉大厦	铝塑板
南京火车站北站房	铝蜂窝板	上海银河新都花苑	铝塑板

生产企业

常州鑫邦板业有限公司是专业从事建筑装饰材料——铝塑复合板、铝瓦楞板、铝蜂窝板等产品的生产企业，坐落在中国经济发达的长江三角洲——常州武进高新区，人杰地灵，交通便捷。北依常州大学城，距高速公路出入口仅一公里。

鑫邦公司是由中国较早从事铝塑复合技术开发及制造的一批专业人士合作创建，具有丰富的专业生产经验，被中国建筑材料联合会金属（铝塑）复合材料分会前后两届聘为中国铝塑复合板行业专家委员会专家。作为金属及非金属复合材料技术开发创新型企业，拥有先进的设备和独特工艺技术，生产的铝塑板黏结强度远远超过国家标准，这一成果完全能满足并超越客户对产品质量的期望。我公司产品受到国内各大幕墙公司的推广并获得业主的一致好评。公司拥有自营进出口权，产品远销东南亚、欧洲、非洲、美洲等。

鑫邦公司为了保证产品质量，产品的原材料选用依赖于国内外品牌企业的合作，复合材料的黏结树脂均采用具有二百年历史的美国化工企业"DUPONT"公司的 BYNEL® 系列产品，我公司为美国杜邦"DUPONT"战略合作伙伴。涂料选用美国 PPG、威士伯和瑞典贝格的产品，铝材选用中国铝业集团等国内知名企业的产品。鑫邦公司已通过 ISO 9001 质量体系认证和 ISO 14001 环境管理体系认证并对所提供的产品实行质量保证承诺。

鑫邦公司坚持"质量优良、服务至上"的经营理念，为客户提供从工程设计到产品选用、从落料尺寸的分割到产品加工、从安装节点的连接到维护保养全方位的咨询服务，从而实现客户的目标价值。鑫邦公司秉承立业之本，以质量是金、服务是金、诚信是金，创和谐之邦，永续经营之邦。

常州鑫邦板业有限公司

地址：江苏省常州市武进高新区龙飞路 25 号
电话：0519-85777808
官方网站：http://www.xin-bang.com

证书编号：LB2020JS023

吉祥铝塑复合板、铝波纹芯复合板、铝全维板

产品简介

铝塑复合板简称铝塑板，是由经过表面处理并用涂层烤漆的铝板作为表面，聚乙烯塑料板作为芯层，经过一系列工艺加工复合而成的新型材料。铝塑板是由性质截然不同的两种材料（金属和非金属）组成，它既保留了原组成材料（金属铝、非金属聚乙烯塑料）的主要特性，又克服了原组成材料的不足，进而获得了众多优异的材料性质，如豪华性、艳丽多彩的装饰性、耐候、耐蚀、耐创击、防火、防潮、隔声、隔热、抗震性；质轻、易加工成型、易搬运安装，可快整施工等特性。

铝波纹芯复合板是一种高端、高档、A2 级防火、节能环保的夹层结构复合材料，以金属铝为面板，铝芯材为 M 形瓦楞芯，以金属铝为底板复合而成。该铝波纹芯复合板质量轻，强度高，刚度大、板面大，板面在较大面积时仍能保持很高的平整度，形状多样化，颜色多样化，安装方便，已被广泛应用于高层建筑外墙装饰及其他领域等。

铝全维板是一种高端、高档、A2 级防火、节能环保的夹层结构复合材料，以金属铝为面板，铝芯材为柱状阵列芯，以金属铝为底板复合而成。铝全维板质量轻、强度高、刚度大、板面大，板面在较大面积时仍能保持很高的平整度，形状多样化，颜色多样化，安装方便，已被广泛应用于高层建筑外墙装饰及其他领域等。

适用范围

建筑幕墙用铝塑复合板适用于：大楼外墙、帷幕墙板；旧的大楼外墙改装和翻新；阳台、设备单元、室内隔间；面板、标识板、展示台架；内墙装饰面板、天花板、广告招牌；工业用材、冷藏车的车体等。

铝波纹芯复合板应用于：建筑外墙、室内外装修、轨道交通、航天航空、生活家居、车站、机场、船舶等。

铝全维板应用于：建筑外墙、室内外装修、轨道交通、航天航空、生活家居、车站、机场、船舶等。

技术指标

铝塑复合板技术指标如下：

项目		技术指标
表面铅笔硬度		≥ HB
涂层光泽度偏差		≤ 10
涂层柔韧性 /T		≥ 2
涂层附着 / 级	划格法	0
	划圈法	1
耐冲击性 /(kg • cm)		≥ 50
涂层耐磨耗性 /（L/ μ m）		≥ 5
涂层耐盐酸性		无变化
涂层耐油性		无变化
涂层耐碱性		无鼓泡、凹起、粉化等异常 色差 ΔE ≤ 2
涂层耐硝酸性		无鼓泡、凹起、粉化等异常 色差 ΔE ≤ 5
涂层耐溶剂性		不露底
涂层耐沾污性 /%		5
耐人工气候老化	色差 ΔE	≤ 4.0
	失光等级 / 级	不次于 2
	其他老化性能 / 级	0
耐盐雾性 / 级		不次于 1
弯曲强度 /MPa		≥ 100

铝波纹芯复合板技术指标如下：

项目		技术指标
表面铅笔硬度		≥ HB
涂层光泽度偏差		≤ 10
涂层柔韧性 /T	氟碳涂层	≥ 2
	聚酯、丙烯酸涂层	≥ 3
涂层附着 / 级	标准实验室条件	0
	耐热水性试验后	0
	耐温差性试验后	0
涂层耐盐酸性		无变化
涂层耐油性		无变化
涂层耐碱性		无鼓泡、凹起、粉化等异常 色差 ΔE ≤ 2
涂层耐硝酸性		无鼓泡、凹起、粉化等异常 色差 ΔE ≤ 5
涂层耐溶剂性		不露底
涂层耐沾污性 /%		≤ 5

上海吉祥科技（集团）有限公司
地址：上海市松江区石湖荡工业区塔汇路 505 号
电话：021-57845209
传真：021-57841090
官方网站：www.shjix.cn

铝全维板技术指标如下：

耐人工气候老化	色差 ΔE	氟碳涂层	≤ 4.0
		聚酯、丙烯酸涂层	≤ 2.0
	失光等级 / 级		不次于 2
	其他老化性能 / 级		0
耐盐雾性			无脱胶
平拉强度 / MPa	建筑幕墙用		≥ 2.0
	普通装饰用		≥ 1.5
平压强度 / MPa	建筑幕墙用		≥ 1.5
	普通装饰用		≥ 1.0
平压弹性模量 / MPa	建筑幕墙用		≥ 35
	普通装饰用		≥ 30
弯曲强度 / MPa	横向	建筑幕墙用	≥ 100
		普通装饰用	≥ 80
	纵向	建筑幕墙用	≥ 70
		普通装饰用	≥ 55
弯曲刚度 / （N • mm²）			≥ 8×10^{7}
剪切刚度 / N			≥ 2.0×10^{4}
滚筒剥离强度 N • mm/mm	面板	建筑幕墙用	≥ 40
		普通装饰用	≥ 30
	背板	建筑幕墙用	≥ 40
		普通装饰用	≥ 30
耐撞击性			无明显变形及破坏
线性热膨胀系数 /℃ $^{-1}$			≤ 3.0×10^{-6}
耐热水性	外观		无异常
	滚筒剥离强度 N • mm/mm	建筑幕墙用	≥ 20
		普通装饰用	≥ 15
耐温差性	外观		无异常
	滚筒剥离强度 N • mm/mm	建筑幕墙用	≥ 30
		普通装饰用	≥ 20
燃烧性能			A(A2) 级

工程案例

近一年申报产品典型工程案例

工程名称	竣工时间	应用部位	应用量
郑州恒丰科创中心	2019	2#3#5# 楼幕墙	25000m²
杭州奥体单元小学及幼儿园	2020	外部幕墙	16500m²
上海交通大学附属新华医院儿科综合楼	2019	综合楼外立面	11115m²
湖州蓝城郡安里	2020	外墙	6000m²
连云港万达广场	2018	外墙	2000m²
萧山万象汇	2019	外立面	4800m²
上海正泰启迪智电港	2020	外墙	6000m²
杭州奥体中心体育馆	2020	支柱墙	3200m²
上海百汇园	2019	外立面	6800m²

生产企业

上海吉祥科技（集团）有限公司是一家集工业、贸易、科研、投资、服务于一体的多元化集团公司，总注册资金一亿多元。是专业从事高科技内外墙建筑装璜材料的研发、生产、贸易、服务于一体的经济实体，拥有雄厚的技术力量、精湛的生产工艺、先进的检测设备、科学的管理体系和完善的客户服务。公司现在有高级工程师 20 多人，专业技术人员 50 多人，管理人员 100 多人，职工 500 多人，大型铝塑复合生产流水线和全自动涂铝生产线 15 条，多台加拿大进口现代化数控设备和日本“兰氏”X-Y 全方位光速探测整套全自动静电铝单板涂装生产线，其中两条宽幅达 1.8m 铝塑复合生产流水线达到国际较为先进水平。

公司主要生产铝塑复合板、石纹铝塑板和木纹铝塑板、氟碳铝单板、铝蜂窝板、铝天花板、涂装铝箔等产品，年生产能力 2000 多万平方米。现已发展成为国内同行业规模企业之一，销售网点遍及全国各大城市，并出口俄罗斯、东南亚、欧盟、南美等国家和地区，产品广泛应用于国内外各种大型建筑及标志性建筑，并受到用户的一致好评。

公司自成立以来，通过了 ISO 9001:2015 国际质量管理体系认证、ISO 14001:2015 国际环境管理体系认证、OHSAS 18001：2011 职业健康安全管理体系认证和 CTC 产品质量认证，CE 欧盟产品认证，是“中国建筑材料联合会复合材料分会副理事长单位”，并获得了“上海市文明单位”“上海市守合同重信用企业”“上海市松江区企业技术中心”“绿色建筑选用产品”“中国建筑装饰材料铝塑板行业 10 强”“上海建材行业名优产品”等荣誉称号。产品经国家建材测试中心连续多年抽样检测合格，是国家“塑铝贴面板”“铝单板制品”“铝蜂窝板”“金属装饰保温板”等产品行业标准和国家标准的参编单位，拥有实用新型专利 20 多项。

吉祥人敞开胸怀，热诚欢迎国内外有识之士合作加盟，共同谱写“世界装饰材料潮流”的新篇章！

证书编号：LB2020DP001

哥拜耳水性无机矿物地坪涂料

产品简介

哥拜耳水性无机地坪涂料本质是天然的、环保的、健康的涂料。它选用天然无机矿物为原料，呈弱碱性，主要成分是硅酸盐、无机色素、矿物填料等，不添加任何有机化学溶剂，完全颠覆常规地坪涂料要依靠有机合成树脂乳液的加工工艺，既能保持颜料的原有色泽，又起到固化作用，使涂膜永不褪色。哥拜耳无机矿物涂料会自动渗透到墙体基质面内，使颜料、填料与基质发生硅化作用，与基质结合成一体，又因其天然弱碱性，故其具有防火阻燃、杀菌防霉、防滑、耐摩擦、耐酸碱、不起皮、不脱落等天然的产品优势，在任何气候条件下，均持久耐用达 5 年以上。

适用范围

本产品采用硅酸盐等天然矿物原料，经特殊生产工艺加工而成，无毒无味，不含甲醛、苯、重金属等有害物质，无辐射；防火阻燃、耐水、耐酸、耐碱、可擦洗、耐摩擦；色彩丰富，使用寿命长，维护费用低，适宜各种水泥、混凝土基面等。施工简单方便，可喷涂、滚涂或刷涂。

技术指标

哥拜耳水性无机矿物地坪涂料技术指标：

哥拜耳水性无机矿物地坪涂料技术参数

序号	检验项目		标准要求	检验结果
1	附着力（划格间距 1mm）		≤ 1 级	1 级
2	耐碱性［(饱和 Ca（OH）$_2$，48h)］		不起泡，不剥落，允许轻微变色	无起泡，无剥落，有轻微变色
3	铅笔硬度		≥ HB	3H
4	耐冲击性		50cm	50cm
5	耐磨性（750g/500r）		≤ 0.06g	0.056g
6	耐水性（168h）		不起泡，不剥落，允许轻微变色	无起泡，无剥落，有轻微变色
7	耐酸性（10%H_2SO_4，48h）		不起泡，不剥落，允许轻微变色	无起泡，无剥落，无变色
8	耐油性（120# 汽油，72h）		不起泡，不剥落，允许轻微变色	无起泡，无剥落，无变色
9	防滑性（静摩擦系数）	干法	≥ 0.60	0.70
		湿法	≥ 0.60	0.68

哥拜耳涂料股份有限公司
地址：成都市蒲江县寿安镇博世路 555 号 A 区 20 栋（生产基地）成都市武侯区武科东四路联邦财富中心 1-2-802（营销中心）
电话：028-81717678
传真：028-81717678　官方网站：www.gber-china.com

工程案例

项目名称	项目地址	面积
成都皇城花卉	成都市高新区天和西一街 82	8 万 m^2
金贸大厦	北京市西城区西直门外大街 18 号	2.4 万 m^2
陕煤集团金水小区	陕西省	6 万 m^2
陕西咸阳纺织集团地坪	陕西省咸阳市秦都区	7 万 m^2
上海和记黄埔	上海市	10 万 m^2
西北中学	成都市武侯区建国巷	0.8 万 m^2
杨凌生物公司万级净化车间	陕西省咸阳市杨凌区新桥南路 12 号	4 万 m^2
中航国际大厦	北京市朝阳区北辰东路 18 号	2.2 万 m^2
华瑞中心	成都市双丰路	4 万 m^2
中国移动	成都市高升桥中国移动	1 万 m^2
海南日月广场	海南省海口市日月广场	8 万 m^2

生产企业

哥拜耳涂料股份有限公司是一家集科研、生产、销售与技术服务为一体的综合型高科技企业，是中国较早生产无机涂料的企业。公司拥有自主专利，参与制定行业标准，无论生产规模还是市场占有率都居全国前列。

公司主要产品有：哥拜耳水性无机矿物内、外墙涂料、哥拜耳水性无机矿物地坪涂料及配套的无机底漆、无机光油、哥拜耳水性无机矿物防锈涂料、哥拜耳水性负离子环保涂料等天然、绿色、环保产品。

哥拜耳人传承甘肃敦煌及广西花山壁画的民族传统工艺内涵，吸纳欧洲矿物涂料 200 多年的技术精髓，历经无数次试验、改良，成功研发出无机分子重组技术。公司在全国各地设有代理机构，产品已广泛用于工业与民用建筑、公共建筑与市政设施、旧建筑改造以及家居行业等。由于哥拜耳产品不含有害物质、防火阻燃、超强耐候、不褪色、不长霉、耐水浸、抗酸耐碱、天然环保等特点，深受广大用户欢迎。

随着消费者环保、健康理念的增强，开发环保型的无机产品将成为中国乃至世界涂料行业的发展趋势。哥拜耳公司秉承“以人为本”的宗旨，将不断追求卓越创新，靠质量和服务赢得客户，靠客户信赖赢得发展，为社会创造一个绿色环保的世界。

哥拜耳涂料股份有限公司

地址：成都市蒲江县寿安镇博世路 555 号 A 区 20 栋（生产基地）成都市武侯区武科东四路联邦财富中心 1-2-802（营销中心）

电话：028-81717678

传真：028-81717678　　官方网站：www.gber-china.com

证书编号：LB2020DP002

华翔 EPDM 橡胶颗粒、TPE 人造草填充颗粒

产品简介

EPDM 橡胶颗粒主要是由三元乙丙橡胶、橡胶润滑油、碳酸钙以及色粉等组成。EPDM 产品具有高度耐腐蚀性和极佳的化学稳定性，耐臭氧老化，耐热氧老化，即使在低温下它依然可以保持极佳弹性。

TPE 人造草填充颗粒主要是由 SEBA、橡胶润滑油、碳酸钙、辅料以及色母等组成，环保耐磨且拥有高回弹力，是替代现有黑色废旧轮胎颗粒最理想的产品。TPE 材质无卤无毒，不需要硫化，符合可持续发展观环保可回收的标准。

适用范围

EPDM 橡胶颗粒广泛应用于各种运动场地面层，如球场（网球场、篮球场、排球场等）、幼儿园、公园、游乐园、花园、游泳池、人造草填充、健身房、人行道、健身路径、橡胶地垫、橡胶卷材。

TPE 人造草填充颗粒主要应用于足球场人造草填充，增加弹性，让运动员在运动过程中更感舒适。

技术指标

EPDM 橡胶颗技术指标如下：

测试项目	标准要求	实测
18 种多环芳烃总和 /（mg/kg）	≤ 20	未检出
苯并 [a] 芘 /（mg/kg）	≤ 1.0	未检出
可溶性铅 /（mg/kg）	≤ 50	未检出
可溶性镉 /（mg/kg）	≤ 10	未检出
可溶性铬 /（mg/kg）	≤ 10	未检出
可溶性汞 /（mg/kg）	≤ 2	未检出
高聚物含量（%）	≥ 20	20.5

TPE 人造草填充颗粒技术指标如下：

测试项目	指标	实测
18 种多环芳烃总和 /（mg/kg）	≤ 20	未检出
苯并 [a] 芘 /（mg/kg）	≤ 1.0	未检出
可溶性铅 /（mg/kg）	≤ 50	未检出
可溶性镉 /（mg/kg）	≤ 10	未检出
可溶性铬 /（mg/kg）	≤ 10	未检出
可溶性汞 /（mg/kg）	≤ 2	未检出
气味等级 / 级	≤ 3	2
高聚物含量（%）	≥ 20	20

工程案例

长春大学

蓬莱第一中学

江苏华翔体育设施有限公司

地址：江苏省盐城市建湖县经济开发区北京东路 6 号
电话：0515-86205188
传真：0515-86266968
官方网站：ychxty.com

盐城明达中学
内蒙古通辽市一小
南京三江学院
新疆五梁渠军户农场中学

生产企业

江苏华翔体育设施有限公司，是一家集研发、生产、销售为一体的专业体育场地、运动设施材料生产商，其前身为盐城市飞翔体育设施材料有限公司，成立于2009年初。

公司在设计施工、技术积累、经营管理、业务拓展上有很强的优势，具备完善的质量保证和售后服务体系。拥有10余年专业生产EPDM彩色颗粒、运动场地材料的经验。

公司坐落于经济发达的长三角——江苏盐城。占地面积40000多平方米，年产量EPDM彩色颗粒10000多吨。公司货源充足，可依照客户的要求生产不同规格的产品。 产品通过国家体育用品质量检测中心、中国田径协会、各地相关行业标准等检测。

产品适用于学校塑胶跑道、足球场、网球场、篮球场、游乐场、幼儿园、公园、商场、医院、社区、健身房、人造草坪、宾馆、道路、学校室内外场所。

公司总提倡“质量优良、诚信为本、服务至上、客户满意”的质量方针，弘扬“开拓、进取、拼搏、求实”的企业精神，坚持规范的管理、务实的生产，力争与世界体育行业接轨，打造高品质的体育材料及运动场地。

江苏华翔体育设施有限公司
地址：江苏省盐城市建湖县经济开发区北京东路6号
电话：0515-86205188
传真：0515-86266968
官方网站：ychxty.com

证书编号：LB2020DP003

大茂水性预制型橡胶跑道卷材

产品简介

水性预制型橡胶跑道是以水性聚合物为胶粘剂，混合无硫优质橡胶，采用高温高压交链固化工艺，一次成型，色彩鲜艳持久，无任何排放。产品安装过程中，铺装要求低，铺装速度更快，实现无污染、无噪声。完工交付后的跑道，运动场地空气质量经检测，产品理化性能达到国标和国际标准，完全符合绿色环保标准，是一种真正全生命周期绿色环保新型运动地面材料。

适用范围

产品适用于大中小学田径场面层、专业运动场地田径场面层、健身步道等。

技术指标

产品性能指标达到 GB 36246—2018《中小学校合成材料面层运动场地》国家标准要求，达到国际田联（IAAF）标准。其中，苯、甲苯等有毒有害物质含量及 VOC/TVOC 指标均达到或超过相关标准，绝大多数化学指标均未检出。

运动面层国际田联（IAAF）物理性能检测	
检测项目 Test items	限量值 Limit Value
冲击吸收 /% Force Reduction	35 ～ 50
垂直变形 /mm Vertical Deformation	0.6 ～ 2.5
抗滑值 /（BPN，20℃ Skid Resistance）	≥ 47
拉伸强度 /MPa Tensile Strength	渗水型面层≥ 0.4 非渗水型面层≥ 0.5
拉断伸长率 / % Elongation at Break	≥ 40

运动面层 GB 36246—2018 化学物质含量检测			
项目 Test Items			要求 Requirements
有害物质含量 Contents of Harmful substance	3 种邻苯二甲酸酯类化合物总和 Sum of DBP、BBP、DEHP	g/kg	≤ 1.0
	3 种邻苯二甲酸酯类化合物总和 Sum of DNOP、DINP、DIDP	g/kg	≤ 1.0
	18 种多环芳烃总和 (PAHs) Sum of 18 polycyclic aromatic hydrocarbons	mg/kg	≤ 50 ≤ 20
	苯并 [a] 芘 Benzo [a] pyrene	mg/kg	≤ 1.0
	短链氯化石蜡（C10-C13）Short chained chlorinated paraffin	g/kg	≤ 1.5
	4,4'- 二氨基 -3, 3'- 二氯二苯甲烷 (MOCA) 4, 4-diamino-3, 3-dichlorodiphenylmethane	g/kg	≤ 1.0
	游离甲苯二异氰酸酯（TDI）和游离六亚甲基二异氰酸酯（HDI）总和 Sum of toluene diisocyanate & hexamethylene diisocyanate	g/kg	≤ 0.2
	游离二苯基甲烷二异氰酸酯（MDI）Diphenylmethane diisocyanate	g/kg	≤ 1.0
	可溶性铅 Soluble lead	mg/kg	≤ 50
	可溶性镉 Soluble cadmium	mg/kg	≤ 10
	可溶性铬 Soluble chromium	mg/kg	≤ 10
	可溶性汞 Soluble mercury	mg/kg	≤ 2
有害物质释放量 Release of harmful substances	总挥发性有机化合物 Total Volatile Organic Compound Content	mg/（m^2 · h）	≤ 5.0
	甲醛 Formaldehyde	mg/（m^2 · h）	≤ 0.4
	苯 Benzene	mg/（m^2 · h）	≤ 0.1
	甲苯、二甲苯和乙苯总和 Sum of toluene, xylene and ethylbenzene	mg/（m^2 · h）	≤ 1.0
	二硫化碳 Carbon disulfide	mg/（m^2 · h）	≤ 7.0
气味 Odor	气味等级 Odor grade	grade	≤ 3

工程案例

工程名称	竣工时间	应用部位	应用量
贵阳观山湖湿地公园南湖环湖步道	2019 年 8 月	观山湖湿地公园南北两湖健身步道	4800m^2
贵阳市第三实验中学运动场改造	2019 年 9 月	跑道	3628m^2
贵州长顺县代化镇代化中心校运动场项目	2019 年 12 月	跑道	2312m^2

生产企业

大茂环保新材料股份有限公司成立于 2018 年，与世界 500 强企业陶氏化学签订了战略合作协议，就绿色校园、绿色体育及绿色交通建筑等水性环保材料的研发、生产、销售进行广泛合作。公司研发生产的水性预制型橡胶跑道，是专业运动场和大中小学运动场地的优异运动面层材料，产品通过了国际田联（IAAF）和国家标准（GB）检测。公司提供各类运动面层、健身步道、专业地坪和路面屋面系统等项目水性环保材料的销售、工程设计施工和售后服务，并竭诚为国内外用户提供全套水性技术解决方案。

大茂环保新材料股份有限公司

地址：贵州省贵阳市贵阳综合保税区综保路 299 号 B4 地块 3 号标准厂房

电话：18111906618

官方网站：domoor.cn

证书编号：LB2020DP004

奥赛预制型橡胶卷材、EPDM 橡胶颗粒、TPE 可回收弹性颗粒

产品简介

预制型橡胶卷材根据场地尺寸量身定制，在工厂生产流水线上制造成卷材成品，在施工现场进行铺贴组装。因其是在工厂生产一次成型，厚度一致，质量可控，所以该类型的跑道非常安全。综合测算，预制型橡胶卷材跑道使用寿命能达到普通塑胶跑道的 2 ～ 3 倍，在塑胶跑道类别中极具性价比。奥赛预制型橡胶卷材使用 TPU 材质作为主材，可以说是代替普通橡胶的最理想材料之一，被国际公认为新型环保聚合物材料。

无硫 EPDM 橡胶颗粒相比传统 EPDM 硫化橡胶颗粒，适用于学校田径场和球场，具有更环保的化学性能、更卓越的物理性能、更低的颗粒密度、更低的堆积用量、更具性价比的系统性能。

TPE 可回收弹性颗粒是人造草坪上的一种填充物，颗粒环保耐磨且拥有高回弹力，是实现人造草坪环保填充的理想产品。TPE 材质橡胶颗粒无硫、无味、无毒，颗粒可回收，真正环保，符合可持续发展、环保可回收的标准。

适用范围

产品适用于幼儿园、学校、训练体育场、健身馆、普通体育场馆、健身绿道等。

技术指标

预制型橡胶卷材物理性能技术指标如下：

项目		要求	检测结果
冲击吸收 / %	0℃	35 ～ 50	35
	23℃	35 ～ 50	36
	50℃	35 ～ 50	36
垂直变形 /mm		0.6 ～ 3.0	1.4
抗滑值 /（BPN 20℃）		≥ 47	65
拉伸强度 / MPa		≥ 0.5	0.9
拉断伸长率 / %		≥ 40	233
阻燃性能 / 级		I	I
现浇型和预制型面层加速老化 500h 后	拉伸强度	≥ 0.5	1.0
	拉断伸长率 / %	≥ 40	184

EPDM 橡胶颗粒物理性能技术指标如下：

检测项目		要求	检测结果
有害物质含量	18 种多环芳烃总和 /（mg/kg）	≤ 50	未检出
	苯并（a）芘 /（mg/kg）	≤ 1.0	未检出
	可溶性铅 /（mg/kg）	≤ 50	未检出
	可溶性镉 /（mg/kg）	≤ 10	未检出
	可溶性铬 /（mg/kg）	≤ 10	未检出
	可溶性汞 /（mg/kg）	≤ 2	未检出

江苏奥赛体育科技有限公司
地址：宿迁市沭阳县马厂杨桥奥赛产业园
电话：0527-87999111
官方网站：www.orsaysports.com

TPE 可回收弹性颗粒技术指标如下：

检测项目		要求	检测结果
有害物质含量	18 种多环芳烃总和 /（mg/kg）	≤ 50	1
	苯并（a）芘 /（mg/kg）	≤ 1.0	未检出
	可溶性铅 /（mg/kg）	≤ 50	未检出
	可溶性镉 /（mg/kg）	≤ 10	未检出
	可溶性铬 /（mg/kg）	≤ 10	未检出
	可溶性汞 /（mg/kg）	≤ 2	未检出
气味	气味等级 / 级	≤ 3	2.5
高聚物总量	%	≥ 20%	30

工程案例

山东省峄城文体中心、江苏省盱眙体育中心、江苏大学、江南大学、南京外国语学校淮安分校中学部、南京外国语学校淮安分校小学部、扬州旅游商贸学校、扬州梅岭中学、镇江丁卯第二小学

生产企业

江苏奥赛体育科技有限公司是集体育场地材料研发与生产、体育场馆设计安装于一体的专业化公司。公司以“诚信塑品牌、质量赢口碑、实力创价值”为企业宗旨，专注于预制型橡胶卷材跑道、球场及 EPDM、TPE、TPU 无硫橡胶颗粒、草坪弹性垫等新型高分子材料的研发与生产，可为新老客户提供项目管理咨询、场地实地勘测、体育场地规划与图纸设计、项目清单预算编制以及配套安装等全程服务。

奥赛体育营销中心位于南京市新街口核心商圈新世界中心 B 座 35 楼，并在华北区域（北京）、华东区域（南京）、华南区域（广州）、华中区域（武汉）、西北区域（西安）、西南区域（成都）、东北区域（沈阳）设立了全程服务机构。

奥赛体育核心产品预制型橡胶卷材跑道和球场年产能 150 万 m^2，EPDM、TPE 和 TPU 等无硫橡胶颗粒年产能 2 万 t，XPE 草坪弹性垫层年产能 120 万 m^2。公司全系列产品均符合国家标准 GB 36246—2018《中小学合成材料面层运动场地》要求，产品检测报告齐全，检测数据优势突出，拥有数十项专利。

江苏奥赛体育科技有限公司
地址：宿迁市沭阳县马厂杨桥奥赛产业园
电话：0527-87999111
官方网站：www.orsaysports.com

证书编号：LB2020DP005

贝斯特渗水型塑胶跑道面层、硅 PU 塑胶球场面层、丙烯酸球场面层

产品简介

渗水型塑胶跑道面层由专为运动场设计的聚氨酯黏合剂按控制比例混合特殊胶粒后，经由专业施工机械控制厚度铺设，并在其表面以 EPDM 胶粒与同色聚氨酯面漆混合用专业的喷涂机喷洒覆盖在橡胶基垫上，形成特殊的有组织的纹路，赋予面层优异的附着摩擦力和抗滑阻力。经机械铺装的跑道材料平整度佳，成型后材料内含有多孔，使雨后不积水，能立即投入使用，提高使用效益，性价比高。

硅 PU 球场材料已广泛应用于运动及休闲场所。材料基本构成为：球场弹性材 + 耐磨面材 + 面漆 + 划线。在混凝土或沥青基础上均可施工。涂布后材料具有流平性，整体成膜无裂缝，并具有适当的弹性和硬度，能满足运动时球速的需要并提供对运动员的保护。按需调配的色彩结合经雾面防滑处理的面层，不仅带来视觉的享受，同时兼具美化环境的效果。

丙烯酸涂层系统的共同特性：完全不含石棉、铅或水银等化合物，合乎环保原则。高度抗紫外光性能，颜色持久深入，不褪色，不脱落。保养容易，维修费用低，在任何气候条件下都坚固耐用。多种颜色可供选择，包括蓝、红、深绿和浅绿等。使用寿命长，一般在 5 年以上，如基础质量优异其使用寿命还可延长。面层有效舒缓冲力，降低对运动员的伤害及疲劳。

适用范围

产品适用于各级各类学校及专业体育场、田径场跑道、半圆区、辅助区，全民健身路径、室内体育馆训练跑道、游乐场道路铺面、普通运动竞技比赛场地等。

技术指标

1. 丙烯酸球场面层技术指标如下：

项目	技术要求
反（回）弹性值 / %	≥ 80
冲击吸收 / %	5 ～ 15
滑动阻力	60 ～ 100
渗水性	0

2. 渗水型塑胶跑道面层技术指标如下：

检验结果				
检测项目		限值	检测结果	单项判定
有害物质	3 种邻苯二甲酸酯类化合物（DBP、BBP、DEHP）总和 / (g/kg)	≤ 1.0	见附表 1	符合
	3 种邻苯二甲酸酯类化合物（DNOP、DINP、DIDP）总和 / (g/kg)	≤ 1.0	见附表 1	符合
	18 种多环芳烃总和 / (mg/kg)	≤ 50	见附表 2	符合
		≤ 20[2]	见附表 3	
	苯并［a］芘 / (mg/kg)	≤ 1.0	未检出	符合
	短链氯化石蜡（C_{10}-C_{13}）/ (g/kg)	≤ 1.5	未检出	符合
	4,4’- 二氨基 -3,3’- 二氯二苯甲烷（MOCA）/ (g/kg)	≤ 1.0	未检出	符合
	游离甲苯二异氰酸酯（TDI）和游离六亚甲基二异氰酸酯（HDI）总和 / (g/kg)	≤ 0.2	未检出	符合
	游离二苯基甲烷二异氰酸酯（MDI）/ (g/kg)	≤ 1.0	未检出	符合
	可溶性铅 / (mg/kg)	≤ 50	36	符合
	可溶性镉 / (mg/kg)	≤ 10	未检出	符合
	可溶性铬 / (mg/kg)	≤ 10	未检出	符合
	可溶性汞 / (mg/kg)	≤ 2	未检出	符合

白颗粒透气型跑道

混合型跑道蓝色喷面

3. 硅 PU 塑胶球场面层技术指标如下：

序号	检测项目		标准要求（现浇型和预制型面层成品）	检测结果	单项结论
1	邻苯二甲酸酯 / (g/kg)	DBP+BBP+DEHP	≤ 1.0	N.D.	符合
		DNOP+DINP+DIDP	≤ 1.0	N.D.	符合
2	多环芳烃 / (mg/kg)	苯并［a］芘	≤ 1.0	N.D.	符合
		18 种多环芳烃总和	≤ 50	N.D.	符合
			≤ 20	N.D.	符合
3	短链氯化石蜡（C_{10}-C_{13}）/ (g/kg)		≤ 1.5	N.D.	符合
4	4,4’- 二氨基 -3,3’- 二氯二苯甲烷（MOCA）/ (g/kg)		≤ 1.0	N.D.	符合
5	游离甲苯二异氰酸酯（TDI）和游离六亚甲基二异氰酸酯（HDI）总和 / (g/kg)		≤ 0.2	N.D.	符合
6	游离二苯基甲烷二异氰酸酯（MDI）/ (g/kg)		≤ 1.0	N.D.	符合
7	可溶性重金属 / (mg/kg)	可溶性铅（Pb）	≤ 50	N.D.	符合
		可溶性镉（Cd）	≤ 10	N.D.	符合
		可溶性汞（Hg）	≤ 2	N.D.	符合
		可溶性铬（Cr）	≤ 10	N.D.	符合
8	有害物质释放量 / (mg (m²•h))	TVOC	≤ 5.0	3.646	符合
		苯	≤ 0.1	N.D.	符合
		甲苯 + 二甲苯 + 乙苯	≤ 1.0	N.D.	符合
		甲醛	≤ 0.4	N.D.	符合
		二硫化碳	≤ 7.0	N.D.	符合
9	气味评定 / (级)		≤ 3	3	符合
10	无机填料含量 / (%)		≤ 65	59.12	符合

工程案例

广东佛山市三水区西南街道第七小学、广东佛山市顺德陈惠南中学、广东惠州惠城区武警大队、广东惠州市城区监狱、广西百色平果县城关中学、浙江江山育仁中学、云南大理永平县梅花完小、黑龙江省佳斯市万达广场楼顶、辽宁省沈阳市碧园楼顶、云南大理宾川县完小、河北荆州江荆州小学、佛山容桂中学、广西崇左扶绥县龙头中学、东莞厚街三屯幼儿园、新疆石河子师范学校

生产企业

东莞市沛琪体育设施有限公司成立于 2012 年，是一家集体育场地材料研发、生产、销售和施工指导、体育工程建设为一体，专注运动场地设施专业化的企业，配置了先进的生产设备和齐全的检测设施。沛琪体育始终以产品质量、技术创新，作为产品开拓市场的航标，并凭借质量优势来积聚强大的企业核心竞争力，年产量达 2 万 t。

旗下拥有“沛琪 PU 聚氨酯塑胶跑道系列”“贝澌特水性硅 PU 球场材料及丙烯酸球场材料系列”两个明星品牌，为客户的不同需求量身提供专业、适合的选择。公司秉着“精益创新、环保健康”的质量要求，“没有最好，只有更好”稳步超越的经营理念，为客户提供全方位的优质服务。沛琪人恪守质量为先、顾客为本、服务至上、携手双赢之信念，为客户提供专业的技术服务，而且可以根据客户要求，配合客户开发具有特殊要求的产品。

本着专注、专业的企业精神，凭借多元化的产品结构和优异的产品质量，以远大愿景来促进企业发展，以打造一个优质的民族体育品牌而努力。

东莞市沛琪体育设施有限公司

地址：广东省东莞市厚街镇福岗路 197 号
电话：0769-85906321 传真：0769-81211330
官方网站：http://www.dgpeiqi.com

证书编号：LB2020DP006

盛亚透气型塑胶跑道面层、预制型橡胶卷材、TPV 颗粒

产品简介

透气型跑道弹性层采用环保无毒的橡胶颗粒进行铺摊，弹性好，成本低，避免“黑色污染”，使用全球采购的优质原材料及先进生产设备和技术生产，产品具有透水透气、弹性好、良好的耐磨性和耐冲击性、施工简单等特点。

预制型橡胶卷材分上下两层结构，该结构的特点是能够将散漫的反射力相对集束，并以符合运动员前行方向的角度作用于运动员而提高运动成绩；超强的摩擦力和抓力，即便在湿润天气，依然表现良好；表面工艺一次成型，具备特殊防滑纹理，可确保使用者安全；无须担心有颗粒脱落造成防滑性能降低；融合了减震性能和能量返还（回弹）性能，保障了使用者长期训练也不会产生疲劳损伤，最大程度保障使用者安全。

TPV 颗粒由聚烯烃与纳米级三元乙丙（EPDM）、聚氨酯（PU）材料等通过共混改性并高温动态硫化（不需要加入任何硫黄做硫化剂）后形成，兼具塑料及橡胶优良性能、柔软适度、加工方便的绿色环保材料，具有高弹性、高强度、韧性好的特点，有利于保护运动员关节；绿色环保、无毒无味，经检测符合 FDA21CFR177.2600 美国食品与药品管理法规接触测试及欧盟 RHOS 儿童玩具标准测试。TPV 新材料是弹性运动场地面铺装高品质材料，特别有利于中小学生健康运动与健康成长。

适用范围

本产品采用硅酸盐等天然矿物原料，经特殊生产工艺加工而成，无毒无味，不含甲醛、苯、重金属等有害物质，无辐射；防火阻燃、耐水、耐酸、耐碱、可擦洗、耐摩擦；色彩丰富，使用寿命长，维护费用低，适宜各种水泥、混凝土基面等。施工简单方便，可喷涂、滚涂或刷涂。

技术指标

透气型塑胶跑道面层性能指标如下：

	项目	指标	实测
有害物质释放量	总挥发性有机化合物（TVOC）/［mg/（m^2·h）］	≤ 5.0	0.5
	甲醛 /［mg/（m^2·h）］	≤ 0.4	0.058
	苯 /［mg/（m^2·h）］	≤ 0.1	未检出
	甲苯、二甲苯和乙苯总和 /［mg/（m^2·h）］	≤ 1.0	0.05
	二硫化碳 /［mg/（m^2·h）］	≤ 7.0	未检出
气味	气味等级 / 级	≤ 3	3

预制型橡胶卷材性能指标如下：

	项目	指标	实测
有害物质含量	3 种邻苯二甲酸酯类化合物（DBP、BBP、DEHP）总和 /（g/kg）	≤ 1.0	未检出
	3 种邻苯二甲酸酯类化合物（DNOP、DINP、DIDP）总和 /（g/kg）	≤ 1.0	未检出
	18 种多环芳烃总和 /（mg/kg）	≤ 50	未检出
	苯并 [a] 芘 /（mg/kg）	≤ 1.0	未检出
	短链氯化石蜡（C10 ～ C13）/（g/kg）	≤ 1.5	未检出
	4,4’ - 二氨基 -3,3’ - 二氯二苯甲烷（MOCA）/（g/kg）	≤ 1.0	未检出
	游离甲苯二异氰酸酯（TDI）和游离六亚甲基二异氰酸酯（HDI）总和 /（g/kg）	≤ 0.2	未检出
	游离二苯基甲烷二异氰酸酯（MDI）/（g/kg）	≤ 1.0	未检出
	可溶性铅 /（mg/kg）	≤ 50	3
	可溶性镉 /（mg/kg）	≤ 10	0.3
	可溶性铬 /（mg/kg）	≤ 10	2
	可溶性汞 /（mg/kg）	≤ 2	未检出

湖南盛亚体育实业有限公司
地址：岳阳市城陵矶新港区临港产业区新材料产业园
电话：0731-89878479
传真：0731-84332808
官方网站：www.senria.cn

续表

	项目	指标	实测
有害物质释放量	总挥发性有机化合物（TVOC）/［mg/（m²•h）］	≤ 5.0	0.6
	甲醛 /［mg/（m²•h）］	≤ 0.4	未检出
	苯 /［mg/（m²•h）］	≤ 0.1	未检出
	甲苯、二甲苯和乙苯总和 /［mg/（m²•h）］	≤ 1.0	未检出
	二硫化碳 /［mg/（m²•h）］	≤ 7.0	未检出
气味	气味等级 / 级	≤ 3	2

TPV 颗粒性能指标如下：

	项目	指标	实测
有害物质含量	18 种多环芳烃总和 /（mg/kg）	≤ 50	未检出
	苯并 [a] 芘 /（mg/kg）	≤ 1.0	未检出
	可溶性铅 /（mg/kg）	≤ 50	2
	可溶性镉 /（mg/kg）	≤ 10	未检出
	可溶性铬 /（mg/kg）	≤ 10	3
	可溶性汞 /（mg/kg）	≤ 2	未检出
气味	气味等级 / 级	≤ 3	2

工程案例

中国地质大学（武汉）新校区
公安县车胤中学运动场项目
福建沙县体育中心
龙岩市第二中学运动场改造工程
福建省沙县第一中学新校区
江西省宜春实验中学
南昌恒大城九年制学校室外球场面层工程
南昌恒大华府羽毛球场
延安职业技术学院
西安交通大学附属中学
郎溪县全民健身中心
安徽省淮南市潘集区天柱山路
广西省桂林高级技工学校

生产企业

2016 年，湖南盛亚体育实业有限公司成立。盛亚体育新材料产研基地（项目一期）总投资 3.5 亿元，总面积 46000m²，是目前国内规模较大的自动化运动地面材料生产基地。盛亚体育主要致力于体育场馆运营，生产预制型橡胶跑道卷材、TPV 卷材和颗粒、聚氨酯塑胶跑道材料、荷兰进口荷柯兰球场和跑道材料、硅 PU 球场材料以及环保颗粒等体育运动地面材料，是一家集研发、生产、销售、设计、施工、售后于一体的“一站式体育场地材料、工程、服务供应商”。盛亚新材料基地采用了全自动数控生产技术，并成立了湖南盛亚高分子材料科研所、湖南盛亚高分子材料检测中心，所生产产品均经过包括国际田联、SGS 在内的权威第三方检测机构严苛的检验检测，各项性能皆检测合格后再投入市场。

盛亚体育是国际 SGS 检测认证单位、国际田联认证单位、中国田协优秀审定产品单位、中国田径协会场地器材委员会会员单位、中国教育装备行业协会会员单位、中国企业战略联盟、中国管理科学研究院核准认定的中国高新技术企业，是中国民营科技促进会建筑建材专家委员会认证的中国塑胶跑道低碳环保企业。

湖南盛亚体育实业有限公司传播民族品牌文化，传递环保、健康运动理念，实现以环保健康的产品带动自身可持续发展，打造中国体育产业的品牌！

湖南盛亚体育实业有限公司
地址：岳阳市城陵矶新港区临港产业区新材料产业园
电话：0731-89878479
传真：0731-84332808
官方网站：www.senria.cn

证书编号：LB2020DP007

祥虹 EPDM 彩色橡胶颗粒、聚氨酯单组分胶水

产品简介

EPDM 颗粒由合成橡胶制成，可以生产多种颜色，且以其优异的性能可抵抗紫外线照射和耐一般化学反应，产品具有高度耐腐蚀性和极佳的化学稳定性，良好的弹性、黏结性强等特点。

聚氨酯单组分胶水合成原料主要是低聚物多元醇和二异氰酸酯。低聚物多元醇通常分为聚醚多元醇和聚酯多元醇两种。前者制得的预聚体有良好的水解稳定性、较好的柔韧性和延伸性，耐低温性能好；而后者预聚体内聚力大，黏结强度高。

适用范围

产品适用于幼儿园、学校、训练体育场、健身馆、普通体育场馆、健身绿道等。

技术指标

EPDM 彩色橡胶颗粒技术指标如下：

序号	主要技术参数		标准值	检测结果	单项判定
1	有害物质含量	18 种多环芳烃总和 /（mg/kg）	≤ 50	未检出	符合
2		苯并（a）芘 /（mg/kg）	≤ 1.0	未检出	符合
3		可溶性铅 /（mg/kg）	≤ 50	未检出	符合
4		可溶性镉 /（mg/kg）	≤ 10	未检出	符合
5		可溶性铬 /（mg/kg）	≤ 10	未检出	符合
6		可溶性汞 /（mg/kg）	≤ 2	未检出	符合
7	高聚物总量 / %		≥ 20	24.0	符合

聚氨酯单组分胶水技术指标如下：

序号	检测项目	标准值	检测结果	单项判定
1	3 种邻苯酸酯类化合物总和（DBP、BBP、DEHP）/ g/kg	≤ 1.0	未检出	符合
2	3 种邻苯酸酯类化合物总和（DNOP、DINP、DIDP）/ g/kg	≤ 1.0	未检出	符合
3	短链氯化石蜡（C10 ～ C13）/ g/kg	≤ 1.5	未检出	符合
4	游离甲苯二异氰酸酯（TDI）和游离六亚甲基二异氰酸酯（HDI）总和	≤ 10	未检出	符合
5	挥发性有机化合物含量 / g/kg	≤ 50	未检出	符合
6	游离甲醛 / g/kg	≤ 0.50	未检出	符合
7	苯 / g/kg	≤ 0.05	未检出	符合
8	甲苯、二甲苯和乙苯总和 / g/kg	≤ 1.0	未检出	符合
9	可溶性铅 / g/kg	≤ 50	未检出	符合
10	可溶性镉 / g/kg	≤ 10	未检出	符合
11	可溶性铬 / g/kg	≤ 10	未检出	符合
12	可溶性汞 / g/kg	≤ 2	未检出	符合

江苏彩虹体育设施材料有限公司
地址：江苏省兴化市荻垛镇工业集中区 5 号路
电话：13361996932
官方网站：http://jschty.bce168.czqingzhifeng.com/index

工程案例

1. 上海周浦小学
2. 康桥梓樟幼儿园
3. 湖州市市北小学
4. 湖州南浔蒋家漾学校
5. 浙江三门技术学院
6. 湖州龙泉小学
7. 嘉兴海宁丁桥中学
8. 闵行花园学校
9. 华东石油技师学院
10. 上海杨浦内江路小学
11. 上海杨浦控江中学
12. 上海徐汇龙华幼儿园
13. 上海师范大学康城实验学校
14. 闵行航华第一小学
15. 上海嘉定同济小镇小学
16. 上海嘉定同济小镇幼儿园
17. 浦东未来科技学校
18. 闵行区浦江宝邸幼儿园

生产企业

我公司主要从事学校、体育场、公园、全民健身等塑胶场地相关材料的销售。公司聘请业界权威作为技术顾问，并与国内知名化工研究院合作，一直“以质量求生存、以技术创新为指导思想”。

在“高标准、多元化”的经营理念和“用心、协作、敬业、创新”的企业宗旨指导下，应现代体育运动发展需求，在体育场地设施与运动地面材料研制开发、生产制造方面，不断吸取国内外先进技术，于场地结构布局、材料运用、工程造价上力求规范化、科学化、合理化。公司拥有年生产 8000 多吨塑胶跑道铺装材料的能力，目前的产品也全部通过了国家体育用品质量监督检验中心的检验。公司聚氨酯塑胶材料经过国家体育用品质量监督检验中心检测为优质产品。所生产的产品一直畅销国内并远销东南亚各国。

彩虹人一直奉行“质量第一，诚信为先”的经营理念和“信誉积累顾客，品质扩展市场”的经营方针，并以优良的作风为用户提供优质的产品。让用户放心、百分百的满意是我们最终的使命。

江苏彩虹体育设施材料有限公司拥有专业的设计和施工管理人员，建立了完善的、规范的质量管理体系和环境管理体系，并通过了国家权威机构认证；凭借“规范的管理，良好的信誉，优质的产品，专业的技术，高品质的施工质量，完善的售后服务”赢得广大客户的信赖。

江苏彩虹体育设施材料有限公司

地址：江苏省兴化市荻垛镇工业集中区 5 号路
电话：13361996932
官方网站：http://jschty.bce168.czqingzhifeng.com/index

证书编号：LB2020DP008

巴斯夫无溶剂聚氨酯胶粘剂、聚氨酯单组分胶水

产品简介

Elastan CC8004 C-B 是一款单组分湿气固化型聚氨酯胶粘剂，具有良好的黏结性能和操作性，不含溶剂等有毒有害物质，对环境非常友好。

Elastocoat CC8084/1 为聚氨酯双组分胶粘剂，A 组分为聚醚多元醇及各种添加剂的组合物，B 组分为 MDI 预聚体。本产品具有操作便利、黏结力强等特点，且不含溶剂等有毒有害物质，对环境非常友好。

适用范围

产品可用于橡胶颗粒黏合铺设运动场地、球场防滑层、防水工程及三明治型建筑隔热板材的黏结。

技术指标

聚氨酯胶粘剂技术指标如下：

操作时间（温度 25℃，湿度 >85%）：60 ～ 120 分钟

表干时间（温度 25℃，湿度 >85%）：3 ～ 7 小时

完全固化时间（温度 25℃，湿度 >85%）：16 ～ 24 小时

巴斯夫聚氨酯特种产品（中国）有限公司

地址：上海市浦东新区港城路 2333 号
电话：021 2039 5784
官方网站：www.basf.com

工程案例

北京乐成幼儿园、海口市五源河体育馆、上海青浦区题学平和学校等项目。

生产企业

巴斯夫聚氨酯特种产品（中国）有限公司由巴斯夫集团全资控股，位于上海市浦东新区的聚氨酯生产工厂，生产包括软泡、硬泡、胶粘剂、弹性体等系列聚氨酯产品，覆盖了汽车、家具、工程等诸多行业。

巴斯夫聚氨酯特种产品（中国）有限公司
地址：上海市浦东新区港城路 2333 号
电话：021 2039 5784
官方网站：www.basf.com

证书编号：LB2020DP009

华体硅PU运动场地材料、丙烯酸材料、非渗水型塑胶跑道材料（混合型）

产品简介

混合型塑胶跑道特性：全天候使用，任何季节及温差均能维持高水准的品质，雨后可立即使用，增加利用时间，提高场地使用率。

硅PU球场材料是在PU球场材料的基础上开发研制出来的新一代球场铺面材料。该材料是以聚氨酯（PU）材料与含有有机硅成分的材料科学地复合在一起生产出来的材料。用在球场面层上，从根本上有效地解决了PU球场材料在专业性能、环保施工、使用寿命、日常维护等方面的不足，具有革命性的创新性能。

丙烯酸球场材料系列产品，适用于混凝土基础层与沥青基础层，以相宜的价格，提供优质的运动场地面材料。具有高度抗紫外光性能，颜色持久深入，不褪色、不脱落，保养容易，维修费用低。在任何气候条件下都坚固耐用。多种颜色可供选择，使用寿命长，一般在5年以上，如基础质量优异其使用寿命还可延长。面层有效舒缓冲力，降低对运动员的伤害及疲劳。能真正做到运动地面不开裂、不起泡、运动保护性好、观感佳、寿命长等。

适用范围

本产品采用硅酸盐等天然矿物原料，经特殊生产工艺加工而成，无毒无味，不含甲醛、苯、重金属等有害物质，无辐射；防火阻燃、耐水、耐酸、耐碱、可擦洗、耐摩擦；色彩丰富，使用寿命长，维护费用低，适宜各种水泥、混凝土基面等。施工简单方便，可喷涂、滚涂或刷涂。

技术指标

混合型塑胶跑道材料技术指标如下：

项目		指标	实测
有害物质含量	3种邻苯二甲酸酯类化合物（DBP、BBP、DEHP）总和/（g/kg）	≤1.0	未检出
	3种邻苯二甲酸酯类化合物（DNOP、DINP、DIDP）总和/（g/kg）	≤1.0	未检出
	18种多环芳烃总和/（mg/kg）	≤50	未检出
		≤20	未检出
	苯并[a]芘/（mg/kg）	≤1.0	未检出
	短链氯化石蜡（C10～C13）/（g/kg）	≤1.5	未检出
	4,4’-二氨基-3,3’-二氯二苯甲烷（MOCA）/（g/kg）	≤1.0	未检出
	游离甲苯二异氰酸酯（TDI）和游离六亚甲基二异氰酸酯（HDI）总和/（g/kg）	≤0.2	未检出
	游离二苯基甲烷二异氰酸酯（MDI）/（g/kg）	≤1.0	未检出
	可溶性铅/（mg/kg）	≤50	未检出
	可溶性镉/（mg/kg）	≤10	未检出
	可溶性铬/（mg/kg）	≤10	未检出
	可溶性汞/（mg/kg）	≤2	未检出
有害物质释放量	总挥发性有机化合物（TVOC）/[mg/（m^2•h）]	≤5.0	4.4
	甲醛/[mg/（m^2•h）]	≤0.4	0.05
	苯/[mg/（m^2•h）]	≤0.1	未检出
	甲苯、二甲苯和乙苯总和/[mg/（m^2•h）]	≤1.0	未检出
	二硫化碳/[mg/（m^2•h）]	≤7.0	1.1
气味	气味等级/级	≤3	3

硅PU球场材料技术指标如下：

项目		指标	实测
有害物质含量	3种邻苯二甲酸酯类化合物（DBP、BBP、DEHP）总和/（g/kg）	≤1.0	未检出
	3种邻苯二甲酸酯类化合物（DNOP、DINP、DIDP）总和/（g/kg）	≤1.0	未检出
	18种多环芳烃总和/（mg/kg）	≤50	未检出
		≤20	未检出
	苯并[a]芘/（mg/kg）	≤1.0	未检出
	短链氯化石蜡（C10～C13）/（g/kg）	≤1.5	未检出
	4,4’-二氨基-3,3’-二氯二苯甲烷（MOCA）/（g/kg）	≤1.0	未检出
	游离甲苯二异氰酸酯（TDI）和游离六亚甲基二异氰酸酯（HDI）总和/（g/kg）	≤0.2	未检出
	游离二苯基甲烷二异氰酸酯（MDI）/（g/kg）	≤1.0	未检出
	可溶性铅/（mg/kg）	≤50	未检出
	可溶性镉/（mg/kg）	≤10	未检出
	可溶性铬/（mg/kg）	≤10	未检出
	可溶性汞/（mg/kg）	≤2	未检出
有害物质释放量	总挥发性有机化合物（TVOC）/[mg/（m^2•h）]	≤5.0	4.7
	甲醛/[mg/（m^2•h）]	≤0.4	0.05
	苯/[mg/（m^2•h）]	≤0.1	未检出
	甲苯、二甲苯和乙苯总和/[mg/（m^2•h）]	≤1.0	未检出
	二硫化碳/[mg/（m^2•h）]	≤7.0	未检出
气味	气味等级/级	≤3	3

东莞市华体体育设施有限公司

地址：广东省东莞市常平镇常平大道12号建兴商厦13楼
电话：0769-81915666
官方网站：dghtty.1688.com

丙烯酸球场材料技术指标如下：

项目		指标	实测
有害物质含量	3 种邻苯二甲酸酯类化合物（DBP、BBP、DEHP）总和 / （g/kg）	≤ 1.0	未检出
	3 种邻苯二甲酸酯类化合物（DNOP、DINP、DIDP）总和 / （g/kg）	≤ 1.0	未检出
	短链氯化石蜡（C10 ～ C13）/ （g/kg）	不得检出	未检出
	4,4’ - 二氨基 -3,3’ - 二氯二苯甲烷（MOCA）/ （g/kg）	不得检出	未检出
	游离甲苯二异氰酸酯（TDI）/ （g/kg）	不得检出	未检出
	游离二苯基甲烷二异氰酸酯（MDI）/ （g/kg）	≤ 1.0	未检出
	挥发性有机化合物 / （g/L）	≤ 30	未检出
	游离甲醛 / （g/kg）	≤ 0.50	未检出
	苯 / （g/kg）	≤ 0.05	未检出
	可溶性铅 / （mg /kg）	≤ 50	未检出
	可溶性镉 / （mg /kg）	≤ 10	未检出
	可溶性铬 / （mg /kg）	≤ 10	未检出
	可溶性汞 / （mg /kg）	≤ 2	未检出
	甲苯、二甲苯总和 / [mg / （m^2•h）]	≤ 1.0	未检出

工程案例

1. 广西梧州市万秀区广西交通投资集团梧州高速公路运营有限公司 5mm 硅 PU 球场
2. 广东省广州市增城区三江盛汇隆江花园 2 期丙烯酸篮球场
3. 广西省贵港市港南区全民健身中心硅 PU 运动场地
4. 福建省厦门市北大青鸟厦门华大职业教育学院丙烯酸球场和跑道
5. 广西梧州市苍梧县狮寨镇狮寨中心校复合型跑道
6. 湖南省衡阳耒阳市顺湖中学混合型自结纹跑道、硅 PU 运动场地
7. 山西省太原市小店区体育路体育场纽勒维尔篮球馆 8mm 硅 PU 篮球场
8. 江西省南昌市新建区七二〇社区丙烯酸球场
9. 江西省赣州会昌县庄口镇中心小学透气型跑道
10. 湖南省永州市宁远县合一福帝王台楼盘儿童游乐区 EPDM 场地

生产企业

东莞市华体体育设施有限公司是广东省大型球场、跑道材料生产厂家之一，专注研发生产丙烯酸材料、硅 PU 球场材料、跑道材料及运动木地板。公司拥有华南、华北两大生产基地，在广西、湖南、湖北、江西、安徽、陕西、河北、贵州、四川、广东等地均设有分公司。

公司取得了多项专利，获得 ISO 9001、ISO 14001、ISO 45001 三体系认证。公司产品获得“中国环境标志产品认证证书”，得到欧盟 CE 认证，通过 SGS 的欧盟标准 REACH（svhc）和 RoHS 检测，通过国标《中小学合成材料面层运动场地》（GB 36246—2018）的化学、物理和耐老化检测。

公司坚持以环保为导向。公司研发及销售团队年轻、充满活力，在技术创新层面实现了不少的突破，经过不断试验，质量稳居行业前列。

专业铸就品质、环保创造未来！我公司愿与您携手为中国体育事业贡献一份力量。

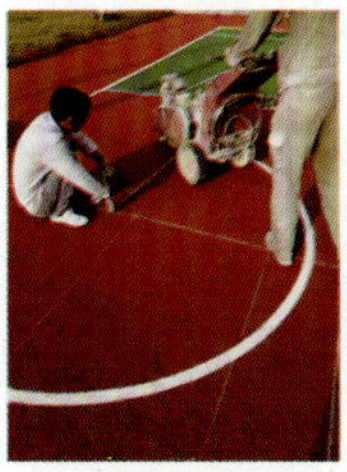

证书编号：LB2020DP010　　HB2020DP03　　JK2020DP002

（晶智）硅 PU 球场面层材料、水性地坪涂料、医用级抗病菌涂料

产品简介

硅 PU 球场面层材料是一种符合人体工程学原理并满足运动物理特性需要，具备上硬下弹结构特征并能直接在水泥或沥青基础上施工的健康型专业弹性合成球场面层材料系统，以单组分有机硅改性聚氨酯组成缓冲回弹结构，双组分改性丙烯酸作为耐磨面层。硅 PU 作为一种体育设施场地地面材料，有良好的缓冲性和延展性，黏结力强，对基础有一定的治愈功能，能够自动找平，施工简单，抗老化性优秀，施工后化学性能稳定，不易产生气泡等。

水性地坪涂料是一款专业、性价比极高的户外地坪涂料。它克服以往户外地坪漆易色变、易脆、易脱落、耐温性差等缺陷，并且拥有良好的防水性能，耐压、耐磨损、耐候性强，是针对户外地面研发生产的专业地坪涂料系统。

医用级抗病菌涂料采用改性聚氨酯、无毒环保无机银系抗菌剂等材料结合研制而成，具有 5 年以上长效防霉、杀菌、抗病毒功能，同时也具备持久耐用、环保、无毒无味、抗污易洁性能。

适用范围

硅 PU 球场面层材料产品适用于各级各类学校及专业体育场、田径场跑道、全民健身路径、普通运动竞技比赛场地等场合。

水性地坪涂料适用于看台、楼梯踏步、走廊、露天广场、小区步道、操场、活动广场、露天停车场等户外地面。

医用级抗病菌涂料大量使用于医疗领域、食品领域、日用护肤品领域等行业。

技术指标

硅 PU 球场面层材料技术性能指标如下：

检验项目		检验结果
有害物质释放量	总挥发性有机化合物（TVOC）/［mg/（m^2•h）］	0.7
	甲醛 /（mg/m^2•h）	0.06
	苯 /（mg/m^2•h）	未检出
	甲苯、二甲苯和乙苯总和 /［mg/（m^2•h）］	0.13
	二硫化碳 /［mg/（m^2•h）］	未检出
有害物质含量	3 种邻苯二甲酸酯类（DBP、BBP、DEHP）总和	未检出
	3 种邻苯二甲酸酯类（DNOP、DINP、DIDP）总和	未检出
	18 种多环芳烃总和	未检出
	苯并（a）芘	未检出
	短链氯化石蜡（C10 ～ C13）	未检出
	4,4'- 二氨基 -3,3'- 二氨基苯甲烷（MOCA）	未检出
	游离甲苯二异氰酸酯（MDI）	未检出
	气味等级	3.0
	可溶性铅	未检出
	可溶性镉	未检出
	可溶性铬	未检出
	可溶性汞	未检出
物理机械性能	冲击吸收	0℃ ±2℃：27 23℃ ±2℃：28 50℃ ±2℃：29
	垂直变形 /mm	1.1
	拉伸强度 /MPa	1.4
	拉断伸长率 / %	91
	阻燃性能	1 级
	无机填充含量 / %	46.6

水性地坪涂料技术性能指标如下：

检验项目		检验结果
挥发性有机化合物（VOC）/（mg/kg）		9.1
游离甲醛 /（g/kg）		17.3
苯、甲苯、乙苯、二甲苯的总和 /（g/kg）		未检出
可溶性重金属 /（mg/kg）	铅（Pb）	未检出
	镉（Cd）	未检出
	铬（Cr）	未检出
	汞（Hg）	未检出
总挥发性有机化合物（TVOC）释放量 /（mg/m^3）		0.3
甲醛释放量 /(mg/m^3)		未检出

医用级抗病菌涂料技术性能指标如下：

测试微生物	抗（细）菌率（%）
大肠杆菌	＞ 99.9
金黄色葡萄球菌	＞ 99.9
抗病毒活性率	＞ 99.97

工程案例

南阳师范学院、河南理工大学、昆明市第一中学、大连国贸中心停机坪、东北大学、柳州市公安局停机坪、广河县公共体育场、广州市天河体育中心、河北北方学院体育馆、贵州省贵阳省体育馆

生产企业

江门市长河化工实业集团有限公司（简称长河集团）始建于 2002 年 7 月，是一家集科研、开发、生产、销售于一体的国家高新科技企业，业务遍及石油化工、建筑建材、体育、交通运输、旅游休闲、轻工食品等多个领域。公司总部设在广东江门，分别在江门和南京拥有两大生产基地，康体地面材料年产能共达 20 万吨以上。在 2019 年，作为江门市推进粤港澳大湾区建设首批重点项目之一“长河集团增资扩产 20 万吨”动工，未来产量可达 40 万吨以上。截至目前，长河集团在全国设有 24 个营销服务办事处，超过 3000 个销售合作伙伴，覆盖全国 31 省、市、自治区，产品远销新加坡、朝鲜等多个国家，累计铺装面积突破 4000 万平方米。

长河集团专注技术创新和人才培养，在北京和广东建立技术研发中心，拥有研发人员 20 余人，先后研发出硅 PU 球场和 SPU 跑道产品，拥有 16 项国家专利。集团同时与多家单位机构展开业务和技术合作，与科思创组成技术、市场战略合作伙伴，更成为深圳航天科技创新研究院的产学研合作和新材料生产基地。

长河集团坚持“自主创新”的发展理念，秉承“思事顾彼，思利及人”的经营宗旨，凭借先进的技术研发、严格的质量管理、独特的营销模式、完善的配套服务享誉海内外。

江门市长河化工实业集团有限公司
地址：江门市新会区三江镇白庙工业区
电话：0750-6208855
传真：0750-6213828
官方网站：http://www.changhegroup.com

证书编号：LB2020DP011

邦顿混合型塑胶跑道材料、硅 PU 球场材料、EPDM 橡胶颗粒

产品简介

混合型塑胶跑道以双组分聚氨酯胶粘剂与胶粒混合铺设基层，表面以 EPDM 胶粒与同色聚氨酯胶粘剂混合喷涂在基面上。合成面层具有高能量的物理回弹性及高度抗耐磨性，确保产品的高质量。

硅 PU 球场材料是在 PU 材料的基础上开发研制出来的新一代材料，以单组分有机硅改性聚氨酯组成缓冲回弹结构，双组分改性丙烯酸作为耐磨面层，从根本上有效地解决了（PU）材料在专业性能、环保施工、使用寿命、日常维护等方面的不足，是替代双组分 PU 的新一代环保产品。

EPDM 即三元乙丙橡胶，EPDM 最主要的特性就是其优越的耐氧化、抗臭氧和抗侵蚀的能力。由于三元乙丙橡胶属于聚烯烃家族，它具有极好的硫化特性。在所有橡胶当中，EPDM 具有最低的相对密度。它能吸收大量的填料和油而对性能影响不大。

适用范围

产品广泛适用于幼儿园、学校、训练体育场、健身馆、普通体育场馆、健身绿道等。

技术指标

混合型塑胶跑道材料性能指标如下：

游离甲苯二异氰酸酯（TDI）和游离六亚甲基二异氰酸酯（HDI）总和 /（g/kg）	≤ 1
短链氯化石蜡 /%	≤ 1.5
苯 /（g/kg）	≤ 0.1
甲苯、二甲苯和乙苯总和 /（g/kg）	≤ 1
3 种邻苯二甲酸酯类化合物（DBP、BBP、DEHP）总和 /（g/kg）	≤ 1
3 种邻苯二甲酸酯类化合物（DNOP、DINP、DIDP）总和 /（g/kg）	≤ 1
挥发性有机化合物含量 /（g/L）	≤ 5
可溶性铅 /（mg/kg）	≤ 5
可溶性镉 /（mg/kg）	≤ 2
可溶性铬 /（mg/kg）	≤ 1
可溶性汞 /（mg/kg）	≤ 2
游离甲醛 /（g/kg）	≤ 0.4

陕西邦顿新材料科技有限公司
地址：陕西省咸阳市兴平市东城区小阜村创业园
电话：029-88616500
官方网站：sn@bangdun.com

硅 PU 球场材料性能指标如下：

游离甲苯二异氰酸酯（TDI）和游离六亚甲基二异氰酸酯（HDI）总和 / (g/kg)	≤ 1
短链氯化石蜡 /%	≤ 1.5
苯 / (g/kg)	≤ 0.1
甲苯、二甲苯和乙苯总和 / (g/kg)	≤ 1
3 种邻苯二甲酸酯类化合物（DBP、BBP、DEHP）总和 / (g/kg)	≤ 1
3 种邻苯二甲酸酯类化合物（DNOP、DINP、DIDP）总和 / (g/kg)	≤ 1
挥发性有机化合物含量 / (g/L)	≤ 5
可溶性铅 / (mg/kg)	≤ 5
可溶性镉 / (mg/kg)	≤ 2
可溶性铬 / (mg/kg)	≤ 1
可溶性汞 / (mg/kg)	≤ 2
游离甲醛 / (g/kg)	≤ 0.4

EPDM 橡胶颗粒性能指标如下：

18 种多环芳烃总和 / (mg/kg)	≤ 5
苯并（a）芘 / (mg/kg)	≤ 1
可溶性铅 / (mg/kg)	≤ 2
可溶性镉 / (mg/kg)	≤ 10
可溶性铬 / (mg/kg)	≤ 10
可溶性汞 / (mg/kg)	≤ 2

工程案例

陕西省宝鸡市千阳县体育中心、西安医学高等专科学校、周至第六中学、西安武警指挥中心、米脂县第一中学、武警支队安康支队、西安铁路职业技术学院、兴平电务处小学、延安宝塔中学、勉县仁德中学、岚皋中学、安康职业技术学院、渭南运动场、延长县体育场、西安电子科技大学南校区、龙驹寨小学、渭南交斜中学和吝店小学、咸阳师范学院、神木第八中学

生产企业

邦顿是国内多年专业从事聚氨酯弹性面层材料供货商，致力于把优质的弹性地面材料带入每所学校、每座体育场、每座城市，构建环保舒适的运动世界。我们在塑胶跑道、硅 PU 球场、EPDM 颗粒等领域为客户提供有竞争力、环保可信赖的产品、解决方案与服务，与生态伙伴开放合作，持续为客户创造价值，丰富家庭生活。邦顿坚持围绕客户需求持续创新，加大产品研究投入，厚积薄发，推动行业进步。邦顿成立于 1999 年，是一家股份制民营企业，目前有百余位员工，业务范围广泛。

邦顿主张开放、合作、共赢，与客户合作伙伴及友商合作创新、扩大产业价值，形成健康良性的产业生态系统。邦顿加入多省行业标准组织、产业联盟，积极参与和支持行业标准的制定、构建共赢的生态圈。我们面向智能体育、云体育等新兴热点领域，与产业伙伴分工协作，推动产业持续良性发展，推动社会可持续发展。作为负责任的企业，邦顿推进绿色、低碳的环保理念，从产品规划、设计、研发、制造、交付以及运维，邦顿向客户提供节能环保产品和解决方案。

陕西邦顿新材料科技有限公司
地址：陕西省咸阳市兴平市东城区小阜村创业园
电话：029-88616500
官方网站：sn@bangdun.com

证书编号：LB2020DP012

秀珀水性环氧面漆、无溶剂环氧地坪漆、水性聚氨酯砂浆

产品简介

水性环氧面漆是一种双组分涂料，A 组分主要是以水性环氧固化剂、水、颜填料、水性助剂等组成的色漆，B 组分为环氧树脂。其整体无缝和平整的表面使得清洁和维护变得十分容易。它具有优异的附着力、耐磨性、耐冲击性、耐碱、耐盐水性、透气性，施工绿色环保无异味。

无溶剂环氧地坪漆是以优质进口原材料生产的一种双组分、自流平、无缝的高性能厚涂型环氧地坪涂料，它涂装厚度高、表面平滑美观、持久耐用，适用于对地坪涂装要求很高的场所使用。

水性聚氨酯砂浆是以高性能聚氨酯树脂为基料，以特种水泥、级配硅砂和活性颜料为骨料制成的四组分彩色水性自流平砂浆地坪涂料；具有优异的抗冲击性、抗损伤性、耐化学性、耐洗刷性；绿色环保、极低 VOC、不含重金属、使用过程无异味等特点，符合食品卫生品质要求；可承受轻型至中型荷载。

适用范围

适用于办公室、宾馆、饭店、学校、医院、食品厂、超市、乳品厂和化妆品厂等需要保持清洁、装饰美化的地面。适用于要求施工低气味的场合，如地下停车场。

水性聚氨酯砂浆用于保护混凝土基面，主要用于食品加工厂、饮料车间、商业厨房、潮湿及干燥加工区、冷藏及冷冻区、乳制品厂、酿酒厂、蒸馏车间、实验室、化学品加工厂、纸浆纸业工厂、仓库及储藏区。

无溶剂环氧地坪漆适用于要求高度洁净、美观、无尘、无菌的电子、微电子行业，实行 GMP 标准的制药行业、血液制品行业及要求耐磨、抗重压、抗冲击、防化学药品腐蚀的其他行业，也可用于学校、办公室、家庭等的装饰地坪。

A组分正面展示

B组分正面展示

技术指标

水性环氧面漆技术指标如下：

项目	国标	检测结果
挥发性有机化合物含量（VOC），g/L	≤ 120	19
表干时间，h	≤ 8	2
实干时间，h	≤ 48	5
耐磨性 750g/500r，g	≤ 0.05	0.022
拉伸粘结强度，MPa	≥ 2	3.3

广州秀珀化工涂料有限公司
地址：广州市钟村谢石公路 72 号
电话：020-34710851
传真：020-34711818

无溶剂环氧地坪漆技术指标如下：

项目			技术指标	检验标准
干燥时间（25℃）小时	表干	≤	6	GB/T 1728
	实干	≤	48	GB/T 1728
抗压强度，MPa		≥	80	ASTM C579
拉伸强度，MPa		≥	9	ASTM C307
弯曲强度，MPa		≥	7	ASTM C580
粘结强度（与水泥），MPa		≥	2	GB/T 16777
硬度（邵氏硬度计，D 型）		≥	75	GB/T 2411
耐冲击性（50cm · kg）			涂层无裂纹、剥落	GB/T 1732
耐磨性（750g/500r，g）		≤	0.02	GB/T 1768
耐水性（168h）			不起泡，不脱落，允许轻微变色，2h 后恢复	GB/T 1733
耐酸性（10%硫酸 ,48h）			不起泡，不脱落，允许轻微变色	GB/T 9274
耐碱性（20%氢氧化钠 ,72h）			不起泡，不脱落，允许轻微变色	GB/T 9274
耐汽油性能 (120 #溶剂汽油 ,72h)			不起泡，不脱落，允许轻微变色	GB/T 1734

水性聚氨酯砂浆技术指标如下：

项目	国标	检测结果
挥发性有机化合物含量（VOC），g/L	≤ 50	未检出
24h 抗压强度，MPa	≥ 20	26.3
7d 抗压强度，MPa	≥ 40	71.2
耐磨性 500g/100r，g	≤ 0.15	0.04
拉伸粘结强度，MPa	≥ 2	3.6

工程案例

西安广体立交桥人行道、济南生态绿色步行道、上海清美绿色食品、佛山立高食品 、漯河旺旺食品、厦门市轨道交通 1 号线、合肥铂悦府、烟台林雨逸景等项目。

生产企业

广州秀珀化工涂料有限公司创建于 1984 年，原为广州军区的企业，1999 年成功地进行了体制改革。公司自 1986 年引进地坪漆生产技术以来，经过不断的研究开发和改进，现已发展成为集地坪材料、聚脲材料、防水防腐材料及其他材料的生产、销售、施工于一体的优质企业（二级施工资质）。

广州秀珀化工涂料有限公司
地址：广州市钟村谢石公路 72 号
电话：020-34710851
传真：020-34711818

证书编号：LB2020DP013

绿城人造草坪、人造草坪填充颗粒、悬浮式拼装地板

产品简介

人造草坪以类似天然草的合成纤维经机械编制固定于基布上，用于多种体育运动场地的地面材料，产品完全不受气候影响，大大提高了场地的使用效率，并且能在高寒、高温等极端气候地区使用，且人造草坪面层可回收再利用，并且具有经济耐用、施工简便等优势。

悬浮式拼装地板采用优质进口 PP（聚丙烯），依据国际篮联对于运动性能、物理、环保等方面的要求，在加工生产过程中加入各种助剂，以达到环保、抗老化、篮球反弹率等各种性能要求。

CGT 绿城 TPE 环保弹性颗粒是一种新型环保高分子材料产品，原材料选自无毒无味、粒径均匀、颜色饱满并对环境友好的环保材料，经过研发团队的设计和开发，产品满足国标《中小学合成材料面层运动场地》（GB 36246−2018）所有指标要求。CGT 绿城 TPE 环保弹性颗粒相比其他同类颗粒具备更高的耐候性和耐磨性，堆积密度小于 0.7g/cm^3，能够节省 30% ~ 40% 单位面积填充量，有效降低草坪系统整体造价。TPE 环保弹性颗粒具备良好的回弹性，提供更好的运动保护，让运动员充分发挥其技术优势，同时减少身体伤害。

适用范围

本产品采用硅酸盐等天然矿物原料，经特殊生产工艺加工而成，无毒无味，不含甲醛、苯、重金属等有害物质，无辐射；防火阻燃、耐水、耐酸、耐碱、可擦洗、耐摩擦；色彩丰富，使用寿命长，维护费用低，适宜各种水泥、混凝土基面等。施工简单方便，可喷涂、滚涂或刷涂。

技术指标

人造草坪技术指标如下：

序号	检测项目	性能指标
1	耐人工气候老化性能（500h）	人造草坪面层草丝加速老化 500h 后，草丝拉断力为老化前测定值的 90%
2	草丝拉断力	18N，优于新国标要求 10N
3	草簇草丝拔出力	75N，优于国标要求 20N
4	有害物质含量：3 种邻苯二甲酸酯类化合物（DBP、BBP、DEHP）总和、3 种邻苯二甲酸酯类化合物（DNOP、DINP、DIDP）总和、18 种多环芳烃总和、苯并 [a] 芘	未检出
5	苯、甲苯、二甲苯、乙苯总和	未检出
6	渗水性（充砂砂前）	63L/（min • m^2），优于新国标要求：≥ 20
7	底布拉断力（N/50mm）	纵向：1628 横向：1583 优于新国标要求：≥ 800
8	可迁移元素最大限量：锑、砷、钡、镉	未检出
9	总挥发性有机化合物（TVOC）	未检出

悬浮式拼装地板技术指标如下：

序号	检测项目	性能指标
1	外观质量	地板颜色均匀一致，无明显色差；表面无龟裂、起泡、塑化不良、表面无毛刺
2	球反弹率	92%
3	高温试验（70℃，24h）	无融化、无龟裂、无明显色差
4	低温试验（-40℃，24h）	无龟裂、无明显色差
5	老化测试，24h	无融化、无龟裂、无明显色差
6	抗滑值（BPN20℃）	91
7	总挥发性有机化合物、苯乙烯、4- 苯基环己烯、甲醛	标准 A 级、环保型产品

湖北绿城体育产业有限公司
地址：湖北省石首市绣林办事处金平工业园
电话：0716-7890168
传真：0716-7890218
官方网站：www.city-green.cn

人造草坪填充颗粒技术指标如下：

序号	检测项目	性能指标
1	18 种多环芳烃总和	未检出
2	苯并 [a] 芘	未检出
3	气味等级	3.0 级别
4	可溶性铅、镉、铬、汞	未检出
5	无机填料含量	55.93%
6	高聚物总量	26.9%

工程案例

项目名称
FIFA 国际足联认证场地 - 西藏众兴工程建设有限公司拉萨文体中心体育场草坪维修项目
FIFA 国际足联认证场地 - 广东诚博园林建设有限公司珠海容闳国际学校
FIFA 国际足联认证场地 - 陕西师范大学附属中学足球场草坪采购项目
FIFA 国际足联认证场地 - 平凉市新世纪建筑工程有限责任公司平凉职业技术学院
鸿欣建业集团有限公司西华师范大学北湖校区运动场、华凤校区运动场
湖北惠坤建设有限公司石首市大垸镇小学等 7 所学校塑胶运动场建设工程
江苏荣德建设有限公司裕安区义务教育均衡发展运动场面层工程 1 标段（11 所学校）、裕安区义务教育均衡发展运动场面层工程 2 标段（8 所学校）
广西奥匹泰体育设施有限公司 7 所学校打包项目
绿茵天地体育产业股份有限公司北京工人体育场
青海汇城建筑工程有限公司青海多巴国家高原训练基地
中建青岛建设投资发展有限公司青岛市民健身中心项目
福州文体产业开发运营有限公司福州海峡奥体中心
深圳市中体实业发展有限公司深圳市龙岗大运中心体育场
通号（长沙）轨道交通控制技术有限公司摩洛哥体育场工程
重庆博克教学设备有限公司重庆市秀山区软化工程

生产企业

湖北绿城体育产业有限公司创建于 2010 年，是一家专业从事人造草坪和拼装地板产品研发、生产及服务于一体的高新技术企业、湖北省体育产业示范单位，是广东绿城体育产业股份有限公司的全资子公司，坐落于湖北省石首市金平工业园区内，一期投资 2 亿元，占地 4 万平方米（二期华中体育产业园内 9 万平方米，预计投入 5 亿元，现已开工建设），目前为中国较大的人造草坪和拼装地板生产基地。目前拥有 15 台比利时 COBBLE 簇绒设备，2 条全自动背胶生产线，11 条拉丝生产线，20 条注塑设备，均已安装到位并投产。产品全部采用国际先进的生产流程和制造工艺，获得了国际足联、SGS 等国际权威机构认证，并于 2019 年 3 月获得国际篮球联合会（FIBA）认证。

绿城已拥有完善的国际化产品研发中心，凝聚了一批经验丰富的专业技术研发团队，研发出数十项国家发明和实用新型专利产品，并获得“国家高新技术企业”称号。CGT 绿城目前拥有南北两大生产基地，占地 50000 多平方米，人造草坪年产能超过 1500 万平方米，旗下拥有多个系列产品，包括 CGT 人造草、CGT 拼装地板、CITYGREEN 草坪保护板等明星产品。2017 年，绿城还与石首市政府积极推动促成了体育产业园的建设，为下一步发展奠定了坚实的基础。

CGT 绿城始终以“优质、环保”作为核心发展理念，产品获得国际足联、SGS 等国际权威机构认证，品质达到国际标准，产品出口全球 80 多个国家和地区；并成功为第十六届广州亚运会、世界大学生夏季运动会、国际足联联合会杯、中国第十一届中学生运动会、第三十一届全球华人篮球邀请赛等国际赛事以及深圳宝安机场（5 万 m^2）、万科房地产（4 万 m^2）、沙特阿拉伯王国市政（4.4 万 m^2）、海南陵水绿城清水湾（1.2 万 m^2）、港珠澳跨海大桥等大型项目提供服务，获得国内外客户的一致认可，具备服务大型项目的综合实力和经验。

绿城人以“为客户提供卓越产品、为企业创造绿色利润、为员工奉献和谐生活、为社会履行企业责任”为企业使命。

湖北绿城体育产业有限公司

地址：湖北省石首市绣林办事处金平工业园
电话：0716-7890168
传真：0716-7890218
官方网站：www.city-green.cn

证书编号：LB2020JT001

哥拜耳水性无机矿物内墙涂料、水性无机矿物外墙涂料

产品简介

哥拜耳水性无机矿物涂料本质是天然的、环保的、健康的涂料。它选用天然无机矿物为原料，呈弱碱性，主要成分是硅酸盐、无机色素、矿物填料等，不添加任何有机化学溶剂，完全颠覆常规涂料要依靠有机合成树脂乳液的加工工艺，既能保持颜料的原有色泽，又起到固化作用，使涂膜永不褪色。哥拜耳无机矿物涂料会自动渗透到墙体基质面内，使颜料、填料与基质发生硅化作用，与基质结合成一体，又因其天然弱碱性，故其具有杀菌防霉、防火阻燃、耐酸碱、耐擦洗、不起皮、不脱落、不粉化、不褪色等天然的产品优势，在任何气候条件下，均持久耐用不褪色达 30 年以上。

适用范围

本产品采用硅酸盐、特种云母等天然矿物原料，经特殊生产工艺加工而成，具有无毒、无味，不含甲醛、苯、重金属等有害物质，无辐射;防火阻燃，防霉，耐擦洗，色彩丰富，不脱皮等特性。负离子发生量大，可改善、净化室内空气质量，适用于各类建筑物内外墙涂刷，特别适合有环保要求的公共建筑物涂刷。施工简单方便，可喷涂、滚涂或刷涂。

技术指标

无机矿物涂料产品所有性能必须符合 JG/T 26−2002《外墙无机建筑涂料》的指标要求：

哥拜耳水性无机矿物涂料技术参数			
序号	检验项目	标准要求	检验结果
1	在容器中的状态	搅拌后无结块，呈均匀状态	搅拌后无结块，呈均匀状态
2	施工性	刷涂二道无障碍	刷涂二道无障碍
3	涂膜外观	涂膜外观正常	涂膜外观正常
4	对比率□白色和浅色	⩾ 0.95	⩾ 0.97
5	低温贮存稳定性（3 次）	无结块、凝聚现象	无结块、凝聚现象
6	表干时间	⩽ 2h	50min
7	耐洗刷性	⩾ 1000 次	1000 次不露底
8	耐水性（168h）	无起泡、裂纹、剥落，允许轻微掉粉	无起泡、裂纹、剥落
9	耐碱性（168h）	无起泡、裂纹、剥落，允许轻微掉粉	无起泡、裂纹、剥落，
10	耐温变性（10 次）	无起泡、裂纹、剥落，允许轻微掉粉	无起泡、裂纹、剥落，
11	耐沾污性	⩽ 20%	8.2%
12	耐人工老化性 （白色和浅色） 800h	无起泡、裂纹、剥落 粉化⩽ 1 级 变色⩽ 2 级	无起泡、裂纹、剥落 1 级 0 级

无机矿物涂料产品所有性能必须符合 GB 8624−2012《建筑材料及制品燃烧性能分级》A（A2）的指标要求：

哥拜耳水性无机矿物涂料防火阻燃技术参数						
检验项目		单位	技术要求		检验结果	单项判定
临界热辐射通量（CHF）	横向	kW/m^2	A（A2）	⩾ 8.0	⩾ 11	合格
	纵向				⩾ 11	合格
总热值（PCS）		MJ/kg		⩽ 3.0	1.0	合格

无机矿物涂料产品所有性能必须符合 JG/T 210 −2018《建筑内外墙用底漆》（外墙 I 型）的指标要求：

哥拜耳水性无机矿物涂料底漆技术参数				
序号	检测项目	标准要求	检测结果	判定
1	抗泛碱性	72h 无异常	符合	合格
2	抗盐析性	144h 无异常	符合	合格

哥拜耳涂料股份有限公司
地址：成都市蒲江县寿安镇博世路 555 号 A 区 20 栋（生产基地）
成都市武侯区武科东四路联邦财富中心 1-2-802（营销中心）
电话：028-81717678
官方网站：www.gber-china.com

无机矿物涂料产品所有性能必须符合 GB/T 1741−2007《漆膜耐霉菌性测定法》的指标要求：

哥拜耳水性无机矿物涂料防霉技术参数	
样品名称	防霉等级
哥拜耳水性无机矿物涂料（外墙）	0
* 评级标准：0 级：在放大约 50 倍下无明显长霉；1 级：肉眼看不到或很难看到长霉，但在放大镜下可见明显长霉；2 级：肉眼明显看到长霉，在样品表面的覆盖面积为 10% ～ 30%；3 级：肉眼明显看到长霉，在样品表面的覆盖面积为 30% ～ 60%；4 级：肉眼明显看到长霉，在样品表面的覆盖大于 60%	
* 实验菌种：黑曲霉 ATCC16404；黄曲霉 AS3.3950，出芽短梗霉 AS 3.837，绿色木霉 AS3.2941，腊叶芽枝霉 GIM3.57，宛氏拟青梅 AS3.4352，球毛壳霉 AS3.3601，桔青霉 GIM3.100	

工程案例

序号	项目名称	项目地址	项目规模 /m^2
1	澳门皇都酒店	澳门特别行政区	2 万
2	澳门会展	澳门特别行政区	0.1 万
3	澳门轻轨内外墙	澳门特别行政区	1.2 万
4	厦门集美大地幼儿园	福建省厦门市	1.5 万
5	大地缤纷幼儿园	广东陈村	2 万
6	惠丰云台寺	广东省惠州市	0.5 万
7	惠州金太阳酒店	广东省惠州市	1 万
8	中山海伦堡	广东省中山市坦洲镇	1 万
9	珠海沙坪幼儿园	广东省珠海市	2 万
10	珠海中信红树湾	广东省珠海市	10 万
11	东方墅	广东省珠海市斗门区	10 万
12	珠海神湾电厂	广东省珠海市斗门区	2 万
13	番禺锦绣香江	广东省珠海市番禺区	3 万
14	大连国际会议中心	辽宁省大连市	5 万
15	四川红原世界和平塔	四川省阿坝藏族羌族自治州红原县	20 万
16	成都环球中心	四川省成都市高新区	0.5 万
17	翡丽酒店	四川省成都市龙泉驿北京路	8000
18	西安航空基地第一小学	西安	20 万
19	香港港岛西铁转乘站	香港特别行政区九龙区	2 万
20	中国西部国际博览城	四川省成都市天府新区	50 万

生产企业

哥拜耳涂料股份有限公司是一家集科研、生产、销售与技术服务为一体的综合型高科技企业，是一家生产无机涂料的企业，并且拥有自主专利，参与制定行业标准，无论生产规模还是市场占有率都位居前列。

公司主要产品有：哥拜耳水性无机矿物内、外墙涂料，哥拜耳水性无机矿物地坪涂料及配套的无机底漆、无机光油，哥拜耳水性无机矿物防锈涂料，哥拜耳水性负离子环保涂料等天然、绿色、环保产品。

哥拜耳人传承甘肃敦煌及广西花山壁画的民族传统工艺内涵，吸纳欧洲矿物涂料 200 多年的技术精髓，历经无数次试验、改良，成功研发出具有国际先进水平的无机分子重组技术。公司在全国各地设有代理机构，产品已广泛用于工业与民用建筑、公共建筑与市政设施、旧建筑改造以及家居行业等。由于哥拜耳产品不含有害物质、防火阻燃、超强耐候、不褪色、不长霉、耐水浸、抗酸耐碱、天然环保等特点，深受广大用户欢迎。

随着消费者环保、健康理念的增强，开发环保型的无机产品将成为中国乃至世界涂料行业的发展趋势。哥拜耳公司秉承“以人为本”的宗旨，不断追求卓越创新，靠质量和服务赢得客户，靠客户信赖赢得发展，为社会创造一个绿色环保的世界。

证书编号：LB2020JT002

宣和水性釉经典型涂料、水性釉标准型涂料、水性釉防霉抗菌二合一涂料

产品简介

宣和钧釉水性釉融合国际国内先进技术与生产工艺，采用硅酸钾、硅溶胶、新型纳米材料等无机胶粘剂，添加天然矿物质原料，采用科学配比，不含任何防腐剂、防霉剂、杀菌剂等添加剂，确保产品为绿色无机产品。

适用范围

产品可应用于家装，还可应用于酒店、学校、医院、娱乐场所、办公室、地下停车场等不同场所，满足不同阶层、不同客户的需求。

技术指标

标准型水性釉执行标准：GB/T 9756-2018《合成树脂乳液内墙涂料》、GB 18582-2008《室内装饰装修材料 内墙涂料中有害物质限量》。

防霉抗菌二合一水性釉执行标准：GB/T 9756-2018《合成树脂乳液内墙涂料》、GB 18582-2008《室内装饰装修材料 内墙涂料中有害物质限量》、HG/T 3950-2007（2017）《抗菌涂料》。

经典型水性釉执行标准：GB/T 9756-2018《合成树脂乳液内墙涂料》、GB 18582-2008《室内装饰装修材料 内墙涂料中有害物质限量》。

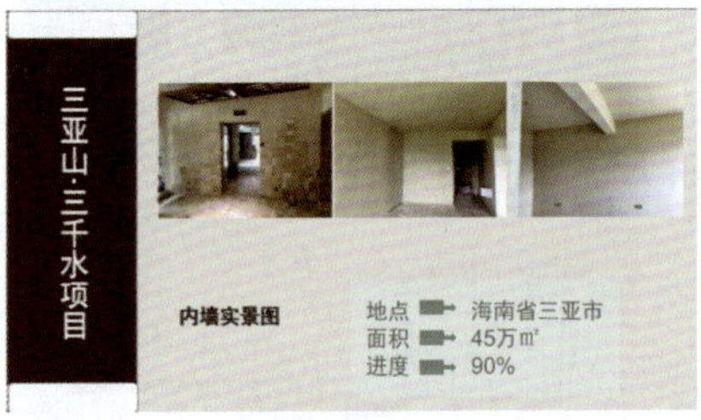

标准型水性釉主要技术参数如下：

序号	检验项目		单位	技术要求	产品性能
1	耐洗刷性		次	≥ 6000	＞ 6000
2	挥发性有机化合物含量（VOC）		g/L	≤ 120	＜ 2（检出限）
3	苯、甲苯、乙苯、二甲苯总和		mg/kg	≤ 300	＜ 50（检出限）
4	游离甲醛		mg/kg	≤ 100	＜ 5（检出限）
5	可溶性重金属	铅 Pb	mg/kg	≤ 90	＜ 0.5（检出限）
6		镉 Cd	mg/kg	≤ 75	＜ 0.5（检出限）
7		铬 Cr	mg/kg	≤ 60	＜ 0.5（检出限）
8		汞 Hg	mg/kg	≤ 60	＜ 0.5（检出限）

河南宣和钧釉环保材料有限公司
地址：河南省禹州市产业聚集区东产业园
电话：03746068825
官方网站：www.xuanhejunyou.com.cn

工程案例

公司研发水性釉系列产品并投入生产后，得到了市场的认可，现列举工程应用案例如下：

三亚山 • 水三千项目

玉屏山项目

永恒集团郑州万通项目

永恒集团北京森林假日别墅项目

永恒集团长城里项目

咸宁梓山湖江南里项目

西九华山白鹭湖养老项目别墅区

生产企业

河南宣和钧釉环保材料有限公司成立于 2016 年 11 月，是一家集生产、研发、销售为一体的无机功能性环保涂料生产企业。公司目前的生产基地坐落于宋代钧官窑所在地——河南禹州产业集聚区东产业园。公司厂院含：一幢办公楼、两幢场房，共占地面积 12000m^2。主要建设内容包括：内墙生产车间、外墙生产车间、原料库、办公楼等。规模年产量：4.5 万吨环保无机涂料。

公司注重无机功能性涂料的研发和应用，以倡导环保与美为理念，以让所有人在家里呼吸到洁净空气为使命。目前公司有三大系列产品，宣和钧釉无机干粉系列，液态无机水性釉系列以及醇基涂料系列。公司所有产品同时参考国家标准及欧盟相关标准并通过了其相关严苛检测。公司现已申报并获得 28 项国家专利，并于 2017 年通过 ISO 9001 质量管理体系认证，并已获得中国环境标志产品认证。

公司自主研发的无机黏合剂技术、液态硅酸盐技术、常温成釉技术、宣和元素技术、碳化氮光触媒技术、醇基涂料悬浮剂技术为公司六大核心技术。

河南宣和钧釉环保材料有限公司
地址：河南省禹州市产业聚集区东产业园
电话：03746068825
官方网站：www.xuanhejunyou.com.cn

证书编号：LB2020JT003

安顺泰内墙高级乳胶漆、外墙高级乳胶漆、封闭底漆

产品简介

安顺泰高级内墙乳胶漆采用德国 8A 集团进口材料及生物净化技术研制，以丙烯酸乳液为基料，并配以优质颜（填）料、助剂及水精制而成，是一种优良性能的内墙乳胶漆。它具有漆膜结实、附着力优、耐水耐洗刷、遮盖力好、容易施工等特点。

安顺泰高级外墙乳胶漆是采用德国 8A 集团进口材料及生物净化技术以合成丙烯酸树脂乳液为基料，并配以高品质颜填料、特殊助剂及水等精制而成，是一种高级的水性环保乳胶漆。

安顺泰抗碱封闭底漆采用德国 8A 集团进口材料及生物净化技术，以专用抗碱乳液为基料、颜（填）料及多种助剂复合而成。本品黏结性强、易刮涂、抗碱耐水、防霉防藻、安全无毒；能深入渗透墙体，防止水泥返碱引起的涂层破坏，增强涂层的附着能力；且有透气性，可与多种乳胶料配套使用；涂刷面积大，可节约面料用量。

适用范围

高级内墙乳胶漆适用于室内墙壁和天花板等，具有漆膜结实、附着力优、耐水耐洗刷、遮盖力好、容易施工等特点。

高级外墙乳胶漆适用于各种建筑物外墙装饰和保护等，遮盖力强；附着力佳；耐擦洗性能好；流平性好；漆膜坚韧；抗粉化，抗沾污；耐候性优。

抗碱封闭底漆产品适用于水泥灰浆基层、砖石结构、预制配件、石棉板、石膏板等多种涂层。

技术指标

安顺泰高级内墙乳胶漆产品执行 GB/T 9756—2018《合成树脂乳液内墙涂料》、GB 18582—2020《建筑用墙面涂料中有害物质限量》标准。

安顺泰高级外墙乳胶漆产品执行 GB/T 9755—2014《合成树脂乳液外墙涂料》。

安顺泰抗碱封闭底漆产品执行 JG/T 210—2018《建筑内外墙用底漆》。

工程案例

北京国家会计学院、北京橡树湾、北京丽来花园别墅、北京人民大会堂、北京龙湖 、北京冠景新城、北京财经大厦、北京京东方、北京国家博物馆、北京太阳宫、北京公元九里、北京青年公寓、北京金海御苑、北京西罗园小区、北京中粮集团台湾饭店、北京昌平乐普医疗、北京大兴区教委、北京黄村镇旧房改造、中央民族大学、中国人民大学图书馆、中央戏剧学院等项目

生产企业

安顺泰创建于 1996 年，总部位于首都北京，是一家集矿山开发；新型涂料、预拌砂浆、建材辅料生产；装饰装修、防水、防腐保温施工等多个产业为一体的大型化公司，旗下拥有北京安顺泰建材技术有限公司（注册资金 5000 万元）、北京安顺泰涂料有限公司（注册资金 1500 万元）、北京安顺泰和建筑工程有限公司（注册资金 2058 万元）、河北省满城兴益建

北京安顺泰建材技术有限公司
地址：北京市大兴区长子营镇公和庄村村民委员会西 600 米
电话：13581955120
官方网站：http://www.xy566.com

材有限公司、河北省曲阳兴益建材有限公司等多家直属支柱企业。经过二十多年的努力，企业拥有年产 40 万吨的全自动砂浆生产线，占地面积 60000 平方米现代化的标准厂房，众多高素质的管理人员和强大的科技研发队伍，企业员工总数超过 2000 人。产品先后通过了 ISO 9001 质量管理体系认证和 ISO 14001 环境管理体系认证及环保建材证明商标等认证。企业依靠坚实的基础和先进的技术营销优势大力推进现代化、国际化进程。

【技术优势】

技术创造优势，品质成就完美生活；2002 年企业全面引进德国先进生产技术，再加上先进的管理理念、精良的工艺技术、高素质的员工队伍，把完美的品质诉求落实在生产流程的每一个环节，实现产品品质的全面升级。公司打造的“AST 建材系统”是德国产品品质的完美体现，体现了德国产品严谨认真的精神，更为人类安居创造出了高品质的绿色建材产品。“德国品质、完美生活”不仅仅是经营理念更是坚持不懈的追求。

【产品展示】

安顺泰人通过多年不懈的研发与发展，造就了品牌的核心竞争力，为技术研发注入了无限活力，精彩演绎着现代科技的魅力。其研发水平始终与全球前沿科技保持同步！安顺泰拥有九大系列产品：安顺泰涂料系列，安顺泰预拌砂浆系列，安顺泰外墙外保温系列，安顺泰防水系列，安顺泰胶粘剂系列，安顺泰石膏系列，安顺泰腻子粉系列，安顺泰胶粉系列，安顺泰精细粉体系列。十大品牌：贝爱、钫水豹、美佳衬、丽佳衬、美保连、佰固、璧宝、璧力王、璧崮、兴益。上百种环保优质建材产品，组成 AST 建材系统，全面引领绿色环保家居生活。

【企业文化】

企业秉承“以人为本”的企业文化，以“追求高品质生活的选择”为追求目标，以“构建绿色环保家居行业体系”为使命，不断吸引着高、精、尖的人才以安顺泰作为施展自己才华的广阔平台。在这里，处处洋溢着浓郁的文化气息；处处散发着现代文化的魅力；优良的企业文化形成了强大的凝聚力与向心力，引导员工把个人的理想融入企业的发展愿景，在实现企业的战略目标中实现自身的价值。安顺泰始终以企业文化为基础，以品质为核心，与合作伙伴打造起一个实现共同价值和梦想的舞台。

【未来展望】

“品牌创造价值，创新成就未来”——优良的企业文化，先进的管理理念，尽善尽美的品质追求，超越期望的服务宗旨，塑造了独具魅力的安顺泰品牌。回顾过去，展望未来，一条绿色安居之路延伸在世人面前。今后，安顺泰将一如既往地与国内外客户一道，在更为广阔的领域里，进行精诚合作，用精良的品质、完善的服务，为广大客户提供完备的产品支持，在环保建材领域里携手共进，共创辉煌。

北京安顺泰建材技术有限公司
地址：北京市大兴区长子营镇公和庄村村民委员会西 600 米
电话：13581955120
官方网站：http://www.xy566.com

证书编号：LB2020JT004

盼盼硅藻泥涂料

产品简介

盼盼硅藻泥以长白山的优质硅藻土为原材料配制而成，无毒无味，天然环保，能有效吸收分解空气中游离的甲醛、苯等有害物质，去除工作、生活中产生的异味，还有自动呼吸调湿功能，使空气洁净、清新、湿润，此外，还有良好的吸声降噪、防火助燃等多种功能。本产品已通过挥发性有机化合物、甲醛净化效率、吸湿性、抗菌防霉等行业标准检测。

适用范围

硅藻泥应用于室内墙面装饰面涂，适合现行的墙体材料及经过表面处理的各种基层，如混凝土抹灰面、防水面石膏板、木质板等。通用于平涂、弹涂、精雕及手工肌理制作。

技术指标

产品要求详见表 1、表 2、表 3。

表 1　一般技术要求

序号	项目		技术指标
1	容器中状态		粉末，无结块
2	施工性		易混合均匀，施工无障碍
3	初期干燥抗裂性（6h）		无裂纹
4	表干时间 / h		⩽ 2
5	耐碱性（48h）		无起泡、裂纹、剥落，无明显变色
6	黏结强度 / MPa	标准状态	⩾ 0.50
		浸水后	⩾ 0.30
7	耐温湿性能		无起泡、裂纹、剥落，无明显变色
8	硅藻材料成分		可检出

表 2　性能指标

序号	项目		指标
1	调湿性能	吸湿量 w_a，（1×10^{-3}kg/m^2）	3h 吸湿量 $w_a \geqslant 20$；6h 吸湿量 $w_a \geqslant 27$；12h 吸湿量 $w_a \geqslant 35$；24h 吸湿量 $w_a \geqslant 40$
		放湿量 w_b，（1×10^{-3}kg/m^2）	24h 放湿量 $w_b \geqslant w_a \times 70\%$
		体积含湿比率，$\Delta\Omega$/[（kg/m^3）/ %]	⩾ 0.19
		平均体积含湿量，Ω/（kg/m^3）	⩾ 8
2	甲醛净化性能		⩾ 80%
3	甲醛净化效果持久性		⩾ 60%
4	防霉菌性能		0 级
5	防霉菌耐久性能		1 级

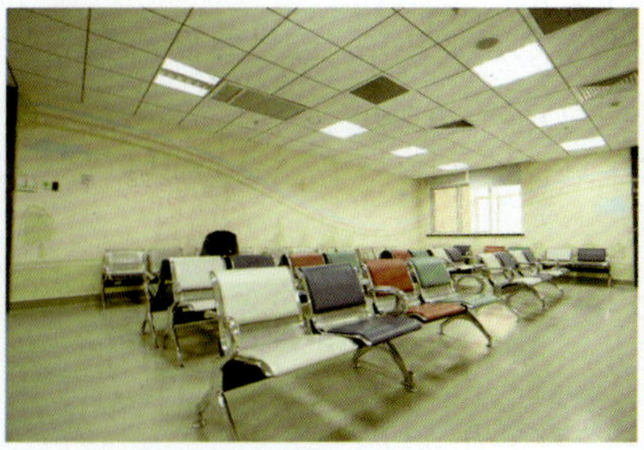

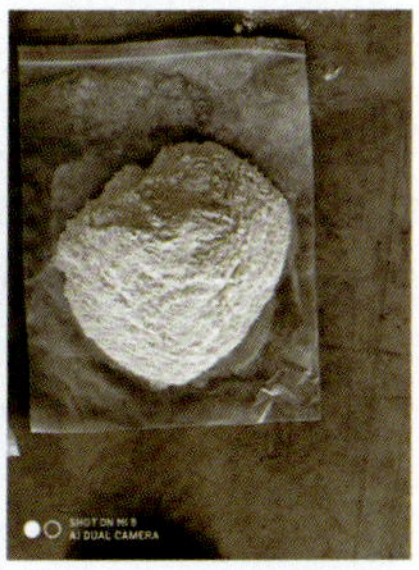

营口盼盼硅藻材料集团有限公司
地址：辽宁（营口）沿海产业基地新联大街东 1 号
电话：0417-6657224
官方网站：www.panpangzt.com

表 3　有害物质限量的要求

序号	项目		限量值
1	挥发性有机化合物含量（VOC）/（g/kg）		小于检出限值
2	苯、甲苯、乙苯、二甲苯总和 /（mg/kg）		小于检出限值
3	游离甲醛 /（mg/kg）		小于检出限值
4	可溶性重金属 /（mg/kg）≤	铅 Pb	小于检出限值
		镉 Cd	小于检出限值
		铬 Cr	小于检出限值
		汞 Hg	小于检出限值
挥发性有机化合物含量的检出限值为 1g/kg；苯、甲苯、乙苯、二甲苯总和检出限值为 50mg/kg；游离甲醛的检出限值为 5mg/kg；可溶性重金属检出限值为 10mg/kg			

工程案例

工程名称：英伦名邸影像中心硅藻泥涂装工程

工程地点：哈尔滨市南岗区学府路 239 号英伦名邸

房间总数：62

施工单位：营口盼盼硅藻材料集团有限公司工程部

施工完成日期：2018 年 5 月 4 日

生产企业

营口盼盼硅藻材料集团有限公司成立于 2012 年，坐落于辽宁省营口市沿海产业基地，现地处中国（辽宁）自由贸易试验区营口片区。该公司是盼盼集团调整产业结构，由原来主要生产安全门的安防建材产业成功转型为生态文明安居产业，以适应国家绿色发展战略，谋求企业创新健康发展。

盼盼硅藻集科研、制造、销售为一体，是目前中国环保壁材规模制造商，同时也是壁材解决方案的佼佼者。在长白山腹地拥有两座占地 3.8 平方公里矿产（储量 920 万吨，预估储值 50 亿元以上，可开采 50 年的优质硅藻土矿），并建立包括中国工程院院士专家工作站、中国建筑材料科学研究总院生态健康环境建材检测中心、辽宁省硅藻生态环境材料工程研究中心等多个科研机构，在全国重点省市成立五家子公司，现公司组建成强大的营销网络和销售团队，为全国 23 个省、4 个自治区及 4 个直辖市设有的 600 余家经销商及代理商服务。目前，盼盼硅藻已逐步形成集原材料开采、研发、生产、销售、检测于一体的环保产业集群，正在积极努力打造具有规模的硅藻土产业基地。

盼盼硅藻多年致力于硅藻产品的开发，与国际硅藻泥产品研发团队共同合作，并取得日本环保标准很高的健康等级 F4 ☆☆☆☆认证；获得八项国家专利，其中七项为发明专利；获得中国环保产品（CQC）认证。盼盼硅藻是中国硅藻泥行业标准的起草单位，被国家建筑材料测试中心评价为绿色建筑选用产品，并是国家“十三五”规划中功能型装饰装修材料的关键技术研究与应用项目《净化材料试验线及净化抗菌功能无机壁材的研发》子课题《净化材料实验线及净化抗菌功能无机壁材的研发》的子课题承担单位。

盼盼硅藻始终坚持可持续发展的科学发展观。自盼盼成功转型以来，始终坚持“高质量产品，专业化服务”的质量方针，严格按照行业标准要求，规范经营管理，在全员参与的基础上，切实提高产品质量，建立了完整的质量管理体系，获得了环境管理体系认证证书（ISO 14001）、质量管理体系认证证书（ISO 9001）、职业健康安全管理体系认证证书（OHSAS 18001）。对于产品的质量保证只有始点，没有终点，这是盼盼硅藻对客户的产品质量承诺。

证书编号：LB2020JT005

万源海洋生物贝壳粉涂料

产品简介

海洋生物贝壳粉涂料是一种纯天然生物涂料，采用海洋生物贝壳作为主要原料，以生物黏合剂、乳化剂、一水柠檬酸等为辅料，经破碎、分散、过滤等多道工序加工而成。该产品的特点有：

（1）不含乳胶液、氨、苯类、防腐（霉）剂等有毒成分，亦不排放甲醛、苯、甲苯等有害物质，可即涂即入住；

（2）贝壳粉含有的甲壳素、氨基酸等成分和独特的多孔纤维状螺旋体结构有利于吸附和分解甲醛、苯等有害物质；

（3）甲壳素类生物黏结剂和活性物质具有良好的黏结性能和化学亲和力，使得涂料的自流平性能和成膜性能改善；

（4）具有生物灭菌功能，上墙后能起到防腐、防蚀的作用；

（5）与化学乳胶漆相比，贝壳涂料质感天然、坚固柔滑、气味天然，透气性及透水性好，可使墙面具备呼吸功能，能够自动调节室内空气湿度；

（6）采用青岛市废弃的海洋生物垃圾为原料，变废为宝，遵循循环经济发展模式，达到了资源可持续利用的目的，对推动生物环保内墙涂料行业的发展具有十分重要的作用。每生产 1t 贝壳粉涂料可消耗 5t 废弃贝壳。

适用范围

该产品适用于家庭、幼儿园、学校、敬老院、办公室、写字楼、医院、宾馆、疗养院和休闲娱乐等场所的涂装，尤其适用于孕妇、婴幼儿、老人及抵抗力弱、免疫力低下的人群长期居住或活动场所的涂装。

技术指标

容器中状态 无结块，易搅匀（GB/T 3186）

施工性 刷涂 2 道无障碍（GB/T 9271）

低温稳定性（3 次）不变质（GB/T 9286）

漆膜外观 平整光滑（GB/T 9761）

固含量，%，≥ 50（GB/T 1725）

干燥时间 表干，h，≤ 2（GB/T 1728）

实干，h，≤ 24

对比率，≥ 0.90（GB/T 23981）

耐碱性，24h 无异常（GB/T 9265）

青岛万源生物科技有限公司

地址：青岛市城阳区上马街道李仙庄居委会东 500 米
电话：0532-87839396
官方网站：www.qdwysw.com

天泰中心项目

工程案例

本产品施工工艺简单，喷涂、滚等施工方法可灵活组合应用，是替代传统的乳胶漆材料的新型生物装饰材料，既适合居家装修，也适合学校医院、养老院幼儿园、会所酒店等工程建设。该产品在这些建筑的应用上已经取得显著效果，如德州明德小学、济南千佛山医院、中日友好医院、沈阳解放军 202 医院、新华谷瑞幼儿园、临沂幼儿园、北京双语幼儿园、城阳敬老院、中德新能源与环保科技研究院、沈阳市政府大楼、青岛世园会海洋科技馆、维也纳酒店、内蒙古哈素海天鹅堡温泉等项目。

生产企业

青岛万源生物科技有限公司是一家专业从事天然环保生物壁材研发、生产、销售及相关技术服务为一体的高新技术企业，主要以海洋生物贝壳为原料，制作具有活性的、原生态的“琴岛海之源”系列壁材。在装饰壁材激烈竞争的当下，它以超环保性、超功能性取得了社会和客户的广泛认可，相继取得 ISO 9001 和 ISO 14001 双体系认证证书，国内壁材行业“绿色之星”认证产品、获得国家发明专利 13 项，产品获得中国建筑材料检验认证中心 CTC 认证、碳足迹认证、儿童安全级认证青岛市高新技术企业，青岛市千帆计划企业，贝壳粉装饰材料行业标准起草单位，获得中国第七届创新创业青岛赛区二等奖。

“琴岛海之源”系列产品，多款产品的灵活组合应用，既可以替代传统的乳胶漆，又可以替代壁纸及硅藻泥的图案和肌理。

公司秉承“质量就是企业生命”的生产理念，严格控制生产中的各个环节和条件，以团结、创新的精神和高度的社会责任感，不断完善和提升。公司本着对客户、对社会、对员工负责的态度，致力于生物壁材的创新发展，尽力为用户创造健康。

青岛万源生物科技有限公司
地址：青岛市城阳区上马街道李仙庄居委会东 500 米
电话：0532-87839396
官方网站：www.qdwysw.com

证书编号：LB2020JT006

大匠水泥基耐水腻子、大匠水性腻子、大匠底层腻子

产品简介

本品是采用德国乳胶粉、优质水泥、天然粉料，以及特殊复合添加剂配制成的水泥基水性腻子。具有黏结强度高、附着力强、耐水防霉等优点，开袋后加水搅拌即可使用，批刮爽滑，可厚批，易打磨，是高档涂料及艺术涂料配套使用的最佳找平环保材料。

1. 核心原料采用德国乳胶粉：

大匠所选用的德国进口乳胶粉，溶解于水中就会还原成高黏性的乳胶液，与墙面乳胶漆的乳液性质相同，干燥后具有斥水性，同时具有超强黏结性、柔韧性，是当代欧美国家普遍采用的腻子黏结材料。高质量的乳胶粉造就了大匠腻子的高品质。

2. 只需加水即可施工的干混料：

大匠环保腻子按专业标准规范化生产，质量稳定可靠，加水即可施工。

3. 优异的产品性能：

黏结性强，易批刮、好打磨，耐水性好，对墙体的透气性好，保持墙体干爽，饰面细腻平整。

4. 德国环保无毒配方：

采用德国无毒配方，符合国际环保标准，绝无甲醛等挥发性气体。

5. 超强的抗自裂性能：

自主研发的抗裂增柔复合材料，使大匠腻子具有超强的抗自裂和抗基层龟裂性能。

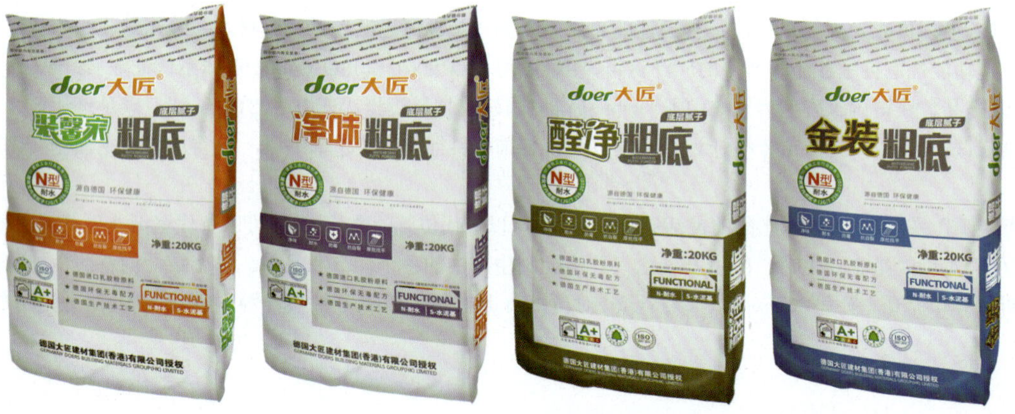

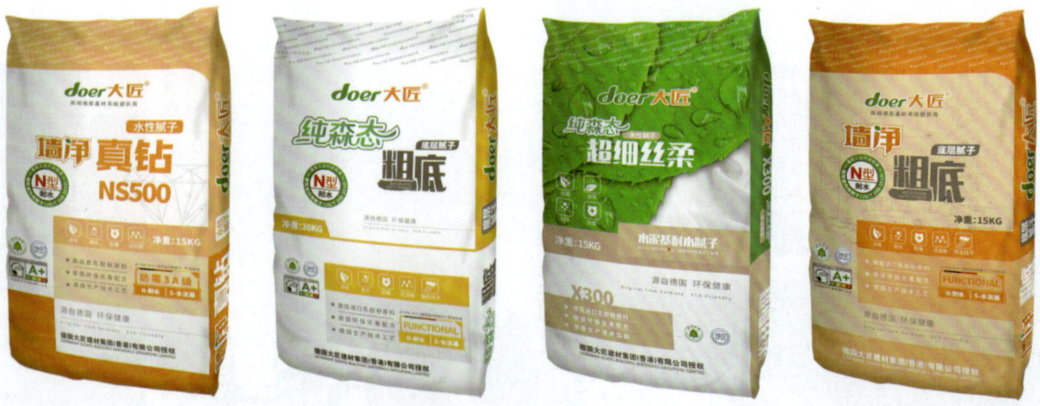

福州大匠环保建筑材料有限公司
地址：福州市晋安区华林路 417 号黄金大酒店 9 层
电话：0591-87482186
传真：0591-87482186
官方网站：http://www.cndoer.com

适用范围

大匠水泥基耐水腻子、大匠水性腻子，广泛用于装饰工程前建筑物室内基层表面的找平处理，如水泥砂浆表面、混凝土表面、无粉质硅酸钙板、石膏板、保温板的表面。

大匠底层腻子适用于装饰工程前建筑物室内基层表面的厚型找平处理，如水泥砂浆表面、混凝土表面及顶棚混凝土表面。

技术指标

大匠水泥基耐水腻子、大匠水性腻子技术指标如下：

检测项目		技术指标（N 型）	检测结果
容器中状态		无结块、均匀	符合
施工性		刮涂无障碍	符合
干燥时间（表干）/h	单道施工厚度 <2mm	≤ 2	<2
初期干燥抗裂型（3h）		无裂纹	符合
打磨性		手工可打磨	符合
耐水性		48h 无起泡、开裂及明显掉粉	符合
黏结强度 /MPa	标准状态	>0.50	0.76 ～ 0.83
	浸水后	>0.3	0.58 ～ 0.66

大匠底层腻子技术指标如下：

检测项目		技术指标（N 型）	检测结果
容器中状态		无结块、均匀	符合
施工性		刮涂无障碍	符合
干燥时间（表干）/h	单道施工厚度 <2mm	≤ 2	<2
初期干燥抗裂型（3h）		无裂纹	符合
打磨性		手工可打磨	符合
耐水性		48h 无起泡、开裂及明显掉粉	符合
黏结强度 /MPa	标准状态	>0.50	0.70
	浸水后	>0.3	0.65

工程案例

福州延安中学教学办公楼、建阳世茂璀璨滨江 25 号楼、龙旺闽越古镇闽商会馆、三盛璞悦湾 1/2/3 号楼、宁德安发生物科技公司。

生产企业

福州大匠环保建筑材料有限公司成立于 2001 年 11 月，注册资本 1500 万元，引进消化德国无毒环保技术，使用德国核心原料，专注于新型环保建材干混砂浆（建筑用内外墙腻子、建筑装饰用干混砂浆）的研发、生产、营销，是从事环保腻子的专业生产厂家，荣获福州市产品质量奖、福建省企（事）业信息化应用先进单位，是福建省建材工业协会副会长单位、福建省涂装协会会长单位、福建省 CIO 联盟副理事长单位。“大匠”牌环保腻子家装在福州的市场占有率达 50% 以上、在福建省达 40%，近年正稳步地走向全国市场，部分产品曾销往新加坡。

大匠生产的所有产品均属干混砂浆（亦称预混砂浆），产品无毒无味（且属非危险品），只需加水搅拌即可使用。所有产品所需的原材料全部外购，工厂只是“总装”，即搅拌混合，不存在污水和废气排放；“总装”过程自动化程度高，所有原材料的入库、输送、计量、混合、包装等工序均在密封空间中进行，对周边环境无大气污染，也无噪声污染，是国家大力提倡和推广的符合节能减排与环保政策的产品，市场前景广阔，社会效益显著。

福州大匠环保建筑材料有限公司
地址：福州市晋安区华林路 417 号黄金大酒店 9 层
电话：0591-87482186
传真：0591-87482186
官方网站：http://www.cndoer.com

证书编号：LB2020JT007

克洛斯威硅藻泥

产品简介

当今时代，人民生活水平日新月异，但是生活环境却日渐堪忧，甲醛、雾霾、二手烟等无时不刻蚕食着一个个健康的生命。这些都让人意识到：健康才是拥有一切的前提，拥有一个健康、环保的居家环境是何其重要。而克洛斯威硅藻泥品牌正是为解决以上痛点而诞生的。克洛斯威硅藻泥产品作为新型墙面材料，不同于乳胶漆、壁纸、艺术漆之类纯装饰性壁材，克洛斯威硅藻泥是功能性墙面壁材，兼具美观、健康、环保于一体，深受消费者欢迎。产品主要具有以下功能特点：

健康自然

克洛斯威硅藻泥作为新型墙面材料，所使用的原材料是由数亿年前的海底水生浮游生物——硅藻沉积而成的天然物质，主要成分为蛋白石，富含多种有益矿物质。使用高纯度硅藻土原料，“零污染、零甲醛”，这是普通乳胶漆和壁纸无法比拟的。

肌理丰富

克洛斯威硅藻泥数十款原创产品，纯手工打造，可以通过喷涂、滚涂、肌理、仿壁纸、仿石材等工艺，创造出800多种花色，除了平面产品，还能做到肌理层次丰富，比如意大利米洞石、曲水流觞等产品，做到立体感强，提高室内装修档次，是别墅、居家装修优选。

超强吸湿

克洛斯威硅藻泥孔隙率达到90%以上，比表面积达65m^2/g，它的超细微孔比活性炭高5000～6000倍，正是这种突出的分子筛结构，决定了其独特的功能——具有极强的物理吸附性能和离子交换性能，当室内空气潮湿时，硅藻泥微孔吸收并储备水分，当空气干燥时释放水分，被称为“会呼吸的墙”，使室内始终保持在最适宜的湿度状态。

远离污染

选用优质高纯度硅藻土原料，吸附性能更强，24小时无光净醛技术，甲醛净化率94.24%，无论白天与黑夜不间断吸附、分解甲醛。

空气净化

克洛斯威硅藻泥具有物理吸附性能，消除难闻的烟味、室内宠物带来的异味，让室内空气清新如兰。

吸声降噪

克洛斯威硅藻土自身的超细微粒孔状结构，具有良好的吸声降噪功能，为全家人的睡眠提供了舒适的环境。

防火阻燃

克洛斯威硅藻泥天然矿物质材料，耐高温，只有熔点，没有燃点。熔点1700℃，属于不易燃物品，是天生的防火壁材，达到安全使用标准，非常适合大型商场、娱乐场所、图书馆、博物馆使用，同时更加具备装饰效果。像武汉辛亥革命展览馆、成都华希昆虫博物馆、杭州中国扇博物馆、钱江新城图书馆、浦沿小学等场所也选用了克洛斯威硅藻泥。

保温隔热

多孔质的蜂窝状结构，经国家权威检测中心监测，克洛斯威硅藻泥导热系数很低，是天生的保温隔热材料。

色彩柔和

克洛斯威硅藻泥采用无机矿物质颜料调色，源自自然界的提取，产品48色都属于慢色调，色彩柔和自然，经久耐看，不易使人产生视觉疲劳感，更好保护家人视力，尤其是有少年儿童的家庭。

不沾灰尘

硅藻泥本身不产生静电，故墙体表面不易落灰，如果碰脏了，用橡皮简单擦拭即可；如果是弄上带颜色的液体，及时用喷壶喷水并用白毛巾吸附即可，因此更易清洁打理。

经久耐用

至少20年使用寿命，透气性好，不脱落，耐氧化，历久弥新，是一次性投资终身受益的产品，也是物超所值的室内壁材。

个性艺术

硅藻泥施工工艺可根据客户需求DIY设计，肌理丰富、效果自然、质感生动，具有很强的艺术感染力。

长兴克洛斯威科技有限公司

地址：杭州市西湖区古墩路616号同人精华2座1121室
电话：400-600-0572
官方网站：http://www.crosswaycn.com/

适用范围

克洛斯威硅藻泥作为新一代健康环保壁材，广泛用于家庭室内装修、酒店会所、博物馆、档案馆、图书馆、学校、航运中心等室内环境墙面装修。

技术指标

产品执行 JC/T 2177−2021《硅藻泥装饰壁材》标准，部分指标如下：

序号	项目		限量值
1	挥发性有机化合物含量（VOC）/（g/kg）		未检出
2	苯、甲苯、乙苯、二甲苯总和 /（mg/kg）		未检出
3	游离甲醛 /（mg/kg）		未检出
4	防霉抗菌性能		0 级
5	防霉菌耐久性		1 级
6	可溶性重金属 /（mg/kg）≤	铅 Pb	未检出
		镉 Cd	未检出
		铬 Cr	未检出
		汞 Hg	未检出

工程案例

公司服务过的项目主要有：杭州 G20 峰会酒店、阿里巴巴西溪园区、世界文化遗产湖北恩施唐崖土司遗址、安徽铜陵民俗文化村、外婆家连锁、中国扇博物馆、武汉辛亥革命纪念馆、舟山雷迪森度假酒店、西湖高尔夫别墅群、萧山档案馆、秦山核电站、钱江新城图书馆、浙能乐清电厂、黄龙溪会所、上海香格里拉大酒店、舟山绿城桂花城会所、华希昆虫博物馆、杭州植物园上林苑、杭州市浦沿小学教育集团、衢州庵里岛会所、中信银行、黄龙溪会所、杭州香积寺、浙江省总工会工人疗养院、郴州现代女子医院、绍兴开元名都大酒店、浙江邮政调度中心等。

生产企业

长兴克洛斯威科技有限公司成立于 2003 年，是一家集研发、设计、生产、销售于一体的专业环保壁材企业，通过了 ISO 9001 质量管理体系认证、ISO 14001 环境管理体系认证，荣获中国环境标志产品认证证书。主营硅藻泥墙面材料，传承“一面好墙胜过一片森林”的环保理念，以“带动健康美学新潮流”为傲。

克洛斯威是《硅藻泥装饰壁材（JC/T 2177）》行业标准的主要起草编制单位，以技术与艺术的创新推动行业的发展。企业通过了 ISO 9001 质量管理体系认证、ISO 14001 环境管理体系认证，荣获中国环境标志产品认证证书。18 年发展，克洛斯威一路披荆斩棘，收获众多荣誉。2016 年，克洛斯威硅藻泥作为 G20 峰会期间国际领导人下榻的雅谷泉山庄酒店主要壁材供应商，以一面好墙礼遇世界贵宾。

公司的主打产品为：克洛斯威硅藻泥。

克洛斯威自成立以来，与中国美院等设计团队长期合作，研发出了数十个原创系列产品，备受市场好评。目前已取得 14 项发明专利和 27 项原创外观专利证书。

2016 年，克洛斯威成为杭州 G20 峰会酒店壁材供应商，并荣获了 G20 杭州峰会建筑装饰风采奖。

2017 年，获得华夏建设科技技术奖一等奖、绿色建筑选用产品导向目录入选证书、绿色建筑选用产品证明商标准用证。

2018 年，获得十环认证。

公司总部设在中国杭州，拥有自己的硅藻泥生产基地，在杭州新时代、第六空间卖场设有 2 家直营展厅，同时，数百家经销商门店遍布全国各地。

现公司成立有七大部门：技术研发创新部门、美学设计创意部门、品质控制部门、培训部门、营销企划部门、网络部门、运营部门，从设计、工艺、技术、设备、标准、售后等全方面提升品质。

长兴克洛斯威科技有限公司
地址：杭州市西湖区古墩路 616 号同人精华 2 座 1121 室
电话：400-600-0572
官方网站：http://www.crosswaycn.com/

证书编号：LB2020JT008

绿森林硅藻泥、水性硅藻泥

产品简介

绿森林产品特色

绿森林重新定义了硅藻泥产品。优质的硅藻泥，应当发挥硅藻土天然的优势。绿森林采用了全新的制备技术，相比传统的制造工艺，更加完整地保留了硅藻结构，使硅藻泥的吸附分解性能翻倍提升。

为了全方位满足消费者的需求，绿森林硅藻泥在产品系列配置中，不仅有传统的硅藻泥系列，还有高端大气的金泥系列、低调奢华的丝网印系列、如丝柔滑的和田玉系列，让您选择的每一面墙壁都如您想象，并超越想象。

不是完成工作，而是完成创作。绿森林融合了各种您能想象到的风格和美感，搭配全新的工艺和个性的肌理，让触感如丝般顺滑，让观感百看而不厌。我们又一次赋予了墙面全新的生命力，实现了科技与艺术的浑然天成。

适用范围

广泛应用于家装及工程装修，适用内墙墙面的装修及外墙装修

技术指标

产品执行 JC/T 2177—2021《硅藻泥装饰壁材》标准，部分技术要求如下：

1. 挥发性有机化合物含量（VOC）/（g/kg）：≤ 1
2. 苯＋甲苯＋乙苯/二甲苯（mg/kg）：≤ 50
3. 游离甲醛/（mg/kg）：≤ 5
4. 可溶性重金属/（mg/kg）：铅 Pb ≤ 10

镉 Cd ≤ 10

铬 Cr ≤ 10

汞 Hg ≤ 10

工程案例

江苏高邮霖氏教育

河北正定美术学院

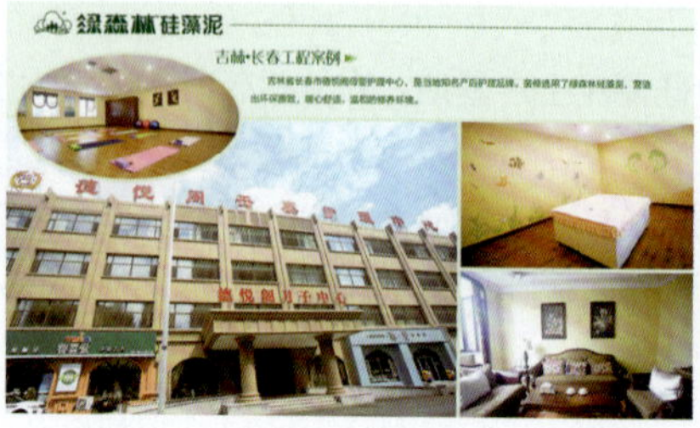

吉林省绿森林环保科技有限公司

地址：长春市远达大街红星美凯龙 2 号写字楼 15 层
电话：0431-80859326
官方网站：www.lslgzn.com

吉林长春禧庆会酒店

吉林长春德悦阁母婴护理中心

陕西宝鸡咖啡之翼

山西省晋城市高平县高平一中

山东聊城孔繁森同志纪念馆

生产企业

吉林省绿森林环保科技有限公司是一家致力于新型环保装修材料科研、生产、销售、施工、服务于一体的大型综合企业，是行业标准《硅藻泥装饰壁材》起草单位。绿森林硅藻泥是拥有完整生态链的大型企业，公司在硅藻土矿区——长白山，拥有矿质佳、矿储藏量大的硅藻土矿区；在九台地区，拥有自主经营四万平方米的生产加工基地。公司更是亚洲已探明 75% 硅藻土储备矿源的远通集团的主要股东之一。所有原材料有保障，让每一位消费者都能够体验到优质硅藻泥带来的绿色环保生活。

绿森林秉承全心全意为客户服务的企业理念，一直致力于硅藻泥新产品、新技术研发领域的提升和突破。公司研发团队对硅藻泥技术的研发和改良，使得硅藻泥能够步入中国寻常百姓家，让我们的家居生活变得更加健康、绿色、环保。

2014 年 8 月，公司与华强方特（深圳）动漫有限公司达成全面战略合作，获得国内动漫品牌“熊出没”系列的品牌授权。本次合作的达成，是中国绿色环保事业的又一盛事，有助于进一步推动整个硅藻泥行业的发展。

目前，公司在全国拥有代理商 700 余家，专卖店 1500 余家，销售网络遍布全国。公司拥有专业的设计团队、施工队伍和技术以保障您的利益。让千家万户都能用上优质的硅藻泥产品，是我们一直努力追求的目标。

吉林省绿森林环保科技有限公司
地址：长春市远达大街红星美凯龙 2 号写字楼 15 层
电话：0431-80859326
官方网站：www.lslgzn.com

证书编号：LB2020JT009

好思家真石漆、无机水漆、外墙银贝壳（合成树脂乳液外墙涂料）

产品简介

天然真石漆有坚实厚重的花岗岩或大理石的视觉观感效果，具有无限色系和任意造型的特点，形象、造型、色彩富于变化，可以在复杂的曲面上喷涂，满足复杂造型的平面或曲面的装饰要求。

适用范围

天然真石漆应用非常广泛，适用于别墅、公寓、办公楼、大厦等各档建筑物的内外墙装饰。可作为外墙及浮雕、梁柱等异型墙面装饰；还适用于做外墙壁画；还可用于室内装修，有花岗岩、大理石、麻石般的色泽效果，尤其是用于室内的圆柱、罗马柱等装饰上，装饰效果堪比石材，又比石材更适合塑造各种艺术造型。

技术指标

产品执行 JG/T 24—2018《合成树脂乳液砂壁状建筑涂料》、GB 18582—2020《建筑用墙面涂料中有害物质限量》标准，部分技术指标如下：

检验项目	技术要求	检验结果	本项结论
挥发性有机化合物（VOC）含量 /（g/L）	≤ 150	5	合格
游离甲醛含量 /（mg/kg）	≤ 100	未检出（注 1）	合格
乙二醇醚及醚酯含量总和 / %	≤ 0.03	未检出（注 2）	合格
铅（Pb）/（mg/kg）	≤ 1000	未检出（注 3）	合格
镉（Cd）/（mg/kg）	≤ 100	未检出（注 4）	合格
六价铬（Cr^{6+}）/（mg/kg）	≤ 1000	未检出（注 5）	合格
汞（Hg）/（mg/kg）	≤ 1000	未检出（注 6）	合格
干燥时间（表干）/ h	≤ 4	4 已干	合格
黏结强度（标准状态）/ MPa	≥ 0.60	0.93	合格
黏结强度［冻融循环（5 次循环后）］/ MPa	≥ 0.40	1.04	合格

注 1：游离甲醛的检出限为 5mg/kg；注 2：五种乙二醇醚及其酯类的检出限均为 0.0001%；注 3：铅（Pb）的检出限为 0.04mg/kg；注 4：镉（Cd）的检出限为 0.0025 mg/kg；注 5：六价铬（Cr^{6+}）的检出限为 2mg/kg；注 6：汞（Hg）的检出限为 0.04mg/kg。

工程案例

需求方	工程项目名称	用料	用量
滁州万顺世家装饰有限公司	名郡城	外墙真石漆	10 万平方米
中国二冶集团有限公司	濉芜星城	外墙真石漆	20 万平方米
安徽博光工程有限公司	四里庄安置房	外墙真石漆	27 万平方米

生产企业

安徽好思家涂料股份有限公司位于蚌埠市高新区秦集镇秦仁路中段（公司注册地）。公司始建于 1988 年 6 月，1997 年 9 月“好思家”商标在国家工商总局商标局注册；2015 年 3 月公司收购了位于蚌埠市淮上区沫河口工业园区、占地面积约 3 万平方米的“蚌埠市永兴化工有限公司”的全部股权，成为“好思家”公司的全资子公司，用于生产母公司“好思家”公司的全部产品，是好思家公司的生产基地，好思家行政办公及注册地未变。

安徽好思家涂料股份有限公司

地址：安徽省蚌埠市秦集镇秦仁路中段
电话：0552-2872378
官方网站：http://www.haosijia.com/

2016 年 10 月 13 日，好思家公司完成了股份制改革，并于 2017 年 12 月 11 日在全国中小企业股份转让系统成功挂牌。

安徽好思家涂料股份有限公司是一家民营高科技涂料生产、销售的专业化公司，公司及子公司分别位于蚌埠市高新区秦集镇秦仁路中段和蚌埠市淮上区沫河口工业园区开元大道 199 号，注册资本 2550 万元，总占地面积近 50000m^2，员工总数 150 余人，其中大专以上人员占总人数的 60% 以上。

公司主要产品为水性涂料，设有市级技术研发中心和省级工程技术研究中心两个研发平台，公司产品远销国内 20 多个省市和地区，是安徽省生产规模较大、开发能力较强，产品品种结构完善、各种营销模式较为全面、营销网络辐射力较强的规模型、成熟型龙头企业。

公司成立以来，先后通过了 ISO 9001 质量管理体系、ISO 14001 环境管理体系、中国环境标志等认证；先后荣获“安徽省科学技术成果奖”“安徽省民营科技企业”“安徽省诚信企业”等众多荣誉。2011 年 11 月，公司被认定为国家级“高新技术企业”；2013 年 10 月被认定为“市级企业技术中心”；2015 年 1 月，公司“安徽省人造彩砂涂料工程技术研究中心”通过省科技厅备案，2020 年 3 月通过验收；2015 年 5 月被认定为“安徽省重合同守信用企业”，同年 10 月被安徽省经信委认定为“安徽省专精特新”企业；2016 年、2017 年连续获得全国“真石漆十大品牌”荣誉；2017 年 7 月入选中国建筑涂料协会《绿色校园公益行选用产品目录》；2018 年 7 月当选为安徽涂料行业协会会长单位，董事长王奇当选为协会会长；2019 年 3 月，真石漆《高耐磨低温烧结人工彩砂关键技术研发及产业化》项目被安徽省科技厅列为“重点研究与开发计划项目”；2019 年 10 月，公司“homesky”商标获得马德里商标注册；2019 年 11 月，真石漆《节能环保型人造彩砂制备关键技术及应用》项目获得安徽省科技厅“科技进步奖”三等奖；2019 年 12 月，真石漆生产车间被安徽省经济和信息化厅认定为“安徽省真石漆数字化车间”。

安徽好思家涂料有限公司注重自主创新，更注重与各大院校的产学研合作，2011 年以来，先后同安徽大学、安徽财经大学、合肥工业大学、安徽科技学院及蚌埠学院等 5 所高等院校签订了产学研战略合作协议，建立了 3 所高校的实习基地，与科研院校共同研发，资源共享。与此同时，公司也十分注重自主知识产权的申请和保护，2011 年以来，公司共申报专利 22 项，共获得各类专利 21 项，其中，发明专利 6 项、实用新型专利 7 项和外观专利 8 项。

安徽好思家涂料股份有限公司

地址：安徽省蚌埠市秦集镇秦仁路中段
电话：0552-2872378
官方网站：http://www.haosijia.com/

证书编号：LB2020JT010

斯米克水性无机健康涂料、斯米克负离子健康泥、斯米克负离子健康板

产品简介

斯米克健康板是一种铺贴在室内天花、墙面的生态板材，是以膨胀蛭石为主要原料，采用公司自主研发的独特配方，以特殊工艺制成。产品可释放大量对人体健康有益的小粒径负氧离子，高达 1000［ions/（s • cm^2）］以上，从而提高人体免疫力和智力开发，治愈和缓解人体各项慢性疾病，同时还能消烟除尘、杀菌防霉、去除甲醛、净化空气，创造健康舒适洁净清新的室内空气环境，安全可靠、自然释放、无臭氧、超低放射性，是安全的不插电的负离子发生器。产品获国家发明专利，专利号：201310401006.5。

适用范围

产品广泛用于民用建筑的室内环境、家庭住宅的室内环境、公共建筑的室内环境，如办公楼、学校，幼儿园、医院、博物馆、商场、酒店、旅馆。

技术指标

产品执行企业标准 Q31/0112000361C001《斯米克健康版（斯米克纤维增强硅酸钙板）》，部分技术指标如下：

产品密度 /（g/cm^3）：$0.95 \leqslant D \leqslant 1.2$

耐酸、碱性：ULA

放射性核素限量：A 类 $I_{Ra} \leqslant 0.2$，$I_r \leqslant 0.6$

导热系数 /［W/（m • K）］：≤ 0.30

抗折强度（MPa）：≥ 8

负离子静态发生量：4253 ions/（s • cm^2）

灭菌性能：1 小时灭菌率达到 76.4%、5 小时灭菌率达到 81.3%

净化性能：甲醛净化率可达到 94.2%、甲醛净化持久性可达到 93.8%、甲苯净化率达到 54.5%、二甲苯净化持续性达到 58.8%、氨净化率可达到 70.1%，对 TVOC 也有明显的净化效果

吸放湿性：8.34×10^{-2}（kg/m^2）、放湿性：7.66×10^{-2}（kg/m^2）

上海斯米克健康环境技术有限公司

地址：上海市闵行区浦江镇三鲁公路 2121 号

电话：021-64110567

官方网站 :www.cimichealth.com

工程案例

浙江布鲁克被动式住宅楼天花；上海中心地下一、二、三层办公室墙面；人民日报大楼 15 层以上会议室墙面；南京市儿童医院诊疗室、病房、走廊天花；上海美酷医院门诊部、候诊室、诊疗室、病房内墙；上海宝武钢铁总部大楼天花等。

生产企业

上海斯米克健康环境技术有限公司成立于 2014 年 12 月 25 日，隶属于上海悦心健康集团股份有限公司，主要从事健康环境技术领域内的产品研究开发、生产及销售，注册资金 RMB7200 万元。公司的成立标志着斯米克开创了全新的领域，同时也被誉为未来成长较好的商业领域，随着人们环保意识的不断增强，为人类提供美好的生活环境，把“森林”带回家。

上海斯米克健康环境技术有限公司
地址：上海市闵行区浦江镇三鲁公路 2121 号
电话：021-64110567
官方网站 :www.cimichealth.com

证书编号：LB2020JT011

米格合成树脂乳液内墙涂料、合成树脂乳液外墙涂料

产品简介

1. 健康环保：零甲醛，零 VOC，不含铬、镉、汞等可溶性重金属的材料品质。
2. 低碳节能：冬天使温度保留在室内。夏天把高温阻隔在户外。
3. 均衡室温：减少空气微循环，减少微颗粒漂浮。
4. 防霉防潮：米格独创双交链膜体，使墙面保持干燥，有效防止霉变。
5. 排除异味：水蒸气分子将气味分子包裹，使其变得沉重并沉降到地面。
6. 防火阻燃：米格墙体材料为防火等级 A2 的不燃建筑材料。
7. 吸声降噪：外墙面反射将噪声阻挡在外界，内墙面交叉反射可以消除回声。
8. 无静电：墙面使用米格材料后不会因刮风而形成静电，不会有揽尘现象。
9. 张力小：米格墙面材料张力小，收缩现象非常轻微，细微裂缝极少。
10. 强遮盖：米格墙体材料有很高的遮盖功能，且能修复 0.5mm 的裂缝。

适用范围

1. 公共建筑的表面保温装饰和翻新改造；
2. 新建建筑工程的内外保温及表面装饰；
3. 农业、仓储业的环境改善及节能改造；
4. 医药、通信及其他电子设备的绝缘、无尘无菌的处理；
5. 家庭、酒店、餐饮、办公场所的室内装饰和室内环境优化；
6. 工业领域的建筑及配套设施的防腐、防结露、保温等。

技术指标

1. 挥发性有机化合物含量（g/L）：低于检出限
2. 苯、甲苯、乙苯、二甲苯总和（mg/kg）：低于检出限
3. 游离甲醛（mg/kg）：29
4. 可溶性重金属铅（mg/kg）：5
5. 可溶性重金属镉（mg/kg）：低于检出限
6. 可溶性重金属铬（mg/kg）：低于检出限
7. 可溶性重金属汞（mg/kg）：低于检出限
8. 对比率（白色和浅色）：0.96
9. 耐洗刷性：2000 次漆膜未损坏

米格（浙江）创新科技有限公司

地址：浙江省永康市下里溪工业区澜峰东路 88 号
电话：0579-87351016
传真：0579-87350196
官方网站：www.miginno.com

10. 太阳光反射比：0.86
11. 近红外反射比：0.89
12. 半球发射率：0.88
13. 燃烧性能：A（A2-s1，d0）级
14. 水蒸气透过率：一级
15. 耐霉菌性：0 级
16. 隔热温差：13
17. 等效热阻：0.856

工程案例

1. 西班牙国家博物馆（5 年后涂层未发生任何褪色、脱落、起皮等病态现象）。
2. 德国萨尔斯科腾卫生医疗中心（室内气候宜人和健康，达到居住医学级）。
3. 以色列特拉维夫 TOHA 大楼（代替复杂的矿棉保温材料，避免热桥和冷桥）。
4. 非洲援助计划（集装箱居住的保温隔热）。
5. 保时捷汽车公司（电动汽车电池箱的涂层防护，延长电池使用寿命）。
6. 上海西门子线路保护公司综合楼（建筑物水分子迅速下降，保温性能优化 50%）。
7. 浙江海盐壹草堂展厅（解决了沿海建筑物的耐盐雾、耐腐蚀）。
8. 新昌东铭特色文化小镇屋面隔热改造（夏天相比改造前室内温度降低 4 ～ 7℃）。
9. 吉林省长春天安豪园小区内保温系统（冬季采暖费用降低 49.39%）。
10. 福鼎名族中学、实验小学、十六中等改造（可边上课边施工）。
11. 四川阳光集团研溪华府、冠城国际楼盘保温系统（原设计 35mm 聚苯板变更米格材料）。
12. 广东东莞大岭山观音寺（色彩鲜艳持久，终年无结露、挂水、渗水现象产生）。
13. 唐山园博会花海慧远观光塔（用米格材料代替木结构外立面装饰系统）。
14. 苏州大学绿色建筑国际研究中心超低能耗改造工程（材料供应商）。

生产企业

中德合资米格（浙江）创新科技有限公司位于浙江省永康市，是 2016 年成立的中德合资高新技术企业，公司占地 4 万平方米，总投入超 3 亿元人民币。公司现有聘请专家 2 名，建筑、物理、化学工程师各 1 名，经过涂料类培训技术员 3 名，其他员工 45 名。公司专业生产建筑保温隔热涂料、装饰用抗菌防霉涂料等多功能墙面材料。截至目前，米格参与了欧洲新的环保节能标准的制定。同时，米格（浙江）创新科技有限公司是《隔热保温涂料隔热温差检测方法》《建筑保温隔热涂料》《装饰用抗菌防霉内墙涂料》标准的主要编写单位。公司入选中原超低能耗建筑战略技术联盟后参与了河南省《超低能耗建筑设计及施工验收标准》的编写工作。截至目前，米格通过了欧洲生态标签认证、法国室内环境 A+ 认证、德国能效品质认证、德国居住医学认证、美国 LEED 认证、德国 DGNB 可持续建筑评价等多项国际认证，并入选欧盟建筑能耗优化计划（BuildHeat）；在国内，米格通过了中国环境标识认证、国家绿色建筑选用产品评价，并获得住房城乡建设部绿色节能推荐证书和工程建设推荐证书。米格独创双交链阻隔热辐射技术，能使建筑物年平均能耗降低 40% 以上，并具有环保节能、隔热保温、防潮防霉、均温均湿、祛味抑尘、降噪阻燃、抗菌抑菌的功能。

米格与住房城乡建设部科技推广中心、中国建筑科学研究院签订了战略合作协议，是住房城乡建设部科技推广中心常务理事单位、中国建筑学会常务理事单位、中国绿色建材产业发展联盟常务理事单位，中国拥军优属基金会常务理事单位。并于 2017 年入选年度中国创新力百强企业。

米格带来的不仅仅是一种家装产品，更是一种健康建筑理念，一种新的健康生活理念——米格微气候。米格用接近自然的方式创造舒适，让我们的家不再需要许多的能耗，不再有更多的排放，让世界更加绿色，让世人更加健康，让家庭更加温馨，这是我们的历史使命！

米格（浙江）创新科技有限公司
地址：浙江省永康市下里溪工业区澜峰东路 88 号
电话：0579-87351016
传真：0579-87350196
官方网站：www.miginno.com

证书编号：LB2020HN001

南阳中联预拌混凝土

产品简介

“中联”牌 C80 以下高性能混凝土，具有早期强度高，抗渗、抗冻、抗侵蚀、抗碳化、抗碱 - 骨料反应性能好，富裕强度高等特点。“商混站”依靠完备的质量保证体系与控制手段，向客户提供优质的产品和服务。

适用范围

产品广泛适用于交通、水利、城市建设等工程领域。

技术指标

部分型号产品技术指标如下：

2019 年（C20）	1 月	2 月	3 月	4 月	5 月	6 月	7 月	8 月	9 月	10 月	11 月	国家标准
7d 抗压强度	16.3	17.1	16.5	16.8	16.3	17.0	16.5	17.2	16.9	16.5	16.8	/
28d 抗压强度	24.8	25.0	24.2	24.5	25.3	23.9	24.3	24.6	25.1	24.5	24.3	≥ 23
28d 强度标准差	4.6	5.3	4.5	5.2	4.7	5.0	5.1	4.7	4.8	5.1	5.0	/

2019 年（C40）	1 月	2 月	3 月	4 月	5 月	6 月	7 月	8 月	9 月	10 月	11 月	国家标准
7d 抗压强度	32.1	32.5	32.0	33.1	32.5	32.9	32.3	33.0	32.6	32.8	32.3	/
28d 抗压强度	47.2	46.8	46.5	47.3	47.1	46.8	46.9	47.4	47.8	47.0	46.7	≥ 46
28d 强度标准差	4.7	5.1	4.8	5.3	5.0	4.9	5.3	5.1	5.3	5.0	4.8	/

2019 年（C45）	1 月	2 月	3 月	4 月	5 月	6 月	7 月	8 月	9 月	10 月	11 月	国家标准
7d 抗压强度	37.1	36.6	37.5	37.8	37.0	38.1	37.7	36.9	37.3	38.1	37.9	/
28d 抗压强度	53.2	53.5	52.5	52.9	53.1	52.3	53.3	52.1	52.9	53.1	52.6	≥ 51.8
28d 强度标准差	4.9	5.1	5.3	5.3	5.0	5.0	5.3	5.1	5.3	5.0	4.8	/

2019 年（C50）	1 月	2 月	3 月	4 月	5 月	6 月	7 月	8 月	9 月	10 月	11 月	国家标准
7d 抗压强度	40.9	41.3	42.1	41.8	41.6	42.2	42.5	41.7	41.5	41.3	41.7	/
28d 抗压强度	58.3	58.2	57.9	58.6	59.1	58.3	58.6	57.9	58.4	58.9	57.9	≥ 57.5
28d 强度标准差	5.3	5.5	4.8	5.3	5.1	5.3	5.1	5.1	5.2	5.0	5.2	/

工程案例

（1）高速公路：镇平段高速公路工程；（2）水利工程：南水北调中线试验段项目，南阳鸭河口水库大坝加固工程；（3）南阳梅溪河三里河桥梁工程；（5）电厂：南阳热电厂、内乡热电厂、南阳鸭河电厂；（6）其他重点大型工程：（7）镇平县扶贫道路、碧桂园商住楼等。

生产企业

南阳中联水泥有限公司位于镇平县工业园区北部，紧临 312 和 207 国道，拥有 3000t/d、6000t/d 新型干法熟料生产线及配套建设 16MW 纯低温余热发电系统，4 台 $\phi 3.8 \times 13m$ 高效联合水泥粉磨系统，年产水泥 300 万吨，现有员工 393 名，专业技术人员 240 人，注册资本 4 亿元，占地面积 29.7 万 m^2。南阳中联水泥有限公司是按照国家等量淘汰落后立窑企业产业政策的要求，在河南南阳航天水泥厂的基础上成立的，是“世界 500 强企业”中国建材集团成员企业，是中国联合水泥

南阳中联水泥有限公司
地址：河南省南阳市镇平县工业园区北部（航天北路 198 号）
电话：0377—65085333 65085086 65085000
官方网站：www.nycucc.com

集团的核心企业，公司于 2019 年正式更名为“南阳中联水泥有限公司”。作为河南省重点大型建材生产企业，公司拥有雄厚的技术开发实力、先进的技术水平、齐全的生产检测设备、科学规范的经营管理和完善的质量保证体系，是河南省水泥行业首家通过 ISO 9001 质量管理、ISO 14001 环境管理、GB/T 28001 职业健康安全管理体系认证和产品质量认证的企业，2015 年通过 GB/T 23331 能源管理体系认证。

公司经营范围为制造、销售水泥、水泥熟料、水泥制品、新型建材等。依靠完备的质量保证体系与控制手段，主要生产“中联”（CUCC）牌 P • C42.5、P • O42.5、P • O52.5 等级水泥等多种型号的水泥产品，以统一的“中联”（CUCC）产品品牌，向客户提供一致性的产品品质和服务。“CUCC”中联牌水泥具有安定性好，凝结时间适中，早期、后期强度高，和易性、耐磨性、可塑性、均匀性优良，色泽美观，碱含量低等特点，实物质量达到较高水平，适用于国防、交通、水利、工农业及城市建设等复杂而质量要求较高的工程。

“中联”牌水泥以其卓越的质量品质，成为全国政府采购选择产品、重点保护产品和消费者信得过产品；荣获“南阳市市长质量奖”“全国质量诚信标杆企业”“全国产品和质量诚信示范企业”“全国质量检验稳定合格产品”。致力追求“过程精品”是企业的质量宗旨；“全天候服务，全方位服务，全过程服务和让客户满意”是企业的服务承诺。

公司崇尚“善用资源、服务建设”的理念，注重合理利用自然资源，以服务社会、奉献社会为己任，以环保型产品回报社会，并以“团结拼搏、务实创新、超越自我、争创品牌”的企业精神与中国联合水泥集团“诚信务实、团结向上”的企业文化相互融合，激励和推动企业朝着既定战略目标挺进。公司愿同更多有志之士一起，致力营造人类生活与自然环境的和谐统一，愿与更多的客商在更多领域合作，多赢共赢，推动水泥行业的快速发展，共同开创我们更加美好的未来。

南阳中联水泥有限公司
地址：河南省南阳市镇平县工业园区北部（航天北路 198 号）
电话：0377—65085333 65085086 65085000
官方网站：www.nycucc.com

证书编号：LB2020HN002

盛瑞增强型生态泡沫轻质土

产品简介

基于 JY 增强型生态泡沫剂的现浇泡沫轻质土是土建工程中近年发展的一种新材料，它具有轻质性、良好的施工性（即流动性）、固化后的自立性（无侧压力）、环保性（可大量消耗粉煤灰、矿粉、选矿尾砂等工业废料）及经济性等特点，具备绿色环保、节约用地、缩短工期、降低造价等优势。被广泛应用在高速公路、高速铁路等重大基础设施建设，地质环境治理（如采空区治理）及建筑节能等领域。较好地解决土建工程中传统的技术难题，大幅度提高工程质量及设施的安全性，具有明显的综合技术及经济优势。

适用范围

公路（包括高速公路等）、铁路（包括高速铁路、地铁等）、采空区治理、工程抢修与抢险、机场拦阻系统、岛礁建设、新型墙体材料。

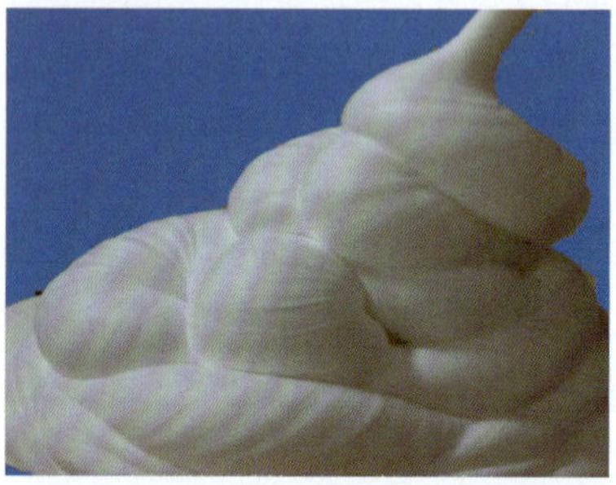

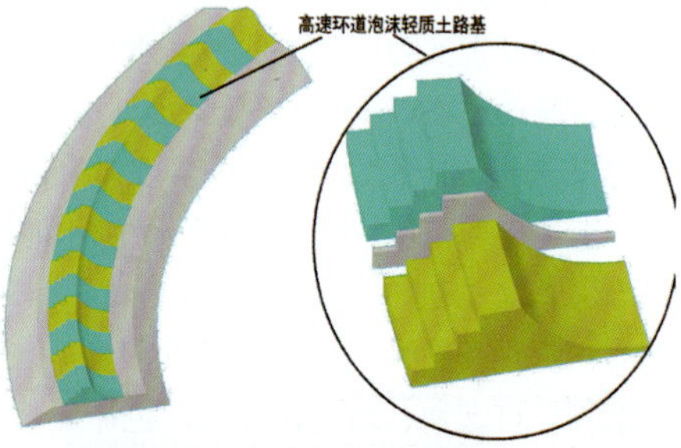

技术指标

基于 JY 增强型生态泡沫剂的现浇泡沫轻质材料技术集成指标：

①发泡剂满足：发泡倍率≥ 1200；泡沫轻质土料浆沉降率（固化）≤ 5%。

②产品满足如下要求：产品的容重：2 ～ 15kN/m^3；产品的强度：0.3 ～ 5.0MPa。

③制备系统满足：单套泵的产能≥ 100m^3/h；混合料的密度误差＜ 5%。

工程案例

广州亚运大道改扩建工程、佛山广明高速收费广场项目、高铁杭州东站枢纽扩建工程等。

生产企业

广东盛瑞科技股份有限公司是一家为土建工程领域提供绿色节能材料及技术咨询服务等综合解决方案的科技型企业。公司已于 2015 年 11 月在全国中小企业股份转让系统成功挂牌（股票简称：盛瑞科技，股票代码：834138），系泡沫轻质材料细分领域的为数不多的挂牌上市企业。

广东盛瑞科技股份有限公司

地址：广州市番禺区石楼镇官桥村清华科技园 1 栋 5 楼 D 区

电话：020-39270123

传真：020-39270123-8002

官方网站：http://www.gdsr88.com/

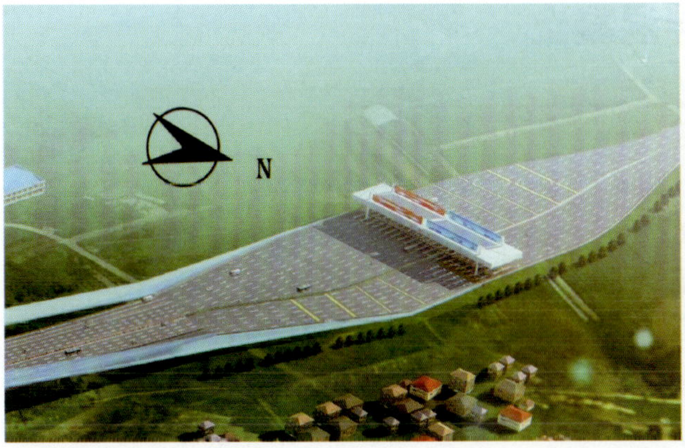

公司以具有完全自主知识产权的泡沫剂、泡沫轻质材料成套技术及以此为基础的整体解决方案为依托，以全新的技术手段解决了高速公路、高速铁路、地铁等轨道交通、市政工程、地质环境治理及军事工程等领域用传统方法难于解决的一系列技术难题，是土建工程向绿色、节能型转变里程碑式的创新。相关成果已成功应用于北京鸟巢、广州亚运大道、京珠高速、南水北调、上海世博工程及大量的高速铁路等国家重点基础设施建设项目。

公司自创建以来，始终坚持“发展壮企、创新兴企、人才强企”的基本理念，设立了包括院士工作站、省级工程技术研究中心在内的五个研发及试验平台，与十多所国内外高校及研究机构建立了长期的产学研战略合作，聚集了一百多人的科研精英团队，为科技创新提供了支撑和保障，有效增强了企业的核心竞争力。公司目前已出版专著 3 部、主编及参编标准 11 部，授权及申请专利 28 项（获国际发明展览会发明金奖 2 项），取得各类科技进步奖 8 项，这些成果涵盖了泡沫轻质产品从关键原材料、制备系统到产品标准的各方面要素，为产品在国家重大基础设施的推广应用提供了保障。

公司以正在蓬勃发展的国家基础设施建设事业、“一带一路”倡议及“亚投行”所带来的巨大市场需求为依托，结合自身优势制订了“提供绿色节能产品，服务精品优质工程，打造高端产业平台”的总体发展战略。

在未来发展中，公司将专注主营业务，通过创新驱动，持续在基础设施建设、地质环境治理及军事工程等领域拓展市场份额，并借力资本的翅膀，助推公司快速成长为技术先进、产品专业、服务规范的产业集团。

广东盛瑞科技股份有限公司
地址：广州市番禺区石楼镇官桥村清华科技园 1 栋 5 楼 D 区
电话：020-39270123
传真：020-39270123-8002
官方网站：http://www.gdsr88.com/

证书编号：LB2020HN003

中联预拌混凝土

产品简介

洛阳中联水泥有限公司“商混站”拥有两条环保型商品混凝土生产线，年产优质商品混凝土 90 万立方米。“商混站”占地面积 12000 平方米，技术力量雄厚，设立专项混凝土实验室；配套混凝土砂石分离系统、废水回收利用系统、全封闭环保物料大棚，符合环保混凝土搅拌站标准。目前，已经发展成为豫西重要的商品混凝土生产基地。“中联”牌 C80 以下高性能混凝土，具有早期强度高，抗渗、抗冻、抗侵蚀、抗碳化、抗碱 - 骨料反应性能好，富裕强度高等特点。

适用范围

预拌混凝土广泛适用于交通、水利、城市建设等工程领域。

技术指标

部分型号预拌混凝土技术指标如下：

C15 混凝土

2019 年	4 月	5 月	6 月	7 月	8 月	9 月	10 月	11 月	12 月	1 月	2 月	国家标准
7d 抗压强度	12.5	12.9	12.3	13.0	12.5	12.1	12.7	13.0	12.7	12.2	12.9	/
28d 抗压强度	18.3	17.6	17.9	18.0	17.6	17.9	18.5	18.2	17.5	18.4	18.2	≥ 17.3
28d 强度标准差	4.6	4.9	4.8	5.2	4.7	5.0	5.0	4.6	4.8	5.1	4.9	/

C25 混凝土

2019 年	4 月	5 月	6 月	7 月	8 月	9 月	10 月	11 月	12 月	1 月	2 月	国家标准
7d 抗压强度	20.6	20.9	20.3	20.6	21.2	21.5	20.7	20.5	21.0	20.7	20.9	/
28d 抗压强度	29.3	29.1	30.0	29.8	29.5	29.9	30.2	29.7	29.5	30.0	29.3	≥ 28.8
28d 强度标准差	5.2	5.0	4.8	4.6	4.5	4.8	5.0	4.9	5.3	5.4	5.1	/

C30 混凝土

2019 年	4 月	5 月	6 月	7 月	8 月	9 月	10 月	11 月	12 月	1 月	2 月	国家标准
7d 抗压强度	25.3	24.5	24.3	24.9	24.7	25.3	25.5	24.6	24.4	25.1	25.4	/
28d 抗压强度	34.9	35.2	35.3	35.7	35.7	36.0	34.9	35.3	35.5	35.9	35.1	≥ 34.5
28d 强度标准差	5.3	4.9	5.4	5.1	4.8	5.2	5.3	5.0	4.7	5.4	5.1	/

C45 混凝土

2019 年	4 月	5 月	6 月	7 月	8 月	9 月	10 月	11 月	12 月	1 月	2 月	国家标准
7d 抗压强度	37.1	36.6	37.5	37.8	37.0	38.1	37.7	36.9	37.3	38.1	37.9	/
28d 抗压强度	53.2	53.5	52.5	52.9	53.1	52.3	53.3	52.1	52.9	53.1	52.6	≥ 51.8
28d 强度标准差	4.9	5.1	5.3	5.3	5.0	5.0	5.3	5.1	5.3	5.0	4.8	/

C50 混凝土

2019 年	4 月	5 月	6 月	7 月	8 月	9 月	10 月	11 月	12 月	1 月	2 月	国家标准
7d 抗压强度	40.9	41.3	42.1	41.8	41.6	42.2	42.5	41.7	41.5	41.3	41.7	/
28d 抗压强度	58.3	58.2	57.9	58.6	59.1	58.3	58.6	57.9	58.4	58.9	57.9	≥ 57.5
28d 强度标准差	5.3	5.5	4.8	5.3	5.1	5.3	5.1	5.1	5.2	5.0	5.2	/

洛阳中联水泥有限公司

地址：河南省洛阳市汝阳县柏树乡中联大道
电话：0379-68638996
传真：0379-68638996

工程案例

产品覆盖汝阳、嵩县、栾川、平顶山等区域，广泛适用于住宅楼、交通、水利及城市建设等工程。（1）高速公路：尧栾高速公路工程；（2）水利工程：天坪水库试验段项目，北汝河治理项目；（3）S244省道改造项目；（4）其他重点大型工程：汝阳县人民医院、创世住宅、河南六建装配式建筑产业园。

生产企业

洛阳中联水泥有限公司位于河南省洛阳市汝阳县，成立于2007年12月，占地500余亩，现拥有一条4500t/d新型干法熟料水泥生产线，配套建设9MW纯低温余热发电站，设计年产熟料155万吨、水泥100万吨、商品混凝土90万立方米、骨料200万吨。2019年实际完成利润总额1.4329亿元，实现净利润1.06亿元。其主导产品为“CUCC”（中联水泥）品牌P·C42.5、P·O42.5、P·O52.5水泥，其产品特点为：质量稳定性高，具有凝结时间适中，前期、后期强度高，和易性、耐磨性、可塑性、均匀性优良，色泽美观，碱含量低等特点。实物质量达到国际先进水平，可广泛用于国家重点大型工程、基础设施建设和民用建筑等领域。公司先后通过了国家产品质量认证、过程质量认证、职业健康安全和环境管理体系认证、能源体系认证等，还荣获了“2019年河南省智能工厂”“环境保护诚信企业”“建材行业与互联网融合发展试点示范企业”“产业发展先进单位”等荣誉称号。

洛阳中联水泥有限公司是中国联合水泥集团有限公司出资设立的全资子公司，秉承中国建材“善用资源，服务建设”的核心理念，按照“调结构、降能耗、优资源、促循环”的低碳化发展思路，以“创新、绩效、和谐、责任”的核心价值观，致力于为客户提供绿色环保的建材产品。先进的生产设备、专业化的技术队伍、以人为本的企业经营理念，代表了当今中国水泥行业的较高水平和发展方向。洛阳中联水泥有限公司是世界500强、全球建材行业龙头中国建材集团的核心企业，集水泥、商品混凝土、砂石骨料、水泥制品等制造及研发、节能环保与综合利用为一体国家重点扶持的大型水泥企业。

公司崇尚“善用资源，服务建设”的理念，注重合理利用自然资源，以服务社会、奉献社会为己任，以环保型产品回报社会。并以“团结拼搏、务实创新、超越自我、争创品牌”的企业精神与中国联合水泥集团“诚信务实、团结向上”的企业文化相互融合，激励和推动企业朝着既定战略目标挺进。公司愿同更多有志之士一起，致力营造人类生活与自然环境的和谐统一，愿与更多的客商在更多领域合作，多赢共赢，推动水泥行业的快速发展，共同开创我们更加美好的未来。

洛阳中联水泥有限公司
地址：河南省洛阳市汝阳县柏树乡中联大道
电话：0379-68638996
传真：0379-68638996

证书编号：LB2020JN001

桐立改性环氧结构胶

产品简介

改性环氧结构胶主要由改性环氧树脂和氨类固化剂制作而成，分为 A、B 组分，使用配比为 A∶B=1∶1 或 A∶B=2∶1，搅拌均匀后使用，本产品的黏性比较高，韧性好，拉伸强度大于 2%，耐水性能优越，耐候性好，不黄变，黏着力优异，能黏结干净光滑釉面陶瓷。

适用范围

广泛应用于建筑材料和装饰材料、运动材料等领域，适用于石材、金属、木材、玻璃、陶瓷灯结构黏结。

技术指标

基于 JY 增强型生态泡沫剂的现浇泡沫轻质材料技术集成指标：

①发泡剂满足：发泡倍率≥ 1200；泡沫轻质土料浆沉降率（固化）≤ %5。

②产品满足如下要求：产品的容重：2 ～ 15kN/m^3；产品的强度：0.3 ～ 5.0MPa。

③制备系统满足：单套泵的产能：≥ 100m^3/h；混合料的密度误差：＜ 5%。

工程案例

西安机场、贵阳机场、广州周大福中心、广州西塔、广州宏城广场、上海世贸中心、广州地铁 8 号线、中企绿色总部佛山段、碧桂园等。

佛山市桐立建材科技有限公司

地址：佛山市三水区乐平镇中心科技工业园规划南边 B 小区 2 号地（F2）

电话：0757-87312055　传真：0757-87312033

官方网站：http:www.tonglikj.com/

生产企业

佛山市桐立建材有限公司的前身是桐立粘胶科技有限公司，成立于2009年，拥有国内先进的生产工艺、先进的设备和完善的品质管理体系、专业的技术人员，目前与国内一些高分子材料研究室有着密切联系及长期的友好合作关系。科学高效的技术创新体系使桐立粘胶科技有限公司的胶粘剂始终走在国内同行的前列。精干的销售团队，庞大的营销网络和优秀的服务队伍，所售产品覆盖全国各地，部分产品远销国外。产品品种多，广泛应用于金属、木材、泡沫、塑料、玻璃及陶瓷等复合材料的黏结，如黏结聚氨酯夹芯板、泡沫板、铝蜂窝板、聚苯乙烯泡沫板、玻璃钢板、铝板、钢板，还可用在建筑行业及汽车制造业。该产品使用方便、固化速度快、黏结强度高，抗冲击、抗震疲劳、耐低温、耐老化、耐水性能优良。

展望未来，桐立粘胶科技有限公司秉承以人为本、开拓创新、回馈社会的宗旨，竭诚为广大用户服务，共创美丽辉煌的明天。

佛山市桐立建材科技有限公司

地址：佛山市三水区乐平镇中心科技工业园规划南边B小区2号地（F2）
电话：0757-87312055 传真：0757-87312033
官方网站：http:www.tonglikj.com/

证书编号：LB2020DL001

亲禾石材砖、生态砖

产品简介

生态砖以树脂及风积砂作为主要面层材料，CC40 强度配方为生态底料，经严格的工序生产，进口设备振捣加压成型。产品具有一般水泥产品不具有的功能及外观优点，同时具有优良的性能。通过降低界面水的表面张力实现超快速透水；以微米级的孔隙来降低堵塞概率，延长透水时效；树脂胶粘剂的使用实现了远超行业标准透水砖的强度及耐磨性能；优良的保水性能降低热岛效应及地面扬尘；产品表面圆润油亮，色彩艳丽，高端大气，是透水砖中的一类产品。

石材砖以天然优质彩砂为面层材料，CC30 强度配方为底料，精准计量，经进口干法设备振捣加压成型。产品既具有类似石材的外观，又具有优良的透水性能。

适用范围

生态砖适用于房建小区、公园、广场、别墅园林、道路等对透水性及强度高要求的地面铺砖，尤其适用于新型海绵城市的地面铺装建设。

石材砖适用于房建小区、公园、广场、别墅园林、道路等对透水性及强度高要求的地面铺砖。

技术指标

生态砖技术指标如下：

性能	28d 抗压强度 /MPa	28d 抗折强度 /MPa	透水速率 mL/（min*cm^2）	抗冻性 / 强度损失率，%	耐磨性 / 磨坑长度，mm
技术标准	≥ 40.0	≥ 4.0	≥ 1.5	≤ 20	≤ 35
生态砖	45.6	4.7	1.9	17.5	26

石材砖技术指标如下：

性能	28d 抗压强度 /MPa	28d 抗折强度 /MPa	透水系数 cm /s	抗冻性 / 强度损失率，%	耐磨性 / 磨坑长度，mm	防滑性 /BPN
技术标准	≥ 35.0	≥ 3.50	≥ 1.0×10^{-2}	≤ 20	≤ 30	≥ 70
石材砖	35.4	3.52	1.1×10^{-2}	18	27	70

重庆亲禾生态环境科技有限公司

地址：重庆市渝北区云松路 3 号
电话：67190389
官方网站：www.cqqhjk.com

工程案例

悦来生态城宝山路及滨江大道、秀山海绵城市（试点区域）高级中学改造工程、万州区天子湖公园、融创国博城、金竹教育实业园、东原湖山樾等。

生产企业

重庆亲禾生态环境科技有限公司成立于2015年6月，是重庆亲禾投资集团的全资子公司，它的前身是成立于2010年的重庆亲禾预制品有限公司。从2010年开始，我公司就致力于精密混凝土构件的研发及生产，现拥有南川及重庆两个生产基地，分别位于南川南平镇及重庆主城汽博中心云松路。

我公司经过多年的发展，已形成集新型建材、海绵城市配套材料、建筑产业现代化PC部品和市政构件的研发、生产、销售、施工、服务一体化的高新产品服务能力，已成为目前主城九区范围内规模大，产品种类丰富的透水砖及精密混凝土构件提供商。

重庆亲禾生态环境科技有限公司
地址：重庆市渝北区云松路3号
电话：67190389
官方网站：www.cqqhjk.com

证书编号：LB2020DL002

艺韵透水砖、仿花岗岩石材生态砖、仿石 PC 砖

产品简介

仿花岗石材生态砖：以树脂及金刚砂作为主要面层材料，CC40 强度配方为生态底料，经严格的工序生产，400 ～ 600t 液压设备静压加振动压制成型。产品具有一般水泥产品不具有的功能及外观优点，同时具有优良的性能。通过降低界面水的表面张力实现超快速透水，以微米级的孔隙来降低堵塞概率，延长透水时效。树脂胶粘剂的使用实现了远超行业标准透水砖的强度及耐磨性能，优良的保水性能降低热密效应及地面扬尘，产品表面圆润油亮，高端大气，达到仿花岗石材的效果。

仿石 PC 砖：以天然优质彩砂为面层材料，CC30 强度配方为底料，经干法设备振动加压成型。产品有石材的外观，又有优良的透水性能。

透水砖：以天然青石筛选后的石子颗粒为面料，CC40 强度配方为底料，经振动机压制成型，具有成本低、强度高、透水性好、价廉物美的特点。

适用范围

仿花岗石材生态砖：适用于房建小区、公园、广场、别墅园林、道路等对透水性及强度高要求的地面铺砖，尤其适用于新型海绵城市的地面铺装建设。

仿石 PC 砖：适用于房建小区、公园、广场、别墅园林、道路等对透水性及强度要求高的地面铺砖。

透水砖：适用于道路人行道，普通生活小区等对透水性能及强度要求高的地面铺砖。

技术指标

生态砖技术指标如下：

指标	28d 抗压强度 /MPa	28d 抗折强度 /MPa	透水系数 / (cm/s)	防滑性 (BPN)	耐磨性 磨坑长度 / mm
标准值	≥ 40.0	≥ 4.0	≥ $2.0*10^{-2}$	≥ 60	≤ 35
实测值	44.8	4.5	$2.1*10^{-2}$	72	30.3

仿石 PC 砖技术指标如下：

指标	28d 抗压强度 /MPa	28d 抗折强度 /MPa	透水系数 / (cm/s)	防滑性 (BPN)	耐磨性 磨坑长度 / mm
标准值	≥ 30.0	≥ 3.5	≥ $1.0*10^{-2}$	≥ 70	≤ 30
实测值	31.4	3.55	$1.08*10^{-2}$	71	27

透水砖技术指标如下：

指标	28d 抗压强度 /MPa	28d 抗折强度 /MPa	透水系数 / (cm/s)	防滑性 (BPN)
标准值	≥ 40.0	≥ 4.0	≥ $2.0*10^{-2}$	≥ 60
实测值	42.1	4.2	$2.1*10^{-2}$	72

工程案例

江北区观音桥步行街周边市政道路人行道路面铺装改造（2010—2011 年）、渝北区玉峰山森林公园、两江新区水土高新技术产业园 Z4 路、两江新区水土书院片区配套路网工程、渝北区空港保税配套区（北区）一、二、三标段路面工程、渝北区空港保税配套区（跳蹬河）一、二、三标段路面工程等。

重庆艺韵新型建材有限公司

地址：重庆渝北区玉峰山镇玉峰村

电话：13883504058

生产企业

重庆艺韵新型建材有限公司成立于 2017 年 4 月，是重庆市北部新区环韵建材厂转型而来的。重庆市北部新区环韵建材厂成立于 2007 年 1 月，经历了四代路面砖的升级提高。2007 年开始，我厂一直生产及销售混凝土构件、路面砖、水泥管道等市政工程产品，为重庆的市政建设贡献力量，得到了各级客户的一致好评。现生产基地从渝北区大竹林搬迁至渝北区玉峰山镇玉峰山村，占地面积 1.4 万平方米，拥有两台自动化的生产设备，技术员和技术工人数名，年生产量约 30 万平方米。公司重视产品质量，定期培训技术人员，研发先进技术，提高产品质量，坚持“工厂出产的不仅仅是产品，更重要的是信誉和质量”的经营理念，不断吸收新技术、引进新设备，使公司的经济效益蒸蒸日上。

重庆艺韵新型建材有限公司

地址：重庆渝北区玉峰山镇玉峰村
电话：13883504058

证书编号：LB2020YZ001、LB2020YZ002、LB2020YZ003、LB2020YZ004、LB2020YZ005、LB2020YZ006、LB2020YZ007、LB2020YZ008、LB2020YZ009、LB2020YZ010、LB2020YZ011、LB2020YZ012、LB2020YZ013、LB2020YZ014、LB2020YZ015、LB2020YZ016、LB2020YZ017、LB2020YZ018、LB2020YZ019、LB2020YZ020、LB2020YZ021、LB2020YZ022、LB2020YZ023、LB2020YZ024

先张法预应力混凝土管桩、方桩

产品简介

预应力高强混凝土耐腐蚀管桩是运用比较先进的生产工艺，取消了高压养护这道工序，降低投资成本；减少了特种设备的使用，大量节约能源。混凝土的养护需要大量的蒸汽，需蒸压养护所耗的蒸汽占总耗汽量的三分之二。因此，省去此工序可减少煤的消耗。缩短了混凝土桩的生产周期，蒸压养护工序的时间需要 7 小时 30 分，省去此工序后混凝土桩的周期缩短了。当前预应力高强混凝土管桩生产中的问题主要为能源消耗、环保、安全问题，在混凝土桩离心成型后，需进行倒余浆，虽然现已有对余浆进行再次利用的做法，但需投入相关的回收利用设备，增加了生产成本，且待余浆凝固后，只能当废料处理，给环境造成了一定的污染。杜绝余浆废物的排放，大大减少了废水的排放。由于采用新工艺进行生产，管桩离心后余浆基本接近无，没有余浆排放。压蒸养护工艺省去后，不再产生 pH=13 的大量冷凝水。

预应力高强混凝土耐腐蚀管桩，不仅仅取代了传统管桩的各种优势，更进一步的弥补了管桩多年以来使用时的种种不足。混凝土主要由胶凝材料、砂、碎石、外加剂、矿物掺合料和水等组成，其中水灰比为 0.2 ～ 0.4，胶凝材料为水泥或水泥和掺合料的混合物。胶凝材料的比表面积为 300 ～ 450kg/m^3；砂的细度模数为 2.0 ～ 3.5，砂率为 27% ～ 44%；碎石的粒径为 5 ～ 25mm；外加剂为萘系高效减水剂或聚羧酸盐高性能减水剂。

适用范围

适用于非抗震设计及抗震设防烈度小于等于 8 度地区的工业与民用建筑、构筑物等工程的低承台基础。

预应力高强混凝土管桩（C80 管桩）是一种重要的桩基材料，高层建筑、大跨度桥梁、高速公路和港口码头等工程均需要优质的桩基础。应用桩基础可以缩短建设周期，同时节约大量的能源材料，因而在建筑业得到了广泛的应用。

产品规格

外径 D（mm）	型号	壁厚 t（mm）	预应力钢筋分布圆直径 D_p（mm）	长度 L（m）	预应力钢筋配筋
500	A	100	406	7 ～ 15	11Φ9.0
	AB				11Φ10.7
	B				11Φ12.6
	C				13Φ12.6
		125			12Φ9.0
					12Φ10.7
					12Φ12.6
					15Φ12.6

技术指标

产品执行 GB/T 50081—2002《普通混凝土力学性能试验方法标准》、GB/T 50082—2009《普通混凝土长期性能和耐久性能试验方法标准》、GB 50164—2011《混凝土质量控制标准》、GB13476—2009《先张法预应力混凝土管桩》标准，部分性能如下：

耐久性项目（标准、实测值）		GB/T 50476—2008 标准值	使用范围	使用年限	上海汤始建华管桩有限公司
抗冻性能	循环次数	F400	严寒地区及除冰盐等其他氯化物环境	100 年	400
	动弹性模量	≥ 80			86.0 %
	质量损失	≤ 5.0			0.2 %
抗硫酸盐性能		KS120	严重硫酸盐腐蚀环境		150
抗渗性能		国家标准最高 P12			P15
混凝土电通量（C）		≤ 1000	严重氯盐腐蚀环境	100 年	454
氯离子扩散系数（RCM）（$10^{-12}m^2/s$）		≤ 4.0	严重氯盐腐蚀环境	100 年	0.8

工程案例

上海宝能通信产业园深圳宝能上海金融产业服务基地酒店项目、旭辉金山 B-17 地块项目等。

生产企业

建华建材集团，混凝土制品与技术综合服务商，国家住宅产业化基地，创建于 1992 年，其前身是建华管桩集团。

经过二十余年发展，不断地进行技术改造、革新，提高产品质量，扩大市场份额，逐步形成规模化经营，目前，建华建材产销量在中国市场占有率达 30% 以上。截止到 2020 年 10 月，建华建材集团在国内 18 个省（广东、福建、江苏、安徽、湖北、河南、湖南、山西、山东、辽宁、吉林、河北、四川、黑龙江、江西、浙江、陕西、海南）2 个直辖市（上海、天津）和 1 个自治区（广西）成立并投产了近 70 处生产基地。在全国设有近 300 个销售服务网点，覆盖全国大部分区域。并于 2012 年在越南成立海外生产基地，阔步走向世界。为更大程度地满足海外市场需求，2018 年 1 月集团在越南成立第二家海外生产基地，目前，建华建材通过沿海沿江生产基地自建码头，产品销售可覆盖东南亚及周边各国。

经过多年不断发展，建华建材集团从单一生产销售预应力混凝土管桩转变为向客户提供专业的混凝土预制构件产品和技术解决方案。集团提供从地下基础工程到上部结构工程的全流程产品，如管桩、方桩、钢管混凝土桩、异型桩等桩基础产品，箱涵、管廊、顶管等管道产品，产品广泛应用于民用建筑、工业厂房、铁路、机场、公路、水利、市政、电力通信、装饰装修等各类工程领域，并提供勘察设计、产品供应、施工管理、方案优化、工程应用咨询等系列标准化服务和定制服务。

公司一直致力于促进行业创新发展，推动科技成果转化，与多家外部科研机构合作建立院士工作站、研究中心等多个高新技术创新平台，并于 2013 年在中国混凝土与水泥制品协会、中国土木工程学会土力学及岩土工程分会等机构指导下设立了“建华工程奖”，由 34 位院士和 14 位行业专家组成奖励委员会，旨在贯彻国家科技创新战略，推动中国的混凝土预制构件技术研究与应用创新。

建华建材砥砺奋进，在中国混凝土与水泥制品协会发布的 2019 年全国预制混凝土桩企业产量排名中，建华建材以 1.6028 亿米的年产量位居榜单前列，占全国前十名企业产量总和的 62.66%。在“2020 中国建材企业 500 强”中排名第 8 名，“2020 中国民营建材企业 100 强”中排名第 3 名，“2020 中国民营企业 500 强”中排 302 位。

建华管桩控股有限公司部分子公司及获证情况

证书编号	公司名称	获证产品
LB2020 YZ001	建华建材（河北）有限公司	先张法预应力混凝土管桩、混凝土方桩
LB2020 YZ002	建华建材（吉林）有限公司	先张法预应力混凝土管桩、混凝土方桩、阶梯式生态框挡土墙版
LB2020 YZ003	广东建华管桩有限公司	先张法预应力混凝土管桩、混凝土方桩
LB2020 YZ004	建华建材（湖北）有限公司	先张法预应力混凝土管桩、混凝土方桩
LB2020 YZ005	建华建材（中国）有限公司	先张法预应力混凝土管桩、混凝土方桩、先张法预应力混凝土仿木纹管桩、混合配筋预应力混凝土护壁桩、预应力混凝土支护桩、机械连接预应力混凝土竹节桩、劲性体
LB2020 YZ006	建华建材（莱阳）有限公司	先张法预应力混凝土管桩、混凝土方桩
LB2020 YZ007	汤始建华建材（南通）有限公司	先张法预应力混凝土管桩、混凝土方桩
LB2020 YZ008	汤始建华建材（天津）有限公司	先张法预应力混凝土管桩、混凝土方桩
LB2020 YZ009	建华建材（肇庆）有限公司	先张法预应力混凝土管桩、混凝土方桩
LB2020 YZ010	建华建材（沧州）有限公司	先张法预应力混凝土管桩、先张法预应力混凝土方桩
LB2020 YZ011	建华建材（山西）有限公司	先张法预应力混凝土管桩、钢筋混凝土方桩、环形混凝土电杆、混凝土和钢筋混凝土排水管、生态框、箱变基础、装配式预制构件
LB2020 YZ012	建华建材（四川）有限公司	先张法预应力混凝土管桩、先张法预应力混凝土方桩、叠合板
LB2020 YZ013	建华海天建材（运城）有限公司	先张法预应力混凝土管桩、先张法预应力混凝土方桩
LB2020 YZ014	建华建材（陕西）有限公司	先张法预应力混凝土管桩、先张法预应力混凝土方桩
LB2020 YZ015	建华建材（黑龙江）有限公司	先张法预应力混凝土管桩、先张法预应力混凝土方桩
LB2020 YZ016	福建建华建材有限公司	先张法预应力混凝土管桩、先张法预应力混凝土方桩
LB2020 YZ017	建华建材（安徽）有限公司	先张法预应力混凝土管桩、先张法预应力混凝土方桩
LB2020 YZ018	建华建材（江西）有限公司	先张法预应力混凝土管桩、先张法预应力混凝土方桩、阶梯型生态框
LB2020 YZ019	建华建材（鄂州）有限公司	先张法预应力混凝土管桩、先张法预应力混凝土方桩、先张法预应力混凝土波浪桩
LB2020 YZ020	滨州建华建材有限公司	先张法预应力混凝土管桩、先张法预应力混凝土方桩
LB2020 YZ021	汤始建华建材（上海）有限公司	先张法预应力混凝土管桩、先张法预应力混凝土方桩、先张法预应力混凝土离心仿木桩
LB2020 YZ022	建华建材（嘉兴）有限公司	先张法预应力混凝土管桩、先张法预应力混凝土方桩、先张法预应力混凝土离心仿木桩
LB2020 YZ023	上海汤谦建材有限公司	蒸压加气混凝土砌块
LB2020 YZ024	建华建材（蚌埠）有限公司	先张法预应力混凝土方桩

建华管桩控股有限公司
电话：400-1888-801
官方网站：www.jianhua-phc.com
www.shjh88wgr.com.cn

证书编号：LB2020FS001

金拇指弹性体改性沥青防水卷材、预铺防水卷材、自粘聚合物改性沥青防水卷材

产品简介

SBS 弹性体改性沥青防水卷材是以 SBS（苯乙烯 - 丁二烯 - 苯乙烯）热塑性弹性体改性沥青为浸涂材料，以优质聚酯毡、玻纤毡、复合胎布为胎基，以细砂、矿物（片）、PE 膜、铝膜等为覆面材料，采用专用机械搅拌、研磨而成的弹性体改性沥青防水卷材。

自粘聚合物改性沥青防水卷材是以沥青与 SBS、TP、浸水剂等助剂反应共混合成高聚物改性沥青基料，配以活性助剂制成的特殊防水胶料，面层膜以聚乙烯膜（铝箔）为表面材料，底面采用硅油防粘隔离纸的卷材或两面为硅油离纸的双面可粘结的防水卷材为防水层。以聚合物水泥砂浆为粘结层，构成自粘卷材复合防水系统。

快速反应粘高分子自粘防水卷材是以高分子均质片材为主体材料，表面涂盖自粘胶料，适用于后浇筑混凝土或水泥砂浆拌合物粘接的防水卷材。卷材自粘层具有自愈功能，与液态混凝土浆料反应固结后，形成防水层与混凝土结构的无间隙结合，杜绝层间窜水隐患，能有效提高防水系统的可靠性。

适用范围

SBS 弹性体改性沥青防水卷材适用于：重点防水工程及工业与民用建筑工程的屋面、墙体、地下室、卫生间等的防水防潮；桥梁、道路、隧道、停车场、游泳池、蓄水池等建筑物的防水；特别适用于结构变形频繁和寒冷地区的建筑物；管道、防腐层的保护及包管、防潮。

自粘聚合物改性沥青防水卷材适用于工业、民用建筑的屋面、地下室、室内防水、市政工程、蓄水池、泳池及隧道防水，木质、金属结构屋面；特别适用于不宜明火施工的油库、化工厂、纺织厂、粮库等防水工程。

快速反应粘高分子自粘防水卷材适用于重点防水工程及工业与民用建筑工程的屋面、墙体、地下室、卫生间等的防水防潮；桥梁、道路、隧道、停车场、游泳池、蓄水池等建筑物的防水；特别适用于结构变形频繁和寒冷地区的建筑物；管道、防腐层的保护及包管、防潮。

技术指标

SBS 弹性体改性沥青防水卷材主要技术指标如下：

序号	检验项目	标准要求		实测结果		单项结论
		I	II	I	II	
1	不透水性	0.3MPa 30min	0.3MPa 30min	均不透水	均不透水	合格
2	耐热度 / ℃	90℃滑动≤ 2mm	105℃滑动≤ 2mm	0mm、无	0mm、无	合格
3	拉力 / （N/50mm）	≥ 500	≥ 800	746	1085	合格
4	延伸率 / %	≥ 30	≥ 40	68	72	合格
5	低温柔度 / ℃	-20℃ 2h 无裂纹	-25℃ 2h 无裂纹	无裂纹	无裂纹	合格

河南金拇指防水科技股份有限公司
地址：河南省许昌市长葛市官亭乡辛集村（107 国道西侧）
电话：0374-6846998
传真：0371-6848998
官方网站：http://www.jinmuzhi.com.cn/

自粘聚合物改性沥青防水卷材主要技术指标如下：

序号	检验项目	标准要求				实测结果				单项结论
		I		II		I		II		
1	不透水性	0.3MPa 120min		0.3MPa 120min		均不透水		均不透水		合格
2	耐热度℃	70℃滑动≤ 2mm		70℃滑动≤ 2mm		0mm、无		0mm、无		合格
3	拉力 ≥ N/50mm	3mm	450	3mm	600	3mm	574	3mm	1150	合格
		4mm	450	4mm	800	4mm	597	4mm	1074	
4	延伸率 % ≥	30		40		75		68		合格
5	低温柔度℃	-20℃ 2h 无裂纹		-30℃ 2h 无裂纹		无裂纹		无裂纹		合格

快速反应粘高分子自粘防水卷材主要技术指标如下：

序号	检验项目	标准要求		实测结果		单项结论
		I	II	I	II	
1	不透水性	0.3MPa 120min	0.3MPa 120min	均不透水	均不透水	合格
2	耐热度℃	70℃滑动≤ 2mm	70℃滑动≤ 2mm	0mm、无	0mm、无滑动	合格
3	拉力 N/50mm	≥ 150	≥ 200	224	325	合格
4	延伸率 %	≥ 30	≥ 150	57	198	合格
5	低温柔度℃	-20℃ 2h 无裂纹	-25℃ 2h 无裂纹	无裂纹	无裂纹	合格

工程案例

近一年申报产品典型工程案例			
工程名称	竣工时间	应用部位	应用量
河南大学国际学院	2016	地下	80000m^2
河南人民防空 1010 工程	2016	地下	36000m^2
龙鼎企业中心	2016	地下 / 屋面	112000m^2

生产企业

河南金拇指防水科技服务有限公司成立于 2000 年 3 月（始创于 1983 年），位于河南省长葛市官亭乡开发区，注册资金 5000 万元，总资产 2 亿元，占地面积 10 万平方米，公司拥有 12 条国内先进的全自动生产线。公司专注防水领域 33 年，是国内资深的防水材料研发、生产、销售、施工及技术服务于一体的防水系统综合服务商。

公司主要生产弹性体（SBS）改性沥青防水卷材、自粘聚合物改性沥青防水卷材、反应型强力交叉膜高分子自粘防水卷材、高分子 PVC/TPO/HDPE 防水卷材、彩色沥青瓦、排水板、非固化橡胶沥青防水涂料、喷涂速凝橡胶沥青防水涂料、聚合物水泥防水涂料、聚氨酯防水涂料、水泥基渗透结晶型防水涂料、水易系列防水涂料（家用）、瓷砖胶等，共 3 大类、21 个系列、105 种产品。

公司先后荣获“河南省科学技术成果奖”“中国环境标志产品”“中国建筑防水 AAA 级企业信用等级证书”“中国绿色环保建材产品”等荣誉。

“天下防水，我的责任”是金拇指的企业使命，也是金拇指人的精神追求。作为防水行业知名企业，我们有责任也有义务推动中国防水产业的技术提升，为人们创造美好的生活环境。

河南金拇指防水科技股份有限公司
地址：河南省许昌市长葛市官亭乡辛集村（107 国道西侧）
电话：0374-6846998
传真：0371-6848998
官方网站：http://www.jinmuzhi.com.cn/

证书编号：LB2020FS002

金拇指聚合物水泥防水涂料、水泥基渗透结晶型防水涂料

产品简介

聚合物水泥防水涂料是绿色环保型防水涂料，属国家推荐住宅建筑防水涂料。该材料是由有机液料和无机粉料复合而成的双组分防水涂料，具有有机材料弹性高、无机材料耐久性好的双重特点。涂覆层可形成高强坚韧的防水涂膜，并可根据需要调制色彩涂层。

水泥基渗透结晶型防水涂料是以普通硅酸盐水泥为基料掺入活性化学成分配置而成的灰色粉状材料。水泥基渗透结晶型系列防水涂料的防水机理主要是采用多孔性，在水的作用下，防水涂料中含有活性化学物质，以水为载体，随着水对结构毛孔的渗透，活性化学物质随着水渗透到内部，并反应生成钙矾石等不溶性晶体，其活性化学物质与未水化的水泥颗粒发生化学反应，并促进水泥水化，形成水泥水化晶体，生成大量晶体填充，封堵孔隙，使水无法进入混凝土，从而达到防水目的。

适用范围

聚合物水泥防水涂料可在潮湿或干燥的砖石、砂浆、混凝土、金属、木材、硬塑料、玻璃、石膏板、泡沫板、沥青、橡胶、SBS 卷材、APP 卷材、聚氨酯等基础上施工，工业及民用新旧建筑（例：房屋、墙面、地下、隧道、桥梁、水池、水库、卫生间、厨房）均可使用。

水泥基渗透结晶型防水涂料可广泛用于隧道、大坝、水库、发电站、核电站、冷却塔、地下铁道、立交桥、桥梁、地下连续墙、机场跑道、桩头桩基、废水处理池、蓄水池、工业与民用建筑地下室、屋面、厕浴间的防水施工，以及混凝土建筑设施等所有混凝土结构弊病的维修堵漏。

技术指标

聚合物水泥防水涂料主要技术指标如下：

序号	检验项目	标准要求		实测结果		单项结论
		I	II	I	II	
1	固含量 / %	70	70	75	78	合格
2	拉伸强度 / MPa	1.2	1.8	1.7	2.4	合格
3	低温柔性 ϕ 10mm	-10℃无裂纹	—	-10℃无裂纹	—	合格

河南金拇指防水科技股份有限公司
地址：河南省许昌市长葛市官亭乡辛集村（107 国道西侧）
电话：0374-6846998
传真：0371-6848998
官方网站：http://www.jinmuzhi.com.cn/

水泥基渗透结晶型防水涂料主要技术指标如下：

序号	检验项目		标准要求	实测结果	单项结论
1	含水率，%	≤	1.5	0.8	合格
2	细度，0.63mm 筛余 / %		5	2.2	合格
3	湿基面粘结强度 / MPa，28d	≥	1.0	1.6	合格

工程案例

近一年申报产品典型工程案例			
工程名称	竣工时间	应用部位	应用量
河南大学国际学院	2016	地下	80000m^2
河南人民防空 1010 工程	2016	地下	36000m^2
龙鼎企业中心	2016	地下 / 屋面	112000m^2

生产企业

河南金拇指防水科技服务有限公司成立于 2000 年 3 月（始创于 1983 年），位于河南省长葛市官亭乡开发区，注册资金 5000 万元，总资产 2 亿元，占地面积 10 万平方米，公司拥有 12 条国内先进的全自动生产线。公司专注防水领域 33 年，是国内资深的防水材料研发、生产、销售、施工及技术服务于一体的防水系统综合服务商。

公司主要生产弹性体（SBS）改性沥青防水卷材、自粘聚合物改性沥青防水卷材、反应型强力交叉膜高分子自粘防水卷材、高分子 PVC/TPO/HDPE 防水卷材、彩色沥青瓦、排水板、非固化橡胶沥青防水涂料、喷涂速凝橡胶沥青防水涂料、聚合物水泥防水涂料、聚氨酯防水涂料、水泥基渗透结晶型防水涂料、水易系列防水涂料（家用）、瓷砖胶等，共 3 大类、21 个系列、105 种产品。

公司先后荣获“河南省科学技术成果奖”“中国环境标志产品”“中国建筑防水 AAA 级企业信用等级证书”“中国绿色环保建材产品”等荣誉。

“天下防水，我的责任”是金拇指的企业使命，也是金拇指人的精神追求。作为防水行业知名企业，我们有责任也有义务推动中国防水产业的技术提升，为人们创造美好的生活环境。

河南金拇指防水科技股份有限公司
地址：河南省许昌市长葛市官亭乡辛集村（107 国道西侧）
电话：0374-6846998
传真：0371-6848998
官方网站：http://www.jinmuzhi.com.cn/

证书编号：LB2020FS003

蓝盾 CPC 非沥青基耐久反应型系列防水卷材、MTL 密特朗高分子系列防水卷材、DAL 改性沥青系列防水卷材

产品简介

CPC 非沥青基耐久反应型预铺式高分子自粘胶膜防水卷材，是专为地下与隧道工程研制开发的一种防水卷材，它能与后浇混凝土结构预铺形成牢固反粘结。该卷材是以树脂类高分子（EVA 、LDPE 、HDPE、ECB 等）片材为主体防水材料，在高分子防水基材表面覆非沥青基自粘胶料，然后均匀撒布细砂，经过选材、配料、共熔、浸渍、复合成型、卷曲等工序加工而制成，卷材自粘层与液态混凝土浆料反应固结后，形成防水层与混凝土结构的无间隙结合，杜绝层间窜水隐患，能有效提高防水系统的可靠性。

自粘聚合物改性沥青防水卷材是以聚合物改性沥青、添加增粘材料等为基料，采用无胎基或聚酯胎基增强，以 PE 膜、PET 膜为表面材料或无膜双面自粘，并覆以隔离膜（或隔离纸）加工而成的自粘防水卷材。

弹性体改性沥青防水卷材（SBS）是以等热塑性橡胶改性沥青基为浸涂材料，以聚酯毡、玻纤毡为胎基，以细沙、矿物粒（片）料、PE 膜为表面隔离材料。经过精细加工而成的高弹性热熔防水卷材。其低温柔性达 −25° C 以下，耐热度在 100° C 以上，其延伸率好，耐水性能佳，使用寿命长。

适用范围

CPC 非沥青基耐久反应型系列防水卷材适用于工业与民用建筑地下室、屋面的防水工程以及地铁、公路、铁路、桥梁和隧道的防水。

自粘聚合物改性沥青防水卷材适用于非外露屋面和地下工程的防水；明挖法地铁、隧道、水池、水渠等市政地下工程的防水，特别适用于严禁动用明火的防水工程。

弹性体改性沥青防水卷材一般用于工业与民用建筑的防水，各种地下工程迎水面的防水以及桥梁、道路、停车场、地铁、隧道等市政工程的防水。

技术指标

CPC 非沥青基耐久反应型预铺式高分子自粘胶膜防水卷材技术指标如下：

序号	项目			标准要求	
				P	
				I	II
1	拉伸性能	拉力 N/50mm	纵向≥	200	
			横向≥	200	
		最大拉力时延伸率 / %	纵向≥	150	
			横向≥	150	
2	撕裂强度 /N		纵向≥	25	
			横向≥	25	
3	杠杆撕裂强度 /N		纵向≥	110	
			横向≥	110	
4	耐热性			70℃，2h 无滑动，流淌、滴落	
5	低温柔性 /℃			- 15	- 20
				无裂纹	
6	不透水性			0.3MPa，120min 不透水	
7	卷材与卷材剥离强度 /（N/mm）≥			1.0	
8	渗油性 / 张数 ≤			2	
9	持粘性 /min ≥			15	
10	与水泥砂浆浸水后剥离强度 /（N/mm）≥			1.5	
11	热稳定性	外观		无起鼓、滑动、流淌	
		尺寸变化 / %	纵向≤	2.0	
			横向≤	2.0	

深圳蓝盾控股有限公司
地址：深圳市南山区侨香路 4068 号智慧广场 A 栋 1 单元 15 楼
电话：0755-82932808
传真：0755-82932208
官方网站：www.landunstar.com

自粘聚合物改性沥青防水卷材技术指标如下：

序号	项目	指标				
		PE		PET		D
		Ⅰ	Ⅱ	Ⅰ	Ⅱ	
1	拉力 /（N/50mm）/% ≥	150	200	150	200	—
2	最大拉力时延伸率 /% ≥	200		30		—
3	沥青断裂延伸率 /% ≥	250		250		450
4	钉杆撕裂强度 /N ≥	60	110	30	40	—
5	耐热性	70℃ 滑动不超过 2mm				
6	低温柔性 /℃	-20	-30	-20	-30	-20
		无裂纹				
7	卷材与铝板的剥离强度 /（N/min） ≥	1.5				

弹性体改性沥青防水卷材技术指标如下：

型号		Ⅰ		Ⅱ	
胎基		PY	G	PY	G
可溶物含量 /（g/m^2）≥	3.0mm	2100			
	4.0mm	2900			
	5.0mm	3500			
不透水性 30min		0.3MPa	0.2MPa	0.3MPa	
耐热性℃		90		105	
		无流淌、滴落			
拉力 /（N/50mm） ≥	横向 纵向	500	350	800	500
最大拉力时延伸率 /% ≥	横向 纵向	30	-	40	-
低温柔性 / ℃		-20		-25	
		无裂纹			

工程案例

坪山六和商业广场二标、凤凰新天地、博林海德城、天御豪庭、海口市西海岸南片区异地土地开发安置房项目、和成世纪花园、悦澜山花园、合正荣悦府、佳兆业御峰、厦禾裕景等。

生产企业

深圳蓝盾控股有限公司是集防水材料研发、生产、销售、施工及提供防水系统服务于一体的大型现代化防水企业，是中国建筑防水协会副会长单位，拥有防水防腐保温专项承包较高资质。

蓝盾控股旗下拥有深圳市蓝盾防水工程有限公司、湖北蓝盾之星科技有限公司、深圳蓝盾之星科技有限公司、深圳前海蓝尼防水技术有限公司、广东蓝盾之星科技有限公司等企业实体，拥有深圳坪山新区、湖北孝感高新开发区和深汕合作区三大生产研发基地；拥有“CPC 非沥青基系列防水材料”“DAL 系列防水卷材”“MTL 密特朗高分子系列防水卷材”“DEC 盾之优系列防水涂料”四大系列防水产品，产品的多元化和系列化可满足各类建筑对防水的需求。

公司于 2015 年推出“CPC 非沥青基防水系统”，该系统在设计、选材、施工、管理、维保方面形成五维一体的系统化服务，确保工程万无一“湿”。蓝盾致力成为行业信赖的防水系统服务商。

蓝盾凭借雄厚的实力，在行业内连续多年获得中国房地产开发企业 500 强、中国民营建材企业 100 强、中国建材行业科技创新企业等称号，并于 2015 年获得防水施工领域奖项金禹奖和亚洲品牌 500 强等殊荣。

深圳蓝盾控股有限公司
地址：深圳市南山区侨香路 4068 号智慧广场 A 栋 1 单元 15 楼
电话：0755-82932808
传真：0755-82932208
官方网站：www.landunstar.com

证书编号：LB2020FS004

DEC 盾之优系列防水涂料

产品简介

聚合物水泥防水涂料（亦称 JS）是以进口专用聚合物乳胶为主要原料，配以多种助剂精制而成的防水乳胶，配合一定比例的普通硅酸盐水泥复合而成的新一代环保防水涂料。涂刷在基面上可形成高强坚韧的防水涂膜。

聚氨酯防水涂料（911）是双组分固化反应型防水涂料。甲组分是以聚醚树脂和二异氰酸酯等经聚合反应制成的预聚物；乙组分由硫化剂、催化剂、树脂等多种助剂精制作而成。甲、乙组分按一定比例混合搅拌均匀，涂刮在基面上，经固化反应后形成整体而具橡胶状弹性的防水膜。

水泥基渗透结晶型防水涂料是一种引进美国原材料进行生产，由硅酸盐水泥经特殊生产工艺处理的一组活性化合物和石英砂组成的粉末状水泥基防水材料。

适用范围

聚合物水泥防水涂料适用于适用于各种屋面、地下室、厨房、卫生间、水池、游泳池及外墙防水工程和室内地面防潮层。

聚氨酯防水涂料适用于各类建筑物屋面、厨房、卫生间和地下构筑物（如地下室、隧道、地铁）等工程项目。

水泥基渗透结晶型防水涂料适用于地下室、屋面、阳台、卫生间、地铁、隧道、大坝、水库、水池、游泳池、桥梁、道路等混凝土结构。

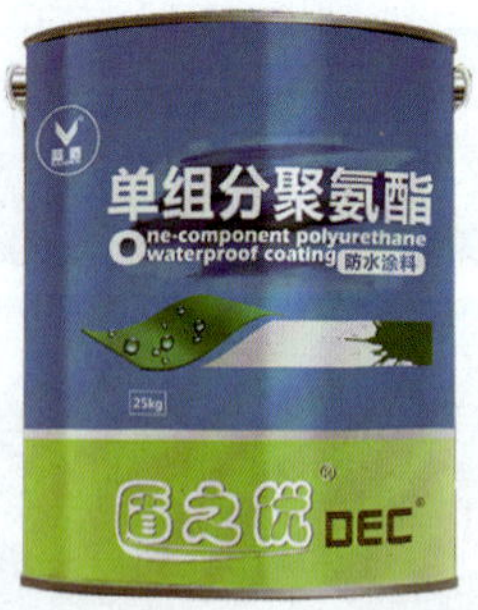

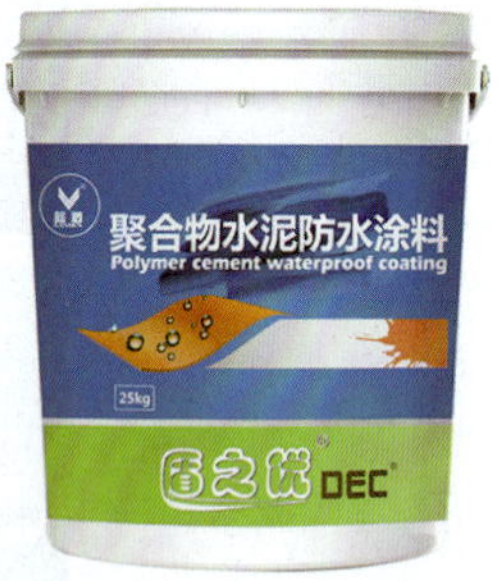

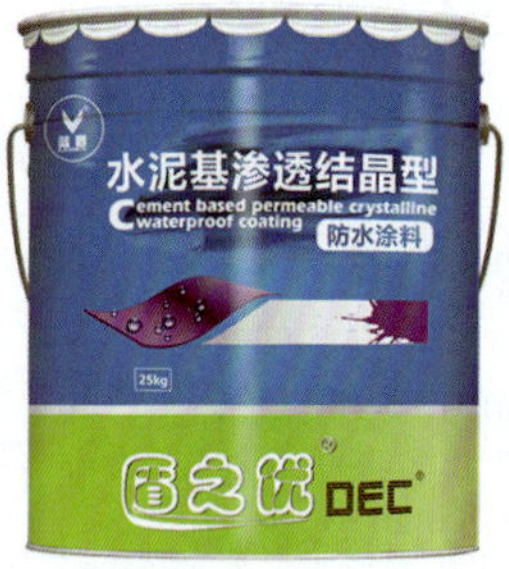

技术指标

聚合物水泥防水涂料技术指标如下：

序号	项目		Ⅰ型	Ⅱ型	Ⅲ型
1	固体含量 /%	≥	70	70	70
2	拉伸强度 /MPa	≥	1.2	1.8	1.8
3	断裂伸长率 /%	≥	200	80	30
4	粘结强度 /MPa	≥	0.5	0.7	1.0
5	不透水性（0.3 MPa，30min）		不透水	不透水	不透水

聚氨酯防水涂料技术指标如下：

序号	项目		指标	
			Ⅰ	Ⅱ
1	拉伸强度 /（MPa）	≥	2.0	6.0
2	断裂伸长率 / %	≥	500	450
3	撕裂强度 /（N/mm）	≥	15	30

深圳蓝盾控股有限公司
地址：深圳市南山区侨香路 4068 号智慧广场 A 栋 1 单元 15 楼
电话：0755-82932808
传真：0755-82932208
官方网站：www.landunstar.com

续表

序号	项目		指标	
			I	II
4	加热伸缩率 / %		- 4.0 ～ +1.0	
5	粘结强度 /MPa ≥		1.0	
6	定伸时老化	加热老化	无裂纹及变形	
		人工气候老化	无裂纹及变形	
7	热处理（80℃，160h）	拉伸强度保持率 /%	80 ～ 150	
		断裂伸长率 / % ≥	450	400
		低温弯折性	- 30℃，无裂纹	
8	碱处理【0.1%NaOH+ 饱和 Ca(OH)$_2$ 溶液，168h】	拉伸强度保持率 /%	80 ～ 150	
		断裂伸长率 / % ≥	450	400
		低温弯折性	- 30℃，无裂纹	
9	酸处理【2%H_2SO_4，溶液，168h】	拉伸强度保持率 /%	80 ～ 150	
		断裂伸长率 / % ≥	450	400
		低温弯折性	- 30℃，无裂纹	
10	人工气候老化 1000h	拉伸强度保持率 /%	80 ～ 150	
		断裂伸长率 / % ≥	450	400
		低温弯折性	- 30℃，无裂纹	
11	燃烧性能		B2 - E（点火 15S，燃烧 20S，FS ≤ 150mm，无燃烧滴落物引燃滤纸）	

水泥基渗透结晶型防水涂料技术指标如下：

序号	项目		性能指标
1	含水率 /% ≤		1.5
2	抗拆强度 /MPa，28d ≥		2.8
3	抗压强度 /MPa，28d ≥		15.0
4	湿基面粘结强度 /MPa，28d ≥		1.0
5	施工性 ≥	加水搅拌后	刮涂无障碍
		20min	刮涂无障碍
6	氯离子含量 /% ≤		0.10

工程案例

坪山六和商业广场二标、凤凰新天地、博林海德城、天御豪庭、海口市西海岸南片区异地土地开发安置房项目、和成世纪花园、悦澜山花园、合正荣悦府、佳兆业御峰、厦禾裕景等。

生产企业

深圳蓝盾控股有限公司是集防水材料研发、生产、销售、施工及提供防水系统服务于一体的大型现代化防水企业，是中国建筑防水品牌企业，是中国建筑防水协会副会长单位，拥有防水防腐保温专项承包较高资质。

蓝盾控股旗下拥有深圳市蓝盾防水工程有限公司、湖北蓝盾之星科技有限公司、深圳蓝盾之星科技有限公司、深圳前海蓝尼防水技术有限公司、广东蓝盾之星科技有限公司等企业实体，拥有深圳坪山新区、湖北孝感高新开发区和深汕合作区三大生产研发基地；拥有“CPC 非沥青基系列防水材料”“DAL 系列防水卷材”“MTL 密特朗高分子系列防水卷材”“DEC 盾之优系列防水涂料”四大系列防水产品，产品的多元化和系列化可满足各类建筑对防水的需求。

公司于 2015 年推出“CPC 非沥青基防水系统”，该系统在设计、选材、施工、管理、维保方面形成五维一体的系统化服务，确保工程万无一失“湿”。蓝盾致力成为行业信赖的防水系统服务商。

蓝盾凭借雄厚的实力，在行业内连续多年获得中国房地产开发企业 500 强、中国民营建材企业 100 强、中国建材行业科技创新企业等称号，并于 2015 年获得防水施工领域奖项金禹奖和亚洲品牌 500 强等殊荣。

深圳蓝盾控股有限公司
地址：深圳市南山区侨香路 4068 号智慧广场 A 栋 1 单元 15 楼
电话：0755-82932808
传真：0755-82932208
官方网站：www.landunstar.com

证书编号：LB2020FS005

宇虹自粘聚合物改性沥青防水卷材、聚乙烯丙纶高分子防水卷材、弹性体改性沥青防水卷材

产品简介

自粘聚合物改性沥青防水卷材:冷施工、自粘结、安全环保、施工方便;低温柔性好、延伸率大、适应基层变形能力强;独特的自愈性及本体自粘接缝能保持良好的防水性能；具有优异的耐酸、耐碱、耐化学腐蚀性；与基层粘结性好，避免横向窜水现象发生。

聚乙烯丙纶高分子防水卷材采用聚合物干粉胶与基层粘结，施工简便，可在潮湿的基层上施工；可直接设计在水泥结构中使用，可在施工后的产品表面上直接进行装修施工。抗老化、耐腐蚀、无毒无味、安全环保、性价比高；与聚合物水泥防水涂料及渗透结晶型防水涂料复合使用，可形成刚柔并济的复合防水层。

弹性体改性沥青防水卷材：产品拉伸强度高，延伸率大，对基层收缩和开裂的适应能力强；有优良的耐高低温性能；具有良好的耐酸碱盐腐蚀性、耐候性好；施工性能良好，热熔、冷粘施工均可。

适用范围

广泛用于各类工业与民用建筑屋面、地下室防水、防渗工程；地铁、隧道、混凝土铺筑路面的桥面、污水处理场、垃圾掩埋场等工程防水；水池、水渠、游泳池等水利设施防水。

技术指标

弹性体改性沥青防水卷材部分技术指标如下：

序号	检测项目	国标	实测数值
1	最大拉力	500N/5cm	900N/5cm
2	最大拉力时延伸率	30%	40%
3	低温柔性	-20℃	-25℃
4	可溶物含量	2900g/m^2	3500 g/m^2

聚乙烯丙纶高分子防水卷材部分技术指标如下：

序号	检测项目	国标	实测数值
1.	拉伸强度	≥ 50N/cm	70N/cm 以上
2.	拉断伸长率	≥ 400%	700% 以上

自粘聚合物改性沥青防水卷材部分技术指标如下：

序号	检测项目	国标	实测数值
1.	拉力	≥ 600N/5cm	880N/5cm 以上
2.	可溶物含量	≥ 2100g/m^2	2500g/m^2 以上
3.	剥离强度 卷材与铝板	≥ 1.5N/mm	2.0N/mm 以上
4.	复合强度	≥ 0.8MPa	1.1MPa 以上

工程案例

万科、恒大地产集团、中海地产、世茂房地产、绿城集团、华润置地、万达集团、远洋地产、荣盛、青岛国际会展中心、青岛市级机关办公大楼、章丘市文博中心、烟台世茂中心、烟台国际飞机场、黄河小浪底、中国首钢集团、山东海尔集团、

潍坊市宇虹防水材料（集团）有限公司

地址：山东省潍坊市寿光市台头工业区
电话：0536-5511698 5512698 5525368
传真：0536-5522698
官方网站：www.yuhongchina.com

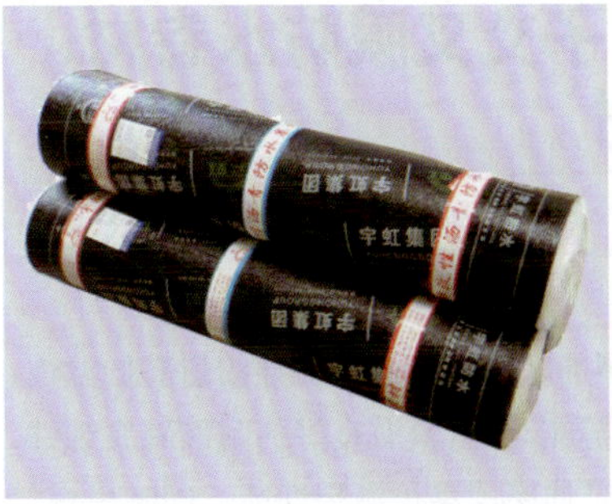

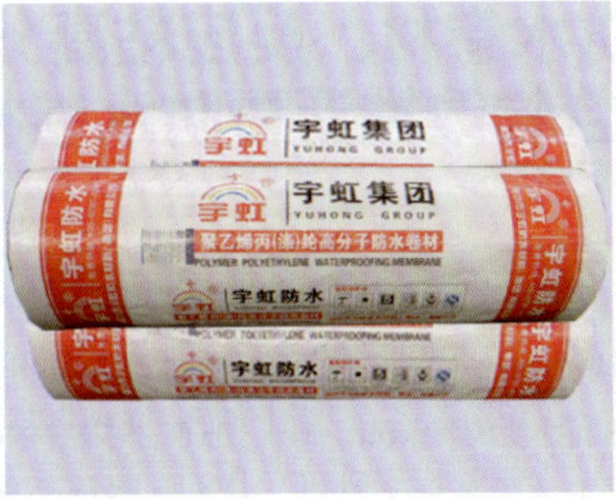

北京电力局、唐山国际会馆中心、南通 DBC 国际会展中心、江苏省春兰集团、宁波港务局、青岛北海造船厂、南京奥体新城、山西晋城富士康工程、中国石油

生产企业

潍坊市宇虹防水材料(集团)有限公司始建于 1996 年,占地面积 20 多万平方米,生产基地位于山东省寿光市台头工业区,是一家集防水材料的研发、生产、销售、防水工程设计、施工,防水技术咨询、服务于一体的大型企业。宇虹集团下辖潍坊市宇虹防水材料(集团)有限公司、潍坊市宇虹防水工程有限公司、山东维科特新材料有限公司,产品包括改性沥青类、高分子类、防水涂料类等在内的 12 大类、100 多种规格的防水材料,涵盖高铁、地铁、市政、民建、军工等所有防水领域,可为客户提供"一站式"建筑防水解决方案。

宇虹集团拥有目前国内产能自动化程度很高的多功能改性沥青防水卷材生产线 6 条,具有国际先进水平高分子防水卷材 CPE、EVA、PVC、TPO 生产线 4 条,大型高分子聚乙烯丙纶防水卷材 4 条,大型聚氨酯、聚脲、JS、喷涂速凝橡胶沥青防水涂料、非固化橡胶沥青防水涂料、溶剂型橡胶沥青防水涂料、聚合物水泥防水涂料、水泥基渗透结晶型防水涂料生产线 5 条……先进的生产线、精良的剩产设备、严谨的生产过程,不仅保证了宇虹集团的强大产能,更保障了宇虹产品的质量优势。

宇虹集团建立起遍布全国的销售网点及连锁,设有防水材料经销分公司、工程分公司共计 69 个,全国各地近 700 家特约经销商和产品售后服务机构,拥有自营进出口权,产品在出口欧洲、非洲、东南亚等 20 多个国家和地区,先后与恒大集团、保利集团、中海集团、万达集团、绿城集团、建业集团、世茂股份、华润集团、荣盛集团、远洋集团等全国 40 多家地产品牌建立了长期稳定的战略合作关系。

宇虹集团以先进的技术、可靠的质量及周到的服务打造行业高端品牌。宇虹集团是"火炬计划重点高新技术企业",拥有及正在申请的专利 30 余项,其中多项产品填补国内空白,参编行业标准超过 27 项。宇虹集团列"2016 中国建材企业 500 强"第 56 位,多次荣获"建筑防水行业质量金奖""中国建筑防水行业知名品牌"等荣誉称号。

宇虹集团以科学理念为帆,以先进技术为桨,优质的产品和服务为号角,放眼未来。宇虹计划新上的占地 80000 平方米的大型防水材料项目已获审批并投产兴建。明天,宇虹人定将以创新科技贡献社会,成就人们的美好生活。

潍坊市宇虹防水材料(集团)有限公司
地址:山东省潍坊市寿光市台头工业区
电话:0536-5511698 5512698 5525368
传真:0536-5522698
官方网站:www.yuhongchina.com

证书编号：LB2020FS006

荷雨 SBS 弹性体改性沥青防水卷材、反应粘高分子交叉膜防水卷材、自粘聚合物改性沥青防水卷材

产品简介

弹性体改性沥青防水卷材具有超强的抗拉强度及耐疲劳性，对基层收缩变形和开裂的适应能力强；优异的耐高低温性，尤其适用于寒冷地区，在 −50℃下仍保持良好的性能；使用寿命长，施工便捷，热熔、冷粘施工均可；具有良好的耐酸碱腐蚀性。

反应粘高分子交叉膜防水卷材：作为防水层主体的高分子材料，具有高强度、高延伸率、高抗撕裂性能，同时甲烷气体及水蒸气透过率也低于同类产品；高分子自粘胶类似于家用粘接挂钩上的不干胶，能够提供很好的粘接性能；可承受结构产生的裂纹影响，且自身耐水性能极佳；耐候层采用特殊的涂料，可使卷材在施工时适当外露，同时提供不粘的表面供人工行走进行后续施工。

自粘聚合物改性沥青防水卷材：冷施工、自粘结、安全环保、施工方便；低温柔性好，延伸率大，适应基层变形能力强；具有优异的耐酸、耐碱、耐化学腐蚀性；聚酯胎基抗拉强度高，并具有较大的延伸率，对基层的适应性强。

适用范围

弹性体改性沥青防水卷材：广泛应用于各类工业与民用建筑屋面、地下室防水、防渗工程。

自粘聚合物改性沥青防水卷材：适用于屋面、地下防水工程、明挖地铁、隧道、水池、水渠等工程防水，尤其适用于不准动用明火的工程，采用水泥砂浆与基层粘接，卷材间宜采用自粘搭接。

反应粘高分子交叉膜防水卷材广泛应用于各类工业、民用建筑的屋面防水，地下防水、防潮、隔气，地面防潮，卫生间防水，水利池库、渠道防渗，隧道、桥涵防水、防渗等工程中。

技术指标

SBS 弹性体改性沥青防水卷材主要技术指标如下：

序号	胎基		PY 聚酯胎	
	型号		I	II
1	不透水性	压力，MPa	0.3	
		保持时间，min ≥	30	
2	耐热度，℃		90	105
			无滑动、流淌、滴落	
3	拉力，N/50mm ≥	纵向	500	800
		横向		
4	最大拉力时延伸率，≥	纵向	30	40
		横向		
5	渗油性，张数		≤ 2	
	下表面沥青涂盖层厚度		≥ 1.0	

反应粘高分子交叉膜防水卷材主要技术指标如下：

序号	项目	指标			
		P		PY	
		I	II	I	II
1	拉力 /（N/50mm）≥	150	200	400	600
2	最大拉力时伸长率 /% ≥	30	150	30	40
3	撕裂强度 /N ≥	12	25	180	300
4	耐热性（℃）	70℃，2h 无位移、流淌、滴落			
5	老热化（70℃、168h）	拉力保持率 /% ≥		90	
		伸长保持率 /% ≥		80	

廊坊鸿禹乔防水材料有限公司

地址：北京市丰台区大瓦窑中路 16 号院 15 号楼底商鸿禹乔防水
电话：010-56856766
传真：010-56856767
官方网站：www.hyqfs.com

自粘聚合物改性沥青防水卷材主要技术指标如下：

序号	项目		指标
1	拉伸性能	拉力 /（N/50mm）≥	800
		膜断裂伸长率 /% ≥	600
2	钉杆撕裂强度 /N ≥		400
3	静态荷载		20kg，无渗漏
4	耐热性		70℃，2h 无位移、流淌、滴落
5	低温弯折性		-25℃，无裂纹
6	防窜水性		0.6MPa 无窜水
7	与后浇混凝土剥离强度 /（N/mm）	无处理	2.0
		水泥粉污染表面	1.5
		泥沙污染表面	1.5
		紫外线老化	1.5
		热老化	1.5
8	与后浇混凝土浸水后剥离强度 /（N/mm）≥		1.5
9	热老化（70℃ /168h）	拉力保持率 /% ≥	90
		伸长率保持率 /% ≥	80
		低温弯折率 /℃	-23℃，无裂纹

工程案例

1. 雅郡花园项目 60# ～ 65# 楼、高层配建及地下车库防水工程施工。
2. 首钢滑雪大跳台中心（1607–060 地块 F# 楼等 21 项）059 地块 E# 楼防水工程。
3. 泰安市碧桂园时代澜湾二期防水工程（16#、20# 楼）。
4. 章丘区东西沟头、李家埠村改造安置房建设工程项目 C 地块。
5. 北京城市副中心职工周转房项目施工总承包（C1 标段）（幼儿园、平台层防水工程）。
6. 凤台县凤凰国际城项目 3#4#5#6#9#10#11#13#14# 及部分地下室项目专业防水工程。
7. 首钢老工业区改造 3# 高炉博物馆后期改造防水工防水工程。

生产企业

廊坊鸿禹乔防水材料有限公司已发展成集防水材料的研发、生产、销售、防水工程设计、施工、防水技术咨询、服务于一体的现代化科技型企业，企业经济效益和综合实力在中国防水行业名列前茅，备受行业瞩目。

公司先后荣获“防水专业施工资质”“中国建筑防水协会会员单位”“中国建筑防水行业科技创新企业”“全国建材系统三 A 级企业”“守合同重信用企业”等称号;“荷雨”牌产品，被认定“用户满意产品”“中国绿色、环保、节能建材产品”“中国工程建设及健康住宅装修一体化绿色制定产品”等众多荣誉称号。公司受到国家防水协会领导及国内外专家的大力支持和关爱。

到目前为止，公司共拥有现代化防水材料生产线 11 条。其中，年产 5000 万平方米、具有国际先进水平的改性沥青防水卷材生产线 4 条，是目前国内产能较大、自动化程度较高的多功能改性沥青防水卷材生产线。

一件件凝聚着鸿禹乔人智慧和汗水的防水精品，在中国，在世界，在城市基础建设中，展示着无限的力量。鸿禹乔公司建立了遍布全国的销售网点及连锁机构，设有防水材料经销分公司、工程分公司 20 多个，各地代理商近 200 家。产品出口欧洲、非洲、东南亚等 10 多个国家和地区。凭借可靠的质量和优质的售后服务，公司先后和国内众多地产、建业集团建立了长期的战略合作关系。“荷雨”牌系列防水材料在奥运媒体村、首都机场、苏丹大使馆、亚运中央运动生活主场、天津西站、北京儿童医院、中影集团电影生产基地、海淀招商大厦、中国传媒大厦、百联清城国际购物中心、北京万润风景、北京西山美庐别墅、山东海信集团、香港马会会所等众多大型重点工程项目中得到广泛应用，赢得了用户、专家的信赖和赞誉。

廊坊鸿禹乔防水材料有限公司
地址：北京市丰台区大瓦窑中路 16 号院 15 号楼底商鸿禹乔防水
电话：010-56856766
传真：010-56856767
官方网站：www.hyqfs.com

证书编号：LB2020FS007

荷雨聚合物水泥防水涂料、非固化橡胶沥青防水涂料、聚氨酯防水涂料

产品简介

聚氨酯防水涂料：单一组分，现场即开即用，施工简易方便；涂膜拉伸强度高、延伸性好、耐高温低温性能优异；涂料中的成分与空气中水分子接触固化结膜，施工安全、环保。

聚合物水泥（JS）防水涂料：可在潮湿基面上（无明水）施工；加入颜色可做成彩色装饰色，每次图层可厚涂，提高劳动效率，加快工期；自愈性能良好，防水涂膜在水的作用下，经物理和化学反应使涂膜裂缝自行愈合、封闭。

非固化橡胶沥青防水涂料：固含量大于98%无溶剂和挥发物，使用期间适中保持原有的弹塑性；极强的自愈性，施工时材料不会分离，可形成稳定、整体无缝的防水层；对基层要求不高，无需进行特殊处理，缩短工期，且能在低温环境下施工；用不固化、无毒、无味、无污染；产品密封可长期保存，无保质期限。

适用范围

单组分聚氨酯防水涂料：广泛应用于各类工业民用建筑的屋面防水，地下防水、防潮、隔气，地面防潮，卫生间防水，水利池库、渠道防渗，隧道、桥涵防水、防渗，冶金化工防污染等防水、防渗工程。

聚合物水泥防水涂料、水泥基渗透结晶型防水涂料：应用于工业级民建的屋面防水，厕浴间、厨房间防水，防潮工程墙面，地下室、游泳池、槽罐的防水，该产品I型主要用于变形较大的部位，II型和III型主要用于变形较小的部位。

非固化橡胶沥青防水涂料：非固化橡胶沥青防水涂料既可用于新建防水层，也可用于修复受损防水层，既可用于常规区域的防水，也可以用于变形缝等特殊区域的防水，相对于其他防水涂料，它对特殊区域的防水具有独特的优势。

技术指标

单组分聚氨酯防水涂料主要技术指标如下：

序号	项目	指标	
		I 型	II 型
1	拉伸强度 /MPa ≥	1.9	2.45
2	断裂伸长率 /% ≥	550	450
3	撕裂强度 /N/mm ≤	12	14
4	低温弯折性 /℃≤	-40	
5	不透水性 /0.3MPa 30min	不透水	
6	固体含量 /% ≥	80	
7	潮湿基面粘结强度 /MPa	0.5	

廊坊鸿禹乔防水材料有限公司
地址：北京市丰台区大瓦窑中路16号院15号楼底商鸿禹乔防水
电话：010-56856766
传真：010-56856767
官方网站：www.hyqfs.com

聚合物水泥防水涂料主要技术指标如下：

序号	实验项目		技术指标		
			I	II	III
1	固体含量 /%		70	70	70
2	拉伸强度	无处理 /MPa	1.2	1.2	1.8
		加热处理后保持率 /%	80	80	80
		碱处理后保持率 /%	60	70	70
		浸水处理后保持率 /%	60	70	70
		紫外线处理后保持率 /%	80	---	---
3	断裂伸长率（无处理 /MPa）		200	80	200
4	不透水性（0.3MPa 30mm）		不透水	不透水	不透水
5	粘接强度	无处理 /MPa	0.5	0.7	1.0
		潮湿基层 /MPa	0.5	0.7	1.0

非固化橡胶沥青防水涂料主要技术指标如下：

序号	项目		性能要求
1	固体含量（%）		98
2	粘结性能	干基面 潮湿基面	无界面剥离、脱开 100% 内聚破坏
3	延伸性（无处理）（mm）≥		25
4	耐热性 /（℃）		65 无滑动、流淌、滴落
5	热老化 70℃，168h	延伸性 /mm ≥	15
		低温柔性 /℃	-15℃，无断裂
6	自愈性		无渗水
7	渗油性 / 张≥		2
8	抗窜水性 /0.6MPa		不窜水
9	剪切状态下的粘合性	卷材 - 卷材（N/mm）≥	无界面剥离、脱开 /100% 内聚破坏

工程案例

平顶山市新城区南宋保障性住房项目防水工程、北海十六号住宅小区 17#–19# 住宅楼及周围地下车库基础底板防水工程、唐山西综合客运枢纽项目、碧桂园山东区域、广西区域、辽宁区域、浙江区域所有项目、华润华北区域所有项目。

生产企业

廊坊鸿禹乔防水材料有限公司已发展成集防水材料的研发、生产、销售、防水工程设计、施工、防水技术咨询、服务于一体的现代化科技型企业，企业经济效益和综合实力在中国防水行业名列前茅，备受行业瞩目。

公司先后荣获“防水专业施工资质”“中国建筑防水协会会员单位”“中国建筑防水行业科技创新企业”“全国建材系统三 A 级企业”“守合同重信用企业”等称号;“荷雨”牌产品，被认定“用户满意产品”“中国绿色、环保、节能建材产品”“中国工程建设及健康住宅装修一体化绿色制定产品”等众多荣誉称号。公司受到国家防水协会领导及国内外专家的大力支持和关爱。

到目前为止，公司共拥有现代化防水材料生产线 11 条。其中，年产 5000 万平方米、具有国际先进水平的改性沥青防水卷材生产线 4 条，是目前国内产能较大、自动化程度较高的多功能改性沥青防水卷材生产线。

一件件凝聚着鸿禹乔人智慧和汗水的防水精品，在中国，在世界，在城市基础建设中，展示着无限的力量。鸿禹乔公司建立了遍布全国的销售网点及连锁机构，设有防水材料经销分公司、工程分公司 20 多个，各地代理商近 200 家。产品出口欧洲、非洲、东南亚等 10 多个国家和地区。凭借可靠的质量和优质的售后服务，公司先后和国内众多地产、建业集团建立了长期的战略合作关系。“荷雨”牌系列防水材料在奥运媒体村、首都机场、苏丹大使馆、亚运中央运动生活主场、天津西站、北京儿童医院、中影集团电影生产基地、海淀招商大厦、中国传媒大厦、百联清城国际购物中心、北京万润风景、北京西山美庐别墅、山东海信集团、香港马会会所等众多大型重点工程项目中得到广泛应用，赢得了用户、专家的信赖和赞誉。

廊坊鸿禹乔防水材料有限公司
地址：北京市丰台区大瓦窑中路 16 号院 15 号楼底商鸿禹乔防水
电话：010-56856766
传真：010-56856767
官方网站：www.hyqfs.com

证书编号：LB2020FS008

德威 SBS 弹性体改性沥青防水卷材、DWKMS 高分子反应粘交叉层压膜自粘防水卷材、自粘聚合物改性沥青防水卷材

产品简介

德威 SBS 弹性体改性沥青防水卷材是以苯乙烯－丁二烯－苯乙烯（SBS）热塑性弹性体作改性剂的沥青做浸渍和涂盖材料，上表面覆以聚乙烯膜、细砂、矿物片（粒）料或铝箔、铜箔等隔离材料所制成的可以卷曲的片状防水卷材。

德威 KMS 高分子反应粘交叉层压膜自粘防水卷材是一种高性能、冷施工的反应粘型无胎自粘防水卷材。它是以合成橡胶、优质沥青、增粘剂、抗老化剂为基料，以专用强力交叉层压膜为表面材料，采用防粘隔离膜作为隔离层的自粘防水卷材。

德威自粘聚合物改性沥青防水卷材是一种高性能、冷施工的有胎自粘防水卷材。它是以合成橡胶、优质沥青、增粘剂、抗老化剂为基料，以聚酯胎为增强层，采用防粘隔离纸 / 膜作为隔离层的自粘防水卷材，并具有双面粘贴设计以满足不同工程实际需要。

适用范围

产品广泛适用于隧道、机场、人防工程、平台、地下室、屋面等防水、防渗工程，特别适用于公路、铁路、隧道、广场楼层等防水工程。

技术指标

SBS 弹性体改性沥青防水卷材主要技术指标如下：

序号	检测项目		标准规定
1	可溶物含量 /（g/m^2）≥		2100
2	最大峰拉力（N/50mm）≥		500
3	最大拉力时延伸率 % ≥		30
4	浸水后质量增加 /% ≤		1.0
5	不透水性		压力不小于 0.3MPa 保持时间不小于 30min
6	卷材下表面沥青涂盖层厚度 / mm ≥		1.0
7	渗油性 / 张数 ≤		2
8	热老化	拉力保持率 /% ≥	90
		延伸率保持率 /% ≥	80
		低温柔性 /℃	-15℃无裂纹
		尺寸变化率 /% ≤	0.7
		质量损失 /% ≤	1.0
9	接缝剥离强度 /（N/mm）≥		1.5
10	人工气候加速老化	外观	无滑动、流淌、滴落
		拉力保持率 /% ≥	80
		低温柔性 /℃	-15℃无裂缝

高分子反应粘交叉层压膜自粘防水卷材主要技术指标如下：

序号	项目		标准规定
1	拉伸性能	拉力 /（N/50mm）≥	200
		最大拉力时伸长率 /% ≥	180
2	撕裂力 /N ≥		25
3	耐热性		70℃ 2h 无位移、流淌、滴落
4	卷材与卷材剥离强度 /（N/mm）≥	无处理	1.0
		热处理	1.0
5	渗油性 / 张数 ≤		2
6	持粘性 /min ≥		30
7	与水泥砂浆剥离强度 /（N/mm）≥	无处理	1.5
		热处理	1.0
8	与水泥砂浆浸水后剥离强度 /（N/mm）≥		1.5
9	热老化	拉力保持率 /% ≥	90
		伸长率保持率 /% ≥	80
		低温柔性 /℃	-18℃无裂纹

苏州市德威防水科技有限公司
地址：苏州市吴江区七都镇双塔桥村
电话：63056200
传真：63056906
官方网站：www.duwich.com.cn

自粘聚合物改性沥青防水卷材主要技术指标如下：

序号	项目		标准规定
1	低温柔性		-20℃，¢ =20mm
2	耐热性		70℃滑动不超过 2mm
3	拉力 N/50mm ≥		450
4	最大拉力时延伸率，% ≥		30
5	剥离强度 /（N/mm）≥	卷材与卷材	1.0
		卷材与铝板	1.5
6	持粘性 /min ≥		15
7	不透水性		0.3MPa，120min 不透水
8	顶杆水密性		通过
9	渗油性 / 张数≤		2
10	热老化	最大拉力时延伸率 /% ≥	30
		低温柔性 /℃	-18℃无裂纹
		剥离强度卷材与铝板 /（N/mm）≥	1.5
11	自粘沥青再剥离强度 /（N/mm）≥		1.5

工程案例

郑州航空港经济综合实验区滨河西路快速化项目隧道四分部、山东鲁桥建设防水工程、北京城建防水工程、中建股份 2016 年西南区域（贵州）防水工程、中建股份 2016 年西南区域（云南）防水工程、中建股份 2016 年西南区域（四川）防水工程、中建股份 2016 年西南区域（重庆）防水工程

生产企业

苏州市德威防水科技有限公司坐落于国家级生态园林城市——苏州市，是一家集研发、生产、销售为一体的大型防水材料供应商。

德威科技生产改性沥青防水卷材、自粘聚合物改性沥青防水卷材、湿铺预铺防水卷材和高分子复合膜自粘卷材，目前已经获得多项国家专利。公司自主研发的高分子系列防水材料获得江苏省科技成果推广证、住房城乡建设部科技成果推广证。

德威科技以“创新缔造卓越，科技引领未来”为宗旨，专注防水卷材的研发、生产、销售。公司与中国建筑材料科学研究总院苏州防水研究院、中国建材检验认证集团苏州有限公司长期合作，成立中国建筑标准化实验室，先后与众多大型企业合作（总承包单位：中国建筑第八工程局、中国建筑第七工程局、中铁十四局、中冶、北京城建等；地产开发企业有绿地集团、中南地产、大吉地产、良基地产、农垦置业等）。

苏州市德威防水科技有限公司是中国建筑防水协会会员单位，上海市建材防水材料行业质量诚信企业，德威科技全面通过了 ISO 14001 环境管理体系认证、ISO 9001 质量管理体系认证、GB/T 28001—2011 职业健康安全体系认证、十环认证、ICCBM 认证等多种认证。强大的生产制造能力是德威的核心竞争优势，产品丰富、品类齐全的产品体系用于支撑德威的产业和市场拓展。德威正在进步，助力推动建筑防护产业良性和可持续发展。

地址：苏州市吴江区七都镇双塔桥村
电话：63056200
传真：63056906
官方网站：www.duwich.com.cn

证书编号：LB2020FS009

中油佳汇 SBS 弹性体改性沥青防水卷材、自粘聚合物改性沥青防水卷材、预铺式高分子自粘胶膜防水卷材

产品简介

SBS 弹性体改性沥青防水卷材产品是以优质沥青原胶添加苯乙烯一丁二烯一苯乙烯（SBS）、弹性体树脂做改性材料，经特殊工艺配制成高聚物改性沥青材料，中置增强胎体、外覆盖多种表面材料共同构成。

强力交叉膜自粘聚合物改性沥青防水卷材是我公司特殊定制的以石油沥青原胶为基料，配以活性助剂及增粘树脂，上表面覆交叉层压聚乙烯膜（PE 膜），下表面覆可剥离的涂硅隔离膜所制成的可以卷曲的片状防水材料。

CPS 高分子复合自粘胶膜防水卷材，即行业通俗所说的 CPS（Pdymer Compound Self– adhesive Waterproofs Sheets），是由一层水泥砂浆反应的自粘胶和高分子复合纯材复合而成的一种高性能自粘防水卷材。高分子纯片材有 HDPE、EVA、ECB、PET 复合纯材等系列高性能片材。

适用范围

SBS 弹性体改性沥青防水卷材应用于工业与民用建筑的屋面工程的防水，包括非上人屋面、上人屋面、保温屋面、非保温屋面、种植屋面、屋顶停车场、倒置屋面等常规及特殊屋面工程；工业与民用建筑的地下工程的防水、防潮以及室内游泳池、消防水池等的防水；地铁、隧道、混凝土铺筑路面的桥面、污水处理场、垃圾填埋场等市政工程防水；水渠、水池等水利设施防水。

自粘聚合物改性沥青防水卷材广泛应用于各类工业及民用建筑、市政工程等防水工程；各类地下室、侧墙、顶板及屋面等防水防渗防潮工程；隧道、水池、水渠工程的防水防渗；不准动用明火的工程防水。

高分子复合自粘胶膜防水卷材应用于种植屋面、粮库、防空洞、污水处理、人工湖、地下室、隧道、地铁、高铁、桥梁、垃圾填埋场防渗等高等级重要防水工程。

技术指标

SBS 弹性体改性沥青防水卷材主要技术指标如下：

项　目		国标要求	本产品检测情况
		PY 类 Ⅰ型	PY 类 Ⅰ型
可溶物含量 g/m^2	3.0mm	≥ 2100	2310
耐热性 ℃		90℃滑动≤ 2mm	90℃无滑动
低温柔性℃		-20℃无裂缝	-22℃无裂缝
不透水性 保持 30min		0.3MPa	0.3MPa 不透水
最大峰时拉力 /（N/50mm）		≥ 500	627
最大峰时延伸率 %		≥ 30	38
接缝剥离强度 /（N/mm）		≥ 1.5	2.0
热老化	低温柔性	-15℃无裂纹	-18℃无裂纹
人工气候加速老化	低温柔性	-15℃无裂纹	-18℃无裂纹

中油佳汇防水科技（深圳）股份有限公司
地址：广东省广州市南沙区环市大道南路 320 号
电话：020-39390911
传真：020-39390466
官方网站：www.cn-pw.cn

自粘聚合物改性沥青防水卷材技术指标如下：

项 目		国标要求	本产品检测情况
		N 类 PE 膜 Ⅰ型	N 类 PE 膜 Ⅰ型
耐热性 ℃		70℃滑动≤ 2mm	70℃无滑动
低温柔性℃		-20℃无裂纹	-22℃无裂纹
不透水性 保持 120min		0.3MPa	0.3MPa 不透水
拉力 /（N/50mm）		≥ 150	210
最大拉力时延伸率 / %		≥ 200	252
剥离强度 /（N/mm）	卷材与卷材	≥ 1.0	2.3
	卷材与铝板	≥ 1.5	2.1
持粘性 / min		≥ 20	145

预铺式高分子自粘胶膜防水卷材技术指标如下：

项 目		国标要求	本产品检测情况
		湿铺 P 类 Ⅰ型	湿铺 P 类 Ⅰ型
耐热性 ℃		70℃无位移	70℃无位移
低温柔性℃		-15℃无裂纹	-18℃无裂纹
不透水性 保持 120min		0.3MPa	0.3MPa
拉力 /（N/50mm）		≥ 150	460
最大拉力时伸长率 / %		≥ 30	250
剥离强度 /（N/mm）	卷材与卷材	≥ 1.0	2.2
	卷材与铝板	≥ 1.5	2.1
持粘性 / min		≥ 15	120

工程案例

序号	省份	城市	行业领域	项目名称	项目面积
1	广东	白云	家私城	石井水泥厂	2000m^2
2	湖南	郴州	地产	永兴马矿棚户区改造	1800m^2
3	广东	广州	工厂	歌谛诗工业园	4800m^2
4	山东	菏泽	房地产	天荷御园	250000m^2
5	广东	广州	广州城建	南沙粮食加工基地	12000m^2
6	湖南	邵阳	房地产	家和地产	50000m^2
7	江苏	常州	政府保障房	中交集团	30000m^2
8	江西	赣州	地产	峰山	20000m^2
9	广东	梅州	政府工程	梅州剑英大道项目	2300m^2

生产企业

中油佳汇防水科技（深圳）股份有限公司创立于深圳市，办公总部坐落于广州南沙自由贸易区。公司在先进经营理念、创新研发技术以及出色管理团队的推动下迅速崛起，成为防水领域璀璨的明珠。

公司与中石油、中石化及各大院校、科研机构广泛合作，应用全新的聚合物改性沥青胶料制备技术，生产出超国标防水产品，引发新一轮防水材料的品质革新。公司建立了行业高标准研发中心，聚集了大批资深的研发、技术专家，拥有多项自主知识产权的发明专利和专有技术。公司年生产防水卷材 5000 万平方米以上、防水涂料 2 万吨以上，同时提供系统的解决方案，包括咨询、设计、施工、维护等一站式服务，兑现每一项承诺，让用户省心、放心。

中油佳汇作为拟上市公司，不断用创新思路、辛勤耕耘及奉献精神描绘宏伟蓝图，创造舒适、健康、和谐的家居环境，谱写辉煌的新篇章。

金属复合材料 地坪材料 建筑涂料 预拌混凝土 胶粘剂 道路材料 预制构件 防水卷材与防水涂料 其他材料

中油佳汇防水科技（深圳）股份有限公司
地址：广东省广州市南沙区环市大道南路 320 号
电话：020-39390911
传真：020-39390466
官方网站：www.cn-pw.cn

证书编号：LB2020FS010

中油佳汇非固化橡胶沥青防水涂料、丙烯酸酯防水涂料、水泥基渗透结晶型防水涂料

产品简介

非固化橡胶沥青防水涂料是一种新型环保、高固含量的热熔型沥青防水涂料，具有与空气长期接触后不固化，始终保持粘稠胶质的特性；碰触即粘，难以剥离，在 −25 摄氏度仍有很好的粘结性能；能解决因基层开裂应力传递给防水层而造成的防水层开裂、疲劳破坏或处于高应力状态下提前老化的问题；同时，蠕变性材料的粘滞性使其能够很好地密闭基层的毛细孔和裂缝，解决防水层的窜水难题；还能解决享有防水卷材和防水涂料复合使用时相容性差的问题。JH−G300 非固化橡化沥青防水涂料可采用热刮涂、喷涂和热注浆等施工方法，是有别于普通防水材料的新型防水材料。

丙烯酸多功能高分子防水涂料产品采用美国配方，以丙烯酸聚合物为主要原料，加入进口高性能防水助剂及其他辅料经科学配制而成的单组分水乳型防水涂料。其涂层经水分挥发固化成膜后，具有极佳的防水性能和较好的延展性，适用于轻微震动和变形的建筑物防水防潮。

水泥基渗透结晶型防水涂料，是引进先进科技生产的绿色环保的新型刚性防水材料，是由进口助剂、波兰特水泥、特选石英砂、微细纤维和多种高分子活性化学物质组成的灰色粉末状无机材料，它的防水机理是特有的活性化学物质利用水泥混凝土本身固有的化学特性及多孔性，借助水的渗透作用，与混凝土微孔及毛细管中传输、充盈、催化混凝土内的微粒和未完全水化的成分再次发生水化作用，而生成不溶于水的枝蔓状结晶，并与混合土结合成为整体，从而使任何未来要来的水及其他液体被堵塞，达到永久性防水、防潮和保护钢筋增强混凝土结构强度的效果。

适用范围

非固化橡胶沥青防水涂料广泛用于工业及民用建筑屋面和地下防水工程；变形缝的注浆堵漏工程；本产品与卷材复合施工，形成可靠的复合防水系统。

丙烯酸酯防水涂料用于水利大坝、船闸、港口码头、水处理厂、污水池、水库、消防水池等水利工程的防水施工。

水泥基渗透结晶型防水涂料用于地铁（车站、隧洞）、地下连续墙、公铁路隧道、电缆隧道、地下涵洞、地下砼或钢砼管道、工业与民用建筑地下室、地下车库、人防工程、屋面、浴厕间、污水池、水库、消防水池、饮用水池、水族馆、游泳池、水坝、船闸、港口码头、电梯井、检查井、屋顶花园、屋顶广场新建工程的防水施工；结构开裂（微裂）、渗水点、孔洞的堵漏施工，混凝土设施的弊病维修，混凝土结构及水泥砂浆等防腐。

技术指标

非固化橡胶沥青防水涂料技术指标如下：

项　目		企标要求	本产品检测情况
		Ⅱ型	Ⅱ型
延伸性 / mm		≥ 300	580
耐热性 / ℃		70，无流淌、滑动、滴落	70℃无滑动
低温柔性 / ℃		-20，无裂纹	-22℃，无裂纹
自愈性		无渗水	无渗水
渗油性 / 张		≤ 2	1
抗窜水性		0.6MPa 不窜水	0.6MPa 不窜水
粘结性能	干燥基面	100% 内聚破坏	100% 内聚破坏
	潮湿基面	100% 内聚破坏	100% 内聚破坏
	与卷材的剥离强度	≥ 4.0N/mm 或 100% 内聚破坏	100% 内聚破坏

中油佳汇防水科技（深圳）股份有限公司
地址：广东省广州市南沙区环市大道南路 320 号
电话：020-39390911
传真：020-39390466
官方网站：www.cn-pw.cn

丙烯酸酯防水涂料技术指标如下：

项 目		国标要求	本产品检测情况
		I 型	I 型
固体含量 / %		≥ 65	71
拉伸强度 / MPa		≥ 1.0	1.28
断裂延伸率 / % ≥		≥ 300	380
低温柔性 / ℃		-10℃无裂纹	-10℃无裂纹
不透水性（30min）		0.3MPa 不透水	0.3MPa 不透水
干燥时间	表干时间 / h	≤ 4	2.5
	实干时间 / h	≤ 8	6

水泥基渗透结晶型防水涂料技术指标如下：

项 目		国标要求	本产品检测情况
		I 型	I 型
抗折强度 MPa 28d		≥ 2.8	3.0
抗压强度，MPa 28d		≥ 15	16.5
湿基面粘结强度 MPa 28d		≥ 1.0	1.2
砂浆抗渗性能	抗渗透压力比（带涂层）(28d)，% ≥	≥ 250	269
	抗渗透压力比（去除涂层）(28d) % ≥	≥ 175	194
混凝土抗渗性能	抗渗透压力比（带涂层）(28d)，% ≥	≥ 250	265
	抗渗透压力比（去除涂层）(28d)，% ≥	≥ 175	190

工程案例

序号	行业领域	项目名称	项目面积
1	市政	伞塔路综合健身项目，游泳池项目	6000m^2
2	房地产	清江山水	120000m^2
3	房地产保障性住房	莲塘保障房	2500m^2
4	公司	样板展示	2070m^2
5	商场	福东园 - 百福城	1890m^2
6	地产	聚锦花园小区	3000m^2
7	地产	增城国际花园	7000m^2

生产企业

中油佳汇防水科技（深圳）股份有限公司创立于深圳市，办公总部坐落于广州南沙自由贸易区。公司在先进经营理念、创新研发技术以及出色管理团队的推动下迅速崛起，成为防水领域璀璨的明珠。

公司与中石油、中石化及各大院校、科研机构广泛合作，应用全新的聚合物改性沥青胶料制备技术，生产出超国标防水产品，引发新一轮防水材料的品质革新。公司建立了行业高标准研发中心，聚集了大批资深的研发、技术专家，拥有多项自主知识产权的发明专利和专有技术。公司年生产防水卷材 5000 万平方米以上、防水涂料 2 万吨以上，同时提供系统的解决方案，包括咨询、设计、施工、维护等一站式服务，兑现每一项承诺，让用户省心、放心。

中油佳汇作为拟上市公司，不断用创新思路、辛勤耕耘及奉献精神描绘宏伟蓝图，创造舒适、健康、和谐的家居环境，谱写辉煌的新篇章。

金属复合材料
地坪材料
建筑涂料
预拌混凝土
胶粘剂
道路材料
预制构件
防水卷材与防水涂料
其他材料

中油佳汇防水科技（深圳）股份有限公司
地址：广东省广州市南沙区环市大道南路 320 号
电话：020-39390911
传真：020-39390466
官方网站：www.cn-pw.cn

证书编号：LB2020FS011

“天依蓝”弹性体改性沥青防水卷材、自粘聚合物改性沥青防水卷材

产品简介

SBS 弹性体改性沥青防水卷材是以 SBS（苯乙烯—丁二烯—苯乙烯）热塑性弹性体改性沥青为浸涂材料，以优质聚酯毡、玻纤毡、玻纤增强聚酯毡为胎基，以细砂、矿物粒料、PE 膜、铝膜等为覆面材料，采用专用机械搅拌、研磨而成的弹性体改性沥青防水卷材。

自粘式防水卷材，是以 SBS 等弹性体浙青为基料，以聚乙烯膜、铝箔为表面材料或无膜（双面自粘），采用防粘隔离层的自粘防水卷材。该防水卷材有超强的粘接强度，特制的橡胶自粘层可保证卷材与基层、卷材与卷材的粘结密封，形成整体的密封防水层；具有很好的耐酸碱腐蚀性及其他化学介质侵蚀的性能；具有较高的抗撕裂强度，满足耐穿刺等要求，能有效地抵御基层开裂、变形所产生的应力对防水系统的破坏。

适用范围

SBS 弹性体改性沥青防水卷材适用于重点防水工程及工业与民用建筑的屋面、墙体、地下室、卫生间等的防水防潮；桥梁、道路、停车场、游泳池、隧道、蓄水池等建筑物的防水；特别适用于结构变形频繁和寒冷地区的建筑物；管道、防腐层的保护及包管、防潮。

自粘聚合物改性沥青防水卷材适用于工业与民用建筑的屋面、地下室、室内、市政工程和蓄水池、游泳池以及地铁隧道防水；木结构和金属结构屋面的防水工程；特别适用于不宜动用明火的石油库、化工厂、纺织厂、粮库等防水工程。

技术指标

SBS 弹性体改性沥青防水卷材技术指标如下：

序号	检验项目			单位	技术要求	检验结果
1	可溶物含量			g/m^2	≥ 2100	2622
2	不透水性 30min			—	0.3MPa 不透水	符合
3	耐热性	试验现象		—	90℃无流淌、滴落	符合
		滑动值	上表面	mm	≤ 2	0.1
			下表面			0.2
4	拉力	最大峰拉力	纵向	N/50mm	≥ 500	1010
			横向			690
		试验现象		—	拉伸过程中，试件中部无沥青涂盖层开裂与胎基分离现象	符合
5	延伸率	最大峰时延伸率	纵向	%	≥ 30	39
			横向			44
6	热老化	拉力保持率	纵向	%	≥ 90	97
			横向			104
		延伸率保持率	纵向	%	≥ 80	95
			横向			91
		低温柔性	上表面	—	-15℃无裂缝	符合
			下表面			符合
		尺寸变化率		%	≤ 0.7	0.3
		质量损失		%	≤ 1.0	0.3
7	渗油性			张	≤ 2	1
8	接缝剥离强度			N/mm	≥ 1.5	1.6

新疆可耐金新材料科技有限责任公司
地址：新疆昌吉州昌吉高新区建材区 6 号
电话：0994-2355020
官方网站：http://www.xjknfs.com

自粘聚合物改性沥青防水卷材技术指标如下：

序号	检验项目			单位	技术要求	检验结果
1	不透水性			/	0.3MPa，120min 不透水	0.3MPa，120min 不透水
2	低温柔性			℃	-20 无裂纹	-20 无裂纹
3	拉伸性能	拉力	纵向	N/50mm	≥ 450	1355
			横向			1245
		最大拉力时延伸率	纵向	%	≥ 30	41
			横向			47
4	剥离强度	卷材与卷材		N/mm	≥ 1.0	1.2
		卷材与铝板			≥ 1.5	1.7
5	钉杆水密性			/	通过	通过
6	热老化	最大拉力时延伸率	纵向	%	≥ 30	42
			横向			44
		低温柔性		℃	-18 无裂纹	-18 无裂纹
		剥离强度卷材与铝板		N/mm	≥ 1.5	3.6
		尺寸稳定性		%	≤ 1.5	1.6

工程案例

新疆地块 1 号线、新疆塔里木油田集团家属区、克拉玛依人民文化中心、新疆医科大学附属医院昌吉分院、新疆工程学院新校区、乌鲁木齐国际机场航站楼、乌鲁木齐高铁站、霍尔果斯园际商贸中心。

生产企业

新疆可耐金新材料科技有限责任公司成立于 2010 年 5 月，地处新疆昌吉高新区建材区 6 号，注册资金 5000 万元人民币，占地面积 56000 平方米，现有员工 70 多人。新疆可耐金新材料科技有限责任公司是一家集生产防水材料、设计研发、技术咨询、施工服务于一体的民营企业，主营业务为生产、销售 SBS 防水卷材，公司目前拥有两套现代化的改性沥青防水卷材生产线，年生产能力 1000 万以上。

公司是在原乌鲁木齐市可耐建筑防水材料有限公司的基础上组建的独立法人企业。乌鲁木齐市可耐建筑防水材料有限公司于 2000 年成立，拥有 20 年防水建材研发生产历史，获得优良的市场口碑。

我公司的产品品牌有“天依蓝”和“可耐金”，远销于伊犁、阿勒泰、塔城、克拉玛依、石河子、乌鲁木齐、昌吉等地；在民用建筑领域，公司同诸多大中型地产商、建筑企业建立了长期战略合作关系，构筑了遍布全疆的工程和零售渠道，形成了遍布全疆的销售网络，是目前新疆十分先进、产销规模很大的防水生产厂家之一。

基于公司这 20 年的发展历程，成就了新疆可耐金新材料科技有限责任公司的一片蓝天；我公司于 2015 年荣获高新技术企业称号，2018 年顺利通过高新技术企业复审。公司现拥有实用新型专利 42 项，发明专利 1 项，并于 2017 年 7 月成功入选《绿色建筑选用产品导向目录》、获得了绿色建筑用产品证明商标准用证，2017 年 11 月份获得自治区企业技术中心认定，2017 年 4 月至 2017 年 12 月陆续完成五体系落地工作，取得了质量管理体系、知识产权管理体系、环境管理体系、能源管理体系、职业健康安全管理体系认证证书。在 2018 年 7 月举行的第五届新疆创新创业大赛（昌吉赛区）暨第四届昌吉州创新创业大赛上荣获一等奖，在 2018 年 10 月举行的第七届中国创新创业大赛（新疆赛区）暨第五届新疆创新创业大赛中获得二等奖，并于 2018 年 11 月代表新疆参加在宁波举行的全国创新创业大赛并获得第 16 名的好成绩。公司通过了 2018 年自治州绿色制造体系建设绿色工厂评定。

在生产方面，新疆可耐金新材料科技有限责任公司将增加新产品三种——彩色油毡瓦、无胎自粘防水卷材、高分子防水卷材，更能适应社会和科技的发展以及防水工程日渐提高的要求和不断提升的环保要求，力争为新疆防水事业做出更大贡献。

新疆可耐金新材料科技有限责任公司
地址：新疆昌吉州昌吉高新区建材区 6 号
电话：0994-2355020
官方网站：http://www.xjknfs.com

证书编号：LB2020FS012

卓宝自粘聚合物改性沥青防水卷材、弹性体改性沥青防水卷材、湿铺防水卷材

产品简介

SBS 弹性体改性沥青防水卷材是以 SBS（苯乙烯 - 丁二烯 - 苯乙烯）热塑性弹性体改性沥青为浸涂材料，以优质聚酯胎、玻纤胎、复合胎布为胎基，以聚乙烯膜（PE）、细砂（S）、矿物粒料（M）为覆面材料，采用先进的工艺精制而成的高弹性热熔防水卷材，形成防水层与混凝土结构的无间隙结合，杜绝层间窜水隐患，能有效提高防水系统的可靠性。

贴必定 BAC 自粘防水卷材（PY）是以聚酯胎、自粘橡胶沥青胶料、隔离膜组合而成的一种有胎自粘防水卷材。该产品抵抗外力能力强，在一定程度上可减少因基层的变形及裂缝而引起的漏水现象，具有更高、更强的耐水压能力，更耐穿刺、撕裂及疲劳。

PET 湿铺防水卷材的诞生以及卓宝科技首创的湿铺法施工工艺，给防水界带来了一场深刻的技术改革。从实际防水效果看，要想让防水层在任何不理想的条件下都最大限度地发挥作用，避免窜水，更有效且经济的防水是将防水层永久牢固地粘附于结构下，无论是地下室底板、侧墙、顶板还是屋面板，无论是外防外贴还是外防内贴部位——这就是皮肤式防水理念。PET 湿铺防水卷材利用水密性最好的母材——自粘橡胶沥青和最低廉保的粘接剂—水泥构筑了可靠、经济的“皮肤”式的防水系统，令人耳目一新。

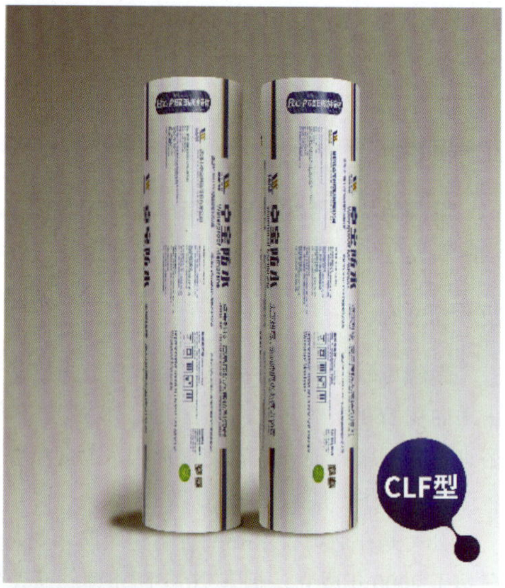

适用范围

零缺陷防水系统 BAC 防水卷材、BAC 湿铺防水卷材、SBS 弹性体改性沥青防水卷材等适用于建筑物地下室侧墙、底板、顶板及屋面等防水、防渗、防潮工程。

技术指标

1. 贴必定 BAC、贴必定 PET 符合《自粘聚合物改性沥青防水卷材》（GB 23441—2009）标准要求。

2.SBS 弹性体改性沥青防水卷材符合《弹性体改性沥青防水卷材》（GB 18242—2008）标准要求。

3.BAC 湿铺防水卷材 符合《湿铺防水卷材》（GB/T 35467—2017）标准要求。

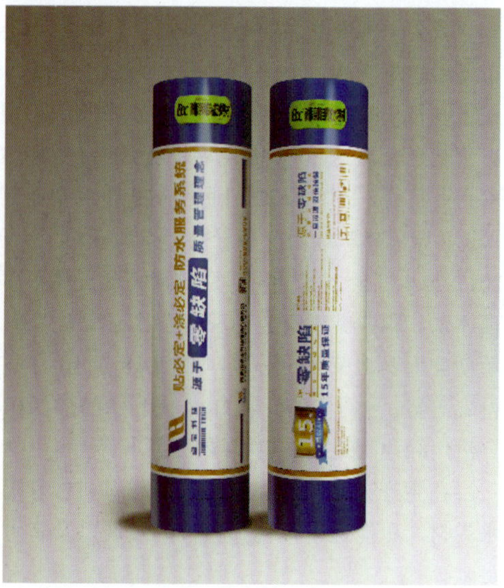

工程案例

1. 穗莞深城际铁路

卓宝科技承接了该项目的防水工程，采用卓宝的 BAC 自粘防水卷材、MAC 高分子自粘防水卷材等，防水总面积 100 多万平方米。

2. 北京万达广场

总规划占地面积约 10 公顷，总建筑面积约 50 万 m^2，其中防水面积 25 万 m^2。在此项目中我公司主要承担地下室、屋面、卫生间防水施工任务，在工程中采用了卓宝公司自行研制、开发的 P 型自粘卷材、BAC 卷材等产品。

3. 深圳宝安国际机场

卓宝科技承接了深圳宝安机场新航楼（T3 航站楼）扩建工程的防水项目，防水面积 40 万 m^2，施工部位地下室，使用材料为两层 3mm

深圳市卓宝科技股份有限公司

地址：深圳市福田区卓越梅林中心广场北区 2 栋 16 层
电话：0755-36800118
传真：0755-33052266
官方网站：www.zhuobao.com

厚的卓宝贴必定 BAC 湿铺防水卷材。

4. 深圳市民中心广场

卓宝承接了该项目的防水工程，防水面积 12 万 m^2，使用的防水材料主要为 P 型自粘卷材。该工程荣获 2010 年度“鲁班奖”。

5. 腾讯滨海大厦

卓宝科技承接了该项目的防水工程，使用卓宝 3.0mmBAC 自粘防水卷材，2.0mmJS 聚合物水泥防水涂料，防水部位包括地下室、墙面等，防水面积 28 万平方米。

6. 公安部办公大楼

卓宝科技北京团队承接了该项目地下室、屋面等部位的防水工程，防水面积 40000m^2，使用的材料为 P 型 1.5mm 自粘卷材。

7. 广州国际会展中心

卓宝科技广州营销团队承接了该项目的防水工程，防水部位为地下室、屋面等，防水面积 15.0 万平方米，使用材料为 BAC 双面自粘卷材、JS 聚合物涂料。

8. 宁夏国际会议中心

卓宝科技宁夏营销团队承接了该项目的地下室防水工程，施工面积 180000 平方米，采用卓宝的贴必定 MAC 高分子自粘橡胶复合防水卷材。

生产企业

深圳市卓宝科技集团（简称“卓宝科技”）是行业中名列前茅的功能性建筑材料系统服务商、国家级高新技术企业，创立于 1999 年。

卓宝科技总部位于深圳，下辖天津、苏州、石首、武汉、成都、惠州、佛山 7 大生产基地及多家分子公司。产品涵盖建筑防水、家装防水等，拥有百余项核心国家专利，2 项国家重点新产品，5 项 FM 认证产品。卓宝科技拥有强大的技术研发实力，有 5 大行业标准实验室，入选广东省重点实验室，并通过 CNAS 认可。

卓宝科技是中国自粘防水卷材的代表品牌、中国建材企业 500 强、中国房地产 500 强开发商选用品牌。多年来，卓宝科技产品广泛应用于重大基础设施建设、工业建筑和民用、商用建筑等，铸造了中国国家博物馆、公安部大楼、腾讯全球新总部大楼等众多经典工程，参建的“鲁班奖”优质工程数十个。优质的产品与服务使卓宝科技与碧桂园、恒大集团、保利发展、花样年等知名地产商建立了长期战略合作关系。

卓宝科技作为高品质防水系统佼佼者，将持续为社会奉献不渗漏的防水工程，呵护人类诗意安居。

深圳市卓宝科技股份有限公司

地址：深圳市福田区卓越梅林中心广场北区 2 栋 16 层

电话：0755-36800118

传真：0755-33052266

官方网站：www.zhuobao.com

金属复合材料 地坪材料 建筑涂料 预拌混凝土 胶粘剂 道路材料 预制构件 防水卷材与防水涂料 其他材料

证书编号：LB2020FS013

卓宝聚合物水泥防水涂料、聚氨酯防水涂料、水泥基渗透结晶型防水涂料

产品简介

卓宝 911 弹性防水涂料是一种双组分反应固化型聚氨酯防水涂料。甲组分是以聚醚树酯和二异氰酸酯等聚合反应制成的预聚物。乙组分是由硫化剂、催化剂树酯等多种助剂精制而成。甲、乙组分按一定配合比搅拌均匀，刮涂在基面上，经反应固化后形成一层富有弹性珠防水胶膜。

水泥基渗透结晶防水材料，是一种含有特殊活性化合物的水泥基粉状防水材料，其活性化合物可渗透到混凝土基体内，与水分持续发生化学反应，形成不溶于水的惰性结晶体，阻塞和封闭混凝土的孔隙和微裂缝，形成渗透防水层，加上本身层面密实的防水层，便形成两层致密、高强、经久可靠的防水层。

卓宝 PMC 聚合物水泥防水涂料系采用优质建筑专用聚合物乳液为主要原料，以多种助剂配置而成的防水乳液。卓宝 JS 聚合物水泥防水涂料是以优质高分子乳液和水泥为主要原料，加入多种无机材料和助剂配置而成的双组分高分子水性防水涂料，该涂料具有优异的耐候性、特强的粘结力、高强度、无毒无味等优势。

适用范围

卓宝 911 弹性防水涂料适用于一般建筑物的墙面、外墙、地下室、阳台、厨卫间的防水工程；一般建筑物的屋顶花园、游泳池、电梯井的防水工程；特殊建筑物如粮仓、人防工程、相关桥梁工程的防水工程；管道的密封、卷材的密封等相关辅助性防水工程。

PMC−101 水泥基渗透结晶防水材料产品广泛适用于工业与民用建筑的地下工程，地铁、隧道、水池及水利等工程混凝土结构的防水与保护。

聚合物水泥防水材料（PMC，JS）、非固化橡胶沥青防水涂料一般建筑屋面、地下室、外墙面、厨卫间及水池等防水工程。

技术指标

聚氨酯防水涂料技术指标如下：

序号	项目		技术指标
1	固体含量 /% ≥		85
2	拉绅强度 /MPa ≥		2.0
3	断裂伸长率 /% ≥		500
4	撕裂强度 /（N/mm）≥		15
5	加热伸缩率 /% ≤		-0.4 ～ +1.0
6	粘结强度 /MPa ≥		1.0
7	定伸时老化	加热老化	无裂纹及变形
8	热处理（80℃ 168h）	拉伸强度保持率 /%	80 ～ 150
		断裂伸长率 /% ≥	450
		低温弯折性 ≤	-30℃，无裂纹
9	碱处理（0.1%NaOH+ 饱和 Ca（OH）$_3$ 溶液，168h）	拉伸强度保持率 /%	80 ～ 150
		断裂伸长率 /% ≥	450
		低温弯折性 ≤	-30℃，无裂纹
10	酸处理（2%H_2SO_4 溶液，168h）	拉伸强度保持率 /%	80 ～ 150
		断裂伸长率 /% ≥	450
		低温弯折性 ≤	-30℃，无裂纹

水泥基渗透结晶型防水涂料技术指标如下：

序号	项目		技术指标
1	氯离子含量 ≤		0.1
2	抗折强度 /MPa,28d		2.8
3	抗压强度 /MPa,28d		15
4	湿基面粘结强度搞折强度 /MPa,28d		1.0
5	砂浆抗渗性能	带涂层砂浆的抗渗压力 /MPa,28d	报告实测值
		抗渗压力比（带涂层）/%,28d ≥	250
		去除涂层砂浆的抗渗压力 /MPa,28d	报告实测值
		抗渗压力比（去除涂层）/%,28d ≥	175
6	混凝土抗渗性能	带涂层砂浆的抗渗压力 /MPa,28d	报告实测值
		抗渗压力比（带涂层）/%,28d ≥	250
		去除涂层砂浆的抗渗压力 /MPa,28d	报告实测值
		抗渗压力比（去除涂层）/%,28d ≥	175
		带涂层混凝土的第二次抗渗压力 /MPa,56d ≥	0.8

深圳市卓宝科技股份有限公司

地址：深圳市福田区卓越梅林中心广场北区 2 栋 16 层
电话：0755-36800118
传真：0755-33052266
官方网站：www.zhuobao.com

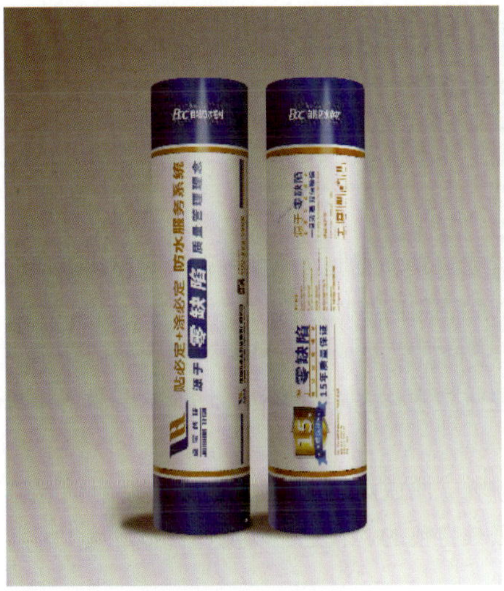

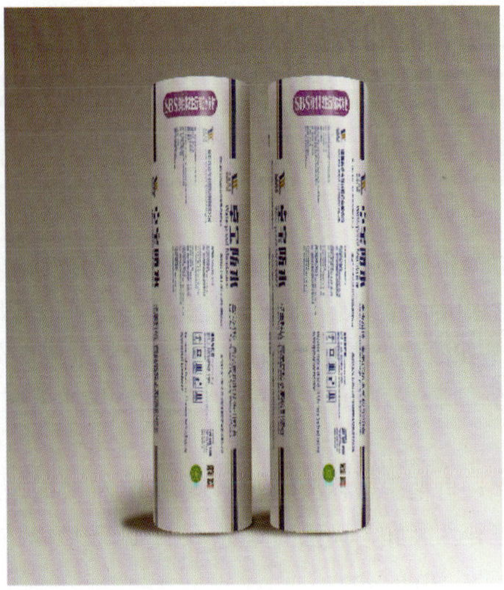

执行《聚合物水泥防水涂料》（GB/T 23445—2009）

序号	项目		技术指标		
			I 型	II 型	III 型
1	固体含量 /% ≥			70	
2	拉伸强度	无处理 /MPa ≥	1.2	1.8	1.8
		加热处理后保持率 /% ≥	80	80	80
		碱处理后保持率 /% ≥	60	70	70
		紫外线处理后保持率 /% ≥	80	—	—
3	断裂伸长率	无处理 /% ≥	200	80	30
		加热处理 /% ≥	150	65	20
		碱处理 /% ≥	150	65	20
		紫外线处理 /% ≥	150	—	—
4	潮湿基面粘结强度 /MPa ≥		0.5	0.7	1.0
5	抗渗性（背水面）/MPa		—	0.6	0.8

工程案例

穗莞深城际铁路、北京万达广场、深圳宝安国际机场、深圳市民中心广场、腾讯滨海大厦、公安部办公大楼、广州国际会展中心广州国际会展中心、宁夏国际会议中心等。

生产企业

深圳市卓宝科技集团（简称“卓宝科技”）是行业中名列前茅的功能性建筑材料系统服务商、国家级高新技术企业，创立于 1999 年。

卓宝科技总部位于深圳，下辖天津、苏州、石首、武汉、成都、惠州、佛山 7 大生产基地及多家分子公司。产品涵盖建筑防水、家装防水等，拥有百余项核心国家专利，2 项国家重点新产品，5 项 FM 认证产品。卓宝科技拥有强大的技术研发实力，有 5 大行业标准实验室，入选广东省重点实验室，并通过 CNAS 认可。

卓宝科技是中国自粘防水卷材的代表品牌、中国建材企业 500 强、中国房地产 500 强开发商选用品牌。多年来，卓宝科技产品广泛应用于重大基础设施建设、工业建筑和民用、商用建筑等，铸造了中国国家博物馆、公安部大楼、腾讯全球新总部大楼等众多经典工程，参建的“鲁班奖”优质工程数十个。优质的产品与服务使卓宝科技与碧桂园、恒大集团、保利发展、花样年等知名地产商建立了长期战略合作关系。

卓宝科技作为高品质防水系统佼佼者，将持续为社会奉献不渗漏的防水工程，呵护人类诗意安居。

深圳市卓宝科技股份有限公司

地址：深圳市福田区卓越梅林中心广场北区 2 栋 16 层
电话：0755-36800118
传真：0755-33052266
官方网站：www.zhuobao.com

证书编号：LB2020FS014

华夏女娲改性沥青聚乙烯胎防水卷材、种植屋面用耐根穿刺防水卷材、自粘聚合物改性沥青防水卷材

产品简介

改性沥青聚乙烯胎防水卷材是以高密度聚乙烯为胎基，上下两面为改性沥青或自粘沥青胶，表面覆盖隔离材料制成的防水卷材。该产品具有延伸率大、耐水压、耐腐蚀、抗变形能力强等特点，非常适合地下防水工程。

种植屋面用耐根穿刺防水卷材是在改性沥青中添加进口化学阻根剂或高分子材料本身所具有机械阻根功能的防水材料。产品具有优异的阻根性、防水性，可有效阻止植物根系穿透防水层，保证整体防水体系的完整性，同时具备材料本身具备的各种优点。

自粘聚合物改性沥青防水卷材是以自粘聚合物改性沥青为基料，非外露全貌物无胎或采用聚酯胎基增强的本体自粘防水卷材。该产品具有超强粘结力、延伸性能好、极强的基层“自锁水”性能、极具特色的“自愈”功能、自粘冷施工，适用于不准动火的工程。

适用范围

改性沥青聚乙烯胎防水卷材主要适用于结构变形大、防水要求等级高的防水工程；地下工程的地下室、地铁、隧道、涵洞等领域的防水、防潮、防渗工程；各种建筑物的屋面防水、防潮、防渗工程。

种植屋面用耐根穿刺防水卷材主要适用于种植屋面及绿化的地下建筑物项板的阻根与防水工程。

自粘聚合物改性沥青防水卷材主要适用于结构变形大、防水要求高的地下室、地铁、隧道、涵洞、各种建筑物的屋面防水、防潮、防渗工程。

技术指标

改性沥青聚乙烯胎防水卷材技术指标如下：

T PEE 4				
序号	项目		标准指标	检测值
1	耐热性		90℃，无流淌，无起泡	90℃，无流淌，无起泡
2	低温柔性		-20℃，无裂纹	-20℃，无裂纹
3	不透水性		0.4MPa，30min 不透水	0.4MPa，30min 不透水
4	拉力 /（N/50mm） ≥	纵向	200	1048
		横向		964
5	断裂延伸率 /% ≥	纵向	120	341
		横向		241
6	卷材下表面沥青涂盖层厚度 /mm ≥		1.0	1.4

辽宁女娲防水建材科技集团有限公司
地址：盘锦市盘山县陈家镇郎家村
电话：0427-6577561
传真：0427-6577553
官方网站：www.lnnvwa.com

种植屋面用耐根穿刺防水卷材技术指标如下：

耐根穿刺 SBS Ⅱ PY PE PE 4 10				
序号	项目		标准指标	检测值
1	可溶物含量 / （g/m^2） ≥		2900	3155
2	耐热性		105℃，滑动≤ 2mm，无流淌、滴落	105℃，无滑动、流淌、滴落
3	低温柔性		-25℃，无裂缝	-25℃，无裂缝
4	不透水性		0.3MPa，30min 不透水	0.3MPa，30min 不透水
5	最大峰拉力 / （N/50mm）≥	纵向	800	1309
		横向		1178
6	最大峰时延伸率 /% ≥	纵向	40	43
		横向		47
7	渗油性 / 张数 ≤		2	1
8	卷材下表面沥青涂盖层厚度 /mm ≥		1.0	1.4

自粘聚合物改性沥青防水卷材技术指标如下：

自粘卷材 PY Ⅰ PE 3.0 10				
序号	项目		标准指标	检测值
1	耐热性		70℃，无滑动、流淌、滴落	70℃，无滑动、流淌、滴落
2	低温柔性		-20℃，无裂纹	-20℃，无裂纹
3	拉力 / （N/50mm） ≥	纵向	450	931
		横向		751
4	最大拉力时延伸率 /% ≥	纵向	30	37
		横向		42
5	卷材与铝板剥离强度 / （N/mm） ≥	上表面	1.5	1.7
		下表面		1.6
6	持粘性 /min ≥	上表面	15	52
		下表面		32
7	自粘沥青再剥离强度 / （N/mm） ≥		1.5	1.6

工程案例

营口海港城、恒旺集团住宅、沈阳大民屯回迁楼、白城中华城项目、通辽青春创业园项目、荣盛花语城、盘锦荣亚大夏、南宁碧桂园天玺湾一期、邢台巨鹿东港城、辛集市润城•悦府等项目。

生产企业

辽宁女娲防水建材科技集团有限公司（以下简称女娲集团）始创于 1998 年，2015 转型升级，是一家集科研开发、专业生产、整体营销、设计施工于一体的大型防水建材企业，是中国防水协会理事单位和辽宁省防水协会副理事长单位。集团下设两大生产基地，全套配备具有国内先进水平的生产装置，年产改性沥青防水卷材 5000 万平方米，高分子防水卷材 1000 万平方米，防水涂料 3 万吨。产品涵盖铁路、道桥、市政、民建、工业等防水领域，共计六大系列 100 多个品种。企业通过 ISO 9001 质量管理体系认证、ISO 14001 环境管理体系认证和 OHSAS 18001 职业健康安全管理体系认证，是国家级高新技术企业，产品通过 CRCC 认证、中国环境标志（十环）产品认证、CTC 产品认证。

2015 年女娲集团与深圳清华大学研究院达成战略合作协议，共同成立“清华女娲防水技术研发中心”；2018 年和 2019 年分别与辽宁石油化工大学和沈阳建筑大学合作建立产学研示范基地，增强企业的创新能力，促进人才培养，促进科技成果转化。女娲集团推出的“QQC”系列满足市场需求的新型产品，以安全环保、施工简单、性能优异、防水可靠为产品特色，促进传统防水产业的转型与升级。女娲集团专注“女娲让防水更安心”的历史使命和“防水让生活更美好”的成长理念，将为现代工程建筑以及改善人居环境不断贡献力量。

辽宁女娲防水建材科技集团有限公司
地址：盘锦市盘山县陈家镇郎家村
电话：0427-6577561
传真：0427-6577553
官方网站：www.lnnvwa.com

证书编号：LB2020FS015

华夏女娲聚氨酯防水涂料、聚合物水泥防水涂料、水泥基渗透结晶型防水涂料

产品简介

聚氨酯防水涂料是以聚氨酯树脂作为成膜物质制成的防水涂料的总称。单组分聚氨酯防水涂料是以特种聚醚和异氰酸酯反应成预聚体，配以多种助剂而制成，不含交联固化剂，完全靠吸收空气中水分而固化成膜；双组分聚氨酯防水涂料是由A、B两组分反应固化成膜，A组分是以聚醚和多异氰酸酯等原料，经过聚合反应生成的含有异氰酸基的透明至淡黄色的粘稠液化物质，B组分是以交联剂、促进剂、增韧剂、增粘剂、防霉剂、填充剂和颜料等混合加工而成的膏状物。

聚合物水泥防水涂料是以聚合物乳液和水泥为主要原料，加入砂和其他助剂所制成的双组分水性防水料。其配方设计原理是有机聚合物乳液失水而成为具有黏结性、连续性的弹性膜层，水泥吸收涂料中的水形成柔韧的弹性涂膜，与基层有良好的相容性，具有“刚柔相济”的特性。

水泥基渗透结晶型防水涂料是以硅酸盐水泥、石英砂和多种活性化学物质研制而成的一种刚性防水材料。与水作用后，材料中的活性化学物质通过载体向混凝土内部渗透，在混凝土中形成不溶于水的结晶体，填塞毛细孔道，阻止混凝土开裂，增强混凝土强度。

适用范围

聚氨酯防水涂料主要适用于屋面、地下、厕浴间、隧道、路桥、涵洞、水池等防水、防渗工程。

聚合物水泥防水涂料主要适用于屋面、地下、厕浴间、隧道、路桥、涵洞、水池等防水、防渗工程。

水泥基渗透结晶型防水涂料主要适用于水泥砂浆、新旧混凝土建筑物及构筑物的迎水面和背水面防水。

技术指标

聚氨酯防水涂料技术指标如下：

PU防水涂料 MINA			
序号	项目	标准指标	检测值
1	固体含量/% ≥	92.0	94.5
2	表干时间/h ≤	12	7
3	实干时间/h ≤	24	13
4	拉伸强度/MPa ≥	2.00	2.38
5	断裂伸长率/% ≥	500	526
6	撕裂强度/（N/mm）≥	15	19
7	低温弯折性	-35℃，无裂纹	-35℃，无裂纹
8	不透水性	0.3MPa，120min不透水	0.3MPa，120min不透水

聚合物水泥防水涂料技术指标如下：

JS防水涂料 Ⅱ A			
序号	项目	标准指标	检测值
1	固体含量/% ≥	70.0	79
2	无处理拉伸强度/MPa ≥	1.8	202
3	无处理断裂伸长率/% ≥	80	112
4	无处理粘结强度/MPa ≥	0.7	1.0
5	不透水性	0.3MPa，30min不透水	0.3MPa，30min不透水
6	挥发性有机化合物（VOC）/（g/l）≤	80	2
7	游离甲醛/（mg.kg）≤	100	16
8	苯、甲苯、乙苯和二甲苯总和/（mg.kg）≤	300	未检出（＜20）

辽宁女娲防水建材科技集团有限公司
地址：盘锦市盘山县陈家镇郎家村
电话：0427-6577561
传真：0427-6577553
官方网站：www.lnnvwa.com

水泥基渗透结晶型防水涂料技术指标如下：

CCCW C				
序号	项目		标准指标	检测值
1	含水率 /% ≤		1.5	0.3
2	细度，0.63mm 筛余 /% ≤		5	0.34
3	施工性	加水搅拌	刮涂无障碍	刮涂无障碍
		20min 后		刮涂无障碍
4	砂浆抗渗性能 /% ≥	抗渗压力比（带涂层）28d	250	300
		抗渗压力比（去掉涂层）28d	175	233

工程案例

盘锦煜兴商业广场项目一期、宝达新景花园、营口林昌天铂、成都地铁 5 号线土建 9 标项目、新建北京至沈阳铁路客运专线（京冀段）工程、内蒙古鄂尔多斯项目、中国通号长沙产业园。

生产企业

辽宁女娲防水建材科技集团有限公司（以下简称女娲集团）始创于 1998 年，2015 转型升级，是一家集科研开发、专业生产、整体营销、设计施工于一体的大型防水建材企业，是中国防水协会理事单位和辽宁省防水协会副理事长单位。集团下设两大生产基地，全套配备具有国内先进水平的生产装置，年产改性沥青防水卷材 5000 万平方米，高分子防水卷材 1000 万平方米，防水涂料 3 万吨。产品涵盖铁路、道桥、市政、民建、工业等防水领域，共计六大系列 100 多个品种。企业通过 ISO 9001 质量管理体系认证、ISO 14001 环境管理体系认证和 OHSAS 18001 职业健康安全管理体系认证，是国家级高新技术企业，产品通过 CRCC 认证、中国环境标志（十环）产品认证、CTC 产品认证。

2015 年女娲集团与深圳清华大学研究院达成战略合作协议，共同成立“清华女娲防水技术研发中心”；2018 年和 2019 年分别与辽宁石油化工大学和沈阳建筑大学合作建立产学研示范基地，增强企业的创新能力，促进人才培养，促进科技成果转化。女娲集团推出的“QQC”系列满足市场需求的新型产品，以安全环保、施工简单、性能优异、防水可靠为产品特色，促进传统防水产业的转型与升级。女娲集团专注“女娲让防水更安心”的历史使命和“防水让生活更美好”的成长理念，将为现代工程建筑以及改善人居环境不断贡献力量。

辽宁女娲防水建材科技集团有限公司
地址：盘锦市盘山县陈家镇郎家村
电话：0427-6577561
传真：0427-6577553
官方网站：www.lnnvwa.com

证书编号：LB2020FS016

鹏昌弹性体改性沥青防水卷材、种植屋面用耐根穿刺防水卷材、湿铺防水卷材

产品简介

弹性体改性沥青防水卷材可广泛用于各类建（构）筑物防水工程，如屋面、地下室、隧道、桥梁、水库等。本品以石油沥青为基料，SBS（苯乙烯－丁二烯－苯乙烯嵌段聚合物）为改性剂，聚酯毡或玻纤胎为胎体而制成的防水卷材，综合性能优良，特别是拉伸性能甚佳。根据地区及用户的需求，产品可在 −25℃～105℃ 范围内保持良好的工作状态。

湿铺防水卷材的主要原材料是活性物，同时加入适量的辅助材料和防老化剂、促进剂及其他一些助剂，经混炼压延而成，是一款能在潮湿基面上施工的防水产品，这种特殊的活性物质能与水泥砂浆或素水泥浆发生反应，达到与基面或结构主体实现满粘的效果。

种植屋面用耐根穿刺防水卷材是以长纤聚酯纤维毡、特殊复合胎基为卷材胎基，以添加进口化学阻根剂（德国进口）的 SBS/APP 改性沥青为涂盖材料，两面覆以聚乙烯膜、细砂或矿物粒料为隔离材料制成的耐根穿刺防水卷材。

适用范围

弹性体改性沥青防水卷材广泛应用于工业、民用建筑如屋面、地下室、墙体、卫生间、水池、水渠、地铁、洞库、公路、桥梁和机场跑道等防水保护工程，并适用于金属容器、管道防腐保护，是一种用途广泛、性能优异的防水材料，既可单层使用，也可复层使用；既可热熔施工，亦可冷粘。

湿铺防水卷材适用于工业与民用建筑的地下室、屋面的防水工程；地铁、管廊、铁路、隧道的防水。

种植屋面用耐根穿刺防水卷材用于种植屋面及需要绿化的地下建筑物顶板的耐植物根系穿刺层，确保植物根系不对该层次以下部位的构造形成破坏，并有防水功能。

技术指标

弹性体改性沥青防水卷材技术指标如下：

检验项目	技术要求		典型值	
拉力（N/50mm）	横向 ≥	500	横向	602
	纵向 ≥	500	纵向	692
延伸率 %	横向 ≥	30	横向	57
	纵向 ≥	30	纵向	37
耐热度（℃）	90℃ 2h 无流淌无滴落		无流淌无滴落	
低温柔性（℃）	-20℃，3s 弯 180°		无裂缝	
拉力（N/50mm）	横向 ≥	800	横向	940
	纵向 ≥	800	纵向	1040
延伸率 %	横向 ≥	40	横向	54
	纵向 ≥	40	纵向	46
耐热度（℃）	105℃ 2h 无流淌无滴落		无流淌无滴落	
低温柔性（℃）	-25℃，3s 弯 180°		无裂缝	

河北鹏昌防水建材有限公司
地址：河北省新乐市承安铺镇 107 国道 234 公里处
电话：0311-88574289
传真：0311-88570606

湿铺防水卷材技术指标如下：

序号	项目		指标		
			H	E	PY
1	可溶物含量 /（g/m）≥		—		2100
2	拉伸性能	拉力 /（N/50mm）≥	300	200	500
		最大拉力时伸长率 /% ≥	50	180	30
		拉伸时现象	胶层与高分子膜或胎基无分离		
3	撕裂力 /N ≥		20	25	200
4	耐热性（70℃，2h）		无流淌、滴落、滑移≤ 2mm		
5	低温柔性（-20℃）		无裂纹		
6	不透水性（0.3Mpa 120min）		不透水		
7	卷材与卷材剥离强度（搭	无处理≥	1		
		浸水处理≥	0.8		
		热处理≥	0.8		
8	渗油性 / 张数≥		2		
9	持粘性 /min ≥		30		
10	与水泥砂浆剥离强度 /（N/mm）	无处理≥	1.5		
		热处理≥	1		
11	与水泥砂浆浸水后剥离强度 /（N/mm）		1.5		
12	热老化（80℃，168h）	拉力保持率 /%	90		
		伸长保持率 /%	80		
		低温柔性（-18℃	无裂纹		
13	尺寸变化率 /%		±1.0	±1.5	±1.5
14	热稳定性		无起鼓、流淌，高分子膜或胎基边缘卷曲最大不超过边长 1/4		

种植屋面用耐根穿刺防水卷材技术指标如下：

种植屋面用耐根穿刺防水卷材基本性能（包括人工气候加速老化），应符合相应国家标准 JC/T 1075—2008 中的相关要求。

序号	项目				技术指标
1	耐霉菌腐蚀性	防霉等级			0 级或 1 级
2	接缝剥离强度	无处理 /（N/mm）	沥青类防水卷材	SBS	≥ 1.5
				APP	≥ 1.0
			塑料类防水卷材	焊接	≥ 3.0 或卷材破坏
				粘结	≥ 1.5
			橡胶类防水卷材		≥ 1.5
		热老化处理后保持率 /%			≥ 80 或卷材破坏

工程案例

大同市矿物局一中、二中、三中、四中，河北省儿童医院新建综合住院楼医技楼，保定学院学术交流中心，呼和浩特市毫沁营工地

生产企业

河北鹏昌防水建材有限公司 2012 年入驻河北省新乐市承安铺镇 107 国道 234 公里处，建设年产 1200 万平方米改性沥青防水卷材生产线项目，该项目规划占地 68 亩，总投资 14680 万元，总建筑面积 28200 平方米，建设生产车间、库房、循环水池综合办公楼及其他配套设施。购置安装改性沥青防水卷材生产设备及配套设备共计 46 台 / 套，达到年产 1200 万平方米改性沥青防水卷材的生产能力。

证书编号：LB2020FS017

奥佳 SBS 弹性体改性沥青防水卷材、自粘聚合物改性沥青防水卷材、湿铺防水卷材

产品简介

弹性体改性沥青防水卷材是苯乙烯 - 丁二烯 - 苯乙烯（SBS）热塑性弹性体合成橡胶经过先进生产设备和工艺的搅拌、剪切、研磨，在优质沥青分布成网关结构，形成具有高弹性、高延伸率、低脆点的优质聚合物改性沥青，浸涂和涂盖在胎体上，其上下表面覆以隔离材料所制成的防水卷材。产品具有拉力大、延伸性好、高抗拉强度、高抗撕裂性、大尺寸稳定性好，对基层变形的适应能力强；韧性好、耐低温、耐紫外线、耐腐蚀、耐霉变、耐穿刺、耐硌破、耐候性能优异、耐低温等特点。

自粘聚合物改性沥青防水卷材是以 SBS 等合成橡胶、优质道路沥青及增粘剂为基料，采用无胎基或聚酯胎基，以高密度聚乙烯膜（PE）或聚酯膜（PET）等作为上表面材料（或无膜），涂硅隔离膜或涂硅隔离纸为下表面（或双面）防粘隔离材料制成的防水卷材。主要产品特点：施工方法简捷，冷作业施工，无任何溶剂挥发，环保无毒，与基层粘接性能优异，避免了窜水现象的发生。具有自愈功能，接缝自身粘接可与卷材同寿命;抗拉强度高、延伸率大、抗耐穿刺、耐腐蚀能力强。

湿铺防水卷材主要用于湿铺法施工或涂料粘结形成复合防水系统，用于大量射钉穿透防水层时，该卷材具有良好的自愈性和较强的撕裂强度，避免钉眼部位的渗漏。主要特点:持久粘结，长效防水;全天候施工，全环境密封;施工应用简单化;安全环保。

适用范围

弹性体改性沥青防水卷材适用于各类工业与民用建筑屋面防水工程，地下防水工程，冷库、桥面、地铁隧道、机场跑道等诸多建筑领域的防水、防潮：特别适用于北方地区冬季施工和结构易产生变形部位的防水施工。

自粘聚合物改性沥青防水卷材广泛应用于地下室、地铁、隧道、车库、水池、屋面等非外露工程，特别适用于需冷施工的军事设施和不宜动用明火的油库、化工厂、纺织厂、粮库等防水工程。

湿铺防水卷材适用于各类地下工程的防水抗渗，如地下室、人防工程、地铁、地下综合管廊等；工业与民用建筑的屋面防水；地下车库顶板种植绿化与屋顶花园等工程的防水；对潮气颇为敏感的粮库、电子车间等地的防潮；沿海地区有海水腐蚀和较大结构变形部位的防水防腐。

技术指标

弹性体改性沥青防水卷材物理力学性能符合 GB 18242−2008《弹性体改性沥青防水卷材》标准中的相关要求。

自粘聚合物改性沥青防水卷材物理力学性能符合 GB 23441−2009《自粘聚合物改性沥青防水卷材》标准中的相关要求。

湿铺防水卷材物理力学性能符合 GB/T 35467−2017《湿铺防水卷材》标准中的相关要求。

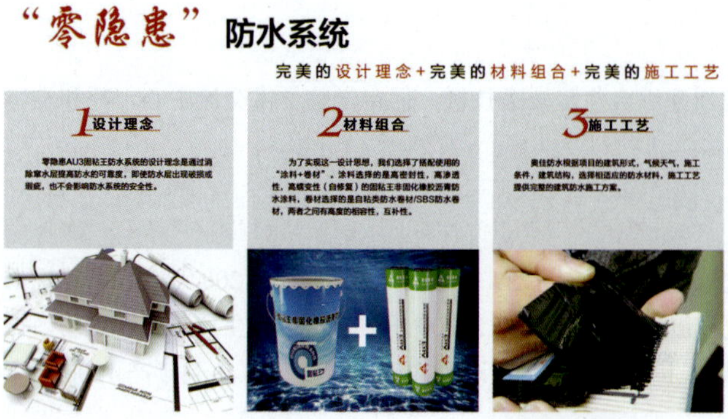

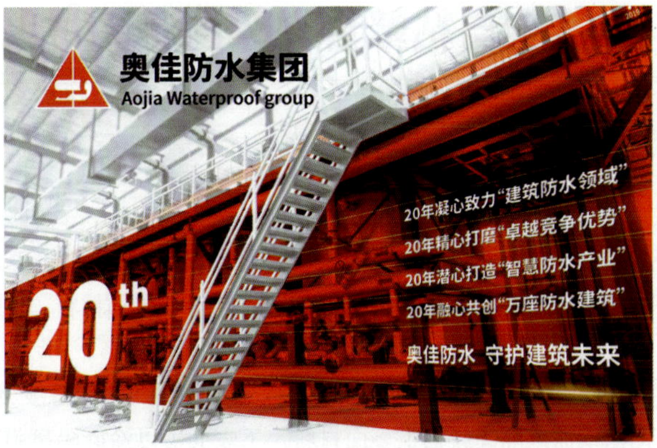

工程案例

北京第二机场、辽宁沈阳桃仙机场、黑龙江哈尔滨太平机场、成都地铁 2 号线、上海地铁 13 号线、南京地铁 3 号线、天津地铁 4 号线、哈尔滨工业大学、东北师范大学、山东烟台大学、安徽科技大学、哈尔滨火车站、泰州火车站、黑龙江省中医研究院、哈尔滨医科大写附属医院、北京崇光百货、唐山曹妃甸保税区、河南油田采集、开封动静紫瑞苑、新乡豫商时代广场、东方神话游乐园、青岛海情大酒店、济南御景园、聊城丽水豪庭等。

生产企业

河北省奥佳新型建材集团有限公司（以下简称“奥佳防水”）从创立伊始就致力于系统解决防水问题的方法，现已成为一家集防水材料研发、生产、销售及施工服务于一体的专业防水企业。

奥佳防水旗下拥有 8 个分公司，先后承担了众多国家重点工程的防水施工，拥有现代化防水材料生产线近 30 条。奥佳防水拥有五大生产基地，不仅专注于先进防水产品的研发与生产，更致力于打造全新的防水系统，为客户提供综合全面的技术支持和 24 小时援助服务，确保施工项目能够有效防水并实现零缺陷。

奥佳防水早在 2006 年 2 月就受邀参加了美国拉斯维加斯举办的美国屋面材料展会，并且大胆实施走出去战略，产品先后远销至美国、比利时、荷兰、法国、巴西、阿根廷、韩国、日本、泰国、印度尼西亚、约旦、加纳、斯里兰卡、南非等多个国家和地区。奥佳防水自成立至今，始终将产品的质量控制贯穿于原材料选用、配方设计、生产、仓储、运输、施工等全链条，为我国防水行业的高质量发展做出了贡献。

河北省奥佳建材集团有限公司
地址：唐山市芦台经济开发区农业总公司三社区
电话：022-69380355
官方网站：www.aojia-fs.com.cn

证书编号：LB2020FS018

鑫宝自粘聚合物改性沥青防水卷材、弹性体改性沥青防水卷材、湿铺防水卷材

产品简介

SBS 弹性体改性沥青防水卷材是以 SBS（苯乙烯 - 丁二烯 - 苯乙烯）热塑性弹性体改性沥青为浸涂材料，以优质聚酯毡、玻纤毡、玻纤增强聚酯毡为胎基，以细砂、矿物粒料、PE 膜、铝膜等为覆面材料，采用专用机械搅拌、研磨而成的弹性体改性沥青防水卷材。

自粘聚合物改性沥青防水卷材是以 SBS 等合成橡胶、优质道路沥青及增粘剂为基料。以聚酯膜（PE 丁）、聚乙烯膜（PE）、铝箔或涂硅隔离膜为上表面材料，下表面覆以涂硅隔离膜为防粘层而制成的自粘聚合物改性沥青无胎基防水卷材。

宽幅湿铺聚酯胎防水卷材是以沥青基聚酯胎防水卷材为主体材料（添加功能助剂），单面或双面涂覆自粘层，并附可剥离的涂硅膜作为隔离材料而制成的湿铺防水卷材。

适用范围

SBS 弹性体改性沥青防水卷材主要应用于大型的建筑工程、种植屋面、水池、水渠、隧道、地下室、车库、地铁等工程。

自粘聚合物改性沥青防水卷材适用于非外露的屋面、地下工程防水；水渠、游泳池等市政工程防水；明挖法的地铁工程防水等；特别适用于不能动用明火的防水工程。

湿铺聚酯胎防水卷材适用于建筑地下及明挖法的车站底板及外防内贴法施工的地下室侧墙防水；非外露的屋面工程防水；特别适用于不能动用明火的防水工程。

技术指标

SBS 弹性体改性沥青防水卷材主要技术指标如下：

序号	项目		I		II		
			P	PY	PY	G	PYG
1	可溶物含量 / (g/m^2) ≥	3mm	2100				—
		4mm	2900				—
		5mm	3500				
		实验现象	—	胎基不燃	—	胎基不燃	—
2	耐热性	℃	90		150		
		≤ mm	2				
		实验现象	无流淌 滴落				
3	不透水性 30min		0.3MPa	0.2MPa	0.3MPa		
4	拉力	最大峰拉力（N/50mm）≥	500	350	800	500	900
		次高峰拉力（N/50mm）≥	—	—	—	—	800
	实验现象		拉伸过程中，试件中无沥青涂盖层开裂或者胎基分离现象				
5	延伸率	最大峰延伸率 / % ≥	30		40	—	—
		第二峰延伸率 / % ≥	—		—		15
6	渗油性	张数≤	2				

自粘聚合物改性沥青防水卷材主要技术指标如下：

序号	项目		指标			
1	拉伸性能	拉力 /（N50mm）≥	纵向	916	横向	928
		最大拉力时延伸率 /%≥	纵向	39	横向	41
2	耐热性		70℃无滑动、流淌、滴落			
3	低温柔性 /℃		-20℃，无裂纹			
4	不透水性		0.3MPa，120min 不透水			
5	剥离强度 /（N/mm）≥	卷材与卷材	1.1			
		卷材与铝板	1.6			
6	钉杆水密性		通过			
7	渗油性 / 张数≤		1			
8	持粘性 /min ≥		大于 60			
9	热老化	尺寸稳定性 /%	0.1			
		最大拉力时延伸率 /% ≥	纵向	38	横向	42
		低温柔性 /℃	-18℃，无裂纹			
		剥离强度卷材与铝板 /（N/mm）≥	1.6			

湿铺防水卷材主要技术指标如下：

序号	项目		指标			
1	拉伸性能	拉力 /（N50mm）≥	纵向	421	横向	445
		最大拉力时延伸率 /%≥	纵向	184	横向	186
2	耐热性（70℃，2h），mm		无滑动、流淌、滴落			
3	低温柔性 /℃		-20℃，无裂纹			
4	不透水性 (0.3MPa，120min)		不透水			
5	撕裂力，N		纵向	75	横向	82
6	剥离强度 /（N/mm）≥	卷材与卷材	无处理：1.1；浸水处理：0.9；热处理：0.9			
		与水泥砂浆	无处理：1.6；浸水处理：1.6；热处理：1.1			
7	持粘性 /min ≥		33			
8	热老化（80℃，168h）	拉力保持率 /% ≥	纵向	94	横向	95
		伸长率保持率 /% ≥	纵向	91	横向	92
		低温柔性 /℃	-18℃，无裂纹			

工程案例

烟台三星电子生产厂房；
无锡金丰进出口有限公司；
杭州市清水公寓。

生产企业

潍坊市鑫宝防水材料有限公司创建于 2001 年，是集科研开发、生产销售、设计施工于一体的防水材料专业化企业，公司实行品质先导、服务先导、技术先导。公司占地面积 7800m^2，注册资金 12600 万元。公司位于中国建筑防水产业基地——寿光市台头工业园。

公司拥有国内先进的 2 米宽幅自粘生产线、SBS、APP 改性沥青防水卷材生产线、自粘聚合物改性沥青防水卷材生产线、聚乙烯丙纶复合防水卷材高档生产线、防水涂料生产线。公司拥有高水平的技术、科研、管理的人才，并有一批高素质的职工队伍。公司设备先进、资金雄厚、品种齐全、检测严谨、服务到位，产品销售量及市场占有率位居行业前列。

潍坊市鑫宝防水材料有限公司
地址：山东省寿光市台头镇工业园区
电话：0536-5525688
传真：0536-5525588
官方网站：www.xinbaofs.com

证书编号：LB2020FS019

鑫宝聚氨酯防水涂料、聚合物水泥防水涂料

产品简介

聚氨酯防水涂料由含异氰酸基（-NCO）为主体的 A 组分和非焦油基为填料的 B 组分所组成，当 A、B 两组分混合后，经反应形成无异味网状交联的高分子弹性材料。该涂膜基层粘结力好，拉伸强度、耐候性、耐化学试剂腐蚀性能好，具有很好的延伸率，固化后形成无接缝整体防水层的突出优点，使它能够经受结构的微量变化和环境变化，防水性能优越。

聚合物水泥防水涂料是绿色环保型防水涂料，是国家推荐使用的住宅建筑防水涂料。该材料是由有机液料和无机粉料复合而威的双组分防水涂料，具有有机材料弹性高、无机材料耐久性好的双重特点，涂膜后可形成高强坚韧的防水涂膜。

适用范围

聚氨酯防水涂料适用于地下室、厕浴间、厨房以及水池、冷库、地坪等工程的防水、防潮，尤其适用于基层难以干燥的地下工程，也可用于非暴露型屋面工程防水。

聚合物水泥防水涂料可在潮湿或干燥的砖石、砂浆、混凝土、金属、木材、硬塑料、玻璃、石膏板、泡沫板、沥青、橡胶、SBS 卷材、APP 卷材、聚氨酯等基础上施工，工业及民用建筑如房屋、屋面、地下、隧道、桥梁、水池、水库、卫生间、厨房等均可使用。

技术指标

聚氨酯防水涂料技术指标如下：

序号	项目		技术指标		
			I 型	II 型	III 型
1	固定含量 / % ≥	单组分		85.0	
		双组分		92.0	
2	干燥时间	表干时间 h ≤		12	
		实干时间 h ≤		24	
3	拉伸强度 / MPa ≥		2.00	6.00	12.0
4	断裂伸长率 / % ≥		500	450	250
5	撕裂强度 /（N/mm）≥		15	30	40
6	不透水性			0.3MPa,120min 不透水	
7	低温弯折性			-35℃无裂纹	
8	粘结强度 /MPa ≥			1.0	

聚合物水泥防水涂料技术指标如下：

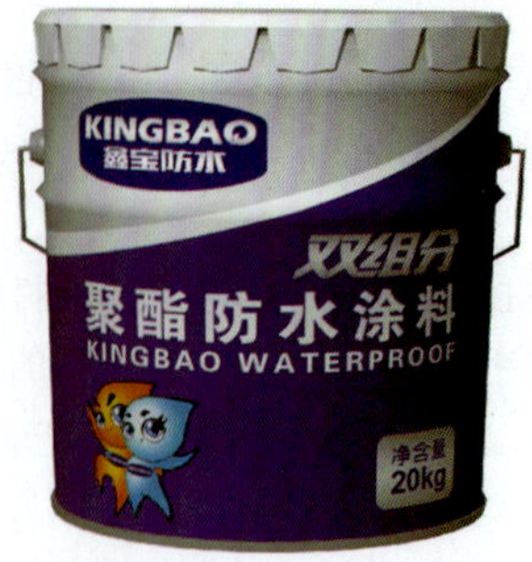

潍坊市鑫宝防水材料有限公司
地址：山东省寿光市台头镇工业园区
电话：0536-5525688
传真：0536-5525588
官方网站：www.xinbaofs.com

序号	项目	技术指标
	固体含量 / %	71
拉伸强度	无处理 / MPa ≥	2.5
	加热处理后保持率 / % ≥	119
	碱处理后保持率 / % ≥	146
	浸水后处理保持率 / % ≥	148
	紫外线处理后保持率 / % ≥	117
断裂伸长率	无处理 / % ≥	207
	加热处理 / % ≥	159
	碱处理 / % ≥	152
	浸水处理 / % ≥	155
	紫外线处理 / % ≥	157
	低温柔性 10mm 棒	-10℃无裂纹
	不透水性 0.3MPa 30min	不透水
	潮湿基面粘结强度 MPa ≥	1.5

工程案例

中铁七局集团第三工程有限公司杭州地铁 2 号线

泰州人民医院，

烟台市高新技术开发区办公楼

生产企业

潍坊市鑫宝防水材料有限公司创建于2001年，是集科研开发、生产销售、设计施工于一体的防水材料专业化企业，公司实行品质先导、服务先导、技术先导。公司占地面积 7800m^2，注册资金12600 万元。公司位于中国建筑防水产业基地——寿光市台头工业园。

公司拥有国内先进的 2 米宽幅自粘生产线、SBS、APP 改性沥青防水卷材生产线、自粘聚合物改性沥青防水卷材生产线、聚乙烯丙纶复合防水卷材高档生产线、防水涂料生产线。公司拥有高水平的技术、科研、管理的人才，并有一批高素质的职工队伍。公司设备先进、资金雄厚、品种齐全、检测严谨、服务到位，产品销售量及市场占有率位居行业前列。

潍坊市鑫宝防水材料有限公司

地址：山东省寿光市台头镇工业园区
电话：0536-5525688
传真：0536-5525588
官方网站：www.xinbaofs.com

证书编号：LB2020FS020

远大洪雨热塑性聚烯烃（TPO）防水卷材、快速反应粘强力交叉膜自粘防水卷材、自粘聚合物改性沥青防水卷材

产品简介

热塑性聚烯烃（TPO）防水卷材是以反应器共混法热塑性聚烯烃（R-TPO）作为主要原料，添加光屏蔽剂、抗氧化剂和光稳定剂等助剂，经双螺杆挤出机混合塑化后，再经三辊压光机冷却定型而成的一种高分子类防水卷材。

快速反应粘强力交叉膜自粘防水卷材是一种由特制的高密度聚乙烯交叉层压强力薄膜与优质的高聚物自粘橡胶沥青经特殊工艺复合而成的高性能、冷施工的自粘复合膜防水卷材，具有优异的尺寸稳定性，热稳定性和双向耐撕裂性能等。

自粘聚合物改性沥青防水卷材是以优质石油沥青为基料，以苯乙烯－丁二烯－苯乙烯嵌段共聚物（SBS）和丁苯橡胶（SBR）为主要改性剂，并配以优质增粘树脂对沥青进行改性，以聚酯胎基为增强层，上表面覆以聚乙烯膜（PE）、细砂（S）或涂硅油隔离膜，下表面覆以涂硅油隔离膜所制成的自粘防水卷材。

适用范围

热塑性聚烯烃（TPO）防水卷材适用于各类工业与民用建筑物屋面、地下工程防水，地铁、隧道、城市综合管廊、机场、物流仓储、工业厂房等建筑物或构筑物防水。

快速反应粘强力交叉膜自粘防水卷材适用于地下室、地铁、隧道、水池、非暴露屋面、地下车库顶板种植绿化、屋顶花园等工程防水。

自粘聚合物改性沥青防水卷材适用于地下室底板、立墙、非外露屋面、地铁、人防工程、隧道、水池、木结构、彩钢瓦、人工湖等，尤其适用于不能动用明火施工的工程。

技术指标

热塑性聚烯烃（TPO）防水卷材技术指标如下：

序号	项目		指标		
			H	L	P
1	中间胎基上面树脂层厚度		—		0.40
2	拉伸性能	最大拉力 /（N/cm）≥	—	200	250
		拉伸强度 /MPa ≥	12.0	—	—
		最大拉力时伸长率 /% ≥	—	—	15
		断裂伸长率 /% ≥	500	250	—
3	热处理尺寸变化率 /% ≤		2.0	1.0	0.5
4	低温弯折性		-40℃无裂纹		
5	不透水性		0.3MPa，2h 不透水		
6	抗冲击性能		0.5kg·m，不渗水		
7	抗静态荷载		—	—	20kg 不渗水
8	接缝剥离强度 /（N/mm）≥		4.0 或卷材破坏	3.0	
9	直角撕裂强度 /（N/mm）≥		60	—	—
10	梯形撕裂强度 /N ≥		—	250	450
11	人工气候加速老化	时间 /h	1500hb		
		外观	无起泡、裂纹、分层、粘接和孔洞		
		最大拉力保持率 /% ≥	—	90	90
		拉伸强度保持率 /% ≥	90	—	—
		最大拉力时伸长率保持率 /% ≥	—	—	90
		断裂伸长率保持率 /% ≥	90	90	—
		低温弯折性	-40℃无裂纹		

远大洪雨（唐山）防水材料有限公司
地址：河北省唐山市芦台经济开发区农业总公司三社区
电话：010-85376094
传真：010-85376449
官方网站：www.ydhyfs.com

快速反应粘强力交叉膜自粘防水卷材技术指标如下：

序号	项目		指标
			E
1	拉伸性能	拉力 / (N/50mm) ≥	200
		最大拉力时伸长率 /% ≥	180
		拉伸时现象	胶层与高分子膜无分离
2	撕裂力 /N ≥		25
3	耐热性（70℃，2h）		无流淌，滴落，滑移 ≤ 2mm
4	低温柔性（-20℃）		无裂纹
5	不透水性（0.3MPa，120min）		不透水
6	卷材与卷材剥离强度（搭接边）/（N/mm）	无处理 ≥	1.0
		浸水处理 ≥	0.8
		热处理 ≥	0.8

自粘聚合物改性沥青防水卷材技术指标如下：

序号	项目			指标	
				I	II
1	可溶物含量 /（g/m^2）≥		2.0mm	1300	—
			3.0mm	2100	
			4.0mm	2900	
2	拉伸性能	拉力 /（N/50）mm ≥	2.0mm	350	—
			3.0mm	450	600
			4.0mm	450	800
		最大拉力时延伸率 /% ≥		30	40
3	耐热性			70℃无滑动、流淌、滴落	
4	低温柔性 /℃			-20	-30
				无裂纹	
5	剥离强度 /（N/mm）≥		卷材与卷材	1.0	
			卷材与铝板	1.5	
6	钉杆水密性			通过	

工程案例

中铁四局集团第三建设有限公司云南省凤庆县流域治理工程、中交隧道工程局有限公司梅溪湖综合管廊工程、济宁北湖度假区东北片区棚户区改造项目 2# 地块（住宅）工程、武汉江南中心绿道武儿铁路综合管廊工程、北京地铁 16 号线工程、郑州市四环线及大河路快速工程 PPP 项目南四环、北京城市副中心行政办公区 A1 工程、西宁大象城、海湖天街防水工程、燕城、益津湾住宅小区防水工程

生产企业

远大洪雨（唐山）防水材料有限公司的前身是创立于 1993 年的北京远大洪雨防水材料有限责任公司，已历经二十余年的发展，是集防水材料研发、生产、防水工程施工综合服务于一体的高新技术企业，为中国房地产开发企业 500 强防水材料类知名供应商。

唐山生产基地占地面积 168 亩，配备 12 个现代化的大型生产车间，8 条全自动化防水材料生产线。年设计产能改性沥青防水卷材 8000 万平方米，高分子防水卷材 4000 万平方米，环保防水涂料 150000 吨。公司已通过质量、环境、职业健康安全、能源、HSE 及知识产权管理体系认证，顺利通过欧盟 CE 认证、CTC 产品质量认证、CRCC 铁路产品认证、十环认证和绿色产品认证。公司技术中心被评为河北省技术创新中心、河北省 A 级研发机构、唐山市企业技术中心、中国建筑防水行业标准化实验室和合格检验室。

公司多次参与国家重点项目的建设，为社会发展贡献力量。北京城市副中心、雄安市民服务中心、北京大兴国际机场、首都机场、北京鲜活农产品流通中心、人民大学附属中学、万达文化旅游城都留下了远大洪雨的身影。公司必将与众多合作伙伴一同携手，为老百姓提供更好的建材产品，打造更多的精品工程，为中国的建设事业贡献力量。

远大洪雨（唐山）防水材料有限公司
地址：河北省唐山市芦台经济开发区农业总公司三社区
电话：010-85376094
传真：010-85376449
官方网站：www.ydhyfs.com

证书编号：LB2020FS021

远大洪雨非固化橡胶沥青防水涂料、丙烯酸聚合物乳液防水涂料、喷涂速凝橡胶沥青防水涂料

产品简介

非固化橡胶沥青防水涂料是以橡胶、沥青、特殊改性剂为主要组分制成的在应用状态下长期保持粘性膏状体的具有蠕变性的一种防水材料。产品具有高固含量，可挥发成分极少，黏附性能良好、自愈能力强、施工简单等特点，可与沥青基卷材搭配使用，形成复合防水层。

丙烯酸聚合物乳液防水涂料是采用多元共聚丙烯酸酯类高分子乳液为基料，添加多种助剂及无机填料配制而成的水性防水涂料。涂覆后可形成坚韧、粘接力强的弹性防水涂膜，环保安全，可在多种材质表面施工。

喷涂速凝橡胶沥青防水涂料超细悬浮微乳型阴离子改性乳化沥青，合成高分子橡胶聚合物及各种助剂（A 组分）与特种成膜助剂（B 组分）混合后形成一种防水、防渗、防腐、防护涂料。经现场专用设备喷涂瞬间形成致密、连续、完整并具有极高伸长率、超强弹性、优异耐久性的、真正实现“皮肤式”防水的防水涂膜。

适用范围

非固化橡胶沥青防水涂料适用于地铁、隧道、涵洞、堤坝、水池、道路桥梁、地下工程、屋面等建筑物和构筑物的非外露新建或维修防水工程，也可应用于变形缝等特殊部位的防水，一般与卷材搭配非外露使用。

丙烯酸聚合物乳液防水涂料适用于厨房、阳台、厕浴间及楼地面等非长期浸水环境下的防水工程。

喷涂速凝橡胶沥青防水涂料适用于道路桥梁、各种蓄水池、涵洞、水工建筑的防水保护；也可用于建筑的地下室、屋顶、厨卫间等防水保护。

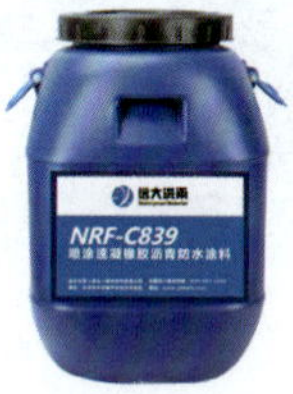

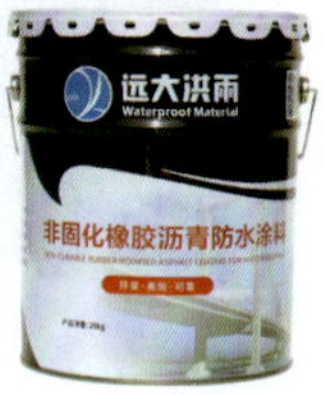

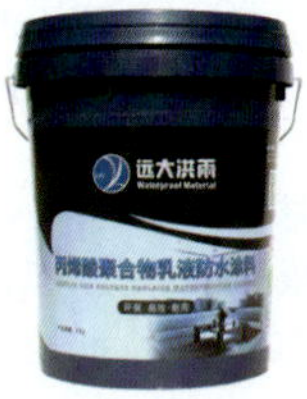

技术指标

非固化橡胶沥青防水涂料技术指标如下：

序号	项　目		指标
1	闪点 /℃ ≥		180
2	固含量 /% ≥		98
3	粘结性能	干燥基面	100% 内聚破坏
		潮湿基面	
4	延伸性 /mm ≥		15
5	低温柔性		-20℃，无断裂
6	耐热性 /℃		65 无滑动、流淌、滴落
7	自愈性		无渗水
8	渗油性 / 张 ≤		2
9	抗窜水性 /0.6MPa		无窜水

丙烯酸聚合物乳液防水涂料技术指标如下：

序号	项目		指标	
			I	II
1	拉伸强度 /MPa ≥		1.0	1.5
2	断裂延伸率 /% ≥		300	300
3	低温柔性（φ10mm 棒）		-10℃无裂纹	-20℃无裂纹
4	不透水性（0.3MPa 30min）		不透水	
5	固体含量 /% ≥		65	
6	干燥时间	表干时间 /h ≤	4	
		实干时间 /h ≤	8	
7	处理后的拉伸强度保持率 /%	加热处理 ≥	80	
		碱处理 ≥	60	
		酸处理 ≥	40	
8	处理后的断裂延伸率 /%	加热处理 ≥	200	
		碱处理 ≥	200	
		酸处理 ≥	200	

远大洪雨（唐山）防水材料有限公司
地址：河北省唐山市芦台经济开发区农业总公司三社区
电话：010-85376094
传真：010-85376449
官方网站：www.ydhyfs.com

喷涂速凝橡胶沥青防水涂料技术指标如下：

序号	项目			指标
1	固体含量（A组分）/% ≥			55
2	耐热度			120±2℃无流淌、滑动、滴落
3	不透水性			0.3 MPa，30min无渗水
4	粘结强度 /MPa ≥	干燥基面		0.5
		潮湿基面		
5	弹性回复率 /% ≥			85
6	低温柔度	无处理		-20℃无裂纹、断裂
		碱处理		-15℃无裂纹、断裂
		热处理		
		紫外线处理		
7	拉伸性能	断裂延长率 /% ≥	无处理	1000
			碱处理	800
			热处理	
			紫外线处理	
		拉伸强度 /MPa ≥	无处理	0.8

工程案例

胶州少海卫城北区二期工程、朝阳区东坝国际商业中心项目、广华新城居住区615和621地块职工安置住宅项目、北京城市副中心行政办公区B4号楼工程、北京市房山区拱辰街道办事处及长阳镇09-04-21地块C2商业金融用地项目。

生产企业

远大洪雨（唐山）防水材料有限公司的前身是创立于1993年的北京远大洪雨防水材料有限责任公司，已历经二十余年的发展，是集防水材料研发、生产、防水工程施工综合服务于一体的高新技术企业，为中国房地产开发企业500强防水材料类知名供应商。

唐山生产基地占地面积168亩，配备12个现代化的大型生产车间，8条全自动化防水材料生产线。年设计产能改性沥青防水卷材8000万平方米，高分子防水卷材4000万平方米，环保防水涂料150000吨。公司已通过质量、环境、职业健康安全、能源、HSE及知识产权管理体系认证，顺利通过欧盟CE认证、CTC产品质量认证、CRCC铁路产品认证、十环认证和绿色产品认证。公司技术中心被评为河北省技术创新中心、河北省A级研发机构、唐山市企业技术中心、中国建筑防水行业标准化实验室和合格检验室。

公司多次参与国家重点项目的建设，为社会发展贡献力量。北京城市副中心、雄安市民服务中心、北京大兴国际机场、首都机场、北京鲜活农产品流通中心、人民大学附属中学、万达文化旅游城都留下了远大洪雨的身影。公司必将与众多合作伙伴一同携手，为老百姓提供更好的建材产品，打造更多的精品工程，为中国的建设事业贡献力量。

远大洪雨（唐山）防水材料有限公司
地址：河北省唐山市芦台经济开发区农业总公司三社区
电话：010-85376094
传真：010-85376449
官方网站：www.ydhyfs.com

证书编号：LB2020FS022

驼峰弹性体改性沥青防水卷材、湿铺防水卷材、自粘聚合物防水卷材

产品简介

弹性体改性沥青防水卷材是一种非常成熟的防水材料，具有诸多优点。单品市场占有率位居行业前列，是市场中常见、常用和受信赖的产品之一。驼峰防水研发中心在原有配方的基础上，融入特有的“魔力贴 TM”技术，推出了全新配方的 SBS 防水卷材。

预铺湿铺（高分子自粘胶膜）防水卷材是我公司生产的一种新型防水材料。它是由高密度聚乙烯片材附着一层高性能进口压敏胶而成。预铺湿铺防水卷材一般采用预铺法施工，具有其他防水卷材不具备的诸多优势，非常适用于地下工程和种植屋面的防水。

自粘聚合物防水卷材是一种以 SBS 等合成橡胶、增粘剂及优质道路石油沥青等配制成的自粘橡胶沥青为基料，以强韧的高密度聚乙烯膜或金属增强膜为上表面材料，以可剥离的涂硅隔离膜或涂硅隔离纸为下表面防粘隔离材料制成的防水材料。它是一种极具发展前景的新型防水材料，具有低温柔性、自愈性及粘结性能好的特点，可常温施工、施工速度快、符合环保要求。

适用范围

弹性体改性沥青防水卷材适用于工业与民用建筑物的屋面、地下室、室内、蓄水池、游泳池、地铁隧道及市政工程防水。

预铺湿铺（高分子自粘胶膜）防水卷材适用于工业与民用建筑物的屋面、地下室、室内、蓄水池、游泳池、地铁隧道及市政工程防水，还适用于木结构和金属结构屋面的防水工程，特别适用于需要冷施工的军事设施和不宜动用明火的石油库、化工厂、纺织厂、粮库等再防水工程。

自粘聚合物防水卷材适用于工业与民用建筑物的屋面、地下室、室内、蓄水池、游泳池、地铁隧道及市政工程防水，还适用于木结构和金属结构屋面的防水工程，特别适用于需要冷施工的军事设施和不宜动用明火的石油库、化工厂、纺织厂、粮库等再防水工程。

技术指标

弹性体改性沥青防水卷材技术指标如下：

序号	项目		指标	
			标准	申报产品
1	耐热性 /℃（90）		无滑动、流淌、滴落	无滑动、流淌、滴落
2	最大拉力 /（N/50mm）≥		500	530 ～ 600
3	延伸率 /% ≥		30	32 ～ 35
4	可溶物含量 /（g/mm^2）≥		2100	2300 ～ 2400
5	接缝剥离强度 /（N/ram）≥		1.5	2.0 ～ 2.5
6	热老化	拉力保持率 /% ≥	90	91 ～ 93
		延伸率保持率 /% ≥	80	85 ～ 90
		低温柔性 /℃	-15	-17 ～ 16
		尺寸变化率 /% ≤	0.7	0.6
		质量损失 /% ≤	1	0.8
7	人工气候加速老化	外观	无滑动、流淌、滴落	无滑动、流淌、滴落
		拉力保持率 /% ≥	80	85-90
		低温柔性 /℃（-15）	无裂纹	无裂纹

预铺湿铺（高分子自粘胶膜）防水卷材技术指标如下：

序号	项目		指标	
			标准	申报产品
1	拉伸性能	最大拉力 /（N/50mm）≥	500	600-800
		膜断裂伸长率 /% ≥	400	450-500
2	钉杆撕裂强度 /N ≥		400	450-500
3	抗冲击性能		直径（10±0.1）mm，无渗漏	直径（10±0.1）mm，无渗漏

续表

序号	项目		指标	
			标准	申报产品
4	抗静态荷载 / （N/mm） ≥		20KG 不渗水	25kg 不渗水
5	耐热性 /℃（70）		70℃，2h 无位移，流淌，低落	90℃，2h 无位移，流淌，低落
6	防窜水性		0.6MPa，不窜水	0.7MPa，不窜水
7	与后浇混凝土侵水后剥离强度 / （N/mm）≥		1.5	2.0
8	与后浇混凝土剥离强度 / （N/mm）≥	无处理	2.0	2.5
		水泥粉污染表面	1.5	2
		泥沙污染表面	1.5	2
		紫外线老化	1.5	2
		热老化	1.5	2
9	热老化（70℃，168h）	拉力保持率 /% ≥	90	92
		延伸率保持率 /% ≥	80	85
		低温弯折性 /℃	-23，无裂纹	-23，无裂纹
10	热稳定性	外观	无起皱，滑动，流淌	无起皱，滑动，流淌
		尺寸变化 /% ≤	2.0	1.5

序号	项目		指标	
			标准	申报产品
1	耐热性 /℃（90）		无滑动、流淌、滴落	无滑动、流淌、滴落
2	低温柔性 /℃（-20）		无裂纹	无裂纹（-22℃）
3	最大拉力 / （N/50mm）≥		500	530 ～ 600
4	接缝剥离强度 / （N/ram）≥		1.5	2.0 ～ 2.5
5	卷材下表面沥青涂层厚度 C/mm ≥		1.0	1.2 ～ 1.3
6	热老化	拉力保持率 /% ≥	90	91 ～ 93
		延伸率保持率 /% ≥	80	85 ～ 90
		低温柔性 /℃	-15	-17 ～ 16
		尺寸变化率 /% ≤	0.7	0.6
		质量损失 /% ≤	1	0.8
7	人工气候加速老化	外观	无滑动、流淌、滴落	无滑动、流淌、滴落
		拉力保持率 /% ≥	80	85 ～ 90
		低温柔性 /℃（-15）	无裂纹	无裂纹

自粘聚合物防水卷材技术指标如下：

工程案例

东亚世纪城五期、包头凡尔赛官邸、恒隆公馆、西山丽景、金顶大厦、包头市市政办公大楼、鄂尔多斯青铜器博物馆。

生产企业

包头市草原驼峰防水材料有限公司是一家集生产、销售、服务、工程于一体的综合性防水企业，驼峰防水已成为西北部地区较大的防水企业，也是内蒙古拥有防水保温施工资质的几家企业之一。公司共设内蒙古驼峰防水有限公司、包头市草原驼峰防水材料有限公司、包头市甲泰防水保温工程有限公司等三个子公司。

目前，驼峰防水已形成 3000 万平方米 / 年的改性沥青防水卷材生产能力、2000 万平方米 / 年的高分子防水卷材生产能力，以及 1 万吨 / 年的防水涂料生产能力。产品涉及弹性体改性沥青防水卷材、塑性体改性沥青防水卷材、道桥用改性沥青防水卷材、自粘性沥青防水卷材和彩色沥青瓦等改性沥青防水卷材系列，聚乙烯丙纶、聚氯乙烯（PVC）、三元乙丙、橡胶共混等高分子防水卷材系列，水泥基渗透结晶型防水材料、聚氨酯防水涂料、铁路专用聚氨酯防水涂料、JS、丙烯酸等防水涂料系列，丙纶非织造布系列共四大系列 80 多个品种。

驼峰防水的系列产品及工程业绩遍布呼和浩特、包头、鄂尔多斯等内蒙古自治区大中型城市，并与中国中铁、中国联通、保利地产、恒大地产、绿地集团、富力地产、中冶置业等大型企业集团达成合作伙伴关系。

驼峰防水不仅仅提供防水产品，还秉承“每滴水都益于人类的”企业愿景，致力于为客户提供全方位的技术支持和系统解决方案。为实现这一百年蓝图，驼峰防水携手广大客户，为创造一个持久、和谐、美好的大环境而贡献一份自己的力量。

包头市草原驼峰防水材料有限公司
地址：内蒙古自治区包头市九原工业园区（南绕城 47 公里处）
电话：0472-7149485　传真：0472-7149485
官方网站：http://www.cytfs.cn

证书编号：LB2020FS023

驼峰聚合物乳液建筑防水涂料、聚合物水泥防水涂料、水泥基渗透结晶型防水涂料

产品简介

聚合物乳液建筑防水涂料是一种以丙烯酸共聚物乳液为主要成分，加入适量填料、助剂及颜料等配制而成，属合成树脂类单组分防水涂料。作为水乳型高分子类防水涂料同样具有无毒、无害、施工简便等优点。

聚合物水泥（JS）防水涂料是一种双组分防水材料，它是由有机聚合物乳液和无机粉料组成的双包装防水涂料。JS 防水涂料是将一定比例的有机高分子聚合物乳液（如丙烯酸酯乳液及各种助剂组成）和无机粉料（如水泥、石英粉及添加剂等）均匀共混搅拌，经无机粉料的水化反应以及水性乳液交联固化复合形成高强坚韧的防水涂膜。

水泥基渗透结晶型防水涂料是以特种水泥、石英砂等为基料，渗入多种活性化学物质制成的粉状刚性防水材料。与水作用后，材料中含有的活性化学物质通过载体水向混凝土内部渗透，在混凝土中形成不溶于水的结晶体，堵塞毛细孔道，从而使混凝土致密、防水。水泥基渗透结晶型防水涂料具有多次抗渗和自我修复的特点和性能，并且具有极强的抗压能力。由于具有透气不透水的特点，因此可以和混凝土结构同步进行养护。

适用范围

聚合物乳液建筑防水涂料适用于屋面、墙面、卫生间、地下室等非长期浸水环境下的防渗工程；特别适用于轻型薄壳结构的屋面防水工程，也可用做粘结剂或外墙装饰涂料。

聚合物水泥（JS）防水涂料应用于工业及民用建筑的屋面防水；厕浴间、厨房防水、防潮工程；墙面、地下室、游泳池、槽罐的防水等。

水泥基渗透结晶型防水涂料适用于工业与民用建筑的地下工程、地铁及涵洞、水池、水利等工程混凝土结构的防水与防护。

技术指标

聚合物乳液建筑防水涂料技术指标如下：

序号	指标		标准值	实测值
1	拉伸强度 / MPa ≥		1.0	2.0
2	断裂延伸率 /% ≥		300	400
3	低温柔性，绕 ϕ 10mm 圆棒 180°		-10℃，无裂纹	-15℃，无裂纹
4	干燥时间 / h	表干时间 ≤	4	3.5
		实干时间 ≤	8	7
5	处理后的拉伸强度保持率 / %	加热处理 ≥	80	90
		碱处理 ≥	60	70
		酸处理 ≥	40	60
6	处理后断裂延伸率 / %	加热处理 ≥	200	280
		碱处理 ≥	200	280
		酸处理 ≥	200	280
7	加热伸缩率 / %	伸长 ≤	1.0	0.5
		缩短 ≤	1.0	0.5

水泥基渗透结晶型防水涂料主要技术指标如下：

包头市草原驼峰防水材料有限公司
地址：内蒙古自治区包头市九原工业园区（南绕城 47 公里处）
电话：0472-7149485 传真：0472-7149485
官方网站：http://www.cytfs.cn

序号	项目		指标	
			标准	申报产品
1	抗折强度 /MPa,28d ≥		2.8	3.5
2	抗压强度 /MPa,28d ≥		15.0	20
3	湿基面粘结强度 /MPa,28d ≥		1.0	1.2
4	砂浆抗渗性能	带涂层砂浆的抗渗压力 /MPa,28d	报告实测值	报告实测值
		抗渗压力比（带涂层）%，28d ≥	250	300
		去除涂层砂浆的抗渗压力 /MPa,28d	报告实测值	报告实测值
		抗渗压力比（去除涂层）%，28d ≥	175	200
5	混凝土抗渗性能	带涂层混凝土的抗渗压力 /MPa,28d	报告实测值	报告实测值
		抗渗压力比（带涂层）%，28d ≥	250	300
		去除涂层混凝土的抗渗压力 /MPa,28d	报告实测值	报告实测值
		抗渗压力比（去除涂层）%，28d ≥	175	200
		带涂层混凝土第二次的抗渗压力 /MPa,56d ≥	0.8	1.0

聚合物水泥（JS）防水涂料技术指标如下：

序号	项目		指标	
			标准	申报产品
2	处理后的拉伸强度保持率 %	无处理 / MPa ≥	1.2	1.5
		加热处理 ≥	80	85
		碱处理 ≥	60	70
		侵水处理 ≥	60	70
		紫外线处理 ≥	80	90
3	处理后的伸长率保持率 %	无处理 /Mpa ≥	200	260
		加热处理 ≥	150	200
		碱处理 ≥	150	200
		侵水处理 ≥	150	200
		紫外线处理 ≥	150	200
4	低温柔性，绕 ϕ10mm 圆棒 180°		-10℃，无裂纹	-15℃，无裂纹
5	粘结强度 /MPa ≥	无处理≥	0.5	0.8
		潮湿基层 ≥	0.5	0.8
		碱处理 ≥	0.5	0.8
		侵水处理 ≥	0.5	0.8

工程案例

东亚世纪城五期、包头凡尔赛官邸、恒隆公馆、西山丽景、金顶大厦、包头市市政办公大楼、鄂尔多斯青铜器博物馆

生产企业

包头市草原驼峰防水材料有限公司是一家集生产、销售、服务、工程于一体的综合性防水企业，驼峰防水已成为西北部地区较大的防水企业，也是内蒙古拥有防水保温施工资质的几家企业之一。公司共设内蒙古驼峰防水有限公司、包头市草原驼峰防水材料有限公司、包头市甲泰防水保温工程有限公司等三个子公司。

目前，驼峰防水已形成 3000 万平方米 / 年的改性沥青防水卷材生产能力、2000 万平方米 / 年的高分子防水卷材生产能力，以及 1 万吨 / 年的防水涂料生产能力。产品涉及弹性体改性沥青防水卷材、塑性体改性沥青防水卷材、道桥用改性沥青防水卷材、自粘性沥青防水卷材和彩色沥青瓦等改性沥青防水卷材系列，聚乙烯丙纶、聚氯乙烯（PVC）、三元乙丙、橡胶共混等高分子防水卷材系列，水泥基渗透结晶型防水材料、聚氨酯防水涂料、铁路专用聚氨酯防水涂料、JS、丙烯酸等防水涂料系列，丙纶非织造布系列共四大系列 80 多个品种。

驼峰防水的系列产品及工程业绩遍布呼和浩特、包头、鄂尔多斯等内蒙古自治区大中型城市，并与中国中铁、中国联通、保利地产、恒大地产、绿地集团、富力地产、中冶置业等大型企业集团达成合作伙伴关系。

驼峰防水不仅仅提供防水产品，还秉承“每滴水都益于人类的”企业愿景，致力于为客户提供全方位的技术支持和系统解决方案。为实现这一百年蓝图，驼峰防水携手广大客户，为创造一个持久、和谐、美好的大环境而贡献一份自己的力量。

包头市草原驼峰防水材料有限公司

地址：内蒙古自治区包头市九原工业园区（南绕城 47 公里处）
电话：0472-7149485　传真：0472-7149485
官方网站：http://www.cytfs.cn

证书编号：LB2020FS024

宇虹 SBS 弹性体改性沥青防水卷材、高分子自粘胶膜防水卷材、自粘聚合物改性沥青防水卷材

产品简介

自粘聚合物改性沥青防水卷材是以聚酯纤维无纺布为胎基，以掺有增粘材料的聚合物改性沥青为浸渍和涂盖材料，聚乙烯膜（PE）细砂或隔离膜作为卷材上表面隔离层，下表面覆涂硅隔离膜制成的本体自粘防水卷材，按理化性能分为 I 型和 II 型，按粘结面形式分为单面自粘和双面自粘。

SBS 弹性体改性沥青防水卷材是以 SBS 橡胶改性沥青为浸渍覆盖层，以聚酯纤维无纺布、玻纤毡等为胎基，以塑性薄膜为防粘隔离层，经选材、配料、共熔、复合成型、卷曲等工序制成，具备较好的弹性和低温柔性等性能。

高分子自粘胶膜防水卷材是一款预铺反粘性能优异的复合防水卷材，是由高分子压敏胶为粘结层，特殊性的砂粒或耐老化聚乙烯硅油膜复合而成的防水卷材。该防水卷材可以与后浇筑混凝土紧密粘结，消除了防水卷材与结构层之间的窜水，真正形成可靠的“皮肤”式防水体系，同时该防水卷材也具有优异的耐候性能，使用寿命长。

适用范围

自粘聚合物改性沥青防水卷材适用于建筑地下工程、地铁、隧道、桥梁、人防工程、屋面、地下室、市政工程等防水防渗。

SBS 弹性体改性沥青防水卷材适用于屋面、地下室、道路、桥梁、地铁、隧道、停车场、游泳池、飞机场等防水工程。

高分子自粘胶膜防水卷材适用于地铁、隧道、管廊及地下室底板、地下室侧漏。

技术指标

自粘聚合物改性沥青防水卷材产品性能符合 GB 23441—2009《自粘聚合物改性沥青防水卷材》标准 PY 类产品技术要求。

SBS 弹性体改性沥青防水卷材产品性能符合 GB 18242—2008《弹性体改性沥青防水卷材》标准产品技术要求。

高分子自粘胶膜防水卷材产品性能符合 GB/T 23457—2017《预铺防水卷材》中 P 类产品技术要求。

工程案例

湖北民康制药有限公司、宜昌环星油脂化工有限公司、武大天源生物科技股份有限公司、湖北金银丰食品有限公司、湖北东信药业有限公司、荆州市顺驰太阳城楼盘、湖北凯乐科技股份有限公司、湖北安琪生物集团有限公司、宜昌江山多娇三期楼盘项目、荆州市名流金都楼盘、湖北奥星粮油工业有限公司、宜昌萧氏茶叶集团有限公司、武汉美酒佳酒业有限公司、宜昌市新城国际楼盘、宜昌市阳光家园楼盘、荆州市妇幼保健医院等项目。

湖北宇虹防水科技有限公司
地址：湖北沙市经济开发区 2 号路
电话：0716-8377189
传真：0716-8377189
官方网站：www.hbyhfs.com

生产企业

湖北宇虹防水科技有限公司是一家集防水材料研发、生产、销售及施工服务于一体的全国大型防水材料专业生产企业。公司始建于2009年，总占地面积48000平方米，拥有国内先进的多功能改性沥青防水卷材生产线、冷自粘沥青防水卷材生产线和先进的环保防水涂料生产线。公司拥有员工总数100多名，其中管理、生产、销售、工程人员80%具有大专以上学历。

公司拥有禹升牌、荆鼎牌和宇文牌三大自主品牌，年产SBS、APP、自粘、高分子等各类防水卷材5000万平方米，聚氨酯系列、聚脲系列、丙烯酸系列、水泥基系列、沥青系列等各内涂料5万吨。

公司施工技术力量雄厚，属建筑防水工程施工二级企业，可对外承接各类大型防水工程，并可提供专业技术指导。公司自成立以来，成功完成数百例房屋建筑、高速公路、城市道桥、人防工程、地下大型车库、高速铁路、机场、地铁、水利设施等防水工程施工，并深受客户好评。

公司2009年通过了ISO 9001质量认证、ISO 14001环保管理体系认证，荣获全国防水行业质量奖、先进企业管理奖、技术创新奖、2014中国具成长性建材企业100强、2014中国建材企业500强、全国315质量服务客户满意诚信企业、2010年上海世博会商业推荐品牌等荣誉称号。

湖北宇虹防水科技有限公司

地址：湖北沙市经济开发区2号路
电话：0716-8377189
传真：0716-8377189
官方网站：www.hbyhfs.com

证书编号：LB2020FS025

宇虹聚合物水泥基防水涂料、聚氨酯防水涂料、水泥基渗透结晶型防水涂料

产品简介

聚合物水泥防水涂料采用国内先进技术，使用进口的丙烯酸胶乳，配以助剂、填料等优质材料，自主研制的一种不含有机溶剂的防水涂料，涂覆后可形成具有高弹性、坚韧、无接缝、耐老化、耐候性优异的、环保性的防水涂膜。

水泥基渗透结晶型防水涂料是本公司自主研发的刚性防水类新产品。它是由从南美进口的助剂与硅酸盐水泥、精选石英砂、微细纤维和多种高分子活性化学物质组成的灰色粉末状的无机材料。涂覆于混凝土表面后，这些活性化学物质一部分与涂层中的水泥水化产物反应，另一部分向混凝土的内部渗透，与混凝土中的氢氧化钙反应成不溶性结晶体。这种结晶体物质堵塞混凝土毛细孔管道及细小裂缝。自动修复混凝土细小损伤，从而减少混凝土孔隙率，提高混凝土的二次抗渗能力，这是目前众多防水材料所不具备的优点。

聚氨酯防水涂料是湖北宇虹防水引进国外先进技术开发研制的高科技产品。本品属于环保型高分子聚合物弹性防水材料，产品无毒无味，具有良好的粘结和不透水性，对砂浆水泥基石面和石材、金属制品都有很强的黏附力。产品的化学性质稳定，能长期经受日光的照射，强度高、延伸率大、弹性好，防水效果好。

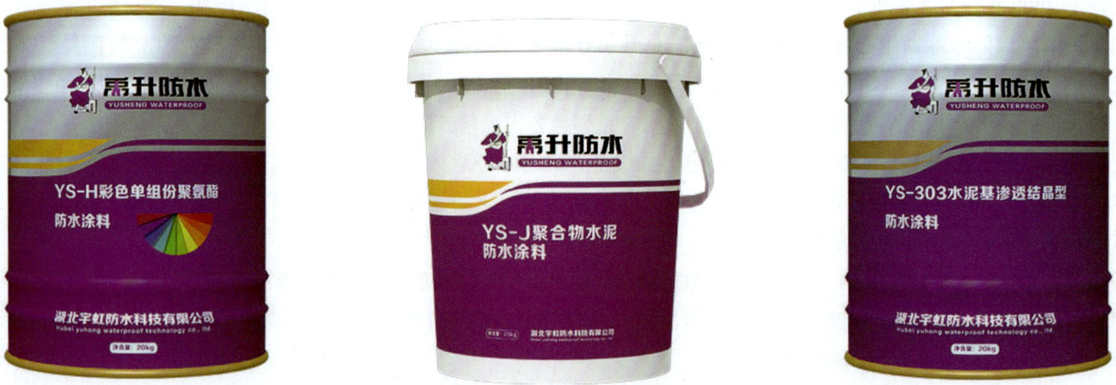

适用范围

聚合物水泥防水涂料适用于建筑物的屋面、水池、外墙面、厕浴间的防渗、防潮，地下室的防水防潮处理；用于加气混凝土、空心砖等多孔砌体材料的外墙面防渗漏、防潮工程；能直接用于生活饮用水池的内防水工程。

水泥基渗透结晶型防水涂料广泛应用于水泥砂浆、新旧混凝土类建筑物及构造物的迎水面和背水面防水抗渗，如地下室、卫生间、地铁、隧道、桥梁、涵洞、水库、水池、水坝、港口码头、电梯井、处理污水池等。

聚氨酯防水涂料适用于屋面、彩钢瓦、地下室、人防工程、厨卫间、涵洞、隧道、桥梁、水池等工程，也可用于金属管道、车间地坪、水池等工程的防腐蚀及木地板、水泥板、石棉制品、玻璃钢制品、陶瓷制品、地砖等的粘接，也可用于建筑结构的嵌缝材料。

技术指标

聚合物水泥防水涂料产品性能符合 GB/T 23445—2009《聚合物水泥防水涂料》标准技术要求。

水泥基渗透结晶型防水涂料产品性能符合 GB/18445—2012《水泥基渗透结晶型防水材料》标准技术要求。

聚氨酯防水涂料产品性能符合 GB/T 19250—2013《聚氨酯防水涂料》标准技术要求。

湖北宇虹防水科技有限公司
地址：湖北沙市经济开发区 2 号路
电话：0716-8377189
传真：0716-8377189
官方网站：www.hbyhfs.com

工程案例

华中药业股份有限公司生产基地防水工程、湖北宜化集团有限责任公司、湖北金兰首饰集团有限公司、湖北小胡鸭食品有限公司总公司、湖北小胡鸭食品有限公司、武汉分公司湖北瞿家湾莲花大酒店、湖北瞿家湾人间天堂大酒店、荆州楚都御苑楼盘、荆州市金色港湾楼盘、宜万高速朱家岩隧道、宜万高速米汤山隧道、武汉市葆春蜂王浆有限责任公司、武汉生物制品研究所、荆州丽景家园楼盘等项目。

生产企业

湖北宇虹防水科技有限公司是一家集防水材料研发、生产、销售及施工服务于一体的全国大型防水材料专业生产企业。公司始建于 2009 年，总占地面积 48000 平方米，拥有国内先进的多功能改性沥青防水卷材生产线、冷自粘沥青防水卷材生产线和先进的环保防水涂料生产线。公司拥有员工总数 100 多名，其中管理、生产、销售、工程人员 80% 具有大专以上学历。

公司拥有禹升牌、荆鼎牌和宇文牌三大自主品牌，年产 SBS、APP、自粘、高分子等各类防水卷材 5000 万平方米，聚氨酯系列、聚脲系列、丙烯酸系列、水泥基系列、沥青系列等各内涂料 5 万吨。

公司施工技术力量雄厚，属建筑防水工程施工二级企业，可对外承接各类大型防水工程，并可提供专业技术指导。公司自成立以来，成功完成数百例房屋建筑、高速公路、城市道桥、人防工程、地下大型车库、高速铁路、机场、地铁、水利设施等防水工程施工，并深受客户好评。

公司 2009 年通过了 ISO 9001 质量认证、ISO 14001 环保管理体系认证，荣获全国防水行业质量奖、先进企业管理奖、技术创新奖、2014 中国具成长性建材企业 100 强、2014 中国建材企业 500 强、全国 315 质量服务客户满意诚信企业，2010 年上海世博会商业推荐品牌等荣誉称号。

湖北宇虹防水科技有限公司

地址：湖北沙市经济开发区 2 号路
电话：0716-8377189
传真：0716-8377189
官方网站：www.hbyhfs.com

证书编号：LB2020FS026

翔河弹性体（SBS）改性沥青防水卷材、高分子聚乙烯丙纶防水卷材、自粘聚合物改性沥青防水卷材

产品简介

弹性体（SBS）改性沥青防水卷材是以苯乙烯 - 丁二烯嵌段共聚物（SBS），改性沥青浸渍胎基，两面涂以弹性体沥青涂盖层，上表面撒以细砂、矿物粒（片）料或覆以聚乙烯膜等隔离材料而制成的防水卷材。

“翔河”牌高分子聚乙烯丙（涤）纶防水卷材，是采用聚乙烯、高强丙（涤）纶无纺布、紫外线隔光剂、抗老化剂等高分子原料（原生材料），由自动化生产线一次性挤出成型加工制成。卷材中间层是防水层和防老化层，上下两面是增强粘结层，与其相配套的自行研制的胶结合粘结，牢固、可靠、无翘边、无空鼓、双层防水，形成完整的聚乙烯丙纶 - 聚合物水泥防水体系。

自粘聚合物改性沥青防水卷材是以自粘聚合物改性沥青为基础，采用无胎基（非外露使用）或聚酯胎基增强，以聚乙烯膜、聚酯膜、细砂为上表面材料或无膜双面自粘，并附以隔离膜（或纸）而制成的本体自粘防水卷材。

适用范围

自粘聚合物改性沥青防水卷材适用于工业与民用建筑的地下工程（地下室、地铁、隧道）及水池、水渠等隐蔽工程防水，也适用于非外露建筑屋面防水，更适用于施工现场不准用溶剂和明火的工程。

高分子聚乙烯丙（涤）纶防水卷材适用于各种屋面、地下室、隧道等建筑物防水工程；民用与工业建筑的屋面及地下工程、贮水池、市政、桥梁、地铁、隧道、水坝等工程防水，尤其适用于耐久性、耐腐蚀性要求高和易变形的重点工程。

技术指标

自粘聚合物改性沥青防水卷材技术指标如下：

序号	项目		指标				
			PE		PET		D
			I	II	I	II	
1	拉伸性能	拉力 /（N50mm）≥	150	200	150	200	—
		最大拉力时延伸率 /% ≥	200		30		—
		沥青断裂延伸率 /% ≥	250		150		450
		拉伸时现象	拉伸过程中，在膜断裂前无沥青涂盖层与膜分离现象				—
2	钉杆撕裂强度 / N ≥		60	110	30	40	—
3	耐热性		70℃滑动不超过 2mm				
4	剥离强度 /（N/mm）≥	卷材与卷材	1.0				
		卷材与铝板	1.5				
5	钉杆水密性		通过				
6	渗油性 / 张数≤		2				
7	持粘性 /min ≥		20				
8	热老化	拉力保持率 /% ≥	80				
		最大拉力时延伸率 /% ≥	200		30		400（沥青层断裂延伸率）
		低温柔性 /℃	-18	-28	-18	-28	-18
			无裂纹				
		剥离强度卷材与铝板 /（N/min）≥	1.5				
9	热稳定性	外观	无起鼓、褶皱、滑动、流淌				
		尺寸变化 /% ≤	2				

吉林省翔河建筑材料有限公司
地址：吉林省公主岭市陶家屯镇同庆小学房后
电话：0431-84852444
传真：0431-84852444
官方网站：www.ccxhfs.com

高分子聚乙烯丙（涤）纶防水卷材主要技术指标如下：

<table>
<tr><th>序号</th><th colspan="2">项目</th><th>FS2</th></tr>
<tr><td rowspan="2">1</td><td rowspan="2">断裂拉伸强度 /（N/cm）</td><td>常温 ≥</td><td>60</td></tr>
<tr><td>60℃ ≥</td><td>30</td></tr>
<tr><td>2</td><td colspan="2">撕裂强度 / N</td><td>20</td></tr>
<tr><td>3</td><td colspan="2">不透水性，30min 无渗漏</td><td>0.3Mpa</td></tr>
<tr><td>4</td><td colspan="2">低温弯折 / ℃</td><td>-20</td></tr>
<tr><td rowspan="2">5</td><td rowspan="2">加热伸缩量 / mm</td><td>延伸 ≥</td><td>2</td></tr>
<tr><td>收缩 ≥</td><td>4</td></tr>
<tr><td rowspan="2">6</td><td rowspan="2">热空气老化（80℃ ×168h）</td><td>断裂拉伸强度保持率 / % ≥</td><td>80</td></tr>
<tr><td>胶断伸长保持率 / % ≥</td><td>70</td></tr>
<tr><td>7</td><td colspan="2">臭氧老化（40℃ ×168h）200pphm</td><td>无裂缝</td></tr>
<tr><td rowspan="2">8</td><td rowspan="2">人工候化</td><td>断裂拉伸强度保持率 / % ≥</td><td>80</td></tr>
<tr><td>胶断伸长保持率 / % ≥</td><td>70</td></tr>
</table>

弹性体（SBS）改性沥青防水卷材主要技术指标如下：

<table>
<tr><th rowspan="3">序号</th><th rowspan="3" colspan="2">项目</th><th colspan="5">指标</th></tr>
<tr><th colspan="2">I</th><th colspan="3">II</th></tr>
<tr><th>PY</th><th>G</th><th>PY</th><th>G</th><th>PYG</th></tr>
<tr><td rowspan="4">1</td><td rowspan="4">可容物含量（g/m²）≥</td><td>3mm</td><td colspan="5">2100</td></tr>
<tr><td>4mm</td><td colspan="5">2900</td></tr>
<tr><td>5mm</td><td colspan="5">3500</td></tr>
<tr><td>试验现象</td><td></td><td>胎基不燃</td><td></td><td>胎基不燃</td><td></td></tr>
<tr><td rowspan="3">2</td><td rowspan="3">拉力</td><td>最大峰拉力 /（N/50mm）≥</td><td>500</td><td>350</td><td>800</td><td>500</td><td>900</td></tr>
<tr><td>次高峰拉力 /（N/50mm）≥</td><td></td><td></td><td></td><td></td><td></td></tr>
<tr><td>试验现象 ≥</td><td colspan="5">拉伸过程中，试件中部无沥青涂盖层开裂与胎基分离现象</td></tr>
<tr><td rowspan="2">3</td><td rowspan="2">延伸率</td><td>最大峰时延伸率 /% ≥</td><td>30</td><td></td><td>40</td><td></td><td></td></tr>
<tr><td>第二峰时延伸率 /% ≥</td><td></td><td></td><td></td><td></td><td>15</td></tr>
<tr><td rowspan="6">4</td><td rowspan="6">热老化</td><td>拉力保持率 /% ≥</td><td colspan="5">90</td></tr>
<tr><td>延伸率保持率 /% ≥</td><td colspan="5">80</td></tr>
<tr><td rowspan="2">低温性 /℃</td><td colspan="2">-15</td><td colspan="3">-20</td></tr>
<tr><td colspan="5">无裂缝</td></tr>
<tr><td>尺寸变化率 /% ≥</td><td>0.7</td><td></td><td>0.7</td><td></td><td>0.3</td></tr>
<tr><td>质量损失 /% ≤</td><td colspan="5">1.0</td></tr>
<tr><td>5</td><td colspan="2">接缝剥离强度 /（N/mm）≥</td><td colspan="5">1.5</td></tr>
<tr><td>6</td><td colspan="2">钉杆撕裂强度 a/N ≥</td><td></td><td></td><td></td><td></td><td>300</td></tr>
<tr><td rowspan="3">7</td><td rowspan="3">人工气候加速老化</td><td>外观</td><td colspan="5">无滑动、流淌、滴落</td></tr>
<tr><td>拉力保持率 /% ≥</td><td colspan="5">80</td></tr>
<tr><td>低温柔性 /℃</td><td colspan="4">-15</td><td>-20</td></tr>
</table>

工程案例

工程名称	竣工时间	应用部位	应用量
嘉惠燕京府	2019 年	地下室、屋面	约 280000m²
远创紫樾台	2019 年	地下室、屋面	约 150000m²
益田翠堤悦府	2019 年	地下室	约 100000m²

生产企业

翔河防水始建于 2007 年，是一家集新产品开发、生产、销售、施工、服务于一体的省内知名企业，是长春防水行业的佼佼者，致力于防水材料的研究和生产。

公司生产高分子丙纶、涤纶、高分子 PVC、TPO 防水卷材 5000 万平方米，生产 SBS、APP 防水卷材 1000 万平方米，生产改性沥青自粘防水卷材 500 万平方米，生产高分子丙纶专用胶粉 80000 箱。公司拥有多条高分子、沥青防水卷材、防水涂料、虹吸排水板生产线，产品远销北京、上海、广州、深圳、河北、云南、辽宁、吉林、黑龙江等地。

公司率先通过 ISO 9001：2015 质量管理体系认证、ISO 14001：2015 环境管理体系认证、OHSAS 18001：2007 职业健康安全管理体系认证，科学的管理、先进的技术、高质量的产品、优质的服务是参与竞争的资本。励精图治、团结奋进、快速发展是企业的宗旨，公司的经营方针是：过硬的产品质量是企业的生命保障，科学管理是企业发展的依据，为顾客及时提供满意的产品和服务，持续满足顾客要求是企业不变的主题。翔河坚信翔河品牌以全站式防水服务的理念，通过 THICWSS 责任体系，来推动防水行业步入责任时代，为工程、家庭与高端防水客户群提供安全、负责、智能、创新的新价值。

历年来我们一直坚持创新、进取、共赢的企业精神，凝聚四方力量，凭借自身技术优势和产品优势构建完善的服务网络。用心造材、以诚动人、广交朋友、积极构筑共同发展和协作平台，以坚定的步伐走向更辉煌的明天。

吉林省翔河建筑材料有限公司

地址：吉林省公主岭市陶家屯镇同庆小学房后
电话：0431-84852444
传真：0431-84852444
官方网站：www.ccxhfs.com

证书编号：LB2020FS027

翔河聚合物水泥（JS）防水涂料、聚氨酯防水涂料

产品简介

翔河聚氨酯防水涂料是一种单组分高分子液态反应固化而成的弹性防水涂膜材料。该产品不含溶剂，冷施工，无毒无味，具有良好的粘结性和不透水性，对水泥及混凝土基面、石材、金属制品都有很强的黏附力，产品的化学性质稳定，能长期经受日光的照射，强度高、延伸率高、弹性好、防水效果好。其生产技术达到国内先进水平，是溶剂类聚氨酯的换代产品。

聚合物水泥（JS）防水涂料绿色环保型防水涂料属国家推荐的住宅建筑防水涂料。该材料是由有机液料和无机粉复合而成的双组分防水涂料，具有有机材料弹性高、无机材料耐久性好的双重特点。涂覆层可形成高强坚韧的防水涂膜，并可根据需要调制色彩图层。

适用范围

聚合物水泥防水涂料（JS）可在潮湿或干燥的砖石、砂浆、混凝土、金属、木材、硬塑料、玻璃、石膏板、泡沫板、沥青、橡胶、SBS 卷材、APP 卷材、聚氨酯等基础上施工，工业及民用新旧建筑（如房屋、墙面、地下、隧道、桥梁、水池、水库、卫生间、厨房）均可使用。

聚氨酯防水涂料适用于屋面、彩钢瓦、地下室、人防工程、厨卫间、涵洞、隧道、桥梁、水池等工程，也可用于金属管道、车间地坪、水池等工程的防腐蚀及木地板，水泥板、石棉制品、玻璃钢制品、陶瓷制品、地砖等的粘接，也可用于建筑结构的嵌缝材料。

技术指标

水性聚氨酯防水涂料性能指标符合 GB/T 19250—2013《聚氨酯防水涂料》标准中的相关要求。

聚合物水泥（JS）防水涂料主要技术指标如下：

序号	项目	技术指标	
		I 型	II 型
1	固体含量 / %	65	
2	表干时间 / h ≥	4	
	实干时间 / h ≤	8	
3	无处理 / MPa ≤	1.2	1.8
	加热处理后保持率 / % ≥	80	80
	碱处理后保持率 / % ≥	70	80
	紫外线处理后保持率 ≥	80	80
4	无处理 / % ≥	200	80
	加热处理 / % ≥	150	65
	碱处理 / % ≥	140	65
	紫外线处理 / % ≥	150	65
5	低温柔性 10mm 棒	-10℃无裂纹	*
6	不透水性 0.3MPa 30Min	不透水	不透水
7	潮湿基面粘结强度 / MPa ≥	0.5	1.0
8	抗渗性（背水面）/ MPa ≥	*	0.6

吉林省翔河建筑材料有限公司
地址：吉林省公主岭市陶家屯镇同庆小学房后
电话：0431-84852444
传真：0431-84852444
官方网站：www.ccxhfs.com

工程案例

工程名称	竣工时间	应用部位	应用量
嘉惠燕京府	2019 年	地下室、屋面	约 280000m^2
远创紫樾台	2019 年	地下室、屋面	约 150000m^2
益田翠堤悦府	2019 年	地下室	约 100000m^2

生产企业

翔河防水始建于 2007 年，是一家集新产品开发、生产、销售、施工、服务于一体的省内知名企业，是长春防水行业的佼佼者，致力于防水材料的研究和生产。

公司生产高分子丙纶、涤纶、高分子 PVC、TPO 防水卷材 5000 万平方米，生产 SBS、APP 防水卷材 1000 万平方米，生产改性沥青自粘防水卷材 500 万平方米，生产高分子丙纶专用胶粉 80000 箱。公司拥有多条高分子、沥青防水卷材、防水涂料、虹吸排水板生产线，产品远销北京、上海、广州、深圳、河北、云南、辽宁、吉林、黑龙江等地。

公司率先通过 ISO 9001：2015 质量管理体系认证、ISO 14001：2015 环境管理体系认证、OHSAS 18001：2007 职业健康安全管理体系认证，科学的管理、先进的技术、高质量的产品、优质的服务是参与竞争的资本。励精图治、团结奋进、快速发展是企业的宗旨，公司的经营方针是：过硬的产品质量是企业的生命保障，科学管理是企业发展的依据，为顾客及时提供满意的产品和服务，持续满足顾客要求是企业不变的主题。翔河坚信翔河品牌以全站式防水服务的理念，通过 THICWSS 责任体系，来推动防水行业步入责任时代，为工程、家庭与高端防水客户群提供安全、负责、智能、创新的新价值。

历年来我们一直坚持创新、进取、共赢的企业精神，凝聚四方力量，凭借自身技术优势和产品优势构建完善的服务网络。用心造材、以诚动人、广交朋友、积极构筑共同发展和协作平台，以坚定的步伐走向更辉煌的明天。

吉林省翔河建筑材料有限公司
地址：吉林省公主岭市陶家屯镇同庆小学房后
电话：0431-84852444
传真：0431-84852444
官方网站：www.ccxhfs.com

证书编号：LB2020FS028

普石弹性体（SBS）改性沥青防水卷材、自粘聚合物改性沥青防水卷材、聚氯乙烯防水卷材

产品简介

弹性体（SBS）改性沥青防水卷材是以苯乙烯-丁二烯-苯乙烯（SBS）热塑性弹性体改性沥青做浸渍和涂盖材料，以聚酯毡为胎基，表面覆以聚乙烯膜、细砂或矿物片料等隔离材料所制成的可以卷曲的片状防水材料。

自粘聚合物改性沥青防水卷材是以聚合物改性优质沥青、特殊的增粘剂配制成的自粘聚合物改性沥青作为基料，制成的无胎自粘卷材和有胎自粘卷材。无胎自粘卷材是以强韧性的高密度聚乙烯膜、强力交叉膜等作为上表面材料（或无膜），可剥离的涂硅隔离膜或涂硅隔离纸为下表面防粘隔离材料而制成的。有胎自粘卷材是以聚酯纤维布为胎基，聚乙烯膜、细砂或隔离膜作为卷材上表面隔离层，附可剥离的涂硅隔离膜或隔离纸作为隔离材料而制成的。

聚氯乙烯防水卷材（简称PVC防水卷材）以聚氯乙烯树脂为主要原料，加入各类专用助剂和抗老化组分，可复合胎体增强材料，并采用先进设备和先进的生产工制成的可卷曲的防水材料。

适用范围

弹性体（SBS）青防水卷材适用于屋面防水工程、地下防水工程，地下综合管廊、市政工程等防水。

自粘聚合物改性沥青防水卷材主要应用于工业与民用建筑非外露屋面防水、地下工程防水、地铁隧道桥梁防水等。

聚氯乙烯防水卷材广泛应用于各类民用建筑、地铁、隧道、水利、垃圾掩埋场、化工、冶金等多个领域的防水、防渗、防腐工程。

技术指标

弹性体（SBS）改性沥青防水卷材技术指标如下：

序号	项目		指标	
			I	II
1	可溶物含量（g/m^2）≥	3mm	2100	
		4mm	2900	
2	耐热性（℃）		90	105
			无流淌、滴落，滑动≤2mm	
3	低温柔性（℃）		-20	-25
			无裂缝	
4	不透水性30min		0.3MPa不透水	
5	最大拉力（N/50mm）≥		500	800
6	最大峰时延伸率（%）≥		30	40

自粘聚合物改性沥青防水卷材（N类产品）技术指标如下：

序号	项目	指标				
		PE（强力交叉膜）		PET		D
		I	II	I	II	—
1	拉力（N/50mm）≥	150	200	150	200	—
2	最大拉力时延伸率（%）≥	200		30		—
3	沥青断裂延伸率（%）≥	250		150		450
4	钉杆撕裂强度（N）≥	60	110	30	40	—
5	耐热性（℃）	70℃滑动不超过2mm				
6	低温柔性（℃）	-20	-30	-20	-30	-20
7	不透水性	0.2MPa，120min不透水				—

陕西普石建筑材料科技有限公司
地址：陕西省渭南市富平庄里工业园区
电话：029-86722073
传真：029-86722073
官方网站：www.sxpsfs.com

聚氯乙烯防水卷材技术指标如下：

序号	项目		技术指标				
			H	L	P	G	GL
1	中间胎基上面树脂层厚度 /mm ≥		—			0.40	
2	拉伸性能	最大拉力 /（N/cm）	—	120	250	—	120
		拉伸强度 /MPa ≥	10.0	—	—	10.0	
		最大拉伸时伸长率 /% ≥	—	—	15	—	—
		断裂伸长率 /% ≥	200	150	—	200	100
3	热处理尺寸变化率 /% ≤		2.0	1.0	0.5	0.1	0.1
4	低温弯折性		-25℃无裂纹				
5	不透水性		0.3MPa，2h 不透水				
6	抗冲击性能		0.5kg · m，不渗水				
7	抗静态荷载		—	—		20kg 不渗水	
8	接缝剥离强度		4.0 或卷材破坏			3.0	
9	直角撕裂强度		50	—	—	50	—
10	梯形撕裂强度		—	150	250	—	220
11	吸水率（70℃，168h）	浸水后≤	4.0				
		晾置后≥	-0.40				

工程案例

序号	项目名称	使用部位	选用材料
1	中南樾府	地下室 车库	SBS3mm、SBS4mm、JS II 型、4mm 耐根穿刺、
2	常宁新城	地下室	4mm 自粘
3	中国黄金金骊福郡	地下室、卫生间、屋面	1.5mm 自粘、SBS、耐根穿刺
4	白鹿仓	地下室、屋面	4mm SBS Ⅱ型、耐根穿刺
5	昆明池	地下室	1.5mm 自粘
6	常宁新城	地下室	4mm 自粘
7	金辉世界城	地下室、卫生间、屋面	SBS、聚氨酯
8	华润万象城	地下室、屋面	4mm SBS I 型
9	汉都新苑	地下室、屋面	3mm、4mmSBS
10	陕旅集团	地下室、屋面	4mm SBS I 型
11	陆港金海岸	地下室、屋面、厨卫间	4mmSBSI 型、聚氨酯
12	西科大高新学院	地下室、屋面	SBS 卷材

生产企业

陕西普石建筑材料科技有限公司，防水行业品质佼佼者，旗下拥有陕西普石建筑材料科技有限公司、江苏陕普防水材料科技有限公司和陕西普石建筑防水材料工程有限公司，现已在富平县拥有全新生产基地，位于富平县庄里工业园区，是中国很早推出纯沥青防水卷材（不添加任何再生橡胶粉）和有胎交叉压膜防水卷材生产厂家，2015 年引进 2 米幅宽电控自动化多功能 SBS、自粘防水卷材生产线，2017 年引进电控自动化多功能 SBS、自粘防水卷材生产线，并引进防水涂料生产线八条，年产各类防水卷材 5000 万平方米，各类防水涂料 80000 吨。

公司已通过 ISO 9001 国际质量体系认证、OHSAS 18001 职业健康体系认证和 ISO 14001 环境管理体系认证，通过了中国环境十环认证，取得了专利证书，获得了高新技术企业认证，和中国建筑材料科学研究总院苏州防水研究院达成了院企合作。公司始终坚持以人为本，努力推进防水系统化的理念，全力打造"诚信、专业、创新、服务"的品牌价值观，在团结、拼搏、求实、创新的企业文化指导下，以诚信经营、质量至上为企业发展核心理念的引导下，现已成为陕西省防水行业具有竞争力的品牌。

创新是企业的灵魂，更是企业可持续发展的源动力。在未来，普石防水将以科技的力量，提升防水材料的迭代升级，同时不断优化施工工艺和整体服务流程，与伙伴一起创造更多价值，为城市、为生活创造更多美好。

陕西普石建筑材料科技有限公司

地址：陕西省渭南市富平庄里工业园区
电话：029-86722073
传真：029-86722073
官方网站：www.sxpsfs.com

证书编号：LB2020FS029

普石双组分聚氨酯防水涂料、非固化橡胶沥青防水涂料、金属屋面钢结构防水涂料

产品简介

双组分聚氨酯防水涂料属于双组分化学反应型防水涂料，其中甲组分是由聚醚多元醇和异氰酸酯聚合得到的预聚体，乙组分是由增塑剂、固化剂、促凝剂等组成。使用时将甲、乙组分按规定比例混合均匀，涂刷在需要防水的基层上，通过反应固化形成橡胶状弹性涂膜从而起到防水作用。

非固化橡胶沥青防水涂料，以橡胶、沥青为主要组分，加入助剂混合制成的在使用年限内保持粘性膏状体的防水涂料。对于建筑工程变形缝等特殊部位的防水处理有突出的效果，广泛使用于非外露建筑防水工程。

金属屋面专用防水涂料是以高品质聚合物树脂，经过添加多种特殊优质辅料加工而成，是一种高性能高交联的水性单组分高弹性防水涂料。

适用范围

双组分聚氨酯防水涂料适用于工业与民用建筑屋面和地下工程防水，水池、水库等工程防水，尤其适用于结构复杂、异形结构多的工程及厨房 / 卫生间防水等。

非固化橡胶沥青防水涂料主要应用于工业与民用建筑的地下防水工程、屋面防水工程。

金属屋面专用防水涂料适用于钢结构金属屋面。

技术指标

双组份聚氨酯防水涂料技术指标如下：

序号	项目	指标		
		I	II	III
1	拉伸强度（MPa）⩾	2.00	6.00	12.0
2	断裂伸长率（%）⩾	500	450	250
3	撕裂强度（N/mm）⩾	15	30	40
4	低温弯折性（℃）⩽	-35		
5	不透水性 0.3Mpa	120min 不透水		
6	固体含量（%）⩾	92（双组分）85（单组分）		
7	表干时间（h）⩽	12		
8	实干时间（h）⩽	24		

陕西普石建筑材料科技有限公司
地址：陕西省渭南市富平庄里工业园区
电话：029-86722073
传真：029-86722073
官方网站：www.sxpsfs.com

非固化橡胶沥青防水涂料产品性能执行行业标准 JC/T 2428—2017《非固化橡胶沥青防水涂料》相关要求，在施工后即使长时间放置也不会固化，保持防水材料的原有性能，能够提高防水层的寿命。其"永不固化"性能主要是以它的固含量来决定。其他防水涂料施工时混合水或其他溶剂使其拥有施工性，但施工后随着溶剂的挥发防水层固化。非固化橡胶沥青防水涂料其本身的固含量为 98% 以上，施工时采用专用设备，无需添加溶剂，因此施工后即使经过很长时间也不会固化并保持其性能。

金属屋面专用防水涂产品性能执行行业标准 JG/T 375—2012《金属屋面丙烯酸高弹防水涂料》相关要求，该材料具有弹性好、耐老化、防紫外线能力强、抗拉伸和延展性好等特点，是能够与金属屋面紧密粘贴的一类防水材料。

工程案例

三星电子	2018 年至今	地下室、车库
乐华城	2018 年至今	地下室、屋面
白鹿仓	2017 年	地下室、屋面
昆明池	2018 年	地下室
常宁新城	2015 年至今	地下室
东等幸福新城	2016 年	地下室、卫生间、屋面
团结南路市政	2018 年	车库、屋面
鱼王碥净水厂	2019 年	屋面、侧墙
鱼化污水处理厂	2018 年	地下室、屋面
银西高铁甜水堡站、惠安站	2019 至今	高铁
地铁六号线	2019 至今	地铁
泾干二街电力管沟防水工程	2016 年至今	电力管沟
兰州南绕城高速公路	2018 年	高速公路

生产企业

陕西普石建筑材料科技有限公司，防水行业品质佼佼者，旗下拥有陕西普石建筑材料科技有限公司、江苏陕普防水材料科技有限公司和陕西普石建筑防水材料工程有限公司，现已在富平县拥有全新生产基地，位于富平县庄里工业园区，是中国很早推出纯沥青防水卷材（不添加任何再生橡胶粉）和有胎交叉压膜防水卷材生产厂家，2015 年引进陕西省第一条 2 米幅宽电控自动化多功能 SBS、自粘防水卷材生产线，2017 年引进电控自动化多功能 SBS、自粘防水卷材生产线，并引进防水涂料生产线八条，年产各类防水卷材 5000 万平方米，各类防水涂料 80000 吨。

公司已通过 ISO 9001 国际质量体系认证、OHSAS 18001 职业健康体系认证和 ISO 14001 环境管理体系认证，通过了中国环境十环认证，取得了专利证书，获得了高新技术企业认证，和中国建筑材料科学研究总院苏州防水研究院达成了院企合作。公司始终坚持以人为本，努力推进防水系统化的理念，全力打造"诚信、专业、创新、服务"的品牌价值观，在团结、拼搏、求实、创新的企业文化指导下，以诚信经营、质量至上为企业发展核心理念的引导下，现已成为陕西省防水行业具有竞争力的品牌。

创新是企业的灵魂，更是企业可持续发展的源动力。在未来，普石防水将以科技的力量，提升防水材料的迭代升级，同时不断优化施工工艺和整体服务流程，与伙伴一起创造更多价值，为城市、为生活创造更多美好。

陕西普石建筑材料科技有限公司
地址：陕西省渭南市富平庄里工业园区
电话：029-86722073
传真：029-86722073
官方网站：www.sxpsfs.com

证书编号：LB2020FS030

赛特高分子自粘胶膜防水卷材（非沥青基）、预铺 / 湿铺高分子自粘防水卷材、腻子型遇水膨胀止水条

产品简介

高分子自粘胶膜防水卷材（非沥青基）：该产品以高密度聚乙烯（HDPE）片材为基材，自粘层采用热熔压敏胶，隔离层采用隔离膜或撒上特殊的专用砂；采用三辊压延一次成型工艺做出基材，再通过独特的涂胶、刮涂、撒砂工艺，使得高分子自粘胶膜卷材具有断裂伸长率高、抗撕裂强度高、耐磨、耐穿刺、耐化学品腐蚀等优良性能特点。

湿铺高分子自粘防水卷材：该产品由层压强力膜与反应粘密封粘胶为主体强力复合而成，是性能优异的多层复合防水材料，包括一层特制的高分子母材（层压强力膜），一层对于微小刺破能自愈且能与液态水泥浆料反应的湿固化特制胶层及一层隔离膜，适用于混凝土建筑物密封防水，是一款高性能的防水卷材。

腻子型遇水膨胀止水条：该产品主要是由天然钠基膨润土、天然橡胶等原料经混炼加工和经特殊工艺处理生产的一种新型止水阻水材料；它兼有橡胶的柔软性和遇水缓慢膨胀的特性，是一种用于混凝土结构接缝部位的材料。它从根本上解决了普通遇水膨胀止水条由于早期膨胀速度过快（浸水 1 天后即完成最终膨胀量），不能适应后浇混凝土须滞后 4 ～～～ 6 天才能浇筑以及止水条保持一定膨胀量的要求，从而导致严重降低止水效果的弊端。

适用范围

高分子自粘胶膜防水卷材（非沥青基）适用于地铁、高铁、地下室底板等建筑防水工程。

湿铺高分子自粘防水卷材适用于屋面、地下室、侧墙等建筑防水工程。

腻子型遇水膨胀止水条适用于建筑施工缝、变形缝止水。

技术指标

高分子自粘胶膜防水卷材（非沥青基）技术指标如下：

序号	检测项目		标准规定
1	拉伸性能	拉力，N/50mm，⩾	500
		延伸率，%，⩾	400
2	耐热度	70℃，2h	无位移、流淌、滴落
3	低温弯折性	-20℃，2h	无裂纹
4	与后浇混泥土的剥离强度（无处理）	N/50mm，⩾	2.0

预铺 / 湿铺高分子自粘防水卷材技术指标如下：

序号	检测项目		标准规定
1	拉伸性能	拉力，N/50mm，⩾	150
		延伸率，%，⩾	30
2	耐热度	70℃，2h	无位移、流淌、滴落
3	低温弯折性	-20℃，2h	无裂纹
4	卷与卷的剥离强度（无处理）	N/50mm，⩾	1.0

成都赛特防水材料有限责任公司

地址：四川省彭州工业开发区旌旗北路 189 号
电话：028-81430700
传真：028-81430702
官方网站：www.cdsaite.com

腻子型遇水膨胀止水条技术指标如下：

序号	检测项目	标准规定
1	硬度（C 型微孔材料硬度计），度	≤ 40
2	7d 膨胀率，%	≤最终膨胀率的 60%
3	最终膨胀率（21d），%	≥ 220
4	耐热性	80℃，2h 无流淌
5	低温柔性（绕直径 10mm 圆棒）	-20℃，2h 无裂纹

工程案例

工程名称	竣工时间	应用部位	应用量
锦城鹭州 鹭州国际	2015	地下室	12 万 m^2
咸阳市民文化中心	2016	地下室	40 万 m^2
水立方	2007	地下室	3 万 m

生产企业

成都赛特防水材料有限责任公司成立于 1995 年，是一家集研发、生产、技术、销售服务一体的现代化企业；工厂位于四川省彭州工业开发区，占地 36 亩，厂房面积约 19000m^2。公司自成立 22 年以来，与中国科技大学、四川大学等高等学府建立了长期的科研合作，创办了“赛特防水科技综合实验室”，获得了国家多项专利证书，参编了国标 GB 50108《地下工程防水技术规范》、GB 23441—2009《自粘聚合物改性沥青防水卷材》、GB/T 23457—2009《预铺 / 湿铺防水卷材》和 GB/T 23260—2009《带自粘层防水卷材》，为行业发展做出了突破性贡献。

1995 年赛特创始人郑远黎先生研发了“膨润土橡胶遇水膨胀止水条”，确立了缝隙领域的行业地位；公司也从单一性产品发展为多元化产品；从结构内防水到结构外防水，从传统的材料销售到工程系统服务，被业内誉为“缝隙防水制造企业中的佼佼者”。

赛特拥有先进的生产设备，采用国内外知名品牌生产原料，现防水卷材年产能可达 8000 万平方米以上，缝隙材料 800 万米以上；所有一线工人均受过专业培训；公司所生产系列产品，以优质的性能、稳定的运行质量和完善及时的售后服务被众多大型企业和专业设计院定为指定产品，业务遍及 26 个省市，深得广大用户的欢迎和信赖。

截止 2016 年，赛特防水参与了成都、深圳等中国 24 个城市的地铁轨道交通项目防水系统设计及材料供应，参与我国已通车地铁轨道交通项目比例已高达 76%。

赛特人励精图治，执着追求，以“系统服务”为价值导向，以“致力于发展中国防水事业”为使命，“为客户创造卓越价值”为愿景，以“创想、擅变、行动、坚持”为核心价值观，将全方位的防水系统解决方案带给每一个客户。我们全力打造赛特防水品牌，与客户携手合作，共创辉煌。

成都赛特防水材料有限责任公司
地址：四川省彭州工业开发区旌旗北路 189 号
电话：028-81430700
传真：028-81430702
官方网站：www.cdsaite.com

证书编号：LB2020FS031

威曼瑞聚氯乙烯防水卷材

产品简介

聚氯乙烯（PVC）防水卷材、面材、底材采用 PVC 软质材料，中间使用织物（内增强网格布）贴合卷材。卷材中间胎基层经防水处理，防止雨水沿胎基层渗透，配方特殊，耐紫外老化强，耐雨水萃取强（增塑剂），耐高温挥发强（增塑剂），保证了卷材长时间使用不开裂、不渗漏。

适用范围

产品适用于工业与民用建筑的各种屋面防水。

技术指标

聚氯乙烯防水卷材性能指标如下：

序号	项目		标准规定	检验结果
1	中间胎基上面树脂层最度 /mm		≥ 0.40	0.64
2	拉伸性能	最大拉力 N/cm	≥ 250	纵向 286
				横向 260
		最大拉力时伸长率 /%	≥ 15	纵向 22
				横向 23
3		低温弯折性	-25℃无裂纹	无裂纹
4		不透水性	0.3MPa，2h 不透水	不透水
5		抗冲击性能	0.5kg.m, 不渗水	不渗水
6		抗静态荷载 a	20kg 不渗水	不渗水
7		接缝剥离强度 /(N/mm) ≥	≥ 3.0	5.2
8		梯形撕裂强度 /N ≥	≥ 250	纵向 452
				横向 381
9	热老化（80℃）	最大拉力保持率 /%	≥ 85	纵向 114
				横向 108
		最大拉力时伸长率保持率 /%	≥ 80	纵向 104
				横向 99
		低温弯折性	-20℃无裂纹	无裂纹
10	耐化学性（盐处理）	最大拉力保持率 /% ≥	≥ 85	纵向 99
				横向 102
		最大拉力时伸长率保持率 /% ≥	≥ 80	纵向 99
				横向 92
		低温弯折性	-20℃无裂纹	无裂纹
11	耐化学性（碱处理）	最大拉力保持率 /% ≥	≥ 85	纵向 97
				横向 103
		最大拉力时伸长率保持率 /% ≥	≥ 80	纵向 97
				横向 100
		低温弯折性	-20℃无裂纹	无裂纹
12	耐化学性（酸处理）	最大拉力保持率 /% ≥	≥ 85	纵向 103
				横向 105
		最大拉力时伸长率保持率 /% ≥	≥ 80	纵向 103
				横向 102
		低温弯折性	-20℃无裂纹	无裂纹

地址：江苏省太仓港港口开发区石化区（浏家港）华苏东路 8 号
电话：0512-33057680

苏州华苏塑料有限公司

工程案例

1	中国动漫博物馆	杭州市	P-20 外露聚酯纤维内增强	5000	屋面 Roof
2	高丘六和（天津）工业有限公司	天津市	P-15 外露聚酯纤维内增强	8000	屋面 Roof
3	贵州省体育馆	贵阳市	P-15 外露聚酯纤维内增强	6000	翻新屋面 Re-Roof
4	苏州岛津仪器有限公司	苏州市	PL-12 外露聚酯纤维内增强	12000	翻新屋面 Re-Roof
5	福建恒安纸业集团	泉州市	PL-12 外露聚酯纤维内增强	10000	翻新屋面 Re-Roof
6	东莞一胜百模具有限公司	东莞市	PL-12 外露聚酯纤维内增强	11000	翻新屋面 Re-Roof
7	旭化成纺织有限公司	杭州市	PL-12 外露聚酯纤维内增强	6000	翻新屋面 Re-Roof
8	长江新能源汽车	贵阳市	P-15 外露聚酯纤维内增强	60000	屋面 Roof

生产企业

苏州华苏塑料有限公司在 1992 年投资近 1 亿美元成立，占地 22 万平方米，目前主要产品有各类 PVC 薄膜、树脂、胶粒和防水卷材，作为聚氯乙烯行业的佼佼者，是值得信赖的聚氯乙烯树脂及产品的生产商和供应商。华苏作为从 PVC 树脂原材料生产加工到防水卷材制造一站式服务的厂家，其独有的原料加工工艺及完善的配方检测措施确保防水卷材的质量在生产源头得到管控。华苏也是国内为数不多的大型防水卷材生产企业之一，自投产以来始终遵循全球统一的质量品质，拥有与国际水平同步的高分子卷材生产线，可以提供品质优异的聚氯乙烯 (PVC) 卷材，主要产品包括暴露式聚酯纤维内增强 PVC 防水卷材，均质 PVC 防水卷材、耐根穿刺聚酯纤维内增强 PVC 防水卷材。产品先后获得耐根穿刺认证报告、绿色建材测试认证报告及国家建筑材料测试中心的各项检测等各项认证，可广泛运用于暴露式屋面、绿色种植屋面、行人走道屋面、地下室及隧道防水等，同时也为客户提供全方位的防水解决方案及强有力的技术支持。

苏州华苏塑料有限公司
地址：江苏省太仓港港口开发区石化区（浏家港）华苏东路 8 号
电话：0512-33057680

证书编号：LB2020QT001

德众挤出成型木塑复合板

产品简介

德重低碳木是通过高分子材料和超微木粉聚合而成的高科技新型环保复合材料，通过专用设备一次性挤压成型，产品纹理清晰与木纹接近，无需二次加工，极富生命力的木质感在装饰效果上与实木无异。同时，其生产过程没有任何有害化学物质排放，无重金属，无甲醛释放。德重低碳木采用高科技特殊配方，通过添加环保稳定剂、抗紫外线剂和抗冲击改性剂等高分子材料，具有更好的耐候性，拥有抗紫外线破坏的新功能。产品克服原木在户外环境中所暴露的吸水变形、霉变、开裂、翘曲、易燃、易受虫害真菌侵蚀等致命缺陷。目前国家和行业提倡节能减排，原木产量减少，价格上涨，供需矛盾十分突出，德重低碳木以其优异性能替代实木符合绿色发展的趋势。

适用范围

适用于户外景观园林、泳池、别墅、阳光房、住宅楼、民宿等。

技术指标

含水率　GB/T 17657−2013（标准≤ 2%），实测 0.4%；

硬度　GB/T 3398.2−2008（标准≥ 58HRR），实测 63HRR

吸水厚度膨胀率　GB/T 17657−2013（标准≤ 1%），实测 0.2%

静曲强度　GB/T 17657−2013（≥ 26MPa），实测 27MPa

弯曲弹性模量　GB/T 17657−2013（≥ 2500MPa），实测 2616MPa

表面耐磨　GB/T 18103−2013（≤ 0.10g/100r），实测 0.04g/100r

低温落锤冲击，破裂个数　GB/T 8814−2017（≤ 1 个），实测 0 个

加热后状态　GB/T 8814−2017（无气泡 . 裂痕 . 麻点），实测无气泡 . 裂痕 . 麻点

加热后尺寸变化率　GB/T 8814−2017（±2.5%），实测 −0.2%

高低温反复尺寸变化率　LY/T 1613−2017（±0.2%），实测 0.1%

握螺钉力 板面　GB/T 17657−2013（≥ 1000N），实测 1208N

抗冻融性能 抗弯曲强度保留率 GB/T 24137−2009（≥ 80%），实测 90%

抗冻融性能 表面质量　GB/T 24137−2009（无龟裂，鼓泡），实测无龟裂，鼓泡

表面耐污染腐蚀　GB/T 17657−1999（无污染无腐蚀），实测无污染无腐蚀

抗人工气候老化 抗弯曲强度保留率 GB/T 24137−2009（≥ 80%），实测 88%

抗人工气候老化 耐光色牢度　GB/T 24137−2009（≥ 3 级），实测 4 级

甲醛释放量（1m³ 气候箱法）GB/T 17657−2013（E 级：≤ 0.124mg/m³），实测 0.008mg/m³

重金属含量 可溶性铅 Pb GB 18584−2001（≤ 90mg/kg），实测＜ 0.5（检出限）

重金属含量 可溶性镉 Cd GB 18584−2001（≤ 75mg/kg），实测＜ 0.5（检出限）

重金属含量 可溶性铬 Cr GB 18584−2001（≤ 60mg/kg），实测＜ 0.5（检出限）

重金属含量 可溶性汞 Hg GB 18584−2001（≤ 60mg/kg），实测＜ 0.5（检出限）

门窗气密性能 正压 GB/T 7106−2008 8 级；负压 GB/T7106−2008 8 级

门窗水密性能 GB/T 7106−2008 6 级稳定加压

门窗抗风性能 GB/T 7106−2008 9 级，5.0 OKPa

门窗保温性能 GB/T 8484−2008 6 级

江苏德重新材料技术有限公司
地址：新沂市北沟街道泰山路 12 号
电话：0516-61881866
官方网站：www.dezonxc.cn

工程案例

1. 滁州金球商贸有限公司 20160109 工程量铝木复合门窗型材 9000m^2 左右，工程地址：安徽省滁州市花山东路。
2. 杭州湾民宿项目 16071280 双面木系列复合门窗型材 1500 平方，工程地址：宁波市北仑区春晓工业园。
3. 孝感三江航天江峰工贸铝木复合断桥门窗系列约计 5000m^2，工程地址：湖北武汉孝感市航空路。
4. 北京兰天方圆和黄门窗复合型材系列约计 20000m^2 左右。

生产企业

德重新材，全称为江苏德重新材料技术有限公司（高新技术企业），由德重科技（高新技术企业）注资成立，公司位于江苏省新沂市，引入先进自动化生产及加工设备，从事低碳木及铝木门窗型材的制造及加工。德重新材不断创新，追求可持续发展，注重技术研发，建立灵活诚信的服务体系，尽力满足客户需求，以科技立业，以高新技术为核心竞争力，为客户提供优质的产品和服务。

目前，德重新材所有产品严格按照行业标准生产，通过 SGS 国际检测机构和国家建筑装修材料质量监督检验中心测试，产品环保，无重金属，无甲醛，远销欧洲、北美、南美、澳洲、东南亚等多个国家和地区。

江苏德重新材料技术有限公司
地址：新沂市北沟街道泰山路 12 号
电话：0516-61881866
官方网站：www.dezonxc.cn

证书编号：LB2020QT002

美穗无机复合天花、墙板（无机高强隔声 / 吸声 / 装饰板）

产品简介

无机复合天花是一种改良纤维石膏装饰材料，通过物理反应、内部形成稳定性的高强度高韧性结构，并且解决了传统天花吊顶材料变形、变黄、发霉、易污脏、粗糙、档次低等通病与缺点。

无机高强隔声是公司专家团队经过多年研究试验、采用多种无机材料复合独特配方、经特别设计而成的一款新型高强轻质板材。产品不仅具有强度高、韧性好的结构，并具备“自呼吸空气净化、保暖保温”的功能，还有非常优良的隔声、防火、抗菌耐磨、防潮防虫蛀等特性。

高强隔声装饰板具有优良隔声和表面纹理与面饰多样化双重性能。产品隔声效果好，板面处理工艺种类多，有不同的肌理及可仿木纹、仿石纹、抽象类图案等，同时能达到表面光滑平整、美观逼真的装饰效果，且具有耐磨、耐候、防火、防潮等良好的物理性能。

无机高强吸声板性能通过了国内权威机构检测，产品性能良好，适用于中高低不同频率的吸声降噪。产品具有防火、防潮、防虫蛀、抗菌耐腐等特点，并且结构稳定，安装简便，利用不同孔径与形状及排列组合，又有装饰性，同时可根据声学需要调整产品的穿孔率与吸音棉的规格以及后空腔的大小，营造良好的声学空间。

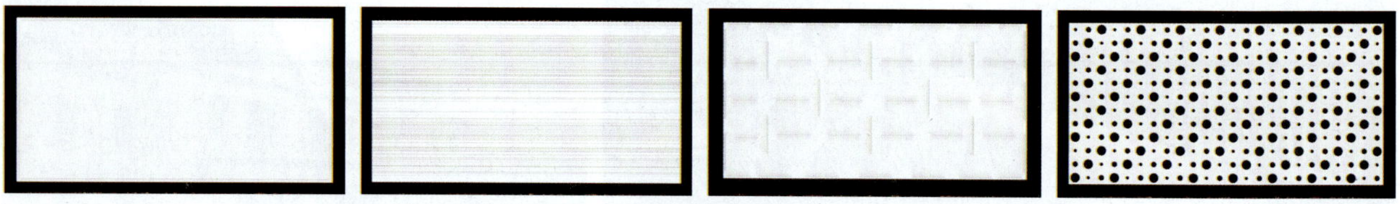

适用范围

无机复合天花又称办公天花，可广泛应用在办公室、会议室、博物馆、商场、酒店、法院、教学楼、写字楼等建筑。各种公共建筑、工业建筑及住宅等多种场合的吊顶，对大面积装饰吊顶尤为适宜。

无机高强隔声板可广泛应用在影剧院、会议室、博物馆、商场、法院、写字楼等高档建筑以及电机房等噪声较强的吸音墙体。此外隔墙系统还适用于新建筑及旧建筑的改造，是取代传统砖墙的理想轻质墙体系统。

高强隔声装饰板可用于会议厅、剧院、办公楼、医院、播音室写字楼墙体等装饰。

无机高强吸声板可用于会议厅、剧院、舞厅、播音室、电视台天面与墙体等装饰。

技术指标

无机复合天花：

检验依据：JC/T 799—2016《装饰石膏板》检验结果：断裂荷载（平均值 321 最小值 301），含水率（平均值 0.1 最大值 0.1），受潮挠度（平均值 3.0 最小值 3.0）。

检验依据：GB/T 20247—2006《声学 混响室吸声测量》检验结果：降噪系数（混响室法，刚性壁）0.6。

检验依据：GB 6566—2010《建筑材料放射性核素限量》检验结果：A 类产品。

检验依据：GB 8624—2012《建筑材料及制品燃烧性能分级》检验结果：燃烧性能 A1 级。

检验依据：JC/T 897—2014《抗菌性能》 检验结果：抗菌率 99.99%。

无机高强隔声板：

检验依据：GB/T 19889.3—2005《声学 建筑和建筑构件隔声测量》、GB/T 50121—2005《建筑隔声评价标准》 检验结果：52dB。

广东美穗建材科技有限公司
地址：广州市白云区钟落潭镇金盆金沙路 11 号
电话：400-606-9109
官方网站：www.gdmssy.com

检验依据：GB 6566—2010《建筑材料放射性核素限量》检验结果：A 类产品。

检验依据：GB 8624—2012《建筑材料及制品燃烧性能分级》检验结果：A1 级。

检验依据：JC/T 897—2014《抗菌性能》 检验结果：抗菌率 99.99%。

检验依据：JC/T 799—2007《装饰石膏板》 检验结果：断裂荷载（平均值 803 最小值 667），含水率（平均值 0.01 最大值 0.02），受潮挠度（平均值 3.0 最小值 3.0）。

高强隔声装饰板：

检验依据：GB/T 19889.3—2005《声学 建筑和建筑构件隔声测量》、GB/T 50121—2005《建筑隔声评价标准》检验结果：52dB。

检验依据：GB 6566—2010《建筑材料放射性核素限量》检验结果：A 类产品。

检验依据：GB 8624—2006《建筑材料及制品燃烧性能分级》检验结果：A1 级。

检验依据：JC/T 897—2002《抗菌性能》 检验结果：抗菌率 99%。

检验依据：JC/T 799—2007《装饰石膏板》 检验结果：断裂荷载（平均值 803 最小值 667），含水率（平均值 0.01 最大值 0.02），受潮挠度（平均值 3.0 最小值 3.0）。

无机高强吸声板：

检验依据：GB/T 20247—2006《声学 混响室吸声测量》检验结果：降噪系数（混响室法，刚性壁）0.6。

检验依据：GB 6566—2010《建筑材料放射性核素限量》检验结果：A 类产品。

检验依据：GB 8624—2006《建筑材料及制品燃烧性能分级》检验结果：燃烧性能 A1 级。

检验依据：JC/T 897—2002《抗菌性能》 检验结果：抗菌率 99%。

工程案例

广州大剧院、广州塔、广州太古汇广场、华为东莞松山湖基地、杭州 EFC 欧美金融城、香港大学深圳医院、深圳平安金融中心、万达广场、深圳大学学府医院、中国铁建南方总部基地、北京凤凰国际传媒中心、香港国际机场、国家摩托车质检中心、国家开发银行云南省分行、贵阳富力中心、华为深圳基地、武汉烽火科技大厦、益阳安化大剧院、青岛万达东方影都等。

生产企业

广东美穗建材科技有限公司（原美穗实业）于 1998 年 6 月成立，是国内一家将建筑空间声学与美学完美融合，把科技、艺术、文化创意与设计、新材料四位一体集结发展的企业。公司专业生产美穗牌®：天花［无机（高晶、藻钙、硅晶、硅钙、钛钙）复合天花、无机复合大板］、墙板（无机高强隔声 / 装饰 / 吸声板）、GRG 工程定制三大工程产品的基础上，又相继开发了雅穗牌®：FRG 天花吊顶、艺术灯饰、3D 艺术背景墙、装配化基础内装等家居类特色新品。

公司已获得国家高新技术企业、高新技术产品等多项荣誉，并成功参与国家、行业、团体标准：《公共建筑天花吊顶工程技术规程》《医疗建筑集成化装配式内装修技术标准》《玻璃纤维增强石膏（GRG）装饰制品应用技术规程》《建筑产品选用技术》2019CPXY-J419 专用图集的制定。

拥有广东广州与湖南平江两大生产基地，产能储备建设超过十亿元规模；成功通过了 ISO 9001-2015 质量管理体系、ISO 14001 环境管理体系、ISO 45001 职业健康安全管理体系、国家绿色建筑推荐材料等多重认证。公司现有专利技术 100 余项，并与华南理工大学、安徽建筑大学、广州美术学院、华南低碳研究院联合成立产学研一体教学基地，为技术研发和人才的培养提供坚强的后盾。

公司产品销售范围辐射全国，远至意大利、法国、加拿大、迪拜、阿联酋、印度等国家与地区。产品不仅具有高强轻质、A1 级防火、绿色环保、净醛增氧、抗菌耐腐、防霉防潮防虫蛀、湿暖保温等良好的物理性能，而且拥有隔声 / 吸声 / 扩散 / 反射等优良的声学性能，同时造型丰富，可镂空（浮雕）、可平面（单曲二维 / 双曲三维）安装方式方便快捷，装饰效果高端大气、靓丽高雅。

美穗始终贯彻“科技创新”与“文化艺术创意设计”双轮驱动的理念，并以“人文精神”为内涵，以“人体视听工程学”为导向，以“生态健康和环保节能新材料”为载体，致力将“美穗创造”打造成为世界建筑装饰领域中专注建筑声学与造型装饰艺术的知名品牌。

证书编号：LB2020QT003

南阳中联骨料及机制砂

产品简介

公司主要生产石粉、成品砂、5−10mm 碎石、10−25mm 碎石、25−31.5mm 碎石共 5 种型号成品优质骨料，符合 GB/T 14685−2011《建筑用卵石和碎石》（检验报告详见附件）。

我公司所生产的砂、石骨料具有以下优点：

（1）压碎值小，强度高，可满足普通混凝土配合比设计要求；

（2）碎石针片状颗粒少，粒型好；

（3）成品砂级配合理，符合 II 区砂级配范围，孔隙率小，可单独使用，且可节省胶凝材料，降低混凝土、砂浆成本；

（4）细度模数稳定、可调，生产过程全环节控制能使细度模数波动量小于河砂；

（5）产量大，可持续稳定供应；

（6）碎石含泥量、泥块含量优于国家标准要求，机制砂亚甲蓝 MB 值实测 0.5−0.8，优于国标≤ 1.4 的标准。

（7）我公司机制砂采用半干法生产，含水率一般控制在 1% ～ 3%，相对于河砂或水洗机制砂 5% ～ 10% 的含水率，极具成本优势。

技术指标

砂

检测项目	国标要求	检测结果	公称粒径	砂颗粒级配区			实际累计筛余（%）
				I 区	II 区	III 区	
压碎值	≤ 30%	20.2	10.0mm	—	—	—	—
泥块含量	≤ 3%	0.8	5.00mm	10 ～ 0	10 ～ 0	10 ～ 0	7
石粉含量	≤ 10%	3.7%	2.50mm	35 ～ 5	25 ～ 0	15 ～ 0	21
MB 值	< 1.4	0.7	1.25mm	65 ～ 35	50 ～ 10	25 ～ 0	42
云母含量	≤ 2.0%	0.7%	630μm	85 ～ 71	70 ～ 41	40 ～ 16	62
有机物含量	颜色不应深于标准色	颜色浅于标准色	315μm	95 ～ 80	92 ～ 70	85 ～ 55	76
轻物质含量	≤ 1.0%	0.5%	160μm	100 ～ 90	100 ～ 90	100 ～ 90	93
SO_3 含量	≤ 1.0%	0.04%	细度模数	2.8			
C1- 含量	≤ 0.02%	0.001%	碱活性（快速法）	< 0.10%，无潜在危害；> 0.20%，有潜在危害。		0.03%	

碎石 5−25mm（1−2）

试验项目							
	含泥量（%）		泥块含量（%）		针、片状颗粒含量（%）		压碎值（%）
强度等级	标准值	结果	标准值	结果	标准值	结果	
≥ 60	≤ 0.5	0.2	≤ 0.2	0.1	≤ 8	10	12.5
C55 ～ C30	≤ 1.0		≤ 0.5		≤ 15		
≤ C25	≤ 2.0		≤ 0.7		≤ 25		

颗粒级配	公称粒径（mm）	筛孔尺寸（mm）	31.5	26.5	19.0	16.0	9.5	4.75	2.36	底
连续级配	5-20									
累计筛余，按质量（%）			0	0 ～ 5	—	30 ～ 70	—	90 ～ 100	95 ～ 100	100
实际累计筛余（%）			0	4	36	72	86	98	100	100

南阳中联水泥有限公司
地址：河南省镇平县工业园区
电话：0377−65098888　65085086
官方网站：http://www.nycucc.com/lxwm.html

碎石 5-10mm（1-5）

试验项目							
	含泥量（%）		泥块含量（%）		针、片状颗粒含量（%）		压碎值（%）
强度等级	标准值	结果	标准值	结果	标准值	结果	
≥ 60	≤ 0.5		≤ 0.2		≤ 8		
C55 ~ C30	≤ 1.0	0.2	≤ 0.5	0.1	≤ 15	8	/
≤ C25	≤ 2.0		≤ 0.7		≤ 25		

颗粒级配 连续级配	公称粒径（mm） 5-10	筛孔尺寸（mm）	31.5	26.5	19.0	16.0	9.5	4.75	2.36	底
累计筛余，按质量（%）			--	--	--	--	0 ~ 15	80 ~ 100	95 ~ 100	100
实际累计筛余（%）			/	/	/	/	8	93	98	100

碎石 20-40mm（1-3）

试验项目							
	含泥量（%）		泥块含量（%）		针、片状颗粒含量（%）		压碎值（%）
强度等级	标准值	结果	标准值	结果	标准值	结果	
≥ 60	≤ 0.5		≤ 0.2		≤ 8		
C55 ~ C30	≤ 1.0	0.1	≤ 0.5	0.1	≤ 15	6	/
≤ C25	≤ 2.0		≤ 0.7		≤ 25		

颗粒级配 单粒级配	公称粒径（mm） 20-40	筛孔尺寸（mm）	37.5	31.5	26.5	19.0	16	9.5	4.75	底
累计筛余，按质量（%）			0 ~ 10	—	—	80 ~ 100	—	95 ~ 100	—	100
实际累计筛余（%）			6	/	/	88	/	99	—	100

工程案例

北京西客站、解放军导弹某基地、南阳体育中心、南阳热电厂、驻马店热电厂、空军武汉王家墩机场、空军内乡机场、信阳至南阳高速公路南阳白河特大桥、南阳仲景大桥项目、南阳大桥等。

生产企业

南阳中联水泥有限公司是世界 500 强之一中国建材集团所属中国联合水泥集团有限公司旗下的核心企业，于 2006 年在香港上市，股票代码 HK3323。公司是河南省水泥行业较早通过 ISO 9001 质量管理、ISO 14001 环境管理和 GB/T 28001 职业健康安全管理体系认证和能源管理体系认证的企业，公司前身是 1970 年 9 月建厂的中国人民解放军武汉军区空军后勤部水泥厂（又名空军南阳水泥厂），1999 年 6 月划归中国建材集团，2002 年 8 月从南阳市卧龙区蒲山镇迁建至镇平县工业园区。

公司目前拥有日产 3000 吨和日产 6000 吨新型干法水泥熟料生产线各一条，Φ3.8m×13m 的水泥粉磨系统 4 台套，年产熟料 300 万吨，年产高品质水泥 400 万吨；配套安装有 16 兆瓦纯低温余热发电系统，年发电 1.2 亿千瓦时；拥有两条 180 型商品混凝土生产线，年产优质商品混凝土 90 万立方米；拥有台时 900 吨和 500 吨骨料生产线各一条，年产骨料、机制砂 400 万吨。

公司依靠完备的质量保证体系与控制手段，生产的“CUCC”中联牌水泥以其卓越的质量品质，成为全国重点保护产品和消费者信得过产品，广泛应用于国防、交通、工农业、水利及城市建设等质量要求较高的工程，尤其是近年来，研制开发的低碱优质 42.5 级、52.5 级水泥，被南阳机场、二广高速、沪陕高速、南水北调、宁西铁路、郑万高铁、蒙华铁路等诸多重点工程项目选用。

近年来，公司按照“创新、协调、绿色、开放、共享”五大创新发展理念，安全生产和环境保护植根于生产经营全过程，先后荣获“绿色工厂”“绿色矿山”“全国安全文化示范企业”、河南省“绿色企业”、河南省“节能减排技术创新示范企业”、河南省“科技创新十佳单位”、中国建材集团“六星企业”和南阳市“市长质量奖”等荣誉，并获得实用新型专利 126 项、省部级科技成果 18 项、省级技术革新奖 85 项。

公司崇尚“善用资源、服务建设”的核心理念，倡导“创新、绩效、和谐、责任”的核心价值观，积极建设“创新绩效型、资源节约型、环境友好型、社会责任型”四型企业，致力于为客户提供高品质绿色环保的建材产品，公司愿与国内外有识之士一道，致力于人与自然的和谐统一，愿与社会各界精诚合作，多赢共赢，推动行业健康持续发展，共同开创人类生活更加美好的未来。

南阳中联水泥有限公司

地址：河南省镇平县工业园区
电话：0377—65098888　65085086
官方网站：http://www.nycucc.com/lxwm.html

证书编号：LB2020QT004

装饰纸、装饰纸饰面板、PVC 地板彩膜

产品简介

普通装饰纸饰面板是以刨花板、纤维板等人造板为基材，以浸渍胶膜纸为饰面材料的装饰板材，通过热压工艺将人造板材与浸渍胶膜纸进行压贴结合。高光亮镜面装饰板是建立在普通三聚氰胺人造饰面板基础上进行技术改造（浸渍胶水采用纳米技术配方，压贴钢板采用高光亮不锈钢板，压贴工艺采用冷进冷出法），该产品替代了油漆及 UV 装饰板，其表面光洁度及平整度很好，具有镜面效果，不会出现“波纹、起橘皮”现象。产品具有防水、耐火、抗划性能好、色牢度高等特点。长期使用，不会出现划伤、褪色、变色现象，易于加工切割，很柔韧，切割时不会出现崩边、崩口现象。

装饰纸是以原纸和调制好的油墨为主要原材料，用版滚进行印刷。根据版滚的各种图案，规格来决定装饰纸的图案和规格，其颜色的搭配是由油墨来支配。

PVC 地板彩膜是一种新型环保材料，它具有木纹仿真感强、防水、耐酸碱侵蚀、离火自熄等特点，具有不褪色、不需油漆、操作方便等优点，缩短了生产工期，降低了生产成本，为众多家具、门窗厂家提供优质产品，广泛应用于室内装修。

适用范围

装饰纸饰面板广泛适用于内墙装饰家装精装修、公共空间装修、办公空间装修、橱柜、衣柜、板式桌椅、地面、顶板装饰。

装饰纸广泛应用于家具、橱柜、地板、建筑环境的装饰中，也是强化地板和板式家具的重要原材料。

技术指标

装饰纸饰面板主要技术指标如下：

序号	检测项目		单位	规定标准值	单项结果
1	吸水厚度膨胀率		%	≤ 8.0	合格
2	甲醛释放量（40L）		Mg/L	E1：1.5	合格
3	表面耐污染腐蚀		—	无污染、无腐蚀	合格
4	表面耐龟裂		—	0—1 级	合格
5	表面胶合强度		MPa	≥ 0.60	合格
6	握螺钉力	板面	N	≥ 1000	合格
7		板边	N	≥ 700	合格

装饰纸主要技术指标如下：

项目		指标
定量偏差，g/m^2		± 5
湿抗张力（纵向），N/mm		≥ 6
干抗张力（纵向），N/mm		≥ 24
pH 值		6 ～ 8
透气度，s/100mL		≤ 40
灰分，%		≥ 25
水 分，%		≤ 6
耐光牢度，级		≥ 6
热稳定性（180℃～ 200℃），级	国产油墨	≥ 1
注 1：可按用户要求生产其余定量的产品。注 2：原纸定量为 70 ～ 90g/m^2。		

浙江帝龙新材料股份有限公司

地址：浙江临安市玲珑工业区环南路 1958 号
电话：86-0571-63717320
官方网站：www.dilong.cc

PVC 地板彩膜主要技术指标如下：

项目		指标
抗拉强度	纵向 (MPa)	50± 2
	横向 (MPa)	43±2
伸长率	纵向 (%)	≤ 35
	横向 (%)	≤ 10
热收缩率	纵向 (%)	≤ 5.6
	横向 (%)	≤ -1.3
光泽度		40 ～ 60
UV 老化（级）		4 ～ 5

工程案例

上海万豪大酒店、成都中胜大酒店、博洛尼家居用品（北京）股份有限公司、天津欧派集成家居有限公司、帝高力装饰材料有限公司、常州双盛新型装饰材料有限公司、万利环宇贸易有限公司、浙江晶通塑胶有限公司、张家港易华塑料有限公司等项目。

生产企业

浙江帝龙新材料股份有限公司于 2000 年 1 月创建于浙江杭州西郊风景秀丽的国家级森林公园青山湖畔，毗邻杭徽高速公路，环境优雅，地理位置优越，交通十分便利。

公司作为国内装饰纸行业的上市企业，是专业从事装饰材料的研发设计、生产和销售的国家高新技术企业，并拥有北京帝龙北方新材料有限公司、成都帝龙新材料有限公司、廊坊帝龙新材料有限公司、帝龙新材料（临沂）有限公司四家全资子公司和浙江帝龙永孚新材料有限公司一家控股子公司。公司主要生产“帝龙牌”装饰纸（包括印刷装饰纸和浸渍纸）、装饰板（包括装饰纸饰面板和金属饰面板）、氧化铝和 PVC 装饰材料（PVC 家具膜和 PVC 地板膜）四大系列产品。“帝龙牌”装饰纸和“帝龙牌”浸渍纸系列产品均通过国家权威部门鉴定，被认定为“绿色环保产品”并被广泛应用。金属饰面板和氧化铝系列产品填补国内空白，技术先进，取代进口，被誉为“有灵魂的金属”。

公司拥有国内先进的全自动高速装饰纸印刷生产线 23 条（配套德国 ENULEC 公司静电吸墨系统）、26 色自动配墨系统 1 条、卧式两级浸渍纸生产线 11 条、金属饰面板生产线五条及荷兰引进的拉丝和磨花生产线各 1 条、装饰纸饰面板生产线八条、阳极氧化铝（卷）板生产线 2 条。

公司自成立以来，先后被评为国家高新技术企业、中国对外贸易 AAA 级信用企业、浙江省高新技术企业、浙江省科技型中小企业、浙江省专利示范企业、杭州市 AA 级标准化企业、杭州市 AAA 级信用企业。

帝龙始终以争创世界知名产品为目标，产品质量严格把关，实现了产品质量长期高质稳定发展。企业通过 ISO 9001 质量管理、ISO 14001 环境管理、GB/T 20081—2001 职业健康安全管理三大体系认证，并通过计量体系认证，这保证了公司质量体系的有效运行。公司拥有先进的产品质量检测系统，这为产品质量实现稳定高质提供了坚实的技术支持。

公司在多变及竞争激烈的市场环境条件下，掌握市场信息脉动，自我持续不断地完善，为企业的永续经营奠定坚实的基础，以助力行业发展为目标，以客户满意为标准，与客户同发展，与社会共进步。

浙江帝龙新材料股份有限公司
地址：浙江临安市玲珑工业区环南路 1958 号
电话：86-0571-63717320
官方网站：www.dilong.cc

证书编号：LB2020QT005

达因硅酸钙复合地板、硅酸钙复合顶板、硅酸钙复合墙板

产品简介

硅酸钙复合地板所采用的基材在生产过程中，制成的板状材料经过 0.8 ～ 1.0MPa，180℃左右的饱和蒸汽作用，促使激发原料中硅质、钙质材料的活性，促进发生水化反应增加了板材的强度。采用此工艺制成的基材进一步地使得墙板具有较好的防火、耐潮、节能环保，进而增加材料的使用寿命。同时基于大规格平整度较高的基材，将内表面进行 UV 背涂防水处理，外表面依次进行涂覆涂料层、颜色层、图案层和防护层，使得成品硅酸钙复合地板的外表面能够形成具有整体效果的定制化图案，同时，通过在地板的内表面设置防水层，进一步防止地板受潮，避免导致影响图案的视觉效果及成品稳定性的发生。从而减少板材的吸湿性和内应力，达到防止变形的目的。同时，提高饰面层表面的耐沾污、耐划痕、耐磨性、耐洗刷性。

硅酸钙复合顶板所采用的基材制成的板状材料经过 0.8 ～ 1.0MPa、180℃左右的饱和蒸汽作用，促使激发原料中硅质、钙质材料的活性，促进发生水化反应增加了板材的强度。采用此工艺制成的基材进一步使得吊顶板具有较好的防火、耐潮、节能环保，进而增加材料的使用寿命。同时基于大规格平整度较高的基材表面进行 UV 背涂防水处理，在基板面层采用膜片、装饰纸等饰面包覆技术，装饰面层复合一层用于保护花纹层，使其免腐蚀、耐溶剂、耐沾污、耐刮伤，最终保证硅酸钙复合顶板的完整性，同时提升了断裂荷载安全性，达到防止变形的目的。

硅酸钙复合墙板所采用的基材在生产过程中，制成的板状材料经过 0.8 ～ 1.0MPa，180℃左右的饱和蒸汽作用，促使激发原料中硅质、钙质材料的活性，促进发生水化反应增加了板材的强度。采用此工艺制成的基材进一步使得成品墙板具有较好的防火、耐潮性、节能环保，进而增加材料的使用寿命。

同时，基于大规格平整度较高的基材，内表面进行 UV 背涂防水处理，并且基板面层采用两种我公司研发专利工艺。

其一：在基材外表面依次进行涂覆涂料层、颜色层、图案层和防护层，使得成品的硅酸钙复合地板的外表面能够形成具有整体效果美观的定制化图案，同时，通过在地板的内表面设置防水层，进一步防止地板受潮，避免导致影响图案的视觉效果及降低成品稳定性的情况发生，从而减少板材的吸湿性和内应力，达到防止变形的目的。同时，提高饰面层表面的耐沾污、耐划痕、耐磨性、耐洗刷性。

其二：在基板外表面层采用膜片、装饰纸等饰面包覆技术，装饰面层表层复合一层用于保护花纹层免腐蚀、耐溶剂、耐磨、耐刮伤的涂层，既保证了饰面的多样性，又满足饰面层表面的耐沾污、耐划痕、耐磨性、耐洗刷性需求。

同时，装饰纸、装饰膜包覆板材的工艺要点在于成品硅酸钙复合墙板的两侧边同时加工有安装凹槽，使成品板的正面装饰层可以成 90 度向内进行翻边，延展到侧向的安装凹槽中，由于位于沟槽中的装饰纸在安装过程中被压条压靠，装饰纸的边缘即使产生翘曲，但翘曲的装饰纸因受力而被牵扯，装饰纸的翘曲范围也仅仅能扩大至安装凹槽处并止于沟槽处，从而防止装饰纸的翘曲范围扩大至装饰板的正面，从而避免了成品复合墙板的装饰面出现“鼓包”现象。

适用范围

硅酸钙复合板目前被普遍用于居住建筑和公共建筑室内地面装饰，目前居住建筑完工 6 万套，公共建筑完工 5.5 万套。代表工程有北京城市副中心 C2 办公楼，北京城市副中心职工周转房、雄安新区市民服务中心企业办公楼、天津冠寓空港 9 号项目等。

技术指标

硅酸钙复合地板产品执行 GB/T 18102—2007《浸渍纸层压木质地板》、GB/T 8624—2012《建筑材料及制品燃烧性能分

天津达因建材有限公司
地址：天津经济技术开发区中区轻一街 960 号
电话：18222274981
官方网站：http://www.henenghome.com/

级》、JC/T 564.1—2018《纤维增强硅酸钙板 第1部分：无石棉硅酸钙板》标准，具体性能如下：

1. 耐旋转磨耗6000转无破损，符合家用I级要求。

2. 燃烧性A（A1）级不燃材料。

3. 外观质量、形状与尺寸偏差、湿涨率均符合国家标准要求。

硅酸钙复合顶板产品执行JC/T 564.2—2018《纤维增强硅酸钙板 第2部分：温石棉硅酸钙板》、JC/T 799—2016《装饰石膏板》、JC/T 564.1—2018《纤维增强硅酸钙板 第1部分：无石棉硅酸钙板》、GB 6566—2010《建筑材料放射性核素限量》、GB 8624—2012《建筑材料及制品燃烧性能分级》标准，具体指标如下：

1. 放射性核素比活度：①内照射指数0.1 ②外照射指数0.1；2. 燃烧性A（A1）级不燃材料；3. 抗冲击强度1.9kJ/m^2；4. 表观密度1.38g/cm^3；5. 断裂荷载平均值516N，最小值427N。

硅酸钙复合墙板产品执行HJ 571—2010《环境标志产品技术要求 人造板材及其制品》、GB 8624—2012《建筑材料及制品燃烧性能分级》、JC/T 564.1—2018《纤维增强硅酸钙板 第1部分：无石棉硅酸钙板》、HJ/T 223—2005《环境标志产品技术要求 轻质墙体板材》、GB/T 9780—2013《建筑涂料涂层耐沾污性试验方法》、GB/T 6739—2006《色漆和清漆 铅笔法测定漆膜硬度》、GB/T 9266—2009《建筑涂料 涂层耐洗刷性的测定》、GB/T 9279.1—2015《色漆和清漆耐划痕性的测定 第1部分：负荷恒定法》，具体指标如下：

1. 甲醛释放量0.01mg/m^3；2. 总挥发性有机化合物（TVOC）0.16mg/（m^3·h）；3. 燃烧性A（A1）级不燃材料；4. 密度1.4g/cm^3；5. 抗冲击强度2.9kJ/m^2；6. 石棉含量：无石棉；7. 导热系数0.13W/（m·k）；8. 抗折强度①饱水强度8.2MPa ②单块最低强度5.9MPa；9. 湿涨率0.06%；10. 不透水性：24h检验后，板的底面未出现潮湿的痕迹；11. 涂层耐沾污性：综合耐污染能力55R；12. 铅笔硬度9H；13. 耐洗刷性1500次不露底；14. 耐划痕性20.0N未划透。

工程案例

百子湾保障房项目公租房项目位于东四环与东五环之间，一座“漂浮”的“城市花园”已经露出真容。朝阳区百子湾保障房项目公租房地块位于朝阳区东四环与东五环之间，广渠路南侧，广化大街东侧，由北京市保障性住房建设投资中心开发建设，项目占地8.44万平方米，总建筑面积47.33万平方米，共12栋住宅，4000套公租房。该项目于2015年11月开工，建筑师马岩松根据美国社会住宅和漂浮的城市花园为设计理念进行设计，由天津达因建材有限公司（以下简称达因）提供装配化装修技术支持以及部品供应。

项目名称：百子湾保障房项目公租房地块

项目地址：北京市朝阳区百子湾地区

建设单位：北京市保障房建设投资中心

用地情况：规划总用地面积：93940平方米，总建筑面积：473346平方米

龙湖冠寓项目位于帝都西北五环外，上地西二旗，这里有知名的中关村软件园，驻扎着百度、新浪、网易、滴滴、神码、联想等知名互联网公司总部和一众外企，是帝都知名码农集散地。

当互联网企业不断崛起，高大上的工作氛围尽显，大批互联网精英乘着北京城西北IT业发展的加速度，汇聚到了这里。精英生活不仅依附城市外部空间，更需优质的生活氛围。回龙观地区马路宽阔、小区林立，生活气息很浓厚。龙湖冠寓解读城西北发展的跃动脉搏，以精英生活的切实需求为理念原点，应用装配式装修工艺，全面升级产品。

项目名称：龙湖回龙观冠寓

项目类型：长租公寓装修

套数：274套

建筑面积：11258平方米

生产企业

天津达因建材有限公司是从事全屋装配式装修的国家高新技术企业，较早一批成立的国家装配式建筑产业基地，公司创始人团队自2005年立项研究工厂化全装修技术，建立了装配式装修的“一体三核”，即一整套完备的装配式装修技术体系，精细化设计、精益化制造以及精准化供应链三大核心能力，形成了装配式装修研发—设计—生产—施工—运维—培训等全产业链布局。

天津达因建材有限公司
地址：天津经济技术开发区中区轻一街960号
电话：18222274981
官方网站：http://www.henenghome.com/

证书编号：LB2020QT006

洛阳中联骨料及机制砂

产品简介

公司主要生产石粉、成品砂、5～10mm碎石、10～25mm碎石、25～31.5mm碎石共5种型号成品优质骨料，符合GB/T 14685—2011《建筑用卵石和碎石》(检验报告详见附件)。

我公司所生产的砂、石骨料具有以下优点：

(1)压碎值小，强度高，可满足普通混凝土配合比设计要求；

(2)碎石针片状颗粒少，粒型好；

(3)成品砂级配合理，符合Ⅱ区砂级配范围，孔隙率小，可单独使用，可节省胶凝材料，降低混凝土、砂浆成本；

(4)细度模数稳定、可调，生产过程全环节控制能使细度模数波动量小于河砂；

(5)产量大，可持续稳定供应；

(6)碎石含泥量、泥块含量优于国家标准要求，机制砂亚甲蓝MB值实测0.5～0.8，优于国标≤1.4的标准。

(7)我公司机制砂采用半干法生产，含水率一般控制在1%～3%，相对于河砂或水洗机制砂5%～10%的含水率，极具成本优势。

技术指标

砂

检测项目	国标要求	检测结果	公称粒径	砂颗粒级配区 I区	砂颗粒级配区 II区	砂颗粒级配区 III区	实际累计筛余(%)
压碎值	≤30%	20.2	10.0mm	—	—	—	—
泥块含量	≤3%	0.8	5.00mm	10～0	10～0	10～0	7
石粉含量	≤10%	3.7%	2.50mm	35～5	25～0	15～0	21
MB值	<1.4	0.7	1.25mm	65～35	50～10	25～0	42
云母含量	≤2.0%	0.7%	630μm	85～71	70～41	40～16	62
有机物含量	颜色不应深于标准色	颜色浅于标准色	315μm	95～80	92～70	85～55	76
轻物质含量	≤1.0%	0.5%	160μm	100～90	100～90	100～90	93
SO_3含量	≤1.0%	0.04%	细度模数	2.8			
Cl-含量	≤0.02%	0.001%	碱活性(快速法)	<0.10%，无潜在危害；>0.20%，有潜在危害。			0.03%

碎石5-25mm(1-2)

试验项目							
强度等级	含泥量(%) 标准值	含泥量(%) 结果	泥块含量(%) 标准值	泥块含量(%) 结果	针、片状颗粒含量(%) 标准值	针、片状颗粒含量(%) 结果	压碎值(%)
≥60	≤0.5	0.2	≤0.2	0.1	≤8	10	12.5
C55～C30	≤1.0		≤0.5		≤15		
≤C25	≤2.0		≤0.7		≤25		

颗粒级配 连续级配	公称粒径(mm) 5-20	筛孔尺寸(mm)	31.5	26.5	19.0	16.0	9.5	4.75	2.36	底
累计筛余，按质量(%)			0	0～5	—	30～70	—	90～100	95～100	100
实际累计筛余(%)			0	4	36	72	86	98	100	100

碎石 5 ~ 10mm（1–5）

试验项目							
	含泥量（%）		泥块含量（%）		针、片状颗粒含量（%）		压碎值（%）
强度等级	标准值	结果	标准值	结果	标准值	结果	
≥ 60	≤ 0.5	0.2	≤ 0.2	0.1	≤ 8	8	/
C55 ~ C30	≤ 1.0		≤ 0.5		≤ 15		
≤ C25	≤ 2.0		≤ 0.7		≤ 25		

颗粒级配 连续级配	公称粒径（mm） 5 ~ 10	筛孔尺寸（mm）	31.5	26.5	19.0	16.0	9.5	4.75	2.36	底
累计筛余，按质量（%）			—	—	—	—	0 ~ 15	80 ~ 100	95 ~ 100	100
实际累计筛余（%）			/	/	/	/	8	93	98	100

碎石 20–40mm（1–3）

试验项目							
	含泥量（%）		泥块含量（%）		针、片状颗粒含量（%）		压碎值（%）
强度等级	标准值	结果	标准值	结果	标准值	结果	
≥ 60	≤ 0.5	0.1	≤ 0.2	0.1	≤ 8	6	/
C55 ~ C30	≤ 1.0		≤ 0.5		≤ 15		
≤ C25	≤ 2.0		≤ 0.7		≤ 25		

颗粒级配 单粒级配	公称粒径（mm） 20-40	筛孔尺寸（mm）	37.5	31.5	26.5	19.0	16	9.5	4.75	底
累计筛余，按质量（%）			0 ~ 10	—	—	80 ~ 100	—	95 ~ 100	—	100
实际累计筛余（%）			6	/	/	88	/	99	—	100

工程案例

南阳体育中心、南阳热电厂、驻马店热电厂、信阳至南阳高速公路、南阳白河特大桥、南阳仲景大桥项目、南阳大桥等。

生产企业

洛阳中联水泥有限公司是世界 500 强之一中国建材集团所属中国联合水泥集团有限公司（简称“中国联合水泥”）旗下的核心企业，中国联合水泥成立于 1999 年，是中国建材的核心企业，是集水泥、商品混凝土、砂石骨料、水泥制品等制造及研发、节能环保与综合利用为一体的国家重点扶持的大型水泥企业集团。

中国联合水泥拥有全资及控股企业近 100 家，分布于山东、江苏、河南、河北、安徽、山西、内蒙古、四川、北京等省、市、自治区。水泥年产能 1.2 亿吨，商品混凝土年产能 2 亿立方米，骨料年产能近 1 亿吨，总资产近 800 亿元人民币。

中国联合水泥秉承中国建材“善用资源、服务建设”的核心理念，倡导“创新、绩效、和谐、责任”的核心价值观，以“水泥及混凝土专业服务商”为愿景，拓展“水泥 +”业务，践行组织精健化、管理精细化、经营精益化“三精”管理理念，积极建设创新驱动型、质量效益型、制造服务型、社会责任型“四型”企业，致力于为客户提供高品质绿色环保的建材产品。

中国联合水泥坚持以专业化的制造技术、专家化的管理手段确保高品质产品的生产；坚持以完善的市场保障系统、专业的服务水准对消费者负责；坚持推进低碳化生产经营方式，打造绿色环保产业，履行企业公民的社会责任；坚持在企业良性发展的同时，持续关注员工健康和福利，实现企业与员工共同成长。

中国联合水泥愿与国内外有识之士一道，致力于人与自然的和谐统一，愿与社会各界精诚合作，多赢共赢，推动行业健康持续发展，共同开创人类生活更加美好的未来。

洛阳中联水泥有限公司
地址：汝阳县柏树乡中联大道
电话：0379-68638996
传真：0379-68638996

证书编号：LB2020QT007

美喆 PVC 石塑地板、美喆橡塑柔性地板

产品简介

PVC 石塑地板采用环保无毒的氯乙烯、碳酸钙为主要原料，由耐磨层、印刷面料层，中底料层贴合烧制而成，绿色环保，性能安全可靠，花色众多；超强耐磨，根据耐磨厚度的不同在正常情况下可使用 5 ~ 10 年；具有高弹性和超强抗冲击性能，减少人员摔倒及受伤的比率；防火阻燃，防火指标可达 B1 级，B1 级也就是说防火性能非常出色，仅次于石材，离火即灭；防水防潮，不会因为湿度大而发生霉变；安装方便，保养更方便，地面脏了用拖布擦拭即可。如果想保持地板持久光亮的效果，只需定期打蜡维护即可，其维护次数远远低于强化地板。

RVT 橡塑柔性静音地砖产品主要成分为 PVC 树脂粉、改性柔性橡胶、碳酸钙，由 PU 涂层、PVC 耐磨层、PVC 印刷层，橡胶基材和玻织层组成，是 PVC 石塑地板的升级产品。除了具有 PVC 石塑地板的健康、安全、环保特点外，特别柔软有弹性，产品表面可以与肌肤接触，触感舒适，降低人们走动过程中产生的噪声，安装更方便，家装使用环境可以直接进行铺装，无需粘结剂。日常打理，干拖把、湿拖把、消毒水均可直接使用。地面翻新改造时拆除简单，可重复使用。

适用范围

本公司 LVT 石塑地板（PVC 地板）目前已广泛应用于家装、工业工作区域、办公室写字楼、商场、学校、体育馆等场所。

技术指标

PVC 石塑地板产品执行 GB/T 4085—2015《半硬质聚氯乙烯块状地板》，具体技术指标如下：尺寸稳定性（80℃ /6h）≤ 0.25%，高温翘曲：（80℃ /6h）≤ 2.0mm，贴合度：2.0mm 产品≥ 4.7kgf/5cm，2.5/3.0mm 产品≥ 5.3kgf/5cm，燃烧性能 B1 级等。

RVT 橡塑柔性地板尺寸稳定性（80℃ /6h）≤ 0.25%，0.15mm ≤残余凹陷度≤ 0.40mm，高温翘曲：（80℃ /6h）≤ 2.0mm，贴合度：2.0mm 产品≥ 4.7kgf/5cm，2.5/3.0mm 产品≥ 5.3kgf/5cm，燃烧性能 B1 级等。

东莞美哲塑胶制品有限公司

地址：廣東省東莞市中堂鎮潢涌第三工業區
电话：0769-89831234
官方网站：www.prolongtile.com

工程案例

郑州建筑协会、云南新创新交通股份有限公司、成都交子金融中心、南昌浩瀚正盛集团、贵州省文化和旅游厅、南昌市政建设集团、郑州市建筑设计院、运七连锁酒店、上海万豪酒店、长葛市实验小学、江门抱抱熊早教馆、林州义乌商贸城 3 号楼、赣州中央苏区历史博物馆、项城德银饭店等。

生产企业

东莞美哲塑胶制品有限公司是专业生产 PVC 塑胶地砖的外商独资企业。它地处经济发达的广东珠江三角洲东莞市。总占地面积 27500 平方米。采用科技研究成果及运用专利技术，年生产各项高、中、低档 PVC 塑胶地砖 1000 多万平方米。

公司自 1993 年 7 月创建以来，秉承以“诚、勤、朴、慎”为基础，以质量优良为要务，以 ISO 管理为后盾，以客户信赖为宗旨，以持续改善为动力，以过程绩效为目的品质政策和落实品质体系，实行品质法制，主导市场潮流，满足客户需求的品质承诺。公司生产的“PVC 石塑地板”“SPC 硬质地板”两大优势地砖系列，新开发美喆橡胶柔性静音地板系列，近千种花色品种，畅销亚、非、欧、美等几十个国家和地区，深受消费者的喜爱和好评。

东莞美哲塑胶制品有限公司
地址：廣東省東莞市中堂鎮潢涌第三工業區
电话：0769-89831234
官方网站：www.prolongtile.com

证书编号：LB2020QT008

淮龙粒化高炉矿渣粉

产品简介

粒化高炉矿渣粉（又称矿渣微粉、矿粉或 GGBS/GGBFS）是优质的混凝土掺合料和水泥混合材，是当今世界公认的配制高耐久性混凝土结构的首选混合材料之一。

从 20 世纪初矿渣微粉在欧洲最先被用于海工水泥混凝土结构到今天世界各国在各种耐久性结构工程的广泛应用，矿渣微粉以其独具的自身水化硬化特性而独占绿色高性能水泥混凝土矿物掺合材的鳌头。

技术指标

产品执行国家标准 GB/T 18046-2008《用于水泥、砂浆和混凝土中的粒化高炉矿渣粉》，具体指标如下：

项目		标准要求（S95）	检测结果
密度 / （g/cm^3）		≥ 2.8	2.93
比表面积 / （m^2/kg）		≥ 400	430
活性指数 / %	7d	≥ 75	80
	28d	≥ 95	102
流动度比 / %		≥ 95	103
含水量 / %		≤ 1.0	0.3
三氧化硫 / %		≤ 4.0	0.04
氯离子 / %		≤ 0.06	0.008
烧失量 / %		≤ 3.0	—
玻璃体含量 / %		≥ 85	94
放射性		合格	合格

江苏淮龙新型建材有限公司
地址：中国江苏省淮安市工业新区金象路 12 号
电话：86-（0）517-385 2818
销售部：86-（0）517-385 2806

工程案例

公司产品被广泛应用于工业与民用建筑，如京沪高速铁路、苏州轻轨等国家重点工程；淮安城市建设轻轨工程、淮安大剧院、淮安体育馆、苏宁广场、万达广场、神旺大酒店、鼎立国际大酒店、雨润大厦、盱眙奥体中心等淮安市大型建设工程。

生产企业

江苏淮龙新型建材有限公司是江苏沙钢集团淮钢特钢股份有限公司和新加坡昂国企业有限公司共同出资组建的一家中外合资企业。

公司成立于 2005 年 11 月 21 日，注册资本 11600 万元，2006 年 7 月 28 日建成并投产运营。现拥有两条年产 60 万吨高炉矿渣粉生产线，年产销量为 120 万吨。

淮龙公司坐落于江苏省淮安市清浦工业园区，东邻西安路 205 国道、南邻工业园区、西邻韩侯大道、北邻京杭大运河，陆路、水路交通发达 。

江苏淮龙新型建材有限公司
地址：中国江苏省淮安市工业新区金象路 12 号
电话：86-（0）517-385 2818
销售部：86-（0）517-385 2806

证书编号：LB2020QT009

三川粒化高炉矿渣粉（S75、S95、S105）

产品简介

库尔勒鲁岳三川建材有限公司生产的各级别矿渣微粉远高于国家标准，质量稳定可靠。高级别矿渣微粉级可节约水泥用量 20 ～ 50%（包括水泥砂浆），降低水泥和混凝土工程成本；能够抑制碱 - 骨料反应，显著地提高了混凝土抗碱 - 骨料反应的能力，提高混凝土的抗渗性、抗冻融性和耐久性。用水量不变的情况下，可配制塑性混凝土，避免因钢筋密集、振捣不善而发生质量问题。在同一条件下，能使混凝土呈流态状入模，减少混凝土泵体、管道及模具的磨损，延长其使用寿命。可配制砌筑、抹灰水泥砂浆和低强度等级水泥。在满足强度要求的情况下，不但可节约水泥，同时提高了施工可操作性，也起到了保护环境、提高矿渣利用附加值的作用。

适用范围

产品广泛应用于机场、铁路、桥梁、隧道、高等级公路等国家大型重点工程和城市楼宇建设、城乡基础设施建设。

技术指标

产品性能执行 GB/T 18046—2017《用于水泥、砂浆和混凝土中的粒化高炉矿渣粉》标准要求。

工程案例

巴州各县市市政工程、美丽乡村建设、若羌机场高速公路、库尔勒家园有限公司、库尔勒金泉搅拌站、林建搅拌站、永泰搅拌站、胜利搅拌站、巴州恒通金润搅拌站、顺强搅拌站。

库尔勒鲁岳三川建材有限公司
地址：新疆库尔勒市塔什店镇北路
电话：0996-8627730
官方网站：www.sanchuan.biz　www.sanchuankeji.com

生产企业

库尔勒鲁岳三川建材有限公司始建于2001年，位于新疆库尔勒市塔什店镇，注册资金5000万元，是新疆地区较早投资建设新型干法水泥生产线的企业，公司现建有一条3200t/d新型干法水泥、熟料生产线，水泥、熟料总年产能可达120万吨，主要生产“三川”牌硅酸盐系列水泥及各等级矿粉，广泛用于机场、桥梁、隧道、高等级公路等国家大型重点工程建设中，在新疆地区具有较高的品牌知名度和客户认知度。水泥产品是全国建材行业市场公认品牌产品，是“中国建材企业500强企业”。现有固定资产3.5亿元，平均年销售利润可达6000万元以上。

公司现有员工170余人，大、中专以上专业技术人员60余人。公司积极响应国家政策，关注行业技术发展动态，进行新技术、新工艺、新材料、新设备的引进、吸收、消化和应用，同时加强与先进水泥企业的技术交流与合作，充分利用现有生产工艺条件，通过技术创新实施产品结构调整，对资源优化配置，以实现提高产品质量、节能减排、提高综合效益的目标。

公司一贯秉承“优质、诚信、高效、合作、共赢”的发展理念，以人为本、诚信经营，造福社会的宗旨，以完善的服务奉献于天山南北。

库尔勒鲁岳三川建材有限公司
地址：新疆库尔勒市塔什店镇北路
电话：0996-8627730
官方网站：www.sanchuan.biz　www.sanchuankeji.com

证书编号：LB2020QT010

绿盛超强复合龙骨

产品简介

本产品是通过木质建筑垃圾循环再利用技术、不饱和聚酯/玻璃纤维复合材料技术完成的新型环保高强度复合木方材料，具有强度极高、尺寸标准、弹性大不易断裂、耐腐蚀、不易翘曲变形、可定制等优势，既环保又能提高工程效率和质量，拥有自主知识产权，符合国家绿色环保的产业要求。

适用范围

（1）在土木建筑工程中作为混凝土模板的楞木，起到加固模板的作用；

（2）在房屋装修和地板装修等方面建筑龙骨作为木龙骨，都起到非常重要的作用；

（3）在建筑建设方面建筑龙骨做屋面和龙骨的支柱材料。

技术指标

性能名称		单位	指标
密度		g/cm^3	0.6～0.7
含水率		%	9～12
增强材料		%	70～85
树脂固含量		%	80～90
静曲强度	正面抗弯，三点	MPa	⩾ 70
	侧面抗弯，三点	MPa	⩾ 45
弹性模量	正面抗弯，三点	MPa	⩾ 11000
	侧面抗弯，三点	MPa	⩾ 11000
表面耐划痕		—	⩾ 1.5N 表面无大于 90% 的连续划痕
表面耐磨，磨耗值		mg/100r	⩽ 80
表面耐香烟灼烤		—	达到 4 级以上
表面耐干热		—	达到 4 级以上
表面耐冷热循环		—	无裂纹、鼓泡、变色等
表面耐龟裂		—	达到 4 级以上
表面耐水蒸气		—	达到 4 级以上
耐光色牢度		—	大于或等于灰度卡 4 级

深圳市越众绿盛环保科技有限公司

公司地址：深圳市宝安区新安一路 3005 号越众大厦 12 楼

工厂地址：广东省江门台山市广海镇

官方网站：http://www.yuezhonggroup.com/Industry/show-60.html

工程案例

超强建筑复合木方现已推广至广东省十余市，应用于深圳市西乡实验小学项目、深圳上步小学项目、深圳深国际华南物流园项目、深圳清龙小学项目、深圳恒大都汇广场项目、深圳南山供电局项目、深圳大浪卡尔丹顿文化创意园项目、深圳石岩海谷大厦、深圳福田侨乡小学项目、深圳地铁 14 号线项目、广州南沙国际邮轮码头配套项目、南海时代冠恒苑项目、顺德地铁项目、佛山阿波罗厂项目、阳江恒大项目、汕头恒大金碧江湾项目、潮州恒大山水城项目、惠州保利悠山美地项目等。

生产企业

深圳市越众绿盛环保科技有限公司是深圳市越众（集团）股份有限公司的全资子公司，主要经营新型建筑材料及设备的研发与销售，绿盛清水模架体系的分包，超强复合木方的生产、销售、租赁等。

公司自主研发和生产的新型超强复合木方材料，具有重量轻、强度大、耐腐蚀、可定制、周转次数高等优点。科学设计和优化了建筑工地模架体系，在提升工程质量的同时有效降低了工程成本。

公司在台山市广海镇拥有的自主厂房面积 10800 平方米，配置 7 条木方生产线，具备 180 万米 / 年超强复合木方材料生产能力；预计年处理 2000 吨木质建筑垃圾，年产值可达 2000 万元。

深圳市越众绿盛环保科技有限公司

公司地址：深圳市宝安区新安一路 3005 号越众大厦 12 楼
工厂地址：广东省江门台山市广海镇
官方网站：http://www.yuezhonggroup.com/Industry/show-60.html

证书编号：LB2020GP001

通全球塑料检查井、塑料雨水收集池（化粪池）、聚乙烯中空壁缠绕管

产品简介

市政排水塑料检查井

1. 市政排水收口锥体检查井采用欧洲进口模具及欧洲的先进生产工艺，所有产品均达到国家标准；
2. 收口锥体检查井采用先进的勒骨结构和锥形设计，并通过横向和竖向试压，能满足各项指标；
3. 收口锥体检查井主要应用在市政排水及非交通和交通地区的排水系统的检查、清理和养护；
4. 收口锥体检查井由收口锥体、井筒、井底座三个部分组成；
5. 井筒可采用一次成型的承插式井筒、实壁管、缠绕管构成，井筒部分可任意开孔连接支管，易于在施工现场连接和可任意调整高度；
6. 井底座可任意根据需要开孔，适应不同口径的管道；
7. 高密度聚乙烯（PE）制品，抗腐蚀、内壁光滑，极大地减少了堵塞现象；
8. 结构先进，可承受较大的交通荷载；
9. 采用橡胶圈柔性连接，完全解决沉降而引起的渗漏问题；
10. 适应所有埋地管道连接。

建筑小区塑料检查井

1. 建筑检查井采用欧洲进口模具及欧洲的先进生产工艺，所有产品均达到国际标准；
2. 相对于传统塑料检查井，本产品更加牢固；
3. 检查井采用先进的勒骨结构和锥形设计，并通过横向和竖向试压，能满足各项指标；
4. 建筑小区用检查井由井盖、井筒、井底座三个部分组成；
5. 井筒可采用实壁管、缠绕管构成，井筒部分可任意开孔连接支管，易于在施工现场连接和可任意调整高度；
6. 井底座可任意根据需要开孔，适应不同口径的管道；
7. 高密度聚乙烯（PE）制品，抗腐蚀、内壁光滑，极大地减少了堵塞现象；
8. 结构先进，可承受较大的交通荷载；
9. 采用橡胶圈柔性连接，完全解决沉降而引起的渗漏问题；
10. 适应所有埋地管道连接。

适用范围

1. 建筑小区（居住区、公共建筑区、学校区、厂区等）、城乡市政、工业园区、旧城改造等范围内埋地塑料排水管道外径不大于 800mm、埋设深度不大于 6m、不下井操作的塑料排水检查井工程的设计、施工和维护保养。
2. 一般土质、软土土质、季节性冻土土质和湿陷性黄土土质条件下的塑料排水检查井施工。
3. 抗震设防裂度为 9 度及 9 度以下的地区。
4. 一般车道的地面荷载按汽车总重 15t（后轮压 5t）；消防车道的地面荷载按汽车总重 30t（后轮压 6t）设计。
5. 地下水位按地面下不高于 1.0m 设计。

技术指标

建筑小区焊接塑料检查井执行 CJ/T 326—2010《市政排水用塑料检查井》。

市政焊接塑料检查井执行 CJ/T 233—2006《建筑小区排水用塑料检查井》。

工程案例

中国大飞机研发中心项目（上海浦东）位于上海浦东的国家商用飞机研发制造中心是国产自主大飞机项目的基地，项

江苏通全球工程管业有限公司
地址：江苏省张家港市锦丰镇杨锦公路 417 号
电话：0512-58511333
官方网站：http://www.jstqq.com/index.html

目预计将会建成亚洲最大的民用航空器制造中心。在该项目的研发中心、总装中心、试飞跑道等项目上，全部使用了本公司的产品，涵盖了管道、塑料检查井等一系列产品及配件，产品总价300余万元。

生产企业

通全球是塑料检查井国标主要参编单位，中国塑料加工工业协会会员单位、国家高新技术企业，《中国市政工程建设产品与技术应用指南》编委会委员、《塑料排水检查井》国家建筑标准设计图集的参编企业、《辽宁省塑料检查井技术规范》主编单位、江苏省高新技术企业，公司拥有一批专业技术人才和完善的质量管理体系，已通过ISO 9001：2000质量体系认证和ISO 14001：2004环境体系认证，截至目前，已拥有发明及实用新型专利69项，产品全部符合国家标准，部分产品甚至达到了欧洲标准，公司常年聘请欧洲塑料检查井行业标准的起草者——米奇•鲍米尔先生作技术指导，以确保公司产品和技术保持竞争力，为客户提供更好的产品！

位于江苏总部的塑料检查井研发中心，前期通过学习、引进欧洲塑料检查井先进的自动化生产工艺，并结合中国城乡特点，相继研发出了一系列适合中国国情的市政及建筑小区排水用塑料检查井、塑料化粪池、消防蓄水池等系列产品。目前，通全球可以生产国内大口径的一次成型塑料检查井（直径1500mm），各种规格的产品型号齐全，备货充足，能满足各种工程的需要。

为了更广泛地覆盖市场，节约运输成本，方便其他省市的客户，通全球于2009年在云南投资成立了昆明通全球管业有限公司，占地120亩，投资8000万元，为通全球在云南省的重要生产基地；2011年通全球又投资约5000万元在天津成立天津通全球管业有限公司，进一步方便北方市场的客户。现如今公司已拥有江苏、云南、天津、辽宁四个生产基地，年生产能力50万套左右，规模位居全国前列。公司未来还将进一步发展更多的生产基地，减少运输时间及其他制约因素，让通全球的产品第一时间交付客户使用。

通全球始终坚持“绿色、环保、节约”的生产理念，绿色工厂、绿色生产、绿色产品是通全球的企业法则，我们的厂房采用节能设计、生产线采用西门子能源管理系统，有效降低了电力消耗，部分生产线使用天然气代替了原来的柴油，减少了温室气体的排放，通全球的塑料管道系列产品、塑料检查井系列产品全部使用可回收再利用的高分子树脂，减少环境污染，实现可持续发展。保护我们赖以生存的地球，是我们的永久目标。

携手通全球，生活更美好！

证书编号：LB2020GP002

友发衬塑复合钢管、普通流体输送管道用埋弧焊钢管、涂塑复合钢管

产品简介

本公司生产的钢塑复合管是以钢管为基管，在其内表面或外表面或内外表面粘结上一层塑料防腐层的钢塑复合产品。钢塑复合管的钢管与钢管、钢管与管件的连接可采用螺纹连接、沟槽连接、法兰连接、承插连接和焊接。钢塑管既保持了钢管力学性能好、抗压强度高、耐冲击等优点；又具有塑料管耐腐蚀、内壁光滑、不结垢等特点。复合管内衬采用符合生活饮用水标准的聚乙烯（PE、冷水）和耐热聚乙烯（PE–RT、热水），采用专用热熔胶，经过特殊加工复合成形，将钢与塑完美结合，冷水管使用温度达到 −20 ～ 40℃，热水管可达 −20 ～ 85℃，该产品内壁光滑，不积垢，输送流体阻力小，是绿色环保管。

适用范围

本公司生产的钢塑复合管适用于 85℃以下冷、热水和纯净水、污水及其他各种水质的输送，可广泛应用于多层和高层建筑给水、自来水供水企业、住宅小区冷热水输送以及轻工、电力、化工、医药行业的给水管道、防腐管道、泵房管道、消防管道、中央空调管道、纯净水管道、游泳池管道和喷水池管道等。

技术指标

友发牌钢塑复合管所用热浸镀锌钢管符合 GB/T 3091–2015《低压流体输送用焊接钢管》规定，钢塑复合管符合 GB/T 28897–2012《钢塑复合钢管》规定。

友发牌钢塑复合管规格技术参数表

公称口径		公称外径	钢管壁厚	内衬塑管壁厚	钢管长度
mm	in	mm	mm	mm	mm
15	1/2	21.3	2.8	1.5±0.2	6000
20	3/4	26.9	2.8	1.5±0.2	6000
25	1	33.7	3.2	1.5±0.2	6000
32	11/4	42.4	3.5	1.5±0.2	6000
40	11/2	48.3	3.5	1.5±0.2	6000
50	2	60.3	3.8	1.5±0.2	6000
65	21/2	76.1	4.0	1.5±0.2	6000
80	3	88.9	4.0	2.0±0.2	6000
100	4	114.3	4.0	2.0±0.2	6000
125	5	139.7	4.0	2.0±0.2	6000
150	6	165	4.5	2.5±0.2	6000
200	8	219	4.5	2.5±0.2	6000

天津友发管道科技股份有限公司

地址：天津市静海县大邱庄镇新星工业园
电话：15102250360
官方网站：www.yfgg.com

工程案例

本公司产品被广泛应用于全国各大自来水公司以及重点工程，如北京、上海、山东、江苏、长沙、四川、重庆的自来水公司、大青山走水项目、2008年奥运会场馆、首都国际机场、张家口冬奥会场馆，并成为华润燃气、新奥燃气、港华燃气、昆仑燃气等合格供应商，产品出口欧盟、澳大利亚、韩国、新加坡、印度、埃及南美等国家和地区。

生产企业

天津友发管道科技股份有限公司成立于2015年8月1日（原天津市友联螺旋钢管有限公司成立于2004年4月20日），以天津市友联螺旋钢管有限公司为基础在保留原有5条螺旋焊管生产线情况下并购天津友发、邯郸友发与唐山友发三个公司10条衬塑钢管生产线和3条涂塑钢管生产线后改制成立，是集科研、设计、生产一体化的股份制企业。公司总部坐落于北方钢铁重镇大邱庄，交通十分便利，注册资金10000万元，占地面积93943平方米，现有职工400人，其中专业技术人员占三分之一。公司拥有雄厚的技术力量和完善的检测设备，并通过了国家检测中心的相关产品质量检测，依靠自身和国家检测机构的技术力量建立起完善的质量管理体系。

天津友发管道科技股份有限公司

地址：天津市静海县大邱庄镇新星工业园
电话：15102250360
官方网站：www.yfgg.com

证书编号：LB2020GP003

光华建筑排水用硬聚氯乙烯管材、管件；冷热水用聚丙烯（PP-R）管材、管件；建筑用绝缘电工套管

产品简介

光华牌漩流降噪特殊单立管排水系统是由本公司自行设计、自主研发的新型节能环保产品，该产品的成功研制解决了建筑排水系统中世界性的难题——现有排水管道噪声大，排水工况差。

本漩流降噪特殊单立管排水系统具有以下几大优点：

1. 节材：比传统管道节省一半材料；
2. 占用空间小；
3. 低噪声，高性能；
4. 安装简便，节省人工。

光华牌漩流降噪特殊单立管排水系统的问世，必将为建筑排水领域带来一次革命性的突破，是建筑排水历史上一个新的里程碑。在国家大力发展节能环保产品的战略布局中，光华塑业将引领建筑排水行业进入节能、环保的新时代。

适用范围

一、10 层及 10 层以上的高层住宅、公寓、宾馆、养老院、病房楼等建筑；

二、建筑标准要求较高的多层住宅、公寓、宾馆、养老院、病房楼等建筑；

三、在考虑材料耐化学性和耐热性的条件下，也可用于工业排水系统；

四、漩流降噪特殊单立管排水系统可用于污、废水合流系统，也可用于污、废水分流系统；其排水横支管敷设方式可为同层排水，也可为异层排水。

技术指标

漩流降噪排水管件：Q/GHSY14—2015《建筑排水用硬聚氯乙烯（PVC—U）漩流降噪特殊管件》

建筑排水用硬聚氯乙烯加强型螺旋管材：Q/GHSY15—2015《建筑排水用硬聚氯乙烯（PVC—U）高层抗压加强内螺旋管材》

漩流降噪特殊管件：理化指标应符合 GB/T 5836.2—2006 的相关要求，产品尺寸应符合 Q/GHSY14—2015 的相关要求

加强型内螺旋管材：理化指标应符合 GB/T 5836.1—2006 的相关要求，产品尺寸应符合 Q/GHSY15—2015 的相关要求

通水能力：I 型系统为 6.0L/S，II 型系统为 10.0L/S

系统噪声：44.6dB

工程案例

1. 安徽省六安市星汇苑小区

   33 层　10 万 m^2　同层排水　建筑高度 99.6m

2. 福建省福安市水岸明珠大厦

浙江光华塑业有限公司

地址：浙江省台州市黄岩区东城开发区元同路 29 号

电话：400-111-8558 0576-84276578

官方网站：www.chinaguanghua.

33 层 3.3 万 m^2 异层排水 建筑高度 116 m

3. 福建省福州阳光理想城丹安顿小镇（B5# 楼）

33 层 5.8 万 m^2 异层排水 建筑高度 99.9 m

4. 河北省保定市阳光水岸小区

33 层 37 万 m^2 异层排水 建筑高度 99.6 m

5. 河北省保定市望都第一城

18 层 35 万 m^2 异层排水 建筑高度 60 m

6. 重庆南川香格里拉西苑

30 万 m^2 异层排水

7. 陕西西安长庆坊小区

70 万 m^2 异层排水 建筑高度 99 m

8. 北京市海军装备研究院干部公寓楼

3.4 万 m^2 异层排水 29 层

9. 山东滨州北海花园三期

18 层 6 万 m^2 异层排水 建筑高度 54 m

10. 山东滨州杏林家园小区（人民医院小区）

18 层 15 万 m^2 异层排水 建筑高度 54 m

生产企业

浙江光华塑业有限公司是中国塑料加工工业协会管道专业委员会会员单位，创建于 1984 年，位于浙江省台州市黄岩东城经济开发区，起步于排水管件模具制造。1990 年开始批量生产 UPVC 排水管材、管件；1998 年又批量生产 PVC-U 给水管材、管件；2003 年 3 月公司生产的 PP-R 冷热水管材、管件通过省科学技术委员会鉴定。2002 年 4 月成功开发了新型环保产品中空壁消音螺旋管及管件，解决住宅排水噪声烦恼，特别适用于高层建筑排水系统，消音效果很好。2003 年 6 月该产品被列为国家建设部科技成果推广项目。2004 年参与中国建设标准化协会组织《排水系统水封保护设计规程》（CES172：2004）的制定。2005 年参与该协会《建筑排水中空壁消音硬聚氯乙烯管道工程技术规程》（CES185：2005）的制定。2007 年自行研发了漩流降噪单立管排水系统产品，取得了《建筑排水二级漩流降噪接头》《建筑排水用大弧度异径弯头》等四项专利。该产品能解决现有建筑排水系统的一个世界性难题——建筑排水管道噪声大、排水不畅的问题，公司在新产品开发上始终走在同行业前列。

公司主要产品有六大类：中空壁螺旋消音管材管件、PP-R 冷热水用管材管件、UPVC 排水用管材管件、PVC-U 给水用管材管件、阻燃电线管材及配件、塑胶球阀。

产品用途：建筑市政工程、饮用、农业、化工、邮电通信、家装等行业。

公司现在浙江、上海、沈阳建有生产基地，资产总规模达 3.5 亿元，年生产能力超过 8 万吨。

公司始终秉承“以人品塑造名品”的理念，以科技提升品质，与时俱进，以强大的研发能力、高质量地提供新型的环保产品，致力于不断改善人居环境和推动绿色建材工业的新一轮发展。

浙江光华塑业有限公司
地址：浙江省台州市黄岩区东城开发区元同路 29 号
电话：400-111-8558 0576-84276578
官方网站：www.chinaguanghua.

证书编号：LB2020GP004

奥鑫给水用聚乙烯 PE 管材、管件

产品简介

“奥鑫管业”牌给水管材、管件采用优质聚乙烯树脂 PE100 为生产原料，规格、尺寸及性能符合 GB/T 13663.2−2018、GB/T 13663.3−2018 标准的要求，卫生性能符合 GB/T 17219 标准以及国家卫生部相关的卫生安全性评价规定。

聚乙烯树脂具有卓越的抗快速开裂传播和抗慢性开裂增长性能，是理想的承压管道基础树脂。“奥鑫管业”PE 给水管具有柔韧性好、耐腐蚀性强、质轻、抗冲击性能优良等特点。管材、管件连接可采用热熔承插、热熔对接及电熔对接等连接方式，使管材、管件熔为一体，系统安全可靠，施工成本低，在工程应用中发展迅速。

适用范围

“奥鑫管业”牌 PE 给水管材、管件主要用途及适用范围：

1. 城镇、农村自来水管道系统

PE 管卫生无毒、不结垢，更合适城市及农村供水主干管和埋地管，安全、卫生、经济、施工方便，使用寿命长。

2. 可置换水泥管、铸铁管和钢管

用于旧网改造工程，不用大面积开挖，施工方便，造价低，可广泛应用于老城区管网改造。

3. 工业原料输送管道

化工、化纤、食品、林业、制药、轻工、造纸、冶金等工业原料输送管。

4. 园林绿化供水管网

园林绿化需大量输送管道，PE 管的柔韧性和低成本，使之成为最佳选择。

5. 污水排放用管材

PE 管道具有独特耐腐蚀性能，可用于工业废水、污水排放，成本及维护费用低。

6. 矿砂、泥浆输送

PE 管道具有高度抗应力、耐磨损和耐腐蚀性，可广泛应用于输送矿砂、煤灰及河道清淤泥浆。

7. 农用灌溉管道

PE 管内壁光滑、流量大、可跨道路施工，抗冲击性好，是农用灌溉理想管材。

8. 船用管道

PE 管质量轻、连接方便，可广泛应用于大型船舶内部给排水。

9. 海水淡化用管道

PE 管使用寿命长、性价比高，被广泛应用于海水淡化工程。

技术指标

本公司生产的给水用聚乙烯管材、管件采用国家标准：GB/T 13663.2−2018《给水用聚乙烯（PE）管道系统 第 2 部分：管材》；GB/T 13663.3−2018《给水用聚乙烯（PE）管道系统 第 3 部分：管件》。产品卫生要求符合用于输送饮用水的聚乙烯管材、管件的卫生标准 GB/T 17219《生活饮用水输配水设备及防护材料的安全性评价标准》的规定。

管材的物理性能应符合下表的要求。

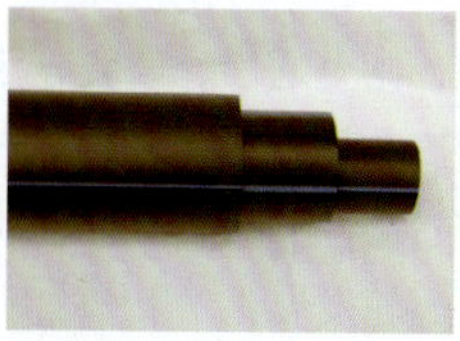

成都奥鑫管业有限公司

地址：成都市金牛乡黄金路南口
电话：028-87586250
官方网站：Http://www.cdaxgy.com

表 1　管材物理性能要求

序号	项目	要求
1	熔体流动速率 /（g/10min）	≤ 20
2	断裂伸长率 / %	≥ 350
3	纵向回缩率（110℃）/ %	≤ 3
4	氧化诱导时间（210℃）/ min	≥ 20
5	炭黑含量	2.0 ～ 2.5
6	炭黑分散 / 颜料分散	≤ 3 级
7	灰分［(850±50) ℃］/ %	≤ 0.1
8	耐慢裂纹增长锥体试验	＜ 10mm/24h
	耐慢裂纹增长切口试验	不破裂，不渗漏

工程案例

时间	用户名称	项目工程名称
2019.05	合江县先市镇人民政府	合江县 2019 年省级财政专项安全饮水项目先市镇金钩村、贾山村安全饮水工程
2019.05	小金县农业畜牧和水务局水务服务中心	小金县 2018 年债券资金汗牛片区小型水利农田灌溉提升项目主要材料采购
2019.06	壤塘县水务局	阿坝藏族自治州壤塘县 2019 年农村安全饮水巩固提升项目管件（材）设备采购项目
2019.07	内江市汉安农村基础设施建设有限公司	内江市市中区节水型社会建设渠系配套及节水改造项目亘石桥灌区综合整治采购项目合同
2019.10	汶川县科学技术和农业畜牧局	汶川县 2019 年肥水一体化项目
2019.11	广元市朝天区两河口乡人民政府	广元市朝天区两河口乡人民政府现代农业园区冷水鱼养殖带引水工程项目管材
2019.12	中江县供水管理总站	中江县供水管理总站 2019 年第二批中央预算内投资农村饮水安全巩固提升工程管材及配件采购项目

生产企业

成都奥鑫管业有限公司成立于 2004 年 4 月 28 日，现有注册资金 3006 万元。公司位于成都市金牛乡黄金路南口，占地 30 余亩，建筑面积 8000 余平方米。公司以“求实创新、服务社会”为宗旨，立足于市政水网改造工程、农村引用水改造工程、工矿给排水工程等领域。公司属于建材行业，致力于管道科技产品和绿色环保产品的研发和生产，是一家集 PE 给水管材、管件，PP−R 管材、管件的研制、开发、制造、销售、服务于一体的绿色节能环保生产企业。2007 年企业注册商标为“奥鑫管业”；目前企业所有产品都使用“奥鑫管业”商标。公司技术力量较雄厚，生产检测设备先进，拥有高素质的专业技术队伍和管理人才。公司现有职工 60 余人，其中高级职称人员 5 人，中级职称人员 10 人，综合人员 20 人，技工 30 人。公司拥有各类生产设备及辅助设备 48 台（套），其中：加工口径为 ϕ16 ～ ϕ800 的 PE 管材生产线 11 条，主导产品有 PE 给水管材管件、PP−R 管材管件。

企业建立了完善的“三标一体”管理体系，先后通过了 ISO 9001 质量管理体系认证；ISO 14001 环境管理体系认证；GB/T 28001 职业健康安全管理体系认证；测量管理体系认证；中国环境标志产品认证。获得了国家各部门颁发的一系列荣誉证书；如：2008 年度被誉为“四川省市场质量跟踪合格产品单位”；2010 年 8 月奥鑫经审核，符合四川省质监稽查网登录条件，同意登录于四川省产品质量稳定合格企业板块上；2011 年 3 月奥鑫经审核被列为 2011 年度“3.15”四川市场产品质量稳定合格单位；2013 年被列入 2012 年四川优秀诚信企业；入选 2013 年中国低碳•环保管材管件采购首选供货单位等荣誉证书；公司自 2009 年起连续获得四川省工商行政管理局颁发的“守合同重信用企业”荣誉证书和四川省质量技术监督管理局颁发的“质量信用 AAA”证书；2016 年连续三年荣获中国质量协会颁发的“全国实施卓越模式先进企业”证书。公司产品销售全国 20 余个省、市及地区，2016 年销售收入达 5138 余万元。成都奥鑫管业有限公司一直以诚信服务和优质的产品立足于管道行业，在此之前通过了国家质检机构等相关机构的督查检验。

成都奥鑫管业有限公司
地址：成都市金牛乡黄金路南口
电话：028-87586250
官方网站：Http://www.cdaxgy.com

证书编号：LB2020GP005

飞歌聚丙烯缠绕结构壁管材、聚乙烯双壁波纹管、埋地排水用钢带增强聚乙烯（PE）螺旋波纹管

产品简介

聚丙烯缠绕结构壁管材用优质进口PP(聚丙烯),采用缠绕成型工艺,以共聚聚丙烯(PP-B)树脂为基础原料,经加工制成。产品采用弹性密封圈连接、承插电熔焊接或挤出焊接的方式，有专用的连接和切割工具。产品性能稳定，具有内表面光滑、流动阻力小、耐酸碱性强、抗压、重量轻、耐冲击性好，管道系统安全可靠，使用年限可达50年。

聚乙烯双壁波纹管是采用挤出成型工艺，以聚乙烯（PE）树脂为主要原材料经加工制成的管材。产品采用弹性密封圈连接的方式，有专用的连接工具，可塑性较高。产品化学性能稳定、耐老化及耐环境开裂、抗外压强、摩阻系数小、流量大，管道系统安全可靠，使用年限可达50年。

埋地排水用钢带增强聚乙烯（PE）螺旋波纹管是以聚乙烯（PE）树脂为基体，用表面涂覆粘接树脂的钢带成型为波形作为主要支撑结构，并与内外层聚乙烯复合成整体内壁平直的钢带增强螺旋波纹管。产品采用承插式弹性密封圈连接、承插式电熔连接、热熔挤出焊接或热收缩套连接的方式，有专用的连接工具。产品化学性能稳定、耐老化及耐环境开裂、抗外压强、摩阻系数小、流量大，管道系统安全可靠，使用年限可达50年。

适用范围

产品适用于市政建设的地下排水排污系统；农田果园排灌系统；水利工程的无压输水系统；排涝泄洪管网系统；矿井与建筑通风系统。

技术指标

聚丙烯缠绕结构壁管材技术指标如下：

序号	检测项目	性能指标
1	密度 ρ（23℃ ±0.5℃）	895~920kg/m^3
2	灰分（850℃ ±50℃）	≤ 3%
3	氧化诱导时间（200℃）	≥ 20min
4	纵向回缩率（150℃ ±2℃）	≤ 2%，无分层，无开裂
7	环刚度	≥相应的环刚度等级
8	冲击性能 TIR	≤ 10%
9	环柔性	试样圆滑、无方向弯曲、无破裂，试样沿肋切割处开始的撕裂允许小于0.075DN/ID 或 75mm（取较小值）
10	蠕变化率	≤ 4%
11	熔接处的拉伸力	≥标准规定的最小拉伸力

聚乙烯双壁波纹管技术指标如下：

序号	检测项目	性能指标
1	环刚度	≥相应的环刚度等级
2	冲击性能（TIR）	≤ 10%
3	环柔性	试样圆滑，无方向弯曲，两壁无脱开
4	烘箱试验	无气泡，无分层，无开裂
5	蠕变化率	≤ 4%

埋地排水用钢带增强聚乙烯（PE）螺旋波纹管技术指标如下：

湖北飞歌科技股份有限公司
地址：湖北省十堰市郧县经济开发区汉江大道38号
电话：0719-7228899
官方网站：www.hbfeige.com

序号	检测项目	性能指标
1	环刚度	≥相应的环刚度等级
2	冲击性能（TIR）	≤ 10%
3	剥离强度 （23℃ ±2℃）	≥ 100N/cm
4	环柔性	无破裂，两壁无脱开
5	烘箱试验	无分层，无开裂
6	管材层压壁的拉伸强度	≥标准规定的最小拉伸力
7	蠕变化率	≤ 2%

工程案例

香菇小镇精准扶贫安置小区雨污水管网工程、红岩小区三期精准扶贫安置小区雨污水管网工程、丹江口南站高铁小镇、郧县柳陂镇污水管网、房县城乡供排水一体化 PPP 项目、丹江口市沙河沟项目、竹溪县东城新区污水处理厂配套管网工程

生产企业

湖北飞歌科技股份有限公司是一家专业从事塑胶管道等产品研发、生产、销售于一体的高新技术企业，公司成立于 2010 年，位于湖北省十堰市郧县经济开发区汉江大道 38 号。

公司主要生产聚丙烯缠绕结构壁管材、聚乙烯缠绕结构壁管材、聚丙烯双壁波纹管、聚乙烯双壁波纹管、埋地排水用钢带增强聚乙烯（PE）螺旋波纹管，广泛应用于市政建设的地下排水排污系统、农田果园排灌系统、水利工程的无压输水系统、排涝泄洪管网系统、矿井与建筑通风系统、通信护套管系统。

“科技创新是发展的第一动力”，为此公司大力向科研团队倾斜，通过不断提高科研经费投入、扩大科研团队规模、打好关键核心技术攻坚战，加速科技成果转化应用，真正做到用科技创新引领企业发展。

“质量是企业的生存之本”，为保证出厂产品质量水平，公司采购了大量先进的试验设备及检测器具，培养了专业的质量检验人员，凡出厂产品均能做到产品受检率 100%，产品合格率 100%。

湖北飞歌科技股份有限公司
地址：湖北省十堰市郧县经济开发区汉江大道 38 号
电话：0719-7228899
官方网站：www.hbfeige.com

证书编号：LB2020GP006

川盛硬聚氯乙烯（PVC-U）电力管；给水用聚乙烯（PE）管材、管件；建筑排水用硬聚氯乙烯（PVC-U）管材、管件

产品简介

硬聚氯乙烯（PVC−U）电力管：

1. 耐腐蚀性强，不受腐蚀性土壤的影响；内壁光滑，比其材料摩擦阻力小；施工方便，使用范围广。

2. 抗冲、耐热。川盛牌电力护套管（PVC−U）防潮、耐酸碱性能优良，不易锈蚀，各连接处按规定用 PVC 粘合剂粘结，可防水渗入管内，防潮性更佳，因而较适合在腐蚀性环境中使用。

3. 阻燃、绝缘。川盛牌电力护套管（PVC−U）离火自动熄灭（离开火焰 30 秒内自熄），火焰不会沿着管道蔓延；电力护套管（PVC−U）有优良的绝缘性能，在浸水状态下 AC2000V50Hz 不会击穿。在防止意外触电方面，国际上趋向于绝缘比接地好，而川盛电力护套管（PVC−U）正满足了这个要求。

4. 防虫蚀。川盛牌电力护套管（PVC−U）中添加了特种助剂，不会发出气味而吸引虫鼠咬噬破坏。

HDPE 是一种结晶度高、非极性的热塑性树脂。原态 HDPE 的外表呈乳白色，在微薄截面呈一定程度的半透明状。PE 具有优良的耐大多数生活和工业用化学品的特性。某些种类的化学品会产生化学腐蚀，例如腐蚀性氧化剂（浓硝酸）、芳香烃（二甲苯）和卤化烃（四氯化碳）。该聚合物不吸湿并具有好的防水蒸气性，可用于包装用途。HDPE 具有很好的电性能，特别是绝缘介电强度高，使其很适用于电线电缆。中到高分子量等级、具有极好的抗冲击性，在常温甚至在 −40F 低温下均如此。各种等级 HDPE 的独有特性是四种基本变量的适当结合：密度、分子量、分子量分布和添加剂。不同的催化剂被用于生产定制特殊性能聚合物。这些变量相结合生产出不同用途的 HDPE 品级；在性能上达到最佳的平衡。

PVC−U 管道是以卫生级聚氯乙烯（PVC）树脂为主要原料，加入适量的稳定剂、润滑剂、填充剂、增色剂等经塑料挤出机挤出成型和注塑机注塑成型，通过冷却、固化、定型、检验、包装等工序以完成管材、管件的生产。物化性能优良，耐化学腐蚀，抗冲强度高，流体阻力小，较同口径铸铁管流量提高 30%，耐老化，使用寿命长，使用年限不低于 50 年，是建筑给排水的理想材料。质轻耐用，安装方便，有力地加快了工程进度。节约建筑费用，相对于相同规格的铸铁管，可大大降低施工费用。本公司产品以白色为主，色泽美观，光亮平滑。使用本公司的产品，可使建筑物环境产生一种整洁轻松的时代感。

适用范围

广泛用于城市电网建设和改造；城市市政改造工程；民航机场工程建设；工程园区、小区工程建设；交通、路桥工程建设的城市路灯电缆敷设，并起导向和保护作用。

技术指标

硬聚氯乙烯（PVC−U）电力管产品执行 DL/T 802.3−2007《电力电缆用导管技术条件 第 3 部分：氯化聚氯乙烯及硬聚氯乙烯塑料电缆导管》标准要求，具体指标如下：

项目		单位	氯化硬聚氯乙烯塑料电缆导管	硬聚氯乙烯塑料电缆导管
密度		g/cm^2	≤ 1.60	≤ 1.55
环刚度（3%）	常温	kPa	—	应符合表 1 的规定
	80℃		应符合表 1 的规定	
压扁试验		—	加荷至试样垂直方向变形量为原内径 30%时，试样不应出现裂缝或破裂	
落锤冲击		—	按表 3 试验，试样不应出现裂缝或破裂	
维卡软化温度		℃	≥ 93	≥ 80
纵向回缩率		%	≤ 5	
接头密封性能 [a]		—	0.10MPa 水压下保持 15min，接头处不应渗水、漏水	
a 在用户有要求时进行。				

成都川盛塑胶有限公司
地址：成都崇州经济开发区宏业大道北段 1355 号
电话：028-82314289
官方网站：www.cdchuansheng.cn

给水用聚乙烯（PE）管材执行 GB/T 13663.2−2018《给水用聚乙烯（PE）管道系统 第 2 部分：管材》标准，管件执行 GB/T 13663.3−2018《给水用聚乙烯（PE）管道系统 第 3 部分：管件》标准，具体指标如下：

序号	项目	要求	试验参数		
1	静液压强度（20℃，100h）	无破坏，无渗漏	试验温度		20 ℃
			试验时间		100h
			环应力	PE100	10.0MPa
				PE80	12.0MPa
2	静液压强度（80℃，165h）	无破坏，无渗漏	试验温度		80 ℃
			试验时间		165h
			环应力	PE100	4.5MPa
				PE80	5.4MPa
3	静液压强度（80℃，1000h）	无破坏，无渗漏	试验温度		80 ℃
			试验时间		1000h
			环应力	PE100	4.0MPa
				PE80	5.0MPa

PVC−U 管材执行 GB/T 5836.1−2018《建筑用排水硬聚氯乙烯管材》、管件执行 GB/T 5836.2−2018《建筑用排水硬聚氯乙烯管件》，主要技术参数如下：

项目	要求	试验方法
密度 /（kg/m^3）	1350 ～ 1550	7.4
维卡软化温度 /℃	≥ 9	7.5
纵向回缩率 /%	≤ 5	7.6
拉伸屈服应力 /MPa	≥ 40.0	7.7
断裂伸长率 /%	≥ 80	7.8
落锤冲击试验 TIR/%	≤ 10	7.9

工程案例

工程名称	竣工时间	应用部位	应用量
潼南时代广场	2018 年 11 月	重庆潼南	1593929.91 元
重庆两江中迪广场	2018 年 12 月	重庆两江	2385657.90 元
成都青白江城厢安置房建设项目	2019 年 10 月	四川成都	2467914.14 元
绵虒县三宝园区饮水安全巩固提升采购项目	2019 年 9 月	汶川县绵虒镇	1165772.00 元
乡城县水务局 2018 年脱贫村与非脱贫村安全饮水巩固提升工程	2018 年 12 月	乡城县	3294376.88 元
加查县水利局 2019 年饮水及农田灌溉管材采购项目等	2019 年 7 月	加查县	883022.00 元

生产企业

成都川盛塑胶有限公司是一家生产、研发、销售塑胶管材、管件的现代化科技型企业。公司创建于 1998 年，坐落于成都崇州市经济开发区宏业大道北段 1355 号，注册资金 11188 万元，设计年产塑胶管材、管件 5 万余吨，主营品牌产品有：冷热水用 PP−R 管材、管件系列；建筑用 PVC−U 排水管系列；PE 管材、管件系列；PVC−U 绝缘电工套管系列等。目前正致力于开发 FRPP 及 PE 塑钢缠绕市政排污管道系列产品、PE 燃气管道系列产品及 CPVC 电力通信管道系列产品。

公司坚持“以质量求生存，以创新求发展”的经营理念，引进国内外先进生产技术、生产设备，采用优质原辅料，生产高品质产品，从而赢得了广大用户的青睐。公司连续多年被评为“四川省质量信誉 AAA 企业”、“成都市重合同守信用 AA 企业”；公司先后通过了“ISO 9001：2008 质量管理体系认证”“ISO 14001：2004 环境管理体系认证”“OHSAS 18001：2007 职业健康安全管理体系认证”“新华节水产品认证”“中国环境标志产品认证”等。“川盛”牌产品畅销四川省内外，在新的历史时期，川盛人将以推动行业发展为己任，愿与各界同仁携手共创美好未来。

成都川盛塑胶有限公司
地址：成都崇州经济开发区宏业大道北段 1355 号
电话：028-82314289
官方网站：www.cdchuansheng.cn

证书编号：LB2020GP007

亚大 PE 给水管材、管件

产品简介

亚大聚乙烯给水管道系统采用进口 PE80 和 PE100 两种材料，按照 ISO 4427 和 EN 12201 及 GB/T 13663 制造。具有良好的可焊接性、抗环境应力开裂性和抗快速开裂性，其性能超过了国际标准和中国标准的要求。

1）长久的使用寿命。在正常条件下，最少寿命达 50 年。

2）卫生性好。PE 管无毒，不含重金属添加剂，不结垢，不滋生细菌，解决了饮用水的二次污染问题。符合 GB/T 17219—1998 安全性评价规定。

3）可耐多种化学介质的腐蚀；无电化学腐蚀。

4）内壁光滑，摩擦系数极低，介质的通过能力相应提高并具有优异的耐磨性能。

5）柔韧性好，抗冲击强度高，耐强震、扭曲。

6）重量轻，运输、安装便捷。

7）独特的电熔焊接和热熔对接技术使接口强度高于管材本体，保证了接口的安全可靠。

8）焊接工艺简单，施工方便，工程综合造价低。

适用范围

亚大聚乙烯给水管道广泛用于给水、污水排放、输送矿砂泥浆、腐蚀性液体及非开挖穿插更新管道等。

技术指标

产品执行 GB/T 13663—2000《给水用聚乙烯（PE）管道系统 第 1 部分：总则》标准，具体指标如下：

检验项目	技术要求	检验结果
断裂伸长率，%	⩾ 350	598
氧化诱导时间，min（200℃）	⩾ 20	66.3
纵向回缩率，%	⩽ 3	1.0
溶体质量流动速率（MFR），（190℃，5kg），g/10min	管材与混合料之差应不超过 25%	0.25（混合料） 0.26（管材） 4.0% 通过
静液压强度	1）20℃，环应力 12.4MPa，100h，不破裂，不渗漏	
	2）80℃，环应力 5.5MPa，165h，不破裂，不渗漏	
	3）20℃，环应力 5MPa，1000h，不破裂，不渗漏	

工程案例

项目时间：2016 年 3 月

项目名称：浙江省舟山市岱山

项目业主：舟山市自来水有限公司

规格用量：PE100，SDR13.6，DN630

项目描述：2015 年，在舟山市岱山县大、小鱼山岛围垦区，开始绿色石化产业基地项目建设。作为绿色石化产业基地的基础建设工程——岱山至大、小鱼山岛海底输水管道工程也正式开工。工程设计使用为外径 630 毫米 SDR13.6 规格管道，

上海亚大塑料制品有限公司

地址：上海市青浦区华新镇嘉松中路 799 弄 89 号
电话：021-59790555
官方网站：www.chinaust.com

可承压 12.5 公斤压力，全长 11500 米，使用 6 艘施工船，数十名工程技术人员共同合作，克服海上多风、浪大，以及晕船、生活不便的种种困难，为施工提供最好的质量。

项目时间：2015 年 5 月

项目名称：金湖县区域供水

项目业主：淮安金湖县自来水公司

规格用量：PE100，SDR17，DN900 –DN315

项目描述：金湖县政府为了改善下辖 10 个乡镇的居民生活生产用水问题实施了 4 湖区域供水项目，由于工程覆盖面积广，用户情况多样，所使用的管道规格覆盖 63 毫米至 900 毫米。施工穿越了村镇、河流、道路、农田、树林等多重复杂的条件环境，管网全长上百公里。工程结束后，将在金湖县形成一套严密可靠的供水网络，为金湖人民生活及金湖发展提供可靠保障。

项目时间：2016 年 3 月 –6 月

项目名称：常州市城市综合管廊供水工程

项目业主：常州通用自来水有限公司

规格用量：PE100，SDR17，DN315

项目描述：工程位于常州金融商务区，自 2015 年 8 月开始建设，沿龙汇路西侧设置，北起北塘河路，南至新堂北路，总长度约 2 公里，内径高 2.5 米、宽 2.4 米管廊建成后，常州自来水公司、供电公司、基础通信管道等多家单位将入驻，设计使用寿命 100 年。工程根据管廊的特殊工作环境，最终确定选择 315 毫米口径、SDR17、PE100 规格管道，用于管廊内自来水输送。并按照管廊总体施工计划安排，先于电力等其他管道施工，是第一条入驻管廊的管道。

项目时间：2014 年 4 月

项目名称：江苏省吴江市穿越京杭大运河供水管道工程

项目业主：吴江华衍水务有限公司

规格用量：PE100，SDR17，DN400

项目描述：京杭大运河是世界上里程最长、工程最大的古代运河，也是最古老的运河之一，与长城、坎儿井并称为中国古代的三项伟大工程，使用至今仍然起着重要的水路运输作用。吴江平望镇自来水穿越管道工程原使用金属管道，旧的金属供水管道因数年的使用后，发生严重的腐蚀、生锈，降低了管道的流通量，同时严重影响了居民用水的水质，从而影响到居民的健康。因此，对此段管材进行了替换改造。新管道采用 PE100 高密度聚乙烯供水管道，聚乙烯管道具有使用年限久，施工方便，以及良好的耐腐蚀性、耐化学性、柔韧性好、流通量大、阻力小等特点。它的优势很好地解决了类似这种开挖难度大、成本高等工程的难题，尤其是其优秀的柔韧性非常适用于非开挖穿越工程，可以大大降低施工成本。

生产企业

上海亚大塑料制品有限公司是成立于 1993 年的中外合资企业，中方股东为中国兵器工业集团河北凌云工业集团有限公司下属凌云工业股份有限公司，外方股东为瑞士跨国企业乔治费歇尔公司。中外双方各占 50% 的股份，专业生产市政 PE 管道系统产品。亚大引进世界先进的挤出设备、注塑设备、布线设备、检测设备，采用世界上先进的生产技术和严格的质量控制系统，使亚大产品具备高水平、高可靠性，符合国际先进标准和中国国家标准。

上海亚大塑料制品有限公司

地址：上海市青浦区华新镇嘉松中路 799 弄 89 号

电话：021-59790555

官方网站：www.chinaust.com

证书编号：LB2020GP008

多联 PVC-U 排水管、PP-R 给水管、PE-RT 节能采暖管

产品简介

多联牌 PVC–U 环保建筑排水用管材、管件系列产品是按照国家标准 GB/T 5836、GB/T 16800 生产的，除具有材质轻、强度高、不锈蚀、无结垢、使用寿命长等优良性能外，还具有以下显著特点：绿色环保，综合费用低。

多联牌冷热水用 PP–R 管道系统最突出的特点就是成功地解决了 PP–R 管道热胀冷缩的弱点，热膨胀系数比普通 PP–R 管道降低一半，将使用中因膨胀（收缩）带来破坏的可能性降至最低。

多联牌冷热水用 PP–R 管道系统的导热系数为 0.23 ～ 0.24W/（m • ℃），是现有各种管道中理想的保温节能型管道；热水用 PP–R 管道可在 70℃下长期使用，瞬间使用温度可达 95℃，一般情况下无需保温措施，完全满足建筑物内供热水的使用要求。

多联牌冷热水用 PP–R 管道系统的卫生性能符合 GB/T 17219 的要求，卫生、无毒，是绿色环保产品。

多联牌 PE 安全环保燃气管系列产品拥有卓越的耐腐蚀性能，可靠的连接性能，良好的韧性，优良的挠性，良好的抗刮痕能力，良好的快速裂纹传递抵抗能力，较好的耐冲击性，良好的施工性能，长久的使用寿命，绿色环保，洁净无毒。

适用范围

PVC–U 管适用于建筑用排水管道等相关领域。

PP–R 管道系统产品适合生活饮用水输配管道等各类相关领域。

PE 安全环保燃气管产品适宜用于输送天然气、人工煤气、液化石油气（气态）等。

技术指标

PVC–U 排水管执行 GB/T 5836.1–2006《建筑排水用硬聚氯乙烯（PVC–U）管材》标准、GB/T 5836.2–2006《建筑排水用硬聚氯乙烯（PVC–U）管件》标准、GB/T 16800–2008《排水用芯层发泡硬聚氯乙烯（PVC–U）管材》标准。

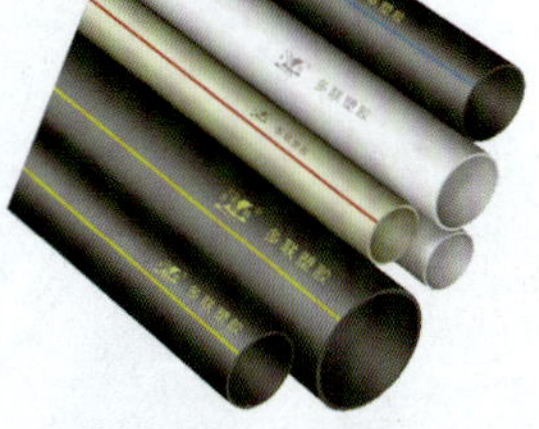

四川多联实业有限公司
地址：四川省成都市双流区西南航空港经济开发区工业集中区内
电话：028-85790873
官方网站：www.duolian.com

PP–R 管材执行 GB/T 18742.2–2002《冷热水用聚丙烯管道系统 第 2 部分：管材》标准、管件执行 GB/T 18742.3–2002《冷热水用聚丙烯管道系统 第 3 部分：管件》标准。

PE 安全环保燃气管产品执行 GB 15558.1《燃气用埋地聚乙烯（PE）管道系统 第 1 部分：管材》标准。

工程案例

绿地房产、中海地产、龙湖地产、富力房产、华润房产、和记黄埔、中铁房产、置信房产、蓝光房产等。

生产企业

四川多联实业有限公司（包含以下子、分公司：成都多联建材有限责任公司、成都市多联塑胶实业公司）是专业从事新型塑料管道等水电建材领域系列产品研制、生产和销售的国家高新技术企业。自 1988 年成立以来，一直坚持以市场为导向、用户至上、质量求生存，走自身发展之路，是目前国内同行业中成立早、规模大、品种齐、质量优、开发能力强的知名企业。公司拥有“多联”品牌，市场占有率名列全国同类企业前茅。

1992 年，多联公司以敢为人先的魄力开发“难燃 PVC 电线套管”，填补了市场空白，为内地推广使用新型建材做出了卓越贡献。如今，公司拥有一支技术实力雄厚、精明强干的管理队伍和先进生产线、检测设备，现已形成民建、市政、家装三大系列产品（包括：难燃 PVC 电线套管、阻燃 PVC 电线精装管、PVC–U 环保排水管、PP–R 环保冷热给水管、PP–R 环保精装冷热给水管、PP–R 环保阻菌精装冷热给水管、PE 环保给水管、PE 环保燃气管、PE–RT 环保节能采暖管、PVC–U 环保双壁波纹管、PVC–U 环保多孔管、HDPE 环保硅芯管、CPVC 环保电力电缆保护管、MPP 环保电力电缆保护管、PE 环保双壁波纹管、PE 环保钢带增强螺旋波纹管、开关插座、电线等)，具有年产十万吨以上的生产能力。

公司坚持以质量为本，走品牌兴业之路，企业不断发展壮大。公司拥有稳定的质量管理体系，通过了 ISO 9001–2008 质量管理体系、ISO 14001–2004 环境管理体系和 OHSAS 18001–2011 职业健康安全管理体系认证，公司每种产品均严格按照标准生产，每批产品均认真按质量标准检测，本着对社会负责、对用户负责的态度，向市场提供优质的产品，得到了社会的广泛认同。

四川多联实业有限公司

地址：四川省成都市双流区西南航空港经济开发区工业集中区内
电话：028-85790873
官方网站：www.duolian.com

证书编号：LB2020GP009

多联 PVC 阻燃电线套管、PVC-U 通信管、HDPE 通信硅芯管

产品简介

多联牌穿线用阻燃 PVC-U 电线套管系列产品采用国际先进工艺生产，适用于建筑工程的电气安装配线。除具有材质轻、耐酸碱腐蚀、防鼠咬虫噬、综合费用低等优点外，还具有以下显著特点：

• 突出的阻燃性能，经国家防火建筑材料质量监督检验中心检测达到阻燃 1 级。

• 抗冲击性能优于国家标准要求 2 倍以上。

• 优良的电绝缘性能，绝缘电阻值不小于 100MΩ。

• 冷弯性能优良，用专用弹簧可弯曲成所需角度。

• 施工方便，用 PVC 胶粘剂快速将管材管件连接，安装简便，安全可靠。

多联牌 PVC-U 环保多孔通信管材管件，是以聚氯乙烯树脂为主，加入改进产品性能所必需的添加剂，经先进的生产设备挤（注）塑成型，产品完全达到国家相关标准 YD/T 1324-2004 的各项性能指标要求，产品外形美观、色泽均匀优良，而且理化力学性能高；集护套和子管为一体，内孔有效空间大，能满足电信施工中对不同线容（电缆、光缆）的需求，占用管位低，节约地下管位资源；阻燃性能及电绝缘性能优良，耐腐蚀、耐老化，使用寿命长，可达 50 年以上；产品重量轻，内外壁光滑，施工安装简便，穿缆方便，省力快捷，施工进度快；节省材料无浪费，开挖工程小，工期短，综合造价比 PE 管低 20% 以上，比钢管低 50% 以上。

适用范围

PVC-U 阻燃电线套管产品适宜用于建筑预埋及明装穿线套管等各类相关领域。

多联牌 PVC-U 环保多孔通信管材管件广泛应用于通信电缆、光缆保护等领域。

技术指标

PVC-U 阻燃电线套管产品执行 JG 3050-1998《建筑用绝缘电工套管及配件》、GA 305-2001《电气安装用阻燃 PVC 塑料平导管通用技术条件》标准。

PVC-U 环保多孔通信管产品执行 YD/T 1324-2004《地下通信管道用硬聚氯乙烯（PVC-U）多孔管》标准。

1. 安装连接时应注意多孔管的方向，避免子管孔错位而影响穿缆。
2. 连接时应将管材和管件相接触的面擦抹干净，均匀涂刷多联牌聚氯乙烯胶粘剂而后进行连接安装。
3. 管道埋地深度一般要求 300 ～ 600mm 以上，特殊情况例外。
4. 管道沟槽垫层为细沙土，其厚度一般为 50 ～ 100mm 左右。
5. 回填管沟时，应先用细沙土回填，回填层厚度一般为 200mm 左右，再回填其他护层。

四川多联实业有限公司

地址：四川省成都市双流区西南航空港经济开发区工业集中区内

电话：028-85790873

官方网站：www.duolian.com

工程案例

绿地房产、中海地产、龙湖地产、富力房产、华润房产、和记黄埔、中铁房产、置信房产、蓝光房产等。

生产企业

四川多联实业有限公司（包含以下子、分公司：成都多联建材有限责任公司、成都市多联塑胶实业公司）是专业从事新型塑料管道等水电建材领域系列产品研制、生产和销售的国家高新技术企业。自1988年成立以来，一直坚持以市场为导向、用户至上、质量求生存，走自身发展之路，是目前国内同行业中成立早、规模大、品种齐、质量优、开发能力强的知名企业。公司拥有“多联”品牌，市场占有率名列全国同类企业前茅。

1992年，多联公司以敢为人先的魄力开发“难燃PVC电线套管”，填补了市场空白，为内地推广使用新型建材做出了卓越贡献。如今，公司拥有一支技术实力雄厚、精明强干的管理队伍和先进生产线和检测设备，现已形成民建、市政、家装三大系列产品（包括：难燃PVC电线套管、阻燃PVC电线精装管、PVC–U环保排水管、PP–R环保冷热给水管、PP–R环保精装冷热给水管、PP–R环保阻菌精装冷热给水管、PE环保给水管、PE环保燃气管、PE–RT环保节能采暖管、PVC–U环保双壁波纹管、PVC U环保多孔管、HDPE环保硅芯管、CPVC环保电力电缆保护管、MPP环保电力电缆保护管、PE环保双壁波纹管、PE环保钢带增强螺旋波纹管、开关插座、电线等），具有年产十万吨以上的生产能力。

公司坚持以质量为本，走品牌兴业之路，企业不断发展壮大。公司拥有稳定的质量管理体系，通过了ISO 9001–2008质量管理体系、ISO 14001–2004环境管理体系和OHSAS 18001–2011职业健康安全管理体系认证，公司每种产品均严格按照标准生产，每批产品均认真按质量标准检测，本着对社会负责、对用户负责的态度，向市场提供优质的产品，得到了社会的广泛认同。

四川多联实业有限公司

地址：四川省成都市双流区西南航空港经济开发区工业集中区内
电话：028-85790873
官方网站：www.duolian.com

证书编号：LB2020GP010

力拓热浸镀锌钢管

产品简介

利达牌镀锌钢管是以成品焊接钢管为原料，将锌作为镀层包覆在钢管表面以达到防腐的效果。

适用范围

产品适用于生活饮用水输送。

技术指标

天津市力拓钢制品有限公司生产的利达牌镀锌钢管产品质量执行 GB/T 3091−2015《低压流体输送用焊接钢管》标准和 GB/T 13793−2016《直缝电焊钢管》，具体指标如下：

技术参数要求

产品规格		ϕ 15	
检验项目		标准要求	
化学成分 / %	C	≤ 0.20	
	Si	≤ 0.35	
	Mn	≤ 1.40	
	P	≤ 0.045	
	S	≤ 0.045	
力学性能	抗拉强度 / MPa	≥ 370	
	下屈服强度 / MPa	≥ 235	
	断后伸长率 / %	D ≤ 168.3（mm）	D>168.3（mm）
		≥ 15	≥ 20
镀锌层附着力	弯曲试验	试验后试样上不允许出现锌层剥落	
	压扁试验	试验时，两平板间的距离为钢管外径的 3/4 时，试样不允许出现锌层剥落	
镀锌层均匀性		浸渍 5 次不得变红	
镀锌层质量 / g/m^2		≥ 300	
液压试验		20℃，试验压力 5.0MPa，5s，钢管应不渗漏	

工程案例

序号	工程名称	地址	用途	使用量 / t
1	北京大兴机场	北京市	生活饮用水输送	500
2	天津市国际会展中心	天津市	生活饮用水输送	300
3	昆明一户一表改造	昆明市	生活饮用水输送	800
4	天津市煤改燃气	天津市	管道	1000
5	河南省驻马店自来水工程	河南	生活饮用水输送	200

天津市力拓钢制品有限公司
地址：天津市西青区大寺镇王村村西
电话：022-23977381

生产企业

天津市力拓钢制品有限公司位于天津市西青区大寺镇王村村西。公司分为4个镀锌生产车间，主要产品是镀锌钢管，现有员工200余人，年产量可达30余万吨，生产过程中以成品钢管为原料，将锌作为镀层包覆在钢管表面以达到防腐的效果，产品合格率在99%以上。公司产品主要用在水管和消防水管等方面。

公司有着完善的生产工艺，先进的生产设备，并配有检验检测齐全的理化实验室，加工的热浸镀锌钢管销售网遍布全国各地。

企业通过了建筑产品/住宅部品认证（康居认证），并制定了完善的内部管理制度，开展5S现场管理，保证了公司生产经营活动顺利进行。公司于2000年开始，引进质量、环境和职业健康安全管理体系认证，并持续保持。于2015年12月顺利通过了能源管理体系认证，并持续保持证书。2017年10月，在全国范围内，率先顺利完成质量管理体系换版+再认证工作，并于同年12月完成环境和职业健康安全管理体系认证，2019年被评为绿色工厂。

公司是天津市重点碳排放企业，从2016年开始，通过实施绿色技改项目、淘汰落后设备、优化管理手段等方法，超额完成国家“十三五”总节能指标。

公司顺应时代变化，转变发展理念，科技兴企，坚持绿色发展，勇于创新，致力于打造钢铁领域的节能、环保、创新型现代化民营企业。至今，力拓公司获得了高新技术企业资质，其间共申请获得了40项授权实用新型专利，1项发明专利证书。

天津市力拓钢制品有限公司
地址：天津市西青区大寺镇王村村西
电话：022-23977381

证书编号：LB2020GP011

必拓钢塑复合管

产品简介

利达牌给水用钢塑复合管，是在外层钢管的内壁复衬聚乙烯塑料管，较普通钢管的耐腐蚀性能强，同时保留镀锌钢管采用螺纹连接密封性好，机械强度高，对冲击、弯曲、压力和强度的外部影响具有很强的承受力。

适用范围

适用于生活饮用水输送。

技术指标

天津市必拓制钢有限公司生产的利达牌钢塑复合管产品质量执行 GB/T 28897—2012《钢塑复合管》标准规范和卫生部卫法监发〔2001〕161 号附件 2：《生活饮用水输配水设备及防护材料卫生安全评价规范》，具体指标如下：

产品规格	ϕ15×2.8（冷水用）
检验项目	标准要求
外形及表面质量	衬塑钢管内外表面应光滑，不允许有气泡、裂纹、脱皮、凹陷和色泽不均。管材两端端面与管轴线成垂直
内衬塑层厚度	1.3mm ≤内衬塑料层厚度≤ 1.7mm
结合强度	≥ 1.0MPa
弯曲试验	不发生裂痕，钢与内外塑层之间不发生离层现象
液压试验	试验压力 5MPa，5s，不渗漏
定尺长度	（6000+20）mm
以下空白	
产品规格	ϕ15×2.8（热水用）
检验项目	标准要求
外形和表面质量	衬塑钢管内外表面应光滑，不允许有气泡、裂纹、脱皮、凹陷和色泽不均。管材两端端面与管轴线成垂直
内衬塑层厚度	1.3mm ≤内衬塑料层厚度≤ 1.7mm
结合强度	≥ 1.5MPa
弯曲试验	不发生裂痕，钢与内外塑层之间不发生离层现象
耐冷热循环性能	
外观	衬塑层无变形、裂纹等缺陷
结合强度	≥ 1.5MPa
液压试验	试验压力 5MPa，5s，不渗漏
定尺长度	（6000+20）mm

天津市必拓制钢有限公司
地址：西青区大寺镇王村村西
电话：022-23977381
传真：022-23970894

工程案例

序号	工程名称	地址	用途	使用量 / t
1	北京大兴机场	北京市	生活饮用水输送	500
2	天津市国际会展中心	天津市	生活饮用水输送	300
3	昆明一户一表改造	昆明市	生活饮用水输送	800
4	天津市煤改燃气	天津市	管道	1000
5	河南省驻马店自来水工程	河南	生活饮用水输送	200

生产企业

天津市必拓制钢有限公司始建于 2004 年，位于天津市西青区大寺镇王村村西，现有职工 120 余人，注册资本 1.8 亿元人民币。

公司是专业生产钢塑复合管的企业，具有完善的检测试验设备，健全的管理和研发队伍。经过多年的生产经营和技术改造，公司拥有钢塑复合机组 7 条，具有年产钢塑复合管 7 万吨的生产能力。

公司生产的利达牌钢塑复合管在 2006 年被评为天津市名牌产品，2018 年被天津市认定为国家高新技术企业，2018 年认定为区级专利试点企业，2018 年评为国家科技型中小企业，公司拥有多项自主知识产权和专利。公司在 2018 年环渤海七省市建材行业活动中被评为 AAA 诚信企业；公司被中国建筑金属协会给排水设备分会评为突出贡献企业。

公司具有健全的管理体系（质量管理体系、环境与职业健康安全管理体系、安全生产标准化、知识产权管理体系）。公司产品通过了环境标志产品认证。公司是天津市建材协会、中国质量检验协会、中国建筑金属协会给排水协会理事单位。

利达牌钢塑复合管是 08 奥运场馆，天津全运会场馆，天津、北京机场改造，及各地重点工程使用产品，产品畅销全国，在业内具有良好口碑。

天津市必拓制钢有限公司

地址：西青区大寺镇王村村西
电话：022-23977381
传真：022-23970894

证书编号：LB2020GP012

东营 PE 给水管材、管件；PVC-U 电工套管

产品简介

聚氯乙烯管材（PVC 管材）是由聚氯乙烯树脂添加必要的稳定剂、滑剂、色料等辅料混合后用热压法挤压成型，是最早得到开发应用的塑料管材。经过 80 多年加工与使用经验的积累，聚氯乙烯管材已经具备了成熟的生产加工技术、完善的配套与施工使用经验，再加上其经济环保、性价比高的优点，从而成为塑胶管材中最主要的产品。

聚乙烯管材（PE 管材）是由乙烯单体经聚合而生成的一种热塑性树脂。乙烯单体在聚合过程中受压力、温度等不同聚合反应条件的影响，可以生成不同密度的树脂，因而聚乙烯又可分为：高密度聚乙烯、中密度聚乙烯、低密度聚乙烯。国际上根据“长期静液压最小要求强度”还把聚乙烯树脂分成 PE32、PE40、PE63、PE80、PE100 五个等级。其中 PE100 因其机械性能、力学性能、性价比等综合性能最佳，现已成为 PE 管材的主要原料。

适用范围

公司产品可应用于自来水工程、建筑工程、凿井工程、盐水工程、消防工程、化学工厂配管工程、造纸厂工程、酿造发酵工厂配管工程、电镀厂配管工程、农业灌溉工程、矿场工程、养殖场工程、高尔夫球场工程、渔业塑胶筏工程、园林绿化工程、地暖工程等。

技术指标

序号	产品名称	产品执行的技术标准
1	PVC-U 电工套管、管件	JG 3050—1998
2	PE 给水管、管件	GB/T 13663.2—2018

聚乙烯（PE）管材物理性能

试验项目	性能要求
20℃静液压强度（环向应力 12.0MPa，100h）	无破裂，无渗漏
80℃静液压强度（环向应力 5.4MPa，165h）	无破裂，无渗漏
80℃静液压强度（环向应力 5MPa，1000h）	无破裂，无渗漏
断裂伸长率	≥ 350%
纵向回缩率	≤ 3%
氧化诱导时间	≥ 20min

PVC−U 电工套管物理性能

试验项目		性能要求
抗压性能		载荷 1min 时 D_f ≤ 25% 卸载 1min 时 D_f ≤ 10%
冲击性能		12 个试件中至少 10 个不坏、不裂
弯曲性能		无可见裂纹
弯扁性能		量规自重通过
跌落性能		无震裂、破碎
阻燃性能	自熄时间	t_e ≤ 30s
	氧指数	O_I ≥ 32
电气性能		15min 内不击穿，R ≥ 100MΩ

华亚东营塑胶有限公司
地址：山东省东营市东城东二路 251 号
电话：0546-8305238
官方网站：www.hydyplst.com.cn

工程案例

公司自1996年投产至今已销售管材50多万吨，在诸多典型工程中使用，例如：

北京长安街绿化工程、酒泉卫星发射中心工程、郑州新郑机场给水工程、2008年供货18个奥运会场馆、山东鲁能足球学校工程、银麦啤酒公司供水工程、供货高尔夫工程400余例、富士康厂区建设工程、上海迪士尼乐园工程、牧原集团养猪场工程、万科集团战略合作、鲁北供水工程。

生产企业

华亚东营塑胶有限公司是台湾台塑集团在山东省投资的大型合资企业，总投资6000万美元，厂区占地245亩。年产管材10万吨、管件3万吨。公司自1996年投产以来，经营业绩稳定成长，年销售量已超过4万吨。公司凭借品质优良、规格齐全、交货迅速之优势，产品行销国内外市场，在诸多重点工程如北京长安街绿化工程、奥运场馆工程、山东鲁北农改水工程、内蒙古引黄入呼工程中已成功使用；外销方面，产品远销南非、坦桑尼亚、刚果、朝鲜等国家和地区。产品先后被建设部评为“科技成果重点推广产品”“国家小康住宅建设推荐产品”“工程建设重点推广产品”并荣获“中国环境标志产品认证”目前公司已成为国内塑胶管材、管件较齐全的专业化生产工厂之一。

公司采用台塑集团南亚公司六十年来积累的优良生产技术与管理经验，积极拓展市场。公司产品主要有以下特点：

1. 设备优良，技术先进，产品品质优良稳定；
2. 采用环保有机锡配方；
3. 管材、管件规格齐全，搭配比例合理；
4. 规范的行销体系，确保产品的供应与服务；
5. 管理先进，深获各界好评。

自建厂以来，公司凭借产品质量稳定、交运及时准确、服务水平高等优势，深获广大用户的一致好评。公司将秉承台塑集团“追根究底，止于至善”的精神继续为社会奉献优质的产品与服务，为国家建设、全民福祉而努力。同时亦希望在长远发展过程中，得到相关各界鼎力支持与协助。

华亚东营塑胶有限公司
地址：山东省东营市东城东二路251号
电话：0546-8305238
官方网站：www.hydyplst.com.cn

证书编号：LB2020GP013

新兴钢塑复合压力管及管件、不锈钢管、不锈钢双卡压式管件、不锈钢沟槽式管件

产品简介

1）管材壁厚采用小负差，确保管材强度及承压能力；

2）管件用管壁厚比同口径管材高一等级，确保成型后管件最小壁厚不小于同口径管材壁厚，确保管路安全；

3）公司管材、管件选择全流程生产工艺，不偷减工序，均经过在线和离线双涡流探伤，规避工艺缺陷导致的外观质量问题以及焊接缺陷；

4）公司管材全部经过酸洗钝化工艺，在确保产品耐腐蚀性能优异的基础上，确保管材内表面卫生洁净，满足“食品级”卫生性能要求。

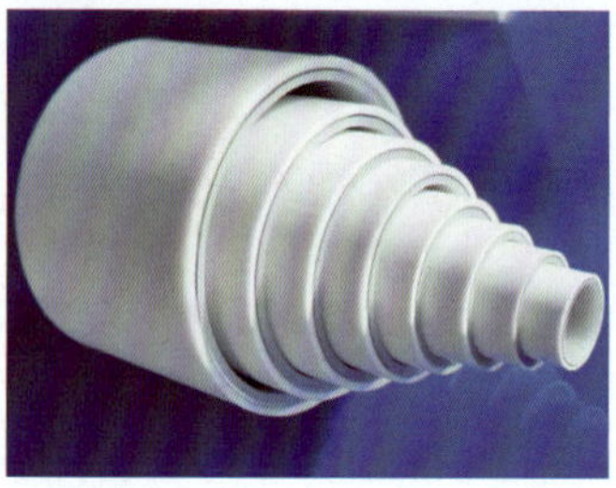
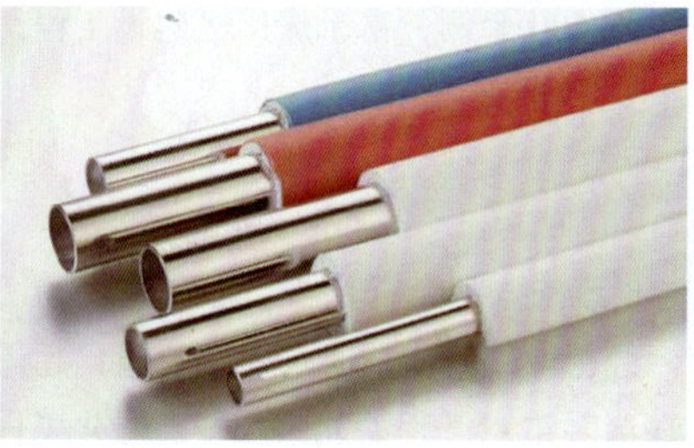
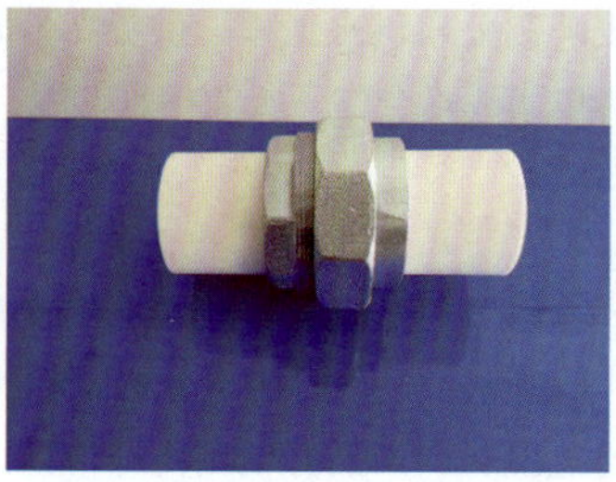
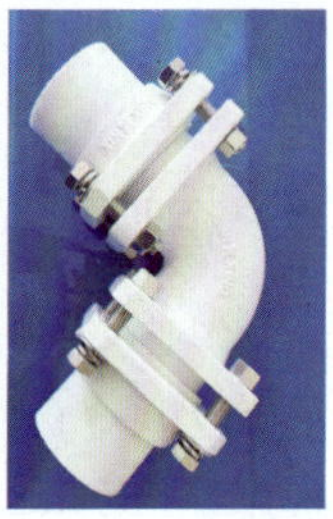

技术指标

1.2.1 不锈钢管规格

公称外径 DN	管材外径 mm	管材壁厚 mm	外径允许最小值 mm	外径允许最大值 mm	壁厚允许最小值 mm	壁厚允许最大值 mm	压力允许最大值 MPa
15	16	0.8	15.9	16.1	0.72	0.88	≤ 2.5
20	20	1.0	19.89	20.11	0.9	1.1	≤ 2.5
25	25.4	1.0	25.26	25.54	0.9	1.1	≤ 2.5
32	32	1.2	31.83	32.17	1.08	1.32	≤ 2.5
40	40	1.2	39.79	40.21	1.08	1.32	≤ 2.5
50	50.8	1.2	50.54	51.06	1.08	1.32	≤ 2.5
60	63.5	1.5	63.18	63.82	1.35	1.65	≤ 2.5
65	76.1	2.0	75.72	76.48	1.8	2.2	≤ 2.5
80	88.9	2.0	88.46	89.34	1.8	2.2	≤ 2.5
100	101.6	2.0	101.09	102.11	1.8	2.2	≤ 2.5
125	133	2.5	132.01	133.99	2.2	2.8	≤ 2.5
150	159	2.5	157.81	160.19	2.2	2.8	≤ 2.5
200	219	3.0	217.36	220.64	2.7	3.3	≤ 2.5
250	273	4.0	270.95	275.05	3.7	4.3	≤ 2.5
300	325	4.0	322.56	327.44	3.7	4.3	≤ 2.5

1.2.2 不锈钢管件规格

本产品有 DN15 ～ DN100 双卡压管件，DN125 ～ DN300 沟槽式管件两个规格等级，其公称压力和规格尺寸如下表：

新兴铸管股份有限公司
地址：河北省邯郸市冀南新区新兴大街 1 号
电话：15132096338
官方网站：http://www.xinxing-pipes.com/

DN15～DN100 双卡压管件公称压力和规格尺寸

型式	公称外径 DN	管外径 mm	管件壁厚 mm	外径允许最小值 mm	外径允许最大值 mm	壁厚允许最小值 mm	承口内径允许最小值 mm	承口内径允许最大值 mm	承口端外径允许最小值 mm	承口端外径允许最大值 mm	承口长度允许最小值 mm	承口长度允许最大值 mm	压力允许最大值 MPa
管帽、等径接头、等径三通、90°弯头、45°弯头、异径接头、异径三通、内螺纹转换接头、外螺纹转换接头等	15	16	1	15.9	16.1	0.6	16.2	16.5	22	22.4	20	26	≤ 2.5
	20	20	1.2	19.89	20.11	0.8	20.2	20.5	27.7	28.1	23	29	≤ 2.5
	25	25.4	1.2	25.26	25.54	0.8	25.6	25.9	33.6	34	29	35	≤ 2.5
	32	32	1.5	31.83	32.17	1.0	32.3	32.7	43.7	44.3	35	41	≤ 2.5
	40	40	1.5	39.79	40.21	1.0	40.3	40.7	53.2	53.8	42	50	≤ 2.5
	50	50.8	1.5	50.54	51.06	1.0	51.3	51.7	66.2	66.8	52	60	≤ 2.5
	60	63.5	1.5	63.18	63.82	1.3	63.9	64.5	79	79.6	54	62	≤ 2.5
	65	76.1	2	75.72	76.48	1.5	76.7	77.9	93.9	95.5	55	65	≤ 2.5
	80	88.9	2	88.46	89.34	1.5	89.5	90.7	108.7	110.3	65	75	≤ 2.5
	100	101.6	2	101.09	102.11	1.5	102.2	103.4	125.6	127.2	77	87	≤ 2.5

DN125～DN300 沟槽式管件公称压力和规格尺寸

型式	公称外径 DN	管件外径 mm	管件壁厚 mm	外径允许最小值 mm	壁厚允许最小值 mm	沟槽深度 mm	沟槽宽度 mm	沟槽与端口距离 mm	压力允许最大值 MPa
GC 接头、G90E 接头、G45E 接头、GST 接头、GSS 接头、GRC 接头、GCRS 接头等	125	133	2.5	132.01	2.19	3-3.5	8.5-9	15.5-16.5	≤ 2.5
	150	159	2.5	157.81	2.19	3-3.5	8.5-9	15.5-16.5	≤ 2.5
	200	219	3.0	217.36	2.63	3-3.5	12-12.5	18.5-19.5	≤ 2.5
	250	273	4.0	270.95	3.5	3-3.5	12-12.5	18.5-19.5	≤ 2.5
	300	325	4.0	322.56	3.5	3.5-4.0	12-12.5	18.5-19.5	≤ 2.5

工程案例

内蒙古鄂尔多斯煤炭深加工输水工程、陕西延安引黄工程、南水北调工程、郑州科学大道白沙综合管廊项目工程、石家庄汇明路综合管廊污水管等。

生产企业

新兴铸管股份有限公司源于 1971 年成立的中国人民解放军第二六七二工程指挥部，1996 年改制为国有独资有限公司，1997 年在深交所上市。公司作为国资委监管中央企业——新兴际华集团所属核心企业，是全球球墨铸铁管及管铸件研发制造商和国内竞争力较强的钢铁产品研发制造商。

经过近五十年的发展成长，公司生产基地分布于全国各大区域和“一带一路”沿线国家，销售网络覆盖亚洲、欧洲、非洲、美洲，产品出口世界 120 多个国家。公司铸管产品国内市场和出口市场都具有显著优势，形成了战略布局优势、销售终端优势、生产成本优势、品牌价值优势、科技创新优势和企业文化优势六大核心竞争力；主要经济技术指标稳居行业前列，联合信用综合评定长期为 AAA 级别，蝉联冶金企业“竞争力 A+”，蝉联“亚洲品牌 500 强”。

公司有效专利数量 1800 余项，其中发明专利 380 余项，PCT14 项。离心球墨铸铁管关键技术及装备荣获中国专利金奖。公司是离心球墨铸铁管国家标准的主起草单位，主持参与 30 项标准制修订，其中，国际标准 9 项、国家标准 13 项、行业标准 6 项、团体标准 2 项。通过主导制修订 ISO 10804、ISO 8180、ISO 21052 等国际标准，公司逐步进入铸管领域国际标准化工作核心圈。

新兴铸管股份有限公司

地址：河北省邯郸市冀南新区新兴大街 1 号
电话：15132096338
官方网站：http://www.xinxing-pipes.com/

证书编号：LB2020GP014

金德给水用聚乙烯 (PE) 管材、管件；冷热水用聚丙烯（PP-R）管材、管件；铝塑复合管材、管件

产品简介

本公司 PE 给水管材采用进口及优质国内知名厂家的管材专用料，设备采用德巴顿菲尔德挤出生产线。PE 给水管道通过新华节水认证。

金德 PP-R 管材选用世界上著名的公司及国内知名企业生产的 PP-R。该料的主要特点是具有较高的耐热性和耐低温性，具有良好的耐老化性能。PP-R 给水管是中国中轻产品质量保障中心质量保障产品。

金德 PP-R 管材配套使用的金德 PP-R 管件是由本公司专业设计人员设计而成的，其外观在参考国外知名品牌的基础上结合中国的文化特色，具有简洁高雅的特点。

铝塑复合管是一种高质量、多特性的管材，其结构为五层。它是中间层为焊接铝管、内外层为 PE 塑料以及铝管与内外层 PE 之间的热熔胶通过高温、高压共挤复合而成的五层复合管材，中间铝合金金属层是管道骨架。这种管材是金属管材和塑料管材的完美结合，集金属和塑料管优点于一体，具有强度高、耐高温、耐高压、耐腐蚀、隔热保温性能好等特点，正常使用条件下，使用寿命长达 50 年。因其铝合金层具有电屏蔽作用和磁屏蔽作用，可作穿线套管。由于采用铝芯，管材透氧率为零，可有效抑制细菌繁殖。

适用范围

PE 给水管材产品适用于城镇供水、食品、化工领域，矿砂和泥浆输送，置换水泥管、铸铁管和钢管，园林绿化管网。

PP-R 管材适用于住宅冷热水管道系统、工业用水及化学物质输送、排放；纯净水、饮用水管道；饮料、药物生产输送系统；压缩空气用管；其他工业、农业用管。

铝塑复合管产品适用于生产、生活用冷热水管道；煤气、天然气管道；电线、电缆套管；饮料厂输送食用液体；暖气管道，地板、墙壁上取暖装置，北方建筑物屋顶、停车场、机场等化雪装置；工业用输油和冷却液导管；太阳能热水器配管；真空吸气用管；中央空调、风机盘管配管；农业、园林喷灌工程用管。

技术指标

PE 给水管材、管件产品执行 GB/T 13663—2018《给水用聚乙烯（PE）管道系统》标准，技术指标如下。

PP-R 管材、管件产品性能执行 GB/T 18742—2017《冷热水用聚丙烯管道系统》标准。

铝塑复合管产品性能执行 GB/T 18997.1—2003《铝塑复合压力管 第 1 部分：铝管搭接焊式铝塑管》标准。

PE 管材的静液压强度

序号	项目	要求	试验参数	
1	静液压强度（20℃，100h）	无破坏，无渗漏	试验温度 试验时间 环应力： PE80 PE100	20℃ 100h 10.0MPa 12.0 MPa
3	静液压强度（80℃，1000h）	无破坏，无渗漏	试验温度 试验时间 环应力： PE80 PE100	80℃ 1 000h 4.0MPa 5.0 MPa

金德管业集团有限公司
地址：沈阳市黄姑区黄河北大街 237-68 号
电话：024-86548471
官方网站：www.ginde.com

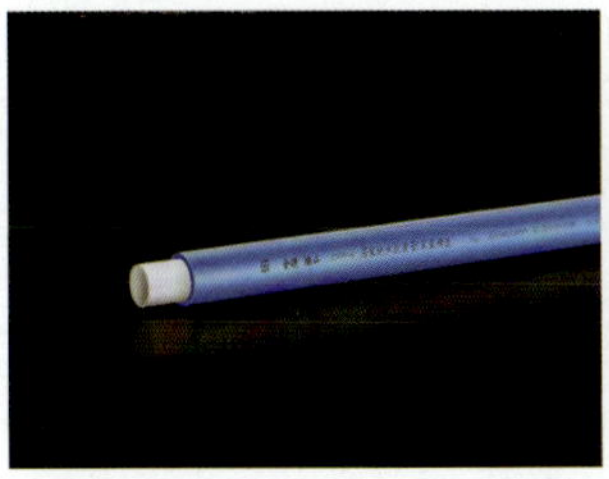

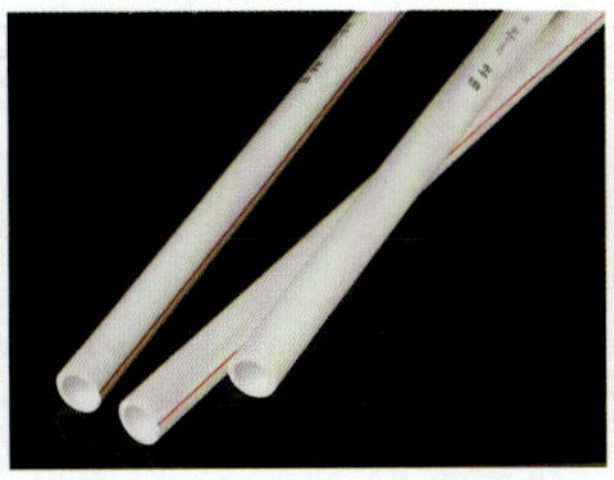

PE 管材物理性能要求

序号	项目	要求
1	断裂伸长率，%	⩾ 350
2	纵向回缩率（110℃ ,200mm），%	⩽ 3
3	氧化诱导时间（210℃），min	⩾ 20
4	熔体质量流动速率，MFR（190℃ /5kg），g/10min	加工前后 MFR 变化不大于 20%

工程案例

金鼎食品产业园区、沈飞发动机研究所、大东宝马汽车工厂、广西壮族自治区水电工程局安哥拉项目、拉孜县农村安全饮水项目

生产企业

金德管业集团有限公司组建于 1999 年，经营范围以新型塑料管道为主体。自金德成立以来，公司相继建成沈阳、株洲、德州等八大工业园。在全国设有 300 多家销售分公司，销售网络遍布全国，产品覆盖了全国各级市场，并远销海外，遍布欧洲、非洲、中亚等国家和地区，进一步将金德做大做强，形成了规模效益。

金德目前拥有铝塑复合类、聚乙烯类、聚丙烯类、聚氯乙烯类、卫浴类五大类近百余种产品，被广泛应用于供水、供暖、燃气、氧气、压缩空气管道等及各种工业、农业、排污等领域。

目前，公司产品已申请 89 项国家专利，起草制定了 4 项国家标准，13 项行业标准。金德实验室是国家认可委认可的实验室。金德先后通过了 ISO 9001、ISO 14001、OHSAS 18001 认证。金德技术中心被认定为国家认定企业技术中心。金德是中国塑料加工协会塑料管道专业委员会副理事长单位，中国建筑金属结构协会给排水分会副主任委员。金德产品被中国质量检验协会确认为全国塑料管道行业质量行业领军企业，并获得《绿色建筑选用产品证明商标证》等诸多殊荣。众多荣誉的获得促使金德品牌价值的迅速提升，品牌价值已达 151.55 亿元。

金德人秉承“精诚所至，金石为开，品质至尊，德行天下”的企业理念，凭借雄厚的技术实力，不断创新，通过优质、高效的服务锐意开拓，已成为我国塑料管道主导企业之一。

金德管业集团有限公司

地址：沈阳市黄姑区黄河北大街 237-68 号
电话：024-86548471
官方网站：www.ginde.com

证书编号：LB2020GP015

“AQUA-SCIE 洁水”牌给水用三型聚丙烯（PP-R）管材、管件

产品简介

洁水牌 PP-R 管材均为德国原包装进口，采用的原材料为聚丙烯无规共聚物树脂，韧性好，强度高，加工性能优异，较高温度下抗蠕变性能好，并且拥有全球专利的复合纤维管道生产技术，管道耐热性、耐腐蚀性高；优异的管道承压能力，符合欧洲饮用水最高标准。

洁水牌 PP-R 管材均一体注塑，原料由欧洲供应商北欧化工提供。洁水具有行业和安装技术领域要求的优点，尤其是极好的耐腐蚀性，使其在建筑技术领域安装时有极长的使用寿命。

实际应用优势：绿色环保、便于安装、改良 PP-RCT 材料、安全的食品级原材料、热熔连接牢固、节约成本、强度高、弹性好、生命周期成本低、低热导率、高度耐化学性、隔热、耐腐蚀、耐磨损、50 年工作寿命保证、德国制造、大流量。

适用范围

冷热水应用和卫生领域使用，适用于建筑物的冷热水系统、输送常温生活饮用水、工业供水、建筑物内的采暖系统、大型中央空调冷却水、冷冻水系统、农业灌溉管道系统、船舶、卫生设备、冷热水安装、雨水收集、水处理、绿色建筑、游泳池、温泉、雨水排污、供热设备、地暖、仪器和厂房建设、冷却、空调系统、压缩空气管道以及许多其他用途。

技术指标

德国洁水管道通过多项国际专业认证，由德国质量认证协会（DQS Deutsche Gesellschaft zur Zertifizierun von Management systems）进行定期审核。

GB/T 18742.2—2002 冷热水用聚丙烯管道系统 第 2 部分：总则

DIN EN ISO 15874 用于冷热水装置的塑料管系统 聚丙烯（PP）

DIN 8077 聚丙烯（PP）管 尺寸

DIN 8078 聚丙烯（PP）管 质量要求

DIN 1988 饮用水设备使用标准

DIN 4109 建筑物隔音

DVGW W 534、W 542、W 544 管接头 用于饮用水装置的复合管 用于饮用水装置的塑料管

DVS 2207 第 11 部分 热塑性塑料的热熔 PP 材质管材、管件和面板的加热工具热熔

DVS 2208 第 1 部分 热塑性塑料的热熔 用于管材、管件和面板加热工具热熔的机器及相关设备

KTW 建议 德国卫生局建议，人体无害性要求

VOB 第 C 部分 DIN 18381 德国建筑合同规程（VOB）– 第 C 部分：建筑合同的一般技术规范（ATV）– 建筑物内供气、供水和排水管道安装

DIN 2999 管道和配件的英制标准管螺纹 平行内螺纹和锥形外螺纹

DIN 16928 管接头和管件安装 通用标准

GB/T 8806—1998 塑料管材尺寸测量方法（eqv ISO 3126：1974）

GB/T 2918—1998 塑料试样状态调节和试验的标准环境（idt ISO 291：1997）

GB 5749—2006 生活饮用水卫生标准

GB/T 5750—2006 生活饮用水标准检验方法

《生活饮用水输配水设备及防护材料卫生安全评价规范》（2001）

GB/T 2828 抽样检验标准

金幢国际贸易（上海）有限公司

地址：上海市静安区胶州路 699 号 B 座 1804 室

电话：021-62775642

官方网站：www.aqua-scie.com.cn

		设计使用寿命					
		1	5	10	25	50	100
	温度 /（℃）	最大工作压力（bar）参照 DIN 8077					
应用领域：饮用水和卫生设施							
G 8200 PP-R 压力管 20℃ /2.0MPa， 70℃ /1.0MPa	20	29,9	28,1	27,4	26,4	25,7	25,0
	40	21,6	20,2	19,6	18,8	18,3	17,8
	60	15,4	14,3	13,9	13,3	12,9	-
	70	12,9	12,0	11,6	10,0	8,5	-
	80	10,8	9,6	8,1	6,5	-	-
	95	7,6	5,2	4,3	-	-	-

工程案例

中国－重庆－棕榈泉、突尼斯－美居大酒店、希腊－雅典－证券交易所、冰岛－雷克雅未克－歌剧院、西班牙－马德里－圣地亚哥•伯纳乌体育场、哥伦比亚－波哥大－格兰•埃斯塔西翁购物中心、利比亚－黎波里－克林西亚大酒店、越南－CINCO广场、波兰－华沙－国际大酒店、沙特阿拉伯－利雅得－奥拉亚双子塔、阿联酋－迪拜－法蒂玛塔等。

生产企业

班尼戈塑料制品有限公司（Bänninger Kunststoff- Produkte GmbH），简称班尼戈（Baenninger），位于德国中部的吉森，始建于 1969 年，是德国管道生产公司。在世界上独创热熔型 PP-RCT 管道，并成为该项技术世界的佼佼者，为世界提供了一种崭新的安全卫生用水管道。德国洁水公司的产品尤其注重环保，产品原料均为欧洲进口，原料的性能对管道系统的质量有决定性的作用。公司以生产塑料管材及管件为主营业务，涉及的塑料管件有 PVC 管件、HDPE 管件和 PP 管。

时至今日，班尼戈塑料制品有限公司已经为德国高品质塑料管材及管件制造商之一。公司不断研究创新产品生产工艺，增加产品生产线，拓宽产品销售渠道，提高管理经营效率，扩大产品生产仓库增强物流能力，确保为广大用户提供品质优异，经久耐用，符合各国标准的“绿色”“健康”“环保”的 PP-R 管道。其产品主要销往欧洲、亚洲等世界各地。

自 2001 年，工厂再度革新以来，管道生产线已经突破了 750m，同时为 DN630 注塑成型件的生产创造了条件。今天，班尼戈塑料制品有限公司已经将产品拓展至 630mm 尺寸的全系列管道系统，是世界上为数不多的能够生产 630mm 尺寸的 PP-R 塑料管件的工厂。

证书编号：LB2020GP016

恒杰给水用聚乙烯（PE）管材、管件；燃气用聚乙烯（PE）管材、管件；高韧聚乙烯 PE100（RC）给水管材、管件

产品简介

给水用聚乙烯（PE）管材、管件，以纯正聚乙烯树脂为主要原料，添加适当比例的增刚增韧剂及相容剂，通过混合挤出等生产工艺有效地诱导聚乙烯材料生成结晶体，为颗粒填料与 PE 聚合物基质之间形成良好的物理缠结打下基础，克服通常 PE 材料韧性差、耐热等级不高等“瓶颈”问题，再通过冷却成型使制备得到的管材同时具有抗拉及弯曲强度高、刚性好、韧性佳、耐热点高、耐腐蚀性强、抗低温冲击好、重量轻、施工方便、连接方便等特点，特别是拉伸强度、弯曲强度均大大超过现有技术标准，适合于应用在开挖及非开挖技术领域。

燃气用聚乙烯（PE）管材、管件是本公司自主开发的，以专用聚乙烯（PE80、PE100）为原料，经混合、挤出、真空定径、牵引冷却、定长切割等工艺加工而成的一种新型管材，公司拥有该产品的使用权和生产经营权。本公司在开发该产品之前对该产品的市场应用情况进行了较全面的了解，做出了可行性分析，得出相关的决策计划，并收集新产品的有关技术资料，拜访了有关专家，同时组织工程、技术人员形成课题组，对技术方案进行探讨与研究，解决技术难题，确定了技术方案、配方及测试手段，中试人员经培训合格后上岗，进行中试，考验工艺及设备可行性，并对试制过程中所存在的隐患及时采取相应的措施进行处理，提高产品整体质量水平，以便产品投入市场后得到用户的认可。

PE 应用于市政给水压力管道，材料从 PE63 级发展到 PE80 级，再发展到大家所熟悉的高密度 PE100 级。现在福建恒杰塑业新材料公司已开发了第四代高韧聚乙烯 PE100（RC）给水管材、管件。高韧聚乙烯 PE100（RC）给水管材、管件是在高密度 PE100 级基础上研发的，不但具有高密度 PE100 的所有性能特点，而且还具有以下四个优点：

1. 耐压等级更高：材料等级达到 PE112 级，即 SDR11 系列高韧聚乙烯 PE100（RC）给水管材公称压力为 1.8MPa，而相应高密度 PE100 给水管材的公称压力为 1.6MPa。

2. 高抗应力开裂：高韧聚乙烯 PE100（RC）给水管材、管件具有超韧性，正常使用寿命达到 100 年以上。如果管道在运输或施工过程中，外壁被划伤，划痕深度≤ 20% 壁厚，因其耐裂纹扩展速度仅为高密度 PE100 级材料的几十分之一，所以可有效保证管材的正常运行，延长使用寿命，而相应的高密度 PE100 给水管材当划伤深度＞ 10% 壁厚时，就无法满足标准的使用要求。

3. 耐刮擦性：因为高韧聚乙烯 PE100（RC）给水管材、管件表面硬度要比高密度 PE100 级高，所以在同样的刮伤动作下，比高密度 PE100 级给水管材被划伤的深度要减少 1/3 ～ 1/2。

4. 高抗点载荷：管道在输水过程中，外壁受到土壤中石头等坚硬物持续长时间的挤压，称为点载荷。高密度 PE100 级给水管在输水过程中，外壁受到石头等坚硬物过度挤压时，会引起管道内壁局部脆性开裂，属于塑料管道的点载荷破坏现象。PE100（RC）高韧给水管材、管件可以有效防止点载荷破坏，使管道运行更安全、可靠，真正做到满足管道 50 年的使用。

开挖施工使用 PE100（RC）高韧给水管材可以无砂填埋原土直接回填，可节约铺设费用达 60%。

适用范围

该项目产品主要应用于城市自来水管网系统、城乡饮用水管道、农用灌溉管道、工业料液输送管道、矿山砂浆输送管道等工程。

传统方法生产的聚乙烯管材存在韧性差（特别是缺口冲击强度低）、高温强度刚度不足、耐热等级不高等缺点，无法很好满足非开挖埋地式的苛刻应用。

高韧聚乙烯 PE100（RC）给水管材、管件可作开挖施工，且可采取无沙填埋原土回填，特别适用于地质条件恶劣的开挖施工。

高韧聚乙烯 PE100（RC）给水管材、管件是一种能够采用非开挖技术进行施工的管道，其力学性能及施工性能良好。它既保证了管道的可靠性，又降低了管道的故障率。该项目产品不仅满足市场对于开挖产品的需求，也满足非开挖工程的需求，同时解决传统施工影响交通、破坏环境的问题，减缓交通压力、保护环境、缩短施工周期；与传统 PE 给水管相比，在达到同等物理性能的条件下，管材壁厚更薄，原材料可以得到大大节约。

福建恒杰塑业新材料有限公司
地址：福建省福清市渔溪镇渔溪村
电话：0591-85680992/13645015421
官方网站：www.fjhj.cn

技术指标

给水用聚乙烯（PE）管材产品执行 GB/T 13663.2—2018《给水用聚乙烯（PE）管道系统 第 2 部分：管材》标准。

燃气用聚乙烯（PE）管材执行 GB/T 15558《燃气用聚乙烯（PE）管道系统 第 1 部分：管材》标准。

PE100（RC）管材与高密度 PE100 给水管材产品执行 GB/T 13663.2—2018《给水用聚乙烯（PE）管道系统 第 2 部分：管材》标准，具体性能如下：

PE100（RC）管材与高密度 PE100 给水管材、管件性能对比

项目	高密度 PE100 级管材	PE100（RC）管材	备注
压力等级 / MPa	MRS 10	MRS 11.2	材料耐压等级
80℃静液压强度 / h	≥ 165	≥ 500	热水打压性能指标
断裂伸长率 / %	400 ～ 500	600	材料韧性性能指标
氧化诱导时间 / min	50	80	管道耐老化时间性能指标
全切口蠕变试验 FNCT/ h	200 ～ 500	≥ 8760	管道运行过程蠕变性能指标
管材切口试验 SCG（e >5mm）/ h	300 ～ 500	≥ 8760	耐慢速裂纹增长性能指标
点载荷（Arkopal N100，80℃）/ h	500 ～ 1000	≥ 8760	抗点载荷性能指标
RCP S4 PC at 0℃ / MPa	＞ 1.0	＞ 1.0	耐快速裂纹扩展性能指标

工程案例

2019 年中央财政补助农村饮水工程维设备采购（重招）项目，该项目地点在广东省兴宁市，应用单位：兴宁市水务局，合同金额：1928518 元，合同供货期 40 天，目前该项目已供货完成，产品质量良好，采购业主对产品满意度较高。

福建省南安市水头供水有限公司 2018—2019 年度机械水表类、远传抄表系统类、阀门及伸缩器类、管材管件货物采购项目，地点在：福建省南安市，应用单位：南安市水头供水有限公司，合同金额 109460 元，目前该项目已经完成供货，采购方对产品质量、服务比较满意。

生产企业

福建恒杰塑业新材料有限公司是一家专业生产聚烯烃类绿色环保系列产品的企业，公司创建于 2000 年 9 月，坐落于 324 国道线旁，福建省福清市渔溪工业区内，厂区占地面积 100 亩，厂房面积约 3 万平方米，注册资金 1.51 亿元，现有员工近 300 人，年生产能力达到 8 万吨以上。生产的聚烯烃类塑料管道产量、产值在全省行业中名列前茅。

目前公司的主要产品有 PE 给水管道、PE 燃气管道、无规共聚聚丙烯（PP–R）冷热水管道、电力电缆护套管、煤矿井下用管道、非开挖排污专用管道、静音排水管道、铁路专用塑料合金护套管、自洁抗菌管、地板辐射采暖管道、化工专用管道等高新技术产品。

公司自成立以来，就确定了以“发展高新技术含量的新型塑料制品作为产业”的发展方向，注重产品研发和技术创新，经过多年的积累与发展，公司取得了高新技术企业、省级技术中心、国家级守合同重信用企业、创新型企业、省知识产权优势企业、国家火炬计划项目、福建省质量管理先进企业、福州市政府质量奖等荣誉，共有 9 项发明专利、71 项实用新型专利、5 项外观专利、1 项软件著作权。通过 ISO 9001 质量管理体系认证、ISO 14001 环境管理体系认证、OHSAS 18001 职业健康安全认证、特种设备制造许可认证、矿用产品安全标志认证、节水产品认证、环境标志产品认证、测量管理体系（AAA 级）认证、安全生产标准认证等。

公司确立“品质杰出、追求永恒”的企业管理理念，依靠有效的质量管理体系、可靠的产品质量和优质的技术服务，不断满足客户的需求，通过全体员工的共同努力，在日趋激烈的市场竞争中立于不败之地。

福建恒杰塑业新材料有限公司
地址：福建省福清市渔溪镇渔溪村
电话：0591-85680992/13645015421
官方网站：www.fjhj.cn

证书编号：LB2020GP017

南山冷热水用聚丙烯（PP-R）管材、PE燃气管材、给水用聚乙烯（PE）管材

产品简介

南山牌PE−RT管材是利用PE−RT树脂经过熔融挤出、定径、冷却等一系列工艺过程而制成的塑料管材。PE−RT管件是用PE−RT树脂经注塑加工而成，其采用热熔连接，不仅安装方便，而且连接可靠，成本低廉。PE−RT管卫生无毒，属绿色建材，其原料为乙烯和辛烯采用共聚方法，通过控制侧链的数量和分布得到独特的分子结构，来提高PE的耐热性。用于采暖管道系统，耐腐蚀、不生锈、不结垢、流体阻力小、保温节能性好、原料可回收利用。

该产品具有优秀的物理力学性能，并通过了国家重点实验室的多项测试，管道系统可安全使用50年以上。

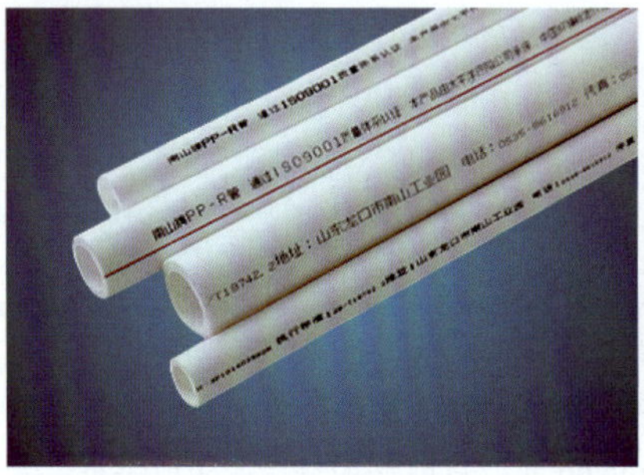

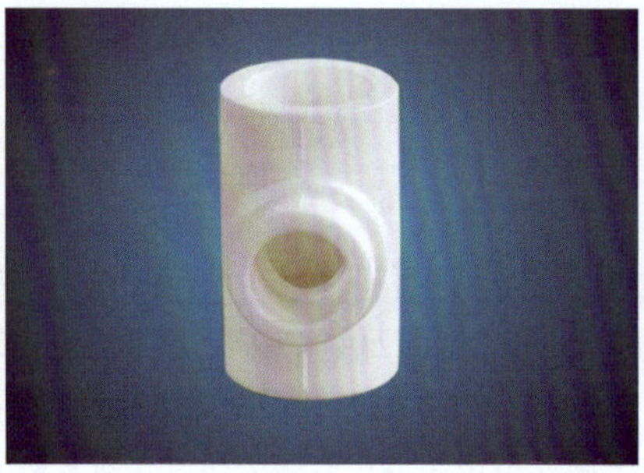

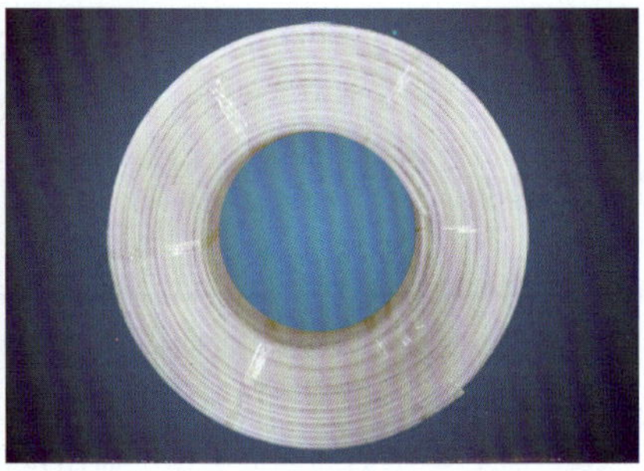

技术指标

产品执行GB/T 28799.1−2012《冷热水用耐热聚乙烯（PE−RT）管道系统　总则》标准，具体技术要求如下：

序号	检验项目	技术要求	检验结果
1	外观	管材内外表面应光滑、平整、清洁，不应有影响产品功能的明显划痕、凹陷、气泡、杂质等缺陷。管材表面颜色应均匀一致，不允许有明显色差。管材端面应切割平整并与轴线垂直	通过
2	规格尺寸，mm	20.0 ≤外径≤ 20.3 2.3 ≤壁厚≤ 2.7	20.2 2.3 ～ 2.4
3	纵向回缩率，%	≤ 2	0.92
4	熔体质量流动速率（MFR），（190℃，5kg），g/10min	与对原料定值之差，不应超过 ±0.3g/10min 且不超过 ±20%	1.5（原料） 1.5（管材） 通过
5	静液压强度	1）20℃，环应力9.9MPa，1h，无破裂、无渗漏	通过
		2）95℃，环应力3.8MPa，22h，无破裂、无渗漏	通过
		3）95℃，环应力3.8MPa，22h，无破裂、无渗漏	通过
		4）95℃，环应力3.6MPa，22h，无破裂、无渗漏	通过

山东南山暖通新材料有限公司
地址：山东龙口市南山工业园
电话：0535-8616912
官方网站：http://www.nanshanpipes.com.cn

工程案例

北京盛今大厦、北京鑫兆佳园、北京崇文区公安局住宅楼、天津锦欣花园、天津市市政府、天津市信息产业部禾津十八研究所住宅区。

生产企业

山东南山暖通新材料有限公司是南山集团（中国500强企业）所属骨干企业之一，创建于2000年。公司主要生产铜铝复合散热器、钢制散热器、卫浴系列散热器、PP-R全塑管材管件、PP-R塑铝稳态管、PE-RT地暖管、PB管材管件、PVC管材管件等系列产品，是国内暖通建材产品重要生产基地之一。产品销售区域遍布华中、华东、华北、西北、东北等全国20余个省、直辖市和自治区。

公司率先通过了ISO 9001—2008国际质量管理体系认证、中国环境标志产品认证，并先后获评“中国质量万里行服务信誉保证单位”“中国绿色、环保、节能建材产品”等多项荣誉称号。公司综合实力始终保持行业前列，综合竞争力、主营业务收入均位列行业前茅。

山东南山暖通新材料有限公司始终坚持与韩国晓星、LG和美国科美基等国际知名行业供应商合作，严格甄选各类原材料，从源头控制产品质量，采用环保型科学配方，使产品物理性能远超国家标准。公司拥有完善的产品研发、监测体系，公司购置引进了国际先进的检测、分析、工艺研发设备，建设成国内拥有完善设备、仪器的分析测试研究试验基地。公司具备完善的备货体系，接单交货快速反应，售前、售中、售后服务体系为客户提供了一站式高效服务。

公司成立伊始，便大力推进暖通产品自主品牌的发展战略，引进国内外先进技术，规模化生产，建立并不断完善营销、运营机构以及国际化的人才培养体系。南山牌产品依托南山集团强大的经济实力，与住房城乡建设部以及国内多家企事业单位形成战略合作关系，公司先后成为中国塑料加工工业协会理事单位、中国建筑金属结构协会辐射供暖供冷委员会常务委员单位以及采暖散热器委员会散热器生产定点企业。

长期以来，南山暖通新材料有限公司依靠清晰的发展目标及先进的管理体系，形成了快速的市场反应力和强大的资源整合力。未来山东南山暖通新材料有限公司将不断突破与创新，以坚实的步伐开拓行业市场，拓展国际领域。

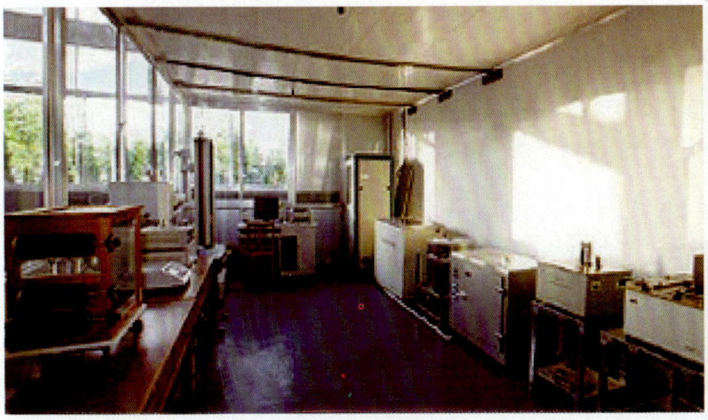

山东南山暖通新材料有限公司

地址：山东龙口市南山工业园
电话：0535-8616912
官方网站：http://www.nanshanpipes.com.cn

证书编号：LB2020GP018

正康薄壁不锈钢管及管件；涂塑碳钢管材、管件

产品简介

双卡压式连接源自德国成熟主流技术，由于充分利用了不锈钢管自身的有效刚性，在管材和管件的连接处，两端均用卡钳压接，实现了面性固定，双面压接，双重防护，从而大大提高了其抗拉拔能力和抗旋转能力。

双卡压式管道采用了先进的O型密封圈压缩比原理，在U型槽内的O型密封圈被压缩后，使其发挥了长效的弹性，从而实现了永久性密封的目的。另外，双卡压式连接因为承接口的优势，能够有效防范在施工时，管材插不到底时而产生漏水的风险。

卡压式碳钢管道是以带有特种密封圈的承口管件连接管道，用专用工具压紧关口而起密封和紧固作用的一种连接方式。

卡压式碳钢管道连接原理：

由机械压接迫使钢管、管件、密封圈变形而获得安全可靠的连接方式，产品具有以下显著特性：

1. 卡压连接简单快捷、安全可靠，省工又省时。
2. 钢管内涂覆环氧树脂，对管道内层起防腐作用，延长管道使用寿命。
3. 施工方便。
4. 节能减排，管材管件轻量化设计，比传统的镀铸钢管节省了近50%的原材料，符合国家节能减排发展战略。

适用范围

双卡压式不锈钢管道及配件适用于冷热水、直饮水、供暖、空调、消防、燃气等民用低压流体输送，也可以用于医药、饮料、食品、化工等行业低压流体输送。

卡压式碳钢管道适用于燃气、消防、石化、暖通、太阳能、非饮用水、制冷、压缩空气（无油和干燥）等系统中。

技术指标

双卡压式不锈钢管材、管件产品性能执行GB/T 19228.2—2011《不锈钢卡压式管件组件　第2部分：连接用薄壁不锈钢管》、CJ/T 151—2016《薄壁不锈钢管》、GB/T 19228.1—2011《不锈钢卡压式管件组件　第1部分：卡压式管件》、CJ/T 152—2016《薄壁不锈钢卡压式和沟槽式管件》等标准。

卡压式碳钢管道产品性能执行GB/T 27891—2011《碳钢卡压式管件》、GB/T 28897—2012《钢塑复合钢》、GB/T 3091—2008《流体输送用焊接钢管》、CJ/T 433—2013《压接式碳钢连接管材及管件》、CJ/T 120—2016《给水涂塑复合钢管》、CB/T 3366—1998《钢管涂塑技术要求》、GB 50028—2006《城镇燃气设计规范》、GB 50494—2009《城镇燃气技术规范》。

浙江正康实业股份有限公司
地 址：浙江温州经济技术开发区丁香路678号
电话：0577-85800 999
传真：0577-8685 8288
网 址：http://www.chncon.com/

生产企业

浙江正康实业股份有限公司始创于 1999 年，是美国纳斯达克主板上市企业。公司专注于研发生产聚焦核心技术的新型管道产品，是国际新型管道解决方案提供商。正康致力于将具有健康、经济、节能等显著优势的新型管道产品输送到世界各地，用匠心连接世界，让人类生活更美好。

目前正康业务遍及国内 500 多个城市，出口 20 多个国家和地区，让近 2000 万家庭受益。

本着“为世界奉献新型科技好管”的企业使命，公司在建筑给水、水务、燃气、家装、消防、暖通、虹吸排水等领域，竭诚为客户提供具有竞争力、可信赖的管道系统产品，以及相关解决方案与服务。公司与众多国际国内 500 强企业保持战略合作伙伴关系，紧紧围绕用户需求，持续为客户创造更大价值，不断进取，努力将正康打造成具有国际影响力的新型管道生态平台，共同推动城市生态环境健康发展。

浙江正康实业股份有限公司

地 址：浙江温州经济技术开发区丁香路 678 号
电话：0577-85800 999
传真：0577-8685 8288
网 址：http://www.chncon.com/

证书编号：LB2020GP019

华翌 PVC 电工套管

产品简介

众所周知，PVC产品原料主要是聚氯乙烯树脂，聚氯乙烯树脂分为5型和8型两种，其中5型为型材原料，8型为注塑原料，都是无毒材料。聚氯乙烯树脂的性质属于热敏性材料，高温加工时容易发生质变，如不加入必要的辅助材料很难加工成型，所以在生产产品时必须加入相应的辅助材料。在PVC电工产品中辅助材料主要是添加硬质聚乙烯专用钙、润滑剂和铅盐复合稳定剂等元素。硬质聚乙烯专用钙属于矿物质，对人身健康没有威胁，润滑剂大多无毒性，对人身无伤害。复合铅盐稳定剂主要成分是铅，含量高达60%左右。复合铅盐稳定剂主要成分是二盐基亚磷酸铅、三盐基硫酸铅和金属皂等物质，三者均为无机有毒物，并且金属皂还含有其他重金属成分。铅盐复合稳定剂的作用是高温加工环使材料不发生质变，从而扩宽产品成型的温度范围。因铅盐类助剂造价低，技术要求不高，配料容易掌握，在成本控制方面具有较大的优势，所以被行业内广泛应用。

目前国家质检机构对PVC电工产品中铅含量没有出台具体标准和要求，缺乏监管，个别厂家为提高成品率，过量添加，导致产品的铅含量和重金属元素都严重超标。还有极个别厂家为了搞价格竞争，在生产时掺入再生废旧塑料来降低成本，再生材料材质混乱，成分复杂，加入再生料的产品在使用中会逐渐挥发出类似甲醛等刺激性气体，污染居住环境，影响室内空气达标。

在追求环保型家居理念的今天，常规配方的PVC电工套管在家居室内中应用并不具备环保条件，家居布线管路设计一般比较密集，电路在负荷的情况下管内温度会升高，材质也会发生物理变化，随着时间的推移管中的铅会逐渐挥发出来，透过墙面或地面，造成室内铅污染。施工人员因长期与管路直接接触，容易发生铅中毒。如果电路失火，会产生大量有毒烟气，吸入时间过长会对人体造成致命伤害。

铅是一种不可降解的有毒重金属污染物，在环境中可长期积累。资料显示，长期接触微量铅的人，积蓄的铅能阻碍血细胞的形成，导致人的智力下降，蓄积到一定程度时会使人出现精神障碍、噩梦、失眠、头痛等慢性中毒症状；严重者还可有乏力、食欲不振、恶心、腹胀、腹痛或腹泻等。铅毒对儿童的影响更大，儿童对铅的吸收量比成年人要高几倍。由此可见铅对人体的危害性是不可忽视的，这也是我国开始推广使用无铅汽油的主要原因。

世界各国对塑料铅污染的问题都极为重视，欧洲议会已明确呼吁欧共体各国通过法律“禁铅”。早在二十年前美国和加拿大等国就开始对PVC塑料制品中禁用铅稳定剂。我国目前已经对饮用输水管道实施明确规定“禁铅”。

为满足现代环保家居需求，远离铅污染的困扰，本公司将传统配方进行深层改进，弃用有毒成分铅盐复合稳定剂，剔除PVC制造流程中的重金属元素等相关助剂，全线产品原料均选用新型有机环保材料并结合专业技术，研发出新一代无毒环保产品。产品技术指标执行国家JG 3050–1998《建筑用绝缘电工套管及配件》成产标准，环保参照GB/T 17219–1998《生活饮用水输配水设备及防护材料的安全性评价标准》中相关微量元素的含量要求。产品无毒无味，不挥发刺激性气体，卫生指标达到了PVC饮用水管的标准。在PVC电工产品中属于最高环保级别。

适用范围

主要适用于对环保要求较高的公共场所或室内家居居住场所。

技术指标

产品技术指标执行国家JG 3050–1998《建筑用绝缘电工套管及配件》成产标准，环保参照GB/T 17219–1998《生活饮

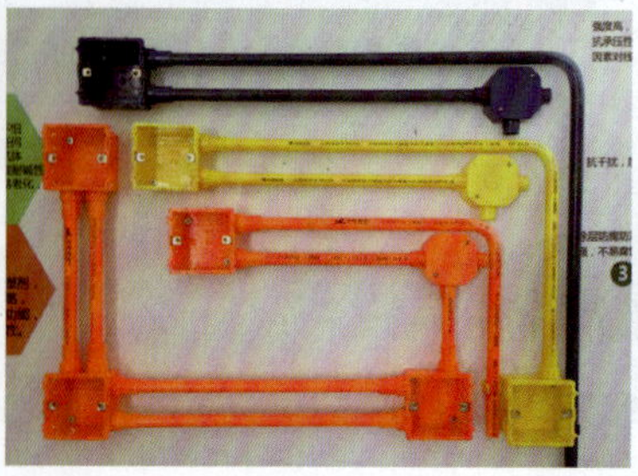

北京华翌联塑塑胶科技发展有限公司
地址：北京市大兴区行知路忠信仓储园华翌管道
电话：010-88996656
官方网站：www.beijinghuayi.com.cn

用水输配水设备及防护材料的安全性评价标准》中相关微量元素的含量要求。

名称	规格	材料级别	强度级别	阻燃级别	内径空间	40%使用空间
PVC 管	16mm*1.3mm*3m	无毒型	轻型	B1 级	140mm^2	56mm^2
PVC 管	18mm*1.5mm*3m	无毒型	中型	B1 级	176mm^2	70mm^2
PVC 管	20mm*1.5mm*3m	无毒型	中型	B1 级	226mm^2	90mm^2

管内穿线参数

导线规格	1m^2	1.5m^2	2.5m^2	4m^2	6m^2
导线横截面	4.9mm^2	6.06mm^2	8.97mm^2	11.58mm^2	17.79mm^2
16mm 规格穿线数量极限值	9 根	6 根	5 根	4 根	3 根
18mm 规格穿线数量极限值	10 根	8 根	6 根	5 根	3 根
20mm 规格穿线数量极限值	13 根	11 根	7 根	6 根	4 根

工程案例

1）北京业之峰诺华装饰有限公司（2006–2017）
2）东易日盛家居装饰集团股份有限公司（2003–2017）
3）博洛尼旗舰装饰装修工程（北京）有限公司（2006–2017）
4）北京元洲装饰有限责任公司（2003–2017）
5）北京实创装饰工程有限公司（2013–2017）
6）居然之家乐屋装饰（2011–2017）
7）北京今朝装饰设计有限公司（1999–2017）
8）北京亚光亚装饰有限公司（2010–2017）
9）北京龙发装饰有限公司（2013–2017）
10）万科链家装饰（2015–2017）
11）新浪、苏皖、星皖、皖南、盛辉工长俱乐部（2012–2017）

生产企业

北京华翌联塑塑胶科技发展有限公司组建于 2005 年，是专业生产研发家用布线产品的企业，注册商标“华翌”牌。产品涵盖 PVC 电工产品、金属电工产品、复合防腐电工产品等三大领域，年产量超过 5 万吨。本公司是香港华翌联塑国际管道研发有限公司的内地联营企业。绿色、安全、环保一直是华翌公司的经营理念，是国内为数不多的使用有机类助剂生产无毒环保型电工套管的厂家。在金属管道防腐领域也取得了重大突破，取得一项实用新型专利以及 ISO 9001：2000 质量管理体系认证和相关产品的 3C 国家强制认证。2014 年产品收编于全国工程建设标准化协会技术与产品应用目录，并荣获“绿色建筑节能推荐产品”证书。凭借多年积累的专业生产技术和经验，华翌公司拥有独立研发创新型产品的能力，主要服务于大型家居连锁企业，为企业量身定做符合企业定位的个性化产品，实现设计、生产、配送、售后等一条龙服务。

北京华翌联塑塑胶科技发展有限公司
地址：北京市大兴区行知路忠信仓储园华翌管道
电话：010-88996656
官方网站：www.beijinghuayi.com.cn

证书编号：LB2020GP020

川路给水用聚乙烯（PE）管材、管件；给水用硬聚氯乙烯（PVC-U）管材、管件；建筑排水用硬聚氯乙烯（PVC-U）管材、管件

产品简介

给水用聚乙烯（PE）管材除了具有材质轻、强度高、耐腐蚀、不结垢、使用寿命长等优异性能，还具有以下特性：

1. 卫生环保

PE 材料是一种高分子的碳氢化合物，不溶于水，具有生物惰性，对地下水和土壤没有损害。在生产加工过程中不产生有害物质，解决了饮用水的二次污染，卫生性符合 GB/T 17219 安全性评价规定，且 PE 材料可以回收循环使用，因而是一种绿色环保材料。

2. 安装、连接简便可靠

可采用热熔对接、承插连接、电熔连接等多种连接方式。PE 管材、管件采用同一型号的原料制成，且热熔焊接性能良好，连接处达到分子级融合，使之成为一体，能保证接头不泄漏。

3. 优越的力学性能

具有良好的柔韧性，可以进行盘卷、避免了大量的接头和管件；

具有优异的抗冲击、抗地震能力；

具有良好的快速裂纹传递抵抗能力；

具有良好的抗磨损性能；

管道内壁光滑、摩擦系数低，能提高介质的流速，增大流量，节省动力消耗。

4. 显著的经济效益

成本低、投资省，与金属管道相比，可减少工程投资的三分之一左右。使用寿命长，可减少维护、保养费用。因管材重量比同规格其他管材的轻，容易搬运和安装，焊接工艺简单，施工效率高，工程综合造价低。

“川路”牌硬聚氯乙烯（PVC–U）给水系列产品，以卫生级聚氯乙烯树脂为主要原料，加入钙锌稳定剂等无毒助剂，经过挤出或注塑制成。川路塑胶集团能生产各个公称压力等级的管材，使用温度不低于 0℃，不高于 45℃。产品除具有 PVC–U 排水管材、管件的一般优良物化性能外，还有以下突出特点：

卫生无毒：产品采用卫生级树脂和无毒助剂生产，加工过程中不产生有害物质，使用过程中能够避免对自来水产生二次污染。经卫生防疫部门检测符合国家卫生标准，并取得卫生许可证。

耐压性能好：产品壁厚达到 GB/T 10002.1—2006 规定的壁厚要求，且密封性能好。

使用寿命长：在正常安装、使用的条件下，川路给水系列产品使用寿命可达到 50 年。

综合费用低：PVC–U 给水管道不仅材料费比传统管道低 20% 左右，安装费用也比较低。更重要的是，由于管道使用寿命长，维护及更换费用可大幅度降低。

“川路”牌硬聚氯乙烯（PVC–U）建筑排水管材、管件以聚氯乙烯树脂为主要原料，加入钙锌稳定剂等助剂，经挤出、注塑成型。主要用于室内外建筑排水系统。

产品具有以下特性：

1. 物化性能优良。PVC–U 管材、管件耐腐蚀，抗冲强度高，流体阻力小，较同口径铸铁管流量提高 30%，耐老化，使用寿命可长达 50 年，是建筑排水、排污管道的理想材料。

2. 安装方便、质轻耐用，明显地加快工程进度和降低施工费用。

3. 节约建筑费用。使用 PVC–U 管材、管件比使用同样规格的铸铁管道系统的综合造价低。

4. 川路产品以白色为主、色泽明快，光亮平滑。

适用范围

给水用聚乙烯（PE）管道系统适用于水温不大于 40℃，最大工作压力不高于 2.0MPa，一般用途的压力输水和饮用水输送，如用于市政供水、农村饮用水等。

成都川路塑胶集团有限公司

地址：四川省成都市国家经济技术开发区车城西二路 88 号
电话：028-84848275
传真：028-84848275
官方网站：www.chuanlugroup.com

给水用硬聚氯乙烯（PVC−U）管材、管件适用于压力下输送饮用水和一般用途水，水温不超过 45℃。如用于城乡室内供水等。

技术指标

给水用 PE（聚乙烯）管材产品执行标准：GB/T 13663.2—2018《给水用聚乙烯（PE）管道系统 第 2 部分：管材》，管件执行 GB/T 13663.3—2018《给水用聚乙烯（PE）管道系统 第 2 部分：管件》。

硬聚氯乙烯（PVC−U）给水管材产品执行标准：GB/T 10002.1—2006《给水用硬聚氯乙烯（PVC−U）管材》，GB/T 10002.2—2003《给水用硬聚氯乙烯（PVC−U）管件》标准。

硬聚氯乙烯（PVC−U）建筑排水管材、管件产品执行标准：GB/T 5836.1—2018《建筑排水用硬聚氯乙烯（PVC−U）管材》、GB/T 5836.2—2018《建筑排水用硬聚氯乙烯（PVC−U）管件》。

川路给水用聚乙烯（PE）管材主要技术参数

项目		技术要求	典型值
氧化诱导时间，min	210℃	≥ 20	59.2
炭黑含量，%	（850±50）℃	2.0 ～ 2.5	2.1
炭黑分散 / 颜料分散，级		≤ 3	0.9
灰分，%		≤ 0.1	0.01
断裂伸长率，%		≥ 350	627

川路给水用聚乙烯（PE）管件主要技术参数

项目		技术要求	典型值
氧化诱导时间，mm	210℃	≥ 20	25.3
灰分，%		≤ 0.1	0.06

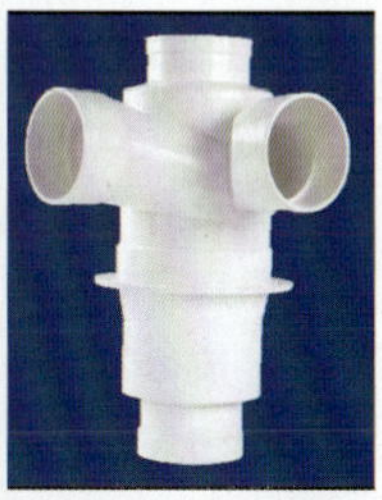

工程案例

绥化恒大康养城、海南恒大海花岛、开封恒大童世界、惠州卓越蔚蓝群岛、深圳远洋天著、深圳鸿荣源壹城中心花园、徐州万科城 B2 项目、东莞万科碧海蓝湾等。

生产企业

成都川路塑胶集团有限公司创建于 1986 年，是一家专业生产新型化学建材的品牌企业，1988 年，研发生产白色 PVC 排水管材管件，是国内研发生产管道及管件产品较早的企业。川路人以责任为己任，专注产品本身，始终坚持一个品牌，一个标准服务于市场。

公司秉承“有责任 • 更信任”的企业理念，不断创新，追求卓越，坚持诚信为本，携手共赢，以质取胜，奉献社会。

川路塑胶集团是四川省企业技术中心和政府培育型大企业，是中国塑料加工工业协会理事及管道分会副理事长单位和全国塑料制品标准化技术委员会委员兼 SC3 副主任委员单位；拥有国家授权的博士后科研工作站及数项国家产品专利，是四川大学高分子材料试验基地；通过了 ISO 9001 质量管理体系认证、ISO 14001 环境管理体系认证、GB/T 28001 职业健康管理体系等认证，荣获了中国环境标志产品、康居认证等荣誉称号。

川路塑胶集团在全国拥有分公司、总经销、特约经销 800 余家和 112 个产品配送中心，组成了较完善的营销与服务网络，并与万科、恒大、华润、保利、中信等地产公司形成战略合作。“川路管材”“川路型材”等系列产品广泛应用于国内（外）城市化建设的建筑给（排）水、建筑门窗、电器穿线、电网改造、市政建设、农网改造、石油化工、新农村建设等众多领域。主要工程包括：毛主席纪念堂改造、小平故里、钓鱼台国宾馆、西班牙和加拿大驻北京使馆改造、布达拉宫改造、四位机库、二滩水电站、北京 2008 奥运主体育馆、上海世博园、博鳌亚洲论坛会址、北京科技大学、万科中心（总部）、喀麦隆议会大厦、塞班国际五星级酒店、巴哈马国家体育馆、非洲索科马糖联甘蔗农场喷灌给水工程等。

川路塑胶集团以国家重大需求为导向，坚持以科学发展与自主创新为主要任务，投身于低碳、节能、环保的绿色建材行业，致力于为人们提供自然、健康的饮用水与温馨、舒适的生活空间。

成都川路塑胶集团有限公司

地址：四川省成都市国家经济技术开发区车城西二路 88 号
电话：028-84848275
传真：028-84848275
官方网站：www.chuanlugroup.com

证书编号：LB2020GP021

金洲钢塑复合管

产品简介

“金洲”牌衬塑钢管以公司定制生产的优质热浸镀锌钢管和食品级塑管为基体，采用高温高压先进工艺将塑管衬敷在钢管内壁而成。产品质量符合 GB/T 28897-2012 标准，卫生性能符合 GB/T 17219 或符合卫法监发〔2001〕161 号标准。

“金洲”牌涂塑钢管以公司定制生产的优质热浸镀锌钢管为基体，采用真空吸涂工艺将高分子材料粉末吸涂在钢管内壁而成。产品质量符合 GB/T 28897-2012 标准，卫生性能符合 GB/T 17219 标准。

技术指标

1. 良好的抗腐蚀性能

输送液体与金属体完全有效隔离，只跟环氧或聚乙烯涂层接触，具有良好的抗腐蚀效果，延长管道使用寿命。

2. 优良的机械强度

钢塑复合管与热镀锌钢管具有同等优良的机械强度，对冲击、弯曲、压力和强度的影响具有很强的承受力。

3. 良好的卫生性能

采用食品级环氧树脂或聚乙烯粉末形成的塑料涂层，无毒无味，卫生指标符合国家生活引用水输送管道的标准。

4. 流体阻力小

钢塑复合管内壁光滑，磨擦系数小，流速快，不易积聚水垢，流体阻力小。

产品的执行标准为 GB/T 28897-2012《钢塑复合管》标准，具体技术指标如下：

衬塑钢管理化性能

项目	要求	
	冷水用衬塑钢管	热水用衬塑钢管
结合强度	>0.3MPa（20N/cm^2）	>1.0MPa（100N/cm^2）
弯曲试验（公称口径≤ 50mm）	不发生裂痕，钢塑不分离	不发生裂痕，钢塑不分离
压扁试验（公称口径 >50mm）	不发生裂痕，钢塑不分离	不发生裂痕，钢塑不分离
卫生性能试验	符合 GB/T 17219 的要求	符合 GB/T 17219 的要求
耐冷热循环性能	—	三个周期冷热循环试验，衬塑层无变形裂纹等，其结合强度不低于 1.0MPa

涂塑钢管理化性能

项目	要求	
	聚乙烯涂层	环氧聚酯涂层
针孔试验	1500V 电压无电火花产生	1500V 电压无电火花产生
附着力试验	≥ 30N/10mm^2	“井”字划割法测试，涂层不整块剥离
弯头试验（公称口径≤ 50mm）	涂层不发生剥落、断裂	涂层不发生剥落、断裂
压扁试验（公称口径≥ 65mm）	涂层不发生剥落、断裂	涂层不发生剥落、断裂
冲击试验	涂层不发生剥落、断裂	涂层不发生剥落、断裂
卫生性能试验	符合 GB/T 17219 要求	符合 GB/T 17219 要求
钢管的指标	符合 GB/T 3091—2001 要求	符合 GB/T 3091—2001 要求

浙江金洲管道科技股份有限公司

地址：浙江省湖州市东门外十五里牌
电话：0572—2099999
官方网站：www.chinakingland.com

工程案例

工程（装备）名称	建设单位	竣工日期	使用部位名称	使用量（万吨）
长沙市二次供水工程	长沙二次供水建设管理有限公司	2014.7	各小区给水管网	0.4
合肥市二次供水管网建设	合肥供水集团有限公司	2015.12	各小区给水管网	0.35
钱江新城	杭州水司	2016.1	地下车库，立管	0.1
G20 峰会杭州国际博览中心	杭州水司	2015.12	地下车库，立管	0.05
长沙市二次供水工程	长沙二次供水建设管理有限公司	2014.7	各小区给水管网	0.4
合肥市二次供水管网建设	合肥供水集团有限公司	2015.12	各小区给水管网	0.35
钱江新城	杭州水司	2016.1	地下车库，立管	0.1
G20 峰会杭州国际博览中心	杭州水司	2015.12	地下车库，立管	0.05
深圳水务集团改造工程	深圳市水务集团有限公司	2017.3	62 个小区改造工程	0.05
湛江市自来水公司供水工程	湛江市自来水公司	2017.3	地下室用管及立管	0.08
珠海市水务集团供水工程	珠海市水务集团	2016.12	管网改造工程	0.04
丽水市城市管网工程	丽水华通给排水有限公司	2013.12	城市管网工程	0.05
南昌城市管网工程	南昌水业集团	2014.10	城市管网工程	0.36
南京城市管网工程	南京水务集团	2014.12	城市管网工程	0.35
福州市城市管网建设	福州市水务工程有限公司	2017.04	城市管网建设	0.16
重庆市自来水管网工程	重庆市自来水公司	2014.12	城市管网建设	0.41

生产企业

浙江金洲管道科技股份有限公司创始于 1993 年，是从事焊接钢管产品研发、制造及销售的国家火炬计划重点高新技术企业，是我国规模较大的镀锌钢管、螺旋焊管和钢塑复合管供应商。公司地处浙江北部、太湖南岸的湖州市区，东临上海、南接杭州，104、318 国道，宣杭铁路，申苏浙皖、杭宁高速公路和长湖申黄金水道在此交汇，地理位置得天独厚，水陆交通十分便捷。

公司主导产品有热浸镀锌钢管、高频焊管、钢塑复合管、双面埋弧焊螺旋钢管、ERW 直缝电阻焊钢管、FBE/2PE/3PE 防腐钢管、PP-R 和 PE 管材管件。钢管年生产能力 100 余万吨，聚烯烃管材管件 2 万吨。其中高等级石油天然气输送钢管、钢塑复合管为国家火炬计划项目，且为钢塑复合管产品行业标准起草单位，拥有浙江省管道行业省级技术中心，并设有博士后科研工作站。

公司建有国内先进的管道检测试验中心，通过 ISO 9001、GB/T 28001、ISO 14001、特种设备（压力管道）制造许可和美国 API Spec 5L 认证，产品被广泛应用于给水、排水、消防、燃气、石油天然气输送、建筑、通信等领域。销售网络覆盖全国二十多个省市，出口世界三十多个国家及地区。金洲管道在行业内拥有很高的知名度和美誉度。

本着做精做强做大管道产业之目标，经过 15 年的艰苦创业与专业经营，金洲管道已成为“国家火炬计划重点高新技术企业”“中国制造业企业 500 强”“中国民营企业自主创新 50 强”“全国用户满意企业”和“浙江省百强企业”，分别被国家及省、市政府确定为“企业管理先进单位”“五个一批”企业和“重中之重”企业。

浙江金洲管道科技股份有限公司

地址：浙江省湖州市东门外十五里牌
电话：0572—2099999
官方网站：www.chinakingland.com

证书编号：LB2020QB001

耶丽亚墙布

产品简介

色彩典雅、纹理丰富、视觉舒适、触感柔和、少许隔音、高度透气、亲和性佳，另本公司十字布基墙布具有色彩多样、图案丰富、价格适宜、耐脏、耐擦洗等主要优点。本产品执行标准为 JG/T 510—2016。

适用范围

酒店、宾馆、家居等室内墙面。

技术指标

序号	技术参数项目	单位	标准要求
1	钡	Mg/kg	≤ 500
2	镉	Mg/kg	≤ 25
3	铬	Mg/kg	≤ 60
4	铅	Mg/kg	≤ 90
5	砷	Mg/kg	≤ 8
6	汞	Mg/kg	≤ 20
7	硒	Mg/kg	≤ 165
8	锑	Mg/kg	≤ 20
9	氯乙烯单体	Mg/kg	≤ 0.2
10	甲醛	Mg/kg	≤ 60

工程案例

湖南吉首灏怡大酒店、开福维也纳酒店。

德艾可科技（浙江）有限公司
地址：浙江台州市路桥区横街镇洋屿山工业园区
电话：13605761505
官方网站：

生产企业

德艾可科技（浙江）有限公司诞生于2019年，是一家集产品设计、研发、生产、销售和服务为一体的装饰材料专业生产企业，占地三万多平方米（生产厂房8000平方米，办公楼和宿舍、食堂1600平方米），环境优美，条件良好，是一个现代化的厂区。

公司采用科学的管理方法配合高素质的管理及技术人才进入市场以来，一直以诚信合作、务实创新、和谐共赢为经营理念，以品质、品牌、品位为经营战略，以客户的满意为经营宗旨。

德艾可科技（浙江）有限公司
地址：浙江台州市路桥区横街镇洋屿山工业园区
电话：13605761505
官方网站：

证书编号：LB2020QB002

逸绣墙布

产品简介

逸绣墙布是以纺织布为面料经过特殊处理，通过深加工所产生的墙面装饰材料。墙布经过防水、防霉、防污等先进工艺的使用，让墙布日常打理更方便，使用更放心。成品出厂都做抗静电处理，不易粘敷灰尘和杂物。采用国际先进恒温清洗工艺，成品无刺激气味，花型稳定不易变形，色泽稳定；同时也做了高温杀菌处理，避免了细菌等的滋生。本产品执行 JG/T 510-2016。

品质三十年，逸绣品牌诚品，30 年品质如一，成为全国超 3 亿家庭的生活选择。

以“原创芯领域”为品牌核心，逸绣墙布以独立智化研发水平及品牌过硬的综合实力和丰富多样的品类，满足不同消费人群和多样的家居风格产品需求，大步迈进智慧生活，引领未来“芯”领域，让生活更艺术。

适用范围

本产品可广泛应用于宾馆、饭店、写字楼、各类娱乐场所，还可应用于住宅、别墅、公寓等。

技术指标

序号	技术参数项目	单位	标准要求
1	钡	Mg/kg	≤ 500
2	镉	Mg/kg	≤ 25
3	铬	Mg/kg	≤ 60
4	铅	Mg/kg	≤ 90
5	砷	Mg/kg	≤ 8
6	汞	Mg/kg	≤ 20
7	硒	Mg/kg	≤ 165
8	锑	Mg/kg	≤ 20
9	氯乙烯单体	Mg/kg	≤ 0.2
10	甲醛	Mg/kg	≤ 60

杭州萧山繁荣纺织有限公司
地址：浙江省杭州市萧山区衙前镇山南富村
电话：0571-83588589
官方网站：www.yishow0571.com

工程案例

青云集团办公楼、博学玉府。

生产企业

杭州萧山繁荣纺织有限公司是一家集设计、研发、生产、销售为一体的大型专业化墙布企业，占地面积 8000 多平方米，拥有超 10000 平方米现代化智能厂区，引进 1000 多万元生产设备，投入近 100 条国内外先进生产流水线，主营无缝墙布和刺绣墙布，产品遍布全国各地及美国等海外国家。

逸绣墙布品牌创立于 2013 年 6 月，为杭州萧山繁荣纺织有限公司核心战略品牌，是中国建筑装饰装修材料协会墙纸墙布分会副会长单位、无缝墙布专业委员会会员单位。基于工厂 20 多年的纺织品生产底蕴，逸绣坚持以“品质、创新、环保、服务”为产品开发理念，先后与意大利、西班牙等国际顶级花型设计机构达成长期研发战略合作，成立以中国美院团队为核心的国内设计研发团队，屡次获得中国家居行业大奖，并与 CCTV、腾讯家居、PICC、慧亚家居达成长期战略合作。

2020 年逸绣品牌焕新升级，斥资数百万元建造研发大楼，涵盖研发中心、营销中心、行政中心等，并与华夏航空等建立战略合作，在布局近 800 家销售渠道上继续高歌勇进。30 多个省份、700 多家门店、183600 户家庭、900 多万平方米墙布，逸绣无缝墙布持续实现 3 亿家庭墙面装饰新主张。

杭州萧山繁荣纺织有限公司
地址：浙江省杭州市萧山区衙前镇山南富村
电话：0571-83588589
官方网站：www.yishow0571.com

证书编号：LB2020QB003　　HB2020QB001　　JK2020QB001

领绣墙布

产品简介

1. 精美奢华：刺绣精美和华丽的特点使得它更容易表达皇室和贵族的奢华感，领绣刺绣墙布创造性地把刺绣应用到了墙上，同时纯正的英伦设计风格，使得领绣无缝刺绣墙布极具宫廷感，高贵奢华。

2. 环保无味：领绣无缝刺绣墙布生产所选用的材料为棉、麻、化纤纺织面料和墙纸原纸，这些都是绿色环保材料，而普通墙纸是把墙纸原纸经 PVC 涂布、印花、压花而来。墙纸表面为 PVC 涂成还有油墨层都会在空气中挥发。

3. 寿命更长：以棉麻化纤面料为基层的墙布比以纸为基层的墙纸有更强的物理性能，比如耐磨性、抗水性、抗冲击性、抗裂性、抗氧化性。

4. 色泽稳定：领绣刺绣无缝墙布面料及绣花均采用涤丝成分，是所有棉麻化纤材料中色牢度最高的材质。正常室内使用十年内不会有很大颜色变化。墙纸采用油墨印花工艺，三年内就会发生很大的颜色改变。

5. 降低噪声：领绣刺绣墙布有刺绣图案，表面凹凸，因而对声波产生漫反射和吸收作用，使之吸音快。其吸音、消音、隔音效果明显优于其他类型的墙纸和墙布，是隔音降噪效果最理想的墙面装饰材料。

6. 无缝拼接：领绣无缝墙布的宽幅一般在 2.7 ～ 3.0m，可以根据房间的高度选用不同宽幅，长度不限，可以做到无缝拼接，装饰效果更加美观。

7. 容易打理：领绣刺绣无缝墙布表面覆盖了纳米防水和抗油污阻滞剂，相当于在织物纤维外边覆盖了一层高密度的纳米薄膜。这样落在上边的水渍油污的粘附性明显减弱。普通的污渍只要用百洁布沾上清水就可以清理掉，顽固的污渍可以用百洁布沾上清水加少量洗洁精即可清理掉（领绣刺绣无缝墙布防水等级达到 4 级）。

8. 超强防霉：领绣刺绣无缝墙布在生产过程中采用全布面防霉处理（绣花墙布完全浸泡入防霉液中），防霉等级做到一级（国家标准分为零级、一级、二级、三级、四级，级数越高防霉效果越差）。领绣刺绣墙布执行国家包装防霉标准 1 级包装，1 级包装是在两年内经常处于 GB/T 4797.3 中所规定 B4 区中或相应的环境条件下（如海边、坑道等）的包装，表面无发霉和真菌生长痕迹。

浙江联翔智能家居股份有限公司

地址：浙江省嘉兴市海盐县武原镇新工业园区一星路 5 号
电话：0573-86150655
官方网站：http://www.lead-show.cn/

适用范围

适合装饰高档公寓、别墅、星级酒店等场所，按不同场所的装饰设计要求，可以选择其相应风格和色调的产品。

技术指标

序号	技术参数项目	单位	标准要求
1	钡	mg/kg	≤ 500
2	镉	mg/kg	≤ 25
3	铬	mg/kg	≤ 60
4	铅	mg/kg	≤ 90
5	砷	mg/kg	≤ 8
6	汞	mg/kg	≤ 20
7	硒	mg/kg	≤ 165
8	锑	mg/kg	≤ 20
9	氯乙烯单体	mg/kg	≤ 0.2
10	甲醛	mg/kg	≤ 60

工程案例

海盐宾馆、海盐杭州湾大酒店、嘉兴富悦大酒店、黄山泽梅轩精品酒店、张家界财富中心月子中心、湖北荆州亿钧曜能办公大楼。

生产企业

浙江联翔智能家居股份有限公司（原名浙江联翔刺绣有限公司）成立于2004年，是中国墙布行业代表性企业之一，主营无缝刺绣墙布和提花墙布；2016年进军整体家居行业，全资子公司浙江领绣家居装饰有限公司于2017年3月正式开业。

公司现累计有100余项国家专利，其中有效发明专利4项、实用新型专利11项；目前已有600余家专卖店在国内形成了一个完整的销售服务网络。领绣刺绣墙布品牌，是中国家装市场上尤其是高端家居消费群体的宠儿。

公司致力于墙布行业的发展，为行业发展发挥着举足轻重的作用而推动家居一体化、为消费者提供整体家居装修解决方案、提供一家式整装服务是公司新的战略。

浙江联翔智能家居股份有限公司
地址：浙江省嘉兴市海盐县武原镇新工业园区一星路5号
电话：0573-86150655
官方网站：http://www.lead-show.cn/

证书编号：LB2020QB004　　HB2020HB003

格林馨语墙布

产品简介

1. 免复合全织造墙布，不需要复合无纺底布，直接全织造上墙，环保健康。
2. 活性炭生态墙布，吸附甲醛，净化空气。
3. 竹纤维生态环保墙布，天然竹木纤维，水刺无纺，纯天然环保底材，水性胶复合，更环保。
4. 婴儿面环保墙布，缎面手感，儿童亲肤级工艺，全方位呵护您的健康。

本产品执行标准为 JG/T 510—2016《纺织面墙纸（布）》。

适用范围

本产品可广泛应用于宾馆、饭店、写字楼、各类娱乐场所，还可应用于住宅、别墅、公寓等。

技术指标

序号	技术参数项目	单位	标准要求
1	钡	mg/kg	≤ 500
2	镉	mg/kg	≤ 25
3	铬	mg/kg	≤ 60
4	铅	mg/kg	≤ 90
5	砷	mg/kg	≤ 8
6	汞	mg/kg	≤ 20
7	硒	mg/kg	≤ 165
8	锑	mg/kg	≤ 20
9	氯乙烯单体	mg/kg	≤ 0.2
10	甲醛	mg/kg	≤ 60

工程案例

宁夏银川市滨河新区智慧大厦、绍兴市柯岩永泰酒店、河南郑州市光合大厦。

生产企业

绍兴市共馨纺织品有限公司，是一家集研发、设计、生产、销售于一体的综合性企业，产品畅销国内外。

公司旗下墙布品牌“格林馨语”，已打造出刺绣、提花、高精密、彩经素色、免复合、光触媒、活性炭、竹纤维水刺无

绍兴市共馨纺织品有限公司

地址：浙江省绍兴市柯桥区花舍街道胜利村 1 栋
电话：400-006-9688
官方网站：http://www.gelinxinyu.com/

纺、B1 级阻燃、涂层、臻品独幅等系列产品。

格林馨语，作为家居装饰材料的新宠，正以日益坚定而有力的步伐走进千家万户，让家更温馨。

核心理念：卓越创新、严格执行

价值观：与客户互惠互赢

企业风格：追求完美、铸造精品

经营理念：好品质、好服务

发展目标：塑造企业信誉、成就强势品牌

人才观：任人唯贤、人尽其才

效益观：先谋市场、后谋利益

质量观：质量是企业持续发展的保障

服务宗旨：客户的满意是企业的追求

绍兴市共馨纺织品有限公司
地址：浙江省绍兴市柯桥区花舍街道胜利村 1 栋
电话：400-006-9688
官方网站：http://www.gelinxinyu.com/

证书编号：HB2020JJ001

雅科波罗橱柜（地柜）、镜柜

产品简介

橱柜 Kitchen Cabinet：

给家居一个新面孔，满载一桌素菜清点悠悠地等待她的归来。归来的感觉很细腻，如同拥抱大自然，放佛是雨后的清新，阳光抚过，轻风拂过。

雅典娜 Athena（橱柜）：

清新奶白与时尚玫瑰色结合，给厨房营造一股优雅、高贵感，宛如智慧女神雅典娜，尊宠且聪慧。让我们每日在厨房中，带着美妙的心情，为自己烹饪生活精彩。

拉菲庄园 Lafite（橱柜）：

橱柜整体风格如同拉菲庄园的婉转内向，温柔优雅，是“典雅”名庄标杆。在此经营美食，你亦能感受到拉菲无与伦比的品质和个性气息，将整个庄园的氛围搬进厨房，让创造的灵感自由翱翔。

狄安娜 Diana（橱柜）：

厨房骄子“狄安娜”，有着法兰西风情与德意志性格的混血儿。淡紫优雅而神秘，细节有着德式的严谨，整体又体现着法式的流畅，是橱柜经典之作的又一典范。

浴室镜柜：

在卫浴间里安装于墙上或浴室台盆上的镜子与储物柜的组合。它除了具备收纳功能外，还具备梳妆镜功能，令卫浴间井然有序外，越来越多的色彩和款式成为卫浴间的视觉亮点。

浴室下柜：

在卫浴间里安装于洗手区的洗手盆与储物柜的组合，它除了具有洗手功能外，还具有收纳功能，可以放置清洁用品与用具，令卫浴间整洁干净。外观时尚，功能实用，也使卫浴间更为靓丽。

适用范围

全国各地家居配套生活用品。

技术指标

检验项目	标准	检验结果	单项评价
橱柜：台面强度	台面挠度 <0.4%	0.02%	强度未超标
甲醛释放量	≤ 1.5mg/L	0.4mg/L	甲醛释放量低于标准
镜柜：甲醛释放量	≤ 1.5mg/L	0.4mg/L	甲醛释放量低于标准

广东雅科波罗橱柜有限公司
地址：广州市越秀区豪贤路 102 号汇德大厦 17 层
电话：020-22279808
官方网站：www.yakeboluo.com

工程案例

工程名称	竣工时间	应用部位	应用量
杭州恒大帝景 3-1、3-2 橱柜安装	2017-6-9	橱柜	232
乌兰浩特恒大绿洲 10# 单元 2-33 层镜柜安装	2017-4-15	镜柜	186
沈阳恒大绿洲 133#2-33 层橱柜安装	2017-7-24	橱柜	256
葫芦岛恒大御景湾 5#2 单元镜柜安装	2017-5-11	镜柜	180
贵阳恒大雅苑 3# 楼 1 单元浴室镜柜安装	2018-3-18	镜柜	240
防城港恒大御景湾 14# 楼 1 单元浴室镜柜安装	2018-6-22	镜柜	230
济南恒大帝景 8# 楼 2-24 层橱柜安装	2018-7-13	橱柜	92
石家庄恒大御景半岛 8# 地 3# 公寓 14-27 层橱柜安装	2018-10-19	橱柜	364
哈尔滨恒大锦苑 75# 楼 2-17 层橱柜安装	2019-5-30	橱柜	192
钦州恒大御景半岛 25# 楼 2-31 层镜柜安装	2019-11-25	镜柜	345
恒大海花岛 2# 岛 03-3 地块 260#4-12 层橱柜安装	2019-5-30	橱柜	189
临高恒大御海 5、7、8 栋橱柜安装工程	2019-10-25	橱柜	750
贵港恒大城 1-6 栋镜柜、浴室柜安装工程	2019-11-20	镜柜、浴室柜	145
贵港恒大城 1-6 栋镜柜、浴室柜安装工程	2019-11-20	橱柜	78

生产企业

广东雅科波罗橱柜有限公司创建于 2010 年，是集设计、研发、生产、安装、销售和售后服务于一体的橱柜、衣柜、浴室柜等家具的专营企业。核心品牌为“雅科波罗”。主要生产场地在广州钟落潭镇内，面积 2.7 万平方米。公司有专职产品环保监控队伍，其中产品环保专职检验人员 3 人。

作为房地产工程配套标准化橱柜的先驱，我公司一向注重绿色环保，顺应绿色建筑与绿色建材行业的新形势、新变化和新发展。狠抓产品质量，从原材物料选用、生产流程各环节，出厂安装进入家居，都处处检测，层层把好环保质量关；公司注重创新驱动和科技开发，使用国内外行业中先进的设备、中央吸尘、先进工艺的产品表面处理生产线，保证出厂产品绿色环保，被广东省质监局认定符合国家环保标准。

长期以来，公司与全国 20 多家极具实力的房地产集团，如恒大地产集团等强强携手，产品辐射全国各地，并直销欧洲、澳大利亚等地，深受当地消费者追捧。

2012 年“雅科波罗”产品获得“全国绿色环保节能名优产品”称号。连续 10 多年来，公司通过了“IOS 9001：2008 质量管理体系认证”，并获得“广州市守合同、重信用企业”等多项殊荣。

广东雅科波罗橱柜有限公司
地址：广州市越秀区豪贤路 102 号汇德大厦 17 层
电话：020-22279808
官方网站：www.yakeboluo.com

证书编号：HB2020BW001　　LB2020BW001

展宏聚氨酯夹芯板、防火彩钢夹芯板

产品简介

聚氨酯夹芯板是目前国际公认的优良建筑隔热材料，其导热系数低，耐荷性好，抗弯强度高，不吸水、不腐烂、不虫蛀鼠咬，阻燃性好，耐温范围大。以聚氨酯 PU 的物理特性以及独特配方，让高温发泡的聚氨酯与彩涂钢板一体成型紧密结合。将硬性的彩钢与软性的化工原料相互结合，配合聚氨酯PU发泡成型机创造出当今建筑师、设计师梦寐以求的科技环保建材——聚氨酯 PU 彩钢夹芯板。

适用范围

聚氨酯夹芯板应用领域：适用于 −40 ～ 150℃的环境，广泛应用于水产、食品、生物制品、药品、化工等。

技术指标

产品执行标准 JB/T 6527−2006《组合冷库用隔热夹芯板》，具体技术指标如下：

聚氨酯夹芯板		
有效宽度		1100mm/1110mm/1120mm/1130mm/1150mm
板厚		40mm/50mm/75mm/100mm/120mm/150mm/180mm/200mm 或以上
板长		根据客户要求
面板材质		彩钢板、彩铝板、不锈钢板、镀锌板
面板厚度	彩钢板	0.426mm/0.476mm 或以上
	彩铝板	0.4mm/0.5mm/0.6mm/0.8mm/1.0mm/1.2mm 或以上
	不锈钢板	0.4mm/0.5mm/0.6mm 或以上
	镀锌板	0.4mm/0.8mm/1.0 mm 或以上
芯材		聚氨酯
聚氨酯密度		≥ 40kg/m^3
导热系数		≤ 0.022 W/（m·K）
压缩性能		≥ 150kPa
闭孔率		≥ 90%
高温尺寸稳定性（70℃，48h）		≤ 1.5%
低温尺寸稳定性（-20℃，24h）		≤ 1.0%
氧指数		≥ 26%
聚氨酯燃烧等级		普通 /B 级

展宏（福建）板业发展有限公司
地址：福建省晋江市罗山新雅路 13 号
电话：0595-88169151
网址：http://www.fjzhby.com/

工程案例

四川金忠食品股份有限公司、福建省南阳食品有限公司、福建龙旺食品饮料有限公司、石狮华泰海产品有限责任公司、漳州万通食品有限公司、名佑（福建）食品有限公司、余姚市联海实业有限公司、福建东山县海之星小产食品有限公司、佳客来（福建）餐饮连锁管理有限公司、东山融丰食品有限公司、中绿湖北实业发展有限公司、广西华兴食品有限公司、广东恒兴集团有限公司、福建南方路机有限公司、福建新华东食品有限公司、飞毛腿（福建）电子公司、东山龙生食品有限公司、漳州市大正冷冻有限公司、青蛙王子（漳州）日化有限公司

生产企业

展宏（福建）板业发展有限公司成立于2009年，是专业从事板业制造、销售、安装为一体的大型企业，公司位于晋江市。公司占地55000平方米，建筑面积30000平方米。公司规模在福建省内位居前列，技术实力雄厚，是一家专业生产聚氨酯冷库板、聚苯乙烯彩钢夹芯板、岩棉夹芯板、酚醛夹芯板、聚氨酯夹芯板、手工（聚氨酯、聚苯乙烯、岩棉、酚醛）夹芯板、冷库门等。可满足国内外多元化需求。公司生产的保温板，从剪板、折边、压筋、定型均采用全自动流水线设备生产、高压发泡机发泡，一条龙成套生产工艺，使产品质量得到可靠保障。公司年产量可达150万平方米。

证书编号：HB2020GP001　　JK2020GP001

“顺博”牌 PE 给水管材、管件；PP-R 给水管材、管件；PE 燃气管材、管件

产品简介

HDPE 管道具有多种施工技术和多功能性能特点。

1. PE100 给水管材、管件卫生无毒，在使用过程中不结垢、不滋生藻类和其他微生物，不会对水质进行二次污染。

2. PE100 给水管材、管件适用于温度不超过 40℃，一般用途的压力输水以及饮用水的输送。

3. PE100 给水管材、管件色泽柔和美丽，内外壁光滑，无凸凹之物，液体输送阻力小，是相同直径白铁管道系统的 0.6% ~ 0.7%。

4. PE100 给水管材、管件质量轻，强度高，耐压，耐冲击，耐腐蚀性能好，重量轻，搬运方便，施工快捷，大大降低施工安装的劳动强度。

5. PE 给水管材、管件质轻、易连接，且有一定的韧性，安装简便，由于需热熔焊接连接，连接强度大于管材本身强度，安装可靠，使用寿命可达 50 年，有良好的水密性。

给水用聚丙烯（PP−R）管材、管件，是以聚丙烯（PP−R）专用料和色母料为原料，经挤出（注塑）成型的涉水产品。

PE 燃气管道采用燃气专用聚乙烯生产，规格符合 GB 15558.1−2015、GB 15558.2−2005 标准的要求，具有柔韧性好、耐腐蚀性强、质轻、抗冲击性能优良等特点，采用热熔对接与电熔连接等方式，管材、管件熔为一体，系统安全可靠，施工成本低，在实际应用中发展迅速。大力推广 PE 燃气安全管道，符合住房城乡建设部、国家经贸委发展化学建材的指导方针，符合人们生活水平提高的发展需要。

适用范围

PE 给水管材、管件适用于：

1. 城镇供水

HDPE 管道具有安全、卫生、施工方便等综合优势，已成为城镇供水的理想管材。

2. 食品、化工领域

HDPE 管具有独特的耐化学腐蚀性能，可用于各种酸碱盐溶液的输送或排放，使用寿命长，成本及维护费用低。

3. 矿砂、泥浆输送

HDPE 管道的耐磨性是钢管的 4 倍，可广泛应用于输送矿砂、发电厂的粉煤灰、河道清淤的泥浆等。

4. 置换水泥管、铸铁管和钢管

对于城市原有敷设的水泥管、铸铁管等进行旧管改造，可以不经过大面积开挖，直接将 HDPE 管插入旧管中进行更换，工程造价低，施工时间短，特别适用于老城区的管路改造。

5. 园林绿化管网

园林绿化需要大量的输水管道，HDPE 管道成本低廉，值得大力推广。

6. 其他应用

PE 管道还可以广泛应用于其他领域，如电力、通信护套、农田灌溉、虹吸排水、垃圾填埋、地热空调、深海养殖、埋地消防管道等。

PP−R 给水管材、管件广泛应用于冷热水管道系统、纯净水管道系统。

浙江奥博管业股份有限公司
地址：浙江省台州市路桥区峰江街道桥洋村
电话：0576-82678005
官方网站：www.aobogy.cn

PE 燃气管材、管件适用于燃气输送领域。

技术指标

PE 管材的静液压强度：

序号	项目	环向应力，MPa		要求
		PE80	PE100	
1	20℃静液压强度（100h）	9.0	12.4	不破裂，不渗漏
2	80℃静液压强度（165h）	4.6	5.5	不破裂，不渗漏
3	80℃静液压强度（1000h）	4.0	5.0	不破裂，不渗漏

PP–R 给水管材、管件：

序号	项目	企业标准要求	国家标准要求
1	20℃静液压强度（环向应力 16.0MPa，1h）	不破裂，不渗漏	不破裂，不渗漏
2	95℃静液压强度（环向应力 4.2MPa，22h）	不破裂，不渗漏	不破裂，不渗漏
3	95℃静液压强度（环向应力 3.8MPa，165h）	不破裂，不渗漏	不破裂，不渗漏
4	简支梁冲击试验，%	破损率＜试样的 8%	破损率＜试样的 10%
5	纵向回缩率（135℃ ±2℃），%	≤ 1	≤ 2

PE 燃气管材、管件：

序号	项目	企业标准要求	国家标准要求
1	20℃静液压强度 PE100（环向应力 12.4MPa，100h）	不破裂，不渗漏	不破裂，不渗漏
2	80℃静液压强度 PE100（环向应力 5.4MPa，165h）	不破裂，不渗漏	不破裂，不渗漏
3	80℃静液压强度 PE100（环向应力 5.0MPa，1000h）	不破裂，不渗漏	不破裂，不渗漏
4	断裂伸长率，%	≥ 500	≥ 350
5	纵向回缩率（110℃），%	≤ 2	≤ 3
6	氧化诱导时间（200℃），min	≥ 60	≥ 20
7	熔体质量流动速率 MFR（190℃，5kg），g/10min	加工前后 MFR 变化 <10%	加工前后 MFR 变化 <20%

生产企业

浙江奥博管业股份有限公司成立于 1999 年，专业从事塑料管道行业，产品涵盖聚丙烯（PP–R）冷热给水管道、聚乙烯（PE）健康给水管道、安全燃气管道；是一家管材口径从 20 ～ 1000mm、所有管件实现原厂生产的国家高新技术企业。

公司始终坚持实施技术创新和品牌战略，铭记质量是企业永恒的生命，在稳步发展中逐渐形成完善的质量保障体系；先后通过了 ISO 9001：2008 质量管理体系认证、ISO 14001：2004 环境管理体系认证、GB/T 28001–2001 职业健康安全管理体系认证、中国环境标志产品认证和新华节水产品认证等。

公司自 2006 年历年被评为“银行信用等级 AAA 级单位”；是浙江省工商企业信用 AAA 级“守合同重信用”单位、国家工商总局“守合同重信用”公示企业。

随着公司的不断发展壮大，销售、服务网络日益完善，在浙江省内设有 5 个直销中心，全国各地设有 20 多个品牌代理销售网点和售后服务中心，秉承对客户需求的理解，提供全方位的产品系统应用和系统解决方案、及时响应和准确完善的售后服务。此外，公司建有国家认可实验室、省级新型管材技术研发中心，具有较强的新技术、新产品的开发能力。未来，公司将一如既往为广大客户提供优质管道和更为称心的服务。

“赢利必先赢心”是我们的经营理念，“提升品牌价值”是我们的宏愿。

在未来发展中，奥博管业会紧扣用户的需求，将品牌建设作为重点，开拓创新，以诚致信，以信致远，抓质量，重服务，扩大品牌影响力。同时，奥博将整合研发、制造、营销三种资源，不断创造出可持续的竞争优势。

浙江奥博管业股份有限公司
地址：浙江省台州市路桥区峰江街道桥洋村
电话：0576-82678005
官方网站：www.aobogy.cn

证书编号：HB2020GP002　　JK2020GP002

ERAR 给水用三型聚丙烯（PP-R）管材、管件；给水用聚乙烯（PE）管材、管件；埋地排水用聚乙烯（PE）双壁波纹管材

产品简介

本公司引进国外先进技术和设备，以进口三型聚丙烯（PP−R）为原料，在国内较早生产给水用三型聚丙烯（PP−R）冷热水管道系列产品。管材执行 GB/T 18742.2−2002 标准，管件执行 GB/T 18742.3−2002 标准。

“公元”牌给水用聚乙烯（PE）管材、管件以进口 PE80、PE100 级专用料为原料，按照 GB/T 13663 进行设计和生产，该产品具有卫生性能好、使用寿命长、耐化学腐蚀强、连接可靠、韧性好、安装施工方便等优点，深受广大用户青睐。

PE 双壁波纹管是一种以聚乙烯为原材料，经过挤出和特殊的成型工艺加工而成，内壁光滑，外壁为封闭波纹型的一种新型轻质管材。本公司 PE 双壁波纹管具有重量轻、耐高压、韧性好、施工快、寿命长等特点，除了具有普通塑料管所具有的耐腐蚀性好、绝缘性高、内壁光滑、流动阻力小等特点以外，还因采用了特殊的中空环形结构，具有优异的环刚度和良好的强度与韧性，及重量轻、耐冲击性强、不易破损等特点。

适用范围

“公元”牌给水用三型聚丙烯（PP−R）管材、管件广泛应用于工业与民用建筑冷热水系统、地板采暖系统、热水循环系统、其他工业和农业用管等。

“公元”牌给水用聚乙烯（PE）管材、管件主要用于城镇给水及饮用水的输送，也可用于灌溉引水、农业喷灌以及工业废水、污水、压力排水、矿渣、泥浆、盐水等介质的输送。

PE 双壁波纹管主要用于市政工程，住宅小区地下埋地排水、排污，也可用于农业喷灌、污水、化工、电缆等介质的输送。

技术指标

“公元”牌给水用三型聚丙烯（PP−R）管材、管件：

序号	项目		指标
1	熔体流动速率（230℃，2.16kg）		变化率≤原料的 30%
2	纵向回缩率		≤ 2%
3	冲击试验（0℃，2h，15J）破损率		≤ 10%
4	液压试验	20℃，环应力 16MPa，1h	无渗漏
		95℃，环应力 4.2MPa，22h	无渗漏
		95℃，环应力 3.5MPa，1000h	无渗漏

“公元”牌给水用聚乙烯（PE）管材：

序号	项目	环向应力 MPA		指标
		PE80	PE100	
1	20℃静液压强度（100h）	9.0	12.4	不破裂，不渗漏
2	80℃静液压强度（165h）	4.6	5.5	不破裂，不渗漏
3	80℃静液压强度（1000h）	4.0	5.0	不破裂，不渗漏
4	断裂伸长率	/		≥ 350
5	纵向回缩率	/		≤ 3
6	氧化诱导时间（200℃）	/		≥ 20

PE 双壁波纹管：

序号	项目		指标
1	环刚度 / （kN/m^2）	SN2	≥ 2
		SN4	≥ 4
		SN6.3	≥ 6.3
		SN8	≥ 8
		SN12.5	≥ 12.5
		SN16	≥ 16
2	冲击性能		≤ 10%
3	环柔性		圆滑，无反向弯曲，无破裂，两壁无脱开
4	烘箱		无气泡，无分裂，无开裂

永高股份有限公司
地址：浙江省台州市黄岩经济开发区黄椒路 555 号
电话：0576-84290287
官方网站：www.yonggao.com

工程案例

序号	项目名称
1	开化县2014—2015年度农村生活污水治理工程管材管件材料采购
2	衢江区2014—2016年度农村生活污水治理工程管材管件材料采购
3	2014—2015年度农村生活污水治理工程管材管件材料采购
4	建德市农村生活污水治理管材采购
5	岱山县2014年度农村生活污水治理工程管材及配件定点入围
6	2014—2016年度农村生活污水治理工程管材管件采购
7	瓯海区2014—2016年农村生活污水治理工程管材管件材料采购
8	天台县农村生活污水治理项目（污水管材）
9	海盐县农村生活污水治理项目主要材料
10	遂昌县2014—2016年度农村生活污水治理工程管材管件采购
11	宜丰县天潭黄农村饮水安全工程管材管件采购及安装
12	重庆市合川区龙市镇农村饮水安全工程
13	开县农村饮水安全项目管材及管道配件
14	重庆市合川区双凤镇农村饮水安全工程
15	潼南县农村饮水安全工程PE管材（件）及金属材料H标段
16	巫山县2013、2014年水利工程项目工程及管件采购
17	界首市自来水公司2014年供水材料供应商单位入库项目
18	鄱阳县2014年农村饮水安全工程管材管件采购10标
19	江津区2014—2015年度农村饮水安全工程管材及管件采购（二标段）
20	农村生活污水治理工程管材及管件政府采购项目
21	路桥区农村生活污水治理一期管材采购（一标段）
22	鹿城区2014—2016年农村生活污水治理工程管材管件材料预选供应商

生产企业

永高股份有限公司创建于1993年，是中国塑料加工协会塑料管道专业委员会理事长单位，于2011年12月在深圳证券交易所上市（股票代码：002641）。目前，公司下辖：上海公元建材发展有限公司、深圳永高塑业发展有限公司、广东永高塑业发展有限公司、天津永高塑业发展有限公司、重庆永高塑业发展有限公司、安徽永高塑业发展有限公司、安徽公元科技发展有限公司、永高（上海）国际贸易有限公司、浙江金诺铜业有限公司和台州市黄岩精杰塑业发展有限公司等十家全资子公司。

公司专业从事塑料管道产品的研发、生产和销售，是城镇管网建设的综合配套服务商。目前，主要产品有PVC-U、PP-R、PE、PE-RT、PB等五大系列，计3500余不同规格、品种的管材、管件。公司建有国家级博士后科研工作站、省级高新技术企业研发中心、省级企业技术中心等创新平台。公司秉承"用户至上，诚信为本"的经营方针和"诚信、务实、高效、共赢"的经营理念，努力实施科技进步和品牌攻略。"公元"牌塑料管道和"ERA公元"商标曾荣获多项荣誉。凭借产品优异的性能和品牌认知度，"公元"牌塑料管道已广泛应用于国家重点工程项目；如上海F1赛车场、上海浦东国际机场、上海世博园、北京奥体馆、南京奥体中心和广州亚运会场馆等，并出口欧美、中东、非洲等百余个国家和地区。

公司先后荣获"中国民营500强""中国轻工业百强企业""浙江省工业行业龙头骨干企业""浙江省文明单位"等称号。公司秉承持续创新、永攀新高的精神；将进一步加快发展步伐，加大技术改造力度，提高自主创新能力，努力开发新型塑料管道产品，推进技术进步和产业升级，积极参与国际竞争，把"公元"产品推向更广阔的国内外市场。

永高股份有限公司
地址：浙江省台州市黄岩经济开发区黄椒路555号
电话：0576-84290287
官方网站：www.yonggao.com

证书编号：HB2020GP003　　JK2020GP003

“申康”给水用聚乙烯（PE）管材、管件；非开挖用改性聚丙烯塑料电缆导管

产品简介

给水用聚乙烯（PE）管材、管件：

1. PE 给水管具有良好的耐腐蚀性，可耐多种化学介质的侵蚀，无电化学腐蚀，不需要防腐层。
2. 卫生无毒，不含重金属添加剂，不结垢，不生锈。
3. 内部光滑，摩擦系数极低，压力损失小，通水性能高。
4. 密封性能好，采用热熔连接，连接强度高，可靠性好。
5. 具备高韧性，其断裂伸长率一般超过 500%，对基地不均匀沉降的适应力非常强，也是一种抗震性能优良的管道。
6. 良好的抗刮痕能力，可有效避免给水管道系统因刮痕而造成材料应力集中，引发管道破坏的事故发生。
7. 良好的施工性能，PE 给水管焊接工艺简单，施工方便，维护费用低，工程综合造价低。
8. 使用寿命长，可达 50 年以上。

非开挖用改性聚丙烯塑料电缆导管：

1. MPP 电力电缆保护管具有优良的电气绝缘性。
2. 具有较高的热变形温度和低温冲击性能。
3. 抗拉、抗压性能高。
4. 重量轻、光滑、摩擦阻力小、可热熔焊接、施工方便，广泛应用于非开挖工程施工。
5. 使用寿命长。

适用范围

给水用聚乙烯（PE）管材、管件：

1. 城镇自来水网系统；2. 园林绿化供水管网；3. 污水排放；4. 农用灌溉；5. 工业原料输送管道；6. 置换水泥管、铸铁管和钢管。

非开挖用改性聚丙烯塑料电缆导管：

1. 城市电网改造；2. 市政、电力、电线等管线工程。

技术指标

给水用聚乙烯（PE）管材、管件：

序号	检测项目	技术要求
1	颜色	管材应为黑色或蓝色，黑色管上沿管材纵向应共挤出至少三条蓝色色条，色条应沿着管材圆周方向均匀分布。蓝色管材仅用于暗敷
2	外观	管材内外表面应清洁、光滑，不应有气泡、明显的划伤、凹陷、杂质、颜色不均匀等缺陷。管材两端应切割平整，并与管材线垂直
3	平均外径 / mm	按 GB/T 13663.2—2018 中平均外径表
4	壁厚 / mm	按 GB/T 13663.2—2018 中公称壁厚表
5	静液压强度（20℃，100h，环向应力：12.0MPa）	无破坏，无渗漏
6	静液压强度（80℃，165h，环向应力：5.4MPa）	无破坏，无渗漏
7	静液压强度（80℃，1000h，环向应力：5.0MPa）	无破坏，无渗漏
8	断裂伸长率	≥ 350%
9	纵向回缩率（110℃，240min）	≤ 3%
10	炭黑分散	≤ 3 级

浙江申康管业有限公司
地址：浙江省桐乡市濮院镇恒业路 600 号
电话：0573-88877168
官方网站：www.skgy88.com

续表

序号	检测项目	技术要求
11	氧化诱导（210℃）	≥ 20min
12	灰分（方法 A，850℃）	≤ 0.1%
13	熔体质量流动速率（190℃，5kg，g/10min）	加工前后 MFR 变化率不大于 20%
14	耐慢速裂纹增长（切口试验）（80℃，500h，试验压力 0.92MPa）	无破坏，无渗漏
15	炭黑含量	2.0% ～ 2.5%

非开挖用改性聚丙烯塑料电缆导管：

序号	外观	单位	技术要求
1	外观	/	导管内外壁不允许有气泡、裂口和明显的痕纹、凹陷、杂质、分解变色线及颜色不均等缺陷；导管内壁应光滑、平整；导管端面应切割平整并与轴线垂直
2	内径偏差	mm	按 GB/T 8806—2008 检测
3	外径偏差	mm	
4	密度	g/cm³	0.90 ～ 0.94
5	落锤冲击	/	试样不应出现裂缝或破裂
6	压扁试验	/	加荷至试样垂直方向变形量为原内径 50% 时，试样不应该出现裂缝或破裂
7	环刚度（3%）（常温）	kPa	SN24 等级≥ 24 SN32 等级≥ 32 SN40 等级≥ 40
8	拉伸强度	MPa	管材：≥ 25；热熔接头：≥ 22.5
9	断裂伸长率	%	≥ 400
10	弯曲强度	MPa	≥ 36
11	维卡软化温度	℃	≥ 150

工程案例

给水用聚乙烯（PE）管材、管件：

1. 盱眙县农村“十三五”饮水项目；2. 响水县城乡供水一体化工程，二级三级管网工程，陈家港镇项目；3. 湖州市城乡供水一体化乡镇配水管网改造项目；4. 淮安区区域供水三级管网改造工程城东、茭陵、苏嘴等五个乡镇；5. 白银城区供水管网改扩建工程、白银市银东工业园供水管网工程及白银区污水处理再生利用生态管网项目。

非开挖用改性聚丙烯塑料电缆导管：

1. 常州工地公司 2016 年第二批服务项目——10kV 滨河线等线路主体修理；2 .220kV 水北变 35kV 城北线、金虹线、常宝线、北镇线等迁改工程；3. 金坛 2017 年下半年 35kV 及 110kV 变电工程；4. 常州 2017 配网资本性项目工程。

生产企业

浙江申康管业有限公司地处中国县域经济最为活跃的长三角南翼 -- 浙江桐乡濮院，紧靠 320 国道，距上海 110 公里、杭州 56 公里，交通方便、环境优美、地理优越。

浙江申康管业有限公司成立于 2004 年，注册资金 10880 万元整，现拥有专业生产、管理人才 120 多人。发展至今，公司已成为中国境内一家从事各种塑料管材管件研发、生产、销售、服务为一体的高科技专业化管道企业。

公司专业生产埋地用聚乙烯燃气管(DN20 ～ DN630)，PE80、PE100(DN20 ～ DN1600)给排水管，HDPE（D200 ～ D2600）塑钢缠绕排水管，MPP 改性聚丙烯电力电缆保护管，双壁波纹管等。产品主要销往全国各省市水务集团和电力、燃气公司等。

公司现有资产 6.8 亿元，占地面积 100000 多平方米，现拥有国内外先进的生产设备三十余条及先进的注塑设备与完善的检测设备。其中引进德国克劳斯马菲全自动管材生产线 6 条，配备意大利百旺烘干集中供料系统、台丽水恒温冷却控制系统。各种系列产品年生产能力达到 10 万吨以上。公司持续地引进先进设备已成为公司实施品牌战略的一个重要过程。

通过多年的不断发展，公司规模逐步壮大。建立了完善的质量保证体系，通过 ISO 9001 质量管理体系认证、ISO 14001 环境管理体系认证、OHSAS 18001 职业健康体系认证。所有产品均通过省级、国家级的检测和鉴定，各项指标均达到或超过国家标准和行业标准的要求。公司先后获得浙江省科技型中小企业、高新技术企业、浙江省守合同重信用 AAA 级企业等荣誉。

浙江申康管业有限公司
地址：浙江省桐乡市濮院镇恒业路 600 号
电话：0573-88877168
官方网站：www.skgy88.com

证书编号：HB2020GP004

“南山”PE-RT 管材

产品简介

南山牌 PE-RT 管材是利用 PE-RT 树脂经过熔融挤出、定径、冷却等一系列工艺过程而制成的塑料管材。PE-RT 管件是用 PE-RT 树脂经注塑加工而成，其采用热熔连接，不仅安装方便，而且连接可靠，成本低廉。PE-RT 管卫生无毒，属绿色建材，其原料为乙烯和辛烯共聚方法，通过控制侧链的数量和分布得到的独特分子结构，来提高 PE 的耐热性。用于采暖管道系统，耐腐蚀、不生锈、不结垢、流体阻力小、保温节能性好、原料可回收利用。

该产品具有优秀的物理力学性能，并通过了国家重点实验室的多项测试，管道系统可安全使用 50 年以上。

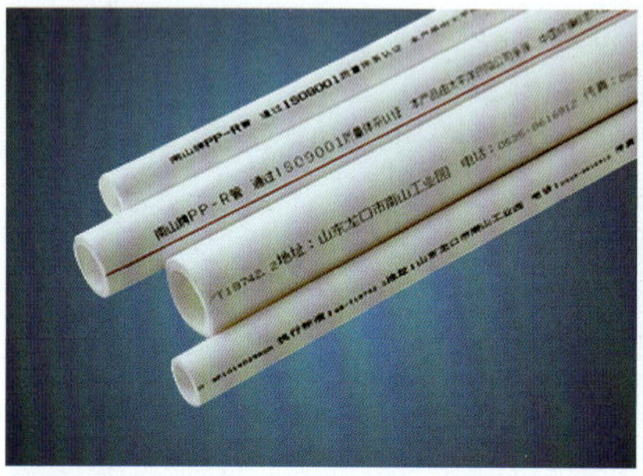
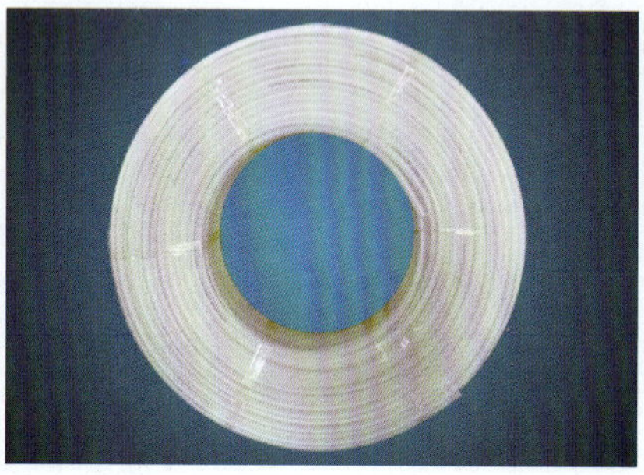
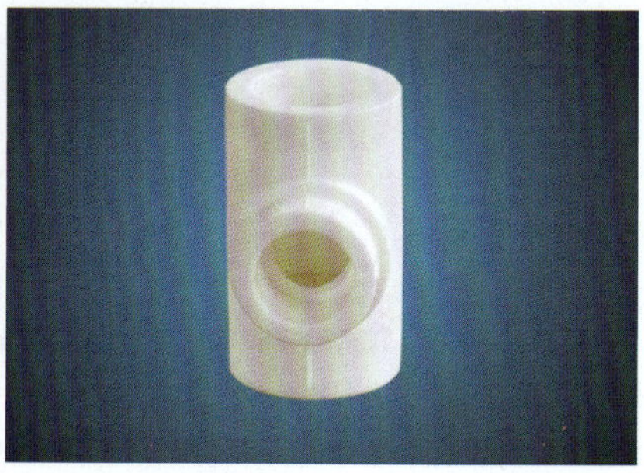

适用范围

采暖管道系统。

技术指标

序号	检验项目	技术要求	检验结果
1	外观	管材内外表面应光滑、平整、清洁，不应有影响产品功能的明显划痕、凹陷、气泡、杂质等缺陷。管材表面颜色应均匀一致，不允许有明显色差。管材端面应切割平整并与轴线垂直	通过
2	规格尺寸，mm	20.0 ≤外径≤ 20.3 2.3 ≤壁厚≤ 2.7	20.2 2.3 ～ 2.4
3	纵向回缩率，%	≤ 2	0.92
4	熔体质量流动速率（MFR），（190℃，5kg），g/10min	与对原料定值之差，不应超过 ±0.3g/10min 且不超过 ±20%	1.5（原料） 1.5（管材） 通过
5	静液压强度	1）20℃，环应力 9.9MPa，1h，无破裂、无渗漏	通过
		2）95℃，环应力 3.8MPa，22h，无破裂、无渗漏	通过
		3）95℃，环应力 3.8MPa，22h，无破裂、无渗漏	通过
		4）95℃，环应力 3.6MPa，22h，无破裂、无渗漏	通过

山东南山暖通新材料有限公司
地址：山东龙口市南山工业园
电话：0535-8616912
官方网站：http://www.nanshanpipes.com.cn

工程案例

北京盛今大厦，北京鑫兆佳园，北京崇文区公安局住宅楼，天津锦欣花园，天津市市政府管道改，天津市信息产业部禾津十八研究所住宅区

生产企业

山东南山暖通新材料有限公司是南山集团（中国500强企业）所属骨干企业之一，创建于2000年。公司主要生产铜铝复合散热器、钢制散热器、卫浴系列散热器、PP-R全塑管材管件、PP-R塑铝稳态管、PE-RT地暖管、PB管材管件、PVC管材管件等系列产品，是国内暖通建材产品重要生产基地之一。产品销售区域遍布华中、华东、华北、西北、东北等全国20余个省、直辖市和自治区。

公司率先通过了ISO 9001—2008国际质量管理体系认证、中国环境标志产品认证，并先后获评“中国质量万里行服务信誉保证单位”“中国绿色、环保、节能建材产品”等多项荣誉称号。公司综合实力始终保持行业前列，综合竞争力、主营业务收入均位列行业前茅。

山东南山暖通新材料有限公司始终坚持与韩国晓星、LG和美国科美基等国际知名行业供应商合作，严格甄选各类原材料，从源头控制产品质量，采用环保型科学配方，使产品物理性能远超国家标准。公司拥有完善的产品研发、监测体系，公司购置引进了国际先进的检测、分析、工艺研发设备，建设成国内拥有完善设备、仪器的分析测试研究试验基地。公司具备完善的备货体系，接单交货快速反应，售前、售中、售后服务体系为客户提供了一站式高效服务。

公司成立伊始，便大力推进暖通产品自主品牌的发展战略，引进国内外先进技术，规模化生产，建立并不断完善营销、运营机构以及国际化的人才培养体系。南山牌产品依托南山集团强大的经济实力，与住房城乡建设部以及国内多家企事业单位形成战略合作关系，公司先后成为中国塑料加工工业协会理事单位、中国建筑金属结构协会辐射供暖供冷委员会常务委员单位以及采暖散热器委员会散热器生产定点企业。

长期以来，南山暖通新材料有限公司依靠清晰的发展目标及先进的管理体系，形成了快速的市场反应力和强大的资源整合力。未来山东南山暖通新材料有限公司将不断突破与创新，以坚实的步伐开拓行业市场，拓展国际领域。

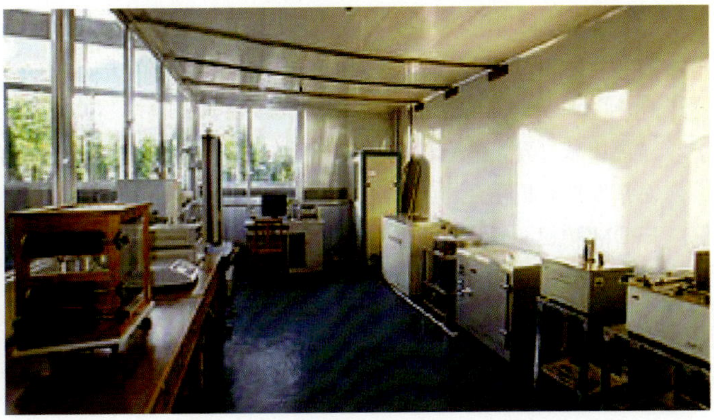

山东南山暖通新材料有限公司
地址：山东龙口市南山工业园
电话：0535-8616912
官方网站：http://www.nanshanpipes.com.cn

证书编号：HB2020DP002

“在路上”硅 PU 球场材料、EPDM 彩色颗粒、草坪填充颗粒

产品简介

塑胶跑道的平整度好、抗压强度高、硬度弹性适当、物理性能稳定的特性，有利于运动员速度和技术的发挥，有效地提高运动成绩，降低摔伤率。塑胶跑道是由聚氨酯橡胶、环保型粘合剂等材料组成，具有一定的弹性和色彩，具有一定的抗紫外线能力和耐老化力，是国际上公认的最佳全天候室外运动场地坪材料。

硅 PU 球场材料：1. 优越耐候，不会因紫外线、臭氧、雨水及高低温气候等环境而发生褪色、粉化、发硬、发软等现象并能长期保存其色彩艳丽。2. 优越的耐磨性能，能保持外观结构性恒久稳定不变，耐磨性好，能满足长期高使用频率之需要。3. 环保，产品在使用和施工过程中，均不产生有毒有害物质。

EPDM 颗粒：不褪色、不老化、不粉化、抗龟裂，色彩鲜艳。

草坪填充颗粒：热塑弹性体 TPE 颗粒，环保耐磨且拥有高回弹力，是替代现有黑色废旧轮胎颗粒理想的产品。TPE 材质，无卤无毒，不需要硫化，符合可持续发展观环保可回收标准。

适用范围

硅 PU 球场材料：适用于各类学校及专业体育场的网球、篮球、排球、羽毛球、手球等场地，室内体育馆、居民小区等活动场地。

EPDM 颗粒：用于幼儿园各级各类学校及专业体育场、田径场跑道、全民健身路径，室内体育馆训练跑，游乐场道路铺面，室内外跑道，公园、居民小区等活动场地。

草坪填充颗粒：用于各类学校及专业体育场等足球场地。

技术指标

硅 PU 球场材料：

有害物质限量：3 种邻苯二甲酸酯类化合物总和：未检出；

18 种多环芳烃总和：15；

游离甲苯二异氰酸酯和游离六亚甲基二异氰酸酯总和：未检出；

总挥发性有机化合物：未检出。

EPDM 颗粒：气味等级：3.0。

草坪填充颗粒：有害物质限量：18 种多环芳烃总和：未检出。

工程案例

甘肃兰州新区职业技术学院、滨州九龙湖公园。

淄博世纪联合新型建筑材料有限公司
地址：山东省淄博市高新区南岭南路以北、淄东铁路以东
电话：0533-6213674
官方网站：www.cumchina.com

生产企业

淄博世纪联合新型建筑材料有限公司成立于2009年5月，厂区由最初的400m²，3台反应釜小作坊模式的生产规模，历经发展厂房几次搬迁，于2014年7月，投资3.2亿元，占地7万m²，成立淄博世纪联合新型建筑材料有限公司。历时两年的规划建设，一期项目15000m²聚氨酯合成车间、4000m²颗粒生产车间、3000m²研发实验室及1000m²公共设施于2016年8月竣工并投入使用。生产设备全部采用DCS自动化控制，日产能达200余吨，以满足市场对产品的需求。

公司主营塑胶跑道一系列产品，EPDM颗粒、胶水、铺装材料、硅PU、TPE草坪颗粒、喷涂聚脲弹性体、聚氨酯弹性体、水性树脂系列产品，广泛用于学校、公园、体育场、健身路径、家装、工业等领域。

公司是中国体育地材绿色生产企业联盟的发起单位，《健身步道》的参编单位，山东省运动场地专业委员会副秘书长单位，通过了质量管理体系认证、环境管理体系认证、职业健康安全管理体系认证，产品获得了中国环境标志产品认证证书、中国环境友好认证证书、国际田联认证证书，ROHS和CE的产品认证证书。公司获得了山东半岛国家自主创新示范区计划科技奖，被评为淄博市重点实验室，产品被列入政府采购清单，有4项发明专利、1项实用新型专利。

淄博世纪联合新型建筑材料有限公司的产品符合国家产业政策和城市发展规划，属于国家七大战略新兴产业之一、高新区鼓励发展类产业，是集生产、研发、销售、施工及配套服务为一体的大型生产基地。本公司拥有自主知识产权，生产技术、生产工艺均达到国内同行业先进水平，本着与地球和谐共处的原则，加速推进环保产品的开发力度，努力达到经济效益、社会效益和环境效益的统一。世纪联合秉承“做中国创造，不做中国制造”的原则，坚持通过产品研发和创新走在市场的前沿，促进行业的发展趋势和产品导向。

淄博世纪联合新型建筑材料有限公司
地址：山东省淄博市高新区南岭南路以北、淄东铁路以东
电话：0533-6213674
官方网站：www.cumchina.com

证书编号：HB2020QB002

天衣无缝墙布

产品简介

高精密提花工艺系列、刺绣系列，环保热熔胶产品，刺绣壁画系列，在行业中名列前茅。

适用范围

所有产品适用于室内墙面装饰。

技术指标

序号	技术参数项目	单位	标准要求
1	钡	mg/kg	≤ 500
2	镉	mg/kg	≤ 25
3	铬	mg/kg	≤ 60
4	铅	mg/kg	≤ 90
5	砷	mg/kg	≤ 8
6	汞	mg/kg	≤ 20
7	硒	mg/kg	≤ 165
8	锑	mg/kg	≤ 20
9	氯乙烯单体	mg/kg	≤ 0.2
10	甲醛	mg/kg	≤ 60

工程案例

绍兴裕泉大酒店、深圳德林酒店、建阳花园酒店等。

生产企业

绍兴市美乐无缝墙布有限公司地处中国轻纺城，毗邻杭甬高速公路和杭州国际机场，交通便捷，地理位置得天独厚。

公司设备配置先进，技术力量雄厚，员工素质全面，是专业从事“天衣”无缝墙布研发、生产、销售和施工的综合性成长型企业，年生产能力近三百万平方米。

为了保证公司产品质量，严把质量难关，公司一直坚持采用进口原材料及相关权威科研机构共同研发创新工艺，使旗下品牌“天衣无缝墙布”内容古今兼蓄、图案构思精巧、风格雅俗共赏、品质卓尔不群。

绍兴市美乐无缝墙布有限公司
地址：绍兴市越城区皋埠镇高新生态园区漫池路 5 号
电话：0575-88089911
官方网站：www.sxmeile.com

天衣无缝墙布以环保、免胶、无缝为特点，搭配最立体的花型，色彩缤纷时尚，融合中西方文化，让消费者体验非凡的视觉冲击；墙布生产严格参照国家质量和环保要求，主要采用优质涤纶、涤棉和棉麻材质设计生产，使用梭织织造工艺织造、进口刺绣和提花工艺深加工、面料表面三防处理和背面采用可食用级胶膜，具有防水、防霉、防污、防油、透气、易清洗和阻燃等多种功能。高密度的面料使其具有更强的抗撕裂与拉伸强度，从而不易破损，耐刮擦，耐擦洗。精湛的染色工艺让墙布拥有完美的色泽度，使其不易褪色。

天衣无缝墙布款式丰富多姿，色彩缤纷，机理鲜明，质感柔和，无缝粘贴，立体感强，护墙耐磨，防止翘边和气泡，不论在新房、酒店、会所、办公室、商场、KTV、酒吧或娱乐场所，都是上选的墙饰材料，为您打造环保、温馨和时尚的居家娱乐生活环境、天衣无缝墙布产品一经面世就深受广大用户青睐，销售网络遍布全国。

凭借公司精益求精的产品，丰富的生产工艺经验，加上生产技术人员专业负责的职业操守，公司在众多客户体系中建立了良好的信誉口碑。

随着无缝墙布市场竞争的日趋激烈，公司努力争取，永不放弃，不断尝试寻求最佳的经营理念。在短短的几年中，与互联网巨头阿里巴巴、《家居世界》和《墙纸世界》建立了战略伙伴关系。成绩来之不易，与公司全体员工的努力和广大优质客户的大力支持是分不开的。为了回报社会，公司更愿意和广大看好墙布产业前景的客户合作，热忱欢迎海内外客商莅临指导，探讨合资合作项目，扩大贸易往来，互惠互利，共创佳绩。

绍兴市美乐无缝墙布有限公司以其雄厚的技术力量、创新的经营理念和严谨的管理体系，正迅速发展壮大，经典花样数不胜数，每一款花样都记录着天衣无缝墙布脚踏实地的成长足迹。

绍兴市美乐无缝墙布有限公司
地址：绍兴市越城区皋埠镇高新生态园区漫池路 5 号
电话：0575-88089911
官方网站：www.sxmeile.com

5 企业索引

QIYESUOYIN

企业索引

A

B

C

D

F

G

H

J

K

L

T

W

X

Y

Z